바다를 지배하는 힘

해군무기의 세계

WORLD OF NAVAL WEAPON SYSTEMS

21세기에도 바다를 지배하는자! 세계를 지배한다!

지은이

김석곤 / 윤종준 / 강정석 / 김정규 / 김태훈

해군무기의 세계

발행일 2016년 12월 23일 초판 1쇄
지은이 김석곤·윤종준·강정석·김정규·김태훈
펴낸이 김준호
펴낸곳 한티미디어 | **주 소** 서울시 마포구 연남로 1길 67 1층
등 록 제15-571호 2006년 5월 15일
전 화 02)332-7993~4 | **팩 스** 02)332-7995
ISBN 978-89-6421-280-6
정 가 25,000원

마케팅 박재인 최상욱 김원국 | **관리** 김지영
편 집 이소영 박새롬 김현경 | **표지** 김주영 | **본문** 이경은

이 책에 대한 의견이나 잘못된 내용에 대한 수정 정보는 한티미디어 홈페이지나 이메일로 알려 주십시오.
독자님의 의견을 충분히 반영하도록 늘 노력하겠습니다.
홈페이지 www.hanteemedia.co.kr | **이메일** hantee@empal.com

PREFACE

인류의 역사는 무기와 함께한 전쟁의 역사이며, 전쟁은 그 시대의 새로운 과학기술이 반영된 신무기와 국가 지도자, 군 지휘관의 리더십 및 새로운 전술이 결합되어 우위를 점하는 국가들이 대부분 승리하면서 역사를 주도해왔다.

일찍이 고대시대부터 해양무역 의존도가 높았던 해양국가들은 국제통상의 고속도로인 바다에서의 주도권을 확보하기 위해 해전을 벌여왔으며, 지중해에 위치한 아테네를 비롯한 고대 그리스의 도시국가들은 해양력을 바탕으로 지중해의 해상무역을 독점하고 번영을 누렸다. 특히 그리스는 살라미스 해전(B.C. 480년)에서 승리함으로써 페르시아의 지중해 진출을 막고 아테네의 황금시대를 꽃피웠고, 통일신라시대 장보고는 청해진을 중심으로 남해와 중국, 일본 해역까지 영향력을 확장하여 강력한 해양력을 구축함으로써 해양무역의 전성기를 누렸다.

고대 로마는 카르타고와의 세 차례에 걸친 포에니 전쟁(B.C. 264~146년)에서 승리를 거두며 지중해의 패권을 차지하였고, 15세기에는 스페인, 포르투갈, 네덜란드, 영국 등 서유럽 국가들이 해양력을 기반으로 대항해시대를 열고 신항로 개척, 신대륙 발견, 식민지 건설, 더 나아가서 세계무역의 주도권을 장악하였다. 그 결과 서유럽 국가들은 20세기에 이르기까지 4세기 동안 정치, 경제, 문화 그리고 군사적으로 세계 역사를 주도해왔으며, 최종 승자인 영국은 강력한 해양력을 바탕으로 19세기에 영국 지배하의 평화(Pax Britannica)를 유지했다. 제1, 2차 세계대전 이후 미국과 러시아(구소련)가 대립한 냉전시대를 지나 현재는 미국과 중국이 해양에서의 맹주가 되기 위해 무한경쟁을 벌이고 있다.

최근 중국이 뒤늦게 대륙 중심 사고에서 해양 중심 사고로 전환하고 해양 자원의 보고인 남중국해를 차지하기 위한 야심을 드러내며 필리핀, 베트남, 브루나이 등과 정치, 군사적 갈등을 증폭시키고 있다. 2016년 7월 12일 유엔 해양법 협약 중재 재판소는 중국과 필리핀 간의 남중국해 관련 분쟁에 대해 남중국해는 공해임을 결정했으나 중국은 개의치 않고 우위의 해군력을 바탕으로 남중국해의 지배를 포기하지 않고 있다.

이처럼 바다는 고대시대부터 현재에 이르기까지 국가의 흥망성쇠를 좌우하는 각축장이 되고 있기 때문에 바다를 지키는 해양력의 핵심이 되는 해군이 운용하는 함정과 항공기, 잠수함과 다양한 플랫폼에서 운용하는 각종 무기체계 등에 대해 일반국민, 군인, 학생, 마니아들에게 단편적인 지식 제공이 아니라 궁금증을 해소하고 더 나아가 한 차원 더 깊은 지식을 제공할 수 있도록 일목요연하게 정리된 전문적인 책자가 필요함을 느꼈는데, 이러한 요구를 부분적으로 충족시켜줄 수 있는 책자는 있었지만 종합적으로 큰 그림을 그려줄 수 있는 책자가 드물었다. 이러한 이유로 3년 전 뜻을 같이하는 해군에 근무하는 현역 선후배 5명으로 구성된 해군 무기체계 분야별 전문가들이 의기투합하여 세계적 발전추세를 반영한 본 책자를 저술하여 펴내게 되었다.

이 책은 총10장으로 구성하였으며, 1장은 전쟁과 과학기술, 무기체계의 정의와 분류, 무기체계 발전에 따른 해전 양상, 2장은 수상함의 역사와 발전과정, 수상함의 분류 및 특성, 항공모함, 전함, 순양함, 구축함, 호위함, 초계함, 상륙함, 소해함, 군수지원함, 병원선 등에 대한 설명과 선진국의 현황, 발전추세에 대해 알아보았다. 3장은 잠수함의 역사와 발전과정, 잠수함의 가치와 특성 및 분류, 주변국 잠수함과 발전추세 등을 살펴보았다. 4장은 해상작전항공기의 역사와 발전과정, 해상작전항공기의 특성과 분류 등을 다룬다. 5장은 해상 미사일의 역사와 발전과정, 미사일의 분류와 특성, 아음속 대함 순항미사일, 초음속 대함 순항미사일, 함대공미사일, 함(잠)대지 순항미사일, 잠수함 발사 탄도미사일(SLBM), 대함 탄도미사일, 탄도미사일 방어와 해상 킬체인, 해상 유도무기 발전추세 등을 다루었다. 6장은 수중무기의 역사와 발전과정, 어뢰, 대잠로켓, 기뢰, 폭뢰, 수중무기 발전추세, 7장은 함포의 역사와 발전과정, 함포의 특성 및 분류, 세계의 주요 함포, 함포의 발전추세, 8장은 전투체계의 역사와 발전과정, 분류 및 특성, 미국 등 주요국의 전투체계 현황과 발전추세를 다루었다. 9장은 수중탐지체계의 역사와 발전과정, 수중탐지체계의 분류 및 특성, 수상함, 잠수함, 항공기용 소나와 다중상태 소나, 해저고정형 음탐체계와 발전추세를 다루었다. 10장은 대미사일 기만체계의 역사와 발전과정, 특성과 분류, 세계의 주요 대미사일 기만체계 및 발전추세 등을 알아보았다.

이 책이 국가 안보와 해양의 중요성을 인식하고 해군 무기체계에 관심이 많은 일반 국민과 마니아, 군인, 사관학교 및 참모대학 등 군 간부 교육기관, 일반 대학의 군사학과 학생, 해군 무기체계 연구개발에 종사하는 군, 방산업체 관계자, 함정이나 육상 실무부대에서 근무하는 관계자들에게 해군 무기체계에 대한 이해를 돕고 나무가 아니라 해군 무기체계의 전반을 이해하는 숲을 볼 수 있는 안목과 전문성을 배양하는 데 유용하게 활용되고 도움이 되길 바란다.

앞으로도 이 책이 많은 분들의 지도와 고견을 통해 보완 발전되기를 기대하며, 책이 출간될 수 있도록 수고를 아끼지 않은 많은 분들과 편집 및 출판에 도움을 주신 한티미디어 관계자(김준호대표님, 이소영팀장님)께도 감사를 드리며, 책 표지 디자인을 재능기부한 김주영님에게도 고마움을 전한다.

2016. 11.
계룡대에서 저자 일동

CONTENTS

CHAPTER 3 　잠수함

CHAPTER 4   해상작전항공기

CHAPTER 8 **전투체계**

CHAPTER 9   수중탐지체계

CHAPTER **1**

전쟁과
무기체계

1.1 전쟁과 과학기술

1.1.1 전쟁과 과학기술 발전

인류는 자신의 생존뿐만 아니라 가족, 부족, 국가의 생존과 안전, 나아가 번영을 위해 다양한 도구를 개발하였으며, 이러한 도구의 발명이 바로 과학기술 발전의 시작이었다. 인류는 선사시대부터 지금까지 끊임없이 전쟁을 치러왔고, 인류문명의 발전, 그리고 그와 밀접한 관계를 갖고 있는 과학기술의 발전과 함께 전쟁에서 사용되는 무기들도 함께 발전하여왔다.

역사적으로 보면 많은 정치, 군사 지도자들은 전투나 전쟁에서 승리하기 위해 새로운 '비밀무기', 즉 적이 갖지 못한 치명적인 무기를 갖고자 끊임없이 고민과 연구를 해왔다. 활과 화살부터 전차, 장궁, 화약과 대포, 기뢰와 어뢰, 잠수함, 레이더, 항공기, 로켓과 미사일, 원자폭탄 등과 같은 비밀병기를 통해 적을 압도하고 상대국은 이에 대응하거나 뛰어넘을 수 있는 또 다른 무기나 수단들을 개발하여 전쟁의 목표를 달성하고자 하였다.

과학기술이 전쟁의 발전에 가장 크게 영향을 미치고 전쟁 양상을 바꾸어 놓은 계기는 화약과 대포의 발명이었다. 대포와 같은 화약을 이용한 장거리 살상무기가 사용된 이후로 인류는 장거리 살상무기의 효율성을 높이기 위해 물리학, 화학, 탄도학, 전기·전자공학, 전자광학 등의 과학기술을 급격하게 발전시켰다. 효율성이 높아진 장거리 살상무기를 방어하고 대응하기 위한 방어무기가 탄생하였으며, 이렇게 발전한 방어무기를 무력화시키기 위한 과학기술 경쟁이 거듭되었다.

이와 같이 전쟁과 과학기술은 연관성이 매우 깊으며, 인류 역사는 과학기술과 함께 발전해온 전쟁과 무기의 역사라고 할 수 있다. 인류의 선사 및 석기시대 문화에서도 원시적인 과학기술로 만든 무기들이 전투에서 사용되었다. 전쟁은 주로 과학기술에 관한 문제이며, 과학기술자의 기여에 의하여 전쟁이 과학기술을 이용하고, 과학기술에서 우위를 점하는 국가가 전쟁에서 승리할 수 있었다.

요약하면, 인류의 과학기술은 도구시대(선사시대~기원후 1500년), 기계시대(기원후 1500~1800년), 시스템시대(1930~1945년), 자동화시대(1945년~현재)로 발전해왔고, 각 시대마다 당시의 과학기술을 주도하는 국가들이 혁신적이면서도 치명적인 신무기들을 개발하여 전쟁에 투입하고 승리하면서 절대 강국으로 군림하였고 세계의 역사를 주도하였다.

1.1.2 과학기술과 무기체계의 진화

역사상 힘의 불균형을 초래한 경이로운 신무기로 가장 먼저 꼽을 수 있는 것은 전차chariot이다. 전차를 최초로 사용한 것은 B.C. 3000년경 메소포타미아의 수메르인들이었다. 당시 말은 사람이 탈 만큼 크지 않았기 때문에 기병보다는 전차가 발달하게 되었고, 4마리의 말이 4륜 4인승 전차를 고속으로 끌었으며 전사는 투창과 창으로 무장했다.

B.C. 1450년경 메소포타미아에서 내려온 호전적인 힉소스인Hyksos들은 전차로 무장했는데, 전차는 기수와 화살을 지닌 궁수 2인 1조로 운영되었다. 당시 칼과 창을 이용하여 근접전을 하는 이집트 보병에게는 엄청난 공포의 대상이었고, 무장 상태가 열악했던 이집트군을 상대로 월등한 위력을 발휘하여 B.C. 1680년경 이집트 왕국을 멸망시켰다.

과학기술과 무기체계 발전의 역사는 중세 유럽에서도 이어지는데, 대표적인 것이 백년전쟁에 나선 영국군의 장궁이다. 장궁은 길이가 2미터에 이르는 대형 활로서, 1415년 프랑스 아쟁쿠르Agincourt에서 200미터 정도 떨어져 있는 갑옷으로 중무장한 프랑스군 1만여 명의 가슴에 화살을 꽂아 전사하게 했다. 장궁의 위력은 무엇보다 긴 길이에서 나왔으며 활이 길어지자 자연히 활시위를 당기는 거리가 늘어났다. 이는 운동에너지 증가로 이어져 화살의 관통력이 커진 것으로, 사람에게 큰 부상을 입히기 위해서는 150피트 파운드의 힘이 필요한데 장궁은 무려 1,400피트 파운드의 힘을 갖고 있었다.

1415년 아쟁쿠르에서 영국에 패한 프랑스는 영국의 장궁에 대항할 신무기가 절실히 필요했고, 왕위에 오른 샤를 7세는 전국에서 공학자와 물리학자를 모아 새로운 비밀무기인 '대포'를 개발하고 과립형 화약, 바퀴, 발사각과 사정거리 조정을 위한 포이Trunnion를 고안하여 전쟁에 투입함으로써 마침내 자국 영토에서 영국인들을 몰아냈다.

1618~1648년 독일을 무대로 신교와 구교 간의 충돌로 벌어진 30년전쟁은 인명손실 측면에서 세계 역사상 가장 큰 비용을 치른 전쟁이었는데, 바로 새롭게 등장한 비밀무기인 총의 등장 때문이었다. 대포를 사용하기 시작한 이후 작은 대포, 즉 핸드 캐넌Hand Cannon이 등장했는데, 강철 갑옷을 뚫기 위함이었다.

영국의 산업혁명은 1762년부터 1840년까지 이어졌는데, 인류 역사상 가장 중요한 시기이자 사건이었다. 대량생산이라는 새로운 개념이 생겼고, 총기, 탄약 등 전쟁무기들이 한꺼번에 대량생산뿐만 아니라 표준화되어서 각 부품을 교환해서 쓰거나 대체가 가능하게 되었다.

미국 남북전쟁 기간 중에는 철갑선Ironclad ship이 등장하여 역사적인 대결(북군의 모니터함와 남군의 버지니아함의 교전)이 벌어졌으며, 남군은 해상에서의 열세를 극복하고자 기뢰를 부설하였다. 제1~2차 세계대전 기간에는 잠수함과 수중음파탐지기SONAR, 어뢰, 제트엔진, 레이더, 순항미사일의 원조 V-1 로켓과 탄도미사일의 원조인 V-2 로켓, 원자폭탄 등 새로운 비밀무기들이 등장하여 전쟁 양상과 전략을 크게 변화시켰다.

제2차 세계대전 이후 1957년 8월 러시아(구소련)는 R-7이라는 대륙간탄도미사일ICBM: Inter Continental Ballistic Missile을 최초로 개발 및 발사에 성공하고, 얼마 후 최초로 위성 스푸트니크Sputnik호를 발사하여 성공함으로써 미국에 충격을 주었다. 미국도 대응을 위해 핵을 탑재한 대륙간탄도미사일ICBM과 위성 발사에 성공하였으며, 현재는 첨단센서가 내장된 각종 인공위성과 20cm 이하 물체를 식별하고 고선명 이미지를 제공하는 첩보위성이 우주에서 활동하는 첨단 하이테크 시대가 열렸다.

냉전시대에 미국, 러시아(구소련), 프랑스, 일본 등 선진국들은 국가의 최우선 목표를 국가안보에 두었기 때문에 국가의 과학기술정책의 초점이 군사적 목적에 맞춰져 있었으나, 냉전이 종식된 이후 선진 강대국들은 막대한 국방비를 축소하며 군사력을 유지하고 동시에 국가 기술산업의 경쟁력을 높이는 방향으로 선회하였다.

물리학이나 공학의 기본원리는 무기체계를 포함한 군수품이나 민수품에 다 같이 활용되는데, 함정과 선박 설계분야, 항공·우주, 신소재, S/W, 전자광학기술 등이 대부분 공통적으로 적용된다. 군에서 개발된 기술이 민수분야에 활용되는 스핀오프Spin-off의 대표적인 사례로 미국 국방부 통신용으로 개발되어 현재는 전 세계에서 사용되고 있는 인터넷을 들 수 있다. 민간에서 개발되어 국방분야에 적용되는 것을 스핀온Spin-on, 민수와 군수품에 동시에 적용키 위한 신기술 개발을 스핀업Spin-up이라고 하는데 무인잠수정, 무인항공기UAV: Unmanned Aerial Vehicle 등을 들 수 있다.

최근 걸프전과 이라크전은 양적인 군사력보다는 질적으로 앞선 첨단 과학기술력이 뒷받침된 군사력과 고성능 항공기와 대지 순항미사일 토마호크와 같은 하이테크 비밀무기들이 전장을 지배하고 승리를 주도하였듯이, 어느 시대에서든지 첨단 과학기술과 접목된 비밀무기를 고생 끝에 개발에 성공하여 작전에 투입, 적의 허를 찌를 때 대부분 승리했다는 사실을 알 수 있다.

1.1.3 무기체계의 특성

무기체계는 부여된 전장 공간(지상, 해상, 공중·우주, 사이버) 내에서 단독으로 기능을 발휘하거나 전장의 다른 구성요소(조직/편성, 병사 교리, 교육훈련 등)와 상호 작용함으로써 전장의 자연적 구성요소(전장 영역, 지형, 기후 및 해양 특성 등)를 이용하거나 극복하여 아 세력을 유지하면서 적 세력(적 인원, 장비, 시설 등 인위적 구성요소)을 제압(저지, 격멸, 파괴, 무능화)하기 위한 물리적 수단이라 할 수 있다. 이러한 무기체계는 개별적 또는 통합적으로 작용함으로써 전장에서 요구되는 기능Function: 정보, 지휘 및 통제, 기동, 타격, 방호, 군수지원과 성능Performance을 충분히 발휘할 수 있어야 한다. 무기체계의 성능이란 각 전장별로 요구되는 작전능력을 기술적 요구사항으로 전환한 것을 의미하는 것으로, 무기체계는 효과성Effectiveness과 효율성Efficiency을 최대한 발휘할 수 있는 성능을 보유해야 한다.

따라서 무기체계는 주어진 기능과 성능을 최대한 발휘하고 부여된 임무를 효과적으로 수행하기 위하여 타 구성요소와 원활하게 상호작용하여야 하며, 하나의 체계로 다양한 기능을 수행할 수 있어야 함은 물론, 최첨단 기술을 적시적으로 수용할 수 있는 진화적 특성을 지니고 있어야 한다. 또한 무기체계는 그 자체적으로 생존성과 성능 지속능력을 갖춰야 한다.

현대 전장의 양상을 결정짓는 최신 무기체계는 과거의 양적 우위 개념과는 달리 최신의 과학기술을 이용한 질적 우위의 개념으로 우선순위가 바뀌어가는 경향을 보이고 있으며 미국, 중국, 러시아를 비롯한 주요 국가들에 의해서도 각국의 전략 환경 및 전쟁 수행 방식에 적합한 첨단의 기술집약적인 첨단 무기체계가 경쟁적으로 개발되고 있는데, 일반적이면서도 공통적인 특성을 요약하면 다음과 같다.

(1) 다양성

특정 임무를 수행할 때 대체적인 무기체계의 종류가 점점 증가되는 속성을 말한다. 과거의 무기는 무기 자체가 보유하는 고유의 특정 임무만을 수행하였으나 현대의 무기는 한 무기체계가 수행할 수 있는 기능과 역할이 다양화되었고 전투상황에 맞게 여러 종류의 무기체계를 복합적으로 운용하여 상호 대체가 가능하게 되었다.

(2) 복잡성

과학기술의 발전으로 무기체계의 성능이 비약적으로 향상됨에 따라 관련 지원장비와 교육훈련의 고도화, 정비의 복잡성 및 정비요원의 전문화, 정비용 부품 관리에 영향을 미친다. 무기체계의 성능 향상과 상대의 경쟁적인 대응 무기체계 개발에 대한 추가 기능 개발과 구성품의 개선이 요구되는 등 무기는 체계적으로 더욱 복잡해지고 있다.

(3) 고가성

현대 무기체계의 고가 정밀화로 연구개발 기관과 비용의 증대, 생산단가 및 부품비의 상승에 추가하여 경제적인 인플레까지 겹쳐 가격이 비약적으로 상승하고 있는 속성으로서, 통계에 의하면 전장에서 무기체계의 성능을 5~10% 정도만 증가시키려 해도 20~50%의 추가 비용이 소요된다. 이처럼 과학기술의 발전에 따른 무기의 질적 향상으로 무기체계의 획득비용 및 부수장비, 시설비용, 운용유지비, 운용요원 훈련비 등이 급격히 증가하고 있다.

(4) 개발기간의 장기화와 실패 위험성

무기체계를 획득하기 위한 개념연구, 연구개발, 시제생산, 시험평가, 양산 및 배치, 전력화 및 운용에 오랜 기간이 소요된다. 기존 무기의 구매에는 그보다는 짧은 시간이 요구되기는 하지만, 연구가 한창 진행되는 중에 타국에서 보다 더 좋은 무기가 생산될 경우, 보다 나은 무기를 만들기 위해서는 더 많은 연구기간을 가산해야 하는 등 무기의 외적 요인에 의한 지연도 적지 않다. 통상 일반 무기의 개발은 2~3년이 소요되며, 첨단 함정과 항공기의 경우 10년 이상이 소요된다. 안보환경의 변화와 기술적 제한성 등으로 실패할 위험성도 존재한다.

(5) 진부성의 가속화

과학기술의 가속적인 발전 속도로 인해 무기체계의 평균 유효수명은 대폭 단축되고 있다. 급속한 과학기술의 발달로 새로운 무기체계에 대한 대응 무기체계의 출현이 신속해져서 기존 무기체계의 수명은 점점 더 짧아지고 있는 실정이다. 오늘날 신무기라 해도 불과 수년 내에 구식 무기가 될 수 있는 것이다. 극단적인 경우 수년간의 연구개발 끝에 실전 배치되었으나 신기술의 도입으로 불과 수개월 만에 도태되거나 아예 개발 도중에 포기하는 사례도 발생한다.

(6) 비밀성

과학기술이 실용화될 때 상대국의 기술 수준이 이를 쉽게 모방 생산하게 되어 이에 대한 대응 무기체계가 출현하게 되므로 각국은 특정 기술에 대한 공개를 꺼리는 속성이 있다. 무기의 본질적 목적이 적을 파괴하기 위한 것이므로 적에게 기습적 충격 효과를 가하기 위해 무기체계의 개발 초기에서부터 실전 배치에 이르기까지 철저한 비밀을 유지하여야 한다.

(7) 수요의 제한성

　무기체계는 국가가 유일한 수요자이며, 수요의 제한은 경제적인 양산체제의 생산규모를 갖출 수 없어 생산단가가 높아지게 된다. 무기 소요는 지속적이지 않기 때문에 생산시설의 적정 규모의 책정이 어려운 점 등 방위산업의 위험부담이 적지 않다. 이처럼 무기체계는 수요의 제한으로 인하여 양산체제의 생산규모를 갖추기가 어렵고 생산시설, 인원, 장비의 가동률이 낮아 생산성이 떨어지며 생산단가도 높아지기 마련이다. 이에 대해 국가는 방위산업체의 보호를 위해 적정 수익률을 보장해주어야 하며, 제작사들은 개발한 무기체계 등 방산물자들을 해외로 수출하여 수익을 개선하려는 노력이 필요하다.

(8) 기술 및 경제적 파급효과

　무기체계를 연구, 개발, 생산하는 과정에서 소요 무기체계의 획득에 따른 직접적인 효과뿐만 아니라 부수적인 효과 즉 부가가치 증대 등 부차적으로 얻는 이익도 적지 않게 발생한다. 특히 기술적·경제적 파급효과가 크다. 즉 최신기술을 개발할 수 있는 많은 기회를 제공함으로써 군사과학 기술뿐만 아니라 민간산업의 기술향상에도 기여하게 되며, 거대한 규모의 생산체계로 많은 과학자, 기술자, 근로자를 흡수하게 되어 고용증대의 효과도 거둘 수 있다.

1.2 무기체계의 정의와 분류

1.2.1 무기체계의 정의

　'인간은 도구를 만드는 동물'이라고 벤저민 프랭클린이 정의하였듯이, 인간은 이 세상에 존재하면서부터 자신의 생존과 보호, 사냥 등을 위해 돌칼, 돌도끼 등과 같은 원시적인 도구와 무기를 만들기 시작했다. 무리가 모여 부족이 형성되면서 부족 사이에서 좋은 지역을 차지하고 필요한 것을 약탈하기 위해 폭력과 소규모 접전, 전투가 벌어지기도 했다.

　로런스 킬리Lawrence Keeley는 『문명 이전의 전쟁War Before Civilization』에서 "고고학자들이 발굴한 사실들을 통해 선사시대 원시전쟁이 역사시대의 문명화한 전쟁만큼 끔찍하고 전투빈도도 많고 잔인한 방식으로 수행되었음을 알 수 있다"고 인류의 초기전쟁을 요약했다. 이는 현대의 첨단 무기체계 못지않게 당시에도 비록 원시적이지만 다양한 무기들을 제작하여 전투에 사용하였음을 짐작할 수 있다.

　무기란 전투나 전쟁에서 적을 죽이거나 상처를 입혀서 물리치고 이기기 위해 사용하는 도구이다. 이 같은 무기는 단순한 칼, 활, 화약, 대포, 총 등에서 시작하여 현재는 최첨단 과학기술이 접목된 정밀하고 복잡한 무기체계武器體系, Weapon System로 진화하였다.

　무기체계란 '무기'와 '체계'를 합친 말이다. 국어사전의 정의를 보면 무기란 '전쟁에 사용되는 기구를 통틀어 이르는 말' 또는 '전투에 쓰는 기구의 총칭'으로 병기兵器를 의미한다. 체계란 '일정한 원리에 의하여 각기 다른 것을 계통적으로 통일한 조직' 또는 '일정한 원리에 따라서 낱낱의 부분이 짜임새 있게 조직되어 통일된 전체'를 가리킨다. 두 단어를 합친 무기체계의 사전적 정의를 보면 '특정한 종류의 무기를 통제하고 조종하기 위한 통합체계'이다. 협의로는 무기 자체만을 의미하지만 광의로는 무기 및 이와 관련된 물적 요소와 인적 요소의 종합체계라고 할 수 있다.

　과학기술의 발전에 따라 지상무기, 항공무기, 해상무기와 이를 지원하는 군수, 통신, 기술인력 등이 하나의 팀으로 운용될 때에 그 무기는 제 기능을 발휘할 수 있게 되었다. 이러한 여러 가지 구성요소들이 함께 협력할 때 기능을 발휘하게 되는데 이것을 체계System라고 부른다. 체계의 개념이 처음 사용된 것은 무기의 운용이 복잡해지기 시작한 제2차 세계대전 당시 미국이 '무기체계 평가단'을 설치하면서부터이다.

　「방위사업법」(법률 제8852) 제3조에서 '무기체계'란 "유도무기 · 항공기 · 함정 등 전장戰場에서 전투력을 발휘하기 위한 무기와 이를 운영하는 데 필요한 장비 · 부품 · 시설 · 소프트웨어 등 제반요소를 통합한 것으로 대통령이 정하는 것을 말한다"고 규정하고 있으며, '전력지원체계'라 함은 "무기체계 외의 장비 · 부품 · 시설 · 소프

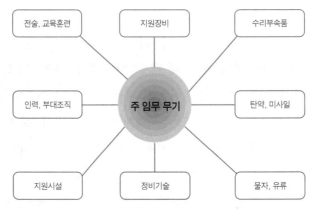

그림 1-1 무기체계의 구성

트웨어 그 밖의 물품 등 제반요소를 말한다"고 규정되어 있다.

「국방전력발전업무훈령」(국방부훈령 제1707호) 제13조에는 '무기체계'란 유도무기, 항공기, 함정 등 전장에서 전투력을 발휘하기 위한 무기와 이를 운영하는 데 필요한 장비·부품·시설·소프트웨어 등 제반요소를 통합한 것으로 정의하고 있다. 합동참모본부에서 발행한 합동무기체계에는 전투수단을 형성하는 주 임무 무기를 비롯한 보조 장비들과 그 조직 및 운용기술이 망라된 복합체로 정의하고 있다. 미국 국방부 군사용어사전(JP 1-02)에는 '무기체계란 자족성을 만족시키기 위하여 필요한 모든 관련 장비, 물자, 서비스, 인력과 투발 및 전개수단을 포함한 하나 혹은 다수 무기의 복합체'라고 정의되어 있다.

이 같은 다양한 의견을 종합해보면 무기체계란 그림 1-1과 같이 부여된 임무를 달성하기 위해 주 임무 무기와 이에 관련된 인력, 지원장비, 지원시설 및 정비기술, 군수지원 그리고 전략, 전술, 교육훈련 등이 통합된 전체의 체계라고 정의할 수 있다.

1.2.2 무기체계의 분류

방위사업의 대상인 군수품은 국방부 및 육·해·공군과 해병대 등에서 사용하는 모든 물품으로서 무기체계와 전력지원체계로 구분한다. 무기체계는 분류하는 목적에 따라 여러 형태로 나눌 수 있으며, 우리나라는 사용 용도에 따라 무기체계를 구분하고 있다. 이런 방식은 군수물자의 군별 사용관리에 유리한 형태이기 때문이다.

무기체계를 분류하는 권한은 합동참모본부가 가지고 있으며, 현행 법규가 제정되기 이전에도 합동참모본부가 무기체계를 구분해왔다. 무기체계에 대한 분류는 「방위사업법 시행령」과 「국방전력발전업무훈령」에 근거하여 구분하고 있다.

(1) 「방위사업법 시행령」에 따른 분류

「방위사업법」 제3조에 따라 「방위사업법 시행령」 제2조(무기체계의 분류)는 다음과 같이 분류한다.

가) 통신망 등 지휘통제 · 통신무기체계
나) 레이더 등 감시 · 정찰무기체계
다) 전차 · 장갑차 등 기동무기체계
라) 전투함 등 함정무기체계
마) 전투기 등 항공무기체계
바) 자주포 등 화력무기체계
사) 대공유도무기 등 방호무기체계
아) 모의분석 · 모의훈련 소프트웨어 및 장비 등 그 밖의 무기체계

(2) 「국방전력발전업무훈령」에 따른 분류

「국방전력발전업무훈령」(국방부훈령 제1707호)에서는 전장기능을 고려한 8대 무기체계로 분류한다. 크게 대분류, 중분류, 소분류로 구분하며, 대분류는 지휘통제 · 통신무기체계, 감시 · 정찰무기체계, 기동무기체계, 함정무기체계, 항공무기체계, 화력무기체계, 방호무기체계, 그 밖의 무기체계 등 8가지로 구분하고, 표 1-1과 같이 대분류 무기체계를 중분류 및 소분류로 구분하고 소분류는 단일 무기체계로 표현된다.

표 1-1 「국방전력발전업무훈령」에 따른 무기체계 분류

대분류	중분류	소분류
지휘통제· 통신 무기체계	• 지휘통제체계	연합지휘통신체계, 합동지휘통제체계, 지상지휘통제체계, 해상지휘통제체계, 공중지휘통제체계
	• 통신체계	전술통신체계, 위성통신체계, 공중중계체계
	• 통신장비	유선장비, 무선장비, 그 밖의 통신장비
	• 전자전장비	전자지원장비, 전자공격장비, 전자보호장비
	• 레이더장비	감시레이더, 항공관제레이더, 방공관제레이더
감시·정찰 무기체계	• 전자광학장비	전자광학장비, 광증폭야시장비, 열상감시장비, 레이저장비
	• 수중감시장비	음탐기, 어뢰음향대항체계, 수중감시체계, 그 밖의 음파탐 지기
	• 기상감시장비	기상위성감시장비, 기상감시레이더, 기상관측장비
	• 그 밖의 감시·정찰장비	경계시스템, 기타 등
기동 무기체계	• 전차	전투용, 전투지원용 등
	• 장갑차	전투용, 지휘통제용, 전투지원용 등
	• 전투차량	전투용, 지휘용, 전투지원용 등
	• 기동 및 대기동 지원장비	전투공병장비, 간격극복 및 도하장비, 지뢰지대 극복장비
	• 지상무인전투체계	대기동장비, 기동항법장비 및 그 밖의 지원장비 등
	• 개인전투체계	전투용 및 전투지원용 등
함정 무기체계	• 수상함	전투함, 기뢰전함, 상륙함, 지원함 등
	• 잠수함(정)	잠수함, 잠수정 등
	• 전투근무지원정	경비정, 수송정, 보급정, 근무정, 지원정, 군수·근무지원정, 상륙지원정, 특수정 등
	• 해상전투지원장비	함정전투체계, 함정사격통제장비, 함정피아식별장비, 함정 항법 장비, 침투장비, 소해장비, 구난장비, 그 밖의 지원장비
항공 무기체계	• 고정익 항공기	전투임무기, 공중기동기, 감시통제기, 훈련기, 해상초계기
	• 회전익 항공기	기동헬기, 공격헬기, 정찰헬기, 탐색구조헬기, 지휘헬기
	• 무인 항공기	항공기사격통제장비, 항공전술통제장비, 정밀폭격장비
	• 항공전투지원장비	항공항법장비, 항공기피아식별장비, 그 밖의 지원장비

대분류	중분류	소분류
화력 무기체계	• 소화기	개인화기, 기관총
	• 대전차화기	대전차로켓, 대전차유도무기, 무반동총
	• 화포	박격포, 야포, 다련장·로켓, 함포
	• 화력지원장비	표적탐지·화력통제레이더, 전차 및 화포용 사격통제장비, 그 밖의 화력지원장비
	• 탄약	지상탄, 함정탄, 항공탄, 특수탄약, 미사일능동유인체
	• 유도무기	지상발사유도무기, 해상발사유도무기, 공중발사유도무기, 수중유도무기
	• 특수무기	레이저무기
방호 무기체계	• 방공	대공포, 대공유도무기, 방공레이더, 방공통제장비
	• 화생방	화생방보호, 화생방 정찰·제독, 연막
	• EMP방호	
그 밖의 무기체계	• 전투필수시설	지휘통신시설, 지·해·공 작전시설, 전투진지 등
	• 국방M&S체계	워게임모델, 전술훈련모의장비 등
	• 부대개편시설	

1.3 무기체계 발전에 따른 해전 양상

1.3.1 해양력(Sea Power)이란?

고대시대부터 인간은 선박을 운송수단으로 사용하여 대륙과 대륙을 연결하였고, 바다를 사이에 두고 있는 국가들은 바다에서 주도권을 확보하기 위해 많은 해전을 벌여왔다. 지중해시대 아테네를 비롯한 고대 그리스의 도시국가들은 해양력을 바탕으로 동부 지중해의 해상무역을 독점하고 주변에 식민지를 경영하며 번영을 누렸다. 특히 그리스는 살라미스 해전Battle of Salamis, B.C. 480년에서 승리함으로써 페르시아 세력의 지중해 진출을 좌절시켰고 찬란한 그리스 문명 특히 아테네의 황금 시대를 꽃피웠다. 고대 로마는 카르타고와의 세 차례나 치른 포에니 전쟁Punic Wars, B.C. 264~146년을 통해서 지중해의 패권을 차지하였으며, 지중해는 유럽, 아시아, 아프리카 등 3대륙을 연결하는 로마의 내해로서 로마제국이 광대한 지역을 통치하는 데 있어 기반이 되었다.

또한 15세기 초엽까지만 해도 페르시아, 인도, 중국과 같은 다른 문명 세계로부터 격리되어 있었던 스페인, 포르투갈, 네덜란드, 영국, 프랑스 등 서유럽 국가들이 해양력을 기반으로 대항해 시대를 열고 신항로 개척과 신대륙 발견, 식민지 건설뿐만 아니라 세계무역의 주도권을 장악하였다. 그 결과 서유럽 국가들은 20세기에 이르기까지 4세기 동안 정치, 경제, 문화 그리고 군사적으로 세계 역사를 주도해왔다. 그러나 이 과정에서 이들 서유럽 국가들은 해양 패권을 둘러싸고 장기간의 치열한 투쟁을 벌였다. 이 기나긴 투쟁과정에서 승리한 영국은 강력한 해양력을 바탕으로 19세기에 영국 지배하의 평화Pax Britannica를 유지할 수 있었다.

미국은 1890년 마한Alfred T. Mahan, 1840~1914이 『역사에 미친 해양력의 영향The Influence of Sea Power upon History, 1660~1783』이라는 저서에서 "해양력이 역사의 진로와 국가의 번영에 훌륭한 영향을 미쳤으며, 해양력의 역사는 해양에서 또는 해양에 의해서 국민을 위대해지게 하는 모든 것을 광범위하게 포함한다."라고 주장, 해양력의 중요성을 일깨움으로써 영국의 뒤를 이어 전 세계의 바다를 지배하며 해양력을 바탕으로 초강대국의 지위를 굳건히 지키고 있다.

이처럼 일찍이 해양력의 중요성을 깨우쳐, 먼저 해양으로 진출하여 이를 이용한 나라들은 국력 신장의 발판이 되는 부와 힘, 번영을 이룬 반면, 내륙 지향적인 국가는 정체되거나 퇴보로 이어졌음을 역사를 통해 알 수 있다.

1.3.2 고대 노선 시대와 그리스 화약

역사상 최초의 항해자들은 페니키아인으로 B.C. 1500~500년경 지중해 일대에 대한 제해권을 장악하고 흑해, 영국, 네덜란드 해역까지 진출하였으며 원양항해를

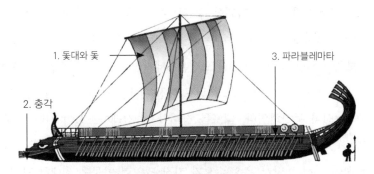

1. 돛대와 돛
3. 파라블레마타
2. 충각

그림 1-2 아테네의 3단 노선(위)과 복원된 그리스 Olympias호(아래)

하는 선박에는 반드시 무장을 했다. 바다를 통한 상품 교역이 활성화되면서 해적이 출현하였고 교역자들 간의 충돌이 발생하였다. 일반 선원들이 승선하고 있는 상업용 선박들은 귀중한 화물을 스스로 보호할 수 없기 때문에, 이들을 보호하기 위해 무장 병력을 싣고 다니는 특별한 선박을 고안하게 되었다.

이 시대 지중해에서는 두 종류의 선박이 주로 사용되었다. 하나는 길이와 폭의 비가 큰 전투용 갤리선Galley이었고, 다른 하나는 길이와 폭의 비율이 갤리선보다 작은 일반 상선이었다. 전투용 갤리선은 한 개 또는 두 개의 돛대를 가지고 있었는데, 많은 경우 라틴 세일Lateen sail을 사용했다. 고대 전투용 갤리선은 현측에 설치된 노를 젓는 자리의 열에 따라 1단 노선, 2단 노선, 3단 노선으로 구분되었는데, 이 가운데 가장 대표적인 노선은 살라미스 해전에서 위력을 발휘한 아테네의 3단 노선이었다.

갤리선은 적선을 충돌하여 파괴할 수 있도록 돌출부인 선수에 견고한 충각衝角, Ramming 장치를 갖추고 있었다. 선체는 가늘고 흘수는 낮았는데, 이는 보다 좋은 기동성을 확보하기 위한 것이었다. 3단 노선은 9세기 말 중세의 표준형 갤리선이 출현할 때까지 사용되었으며, 16세기 초 레판토 해전 시에는 갤리선보다 더 중무장된 갈레아스Galleass선이 등장하였다. 대포를 장비한 이 갈레아스선이 레판토 해전에서 기독교연합신성동맹 함대가 오스만 튀르크터키 함대를 제압할 때 큰 역할을 하였다.

이에 비하여 상선은 당시 운송 수요가 가장 많았던 곡물을 최대한 많이 적재하기 위하여, 선박의 길이가 폭의 2~3배 정도의 완만하고 흘수가 깊은 선체를 지니고 있었다.

이 두 종류의 선박이 고대 지중해에서 중세를 거쳐 근세까지 지속적으로 사용되었는데, 이 시대의 해전은 대부분 육지로 둘러싸여 있는 좁은 바다나 해안 가까이에서 벌어졌다.

지중해를 중심으로 한 고대 노선 시대의 해전은 대부분 지상전과 직접적으로 관련되어 있었다. 고대 노선 시대 해상전투에서 사용된 무기는 일반적으로 지상전에서 사용한 활, 투석기Catapult, 그리스 화염Greek fire 등이 사용되었으며, 백병전에서는 창과 칼, 방패 등이 사용되었다.

고대와 중세의 노선 시대 해상전투는 직진하여 충돌하는 패턴으로 이루어졌다. 이는 오랜 기간에 걸쳐 정형화된 갤리선의 전투방법이다. 이 전투법은 본질적인 면에서 육상의 전투법을 그대로 해상으로 옮긴, 해상에서의 백병전이었다.

전투는 양군이 근접전투를 위하여 선박을 접근시키면서 원거리에서 화살, 투석기, 그리스 화약 들을 쏘아대어 적을 혼란시켜 제압하는 방식으로 시작하였다. 그리고 근접전투단계에 들어가면 적선을 격파하기 위하여 충각衝角, Ramming 전술이 사용되었는데 이때 적선의 현측을 정통으로 충각하면 적선이 침몰할 때 적선으로부터 충각장치가 미처 빠지지 않고 함께 침몰할 우려가 있었다. 따라서 적선을 비스듬히 충각하여 적선의 노를 부러뜨려 적선을 기동할 수 없게 하는 것이 일반적인 전술이었다.

이처럼 서로 근접하여 난전亂戰, Melee에 돌입하면, 병사들을 적선에 승선시켜 창

그림 1-3 그리스의 화염(Greek fire)

과 칼 그리고 방패를 이용하여 백병전을 전개하여 승패를 가름하는 식의 해전이었다. 악티움 해전(B.C. 31년)에서는 선체를 겨냥한 돌과 사람을 겨냥한 쇠볼트를 발사하는 거대한 투석기 등이 투입되기도 하였다.

678년, 서로마(비잔틴)제국과 콘스탄티노플을 정복하려는 아랍함대가 지금의 터키 이스탄불의 내항인 골든 혼Golden Horn 해역을 장악하기 직전, 칼리니코스Callinicus라는 시리아의 한 크리스천 피난민이 사이펀(펌프)이라고 알려진 비밀무기를 서로마제국의 해군 갤리선에 옮겨 실었다. 이 비밀무기를 탑재한 비잔틴제국 함정은 아랍해군 함정을 향해 항해하면서 풀무장치와 노즐을 통해 나프타와 같은 인화성이 높은 액화 화염을 아랍함대를 향해 발사했다. 불꽃 세례를 받은 아랍함대와 병사들이 끔찍하게 불에 타자, 아랍해군들은 이 소름끼치는 비밀무기 앞에서 무기력하게 도주하였다. '그리스의 불Greek fire'이라 불리는 비밀무기 '사이펀'은 군사과학기술이 해전 승리에 결정적인 역할을 했음을 상징적으로 보여주었다.

한편 이 시대의 해상전투는 대개 해안 가까이에서 육상전투 방식으로 수행되거나, 취약한 자신의 측방을 방호하고 포위당하지 않도록 진형의 한쪽 끝을 해안 가까이 근접시키는 연안전투로 진행되었다.

고대 노선 시대 지중해의 제해권을 두고 쟁투를 벌인 주요 해전 중 인류 역사와 문명의 진로를 바꾼 사례 중에 그리스와 페르시아의 살라미스 해전(B.C. 480년), 로마와 카르타고의 포에니 전쟁(B.C. 264~146년) 시 해전, 비록 내부 권력 쟁탈전의 성격을 지녔지만 로마를 제정국가로 이행시킨 악티움 해전(B.C. 31년), 그리고 1,000여 년 간 지속된 비잔틴 제국과 오스만 튀르크터키 제국 간의 지중해 해상 쟁탈전인 레판토 해전(1571년)이 대표적 해전이다.

1.3.3 대항해 시대와 범선, 대포

15세기는 범선에 의해 대양 항해 시대大洋 航海 時代가 시작되면서, 유럽에서는 지중해, 대서양, 인도양, 그리고 서인도 제도 등에서 안전한 해상무역과 해외 식민지 쟁탈을 위한 제해권을 확보하기 위해 영국과 스페인, 네덜란드, 프랑스가 치열한 경쟁과 긴 전쟁을 시작하는 시기였다.

사실 15세기 초기까지만 해도 서유럽 국가들은 페르시아, 인도, 중국과 같은 다른 위대한 문명으로부터 고립되어 있었고, 접촉한 문명은 이슬람 문명이었다. 향료, 비단 등의 동방물품을 획득하는 것도 이슬람 상인이나 이탈리아 도시국가의 상인을 통해서였으나, 강력한 오토만 터키 제국의 대두로 그때까지 이용하던 교역로의 통행이 어려워지게 되자 이탈리아 상인들은 대서양 연안 여러 지역과의 교역에서 새로운 활로를 찾으려 했다.

신항로를 개척하는 과정에서 신대륙을 발견한 서유럽 국가들은 그 후 150년이 채 지나기 전에 그들이 발견한 신대륙에 식민지를 건설하고 동양의 여러 국가들과 교역관계를 유지하는 등 세계무역의 주도권을 장악하였으며, 근대 400년 동안 정치적, 경제적, 문화적, 그리고 군사적 우위를 유지하였다. 이러한 서유럽 세력의 확대는 신항로의 개척과 아메리카 대륙의 발견으로부터 시작된 것이다.

대서양 신항로의 개척과 이 과정에서 신대륙의 발견은 새로운 동양 항로를 찾아 나서는 과정에서 이룩한 것인데, 지리상의 발견을 가져온 현실적인 동기는 동양의 산물을 이슬람 상인이나 이탈리아 상인의 손을 거치지 않고 직접 획득하려는 경제적 욕구에서 비롯된 것이다.

지리상의 발견이 가능할 수 있었던 또 하나의 요인으로는 항해술의 발전을 꼽을 수 있다. 이미 이 시대에 대형이고 견고하며 내해성이 강한 선박이 건조됨으로써 대양 항해가 가능해졌으며, 선박의 추진력도 노櫓에서 돛으로 즉 동력이 인력에서 자연의 에너지로 바뀜에 따라 장기간의 항해가 가능하게 되었다. 이와 함께 나침반과 해도의 이용 등 항해술의 발전이 대양 항해를 더욱 용이하게 하였다. 또한 대포를 탑재한 선박은 적대 세력이나 해적을 퇴치하고 교역 항로를 개척할 수 있었다.

16세기 후반 영국은 엘리자베스 1세(재위 1558~1603년) 시대에 이르러 캐넌 Cannon, 컬버린Culverin보다 큰 위력을 가진 대포가 많이 등장하였다. 이 포들은 청동이나 황동을 소재로 한 주조포鑄造砲, Cast gun이며 포구에 화약과 탄약을 장전하도록 되어 있다. 이 주조포는 지금까지 사용되었던 조립포組立砲에 비하여 보다 큰 탄환을 보다 멀리까지 날아가게 하는 성능을 가졌으며, 발사 횟수도 많았고 수명도 길었다. 이 중에서 선박 탑재용으로 가장 많이 사용된 포는 컬버린 포인데, 1588년 스페인의 무적함대를 맞아 싸운 영국 함대 함포의 95%가 컬버린 포였던 것으로 알려져 있다.

대포의 등장으로 다량의 함포를 선상에 설치하면서, 영국은 오랫동안 지켜져왔던 갤리선의 전투방식과 전술로부터, 새로운 범선의 전투방식이 나오게 되었다. 1588년 스페인 무적함대를 이기기 위해 영국 함대가 선택했던 전투 방식은 아주 획기적인 것이었다. 영국 측에서는 모든 함대에게 적함에 충각, 현측에 계류繫留하여 돌격전을 감행하는 것을 원칙적으로 금지하였다. 적함에 대한 접근은 대포의 유효 사거리 안에 들도록 하는 데에만 그치게 하고, 승패는 어디까지나 대포의 사격전으로 결정짓도록 하였다. 이 전투방법은 대포의 사정거리에서 약간 앞서 있던 영국

그림 1-4 대항해 시대의 범선

측의 유리한 점을 최대한 살린 것으로서, 영국 함대가 승리할 수 있었던 요인이 되었다.

범선 군함이 대포를 주 무기로 하여 함대를 편성하고 전투하는 전법이 확립된 것은 영국과 네덜란드 전쟁에서부터였다. 17세기 영국 해군은 당시 공해에서의 제해권을 영국에게 양보할 수 없는 네덜란드와 함대 결전을 수행하면서 적절한 전술 전투 체계를 채택하였다.

같은 시기, 일본을 통일한 도요토미 히데요시가 중국 대륙의 명나라를 원정함에 있어서 조선의 협력을 얻자는 명목으로 시작된 임진왜란은, 16세기 동아시아, 즉 조선, 왜 및 명 사이에 일어난 대 전란이었다. 1592년 도요토미 히데요시는 약 17만 명의 병력과 함선 약 700척을 나고야에 집결시켜 조선을 원정케 하였다. 그 당시 조선은 중국 명나라의 해금조치^{海禁措置}, 수군 천시 풍조와 유교 사상 등에 의해 초기의 강력한 수군력^{海軍力} 및 해양 전통이 점차 약화되고 있었다.

임진왜란이 발생하기 전에 전라 좌수사로 부임한 이순신 제독은 수군 강화의 필요성을 통감하여 함선을 건조하고 병사들의 훈련을 게을리하지 않았다. 특히 이순신 제독이 지휘하여 만든 '거북선'은 철갑을 씌우고 포를 설치하여 적선을 자유로이 공격할 수 있도록 건조되었는데 당시로는 획기적인 함선이었다. 또 대형 돛과 개량된 대포를 함선에 설치하고, 신기전 등 여러 무기를 개발하여 전쟁 준비를 철저히

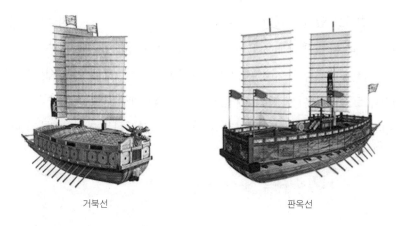

거북선   판옥선

그림 1-5 조선의 거북선과 판옥선

하였다. 또한 지형지물을 이용하여 학익진, 팔진도, 유인전 등의 전술을 개발 적용
하였으며, 연과 신호기를 제작하여 전쟁에 대비하였다. 1592년 4월 중순 왜의 함대
가 침략해온다는 보고를 받고 출동하여, 연전연패하던 지상군과는 달리, 첫 해전인
옥포 해전에서 적선 26척을 격침시킨 후 이어 당포에서 20척, 당항포에서 30척, 그
리고 한산도 해전에서 적선 73척 가운데 도망친 14척을 제외한 59척을 모두 격침하
는 전과를 거두었다. 한산도 해전은 임진왜란 해전 중 가장 뛰어난 해전이자, 조선
의 '살라미스 해전'이라고 할 정도로 세계 4대 해전 중에서도 가장 손꼽히는 해전이
다. 이순신 제독은 이 해전에서 거북선과 대포, 그리고 학익진을 사용하여 적을 완
전 격멸했으며, 나아가 적의 수군 본거지였던 부산을 공격하여 약 130여 척의 적선
을 격침시키는 등 임진왜란 중에 있었던 17개의 크고 작은 해전에서 연전연승하였
다. 그는 이러한 눈부신 활약으로 남서해의 제해권을 완전 장악하였을 뿐만 아니
라, 해상으로 북진하여 육군과 합세, 조기에 전쟁을 마무리하려던 왜군의 기도를
분쇄하였다. 1592년 5월 7일 첫 출전에서 7월 초 한산도 해전까지 조선의 함선이
한 척도 격침되지 않고 적선 300여 척을 격침한 사실은 세계 해전사상 유례를 찾아
볼 수 없다.

　세계가 범선을 통한 무역항로로 연결되기 시작했던 대항해 시대는 이미 15세기
에 콜럼버스와 같은 대양 탐험가들의 활동으로 절정을 이루었지만, 포르투갈과 스

페인이 선점하고 있던 세계의 대양무역에 영국과 네덜란드 등이 차례로 개입하면서 수많은 해전이 발생하게 된 17세기부터 1805년 10월 21일 영국 넬슨의 트라팔가Trafalgar 해전까지를 범선 시대 해전으로 분류하고 있다. 영국 넬슨 제독은 나폴레옹을 상대로 승리한 이 한 번의 해전으로 프랑스의 대양 진출을 봉쇄하고 해양 패권을 장악함으로써 영국이 '해가 지지 않는 나라'로 부상하는 계기를 만들었다.

1.3.4 근대 증기 철갑선 시대와 어뢰·기뢰

19세기에 이르기까지 수천 년 동안 선박은 오로지 인간이 젓는 노의 힘을 이용했던 노선 시대와, 돛에 작용하는 풍력에너지를 이용한 범선 시대를 거쳐, 마침내 산업혁명의 경이로운 산물인 증기에너지를 이용한 철선 시대에 돌입하게 되었다.

1769년 제임스 와트가 증기기관을 개발했고, 1807년 무렵에는 로버트 풀턴이 상업용 증기선 클러먼트호를 건조했다. 증기에너지를 이용한 최초의 전투함은 1815년 미 해군에서 로버트 풀턴에 의해 최초로 건조되었으며 실전에 사용되기 전에 전쟁이 종료되었다. 초기 증기선은 폭발 위험이 많았고, 현측에 커다란 물레방아와 같은 추진장치가 있어 적의 함포 공격에 취약했으며, 에너지원인 석탄 적재량이 적었기 때문에 항해거리가 짧아 전투용 선박으로 크게 주목받지 못했다. 1840년경에는 스크류형 추진기Screw Propeller가 개발되어 본격적으로 군함에 적용되었으며, 이와 함께 철선이 등장하였다.

1830~1840년경 내부에 화약을 장전하여 파괴력을 향상시킨 작열탄이 실용화되면서 목재 함정에 위협을 가했으며, 목재 선체를 두꺼운 철판으로 보강한 함정이 등장하게 되었다. 이 시기에 폐쇄기장전식 강선포로 개선된 함포가 개발됨에 따라 사정거리와 구경이 증대되고 조준장치가 개선되었으며, 1880년대 선회포탑이 도입됨으로써 훨씬 파괴력과 유효 사격 범위가 넓어졌다. 함포의 비약적인 성능 향상으로 포의 위력이 증대하면서 함포와 함정의 장갑 간의 숙명적인 대결이 시작되었다.

새로운 증기기관으로 20노트 이상 속도를 낼 수 있는 함선 위에 회전포탑과 발전된 함포를 탑재한 영국의 전함 드레드노트Dreadnought와 순양전함 인빈서블

Invincible과 같은 중무장한 증기 전함들이 본격적으로 출현하였다. 드레드노트는 배수량 17,900톤, 주포 45구경 12인치 포 10문, 함수부 장갑 11인치(279mm) 등으로 증기터빈을 이용한 세계 최초의 전함이었다. 인빈서블은 배수량 17,250톤, 주포 45구경 12인치 포 8문, 장갑은 7인치, 속력은 25노트이었는데, 미국을 비롯한 강대국들 간의 새로운 경쟁인 거함거포주의巨艦巨砲主義로 나아가게 되는 계기가 되었다.

적함을 격침시키기 위한 효과적인 방법을 찾는 연구가 진행되었고, 선체 수면하에 폭발물로 구멍을 내서 침몰시키는 구체적인 무기가 등장했는데 바로 기뢰와 어뢰이다.

기뢰는 미국 남북전쟁(1801~1865년) 당시 해군력이 취약했던 남군 측은 항구를 방어하기 위해 기뢰와 어뢰를 접촉식이나 원격조종식으로 개발하였으며, 주요 항구와 출입항로에 설치하여 남북전쟁 동안 북군 측 함선을 31척이나 침몰시켰다. 잠수함도 이 시기에 개발되어 실전에 운용되었다.

단순히 함포만으로 수행하던 해전은 이제 전쟁 목적에 따라 기뢰와 어뢰, 그리고 잠수함과 같은 새로운 무기체계를 이용한 전투로 다양화되었다. 이들 무기체계 중에서 훗날 해전에 가장 큰 영향을 미친 것은 역시 잠수함이었다.

1.3.5 제1, 2차 세계대전 시대의 거함·거포와 잠수함

제1차 세계대전에서의 해전은 영국의 대함대Grand Fleet와 독일의 대양함대High Seas Fleet의 격돌로 시작되었다. 상대 항구에 대한 봉쇄와 비교적 규모가 큰 상륙작전 및 해상교통로 보호와 같은 현대적 작전이 주된 해전 양상을 이루었다. 이 시기의 수상전은 거함·거포와 장갑이 승리하는 시대였다. 각국은 가능하면 대구경 함포를 탑재한 대형 장갑 함정 건조에 주력했다.

1차 세계대전 이후 미국을 비롯한 영국, 일본 등은 해군력 증강에 박차를 가했는데, 미국은 58,000톤급으로 16인치 함포 9문을 탑재한 아이오와급 전함(BB) 4척, 일본은 72,000톤급으로 18.1인치(46cm) 함포를 장착한 야마토 전함 2척, 영국은 48,600톤급 후드급 전함, 독일은 42,600톤 규모로 15인치급 주포를 장착한 비스마

그림 1-6 미주리함의 사격 장면과 함상에서 일본의 항복을 받는 맥아더

르크 전함을 각각 건조하는 등 거함거포주의를 표방하였다. 1942년 일본 야마토 전함은 취역 후 첫 출전한 미드웨이해전(1942년 6월)에서 미국의 공격에 격침되고 말았다.

제2차 세계대전 시 독일의 U-보트 잠수함 작전은 초기에는 북해 일원에서 영국의 군용 선박들을 대상으로 하였으나, 나중에는 영국과 중립국 선박들을 포함한 모든 군용 및 상선을 대상으로 함으로써 영국을 고사枯死시키는 전략의 한 방편으로 이용하였다. 당시의 잠수함은 대부분의 시간을 부상浮上하여 항해했으며, 현대 잠수함과 비교하면 수중작전능력 면에서 크게 제한되는 취약점이 있었다. 그러나 수상함에 비해 비교적 많은 연료를 적재할 수 있었고, 수중활동을 하는 잠수함을 탐지하고 공격할 수 있는 적합한 무기체계가 없어 초창기에는 거의 무적이었다.

독일의 무제한적인 잠수함 작전으로 인해 피해가 극심했기 때문에, 이에 대응하기 위한 다양한 무기체계와 작전 방안들이 동원되었다. 항공기, 수중음파를 이용 대전 당시의 해전은 대양에서 항공모함을 중심으로 한 다수 함정 간의 대규모 격돌과 많은 상륙작전, 그리고 주요 해상교통로에 대한 공격과 방어작전 등의 형태로 나타나게 되었다.

1.3.6 이지스함 시대와 정밀 유도무기

핵무기 사용으로 막을 내린 제2차 세계대전 이후 형성된 냉전시대 동안 계속되었던 군사적인 긴장상태는 다양한 전쟁 유형을 가정하고 대비하는 과정에서 새로운 군사기술과 무기체계의 발전을 가져왔으며, 전쟁 양상도 크게 변화되었다. 여러 유형의 핵무기뿐만 아니라 잠수함과 항공기, 항공모함, 전투함 등 전통적인 재래식 전쟁을 수행하는 모든 함정과 무기체계 능력이 크게 발전하였다. 전쟁 양상에 가장 큰 영향을 미친 새로운 무기체계는 감시 및 정찰용 인공위성과 유도무기인 미사일이라 할 수 있다.

2차 세계대전 당시만 하더라도 전장에서 적을 찾아내는 것이 가장 큰 과제였다. 그러나 냉전시대에는 우주에 무수히 쏘아 올린 인공위성 기술이 이 문제를 상당 부분 해결하였다. 적의 위치를 사전에 알고, 가능한 한 적보다 먼저 기동하여 유리한 위치를 선점하며, 원거리에서 미사일로 목표를 공격함으로써 전쟁에서 이길 수 있는 확률이 크게 높아진 것이다.

1967년 10월 현대전에서 최초로 이집트 고속미사일함에서 발사한 함대함미사일 스틱스Styx에 이스라엘 구축함 에일라트가 격침되는 충격적인 사건이 발생하며 본격적인 미사일전 시대가 열렸다. 대함미사일 1발로 수천 배의 고가치 함정이 격침되고 인명피해가 발생하면서 대함미사일과 대공방어에 대한 각국의 비상한 대책 마련이 가속화되었다.

1982년 5월 아르헨티나가 영국령 포클랜드를 점령하면서 발생한 포클랜드 전쟁에서 아르헨티나 공군기에서 발사한 공대함미사일 엑조세Exocet가 영국 최신예 구축함 4,820톤급 쉐필드함을 명중, 침몰시키는 사건이 발생하였고, 1986년 지중해에서 미 해군 순양함 및 A-6E 공격기에서 발사된 공대함 및 함대함 미사일 하푼Harpoon이 리비아 해군의 함정들을 격침시키기도 하였다. 걸프전쟁(1991년)에서는 미 해군 전함 및 순양함 등에서 함대지 토마호크Tomahawk 288발을 발사, 이라크 지휘부 등을 정밀 타격하여 전쟁 초기 기선을 제압하는 데 큰 역할을 했다.

미 해군은 여러 발의 대함 미사일로부터 함대를 보호하기 위한 연구에 박차를 가

그림 1-7 포클랜드 해전에서 엑조세에 피격되어 침몰하는 영국 쉐필드함

하여 마침내 1983년 이지스Aegis 전투체계를 개발, 순양함과 구축함에 탑재하였다. 그리스 신화에 나오는 제우스신의 만능 방패를 의미하는 이지스는 함정의 대공/대수상/대잠작전을 효율적으로 수행하며 최근에는 탄도미사일 상층·하층 방어능력을 갖추고 있다.

이지스함은 기본적으로 예하세력 보호를 위한 해역방어Area Defense용 사정거리 150㎞급인 SM-2 함대공미사일, 자함방어Point Defense용 사거리 12㎞ 급 RAM, 함정의 마지막 Hard Kill 방어선인 근접방어무기체계CIWS: Closed In Weapon System 인 20mm 기관포 발칸 팔랑스, Soft Kill 수단으로 대미사일 기만체계 DAGAIE, Super-RBOC 등 다양한 방어체계들이 선체 4면에 고정되어 360도 방향의 표적 1,000개를 탐지하여 추적하는 AN/SPY-1D 다기능 위상배열레이더가 포함된 이지스 전투체계와 연동되어 운용된다. 미국과 일본의 이지스함에는 해상 상층에서 탄도미사일을 요격할 수 있는 SM-3 미사일과 업그레이드된 이지스 전투체계를 운용하고 있다.

한편, 냉전시대부터 은밀한 가운데 적의 핵심을 타격할 수 있는 핵탄두를 탑재한 잠수함발사탄도미사일SLBM을 장착한 전략잠수함의 개발, 운용과 이를 탐지·추적하기 위한 해양 감시 작전이 전개되었다. 잠수함은 핵무기를 탑재하기 위해 대형화되었고, 은밀성을 강화하기 위해 장기간 부상하지 않고 수중에서 활동할 수 있도록 원자력 추진기관을 탑재하여 더 깊은 수심으로 잠항할 수 있게 되었다. 이러한 잠수함들의 쫓고 쫓기는 추격전이 미국, 러시아, 중국을 비롯한 주요 국가 해군의 가장 중요한 전략적인 임무이며 해상작전의 핵심을 이루고 있다. 대양의 심해로 숨어버린 전략 원자력잠수함에 대응하여, 광범위한 전장 공간에 대한 해양감시 정보체계의 운용과 이를 바탕으로 한 전략잠수함과 공격잠수함들의 은밀한 수중작전은 지금 이 시간에도 진행형이다.

1.3.7 현대 및 미래 전장환경과 해전 양상

21세기에 들어와 해전 양상에 큰 변화를 미친 요인들은 세계 안보환경 변화와 정보기술IT의 비약적인 발전이라 할 수 있다. 제2차 세계대전 이후 형성된 냉전시대가 끝난 후 국제적인 안보환경과 위협이 크게 변하게 되었다. 오늘날의 안보 위협은 전통적인 군사적 위협 외에 초국가적이고 비군사적인 위협이 증대되면서 분쟁 양상이 더욱 복잡하고 다양해졌다.

대규모 전쟁의 가능성은 크게 감소했으나, 영토와 자원 분쟁, 종교와 인종 갈등, 분리와 독립 운동과 같은 복잡한 요인에 의한 다양한 형태의 국지분쟁이 세계 도처에서 발생하고 있다. 뿐만 아니라 국제적인 테러 집단들은 정규군에 버금가는 조직으로 지구촌의 안전을 위협하고 있으며, 2001년 9.11테러를 통해 현실로 입증되었다. 이외에도 국가체제 운영에 실패한 국가들이 생겨나면서, 21세기에 어울리지 않게 해적들이 일상으로 출몰하는 현상도 빚어지게 되어 한국 해군도 아덴만에 DDH-2급 구축함으로 구성된 청해부대를 파병하여 국제 해적 퇴치작전을 미국 해군을 비롯한 주요 국가들과 함께 수행하고 있다.

현대의 전장은 지상·해상 및 수중·공중의 3차원 공간으로부터 우주와 사이버 공간이 포함된 5차원으로 확대되고 있으며, 전장 환경변화에 대응하기 위해 감시정찰체계, 지휘·통제·통신·컴퓨터·정보체계C4I: Command, Control, Communication,

Computer, Intelligence, 정밀유도무기PGM: Precision Guided Munition를 중심으로 무기체계가 발전하고 있다.

현대 및 미래전의 양상은 네트워크 중심전NCW: Network Centric Warfare, 효과중심전, 동시·통합전으로 요약할 수 있다. 즉, 네트워크 중심전을 통해 적보다 먼저 보고, 먼저 결심하고, 먼저 정밀 미사일을 이용하여 타격하고, 물리적 파괴보다는 적의 취약점을 공격함으로써 전쟁의 목적을 달성하기 위해 다차원, 광역 전장에서 적 중심을 식별하여 가용한 수단과 노력을 동시적으로 집중시킬 것이다.

해상 전투환경은 네트워크를 기반으로 전투공간의 광역화와 함께 대함전ASuW: Anti Surface Warfare, 대공전AAW: Anti Air Warfare, 대잠전ASW: Anti Submarine Warfare 및 대지전STW: Strike Warfare, 전자전EW: Electric Warfare 등이 복합적으로 동시에 수행될 것으로 보인다. 또한 전통적인 대양작전에 더하여 연해 합동작전이 더욱 중요해지고 있는데, 이러한 해군 작전의 중심에 대함, 대공, 대지, 전구탄도미사일방어TMD: Theater Missile Defence 등이 핵심 임무로 자리할 것으로 전망된다.

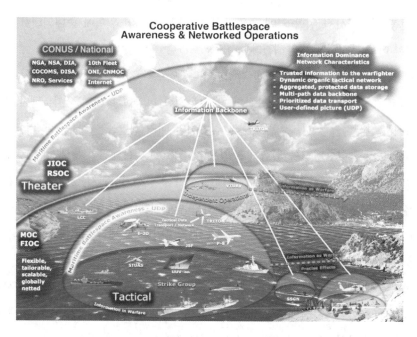

그림 1-8 네트워크 중심전(NCW) 개념도

NAVY

WEAPON

CHAPTER

2

수상함

2.1 수상함의 역사와 발전과정

2.1.1 수상함의 역사는 해군의 역사

과거 인류가 바다로 진출한 것은 네 가지 이유에서였다. 하나는 식량을 구하기 위함이고, 다른 하나는 바다가 거기에 있었기 때문이다. 이 두 가지 이유는 세 번째 이유인 탐험을 하게 만들었고, 마지막으로 바다를 통해 무역을 하게 되었다. 따라서 바다를 이용한다는 것은 재화와 군대를 수송하는 데 있어 가장 효과적이면서 저렴한 수단이었다. 이러한 수단으로 바다에서 재화를 수송하면 상선이라 하고, 군대를 이송하는 등 군사용으로 사용하면 군함이라고 한다. 군함은 두 가지 이유로 발전하였다. 첫째는 해상 운송을 보호하는 수단으로 이용하는 것, 둘째는 인류가 전쟁에 사용할 목적으로 특별히 건조하였다.

역사 기록에 의하면 최초의 항해자는 페니키아인이었다. 그들은 B.C. 1500~500년경에 이미 지중해, 흑해, 영국, 네덜란드 부근까지 진출하였으며, 원양 항해를 하는 선박에는 반드시 무장을 갖추게 하였는데 이것이 해군의 시초라고 하겠다. 당시에는 군함과 상선의 구별이 없었으며, 육·해군의 구분도 없었다. 이 시기는 제해권制海權의 확보 여부에 따라 국가의 흥망이 결정될 만큼 해상 세력이 중시되었다. 이후 항해술이 발달하면서 새로운 항로에 대한 개척 붐이 일어나면서 범선에 의한 원양 항해 시대가 열리게 되었다. 당시 새로운 항로 개척의 선두주자였던 포르투갈과 스페인, 영국, 네덜란드의 해군은 신대륙을 발견하여 곳곳에 식민지를 건설하면서 세계의 해양에서 활약하였다.

해군은 바다라는 무대에서 군함軍艦이라는 수단을 가지고 활동하는 군軍이다. 해군의 주요 전력인 군함은 기동성이 있어 전차, 항공기 등을 탑재하고 바닷길을 통해 전 세계의 어느 곳이든 이동할 수 있다. 그리고 군함은 단순히 강철로 만들어진 전투수단이 아닌, UN 해양법 협약에 규정되어 있듯이 정부에서 정식으로 임명되고, 군적명부에 등재되어 있는 장교가 지휘하며, 군율에 따르는 승무원이 배치된 함정을 의미한다. 군함은 항구에 정박 중인 경우에는 함수에 해군기, 함미에 국기를 게양하고, 항해 중에는 마스트에 국기를 게양한다. 따라서 군함은 국제법상 국가 영토의 일부로서 치외법권적 지위를 갖게 된다. 이렇듯 군함은 군에 소속되어 무장과 병력을 탑재하고 전투 또는 전투지원 임무를 주목적으로 수행하는 선박이다. 군함은 수상함과 잠수함을 포괄하는 명칭으로 함정이라는 용어로도 표기되며, 물위에 떠 있는 군함을 일반적으로 수상함이라고 한다. 영어로 군함은 Naval Ship 또는 Warship으로 표기하고, 수상함은 Surface Ship이라고 한다.

2.1.2 시대별로 본 수상함의 발전과정

수상함의 발전과정을 살펴보면 일반적으로 제2차 세계대전을 기점으로 나누곤 한다. 즉 제2차 세계대전 이전의 시대는 거포Big Gun 시대라 하고, 이후 시대는 핵 시대 또는 미사일과 전자 시대라고 한다.

고대에서 중세까지 군함은 갤리선Galley이라고 하는 목선으로 노와 돛에 의해 항주하고, 전투는 활쏘기, 투석, 병선끼리 접근하여 전투하는 근접전으로 승패를 가리곤 했다. 16세기에는 포가 주요무기화 되자 많은 포를 탑재한 군함이 등장하게 되었고, 18세기에는 항해술이 발달하여 노보다 돛에 의해 항해를 많이 하게 되었다. 1850년 무렵까지 군함은 16세기 군함과 크게 다른 점이 없었으나, 이 무렵부터 증기기관이 보급되기 시작하였고, 철판을 선체 건조에 사용하게 되었다. 이후 군함은 증기기관을 탑재하고, 선체를 두껍게 하여 적의 포탄에 견디도록 하였으며, 대형화된 함포를 다수 탑재하게 되었다. 1959년 프랑스 해군은 최초의 대형 장갑전함 글로아르함Gloire, 5,600톤을 건조하였다. 이어서 영국도 워리어함Warrior, 9,000톤을 건조하여 톤수 면에서 1만 톤에 이르는 거대한 군함이 등장하였고, 20세기 초에는 터빈기관이 등장함에 따라 속력이 빠른 군함들이 건조되었다. 따라서 이 시기 군함건조의 기조는 거함거포주의巨艦巨砲主義가 팽배하여 대형함정들이 건조되었으나, 제1차 세계대전을 정점으로 워싱턴 군비제한조약과 1942년 미드웨이 해전 이후 거함거포 시대가 막을 내렸다. 이후 항공력이 해군력의 주요 척도로 부상한 이래 각국은 경쟁적으로 해양 항공 플랫폼을 개발하고 전력화하는 데 주력해왔다.

냉전시기 미국은 10척 이상의 초대형 항공모함과 10여 척의 대형 상륙강습함 체계를 유지하면서 전 세계의 바다를 호령했고, 과거 해외 식민지를 운영해오던 서방 강대국들 역시 중소형 항공모함이나 상륙강습함 등 해양 항공 플랫폼을 건조해 해군력의 주축으로 운용해오고 있다.

제2차 세계대전 이후의 군함은 현대 과학기술 및 무기체계의 발달과 더불어 수상함의 역할이 다양해지고 부여된 임무가 복잡해지면서, 항공모함뿐만 아니라 잠수함, 기뢰전함, 지원함, 상륙함 등과 같은 함형 간의 차이가 발생하였다. 사실 현대에 들어 해상에서 함정의 임무가 다변화됨에 따라 군함의 범위는 매우 넓어져서, 연안형의 고속정에서부터 항공모함까지 이르게 된다.

현대에 들어 건조되는 군함은 전통적인 함형중심Platform Centric의 전투능력을 중시하는 개념에서 탈피하여 다양한 임무수행능력을 갖춘 능력중심Capability Centric의 개념을 적용하고 있다. 따라서 함정시스템 간 네트워크 기술의 보편화와 작전수행능력 요구수준과 연계된 함정 자동화 소요 증가로 전장 환경에 부합한 전투력 향상은 물론 생존성·경제성 향상도 도모할 수 있는 개념의 스마트십Smart Ship으로 발전해 나가고 있다. 따라서 함형을 다양화하기보다는 성능을 향상시키는 방향으로 건조되고 있다.

함형별 발전추세를 살펴보면, 항공모함의 경우 신기술을 적용한 함 건조로 승조원을 감편하고, 항공기를 다수 탑재하며, 비행갑판을 개량하여 이·착륙 간 상호 간섭이 없도록 하는 등 동시에 다양한 작전을 수행할 수 있도록 발전하고 있다. 구축함, 호위함 등 전투함은 실시간에 다차원의 복합전 형태를 띠는 미래 전장에서 다양한 작전 임무를 수행 할 수 있도록 대함·대공·대잠·대지 전투능력을 보유하는 추세로 발전하고 있다. 특히, 이지스레이더 등 3차원 위상배열레이더를 탑재한 중·대형 구축함, 대함·대공 미사일 및 신형 전투체계를 탑재하여 전투능력이 강화된 호위함, 대함·대공능력이 강화된 초계함 및 연안전투함 등이 개발 및 건조되고 있다. 상륙함의 경우, 세계의 선진 해군들은 각 지역에서 발생하는 분쟁에 효과적으로 대처하기 위해 신속기동 능력을 획기적으로 향상시키고 있다. 특히 평시 재난구조, 평화유지작전을 지원하며, 전시에는 적 해안에 조기에 많은 병력을 상륙시킬 수 있도록 항공기, 공기부양선, 수륙양용장갑차를 다수 탑재 가능한 신형 상륙함을 건조하는 추세이다.

전 세계적으로 운용되는 군함의 종류는 상당히 많다. 일례로 범위를 좁혀 순양함, 구축함, 호위함이라는 3개 함종으로 제한하고 톤수를 3,000톤에서 10,000톤으로 한정해도 세계적으로 그 종류만 수십 여 종이 넘는다. 그러므로 본고에서는 군함의 종류 중에서 잠수함을 제외하고, 전투함인 항공모함, 순양함, 구축함, 호위함, 초계함과 특수목적으로 운용되는 상륙함, 소해함, 군수지원함, 병원선 등으로 한정하여 발전 추세를 정리하였다.

2.2 수상함의 분류 및 특성

2.2.1 수상함의 분류

수상함Surface Ship이란 잠수함과 대비되는 의미로 물위에 떠 있는 군함이다. 여기서 군함Warship은 일반적으로 전투에 종사할 목적으로 건조되어 해군이 소유하는 선박을 말한다.

수상함은 일반적으로 크기, 임무 유형 및 기능에 따라 분류한다. 먼저 수상함의 크기는 상선과 달리 배수톤수[1](상선의 경우 용적톤수로 계산)로 분류한다. 만재배수톤수가 500톤 이상이면 함이라 하며, 500톤 미만이면 정으로 구분한다. 수상함을 분류할 때 사용되는 '급Class'은 동일한 임무와 형상 및 크기를 가진 수상함을 의미한다. 특정 '급'에 포함된 수상함은 동일한 방법으로 건조되어, 선체번호(고유번호)를 제외하면 거의 유사하다. 각 '급'의 수상함 명칭은 해당 '급'에서 첫 번째로 건조된 함명으로 명명하는 것이 일반적이다. 예를 들어, 울산급(FF) 호위함은 우리나라에서 최초로 건조된 호위함인 울산함을 의미하며, 여기에는 서울함, 충남함 등의 함정이 포함된다. 대부분의 함정에는 명칭이 있으며, 이는 함정을 식별하기 위한 것으로 '함정 지정ship's designation'이라고 한다. 함정 지정은 함정의 유형type이 항공모함, 순양함, 구축함, 잠수함인지 나타내며, 함정마다 선체번호hull number를 부여한다. 함정의 지정은 문자와 숫자의 조합으로 이루어져 함정의 유형과 그 건조 순서를 나타낸다. 예를 들어 이지스구축함 1번함인 세종대왕함은 DDG 991이다. 여기에서 DDG는 함정의 유형 분류를 의미하는 것으로 DD는 구축함, G는 장

---

1 배수톤수는 선박의 크기를 무게로 나타내는 중량톤수의 하나로서, 선체가 밀어내는 배수량(displacement capacity)으로 표시하는 톤수를 말한다. 주로 군함의 크기를 나타낼 때 많이 사용된다. 용적톤수(measurement tonnage)는 화물을 실을 수 있는 선박의 용적을 40ft³를 1톤으로 하여 계산한 값이다.

거리유도무기를 탑재하고 있음을 나타낸다. 그리고 991은 990 단위의 함정에서 첫 번째로 건조된 구축함이라는 것을 보여준다.

수상함은 기능에 따라 전투함Combatant ship, 보조함Auxiliary ship, 상륙함Landing Ship 등으로 분류한다. 전투함은 적의 함정, 항공기, 잠수함 등과 교전하기 위해 건조된 수상함을 의미한다. 그리고 함정을 운용하는 데 필요한 보급품(연료, 탄약, 식량, 수리부속 등)을 공급하기 위한 수상함을 보조함이라 한다. 또한 병력 및 장비를 육상에 전개하기 위해 특정 장소로 수송하는 수상함을 상륙함이라 한다. 더 나아가 수상함을 세부적인 기능에 따라 항공모함, 순양함, 구축함, 호위함, 초계함, 상륙함, 소해함 등으로 분류하고 있다.

해군에서는 문자 표식으로 약호를 사용하여 함정의 유형을 분류한다. 이를 '유형 분류type classification'라고 한다. 해군함정을 약호에 따라 분류하는 기준은 1945년 이전에는 전통적인 분류 기준인 함정에 탑재된 무기체계 및 톤수를 기준으로 분류하였으나, 현대에 들어서는 전통적인 분류와 기능을 고려하여 정립된 NATO 분류기준을 사용하고 있다. 표 2-1은 NATO 분류기준에 따른 수상함의 약호를 보여준다.

표 2-1 수상함 약호

약호	영문명	명칭
CV	Aircraft Carrier	항공모함
CVN	Nuclear Powered Aircraft Carrier	원자력 추진 항공모함
CVL	Light Aircraft Carrier	경항공모함
CVHG	Guided Missile STOVL Aircraft Carrier	수직 이착함기 및 미사일 탑재 항공모함
CVH	STOVL Aircraft Carrier	수직 이착함기 탑재 항공모함
CC	Cruiser	순양함
CG	Guided Missile Cruiser	미사일 순양함
DD	Destroyer	구축함
DDG	Guided Missile Destroyer	미사일 구축함
DDH	Helicopter Destroyer	헬리콥터 구축함
FF	Frigate	호위함

약호	영문명	명칭
FFG	Guided Missile Frigate	미사일 호위함
PCC	Patrol Combat Corvette	초계함
PKG	Patrol Killer Guided Missile	미사일 고속함
PKM	Patrol Killer Medium	고속정
MHC	Mine Hunter Coastal	연안 소해정
MSH	Mine Sweeper and Hunter	소해함
MLS	Mine Laying Ship	기뢰 부설함
ASL	Submarine Tender	잠수정 모함
AGS	Surveying Ship	정보함
AOE	Combat Support Ship	군수지원함
ATS	Salvage Ship Ocean Tug	수상함 구조함
ASR	Submarine Rescue Ship	잠수함 구조함
LST	Landing Ship Tank	전차 상륙함
LPH	Landing Platform Helicopter	헬기전용 상륙함
LPD	Landing Platform Dock	도크형 수송 상륙함
LHD	Landing helicopter Dock	다목적 헬기모함
LSD	Landing Ship Dock	도크형 상륙함
LCAC	Landing Craft Air Cushioned	공기부양정

2.2.2 함명 제정 절차

인간은 태어나면서 부모로부터 이름을 지어 받듯이, 함정의 경우에는 육상에서 건조되어 물위에 띄우는 진수식에서 함정 고유의 이름과 선체번호를 부여 받는다. 한국 해군은 1946년 10월 29일 상륙정에 '서울정'이라는 함명을 처음 사용한 이래, 함정 유형에 따라 각각의 함명 제정 기준을 설정하여 함명을 부여해오고 있다.

해군에서 사용하고 있는 함명 제정 기준을 함정 유형별로 살펴보면, 구축함은 광개토대왕, 충무공이순신, 세종대왕 등과 같이 국민들로부터 영웅으로 추앙받는 역사적 인물과 호국인물을 함명으로 사용하고 있으며, 함정의 유형에 따라 선도함의 함명을 따서 광개토대왕급과 충무공이순신급, 세종대왕급으로 통칭한다.

209급 잠수함은 장보고, 이천 등 통일신라시대부터 바다와 관련하여 국난 극복에 공이 있는 역사적 인물을 함명으로 사용하고 있으며, 214급 잠수함에는 손원일, 정지 등 일제 강점기 독립운동에 크게 공헌하거나 해방 이후 국가 발전에 크게 기여하여 존경 받는 인물을 함명으로 사용하고 있다. 그리고 유형별로 선도함의 함명을 따서 장보고급 잠수함과 손원일급 잠수함으로 통칭한다.

호위함은 서울, 충남, 마산 등 도都나 광역시 같은 대도시의 지명을 사용하고, 초계함은 동해, 포항, 목포 등 중·소도시의 지명을 사용하고 있으며, 고속정은 속력이 빠르고 신속한 특성을 고려하여 참수리처럼 날렵한 조류 이름을 사용한다. 고속정을 대체하여 새로이 건조되는 미사일고속함은 해군 창설 이후 전투·해전에서 귀감이 되는 인물을 함명으로 사용하고 있으며, 선도함의 함명을 따서 윤영하급 미사일고속함으로 명명하였다.

상륙함은 상륙군이 육지에 상륙한 이후, 고지를 탈환한다는 의미를 내포하여 고준봉, 향로봉 등과 같은 산봉우리 이름을 사용하여, 대형상륙함은 우리나라 최외곽 도서인 독도를 함명으로 사용하여 해군의 영해 수호 의지를 표명함은 물론, 섬과 같이 영원히 침몰하지 않는다는 의미를 내포하고 있기도 한다.

기뢰전함은 6.25전쟁 당시에 기뢰가 부설되고 이를 제거했던 북한 지역 항구 이름인 원산과 강경, 양양, 해남 등과 같이 해군기지가 있거나 해군기지에 인접한 군·읍 이름을 함명으로 사용하고 있다.

그 밖에도 군수지원함은 천지, 대청 등 함의 특징을 나타낼 수 있는 호수 이름을, 잠수함구조함에는 청해진과 같이 해양력2 확보와 관련된 역사적 지명을, 수상함구조함에는 평택, 광양 등과 같이 해안에 위치하며 공업단지가 있는 신흥공업도시 이름을, 해양정보함에는 창조·개척의 의미를 내포하는 추상명사인 신세기, 신기원 등을 함명으로 사용하

---

2 해양력(Sea Power)은 국가이익을 증진하고 국가목표를 달성하며 국가정책을 수행하기 위하여 해양을 통제하고 사용할 수 있는 국가의 능력을 말한다. 해양력은 해군력 이상의 것으로 해운, 자원, 기지 및 기관을 포함하는 용어이며, 국가의 정치력, 경제력 및 군사력으로 전환되는 국력의 일부분이다.

고 있다. 한국 해군의 함명 제정 기준은 표 2-2와 같다.

표 2-2 한국 해군의 함명 제정 기준

구분	함명 제정기준	함명
구축함	• 과거부터 현대까지 국민들로부터 영웅으로 추앙받는 역사적 인물(왕, 장수)과 호국 인물 * 민족 간의 전투에서 승리한 장수는 배제	• DDH-I: 광개토대왕, 을지문덕, 양만춘 • DDH-II: 충무공이순신, 문무대왕, 대조영, 왕건, 강감찬, 최영 • DDG: 세종대왕, 율곡이이, 서애류성룡
잠수함	• 통일신라시대부터 조선시대 말까지 바다에서 큰 공을 남긴 인물 • 독립운동에 공헌한 인물 및 광복 후 국가발전에 기여한 인물	• KSS-I: 장보고, 이천, 최무선, 박위, 이종무, 정운, 이순신, 나대용, 이억기 • KSS-II: 손원일, 정지, 윤봉길, 유관순 등
호위함	• 도, 광역시, 도청소재지	• 서울, 충남, 마산, 경북, 전남, 제주, 부산, 청주
초계함	• 시(市) 단위급 중·소도시	• 포항, 부천, 공주, 여수 등
미사일 고속함	• 해군 창설 이후 전투·해전 귀감 인물	• 윤영하, 황도현, 서후원 등
고속정	• 조류명	• 참수리
상륙함	• 한국해역 최외곽 도서 • 고지탈환 의미를 내포한 산봉우리	• LPH: 독도 • LST-II: 천자봉 등 • LST: 고준봉, 비로봉, 향로봉, 성인봉
고속 상륙정	• 조류명	• 솔개
기뢰전함	• 한국전쟁 시 기뢰전 관련 지역명 • 해군기지가 있거나, 해군기지에 인접한 군·읍 이름 * 과거 소해정에 사용한 함명 재사용	• 원산 • 양양, 옹진, 해남 • 강경, 강진, 고령, 김포, 고창, 금화
군수 지원함	• 담수량이 큰 호수 명칭	• 천지, 대청, 화천
수상함 구조함	• 공업도시 명칭	• 평택, 광양
잠수함 구조함	• 해양력 확보와 관련된 역사적 지명	• 청해진
정보함	• 창조·개척 의미의 추상명사	• 신세기, 신기원

2.2.3 함정 무기체계의 특수성

수상함을 포함한 함정은 무기체계로서의 특성, 건조과정 상에서의 특수성, 상선과 구별되는 차이점 등 다양한 특수성이 있다. 먼저 함정은 복합 무기체계로서 표준화 및 규격화가 제한되고, 부대 창설의 개념이 포함되어 있는 특수성이 있다. 함정은 다수다종의 개별 무기체계와 장비가 탑재되고 연동되어 통합 성능을 발휘하는 복합 무기체계이다. 그리고 함정은 무기체계임과 동시에 승조원이 함내에 거주하며 작전, 정비, 훈련 및 행정 업무를 수행하는 부대 창설 개념이 적용되고 있다. 해군의 작전 형태와 적의 위협 세력에 대처하기 위해서는 다종의 함정이 필요하며, 동종의 함정은 소량으로 획득하므로 다종소량 생산개념이 적용된다. 일반 무기체계와 장비는 시제품의 시험평가를 통해 성능을 입증한 후 대량생산으로 이어지나, 함정은 시제함정의 경우라도 일정기간 전력화 평가를 실시한 후 부여된 임무를 수행하기 위해 실전에 배치하여 운용한다. 또한 함정 획득에는 장기간이 소요됨에 따라 동형의 함정일지라도 건조시점에 따라 탑재장비와 무기체계의 일부가 변경되고, 개량된 신형 자재의 사용 및 운용자 요구사항의 반영 등으로 설계변경 소요가 다수 발생하며, 이로 인해 동형 함정이라도 표준화 및 규격화가 제한되는 특수성이 있다.

둘째, 함정을 건조하는 과정상에서의 특수성은 다음과 같다. 함정은 다수의 무기체계를 설치하고, 고출력·최첨단의 장비가 설치된 종합설비Plant로서 기본기술부터 첨단기술이 잘 조화되어야만 우수한 성능발휘가 가능하다. 동형의 함정에서 처음으로 건조되는 시제함은 사업을 착수하면서부터 건조하기까지 대형함의 경우에는 10~15년이 소요되며, 시제함 건조 이후 후속함으로 생산되는 양산함 사업 착수 시에는 획득기간이 5년 이상 추가로 소요되어 전력증강 기간이 15~20년 이상 장기간 소요된다. 함정의 건조는 하나의 선체Platform에 다양한 무기체계 및 장비를 탑재하여 통합성능을 최적화하는 작업으로 공사Ship Building 개념으로 건조된다. 그리고 함정은 일반 무기체계와 달리 자국의 작전요구성능에 따라 설계 및 건조되며, 수명기간 중 미래에 개발되는 장비를 탑재하거나 운용자 요구사항 반영 등으로 인한 개조·개장이 발생할 수 있으므로 국내에서의 설계 및 건조가 최선의 획득방법이다. 이를 통해 국내 유관산업 발전에도 기여하는 바가 크다.

마지막으로 함정을 상선과 비교해보면 다양한 차이가 있다. 먼저 운용목적 측면에서 함정과 상선은 서로 다른 목적으로 건조된다. 즉 상선은 영리를 목적으로 건조되나, 함정은 적의 위협에 대처하여 전투를 목적으로 건조된다. 그리고 함정에는 상선보다 10~30배의 인원이 거주한다. 따라서 거주용적이 전체용적의 약 20% 이상을 차지한다. 또한 수많은 격실과 탑재된 장비, 각종 무기체계 및 안테나 등의 배치로 상선에 비해 매우 복잡하다. 또한, 함정은 화생방전 및 충격에 대한 보호 등 최신기술이 반영된다. 따라서 초기 건조비용과 운용비용이 상선에 비해 많이 든다. 함정은 군함으로서 어느 정도 손상되어도 전투력을 발휘하기 위하여 적절한 예비부력과 복원력을 가지기 위해 많은 구획을 가지며, 중요장비 및 체계는 이중화 개념이 적용되어 건조된다.

2.3 항공모함

2.3.1 항공모함이란?

항공모함은 항공기를 탑재하여 운용할 목적으로 설계되고, 항공기 운용에 필요한 시설과 장비 및 항공기를 이·착함시킬 수 있는 비행갑판이 설치되어 있는 군함이다. 수상함에 비행기를 탑재하고자 한 최초의 시도는 1910년에 전함과 순양함 같은 대형함의 갑판에서 비행기의 이·착함 실험을 실시한 것이다. 제1차 세계대전 말기에는 영국 해군이 순양함 퓨리어스Furious함을 이용하여 함교 앞부분에 이함 갑판을 설치하고, 뒷부분에 착함갑판을 설치하였다. 1918년에는 상선의 선체 위에 넓은 격납고를 설치하고 그 위에 돌출물이 없는 평탄한 비행갑판을 설치하여 오늘날의 항공모함 형태를 갖춘 아거스Argus함을 건조하였다. 이후 미국, 영국, 일본도 본격적으로 항공모함을 건조하기 시작하여 1922년에는 일본에서 항공모함으로 운용할 목적으로 설계 및 건조된 10,500톤의 호쇼함을 세계 최초로 실제전장에 배치하였다.

이어서 미국 해군은 1955년 대형 항공모함 포레스털Forrestal함을 건조하였고, 1961년 세계 최초의 원자력 추진 항공모함 엔터프라이즈Enterprise함을 건조하였다. 현재 미 해군은 배수량 10만 톤급으로 세계에서 가장 큰 항공모함인 니미츠Nimitz함을 건조하여 운용하고 있다.

항공모함은 제2차 세계대전부터 성능과 형태, 임무에 따라 구분하여 사용되고 있다. 미국 해군의 경우 초기에는 항공모함을 공격항공모함CVA: Attack Carrier과 대잠지원항공모함CVS: Antisubmarine Warfare Support Carrier으로 구분하였다. 공격항공모함은 적의 함대 및 육상의 표적을 공격하기 위해 100여 기의 공격기를 탑재한 배수톤수 6~10만 톤의 대형 항공모함이고, 대잠지원항공모함은 주로 제2차 세계대전 중에 건조하여 적 잠수함의 탐색과 공격에 사용하는 배수톤수 3~4만 톤의 항공모함이다. 또한 만재배수량에 따라 '경輕'과 '중重'으로 분류하기도 하였다. 만재배수량 5만 톤 이상의 항공모함을 대형항공모함Large fleet Aircraft Carrier이라 하고, 2만 톤 이하의 항공모함을 경항공모함Light fleet Aircraft Carrier으로 분류하였다. 현재는 대잠임무든 공격임무든 가리지 않고 모든 임무를 수행하는 대형항공모함들이 등장하자, 미국은 명칭을 추진연료에 따라 항공모함CV: Carrier과 원자력 항공모함CVN: Nuclear Carrier으로 분류하였다.

현대에 이르러 항공모함은 원양에서 해군의 독자적인 전력투사능력을 보유한 바다의 요새이며, 엄청난 공격력을 갖춘 이동식 비행장이다. 배수톤수는 3~10만 톤까지 다양하

그림 2-1 일본 호쇼 항공모함

며, 수십 여 대의 각종 항공기를 탑재하여 운영한다. 항공모함은 다양한 임무를 수행하기 위해 탑재하고 있는 다종의 항공기를 이용하여, 육상부대에 대한 항공지원, 폭격임무, 대공·대함·대잠작전, 구조임무, 정찰 등을 주로 수행한다.

2.3.2 주요 국가 보유현황

해상에서 다수의 항공기를 운용하는 항공모함은 그 막강한 위력 때문에 보유를 희망하는 국가가 많지만, 획득비용과 운용유지비용이 일반 수상전투함과 비교할 수 없을 정도로 높은 수준이며, 이러한 부담을 감수하고 보유를 결정하더라도 주변국과의 군비경쟁 등 정치적 부담이 따르기 때문에 항공모함 보유 국가는 극히 제한된다.

항공모함을 보유한 국가는 미국, 영국, 중국, 일본, 러시아 등 10여 개 국가이다. 표 2-3은 주요국의 항공모함 보유현황을 보여준다.

표 2-3 주요국 항공모함 현황

구분	보유현황		비고
미국 (10)	NIMITZ급(CVN)	10척	CVN 68~70: 92,950톤, CVN 71: 97,930톤, CVN 72~77: 103,630톤, 1975~2009년 건조
	GERALD R. FORD급(CVN)	0척	101,600톤, 2016/2022/2027년 각 1척 총 3척 건조 예정
영국	QUEEN ELIZABETH급(CV)	0척	65,500톤, 2018/2020년 각 1척 건조 예정
중국 (1)	KUZNETSOV(Liaoning)급(CV)	1척	59,430톤, 2012년 건조, 러시아로부터 도입 항모로 개조
	TYPE 001(Beijing급)(CV)	0척	2017/2018/2019년 각 1척 건조 예정
일본 (3)	IZUMO급(CVHG)	1척	24,000톤, 2015/2017년 각 1척 건조
	HYUGA급(CVHG)	2척	18,289톤, 2009/2011년 각 1척 건조
러시아 (1)	KUZNETSOV(Orel)급(CV)	1척	59,430톤, 1990년 건조

(1) 미국

대표적인 항공모함 보유국가인 미국은 버지니아 주 노폭에 위치한 뉴포트 뉴스Newport News 조선소에서 1975년부터 2009년까지 니미츠Nimitz급 항공모함 총 10척을 건조하여 운용중이며, 항공기는 F/A-18A/C/E/F, EA-6B, E-2C, 헬기(SH-60, HH-60H 등)를 탑재하여 작전을 수행 중이다. 니미츠급 항공모함의 제원은 표 2-4와 같다.

표 2-4 미국 니미츠급 항공모함

- 만재톤수: 103,637톤
- 추진기관: 핵터빈 4기
- 승조원: 5,750명
- 크기: 길이 332.9m, 폭 40.8m
- 최대속력: 30knots(약 56km/h)
- 보유척수: 10척

미국의 차세대 항공모함인 제럴드 알 포드Gerald R. Ford급 항공모함은 니미츠급 항공모함 대비 많은 부분이 향상되었다. 선체설계, 추진체계, 항공기 운용, 탑재센서 등 여러 부분에서 대폭적인 성능의 향상이 이루어졌다. 설계분야는 레이더단면적RCS: Radar Cross Section 감소를 위해 스텔스 설계를 적용하여, 적의 레이더로부터 탐지될 확률을 크게 감소하였다. 이를 위해 비행갑판 위의 아일랜드[3] 경사 설계와 더불어 아일랜드 축소를 위해

---

3 아일랜드는 비행갑판 위 항공기의 운용·통제를 위한 항공통제 요원, 기동 등 함 운용을 위한 함교이며, 함 승조원 및 항모 강습단 지휘부 등이 위치하여 작전을 수행하는 곳으로 각종 레이더 및 통신용 안테나가 설치되어 있다. 넓은 갑판 위에 홀로 솟아 있어 섬처럼 보인다고 하여 아일랜드라 불린다.

약 70여 명의 항모강습단 사무공간을 비행갑판 아래로 이동하였다. 또한, 외부에 설치된 6~10여 개의 레이더를 통합하여 이중밴드 SPY-3 레이더로 변경하면서 RCS 감소에 많은 신경을 썼다.

항공기 운용분야는 비행갑판의 설계 변경으로 면적이 넓어졌으며, 아일랜드의 위치를 기존보다 함미 방향으로 이동시킴으로써 항공기 운용에 효율성을 높였다. 또한 항공기 재배치 및 무장 재장전 등 많은 부분의 자동화를 통하여 항공기 무장장착에 소요되는 시간이 수시간에서 수분으로 단축되었다. 이러한 변화로 일일 항공기 출격 횟수가 니미츠급 항공모함 대비 대폭 증가하였다. 항공기 이·착함 시스템은 니미츠급 항공모함에서 사용하던 증기식 사출기에서 전자기식 사출기로 변경되었으며, 전자기식 사출기는 출력조절이 불가했던 기존의 증기사출기에 비해 출력조절이 가능하도록 성능을 개선하였다.

제럴드 알 포드급 항공모함은 F-35, F/A-18E/F, E-2D, EA-18 등 75대의 항공기와 MH-60R/S 헬기를 운용하며, 전자기식 사출기의 채택으로 경량의 무인기나 중량의 항공기를 운용할 수 있어 항공기 운용 폭이 증대되었다. 뿐만 아니라 항공기가 이륙 시에 받는 부하를 감소하고, 착륙 시의 항공기 안정성 향상을 위한 신기술이 적용되었다.

표 2-5 미국 제럴드 알 포드급 항공모함

- 만재톤수: 101,600톤
- 추진기관: 원자로(A1B) 2기
- 승조원: 4,550명
- 크기: 길이 337m, 폭 78m
- 최대속력: 30knots(약 56km/h) 이상
- 확보예정: 3척

추진체계 분야에서 제럴드 알 포드급 항공모함에 탑재된 신형원자로는 기존 니미츠급의 원자로에 비해 3배 이상의 전력을 생산함에도 크기는 더 작을 뿐만 아니라 효율이 더 높다. 운용에 필요한 인원도 니미츠급의 항공모함 대비 2/3로 감소되었다.

2016년에 제럴드 알 포드 항공모함의 취역을 시작으로 2022년 2번함인 존 에프 케네디John F. Kennedy함, 2027년 3번함인 엔터프라이즈Enterprise함이 각각 취역되어 2050년대까지 총 10척을 확보할 예정이며, 제원은 표 2-5와 같다.

(2) 영국

영국이 보유한 퀸 엘리자베스Queen Elizabeth급 항공모함은 인빈서블Invincible급 항공모함을 대체하기 위한 후속함 사업으로 2007년에 건조 계획을 발표하여 2008년 계약 이후, 2014년에 진수되어 퀸 엘리자베스로 명명되었고, 2018년경 작전에 투입될 예정이다.

퀸 엘리자베스급 항공모함의 기본 제원은 표 2-6과 같이 전장 280m, 만재톤수는 65,500톤이다.

표 2-6 영국 퀸 엘리자베스급 항공모함

- 만재톤수: 65,500톤
- 추진기관: 통합전기추진
- 승조원: 679명(항공요원 포함 시 1,600명)
- 크기: 길이 280m, 폭 70m
- 최대속력: 25knots(약 46km/h) 이상
- 확보예정: 2척

퀸 엘리자베스함은 일반적인 항공모함과 달리 두 개의 상부구조물을 설치하였다. 전부는 항해용이고, 후부는 항공기 통제용으로 사용한다. 추진체계 분야에서 퀸 엘리자베스는 비용문제로 인해 핵추진 방식 대신 전기추진 방식을 채택하여 36MW급 가스터빈 발전기 2대, 11MW와 9MW급 디젤 발전기 각 2대 등 총 6대의 발전기를 운용하여 최대 속력을 낼 수 있다.

1번함인 퀸 엘리자베스함은 단거리 수직 이착륙기인 F-35B를 운용하기 위해 경사 13도의 스키점프대를 설치하였으나, 향후 고정익 항공기가 이·착륙이 가능하도록 성능 개량 분야를 반영하여 설계하였다. 2번함인 프린스웨일스^{Prince of Wales}함에서는 항모용 F-35C 운용을 위한 사출기 보조 이착륙 시스템^{Catapult Assisted Take Off But Arrested Recovery}을 설치할 예정이었으나, F-35C가 F-35B에 비해 시스템 단가(2배 이상) 상승과 인수시기(2020년)내에 해군으로 인수가 불가하여 퀸 엘리자베스함과 동일 형상으로 건조할 예정이다. 항공기 운용은 최대 F-35B 36대, 헬기 4대를 수용 가능하며, 평시에는 F-35B 12대, 작전 임무 부여시 F-35B 24대 및 헬기 탑재가 가능하다. 비행갑판은 항공기 이·착함을 동시에 지원할 수 있도록 활주로가 3개이며, 2개의 짧은 활주로(약 160m)는 단거리 이·착륙용으로 운용하고, 1개의 긴 활주로(약 260m)는 중무장 항공기의 이륙용이다. 격납고는 20대의 고정익항공기 및 헬기를 격납할 수 있고, 두 대의 엘리베이터를 이용하여 F-35급 항공기를 격납고에서 비행갑판으로 이송할 수 있다. 탐지체계는 장거리 대공탐색레이더와 능동위상배열레이더, 광학장비를 탑재하고 있다. 무장체계는 자함 방어용 근접방어무기체계^{CIWS}와 함포 등을 탑재하고 있다.

1번함인 퀸 엘리자베스함은 2018년 초 취역하여 작전에 운용될 예정이며, 항공모함 2번함은 2020년경 취역할 예정이다.

(3) 중국

중국 해군은 러시아로부터 건조 중이던 바락^{Barak} 항공모함을 도입하여 복원과정을 거쳐 2013년 랴오닝함(함정명 스랑)으로 전력화함으로써 항공모함을 보유하게 되었다.

바락 항공모함은 1985년 구소련의 니콜라예프 조선소에서 건조하던 6만 톤의 크즈네초프급 항공모함 2번함으로 1992년 공정률 70% 상태에서 재정난으로 건조가 중단된 함정이었다. 중국은 이 함정을 마카오의 해상 카지노를 만든다는 명목으로 도입하여 2002년에 다롄 조선소에서 보수하여 건조하였다. 이처럼 건조가 가능했던 것은 바락함의 엔진과 관련 장비, 전기 계통이 그대로 있었고, 우크라이나의 니콜라예프 조선소로부터 설계 자료와 기술 도면을 모두 구입했기 때문에 가능하였다. 이로써 중국은 1940년대 해군이 항공모함 건조 계획을 수립한 이후 70년 만에 항공모함 보유의 꿈을 실현하게 되었다. 증기터빈으로 움직이는 랴오닝 항공모함은 배수톤수가 59,400톤이며, 중국이 자체 개발한 젠-15(J-15) 전투기를 탑재할 예정이다. 랴오닝 항공모함의 제원은 표 2-7과 같다.

표 2-7 중국 랴오닝 항공모함

- 만재톤수: 59,400톤
- 추진기관: 가스터빈 4기
- 승조원: 1,960명(항공요원 626명)
- 크기: 길이 304m, 폭 70m
- 최대속력: 30knots(약 56km/h) 이상
- 보유척수: 1척

이후 중국 해군은 자체 기술로 건조하는 첫 번째 항공모함을 다롄에 있는 중국조선공업협회에서 건조 중이다. 이 항모는 베이징급(001A) 항공모함이라 불리며, 2019년까지 3척의 항공모함을 추가 배치하여 4개의 항공모함 전단을 보유할 예정이다. 이번에 자체 기술로 제작하는 항공모함 001A함은 랴오닝함보다 톤수가 증가된 85,000톤급으로 2016년 진수하여 1년 미만의 해상시험을 거친 후 2017년 취역할 계획이다. 나머지 2척도 2018년과 2019년에 각각 취역할 예정이다. 001A함은 랴오닝함에 적용되었던 스키점프시설과 2개의 혼합형 사출기를 장착할 예정이다. 이는 조기경보기를 포함한 중형 항공기의 운용을 가능하게 하고, 젠-15 전투기의 운용을 위한 별도의 재설계가 필요없다는 장점이 있다.

(4) 일본

일본은 2009년 사업명 22DDH, 함정명칭 이즈모Izumo함인 두 척의 헬기항모급 구축함 건조계획을 발표하였다. 이즈모함은 2차 세계대전 이후 일본이 건조한 함정 중 가장 큰 함정으로 만재배수량이 24,000톤으로 휴우가Hyuga급보다 대형화된 함정이다. 휴우가급 헬기항모급 구축함은 18,000톤으로 다수의 대잠초계헬기를 탑재 가능하여, 대잠 및 대공 능력이 강화된 함정이다.

일본은 이즈모함의 건조를 통해 해양통제능력을 강화하고 있으며, 특히 중국의 첫 번째 항공모함 확보에 따른 해군력 증강에 대비한 전력증강이라고 전문가들은 분석하고 있다. 일본은 이즈모함을 대잠헬기를 이용한 대잠전뿐만 아니라 정찰 및 감시, EEZ 보호, 탐색 및 구조, 재난구호, 자위대 전력의 수송 등의 임무를 부여할 예정이다. 일본은 소나 탑재 및 헬기를 이용한 대잠전 수행을 근거로 이즈모함을 구축함으로 분류하고 있다.

표 2-8 일본 이즈모급 헬기항공모함

- 만재톤수: 24,000톤
- 추진기관: 가스터빈 4기
- 승조원: 970명
- 크기: 길이 248m, 폭 38m
- 최대속력: 30knots(약 56km/h) 이상
- 보유척수: 2척

이즈모함의 일반제원은 표 2-8과 같으며, 만재배수량은 24,000톤이다. 항공기는 19대의 헬기 탑재(비행갑판 5대, 격납고 14대)가 가능하다. 이즈모함은 휴우가급 DDH 대비 우현 함미에 더 커진 엘리베이터와 더 넓어진 격납고 등을 고려 시 잠재적으로 F-35와 MV-22 오스프리Osprey 등의 수직 이착륙기의 탑재가 가능할 것으로 판단되며, 대부분의 전문가들은 향후 F-35 등 수직 이착륙기의 운용이 가능한 헬기 탑재 항공모함CVH으로 보고 있다. 이미 휴우가급은 MV-22 착함 및 격납 훈련을 실시한 바 있다. F-35의 경우 12대, MV-22는 8대, 대잠 및 정찰 헬기는 8대를 각각 운용 가능하며, 차량은 50여대 탑재가 가능하다.

탐지체계로는 3차원 능동위상배열레이더, 대함레이더와 함수에 소나를 탑재하고 있다. 무장으로는 자함 방어를 위해 SEA RAM과 20mm Phalanx를 탑재하고 있다. 기만체계로는 대미사일기만체계SRBOC와 전자전 시스템, 어뢰 기만기가 있다.

22DDH는 총 2척을 확보할 예정으로, 1번함인 이즈모함은 2015년 3월 작전에 배치하였고, 2번함인 가가함이 2015년에 진수되어 2017년 작전운용 예정이다.

(5) 러시아

러시아는 해군의 유일한 항공모함인 에드미럴 쿠즈네초프Admiral Kuznetsov를 니코라브사우스Nikolayev South 조선소에서 1990년 1척을 건조하여 운용중에 있다. 이 항모는 스키점프식의 활주로를 갖추고 있어 러시아의 4세대 전투기인 Su-27k와 Mig-29k를 이·착함할 수 있다. 함 크기는 1982년에 건조된 키예프급 항공모함에 기반을 두고 건조되었으나, 배수량이 키예프급의 40,400톤에 비해 58,500톤으로 보다 크다.

쿠즈네초프 항모는 함의 앞부분이 14% 정도 위로 들린 스키점프식 활주로를 갖추고 있다. 이는 짧은 길이의 활주로에서 이륙시의 부양 능력을 보완하기 위해 설치된 것이다. 또한 두 개의 엘리베이터에 의해 격납고로부터 활주로로 항공기를 이동한다. 무장으로는 P-700 대함미사일과 대공미사일, 카쉬탄Kashtan 근접방어무기체계를 탑재하고 있다. 항모로는 특이하게 잠수함 탐지용 소나와 공격용 어뢰를 탑재하고 있다. 탐지센서는 대공·대함탐색레이더, 저고도 비행물체 및 수면 위로 비행하는 미사일Sea-skimming missile 탐지용 레이더, 항공관제용 레이더를 탑재하고 있다. 항모탑재 항공기는 Su-33, Su-25,

Ka-27 헬기, Ka-31 헬기를 탑재하여 작전을 수행 중이다.

표 2-9 러시아 쿠즈네초프급 항공모함

- 만재톤수: 58,500톤
- 추진기관: 보일러 8기, 가스터빈 4기
- 승조원: 2,626명
- 크기: 길이 304.5m, 폭 70m
- 최대속력: 30knots(약 56km/h)
- 보유척수: 1척

러시아 해군은 2010년 4월 항공모함 현대화 추진 계획을 발표하였다. 주요 내용은 2012~2017년 5년간 추진엔진 교체(가스터빈 또는 핵 터빈), 대함·대공 미사일 교체 및 시설확장, 최신의 전투체계 도입 및 항공기 사출장치 설치, Su-33 항공기를 MIG-29K 로 대체하는 것이다. 쿠즈네초프급 항공모함의 제원은 표 2-9와 같다.

2.4 전함

전함은 크고 강력한 함포와 두꺼운 갑판 및 수중 보호판으로 무장하고, 상당히 빠른 속도로 함대함 전투를 수행하는 대형 군함이다. 함포가 개발된 이후, 군함에는 대구경의 함포를 다량으로 탑재하게 되었고, 이는 적의 함포 공격에도 견뎌내기 위해 함정 갑판에 두꺼운 장갑을 두르게 되었다. 1980년대 이후 이러한 형태의 함정을 통칭하여 전함이라 부르게 되었다.

영국은 1906년에 함포로만 무장된 전함 드레드노트함을 도입하면서 전함의 건조 경쟁이 가속화되었다. 러일전쟁에서 증명되었듯이 12인치 함포 10문으로 구성된 화력과 당시로서는 경이적인 속력인 20노트 이상의 전투속도와 8인치급 함포 포격에도 견뎌낼 수 있는 중장갑으로 이루어진 드레드노트함은 각국의 거함거포주의를 촉발시켰다. 전함 드레드노트함의 제원은 표 2-10과 같다.

제1차 세계대전 이후에 영국, 미국, 일본 등 세계 열강들은 해군의 군비경쟁을 계속하였다. 이에 부담을 느낀 영국의 제안으로 1922년 워싱턴에서 해군 군비제한 조약이 체결되었다. 이 조약에 따라 주요 열강 5개국(미국, 영국, 프랑스, 일본, 중국)의 주력함 보유비율은 10: 10: 6: 3: 3으로 고정되었고, 기존함정의 대량파기 및 신규함정의 건조를 제한하도록 규정하였다. 즉 신조함의 크기 및 화력 상한선이 각각 35,000톤과 함포 구경 16인치로 정해졌다.

표 2-10 영국 드레드노트급 전함

- 만재톤수: 21,845톤
- 최대속력: 21knots(약 39km/h) 이상
- 추진기관: 증기터빈
- 12인치 함포 10문

그러나 일본이 1937년의 제2차 런던 군비제한 조약에서 비준을 거부함으로써 조약은 파기되고, 이후 각국의 신조함 건조는 크기 제한을 벗어나서 전함을 계속해서 건조하게 되었다. 이 시기에 일본은 역사상 가장 최대 규모인 72,000톤급의 야마모토 전함 2척을 건조하였고, 미국은 58,000톤급의 아이오와급 전함 4척을 건조하는 등 거대 전함이 등장하였다. 또한 이 시기에 항공모함이 건조되기 시작하였다. 항공모함은 기존의 대형 순양함이나 전함으로 건조 중이던 선체를 주력함 보유 제한제로 인해 완성시킬 수 없게 되자, 워싱턴 조약에 의해 항공모함으로 설계 변경이 인정되어 건조되었다.

이러한 항공모함의 등장으로 제2차 세계대전 중의 해전은 거함거포주의가 무의미해졌다. 함포 사정거리보다 긴 거리에서 공격해오는 폭격기 및 어뢰공격기에 대응하여 전함은 제대로 함포사격도 못해보고 패배했기 때문이다. 특히 태평양전쟁의 교훈은 항공모함을 해전의 주역으로 만들었고, 전함은 보조적인 존재가 되었다.

표 2-11 미국 아이오와급 전함

- 만재톤수: 58,000톤
- 추진기관: 증기터빈 4기, 보일러 8기
- 승조원: 2,700명(2차대전/6.25전쟁/베트남전쟁), 1,800명(1980~2000년대)
- 크기: 길이 270.51m, 폭 32.94m
- 최대속력: 33knots(약 61km/h)

현재 전 세계에서 전함을 운용하는 국가는 없다. 다만 미국이 2차 세계대전 이후 퇴역한 아이오와급 전함을 한국전쟁 및 베트남전쟁 기간 중 재취역하여 지상군 지원을 위해 함포사격함으로 운용하기도 하였다. 그리고 1991년 걸프전쟁 중에는 순항미사일 탑재함으로 개조하여 운용하기도 하였으나, 과도한 운용비로 인해 다시 퇴역하였다. 아이오와급 전함의 제원은 표 2-11과 같다.

2.5 순양함

2.5.1 순양함이란?

순양함은 군함 중 가장 흥미로운 군함이다. 순양함의 역사는 19세기 후반으로 거슬러 올라간다. 당시 어뢰를 사용하는 800~1,500톤에 이르는 경량급의 목조선박인 군함을 어뢰순양함Torpedo Cruiser이라 하였고, 목조선박의 중요한 기관과 무장을 방호하기 위해 장갑을 장비하여 3,000~8,000톤에 이르는 방호순양함Protected Cruiser과 선체 전체에 장갑을 두른 장갑순양함이 건조되었다. 또한 적국의 장갑순양함Armored Cruiser에 대응하여 함정의 톤수를 늘리고, 커다란 함포를 탑재한 순양전함Battle Cruiser이 건조되었다.

제1차 세계대전 이후 순양함은 경순양함CL: Light Cruiser, 중순양함CA: Heavy Cruiser, 대형순양함CB: Large Cruiser으로 발전하게 된다. 경순양함은 제1차 세계대전이 종료된 이후, 1921년에 체결된 워싱턴 군축조약에 의해서 톤수가 10,000톤 미만이고, 함포 구경 8인치 미만을 탑재하여 건조된 함정이다. 경순양함은 어뢰나 대공포로 무장하여 적의 함대에 어뢰를 발사하거나 대공화력 지원함으로 주로 사용되었다. 톤수 면에서 현대의 구축함과 유사하다. 중순양함은 경순양함과 다르게 함포의 크기가 8인치로 커지고, 톤수는 1만~2만 톤으로 건조되었다. 대형순양함은 중순양함보다 더 큰 함포를 탑재하고 톤수가 늘어난 순양함이다. 그러나 대형순양함은 전함보다는 톤수 면에서 적고 함포 구경도 작았으며, 장갑도 부실해서 전함에는 미치지 못하였다. 그리고 건조 및 운영유지비가 높아 대형순양함은 몇 척 건조되지 않았고, 주로 항공모함의 대공방어함으로 사용되었다.

이 시기 미국은 1954년 취역한 핵추진 잠수함 노틸러스함의 성공에 힘입어 수상함에도 핵추진체계를 적용하였다. 또한 연료의 재보급이 필요 없는 핵추진체계를 탑재한 수상함, 잠수함으로 구성된 새로운 개념의 전략함대 창설을 구상하였다. 이에 따라 미국은 1950년대 중반부터 핵 추진으로 기동하는 항공모함, 순양함, 구축함의 건조에 착수하였다. 이렇듯 새로운 전략함대 구상 개념에 따라 1957년 건조에 들어가 1961년 취역한 최초의 핵 추진 순양함이 롱비치함이다. 롱비치함은 제2차 세계대전 당시 건조한 1만 톤급의 대형순양함을 개량하고, 2기의 가압수로형 원자로를 탑재하여 8만 마력의 힘을 낼 수 있고, 최대 속도 30knots(약 56km/h)로 운항이 가능했다. 또한 특징적인 신기술로 오늘날 대세가 된 위상배열레이더를 최초로 적용하였다. 그러나 문제는 무게가 48톤인 SPS-32 레이더와 120톤의 SPS-33 레이더를 마스트에 탑재하다 보니 언밸런스한 모습의 거대한 마스트 구조를 갖게 되었다. 하지만 롱비치에 장착되었던 최초의 위상배열레이더 덕분에 오늘날 이지스함에 탑재하고 있는 SPY-1 위상배열레이더가 출연하게 되었다. 롱비치함의 제원은 표 2-12와 같다.

현대에 들어 과거의 전함과 같이 커다란 15인치 함포를 장착하고 4만 톤에 이르는 함정은 없다. 그러나 항공모함이나 전함보다는 작고 구축함보다는 크며 톤수가 9,000톤 이상의 함정이 건조되었는데, 이러한 함정을 순양함이라 하였다.

표 2-12 미국 롱비치 순양함

- 만재톤수: 17,525톤
- 추진기관: 핵추진
- 승조원: 870명
- 크기: 길이 219m, 폭 22.3m
- 최대속력: 30knots(약 56km/h)
- 1995년 퇴역

순양함의 임무는 단독으로 수행하는 독립작전과 해상정찰 등으로부터 타 함정과 연합·합동으로 해상작전 수행 및 항공모함과 선단호송작전 등으로 변화되었다. 순양함은 우수한 대공방어능력을 갖추어 항공모함 강습단의 대공방어임무 수행과 상륙작전 지원 및 수상함의 기함으로서 대공전, 대함전, 대잠전 등의 독자적인 성분작전을 수행하고 있다.

2.5.2 주요 국가 보유현황

현재 순양함을 운용하는 국가는 미국, 러시아 2개국으로, 1980년대와 1990년대에 걸쳐 순양함이 건조되었고, 이후에는 구축함이 건조되었으며, 계속 성능을 개량하여 운용하고 있는 추세이다. 표 2-13은 미국과 러시아의 순양함 보유현황을 보여준다.

표 2-13 주요국 순양함 현황

구분	보유현황		비고
미 국(22)	TICONDEROGA급(CG)	22척	10,110톤, 1983~1991년 간 총 27척 건조
러시아(4)	KIROV급(CG)	1척	24,690톤, 1980~1996년 간 총 4척 건조
	SLAVA급(CG)	3척	11,670톤, 1982년~1990년 간 총 4척 건조

(1) 미국

미국의 타이콘데로가Ticonderoga급 순양함은 주로 항공모함 및 수송선단과 같이 기동하면서 함대방공 임무를 수행하며, 이지스 전투체계를 최초로 탑재하여 1,000여 개 이상의 다중 목표물을 동시에 탐지, 추적하여 교전할 수 있는 능력을 보유하고 있다. 타이콘데로가급 순양함은 1978년 미시시피 주 패사콜라Pascagoula에 위치한 잉걸스Ingalls 조선소에서 건조하여, 1983년 1월 취역하였다. 이 함정의 모체는 스프루언스급Spruance 구축함이다. 스프루언스급의 선체를 개조하여 구축함 수준으로 건조하던 중 배수톤수 17,000톤급 순양함에 탑재하려던 이지스 전투체계를 8,000톤급 스프루언스급에 장착하다 보니, 예상보다 전투력이 강력해지고 무장이 추가 장착됨에 따라 순양함으로 규정되었다. 미국은 타이콘데로가급 순양함을 1983년부터 1991년 간 총 27척을 건조하여, 현재 22척을 운용중이며, 이 중 일부 척수는 탄도미사일 방어용 함정으로 개조하여 운용중이다. 타이콘데로가급 순양함의 제원은 표 2-14와 같으며, 탑재 무장으로는 함대지미사일 Tomahawk, 함대공미사일 SM-2, 탄도미사일방어미사일 SM-3, 대잠유도로켓ASROC을 보유하여 명실상부한 해군의 해상작전을 주도하는 함정이다.

표 2-14 미국 타이콘데로가급 순양함

- 만재톤수: 10,117톤
- 추진기관: 가스터빈 4기
- 승조원: 358명
- 크기: 길이 172.8m, 폭 16.8m
- 최대속력: 30knots(약 56km/h)
- 보유척수: 22척

(2) 러시아

러시아는 키로프Kirov급과 슬라바Slava급 두 종류의 순양함을 운용중이다. 이들 순양함은 다량의 대함미사일을 이용한 대함전 및 강력한 소나시스템을 이용한 대잠전 등의 다양한 임무를 수행하고 있다. 먼저 키로프급 미사일 순양함은 원자력추진으로 미국의 원자력 순양함 롱비치함의 영향을 받아 건조되었다. 1974년 건조를 시작하여 1980년부터

표 2-15 러시아 키로프급 순양함

- 만재톤수: 28,000톤
- 추진기관: 원자력 추진
- 승조원: 710명
- 크기: 길이 252m, 폭 28.5m
- 최대속력: 30knots(약 56km/h)
- 보유척수: 4척(예비역 3척 포함)

배치된 키로프급 순양함은 배수톤수가 24,690톤으로 제1차 세계대전 당시의 전함과 맞먹는 크기이다. 오늘날 항공모함을 제외하고 작전 운용중인 전투함 가운데 가장 큰 군함이다. 키로프급 순양함 제원은 표 2-15와 같다.

키로프급 순양함은 쿠즈네초프 항공모함의 호위함으로 5척을 건조하려 하였으나, 소련이 붕괴된 이후 4척만 건조되었다. 함 건조에 막대한 비용이 들어 후속함은 곧바로 건조되지 못하고, 2번함은 1984년, 3번함은 1988년, 4번함은 1996년에 건조되었다. 현재는 4번함 표트르벨리키함만 운용하고, 3척은 퇴역하여 예비용으로 보관하다가 2011년부터 3척을 보수하여 2018년경 재취역할 예정이며, 2050년까지 운용할 계획이다. 키로프급 순양함은 러시아에서 최초로 스텔스를 위해 RCS 감소기법이 적용되어 건조되었다. 즉 함정의 상부구조물을 안쪽으로 경사진 형태로 채택하였고, 각종 미사일 발사대를 수직발사형으로 하였다. 이 순양함은 항공모함 공격용 P-700 그라니트^{Granit} 대함미사일을 탑재하고 있다. P-700 대함미사일은 사거리가 550km에 이르고, 최대속도가 마하 2.5의 초음속으로 비행하며, 현존하는 대함미사일 가운데 가장 커서 무게만 해도 7톤에 이른다.

또 하나의 순양함인 슬라바급 순양함은 1983년에 실제전장에 배치를 시작하여 1990년까지 4척이 건조되었다. 배수톤수는 11,490톤이며, P-500 바잘트^{Bazalt} 대함미사일을

표 2-16 러시아 슬라바급 순양함

- 만재톤수: 11,670톤
- 추진기관: 가스터빈
- 승조원: 474명
- 크기: 길이 186m, 폭 20.8m
- 최대속력: 32knots(약 59km/h)
- 보유척수: 4척

탑재하고 있다. P−500 대함미사일은 사정거리 550km, 탄두중량 1톤으로 1발만 항공모함에 명중해도 전투불능으로 만들 수 있을 정도다. 외형적으로 미사일 발사대를 함의 양쪽에 8발씩 설치했는데 슬라바급 순양함의 가장 인상적인 외형적 특징이기도하다. 슬라바급 순양함 제원은 표 2−16과 같다.

2.6 구축함

2.6.1 구축함이란?

근대에 들어 각국 해군은 큰 함정일수록 높은 화력과 방어력을 가질 수 있다고 생각하여 거함거포주의가 팽배하였다. 그러나 1866년에 어뢰의 등장으로 작은 함정도 거대 함정에 필적하는 화력을 가질 수 있게 되었고, 상대적으로 열세인 국가들은 작고 빠른 함정에 어뢰를 탑재하여 항구에 정박 중인 함정을 공격하였으며, 이러한 함정을 어뢰정 Torpedo Boat이라 하였다. 각국은 어뢰정을 기존의 함정으로는 대응할 수가 없어 보다 빠르고 높은 화력을 지닌 함정을 건조하였으며, 이를 어뢰정 구축함Torpedo Boat Destroyer이라 하였다. 이 함정이 현대의 구축함Destroyer의 효시라 할 수 있다. 어뢰정 구축함 출현 이후 어뢰와 미사일 등을 탑재하고, 적의 주력함이나 잠수함을 찾아서 공격하고 쫓아낸다는 의미에서 줄임말로 구축함이라는 이름으로 더 많이 사용되었다.

초창기 구축함은 작은 어뢰정이나 잠수함 등의 기습공격을 방어하기 위해서 톤수도 현재의 고속정에 불과한 수준의 300톤 이하의 소형이었으나, 근대 초기에는 500톤으로 증가하였다. 이후 제1차 세계대전 시에는 1,000톤급 제1차 세계대전 이후에는 1,500톤급, 제2차 세계대전 시에는 약 2,500톤급, 제2차 세계대전 이후에는 순양함 규모인 8,000톤으로 발전하였다.

현대의 구축함은 장거리작전과 대양작전의 요구를 받아들여 방어뿐 아니라 공격 능력까지 갖춘 대형함정으로 발전하였다. 따라서 구축함은 만재톤수 4,500톤 이상의 함정으로 대공·대수상·대잠전을 위한 첨단 레이더와 유도무기의 장착이 필수화되었다. 그러나 구축함은 순양함과 비교하여 대양에서 독자적으로 작전할 수 있지만 크기가 작고, 무장도 적게 장착하고 있으며 항속거리가 짧다. 반면에 한 가지 임무를 수행하도록 설계된 호위함과 달리 대공전, 대함전, 대잠전 등 다양한 성분작전이 가능하다. 최근에는 기술의 발전으로 점점 더 많은 능력의 요구에 부응할 수 있는 첨단 장비들을 탑재하면서, 구축함은 이제 각국 해군의 주요 전력으로서 중요한 역할을 담당하고 있다.

2.6.2 주요 국가 보유현황

세계적으로 해군을 보유한 대부분의 국가들은 구축함을 해군의 주력함으로 운용중이고 구축함의 크기는 다양하다. 표 2-17은 주변국인 미국, 러시아, 중국, 일본의 구축함 보유현황을 보여주고 있다.

표 2-17 주요국 구축함 현황

구분	보유현황		비고
미국 (63)	ARLEIGH BURKE급(DDG) Flight I & II	28척	Flight I(21척) 8,360톤, Flight II(7척) 8,800톤, 1991~1999년 건조
	ARLEIGH BURKE급(DDG) Flight IIA	34척	9,420톤, 2000~2012년 34척 건조, 추가 14척 건조예정
	ZUMWALT급(DDGH)	1척	15,990톤, 2016, 2017, 2020년 각 1척 총 3척 건조예정
중국 (26)	LUZHOU급(DDG)	2척	7,100톤, 2006~2007년 건조
	SOVREMENNY급(DDG)	4척	8,060톤, 1999~2006년 건조
	LUDAIV급(DDG)	4척	3,790톤, 1982~1991년 건조
	LUYANG I급(DDG)	2척	7,110톤, 2004년 건조
	LUYANG II급(DDG)	6척	7,110톤, 2004~2015년 건조
	LUYANG III급(DDG)	5척	7,500톤, 2014~2018년 총 10척 건조 예정
	LUHAI급(DDG)	1척	6,090톤, 1999년 건조

구분	보유현황		비고
	LUHU급(DDG)	2척	4,670톤, 1994~1995년 건조
일본 (38)	ATAGO급(DDG)	2척	10,160톤, 2007~2008년 건조, 2척 추가 건조 예정
	KONGOU급(DDG)	4척	9,630톤, 1993~1998년 건조
	AKIZUKI급(DDH)	4척	5,050톤, 2012~2014년 건조
	HATAKAZE급(DDG)	2척	5,990톤, 1986~1988년 건조
	MURASAME급(DDG)	9척	6,290톤, 1996~2002년 건조
	TAKANAMI급(DDG)	5척	6,400톤, 2003~2006년 건조
	ASAGIRI급(DDG)	8척	5,020톤, 1988~1991년 건조
	HATSUYUKI급(DDG)	3척	4,260톤, 1985~1987년 건조
	SHIRANE급(DDG)	1척	7,310톤, 1981년 건조
러시아 (13)	KASHIN급(DDG)	1척	4,820톤, 1969년 건조
	UDALOY II급(DDG)	1척	9,040톤, 1999년 건조
	UDALOYI급(DDG)	7척	8,630톤, 1985~1991년 건조
	SOVREMENNY급(DDG)	4척	8,060톤, 1989~1994년 건조
한국 (12)	광개토대왕급(DDH)	3척	3,917톤, 1998~2000년 건조
	충무공이순신급(DDH-II)	5척	5,580톤, 2003~2008년 건조
	세종대왕급(DDG)	3척	10,450톤, 2008~2012년 건조

(1) 미국

미국은 알레이버크^{Arleigh Burke}급 구축함 Flight I, II 28척, IIA 34척을 운용중이다. 알레이버크급 구축함의 명칭은 미국 해군참모총장을 세 차례나 역임한 알레이버크 제독의 이름을 따서 명명한 것이다. 초도함인 DDG-51 알레이버크함은 1985년 건조를 시작하여 1991년 취역하였다.

알레이버크급 구축함 Flight I은 이지스 전투체계(Baseline 4.0)를 기반으로 상부구조물은 강철로 만들어졌으며, 군함으로서는 최초로 집단화생방보호시스템^{CPS: Collective}

Protection System을 적용하여 화생방 보호 기능을 강화하였다. 또한 미국 해군 함정 최초로 스텔스 감소기법을 설계에 적용한 함정으로 선체의 각 부분들은 레이더 반사면적RCS 및 적외선 특성을 감소시키기 위해 약 7° 정도 경사를 유지하도록 설계되었다. 단, 헬기를 격납할 수 있는 격납고가 없다는 단점을 갖고 있다. Flight II는 외형상 Flight I 과 기본적인 차이는 없으나 성능을 개선한 모델이다. 그리고 Flight IIA는 격납고를 추가 설치하고, SPY 레이더의 업그레이드와 근접방어무기체계 변경 등의 개선을 통해 21세기 미국 해군의 주력 구축함으로 자리매김하였다. 알레이버크급 구축함 Flight IIA의 제원은 표 2–18과 같다.

표 2-18 미국 알레이버크급 구축함

- 만재톤수: 9,302톤
- 추진기관: 가스터빈 4기
- 승조원: 380명
- 크기: 길이 155.3m, 폭 20.3m
- 최대속력: 31knots(약 57km/h)
- 보유척수: 34척

미국은 최근에 21세기 최초로 건조하는 구축함이라는 의미의 DD21 사업으로 줌왈트급 구축함을 확보하기 시작하였다. 그러나 함정을 건조하는 과정에서 2001년 미국 의회는 척당 가격이 비싸고, 실험적인 기술들의 적용으로 사업비용을 절반으로 삭감하여 사업명도 DD(X)로 변경하였으며, 건조하기로 한 32척의 줌왈트급 구축함 계획을 축소하였다. 이후 2005년 12월 기술시연Technology Demonstration 함정으로서 한 척분 예산만 승인되었으나, 2006년 9월 두 척을 건조하기로 하였다. 2008년 7월 미국 해군은 줌왈트급 구축함이 미래 위협 변화에 대응하기에는 적 미사일 공격에 취약하다고 판단하였다. 따라서 줌왈트급 구축함 대신 알레이버크Arleigh Burke급 구축함 8척 추가 건조를 의회에 요청하였고, 2009년 4월 미국 국방부는 2010년 줌왈트급 구축함을 3척으로 사업을 종료하기로 결정하였다. 함정 번호는 미사일 구축함인 알레이버크급을 따르지 않고, 마지막 함포 탑재 구축함인 스프루언스Spruance급 USS Hayler(DD-997)에 이어 DDG-1000으로 명명되었다.

줌왈트급 구축함은 함정설계에 있어 획기적인 신기술들이 적용되었다. 설계 분야에서 스텔스 형상으로 설계하여 배수량이 알레이버크급보다 40%나 크지만, 레이더반사면적은 소형어선과 유사하여 레이더에 의한 탐지가 일반 구축함보다 매우 어렵다. 소음준위 또한 로스엔젤레스LA급 잠수함과 유사하여 대잠전에서도 매우 유리하다. 그러나 함수가 파도를 가르는 형태인 텀블홈Tumble Home 선체로 되어 있어 높은 해상상태에서의 안정성 논란으로 줌왈트급 이후 미적용되었다. 또한, 통합함정컴퓨팅환경TSCE: Total Ship Computing Environment을 구축하여 단일 암호화된 네트워크를 통해 격실의 전등부터 무장까지 통제가 가능하게 되었다. 즉, 승조원을 중심으로 높은 수준의 자동화를 이루어 130명의 적은 인원으로 함을 효과적이고 효율적으로 운용할 수 있도록 하였다. 예를 들어 탄약, 부식, 기타 저장이 필요한 물품은 컨테이너에 보관되어 자동취급시스템에 의해 처리된다. 함 내부에 설치된 개별 전자 캐비닛을 즉시 설치 및 철거가 가능한 유닛으로 패키지화하여 쉽게 통합, 정비 및 업그레이드가 가능하도록 하였다.

탐지체계는 능동위상배열레이더인 SPY-3가 탑재되었다. SPY-3는 펜슬빔을 이용하여 표적을 추적하고 미사일 교전에 이용된다. 원래 X밴드 레이더인 SPY-3는 S밴드 레이더인 SPY-4와 통합될 예정이었으나, 비용문제로 줌왈트급 구축함에 SPY-4를 적용하지 않고, SPY-3 레이더 소프트웨어를 수정하여 탐색기능을 추가하였다. SPY-3와 SPY-4가 결합된 이중밴드 레이더는 제럴드 알 포드Gerald R. Ford급 항공모함에만 설치하였다. 또한, 선체부착 고/중주파 소나를 탑재하여 통합 수중전 시스템을 갖추었으며, 이를 통해 연안 대잠전 능력이 알레이버크급보다 우수하다.

탑재무장은 총 80셀의 수직발사대VLS에 함대공 · 함대지 미사일, 대잠유도로켓ASROC을 장착하고, 로켓추진 장거리 지상공격탄을 발사할 수 있는 155mm 2문, MK110 57mm

2문을 탑재하여 운용한다. 어뢰발사관을 보유하지 않아 잠수함 공격 시 ASROC 또는 헬기를 이용한다. 또한 VLS를 함 외측으로 분산 설치하여 적 미사일에 의해 피격 시에도 미사일 전체를 손실하지 않으며, 폭발로 인한 함 손상을 방지하고자 하였다.

표 2-19 미국 줌왈트급 구축함

- 만재톤수: 14,564톤
- 추진기관: 개선형 유도모터
- 승조원: 140명
- 크기: 길이 180m, 폭 24.6m
- 최대속력: 30knots(약 56km/h) 이상
- 확보예정: 3척

추진체계로는 최초 영구자기모터가 제안되었으나, 개발지연으로 개선형 유도모터가 탑재되었다. 통합전력시스템 구축으로 기존 구축함에 비해 50배 이상의 전력을 자체 생산할 수 있다. 또한 기동하면서 58MW의 전력 생산이 가능하여 향후 탑재하게 될 레일건이나 레이저무기와 같은 무기체계까지 지원 가능하다. 전기추진은 함정구조를 재설계, 감소된 인력, 증가된 함 수명, 전투력 운용에 대한 보다 상세한 에너지 할당 등의 장점을 제공한다. 줌왈트 구축함의 제원은 표 2-19와 같고, 1번함은 2013년 진수되었고, 2016년부터 작전운용중이다. 2번함은 2017년, 3번함은 2020년경 확보할 것으로 전망된다.

미국 해군은 기존의 알레이버크급 구축함을 대체할 신형 미래 수상전투함을 개발 중으로 2030년대 초에 배치가 예상된다. 신형 전투함의 선체 설계에 대해서 언급하기는 이르지만, 레이저무기, 전력발전체계, 증가된 자동화체계, 차세대 무기, 센서 및 전자장비 등이 탑재될 것으로 예상된다.

(2) 중국

중국은 루다(Luda, Type 051)급, 루하이(Luhai, Type 051B)급, 루후(Luhu, Type 052)급, 루양-II(Luyang-II, Type 052C)급과 루양-III(Luyang-III, Type 052D)급 등 총 26척의 구축함을 운용중이다. 이 중 루양-II급 구축함을 주요전력으로 운용중이며 제원은 표 2-20과 같다. 루양-III급 구축함(052D)은 중국 지앙난Jiang Nan 조선소에서 건조하여 운용중이며, 중국 최초의 위상배열레이더(Type-346, Dragon Eye) 및 장거리 대공미사일(HHQ-9)을 탑재하였으며, 스텔스 설계를 적용한 중국형 이지스함이다. 루양-III급 구축함의 제원은 표 2-21과 같다.

표 2-20 중국 루양-II급 구축함

- 만재톤수: 7,110톤
- 추진기관: 가스터빈 2기, 디젤엔진 2기
- 승조원: 280명
- 크기: 길이 155m, 폭 17m
- 최대속력: 29knots(약 54km/h)
- 보유척수: 6척

표 2-21 중국 루양-III급 구축함

- 만재톤수: 7,500톤
- 추진기관: 가스터빈 2기, 디젤엔진 2기
- 승조원: 280명
- 크기: 길이 157m, 폭 17m
- 최대속력: 30knots(약 56km/h)
- 보유척수: 5척

중국은 2014년 8월 055식 미사일 구축함 건조계획을 발표하였다. 055식 구축함은 130mm 주포, 30mm 근접방어무기체계CIWS, 헬기 1대, 대공방어용 단거리 미사일(HQ-10) 발사장치 등의 장비를 탑재할 예정이다. 또한, 기존의 루양-III급 구축함에 장착된 것과 유사한 능동위상배열레이더를 탑재할 예정이다. 055식 구축함은 루양-III급 구축함과 동일한 수준으로 4개의 안테나가 설치되어 있지만, 전방에 설치된 2개 안테나에 비해 후방에 있는 2개 안테나가 더욱 높게 설치되어 있다. 이는 미국 해군의 알레이버크급 구축함과 매우 유사하여, 더욱 우수한 탐색 범위를 제공할 수 있다. 055식 구축함의 길이는 약 190m이고, 톤수는 12,000톤에 가까울 것으로 추정되고 있다. 이처럼 큰 크기로 인해 055식 구축함은 수직발사체계 64셀과 가스터빈 4기를 장착할 것으로 예상된다.

(3) 일본

일본은 콩고Kongou급과 아타고Atago급 이지스구축함, 무라사메Murasame급, 하수유키Hatsuyuki급 등 총 38척의 구축함을 운용중이다. 이 중 무라사메급 구축함은 1996부터 2002년 간 총 9척을 취역하여 운용중이며, 함대의 주력함정으로 다양한 임무를 수행 중이다. 콩고급 이지스구축함은 1993년부터 1998년 간 총 4척이 취역

표 2-22 일본 아타고급 구축함

- 만재톤수: 10,160톤
- 추진기관: 가스터빈 4기
- 승조원: 309명
- 크기: 길이 164.9m, 폭 21m
- 최대속력: 30knots(약 56km/h)
- 보유척수: 2척

하여 운용중이며, 해상자위대 최초의 이지스함으로 기존의 대잠전에 특화되어 있던 해상자위대 함정과 달리 본격적인 대공방어 능력을 보유하여 대공작전 능력이 향상되었다. 이후 아타고급 이지스구축함이 2007년부터 2008년 간 2척이 취역하여 운용중이다. 아타고급은 일본 해상자위대의 2세대 이지스함으로 타치카제Tachikaze급의 노후화에 따라 건조되었다. 아타고급 구축함의 제원은 표 2-22와 같다.

(4) 러시아

러시아는 카신Kashin급, 소브레메니Sovremenny급, 우다로이Udaloy-I/II급 등 총 13척의 구축함을 운용중이며, 이 중 소브레메니급 구축함과 우다로이-I급 구축함을 주력함으로 운용중이다. 소브레메니급 구축함은 레닌그라드 즈다노브Zhdanov 조선소에서 1989년부터 1994년 간 총 17척을 건조하여, 현재는 4척을 운용중이며, 중국에 4척을 인도하였다. 이 함정은 우다로이급 구축함을 보완하기 위해 설계되었으며, 미국의 이지스 전투체계를 갖춘 순양함과 크기가 비슷하다. 소브레메니급 구축함의 제원은 표 2-23과 같다.

표 2-23 러시아 소브레메니급 구축함

- 만재톤수: 7,940톤
- 추진기관: 가스터빈 2기
- 승조원: 296명
- 크기: 156m, 폭 17.3m
- 최대속력: 32knots(약 59km/h)
- 보유척수: 7척

러시아의 신형 구축함인 Project 21956급 구축함 확보 사업은 2012년 시작되었으며, 노후화된 소브레메니급 구축함 5척과 우다로이급 구축함 8척을 대체하기 위한 사업으로 시작하였다. 2013년 러시아 해군은 소비에트연방 붕괴 이후 성능이 향상된 미래형 구축함을 건조하는 사업을 진행하였다. 현재는 설계를 진행하고 있지 않으나, 향후 함형과 무장이 포함된 설계를 구체화할 예정이다.

Project 21956급 구축함은 대공·대함·대잠·대지작전을 수행할 수 있도록 다목적함으로 건조할 예정이다. 함형은 레이더반사면적을 줄이는 추세를 반영하여 스텔스 형상을 할 것으로 예상된다. 톤수는 약 9,000톤의 단동선 형태이며, 순항용 및 고속용 가스터빈 각 2대와 디젤 발전기 4대를 보유하여 최대 30knots(약 56km/h)를 낼 수 있고, 항속거리는 5,800마일까지 항해가 가능하다. 무장으로는 130mm 함포, 대함미사일을 보유하고 있으며 자함방어용으로 카쉬탄^{Kashtan} 근접방어무기체계를 탑재할 예정이다. Project 21956급 구축함 제원은 표 2-24와 같다.

표 2-24 러시아 Project 21956급 구축함

- 만재톤수: 9,000톤
- 최대속력: 30knots(약 56km/h)
- 확보예정: 6척
- 추진기관: 가스터빈 4기
- 승조원: 300명

(5) 대한민국

우리나라는 1980년대 KDX 프로젝트를 계획하여 광개토대왕급(DDH-1), 충무공이순신급(DDH-II), 세종대왕급(DDG) 구축함을 확보하여 운용중이다. 이 중 광개토대왕함은 한국 최초의 3,000톤급 구축함이며, 최초로 대공미사일과 헬기를 탑재한 수상전투함으로 한국형 구축함의 본격 양산에 앞선 시범함 사업의 성격을 띠었다고 평가할 수 있다. 광개토대왕급 구축함은 1990년대 건조된 울산급 호위함의 능력을 뛰어넘는, 새로운 전투함을 국내기술로 확보하겠다는 계획에 따라 건조되었다.

표 2-25 한국 세종대왕급 구축함

- 경하톤수: 7,600톤
- 추진기관: 가스터빈 4기
- 승조원: 300명
- 크기: 길이 166m, 폭 21m
- 최대속력: 30knots(약 56km/h)
- 보유척수: 3척

충무공이순신급 구축함은 광개토대왕급 구축함을 바탕으로 원해작전능력이 향상된 함정이며 톤수가 5,000톤에 이르고, 우리나라 군함에서 처음으로 중거리 대공미사일 발사체계인 수직발사체계VLS를 탑재하였다. 또한 헬기 2대를 탑재할 수 있는 격납고를 갖추고 있다.

세종대왕급 구축함은 해상에서 전단을 구성하고 있는 함정들에 대공방어를 제공하는 군함의 필요성에 따라 건조되었다. 2008년 세종대왕함을 건조하기 시작하여 율곡이이함, 서애류성룡함이 건조되었고 작전에 배치되어 운용중이다. 세종대왕급 구축함은 미국 해군의 알레이버크급을 확대한 형태를 하고 있으며, 이지스전투체계를 탑재하고 있다. 톤수는 7,000톤에 이르고, 충무공이순신급 구축함보다 많은 수직발사체계를 탑재하고 있다. 세종대왕급 구축함의 제원은 표 2-25와 같다.

2.7 호위함

2.7.1 호위함이란?

호위함이란 넓은 의미로는 항모기동부대나 각종 함대·선단·선박 등을 적의 공중·수상·수중 공격으로부터 경계·방어하는 모든 군함이 포함된다. 좁은 의미로는 주로 선박(수송 또는 상륙작전용)이나 선단과 행동을 같이하면서 호위임무를 수행하도록 되어 있는 해군 함정을 말한다. 제1차 세계대전 당시까지만 해도 선단호송에는 구축함이 사용되었으나, 속력이 느린 상선·수송선단을 호위하는 데에 고속·중무장의 구축함을 사용하는 것이 비경제적이고 또 척수가 부족하여 제2차 세계대전 직전부터 호위함이 건조되기 시작하였다.

호위함은 제2차 세계대전 중 호위구축함DE: Destroyer Escort으로 명명되어 운용되었다. 이후 호위함정Escort vessel이라 불렸으며, 다시 호위함FF으로 불리게 되었다. 대잠작전을 주로 수행하고 상륙부대, 해상 보급부대 및 상선 선단을 호위하는 것을 기본 임무로 하는 1,500톤급 이상의 수상함을 말한다. 최근에는 그 규모가 확대되고 탑재무장 및 장비체계가 대폭 강화되어 연안 국가들의 주력 전투함으로서 역할을 수행하고 있다.

2.7.2 주요 국가 보유현황

호위함은 해군을 보유한 대부분의 국가에서 운용중인 수상함이다. 주요 국가의 호위함 보유현황은 표 2-26과 같다.

표 2-26 주요국 호위함 현황

구분	보유현황		비고
미국 (6)	FREEDOM급 LCS	3척	3,360톤, 2008~2020년 총 20척 확보예정 3척 작전배치, 9척 건조 중
	INDEPENDENCE급 LCS	3척	3,180톤, 2010~2020년 총 20척 확보예정 3척 작전배치, 9척 건조 중
중국 (51)	JIANGKAI I급(FFGHM)	2척	3,960톤, 2005~2006년 건조
	JIANGKAI II급(FFGHM)	22척	3,960톤, 2008~2017년 총 24척 확보예정
	JIANGWEI II급(FFGHM)	10척	2,280톤, 1998~2004년 건조
	JIANGHU III급(FFG)	1척	1,950톤, 1989년 건조
	JIANGHU I/II/V급(FFG)	16척	1,720톤, 1979~1996년 건조
일본 (6)	ABUKUMA급(FFG)	6척	2,590톤, 1989~1993년 건조
러시아 (11)	KRIVAK급(FFM)	2척	3,700톤, 1980~1981년 건조
	NEUSTRASHIMY급(FFH)	2척	4,310톤, 1993, 2009년 건조
	GEPARD급(FFGM)	2척	1,960톤, 2002, 2012년 건조
	STEREGUSHCHIY급(FFG)	4척	2,230톤, 2007~2018년 11척 확보예정, 4척 작전배치, 5척 건조 중
	ADMIRAL GRIGOROVICH급 (FFGH)	1척	4,000톤, 2016~2019년 6척 확보예정, 1척 작전배치, 5척 건조 중
	ADMIRAL GORSHKOV급 (FFGH)	0척	4,550톤, 2015~2018년 6척 확보예정
한국 (15)	울산급(FF)	9척	2,300톤, 1981~1993년 건조
	인천급(FFG)	6척	3,250톤, 2013~2020년 총 20척 건조, 울산급호위함과 포항급초계함 대체

(1) 미국

미국은 올리버 해저드 페리^{Oliver hazard Perry}급 호위함을 제2차 세계대전을 치르면서 항모전투단, 해상보급선단 보호 및 상륙함 호송을 위해 미국 내 다수의 조선소에서 건조하였다. 이 호위함은 1977년부터 1989년 간 총 30척을 건조하였으나, 지금은 노후화되어 연안전투함으로 대체하여 건조 중에 있으며, 2015년 마지막 올리버 해저드 페리급 함정이 퇴역되었다. 올리버 해저드 페리급 호위함의 제원은 표 2-27과 같다.

미국은 올리버 해저드 페리급 호위함을 대체하고, 연안에서 비대칭 위협에 대응하기 위해 네트워크 기반의 스텔스 전투함을 확보하고자, 연안전투함LCS으로 프리덤Freedom급과 인디펜던스Independence급을 건조하여 운용중이다. 연안전투함은 구축함에 비해 대공과 대함능력이 부족하나, 속도와 유연한 임무모듈을 채용하고 낮은 흘수의 장점을 활용하여 연안작전을 수행할 수 있다. 미국 해군이 2004년 연안전투함의 요구조건을 발표한 이후, Lockheed Martin사의 단동선형과 General Dynamics사의 삼동선형4이 채택되어 건조가 시작되었다. 최초의 단동선형의 연안전투함 1번함인 프리덤함은 2008년 11월 취역하였으며, 삼동선형의 2번함인 인디펜던스함은 2010년 1월에 취역하였다. 미국 해군은 최초에 52척을 건조하고자 하였으나, 여러 가지 여건상 척수를 조정하여 총 40척의 연안전투함을 확보할 계획이다. 인디펜던스 함정의 제원은 표 2-28과 같으며, 프리덤함의 제원은 표 2-29와 같다.

표 2-27 미국 올리버 해저드 페리급 호위함

- 만재톤수: 4,166톤
- 추진기관: 가스터빈 2기
- 크기: 길이 138m, 폭 13.7m
- 최대속력: 29knots(약 54km/h)

---

4 삼동선(Tri-maran) 이란, 길고 폭이 좁은 하나의 주동체 좌우에 두 개의 보조동체를 가진 선형으로, 저항성능과 복원성능에서 유리하며, 넓은 갑판면적을 가질 수 있는 장점이 있다.

연안전투함의 가장 큰 특징은 임무모듈의 채용이다. 임무모듈은 수상전, 대잠전, 기뢰전 등이 있으며, 임무모듈을 탑재하여, 수상전, 대잠전, 기뢰전, 감시·정찰, 특수작전 및 군수지원과 같은 다양한 임무를 수행할 수 있다. 수상전 임무모듈은 소형보트를 대응하기 위한 것이며, 30mm 함포와 미사일으로 Hellfire를 탑재하여 운용중이다.

표 2-28 미국 인디펜던스급 연안전투함

- 만재톤수: 2,841톤
- 추진기관: 가스터빈 2기, 디젤엔진 2기, 워터제트 4축
- 승조원: 40명
- 크기: 길이 127.1m, 폭 31.4m
- 최대속력: 40knots(약 74km/h)

표 2-29 미국 프리덤급 연안전투함

- 만재톤수: 3,139톤
- 추진기관: 가스터빈 2기, 디젤엔진 2기, 워터제트 4축
- 승조원: 50명
- 크기: 길이 115.3m, 폭 17.5m
- 최대 속력: 45knots(약 83km/h)
- 보유척수: 4척

대잠전 임무모듈은 고정형 시스템으로 대양에서뿐만 아니라 연안에서도 유용한 시스템이다. 구축함의 예인소나와 선체부착형 소나 및 심도를 조절할 수 있는 가변 심도 소나를 탑재하여 잠수함 탐지능력이 증대되었다.

기뢰전 모듈은 기뢰탐색Minehunting과 기뢰제거Minesweeping 능력을 제공하도록 설계되었다. 현재 기뢰전 임무모듈은 기뢰의 접촉이나 물리적인 제거가 아닌 기뢰반응을 통해 기뢰를 제거하는 형태로 되어 있다. 이 모듈에는 항공기용 기뢰탐지 레이저시스템, 항공기용 기뢰 무력화시스템, 예인 소나, 원격 기뢰제거시스템, 연안 정찰 및 분석시스템, 무인 소해시스템, 부유기뢰 제거용 무인잠수정 등이 포함되어 있다. 임무모듈의 대부분의 기능은 헬기 또는 무인기(정)에 의해 임무가 수행되므로 승조원의 작전위험은 크게 감소되었으며, 이는 미국 해군의 '최전방의 무인화Unman the front line' 목표의 일부이다. 따라서 미국의 방위고등연구계획국 DARPADefense Advanced Research Projects Agency는 270kg의 무장을 탑재하고, 1,100 ~ 1,700km의 작전반경을 가지는 중고도 무인기를 연안전투함 2번함부터 운용 가능토록 개발하였다. 또한 무인기에 원격 센서를 부착함으로써 양상태소나(송·수신기가 각기 다른 위치에 있는 소나)를 탑재하여 협동교전능력을 구현할 수 있다. 이러한 우수한 능력으로 연안전투함은 소해함이나 강습함의 임무를 대체하게 될 것이다.

연안전투함의 표준 무장은 57mm 함포와 RAM 미사일이며, 무인 항공기·수상정·잠수정의 운용도 가능하다. 함미에는 두 대의 헬기(SH-60B/F 또는 MH-60R/S)를 운용할 수 있는 격납고와 비행갑판이 있으며, 작은 보트를 띄우고 회수할 수 있을 뿐만 아니라 화물과 무장을 보관할 수 있는 공간도 있다. 작전임무에 따라 필요한 승조원을 수용하기 위해 격실 내 침실모듈을 탈·부착 가능하며 필요시 100명까지 수용 가능하다.

연안전투함은 3 : 2 : 1 개념으로 운용하고 있다. 즉, 3개조의 승조원, 2척의 함정, 1척의 함정과 1개조의 승조원으로 운용하는 개념이다. 2척의 함정 중 1척은 1개조의 승조원과 함께 작전임무를 수행하고, 나머지 1척과 2개조의 승조원은 훈련 또는 대기 전력으로 운용한다. 이러한 개념을 적용한 결과 전통적인 함정 전개방식보다 소요함정은 50%, 승조원 소요는 25% 감소하였다.

(2) 중국

중국은 지앙후JIANGHU I/II/V급, 지앙후JIANGHU III급, 장웨이JIANGWEI II급, 지앙
카이JIANGKAI I급, 지앙카이JIANGKAI II급 등 총 51척을 운용중이다. 중국 해군의 연안
방위 주력함인 지앙후급 호위함은 1980년대 스프래틀리 군도의 영유권을 두고 베트
남과의 긴장관계 속에서 건조되었다. 그러나 원양에서의 장기간 작전을 고려하지 않
고 설계되었기에 거주성이 떨어지고, 베트남 공군기의 공격에 대응하는 대공방어 능
력이 취약하였다. 지앙후급 호위함은 16발에 달하는 대함미사일을 장착하여 강력한
공격력을 가졌지만, 함포 위주의 무장으로 대공전과 대잠전에 취약하여 현대전에 적
합하지 않음을 인식하였다.

따라서 중국 해군은 1980년대 후반에 들어서 서구 세계와의 관계가 개선됨에 따
라, 서방의 무기를 모방하거나 기술을 지원 받아 함정을 건조하기 시작하였고, 1990
년대에 등장한 중국 최초의 호위함으로 평가 받는 장웨이급 호위함이 건조되었다.
중국 해군의 장웨이 I급은 1980년대 중반에 건조된 함정 수준의 전투력을 가진 함정
이라는 불만이 제기되어, 신형 장비를 탑재한 개량형 장웨이 II급을 1996년 건조를
시작하여 2004년까지 총 10척을 확보하였다. 장웨이 II급은 기존의 지앙후급에 비해
8m가 연장된 111.7m의 전장을 가져 원양에서의 항해 안정성을 높이고 승무원의 생
활환경이 개선되었다. 신규 개발의 위험을 피하고 신속한 배치를 위하여 지앙후급
에서 사용하던 디젤엔진-디젤엔진 결합의 CODADCombined Diesel And Diesel 5시스
템을 그대로 사용하였다. 또한 함체의 전면은 완만한 곡선을 가지고 측면은 1~2도
의 경사 구조를 주어 기본적인 스텔스 기능을 적용한 중국 최초의 스텔스함이다. 장
웨이 II급 호위함은 지금은 도태된 장웨이 I급과 동일한 선체를 유지하며 설계변경은
주로 전자 장비와 무장에 집중되었다. 선진국의 함정들에 비해 성능은 떨어지지만,
C4ICommand Control Communication Computer & Intelligence를 탑재하여 원양에서도 작전
이 가능한 수준으로 향상시켰다는 평가를 받는다. 그러나 이러한 평가에도 장웨이 II

---

5 CODAD 추진체계는 함정추진을 위해 필요한 소요마력을 복수의 디젤기관을 조합하여 생성한다.
   디젤기관은 출력 범위가 동일하며 저속항해(순항속력 이하)에서는 축당 1대를 사용하고, 고속항해
   시에는 복수의 디젤기관을 모두 사용하는 기관조합 방식이다.

급 호위함도 무장과 설계, 성능 면에서 서방의 함정에 비해 한계가 있음을 인식하고, 신형 호위함인 지앙카이급 호위함을 건조하였다.

지앙카이 I급 호위함은 2005년에 초도함을 취역하고, 추가로 1척을 건조한 후 사업을 종결하였으며, 후기형인 지앙카이 II급 호위함을 2008년부터 2017년까지 24척을 건조 중에 있다. 이 호위함은 러시아제 무장과 레이더 등을 탑재하고 수직발사체계VLS를 채용하여 더욱 강력해진 성능을 가진 호위함으로 설계되었다. 지앙카이 호위함은 중국 해군 호위함 중 최초로 적극적인 스텔스 설계를 채용하였다. 지앙카이 I과 지앙카이 II급은 함 탑재 장비에서도 큰 차이가 있다. 지앙카이 I급은 2차원 대공레이더, 8연장 대공미사일, 100mm 함포, 근접방어무기체계CIWS: Close In Weapon System를 장착하였다. 반면에 지앙카이 II급은 3차원 대공레이더, VLS 32셀, 대공 · 대함미사일, 76mm 함포, CIWS를 탑재하고 있다. 지앙카이 II급 호위함으로 발전하면서 지나치게 큰 함포 구경을 줄이고 CIWS와 대공미사일 체계를 보강하여 자함 방공능력을 강화하였다. 지앙카이급 호위함의 제원은 표 2-30과 같다.

표 2-30 중국 지앙카이급 호위함

- 만재톤수: 3,963톤
- 추진기관: 디젤엔진 4기
- 보유척수: 22척
- 크기: 길이 134m, 폭 16m
- 최대속력: 27knots(약 50km/h)

(3) 일본

일본은 1983년과 1984년 각 1척의 유바리Yubari급 호위함을 대함작전과 대잠작전용으로 건조하여 운용하다가 수명주기가 도래하여 도태하였다. 이후 1989년부터 1993년까지 아부쿠마Abukuma급 호위함 6척을 건조하여 현재까지 운용중이다. 아부쿠마급 호위함은 일본의 지방대에서 운용되는 전용함이지만, 선체는 하츠유키급 구축함의 이전 세대인 야마구모급 구축함(톤수 2,150톤)과 거의 비슷한 규모인 2,000톤이다. 무장도 헬기 격납고가 없다는 것 이외에 하츠유키급 구축함과 동등한 중무장을 탑재하였고, 거주성도 양호하다. 근접방어무기체계로 Phalanx를 탑재하여 대함미사일에 대한 생존성을 향상시킨 함정이다. 아부쿠마급 함정의 제원은 표 2-31과 같다.

표 2-31 일본 아부쿠마급 호위함

- 만재톤수: 2,590톤
- 추진기관: 가스터빈 2기, 디젤엔진 2기
- 승조원: 120명
- 크기: 길이 109m, 폭 13.4m
- 최대속력: 27knots(약 50km/h)
- 보유척수: 6척

(4) 러시아

소련의 붕괴 이후 신생 러시아 해군은 경제·정치적인 혼란과 비대해진 해군 규모로 인해 예산 압박으로 매우 어려운 시기를 보냈다. 새로이 건조되던 신조함들은 모두 건조가 중단된 채 방치되었고, 주력함인 키로프급, 소브레메니급 등 주력함은 많은 유지비로 인해 조기 퇴역 및 치장물자로 전환되었으며, 키예프급 항공모함과 같이 고철로 매각되기도 하였다. 푸틴 대통령이 집권한 이후 경제 회복으로 러시아군은 다시금 군의 현대화를 실시하게 되었고, 러시아 해군은 건조가 중단되어 있던 함선의 재건조와 퇴역 함정들의 복귀를 실시하게 되었다. 이에 러시아 해군은 대규모의 예산이 들어가는 대형 수상함이 아닌 넓은 해안선을 방어할 수 있는 표준화된 다목적 소형 수상함을 대량 건조하기로 결정하고, 2000년부터 시작된 스테레구시치Stereshushchiy급에 이어 2003년 6월부터 개발이 시작된 애드미럴 고르시코브Admiral Gorshkov급 호위함 사업을 시작하여, 2006년부터 함 건조가 시작되었다.

현재 러시아 해군은 크리박Krivak급, 네우스트라시미급Neustrashimy, 스테레구시치급, 애드미럴 고르시코브급 등 총 11척을 운용중이다. 이 중 네우스트라시미급 호위함은 크리박급 호위함의 대체용으로 만들어진 군함이다. 처음에는 대잠임무를 주목적으로 설계하여 장거리 대잠미사일과 어뢰를 탑재하였으나, 건조 중에 구소련이 붕괴되어 2번함까지만 건조되었다.

스테레구시치급 호위함은 러시아의 신형함 중 하나이다. 이 함정은 비효율적인 대형함 위주의 방어에서 탈피하여 자국의 영해를 경제적으로 방어하기 위해 건조되었다.

애드미럴 고르시코브급은 2006년부터 건조가 시작되어 2010년 초도함을 진수

표 2-32 러시아 고르시코브급 호위함

- 만재톤수: 4,500톤
- 추진기관: 가스터빈 4기
- 승조원: 210명
- 보유척수: 26척
- 크기: 길이 135m, 폭 16m
- 최대속력: 29knots(약 54km/h)

하여 시험평가 중으로 향후 총 9척을 확보할 예정이다. 현재 운용중인 노후함정인 크리박급과 네우스트라시미급 호위함을 대체하기 위해 건조하는 신형 호위함이다. 이 함정은 수상함 세력을 효율적으로 운용하기 위해 다목적 임무를 수행하도록 건조되었다. 따라서 4,500톤급의 배수량과 강력한 무장을 탑재하였다. 위상배열레이더와 신형 대공미사일 체계가 장착되어 대공미사일 32기를 운용하며, CIWS 등 최신무기체계를 탑재하였다. 선체는 적극적으로 스텔스를 적용하여 서구의 전투함과 대등한 수준의 레이더반사면적을 가진 것으로 알려졌다. 선체 내부는 장기간의 작전 효율을 위해 거주성을 향상하였고, 연안 작전 시 파도를 극복할 수 있도록 함수 부분을 슬림화하였다. 애드미럴 고르시코브급 함정의 제원은 표 2-32와 같다.

(5) 대한민국

우리나라는 1975년 박정희 전 대통령의 자주국방의 기치 아래, 독자적인 한국형 구축함 개발이 필요하다는 인식하에 우리 손으로 군함을 건조하게 되었다. 그러나 구축함은 적어도 배수톤수가 4,000톤 이상의 크기를 가져야 하는데, 당시에 우리나라는 1,000톤급 이상의 전투함조차 만들어본 경험이 없었다. 결국 하나하나 짚어보면서 건조한다는 자세로 기초기술부터 습득하기 위해 작은 규모의 군함을 우선 만들기로 결정하고, 한국형 구축함의 전단계라 할 수 있는 호위함 개발에 착수하였다. 마침내 1978년 3월, 기본설계가 완료되어 1980년 12월 최초의 한국형 전투함으로 호위함 FF-951 울산함이 건조되었다. 당시 1,500톤급 함정의 건조 경험이 전무했던 국내 설계진은 외국 함정을 모방 설계할 수밖에 없었으며, 선형과 일반배치는 미국 해군의 호위함과 구축함을 기준함Parent Ship으로 하여 설계를 진행하였다. 선도함인 울산함이 건조된 이후 1992년까지 8척이 추가로 건조되어 실전배치 및 운용되었으며, 이를 토대로 한국 해군은 획기적으로 발전된 면모를 갖추게 되었다.

한국형 호위함은 내항성능 향상을 위해 함 안정기Fin Stabilizer를 추가로 장착하였다. 또한 선체의 경량화를 위해 주 선체에는 철제가 사용되었으나, 상부구조물은 알루미늄으로 제작되었다. 추진체계는 기동성과 경제성을 확보하기 위해 호위함급 함정에서 일반적으로 사용하는 디젤엔진과 가스터빈 조합의 CODOGCOmbined

Diesel Or Gas Turbine 6 추진체계를 채택하였다. 한국형 호위함은 노후화된 한국 해군의 전투함들을 교체하고, 북한에 대비하여 수적으로 열세한 전력을 만회하고자 탑재무장을 강화하였다. 울산급 호위함의 제원은 표 2-33과 같다.

표 2-33 한국 울산급 호위함

- 만재톤수: 2,330톤
- 추진기관: 개스터빈 2기, 디젤엔진 2기
- 승조원: 150명
- 크기: 길이 102m, 폭 11.5m
- 최대속력: 34knots(약 63km/h)

한국 해군은 노후화된 구형 울산급 호위함과 동해급 초계함을 미래 해군력 운용 개념에 부합하는 신형 호위함으로 대체하여 확보하고 있다. FFX-I이라 하는 한국 해군의 인천급 신형 호위함이 2013년부터 건조하여 운용중이다. 인천급 호위함은 대공탐색 및 추적을 위해 국내에서 개발된 3차원 탐색레이더와 추적레이더, 그리고 EOTS를 장착하였다. 또한 자함 방어를 위한 근접방어무기체계, 127mm 함포와 함대함·함대지미사일을 탑재하고 있다. 인천급 호위함의 제원은 표 2-34와 같다.

인천급의 성능개량함인 FFX-II는 함 건조가 진행 중이며, 기존 인천급보다 척수를 늘려 해역함대의 실질적인 주력함 및 대잠함을 목표로 설계되었다. FFX-II

---

6 CODOG 추진체계는 함정추진소요마력을 디젤기관과 가스터빈의 조합으로 생성한다. 저속항해에서는 디젤기관만을 사용하고 고속항해 시에는 가스터빈만을 사용하는 기관조합 형태로서 감속기어 제작이 용이하고 조종 계통이 비교적 단순하여 다수 함정에 채택·운용되고 있는 기관조합 방식이다.

는 배수톤수 면에서 광개토대왕급 한국형 구축함에 근접한 함정이다. 스텔스 성능에서 FFX-II는 RCS를 증가시키는 요소, 즉 고속단정^{RIB}과 크레인, 어뢰발사관, 상부갑판 계단, 대함미사일 등을 모두 선체 내부에 수용하고, 스크린으로 감추었다. FFX-II의 가장 큰 특징은 추진시스템으로 하이브리드^{Hybrid} 추진체계인 CODLOG^{Combined Diesel electric Or Gas Turbine} 7 방식을 채택하고 있다. 즉, 순항속도에서는 디젤발전기를 가동해 얻어진 전기로 모터를 돌려 항해하지만, 순항속도 이상에서는 가스터빈 엔진과 프로펠러를 직렬 연결해 최대 30knots(약 56km/h) 속도를 발휘하는 하이브리드 추진 방식을 채택하였다.

표 2-34 한국 인천급 호위함

- 만재톤수: 3,250톤
- 추진기관: 개스터빈 2기, 디젤엔진 2기
- 승조원: 140명
- 크기: 길이 114m, 폭 14m
- 최대속력: 30knots(약 56km/h)

또 하나의 호위함인 FFX-III가 FFX-II의 성능개량함으로 건조될 예정이다. FFX-III는 개략 배수톤수 3,000톤급의 함정으로 대함·대공·대잠 표적에 대한 탐지·추적 능력이 크게 향상되어 다양한 해양 위협에 대한 적시 대응이 가능할 것으로 기대된다.

---

7 CODLOG Hybrid 추진체계는 저속에서는 디젤기관에 의한 전기식 추진이며, 고속에서는 가스터빈을 단독 운전하여 전력과 추진동력을 동시에 얻는 기계식 추진체계로 고속운전 시 강력한 추진동력이 요구되는 대형 상륙함 등에 적용되고 있다.

2.8 초계함

2.8.1 초계함이란?

초계함으로 번역되는 Corvette은 프랑스어 Corvair가 어원이다. 1670년대에 프랑스 해군이 처음으로 사용하였으며, 17세기의 Corvette은 40~70톤에 불과하였다. 그러나 현대에 들어서서 초계함은 대함전과 대잠전이 가능하고, 우군 전력을 보호하기 위해 주로 연안 경비임무 및 초계임무를 수행하는 500~1,500톤급의 함정으로, 호위함보다 성능이 떨어지고 크기도 작은 함정이다. 적의 기습공격에 대비하여 연안을 경비하는 임무를 수행하면서 규모가 더 큰 군함인 구축함을 보조하는 역할도 한다. 해군 작전의 중심이 대양에서 연안으로 이동함에 따라 미국 해군에서는 연안전에서 요구되는 복합적인 작전임무를 전담하여 수행할 수 있는 함정인 연안전투함LCS: Littoral Combat Ship으로 정의하여 건조하였다. 연안전투함은 연안해역 내에서 작전에 적합하도록 스텔스 선형, 임무모듈형 체계, 무장을 탑재하고 있다.

2.8.2 주요 국가 보유현황

미국은 임무면에서 호위함 또는 초계함을 대체할 수 있는 연안전투함을 운용하고 있으나, 2.7.2절에서 설명하였으므로 제외한다. 표 2-35는 미국 이외에 대표적으로 초계함을 운용하고 있는 국가인 중국, 러시아, 그리고 우리나라의 초계함 현황을 보여준다.

표 2-35 주요국 초계함 현황

구분	보유현황		비고
중국 (25)	JIANGDAO급(FSG)	25척	1,500톤, 2013~2016년 건조, 총 31척 확보예정

구분	보유현황		비고
러시아 (46)	PARCHIM II급(FFLM)	6척	975톤, 1986~1990년 건조
	DERGACH급(PGGJM)	2척	1,067톤, 1995~1997년 건조
	TARANTUL급(FSGM)	25척	462톤, 1980~1999년 건조
	NANUCHKA급(FSG)	13척	671톤, 1978~1978년 건조
한 국 (38)	포항급 초계함(PCC)	21척	1,200톤, 1986~1993년 건조
	윤영하급 미사일함(PKG)	17척	580톤, 2008~2016년 건조

(1) 중국

중국 해군은 신형초계함 지앙다오Jiangdao급 초계함을 25척 운용중이다. 지앙다오급 초계함은 기존의 구형 초계함인 호우신급과 지앙후 I/II급 호위함을 대체하기 위해 건조하였다. 2013년 초도함 건조를 시작으로 상하이와 광저우의 조선소에서 4척이 건조되었고, 중국내 조선소에서 대량으로 건조하는 체계를 갖추어 2016년 말까지 총 31척을 확보할 예정이다. 지앙다오급 초계함은 1,500톤의 함정이며, 지앙

표 2-36 중국 지앙다오급 초계함

- 만재톤수: 1,500톤
- 추진기관: 디젤엔진 2기
- 승조원: 60명

- 크기: 길이 89m, 폭 11.6m
- 최대속력: 25knots(약 46km/h)

카이급 호위함에 적용된 스텔스 설계가 적용되어 우수한 스텔스 성능을 갖추었다. 대함무장은 함대함미사일 4발과 76mm 함포를 탑재하였고, 대공무장으로는 RAM 과 유사한 FL-3000 8연장 함대공미사일을 함미에 장착하였으며, 근접방어무기체 계CIWS 2기를 장착하였다. 헬기 운용을 위한 헬기패드만 있을 뿐 격납고가 없어 상시 헬기 운용은 제한된다. 지앙다오급 초계함의 제원은 표 2-36과 같다.

(2) 러시아

러시아 해군은 나누추카Nanuchka급(FSG) 13척, 타란툴Tarantul급 25척, 파심Parchim II급 6척, 데르가시Dergach급 2척 등 초계함을 총 46척 운용중이다.

나누추카급 초계함은 미사일 초계함으로 함대함미사일을 6발 탑재하여 타란툴급 초계함보다 함대함미사일을 2발 더 탑재하고 있다. 만재배수량이 670톤으로 선체가 작은 나누추카급은 내파성을 희생하는 대신에 강력한 전자전장비와 강화된 함포무장 및 대공방어 능력을 갖춘 것이 특징이다. 나누추카급 초계함의 제원은 표 2-37과 같다.

표 2-37 러시아 나누추카급 초계함

- 만재톤수: 671톤
- 추진기관: 디젤엔진 3기
- 승조원: 42명
- 크기: 길이 59.3m, 폭 11.8m
- 최대속력: 33knots(약 61km/h)

(3) 대한민국

한국 해군은 1979년 제한된 예산으로 확보할 수 있는 울산급 호위함 척수에 한계가 분명한 만큼, 그보다 소형이고 저렴한 1,000톤급의 초계함을 대량 생산함으로써 수적인 면에서라도 보완하고자 하였다. 따라서 울산급 호위함 건조척수는 9척으로 제한하고, 그 대신 동해급과 포항급을 합쳐 총 28척의 초계함을 건조하였다. 현재는 동해급과 포항급 등 10척이 퇴역하여 18척을 운용중이다. 포항급은 만재배수량이 울산급의 절반으로 줄어들었지만, 울산급과 동등한 수준의 사격통제시스템과 무장을 갖추어 전체적인 능력면에서는 큰 차이를 보이지 않는다. 포항급은 무장과 사격통제시스템에 의해서 전기, 중기, 후기형으로 나누어진다.

표 2-38 한국 포항급 초계함

- 만재톤수: 1,240톤
- 추진기관: 개스터빈 1기, 디젤엔진 2기
- 승조원: 95명
- 크기: 길이 88.3m, 폭 10m
- 최대속력: 32knots(약 59km/h)

전기형은 동해함부터 목포함까지 8척의 함정으로, 1990년대 중반까지 건조된 함정이다. 전기형 초계함 중 일부는 북한 해군 미사일 고속정에 대응해 엑조세Exocet 함대함미사일을 장착하게 되었다. 한국 해군은 미국의 하푼 함대함미사일 개발과 도입이 늦어짐에 따라 우선적으로 프랑스제 엑조세를 도입하였다. 함포 면에서도 포항함을 포함한 전기형 4척은 76mm 함포와 30mm 함포를 장착하였다. 포항급 초계함 제원은 표 2-38과 같다.

중기형 함정은 김천함부터 여수함까지로, 함포 체계를 76mm 함포와 40mm 함포로 강화한 모델이다. 대신 함대함미사일을 갖추지 않아 장거리 대수상전 능력은 약화되었으나, 소나와 3연장 어뢰발사관 2문을 통해 대잠능력을 갖추고 있다.

후기형 함정은 진해함부터 마지막 공주함까지로, 76mm 함포, 40mm 함포를 장착하고, 대수상함형과 대잠형에 따라서 함대함미사일, 소나와 3연장 어뢰발사관을 각각 장착하고 있다.

2.9 상륙함

2.9.1 상륙함이란?

상륙함은 전시에 상륙작전을 위해 기지로부터 바다를 이용하여 상륙해안으로 병력과 장비를 신속하게 해상수송하기 위한 함정을 말한다. 상륙함의 종류는 수십 톤의 소형함에서부터 4만 톤이 넘는 상륙강습함에 이르기까지 크기와 종류가 다양하다.

과거의 범선 시대나 제1차 세계대전 이전에는 일반적으로 배에서 내려서 돌격하거나 보트로 상륙하는 것이 전부였으나, 상륙의 규모가 커지고 수송수단이 필요함에 따라 상륙전에 특화된 상륙함의 필요성이 대두되었다.

현대의 상륙전과 같은 전술은 1920년대 미국에서 개발되었다. 라틴아메리카 지역에서 소규모의 상륙전투를 자주 했던 미국 해병대를 중심으로 교리가 발전하였다. 즉 상륙지점 연안까지 병력을 수송하는 대형함과, 대형함에서 발진하여 해안에 직접 상륙시키는 상륙주정을 창안해냈고, 수송선 등을 개조하여 상륙함을 대량으로 만들어내기 시작했다. 그리고 크고 무거운 전차를 한꺼번에 수송하기 위해 해안에 직접 접안하여 전차를 내릴 수 있는 전차상륙함LST: Tanker landing Ship을 건조하였고, 다수의 함정이 참가하므로 상륙지휘를 위한 지휘함도 건조하였다. 이후 헬기가 개발되어 빠른 수송과 강력한 타격수단을 보유하게 됨으로써 상륙전의 양상이 바뀌었고, 다수의 헬기를 탑재하여 이동하는 헬기상륙함LPH: Landing Platform Helicopter 이 등장하는 등 상륙함의 종류도 다양해졌다. 최근에는 항공모함으로 불리어도 손색이 없을 정도의 크기를 지닌 대형상륙함도 있다. 상륙돌격함LHA/LHD: Amphibious Assault Ship으로 불리는 헬기상륙함은 다수의 헬기 운용을 위해 넓은 갑판을 갖추고 있어 탑재 헬기를 이용하여 병력을 신속하게 상륙시킬 수 있다. 또한 함미에는 상륙정을 이용하여 전차 등 장비 수송을 위한 웰덱을 갖추고 있다.

상륙함의 종류에는 앞에 열거한 LST, LPH, LHA, LHD 이외에도 도크형상륙함LSD: Dock Landing Ship, 상륙수송함LPD: Amphibious Transport Dock, 상륙지휘함LCC: Amphibious Commad Ship 등 다양한 형태로 건조되어 상륙작전을 지원한다.

2.9.2 주요 국가 보유현황

전 세계 213개 국가 가운데 해안선을 접하고 있는 169개 국가 중 미국을 포함한 중국, 러시아 등 상륙군을 보유한 대부분의 국가에서 상륙함을 운용하고 있다. 그러나 개방형 갑판 형상을 갖추고 항공기를 운용할 수 있는 상륙강습함을 보유하고 있는 국가는 10여 개국에 불과하다. 표 2-39는 주요 국가 해군의 상륙함 현황을 보여준다.

표 2-39 주요국 상륙함 현황

구분	보유현황		비고
미 국 (40)	WASP급(LHDM)	8척	41,000톤, Tarawa급 후속함, 1989~2009년 건조
	SAN ANTONIO급(LPDM)	9척	24,900톤, 2006~2021년 총 12척 건조예정
	WHIDBEYISLAND급(LSD)	12척	16,100톤, 1985~1998년 건조

구분	보유현황		비고
미 국 (40)	BLUE RIDGE급(LCC)	2척	17,700톤, 1970,1971년 건조, 지휘통제함
	FRANK S BESSON급(LSV)	8척	5,900톤, 1987~2007년 건조
	AMERICA급(LHA)	1척	44,500톤, 2014~2017년 총 4척 건조예정
중 국 (26)	YUZHAO급(LPD)	4척	19,800톤, 2007~2017년 총 5척 건조예정
	YUDENG급(LSM)	1척	1,880톤, 1994년 건조
	YUTING급(LSTH)	10척	4,870톤, 1992~2002년 건조
	YUTING II급(LSTH)	11척	4,800톤, 2003~2015년 건조
일 본 (3)	OOSUMI급(LPD)	3척	14,200톤, 1998~2003년 건조
러시아 (16)	IVAN GREN급(LSTHM)	1척	6,600톤, 2016, 2018년 각 1척 건조예정
	ROPUCHA급(LSTM)	15척	4,470톤, 1974~1992년 건조
한 국 (6)	고준봉급(LST)	4척	4,300톤, 1993~1999년 건조
	천왕봉급(LST-II)	1척	6,000톤, 2014년 건조 총 4척 건조예정
	독도급(LPH)	1척	19,300톤, 2007년 건조 총 2척 확보예정

(1) 미국

미국은 1976년 상륙함의 함미에서 웰덱을 통한 공기부양상륙정LCAC: Landing Craft Air Cushion 운용능력과 항공기 운용능력을 모두 가지고 있던 타라와Tarawa급을 선보였고, 1988년에는 항공기 운용능력이 크게 강화된 와스프Wasp급을 취역시킨데 이어 2014년에는 항공모함처럼 운용할 수 있는 아메리카America급을 확보하기 시작했다.

표 2-40 미국 와스프급 상륙함

- 톤수: 42,330톤
- 속력: 22knots(약 41km/h)
- 보유척수: 8척
- 크기: 258.2 x 42.7 x 8.1m
- 승조원: 1,123명

　미국의 대표적인 와스프급 상륙강습함은 만재배수량 42,330톤, 길이 258.2m의 크기이다. 1989년부터 2009년 간 8척을 취역하여 운용중에 있으며, 항공기 승강기 2대와 갑판에 공기부양상륙정 LCAC를 최대 3척 보유 중이다. 또한 AV-8B 해리어 6대를 탑재하고, 비행갑판에는 헬기가 최대 9대까지 이·착륙이 가능하다. 와스프급 상륙함 제원은 표 2-40과 같다.

　또한, 미국 해군은 45,000톤급 상륙강습함인 아메리카함을 건조하였다. 아메리카함은 노후화된 타라와급 상륙함(4만톤급, 1980년대 건조)을 대체하는 대형 상륙함으로 2009년 건조에 착수하였으며, 2015년부터 운용하고 있다. 주요 임무는 상륙작전, 공중작전, 인도적 지원 및 재난구조 등이다. 미국 해군은 아메리카급 상륙강습함을 총 4척 건조할 계획이며, 2번함인 트리폴리(LHA)함은 2019년부터 운용할 예정이다. 아메리카함은 비슷한 크기의 중형 항공모함과 유사하게 MV-22 오스프리Osprey, F-35B 전투기 등도 운용 가능할 것으로 예상된다. 아메리카급 상륙함 제원은 표 2-41과 같다.

표 2-41 미국 아메리카급 상륙함

- 톤수: 44,971톤
- 추진기관: 가스터빈
- 승조원: 1,059명

- 크기: 길이 257.3m, 폭 59.1m
- 최대속력: 22knots(약 41km/h)
- 보유척수: 1척

(2) 중국

중국은 제1·2 도련선 구축 전략이 점차 가시화되기 시작한 2000년대 이후 대만과 남중국해 일대 분쟁 도서지역에 대한 상륙강습작전 능력 확보를 목적으로 상륙전력을 급속도로 강화하고 있다.

중국은 최초의 원양항해능력을 갖춘 유칸^{Yukan}급 상륙함을 1990년대부터 건조하기 시작하여 유팅^{Yuting} II급과 최초의 상륙강습함인 유자오^{Yuzhao, Type 071}급을 보유하고 있다.

중국 해군은 항공모함과 핵추진잠수함사이의 전력공백을 메우기 위한 적절한 함정으로 대형 상륙함의 건조를 진행 중에 있다. 중국이 처음 건조한 도크형 상륙함인 유자오급은 2006년 12월 1번함이 진수된 뒤 시험평가를 거쳐 2010년 2번함을 시작으로 4척이 건조되었고, 총 5척 전력화를 목표로 건조 중이다. 이렇게 건조된 유자오급 상륙함은 모두 남해함대에 배치하고 있다. 유자오급 상륙함은 만재배수량 28,000톤, 병력 500~600명, Z-8 중형헬기를 4대까지 수용할 수 있는 격납고를 갖추고 있으며, 2대의 헬기가 동시 이·착륙이 가능하다. 또한 공기부양상륙정 4척을 운용하고, 신형 수륙양용 병력수송 장갑차 계열의 장갑차 4대를 수송할 수 있다. 중국 해군이 유자오급 상륙함을 추가로 건조하여 남해함대에 배치하고자 하는 것은, 최근 남중국해에서 심화되고 있는 주변국들과의 영토분쟁에 강력히 대처하겠다는 중국의 강한 의지의 표현으로 분석된다. 유자오급 상륙함의 제원은 표 2-42와 같다.

표 2-42 중국 유자오급 상륙함

- 톤수: 18,500톤
- 속력: 20knots(약 37km/h)
- 보유척수: 4척
- 크기: 길이 210m, 폭 28m
- 승조원: 120명

중국은 유자오급 상륙함에 이어 미국의 LHD형 상륙함을 모방하여 개방형 갑판형상을 갖춘 Type 081 상륙함 건조도 추진 중이다. Type 081 상륙함은 프랑스의 미스트랄Mistral급 상륙함의 영향을 받았으며, 항공기 운용능력에 중점을 두고 건조되는 것으로 알려지고 있다. 중국은 2020년대 초반까지 Type 081 상륙함 6척과 Type 071 상륙함 6척 등 12척의 대형 상륙전력을 확보한다는 구상인데, 이 같은 전력구축을 마무리 짓는 2025년경에는 대규모 상륙작전 능력 구비는 물론 해상 항공기 운용플랫폼을 중심으로 한 미국 해군의 원정강습전단ESG 개념도 모방할 수 있어 서태평양 전역에서 강력한 해상통제 능력을 보유하게 될 것으로 전망된다.

(3) 일본

일본은 오오수미Oosumi급 상륙함LPH을 1998년부터 2003년 간 3척을 취역하여 운용중에 있다. 오오수미함은 노후한 아츠미급과 미우라급 상륙함을 교체하여 건조한 함정이다. 오오수미함은 톤수가 14,000톤이며, 트럭 40대 또는 전차 10대와 무장병력 330명, 공기부양상륙정LCAC 2대를 탑재한다. 또한 비행갑판, 함미 LCAC 격납고, 선체 우현에 함교구조물을 갖추고 있다. LCAC를 탑재할 수 있는 후방 도크와 다수의 헬기 운용능력을 갖추었다는 점에서 오오수미함은 도크형 상륙함LPD 또는 LHD으로 분류되는 것이 맞지만, 일본은 전차상륙함LST으로 분류하고 있다. 이는 해상자위대가 오오수미함 건조 예산을 승인 받을 때 내각과 의회에 3,500톤급 전차상륙함으로 보고했기 때문이다. 오오수미급 도크형 상륙함은 구조면에서 소형 헬기 항공모함의 특성도 갖추고 있다. 오오수미급 상륙함 제원은 표 2-43과 같다.

표 2-43 일본 오오수미급 상륙함

- 톤수: 14,200톤
- 속력: 22knots(약 41km/h)
- 보유척수: 3척
- 크기: 길이 178m, 폭 25.8m
- 승조원: 135명

일본은 동중국해 방위 및 대규모 재난 구조 등의 임무 수행을 명분으로 오오수미급 3척을 수륙양용차와 수직 이착륙 항공기인 MV-22 오스프리를 탑재할 수 있도록 개조 중에 있다. 또한, 중기방위력정비계획에 27LHD 사업을 반영하였다. 27LHD 사업은 2016년 후반 건조에 착수하여 2018년까지 초도함을 진수한다는 계획 하에 사업이 진행되고 있다. 27LHD는 미국의 와스프WASP급에 필적하는 규모를 갖출 것이며, 공기부양상륙정LCAC과 MV-22 등 다양한 상륙용 장비를 탑재하는 함정이 될 것이다. 해상자위대는 27LHD 주요기능으로 지휘통제, 의료지원, 항공기 운용, 보급지원, 수륙양용작전, 인도적 지원 및 재해구호 등을 요구하고 있다. 향후 일본은 도서방위를 위해 해병대를 편성하기로 한 만큼 오오수미함과 27LHD의 역할이 주목된다.

(4) 러시아

러시아는 로프챠Ropucha급 상륙함 15척을 1974년부터 1992년까지 건조하여 확보하였고, 신형상륙함 이반 그렌Ivan Gren급 1척을 운용중이다.

표 2-44 러시아 이반 그렌급 상륙함

- 톤수: 6,000톤
- 크기: 길이 128m, 폭 16.5m
- 승조원: 100명
- 수송능력: 병력 300명, 장갑차 36대 또는탱크13대, 헬기 1대

2000년대 초기 러시아는 프랑스로부터 2척의 미스트랄급 상륙함을 블라디보스톡급으로 명명하여 전력화할 예정이었으나, 우크라이나 사태 이후 NATO와 러시아 간 대립 구도가 심화되면서 독자 모델의 상륙함을 건조하기로 하였다. 따라서 러시아는 이반 그렌급 상륙함 1번함을 2004년 건조 착수하여 2016년 확보하여 운용중이다. 최초 건조계획 시 이반 그렌급 상륙함은 2013년 실전배치할 예정이었으나, 예산문제 등으로 지연되어 건조되었다. 이반 그렌급 상륙함의 만재배수량은 6,000톤이다. 러시아 해군은 앞으로 이반 그렌급 상륙함 2번함을 2015년 착수하여 2018년 확보할 계획이다. 이반 그렌급 상륙함 제원은 표 2-44와 같다.

러시아는 2015년에 구체적인 제원이 공개되지는 않았으나, 1만 4천 톤급의 선체와 8대 안팎의 헬기 운용능력을 보유한 신형 상륙함 건조계획을 발표하였으며, 2016년 건조에 착수하여 2018년 이후 실전에 배치하는 것을 목표로 삼고 있다.

(5) 대한민국

한국 해군은 고준봉급 상륙함과 독도급 대형수송함LHD을 운용중에 있다. 독도함은 만재배수량이 19,300톤이다. 비행갑판에서는 UH-60급 헬기 수대가 동시에

표 2-45 한국 독도급 상륙함

- 톤수: 19,300톤
- 속력: 22knots(약 41km/h)

- 크기: 길이 200m, 폭 32m
- 승조원: 1,100명(상륙군 700명)

이·착륙할 수 있고, 함미에는 웰덱을 갖추어 공기부양상륙정을 탑재한다. 그리고 부족한 상륙전력을 확충하기 위해 천왕봉급 상륙함 4척을 확보하고 있다. 천왕봉급 상륙함은 톤수가 4,500톤이고, 헬기 2대가 동시에 착륙할 수 있다.

상륙함은 상륙작전을 위한 별도의 장비와 병력을 실을 수 있는 공간 및 탑재장비를 운용하기 위한 시설을 갖추고 있다. 고준봉급 상륙함의 경우 내부에 차량을 실을 수 있는 공간인 덤블과 상륙군 침실이 별도로 있고, 후갑판에 헬기가 착륙할 수 있는 공간이 마련되어 있으며, 상륙병력을 상륙시킬 별도의 램프도어가 있다. 독도함의 경우에도 헬기 전용의 비행갑판과 공기부양상륙정을 탑재할 수 있는 도크와 엘리베이터가 설치되어 있다. 상륙함은 일반적으로 상륙물자 수송을 위한 공간 활용으로 함정 자체 무장은 타 함정보다 상대적으로 약하다. 독도급 상륙함 제원은 표 2-45와 같다.

2.10 소해함

2.10.1 소해함이란?

소해함은 전쟁이 발발하면 적국이 아군 함정의 항만 출입을 봉쇄하고, 증원세력 및 병참선의 항만 출입을 차단하기 위해 잠수함과 항공기 및 위장 선박을 이용하여 다량의 기뢰를 부설하므로, 이를 제거하기 위한 필요성에 의해 건조된 함정이다. 따라서 기뢰를 제거해서 바다를 청소하는 군함이라는 의미로 소해함이 만들어졌다. 기뢰를 사용하여 적의 해군세력을 차단 또는 무력화하거나 적국이 기뢰를 사용하여 목적달성을 시도할 때 이를 거부하는 작전이 기뢰작전이다. 기뢰는 적·아를 식별하는 것이 불가하여 우군 함선에도 위협이 되며, 전쟁 이후에 기뢰처리 등 국제법상의 문제도 있으므로 기뢰를 사용 시에는 특별한 계획이 요구된다.

기뢰작전을 수행할 때 지휘하는 함정을 소해모함이라 하며, 소해장비를 이용하여 기뢰를 제거하는 함정을 소해함이라 한다. 최근에는 소해함이 대형화됨에 따라 함정에 소해헬기를 탑재하여 소해작전을 실시하고 있다. 소해함들은 기뢰를 제거하는 위험한 임무를 수행하므로 자기기뢰에 감지당하지 않기 위해 선체를 목재 또는 강화플라스틱[8] 등으로 제작한다.

소해함은 크기에 따라 원양형(500톤 이상), 연안형(200~500톤), 내해형(200톤 이하)으로 구분되고, 최근에 건조되는 소해함은 기뢰의 성능향상에 따른 탐색 및 소해수단의 발전에 따라 기뢰 소해 및 탐색의 임무를 겸하고 있는 추세이며, 함정의 크기도 500톤급 이상으로 대형함정이 주류를 이루고 있다.

소해함의 특징은 원격으로 조종되는 수중 기뢰처리기를 보유하고 있으며, 선체는 기뢰를 탐색하는 동안 기뢰폭발에 대응하기 위해 특별히 자기신호 및 음향신호를 최소화할 수 있도록 설계되어 있다. 그리고 수중에 부설된 기뢰를 탐색하기 위한 수단으로 통상 기뢰 탐색용 음탐 장비를 보유하고 있다.

2.10.2 주요 국가 보유현황

소해함은 적국이 기뢰를 보유하여 기뢰부설 위협이 명확히 존재하거나, 다수의 함정을 보유한 선진국 해군에서 대부분 운용하고 있다. 주요 국가 소해함 보유현황은 표 2-46과 같다.

(1) 미국

미국이 보유한 어벤저Avenger급 소해함은 1,400톤급으로 기뢰대항함이라 부르기도 한다. 1987년부터 1994년까지 총 14척이 건조되어, 현재는 11척이 기뢰제거 임무를 수행하고 있다. 특이한 점은 비슷한 시기에 건조된 소해함이 유리섬유강화플라스틱FRP 소재를 사용하여 선체를 건조한 것과는 달리, 어벤저급 소해함은 선체

---

8 소해함 선체로 강화플라스틱이 도입된 것은 1980년대 유럽 해군을 중심으로 시작되었지만, 신뢰도 문제로 인해 대중화된 것은 21세기이다. 우리나라와 일본은 2000년대 후반이 지나서 소해함 선체로 강화플라스틱을 사용하였다.

표 2-46 주요국 소해함 현황

구분	보유현황		비고
미 국 (11)	AVENGER급(MCM/MHSO)	11척	1,400톤, 1987~1994년 건조
중 국 (42)	WOSAO급(MSC)	14척	295톤, 1984~1997년 건조
	WOZANG급(MCMV)	4척	584톤, 2005~2016년 건조
	T 43급(MSO)	14척	528톤, 1956년 건조
	WOCHI급(MCMV)	10척	2010~2014년 건조
일 본 (27)	URAGA급(MSTH)	2척	5,741톤, 소해모함, 1997~1998년 건조
	NIJIMA급(MCSD)	2척	447톤, 1993~1994년 건조
	YAEYAMA급(MHS)	3척	1,016톤, 1993~1994년 건조
	SUGASHIMA급(MHC)	12척	518톤, 1999~2007년 건조
	HIRASHIMA급(MHSC)	3척	579톤, 2008~2010년 건조
	UWAJIMA급(MHSC)	2척	579톤, 1996년 취역
	ENOSHIMA급(MSC)	3척	570톤, 2012~2015년 건조
러시아 (41)	ALEXANDRIT급(MHSC)	1척	620톤, 2015년 건조, 7척 추가 건조예정
	NATYA I급(MSOM)	10척	817톤, 1970~1989년 건조
	SONYA급(MHSCM)	20척	457톤, 1973~1995년 건조
	LIDA급(MHC)	8척	137톤, 1989~1992년 건조
	GORYA급(MHSO)	2척	1,148톤, 1988~1994년 건조
한 국 (10)	KANG KYEONG급(MHC)	6척	478톤, 1986~1994년 건조
	YANG YANG급(MSC)	3척	894톤, 1999년, 2004년, 2005년 건조
	WON SAN급(MLH)	1척	3,353톤, 기뢰부설함, 1997년 건조

를 목재로 건조한 다음 유리강화플라스틱GRP을 선체 위에 적층하였다. 이는 금속성 선체의 자기장에 반응하는 기뢰에 대응하기 위한 것으로, 선체 이외의 상부구조물 및 내부구조물은 합금 같은 비철금속을 사용하였다. 어벤저급 소해함은 보다 소형의 오스프리Osprey급 기뢰탐색함MHC: Mine Hunter Coastal과 함께 기뢰탐색과 식별을

통해 작전지역 내의 부유 기뢰 및 해저 기뢰를 제거하고, 기뢰의 위협으로부터 작전 세력을 보호하는 임무를 수행한다. 어벤저급 소해함의 주요 제원은 표 2-47과 같다. 또한 기뢰의 빠른 탐색을 위해 다수의 소해헬기를 운용하고 있다.

표 2-47 미국 어벤저급 소해함

- 톤수: 1,400톤
- 추진기관: 디젤엔진 4기
- 승조원: 84명
- 크기: 길이 68.4m, 폭 11.9m
- 최대속력: 13.5knots(약 25km/h)
- 보유척수: 11척

(2) 중국

중국 해군은 소해함으로 와소Wosao급, 와지Wochi급, 와장Wozang급 등 총 42척을 운용중이다. 이 중 와소급은 소해함 중 가장 소형으로 만재톤수가 약 300톤이다. 1984년부터 건조되기 시작하여 1987년부터 실전 배치되기 시작하여 총 16척을 건조하였고, 현재 14척을 운용중이다.

와지급 소해함은 2007년도에 전기형 4척을 건조하고 2012~2014년 사이에 6척을 건조하였으며, 와소급 대비 크기가 증가된 개량형이다.

와장급 소해함은 노후화된 와소급 소해함을 대체하기 위해 2005년 7월부터 개발하여 2016년 총 4척이 실전에 배치되어 운용중이다. 선체는 유리강화플라스틱 GRP으로 제작되었고, 음향기뢰에 대응하기 위해 엔진의 소음이 줄어든 신형엔진이 장착되었다. 또한 기뢰제거를 위한 무인기뢰처리기ROV를 탑재하고 있으며, 기뢰제거 시 정밀한 기동을 위하여 4개의 자세조정 트러스터가 설치되어 있다. 와장급 소해함의 주요 제원은 표 2-48과 같다.

표 2-48 중국 와장급 소해함

- 톤수: 584톤
- 추진기관: 디젤엔진 2기
- 보유척수: 4척
- 크기: 길이 55m, 폭 9.3m
- 최대속력: 14knots(약 26km/h)

(3) 일본

일본은 소해함의 중요성을 일찍이 인식하여 소해전력으로 소해함과 소해헬기를 운용하고 있다. 소해함은 미국 해군보다 더 많은 숫자를 보유하고 있다. 일본은 제2차 세계대전 말, 기뢰와 잠수함에 의해 해상교통로가 차단되어 어려움을 겪었던 전쟁의 패배를 교훈삼아 소해함을 전투함만큼이나 증강하고 있다. 따라서 일본은 위성을 이용한 정밀위치측정 및 조함이 가능하며, 자기기뢰에 의한 자성탐지 회피를 위해 선체를 목재로 제작한 1,200톤급 예야마Yaeyama급 소해함 등을 운용하고, 함정에 계류식 소해구를 장착하였다. 또한 소해작업 시 저속기동과 소해 성능향상을 위해 가변피치프로펠러와 조함 장비를 채택한 600톤급 수가히마Sugahima급 소해함MHDC 12척을 운용중이다. 이 중 예야마급 소해함의 제원은 표 2-49와 같으며, 무장도 부유기뢰 처리용 20mm 기관포 1문을 탑재하고 있다. 일본은 이외에도 이노시마Enoshima급 소해함 등 총 27척을 운용중이다.

표 2-49 일본 예야마급 소해함

- 톤수: 1,200톤
- 추진기관: 디젤엔진 2기
- 승조원: 60명
- 크기: 길이 67m, 폭 11.8m
- 최대속력: 14knots(약 26km/h)
- 보유척수: 3척

(4) 러시아

러시아 해군은 소해함 41척을 운용중이다. 소해함 종류로는 알렉산드리트 Alexandrit급 1척, 나트야Natya급 10척, 소냐Sonya급 20척, 리다LIDA급 8척, 고르야Gorya 급 2척이다.

이 중 대형 원양소해함인 고르야급 소해함은 함대 기뢰제거임무를 수행하는 함 정이다. 이 소해함은 미국 해군의 CAPTOR 어뢰식 기뢰에 대항하여 개발되었다. CAPTOR는 Capsulated Torpedo라는 의미의 기뢰로 해저에 부설되어 목표물이 접 근하면 항해음을 잡아 캡슐 안의 어뢰가 자동으로 발사되는 대잠수함용 목표 추 적형 기뢰이다. 잠수함을 운용하는 러시아 해군으로서는 이 기뢰의 위협을 크게 인식하고, 이를 제거하는 것이 주요한 목적이 되었을 것이다. 고르야급 소해함은 기뢰탐색과 제거장비, 무인기뢰제거기ROV, 기뢰폭파용 폭뢰, 특수 기뢰제거용 어 뢰 등 다양한 소해장비를 장착하고 있다. 고르야급 소해함의 주요제원은 표 2-50 과 같다.

표 2-50 러시아 고르야급 소해함

- 톤수: 1,148톤
- 추진기관: 디젤엔진 2기
- 승조원: 65명

- 크기: 길이 66m, 폭 11m
- 최대속력: 15knots(약 28km/h)
- 보유척수: 2척

(5) 대한민국

한국 해군은 양양급 소해함과 강경급 기뢰탐색함을 운용중이다. 양양급 소해함은 강경급 기뢰탐색함과 작전임무가 유사하나, 음향기뢰 제거능력이 추가되어 함정 크기에서 양양급이 강경급보다 크다. 소해함의 선체재질은 FRP이다. 주요 소해장

표 2-51 한국 강경급 소해함

- 톤수: 520톤
- 최대속력: 10knots(약 18km/h)
- 보유척수: 6척

- 크기: 길이 50m, 폭 8.3m
- 승조원: 48명

비로는 자기 및 음향 감응기뢰를 동시에 소해할 수 있는 복합식 소해장비와 기계식 소해장비를 탑재하고 있으며, 수중에서 원격조종으로 기뢰를 탐색·식별 및 처리할 수 있는 무인기뢰처리기MDV: Mine Disposal Vehicle를 탑재하고 있다. 강경급 소해함의 제원은 표 2-51과 같다.

원산급 기뢰부설함MLS은 유사시 우리나라 주요 해역을 적의 잠수함 위협으로부터 방어하기 위한 방어용 기뢰를 부설하거나, 적의 주요 해역에 공격용 기뢰를 부설한다. 또한 소해작전의 지휘함 임무수행 및 소해함에 대한 제한적인 군수지원 임무를 수행할 수 있는 함정이다. 기뢰부설함은 자동화된 기뢰부설체계를 탑재하고 있어 기뢰를 신속히 부설할 수 있다. 또한 함미에 대형 비행갑판을 보유하고 있어 소해헬기의 이·착륙이 가능하며, 소해헬기의 모함 임무를 수행할 수 있다. 한국전쟁 당시 북한은 소련으로부터 지원받은 4,000여 발의 기뢰 중 3,000여 발을 원산 앞바다에 부설하였다. 이로 인해 국군과 UN군의 원산 상륙작전은 계획보다 일주일이나 지연되었으며, 기뢰를 제거하는 과정에서 여러 척의 소해함이 침몰하는 피해가 발생하였다. 이때 얻은 기뢰작전의 중요성에 대한 교훈을 잊지 않기 위해 기뢰부설함의 함명을 '원산함'으로 명명하였다. 원산급 기뢰부설함의 제원은 표 2-52와 같다.

표 2-52 한국 기뢰부설함 원산함

- 톤수: 3,300톤
- 추진기관: 디젤엔진 4기
- 승조원: 160명
- 크기: 길이 103.8m, 폭 15m
- 최대속력: 22knots(약 41km/h)
- 보유척수: 1척

2.11 기타 함정

2.11.1 군수지원함

군수지원함은 전투함 등 군함이 전장에서 자체적으로 싣고 있던 보급품이 떨어지면 항구로 돌아가서 보급을 받는 것이 영토와 멀어져서 이동거리가 길어지고, 전쟁이 장기간 수행됨에 따라 해상에서 보급품을 군함에 직접 제공해야 할 필요성에 의해 건조된 함정이다. 거함거포주의 시대에는 함정 자체를 크게 건조하면서 내부 공간에 여유가 있어 많은 연료, 식량, 탄약 등을 싣고 다녔으나, 제2차 세계대전으로 접어들면서부터 모항으로 돌아가지 않고 바다 위에서 수리와 보급품을 지원받아 장기간 전투를 수행해야 하는 중요성이 강조되어 군수지원함이 운용되었다. 이렇듯 군수지원함은 전장에서 군함의 전쟁지속능력 유지를 위해서 오랜 기간 동안 연료, 식량, 수리부속 및 탄약을 적재한 채로 해상에서 작전임무를 지원하는 함정이며, 다양한 형태의 함정이 있다. 예를 들면 유조함은 유류를 공급하고, 탄약 수송함은 함포 탄약 및 미사일을 제공한다. 현대에 들어 이를 통합한 형태의 함정으로 군수지원함이 등장하였고, 유류, 탄약, 수리부속 등 필요한 군수물자를 지원한다.

군수지원함은 장기 작전에 필요한 물자의 보급능력이 최우선이기 때문에 크기에 비해서 무장은 빈약한 수준이거나 아예 없는 경우도 있다. 또한 한 번에 많은 보급품을 실을 수 있어야 하기 때문에 구축함보다 더 큰 만재배수량과 크기를 가지는 경우가 많다. 예를 들어 우리나라의 천지급 군수지원함은 광개토대왕급 구축함보다 더 큰 크기와 2배에 달하는 만재배수량을 가지고 있다. 또한 신속한 보급을 위해서 함정에 크레인과 같은 기중기 시설과 유류보급장치, 비행갑판을 갖추고 있다. 해군의 원해작전을 위해서는 군수지원함이 반드시 필요하다. 군수지원함이 없는 해군은 연안해군을 벗어날 수 없다고 한다. 아무리 성능 좋은 함정이라도 연료와 탄약, 기타 필수품을 보급해주는 군수지원함이 없으면 제 성능을 발휘할 수 없기 때문이다. 심지어 항속거리가 무한대에 가까운 원자력 추진 항공모함조차도 군수지원함이 있어야 제대로 활약할 수 있다. 식량과 탄약은 무한한 것이 아니기 때문이다.

대표적인 군수지원함으로 미국의 서플라이Supply급 군수지원함(T-AOE)을 들 수 있다. 표 2-53과 같이 서플라이급 군수지원함은 톤수가 4만 8천톤급으로 총 74만 리터의 연료, 1천 8백 톤의 탄약, 일반화물 250톤 등을 적재 가능하고 군인과 민간인에 의해 운용되고 있다.

표 2-53 미국 서플라이급 군수지원함

- 톤수: 48,500톤
- 추진기관: 가스터빈 4기
- 승조원: 군인 20명, 민간인 170명
- 크기: 길이 229.7m, 폭 32.6m
- 최대속력: 30knots(약 56km/h)
- 보유척수: 4척

표 2-54 한국 천지급 군수지원함

- 톤수: 9,300톤
- 추진기관: 디젤엔진 2기
- 승조원: 170명
- 크기: 길이 130m, 폭 17.8m
- 최대속력: 20knots(약 37km/h)
- 보유척수: 3척

우리나라가 보유한 천지급 군수지원함은 톤수가 9,300톤으로 연료유, 일반화물 적재가 가능하다. 천지급 군수지원함 제원은 표 2-54와 같다.

2.11.2 병원선

병원선은 해상에서 부상자와 난파선자를 치료하고 수송하는 것을 목적으로 운용되는 선박을 말한다. 병원선에는 세 종류가 있다. 국가가 건조 또는 설비한 군용 병원선, 각국 적십자사와 공인 구제단체가 운용하는 민간 병원선, 중립국의 적십자사가 운용하는 중립국 병원선이다. 병원선은 부상자와 난파선자에게 국적의 구별 없이 구제원조를 해야 한다. 또한 군사목적으로의 사용은 일체 금지된다. 병원선은 선체 외벽을 백색으로 하고 해상과 공중에서 잘 보이도록 크고 진한 색의 적십자를 선체의 각 면에 표시하고, 돛대에 국기 이외에 적십자기를 가능한 한 높이 게양해야 한다. 국제법으로 정해진 병원선은 개전 이전 또는 전쟁 중에 선박의 이름을 교전국에 통고하게 되어 있다. 병원선은 영국 해군의 군의관 J.린드가 환자수송선을 만들게 된 것이 그 시초이다. 6.25전쟁 시 덴마크의 병원선 유틀란디아호Jutlandia가 유엔군 소속으로 참전하여 의료지원을 하였다.

군사적 의미의 병원선은 전투지역에서 부상을 입은 부상병들을 긴급히 치료한 후 후방으로 후송시키는 것이 목적이다. 하지만 현대에 들어서는 전장의 후방에 위

그림 2-2 영국 브리타닉 병원선

치하면서 환자들을 일정수준 이상으로 치료할 수 있게 시설을 갖춰두고 병원선 그 자체가 온전하게 병원의 역할을 하는 경우가 늘어나고 있다. 병원선 운용에는 유지비가 많이 들기 때문에 강대국에서 주로 군용병원선을 운용하고, 대부분의 국가들은 전쟁이 발발할 시에 여객선이나 유람선을 징발해서 사용한다. 영국은 제1차 세계대전 때 유명한 선박인 타이타닉함의 자매선인 브리타닉Britannic함을 징발하여 병원선으로 운용하였다.

미국 해군은 69,000톤의 머시Mercy급 병원선 2척을 운용하고 있다. 머시함은 CT 촬영기기와 병상을 갖추어 환자 발생 시 후방으로 이송하기보다는 병원선 자체가 야전병원 역할을 한다. 이 함의 제원은 표 2-55와 같으며, 산 클레멘트San Clemente 함급 유조선을 개조하여 함내에는 병상 1,000여 개, 수술실 10여 개를 보유하고, 군 지원요원 380여 명의 탑승이 가능하다. 2010년 아이티 사태에 지원되기도 하였다. 이외에도 러시아 해군은 병원선 3척을 태평양함대, 흑해함대, 북해함대에 배치하여 운용하고 있다. 중국 해군은 병원선으로 23,000톤급 안웨이Anwei함 1척을 운용중에 있다. 이처럼 인도적 차원의 작전 임무 수행을 위해 병원선을 건조, 운용하는 국가

표 2-55 미국 머시급 병원선

- 톤수: 69,552톤
- 추진기관: 증기터빈 2기 디젤엔진 4기
- 승조원: 군인 1,214명, 민간인 61명
- 1976년 유조선으로 건조, 이후 병원선 개조
- 크기: 길이 272.6m, 폭 32.2m
- 최대속력: 17.5knots(약 32km/h)
- 보유척수: 2척
- 임무가능일수: 5일

들이 늘어나는 추세이다.

대한민국 해군은 병원선을 운용하지 않고 있으며, 보건복지부 산하 각 시도에 있는 지부에서 의료시설이 없는 섬 주민들의 치료를 위해 병원선을 운용중에 있다.

2.12 수상함 발전추세

2.12.1 함형 발전추세

미래 해군의 역할은 바다로부터 군사력을 지상으로 투사하는 개념으로 변화되어, 해군 단독작전에서 육군 및 공군과의 합동작전으로 전환되고 있다. 또한 해양으로부터 적지 깊숙이 침투하여 작전을 수행하는 종심작전을 위한 전력투사와 해상교통로 확보 및 해양자원 보호를 위한 전장감시 능력을 기반으로, 공세적인 해상작전 수행보장과 해상에서 우위전력 달성 능력을 요구받고 있다.

따라서 해전양상의 변화에 따라 수상함은 복합적인 전장상황 하에서 신속 정확한 판단을 통한 효과적인 무장의 운용이 요구된다. 그리고 복합전 수행을 위해 헬기 등 다양한 장비를 탑재하고, 원해에서 장기간 기동작전이 가능하도록 능력을 보강해야 하므로 대형화되는 추세이다. 이렇듯 오늘날의 함형은 수상함의 임무 및 운영개념에 따라 전투성능이 보장되고 이에 부합되도록 발전하는 추세이다.

미국 해군이 보유한 구축함 이상의 대형함정은 1990년대에 건조된 순양함과 2010년 이후 건조된 줌왈트급 구축함의 함형발전에서 보듯이, 첫째 레이더·안테나·센서 등이 평면화되어 탑재됨에 따라 상부배치가 단순화되었고 상부구조와 일체화되었다. 둘째, 상부구조물이 경사화되고 일체화되어 스텔스 성능이 향상되었다. 셋째, 줌왈트급 구축함에서처럼 텀블홈 선형의 특수선형이 적용되고 있다. 표 2-56은 미국 대형함정의 시대별 함형발전을 보여준다.

표 2-56 미국 대형함정(순양함, 구축함) 함형발전

전환기: 1990년대	발전기: 2000년대	혁신기: 2010년대 이후

'86~'93년 취역/10,000톤급 ⇨	'88~'96년 취역 / 8,300톤급 ⇨	'16년 ~/ 15,600톤급
• SPY-1A 레이더 탑재 • 단동선형 적용 • 재래식 마스트 적용 • 스텔스 설계 미적용 • 상부구조물 분리(2 Island)	• SPY-1D 레이더 탑재 　(중형화) • 단동선형 적용 • 경사형 마스트 적용 • 스텔스 설계 적용 • 상부구조물 분리(2 Island)	• SPY-3 레이더 탑재 • 쇄파형 텀블홈 선형 적용 • 통합상부구조물 적용 • 스텔스 극대화(어선 크기) • 상부구조물 일체화

　중형함정인 연안전투함의 경우 함형발전은 다음과 같다. 첫째, 신형 레이더를 탑재하고 상부구조물을 최소화하여 상부배치를 단순화하였다. 둘째, 단일화된 상부구조물을 적용하고 최대한으로 경사화하여 스텔스 성능을 향상하였다. 셋째, 삼동

표 2-57 미국 중형함정(호위함, 연안전투함) 함형발전

전환기: 1990년대	혁신기: 2010년대 이후	

'84~'89년 취역/3,010톤급 ⇨	'08~'16년 취역/3,350톤급	'10~'16년 취역/2,840톤급
• 재래식 레이더 다수 탑재 • 단동선형 적용 • 재래식 마스트 적용 • 스텔스 설계 미적용	• 신형 레이더 탑재 • 단동선형, 　선체알루미늄 적용 • 미션모듈 적용 • 스텔스 설계 극대화	• 신형 레이더 탑재 • 삼동선형, 　선체알루미늄 적용 • 미션모듈 적용 • 스텔스 설계 극대화

선형을 적용하는 등 고속화(29→45knots)를 위해 특수선형을 적용하고 있다. 표 2-57은 미국 해군의 중형함정을 시대별로 본 함형발전 추세이다.

유럽 해군 중에서는 영국 해군의 전투함정 함형발전이 두드러진다. 첫째, 부분적으로 통합마스트(다기능레이더, 안테나, 센서 등 평면화)를 적용하여 상부배치를 단순화하였다. 둘째, 상부구조물의 경사 및 외부에 노출되는 무장을 최소화하여 스텔스 성능을 향상하였다. 표 2-58은 영국 해군 전투함정의 시대별 함형발전을 보여준다.

표 2-58 영국 전투함정(구축함, 호위함) 함형발전

전환기: 1990년대	발전기: 2010년대	혁신기: 2020년대 이후

'91~'02년 취역/4,260톤급 ⇨	'10~'13년 취역/7,570톤급 ⇨	'21년 취역예정/6,000톤급
• 재래식 레이더 및 무장 다수 탑재 • 상부 마스트 복잡 • 스텔스 설계 미적용	• EMPAR 및 SMART 레이더 탑재(대공전문) • 부분적 통합마스트 적용 • 스텔스 설계 적용(경사)	• 최신 다기능 레이더 탑재(대공 또는 대잠 전용) • 부분적 통합마스트 적용 • 스텔스 설계 적용(경사)

또한, NATO(독일, 프랑스, 네덜란드) 국가의 전투함정 함형발전은 첫째, 다기능 레이더를 탑재하여 상부배치를 단순화하였다. 둘째, 단일의 상부구조물을 적용하고 경사화하여 스텔스 성능을 향상하였다. 표 2-59는 NATO 국가의 전투함정 함형발전을 보여준다.

표 2-59 NATO(독일, 프랑스, 네덜란드) 전투함정(구축함, 호위함) 함형발전

전환기: 1990년대	발전기: 2000년대	혁신기: 2010년대 이후
	 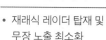	
'82~'90년 취역/3,000톤급 ⇨	'96~'01년 취역/3,800톤급 ⇨	'14~'22년 취역/5,210톤급
• 재래식 레이더 및 무장 다수탑재 • 상부 마스트 복잡 • 스텔스 설계 미적용	• 재래식 레이더 탑재 및 무장 노출 최소화 • 일체형 마스트 적용 • 스텔스 설계 적용	• 다기능 레이더 탑재 • 일체형 마스트 적용 • 스텔스 설계 적용

우리나라 구축함의 경우에도 선진국 해군처럼 추세를 반영하여 함형발전을 하고 있다. 첫째, 함 외부의 노출된 센서 및 무장을 최소화하여 배치하고 있다. 둘째, 2020년대 건조 함정에는 일체형 구조의 마스트를 적용하거나 통합마스트를 적용하여 스텔스 성능을 향상할 예정이다. 표 2-60은 우리나라 구축함의 함형발전을 보여준다.

표 2-60 한국 해군 구축함 함형발전

전환기: 1990년대	발전기: 2000년대	혁신기: 2020년대 이후

'98~'00년 취역/ 3,910톤급 ⇨	'03~'12년 취역/ 5,300, 7,600톤급 ⇨	'30년경 취역예정/미정
• 재래식 레이더 및 무장 다수 탑재 • 상부 마스트 복잡 • 스텔스 설계 미적용	• 최신 레이더 및 수직발사대 적용 • 일체형구조 마스트 적용 • 스텔스 설계 부분 적용	• 다기능 레이더(SPY급) 탑재 • 통합마스트 적용 • 스텔스 설계 적용

종합적으로 판단해보면, 각국에서 추진되고 있는 함형발전은 함정의 스텔스화를 추구하는 추세이다. 이를 위해서 탑재장비를 차폐함으로써 함정의 외부로 노출되는 장비를 최소화하며, 스텔스형 장비를 탑재하고 있다. 그리고 센서와 안테나 등을 평면화하고 통합화한 마스트를 개발하여 적용하고 있다. 또한 상부구조물을 단순화 또는 일체화하고, 텀블홈Tumble home과 삼동선형 등 특수선형을 적용하고 있다.

이렇게 함으로써 수상함은 수상·공중의 입체작전과 독립작전이 가능하며, 전략적 타격능력을 구비한 중무장의 다목적 전투함으로 개념이 발전되고 있다. 또한 다양한 위협에 대응하여 복합전 수행을 위해 탑재장비의 다양화와 대공·탄도미사일 방어, 장거리에 있는 지상의 핵심표적 타격, 원해에서 장기간 기동작전 등의 능력을 강화하는 추세이다.

2.12.2 미래함정 특수선형

미래 해전의 양상은 첨단 무기체계 발전에 따라 과학기술전, 정보전 및 광역화된 전장에서 지상·해상·공중의 통합된 작전으로 전개될 것으로 예상된다. 따라서 군함도 다양한 임무수행, Total Ship System 개념, 탐지 및 공격수단의 장거리화·초정밀화·고성능화, 스텔스기술 적용, 생존성 증대, 운영유지비 절감, 각종 체계의 자동화 등이 적용된 다양한 임무를 수행할 수 있는 전투함으로 발전하고 있다. 그러나 다양한 임무를 수행할 수 있는 전투함만으로는 전력의 극대화를 이룰 수 없기 때문에 전술적인 측면에서 특수선의 활용도 증대하고 있다.

함정에 적용된 특수선의 형태는 다양하지만 크게 분류해보면 소수선면선SWATH, 쌍동선Catamaran, 삼동선Trimaran, WIG선, 공기부양선ACV 등이 있다.

(1) 소수선면선(SWATH)

SWATH는 Small Waterplane Area Twin Hull의 약자로 흔히 소수선면선이라고 한다. SWATH의 선체를 지지하는 원리는 쌍동선과 같이 정적 부력에 의한 것이지만, 원통형 잠수체lower hull의 대부분은 수면하에 잠겨 있고, 수면상으로는 갑판부의 선체와 원통형 잠수체를 연결하는 지지대로 구성되어 있다.

소수선면선의 장점으로는 첫째, 수면에서 물과 접촉하는 면적이 줄어들기 때문에 파도를 가르는 조파성능의 향상을 기대할 수 있다. 둘째, 파랑 중에서 파도의 충격을 직접 받지 않아, 동일한 톤수의 단동선보다 운동이 감소되어 내항성능이 우수하며, 큰 파랑 속에서도 고속을 유지할 수 있다. 단점으로는 물과 접촉하는 면적이 작으므로 복원력이 적다.

표 2-61 SWATH선, 미 해군 JMS Ghost

- 전장: 9.7m
- 만재톤수: 58톤
- 승조원: 3명(수용가능인원 18명)
- 최대속력: 45knots(약 83km/h)
- 탑재능력: Gattling포, Griffin미사일, 로켓 Payload 4.5TON

표 2-62 쌍동선, 대만 해군 Tuo River 초계함

- 전장: 60.4m
- 만재톤수: 500톤
- 추진 방식: 워터젯 디젤추진
- 최대속력: 38knots(약 70km/h)
- 탑재능력: 76mm 1문, Phalanx 1문
- 승조원: 40명

(2) 쌍동선(Catamaran)

선체가 두 개의 동체로 지지되는 쌍동선은 각각의 동체 길이가 길고 갑판의 면적이 넓기 때문에 여객선, 해양탐사선과 같이 넓은 갑판이 필요한 함정에 유리하다. 장점으로는 첫째, 동일한 톤수의 단동선에 비해 함정의 폭 길이가 길어져 복원력이 증가하기 때문에 안전성이 좋다. 둘째, 두 개의 선체에 부착된 추진기의 상대적인 회전수를 조절할 수 있어 용이하게 회전할 수 있다. 단점으로는 건조비가 비싸다.

(3) 삼동선(Tri-maran)

삼동선은 길고 폭이 좁은 하나의 주동체 좌우에 두 개의 보조동체를 가진 선형으로, 저항성능과 복원성능에서 유리하며, 넓은 갑판면적을 가질 수 있는 장점이 있다. 삼동선이 주목 받는 이유는, 저속에서는 보조동체의 마찰저항으로 인하여 약간의 저항이 증가하지만, 고속에서는 보조동체의 위치 선정에 따라서 파도의 상쇄

표 2-63 삼동선, 인도네시아 고속미사일함

- 전장: 63m
- 만재톤수: 219톤
- 승조원: 30명

- 최대속력: 35knots(약 65km/h)
- 추진 방식: 워터젯 디젤추진

효과로 인한 저항성능을 개선할 수 있다. 한편, 보조동체는 함정의 기관실과 같은 주요부분의 피격을 보호하는 역할도 하며, 손상시 복원성능에 유리한 작용을 한다. 이와 같은 삼동선형의 특징을 이용하여, 경항공모함, 구축함과 같은 군함뿐만 아니라, 초고속 컨테이너선, 여객선 등에 적용하는 연구를 활발하게 진행 중이다.

(4) WIG선(Wing In Ground effect Ship)

WIG선이란 항공기가 지면 혹은 해수면 위를 낮게 비행할 때 양력의 증가와 유도항력의 감소로 양항비가 급격히 증가하여, 경제적으로 시속 100~500km/h의 속도 범위에서 해수면 위를 낮게 비행하는 선박을 의미한다. 장점으로는 첫째, 항공기와 유사하여 신속한 기동성이 있다. 둘째, 해면근접 비행으로 피탐능력이 우수하고 RCS 크기가 작아 생존성이 우수하다. 셋째, 수심에 제한을 받지 않고 운용이 가능하다. 넷째 이·착수시를 제외하고는 파고에 영향 없이 운행이 가능하다. 다섯째, 탐색 및 구조, 상륙작전, 특수작전, 기뢰부설 등에 다양하게 활용이 가능하다. 단점으로는 첫째, 해수면 접촉에 따른 선체 및 탑재장비의 부식이 심하다. 둘째, 낮은 운항고도 및 고속항주로 인한 충돌 및 사고 위험성이 있다. 표 2-64는 세계적으로

표 2-64 세계의 WIG선

구분	EK-12 Ivolga (러시아)	HW-2VT (독일)	SWAN mark2 (중국)
형상			
크기(LxWxH)	16 x 12.7 x 4.0m	10.63 x 10.62 x 2.5m	34 x 23.5 x 9.3m
최대이수중량	3.7톤	1.18톤	35톤
최대속력	220km/h	110km/h	230km/h
항속거리	1,200km	200km	900km
탑재능력	12명(1.3톤)	0.31톤	80~100명
이/착수파고	0.25m	0.75m	1.25~4m

운용되는 대표적인 WIG선을 보여준다.

(5) 공기부양선(ACV, Air Cushion Vehicle)

공기부양선은 추진장치로 팬과 같은 기관 및 장치를 이용하여 선체와 바닥면 사이에 flexible skirt로 둘러싸인 공기부양실Air Cushion chamber에 공기를 불어넣어 선체를 지지하고, 갑판 위에 설치된 air propeller로 추력을 발생하여 이동한다.

공기부양선은 air propeller를 공기중에 돌려서 추력을 얻기 때문에 공기중의 소음은 상당히 크지만 수중소음이 작으며 수중 구조물이 없으므로 수중충격에 강할 뿐만 아니라 수륙양용의 임무를 수행할 수 있다. 따라서 소해정이나 고속 상륙정 또는 얼음 위를 다니는 특수임무 선박 등에 적용할 수 있다. 장점으로는 첫째, 공기부양선은 물과의 접촉에 의한 마찰저항과 조파저항을 받지 않거나 적기 때문에 대략 30~50knots(약 56~93km) 속력을 낼 수 있다. 둘째, 건조 및 정비 시에 장소의 제약이 없다. 단점으로는 첫째, 파도가 심한 경우에는 수면이 고르지 않기 때문에 공기가 빠져나가면서 공기에 의한 선체지지가 유지되기 어렵다. 둘째, 건조비용이 비싸다.

표 2-65 미국 해군의 공기부양정

- 전 장: 26m
- 만재톤수: 74톤
- 최대속력: 40knots(약 74km/h)
- 수용인원: 최대 253명

2.12.3 함정 건조기술 추세

미래의 해양전장이 수상·수중·공중·우주·사이버 등 다차원화됨에 따라 수상함은 스텔스화를 더욱 추구하고 있으며, 인명 손실을 최소화하기 위해 점차 무인화하는 추세이다. 특히, C4ISR^{Command, Control, Communication, Computer, Intelligence,} Surveillance & Reconnaissance 능력의 획기적인 발전으로 네트워크를 구성하여 하나의 플랫폼으로 발전하는 추세이다. 그리고 전투함은 대함미사일과 잠수함 위협에 대비하여 스텔스화, 수중방사소음 감소, 원거리에서 탐지 등 첨단기술이 적용되는 함형으로 발전하고 있다.

미래 과학기술의 발전추세를 고려하여 탑재 시스템을 향후에 교체 혹은 개량이 용이하도록 모듈화하고, 임무모듈을 'Plug & Play' 개념으로 설계하여 연동함으로써 다양한 임무작전 수행이 가능하도록 건조하는 추세이다.

최근에는 함정 건조 시 생존성능을 중요한 고려 요소로 하고 있다. 함의 생존성능은 전투성능을 결정하는 중요사항으로 인식하여 함정 설계단계부터 스텔스 성능(레이더 반사면적^{RCS}, 적외선 신호, 수중방사소음, 자기신호 등)과 취약성 강화(방탄, 폭발력강화격벽 등)를 위해 경하중량의 3~5% 수준을 구조설계에 적용하고 있다. 향후에도 함정 건조 시 함정 통합생존성 향상 기술관리 강화, 다중임무 수행을 위한 모듈화 설계, 승조원 감소를 위한 자동화체계 적용 확대, 함정의 성능개량을 고려한 함정 설계 등을 지속적으로 적용할 것이다.

(1) 스텔스 성능의 고도화

스텔스 기술은 항공기에 처음으로 적용되었다. 항공기에 있어 스텔스는 레이더 신호와 적외선 신호제어가 주요한 요소이기 때문이다. 그러나 함정의 경우는 항공기에 비하여 크기가 크기 때문에 항공기와 다른 스텔스화 요소를 적용하고 있다. 일반적으로 함정의 스텔스화는 레이더 신호, 적외선 신호, 수중방사 소음신호, 전자기 신호, 시각 신호 등의 제어를 통하여 달성된다고 할 수 있다.

따라서 함정은 항공기처럼 완전한 스텔스화를 추구하기보다는 최대한 함정 신

그림 2-3 RCS 고려한 단순형상의 미국 해군 Zumwalt(DDG-1000)함

호를 줄여 피탐거리를 최소화하는 스텔스 설계를 목표로 하고 있다. 즉, 레이더, 적외선, 수중소음, 전자기 및 시각 신호를 최소화하여 피탐거리를 감소시켜 적으로 하여금 탐지에서 공격에 이르는 반응시간을 줄이는 것이 곧 오늘날 함정의 스텔스화 개념이라고 할 수 있다.

즉, 적으로부터 탐지확률을 감소하고, 자함의 피탐률을 감소하기 위해 RCS 신호 제어와 자기신호 제어를 위한 복합소재를 개발하는 추세이며, 스텔스 기술을 적용한 단순 형상의 선형개발이 이루어지고 있다. 특히 미국 해군의 차세대 구축함인 DDG-1000급의 텀블홈 형태의 스텔스 선형이 그 대표적인 사례이다.

또한, IR신호로 유도되는 대함미사일의 등장에 따라 IR감소를 위해 폐기관과 연돌 주위의 온도를 낮추기 위한 적외선 저감시스템(IRSS: IR Signature Suppression)을 도입 및 채택하는 추세이다.

함형별로 살펴보면, 항공모함은 아일랜드의 크기를 축소하고 경사 설계를 적용하거나, 여러 대의 회전형 레이더 대신 다기능 위상배열레이더를 탑재할 것으로 예상되며, 구축함 이하 함정들은 RCS 감소를 목적으로 함 구조물 경사 설계, 외부 구조물을 최소화하기 위한 레이더, 통신 안테나 등을 통합하여 마스트 구조를 단순화하는 등 건조기술을 발전시키고 있다.

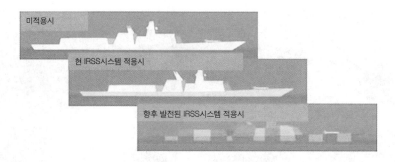

미적용시

현 IRSS시스템 적용시

항후 발전된 IRSS시스템 적용시

그림 2-4 IRSS 적외선 저감시스템 적용효과

(2) 모듈화 설계

모듈화 설계란 함정의 건조나 정비주기와 무관하게 무기와 전자시스템 등을 사전에 한 묶음으로 제작하여 건조비용과 시간을 절감하고, 무기체계 개선, 정비를 용이하게 하는 건조 및 제작 개념으로 임무에 따라 상이한 Mission Package를 단기간에 교체 탑재할 수 있도록 함정 플랫폼을 설계하여 다양한 위협에 효과적으로 대응할 수 있는 능력을 구비하는 것이다.

모듈화 개념을 적용하여 개발한 최초의 함정은 미국 해군의 연안전투함LCS: Littoral Combat Ship이다. 미국은 연안전투함에 대수상전 모듈, 대기뢰전 모듈 및 대잠전 모듈을 확보 중이며, 이러한 모듈의 탑재·회수, 보관, 유지·보수 등의 종합적인 관리를 위한 부대시설을 갖추고 있다. 연안전투함은 록히드마틴사가 설계·건조한 단동형 프리덤Freedom LCS-1과 제너럴 다이나믹사의 삼동선형 인디펜던스Independence LCS-2 2종류가 있다. 연안전투함은 기동성이 뛰어나며 네트워크화된 모듈식 수상함으로 미국 본토에서 멀리 떨어진 연안국의 해역에서 대잠작전이나 수상전투, 대기뢰전, 대잠수함전을 임무로 하고 있다. 또한 ISRIntelligence, Surveillance,Reconnaissance과 해상저지, 특수부대 지원, 인원이나 화물의 수송 등 다중임무를 선택적으로 수행할 수 있도록 설계되었다.

이렇듯 수상함은 NCW 기반의 해상교전·합동작전 수행능력을 확보하고, 생존성의 향상과 복합임무에 대해 최적화가 가능하며, 함내 전력을 통합하여 추진과 함정 운용에 사용하는 통합전력 시스템을 보유하는 추세로 발전하고 있다.

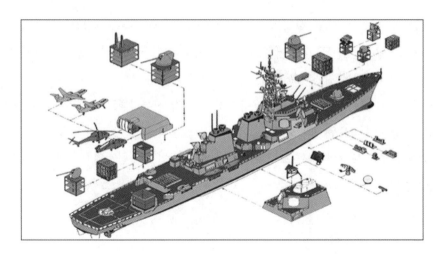

그림 2-5 모듈화 개념도

또한, 연안전투함에서 보듯이 최근에는 함정 건조 시에 급속한 기술발전을 수용하고 다양한 위협에 대응하며 국방예산의 효율성에 직면하여 함정의 경제적 운용을 고려하고 있다. 함정에 부여되는 임무 변화에 따라 단일 플랫폼에 다양한 무기체계의 조합이 가능하도록 확장성을 가진 모듈화 설계 기술이 적용되고 있다. 그리고 함정의 유효수명 등을 고려하여 적절하고 유연한 대응을 위해 함정 설계와 건조 시에 모듈화된 무장, 센서, 장비 등의 탑재방안을 검토하여 적용하고 있다.

(3) 확장성 보유

확장성 분야는 급변하는 기술의 발전과 미래의 위협에 대응하기 위해서 기술의 혁신을 통한 신형 무기체계 적용이 필요한 분야이다. 현재 개발이 진행 중인 전자기포, 지향성 레이저 포 등의 탑재를 고려하여 다양한 무기체계를 적용 가능하도록 확장성을 갖춘 함정을 건조하고 있다. 또한 설계단계부터 고려된 다양한 함형 간 통합적 관리를 통하여 짧은 설치기간과 적은 비용으로 Plug in 시스템을 갖춘 함정을 건조할 것으로 추정된다. 또한 함정 내부의 전자 캐비닛 등을 모듈화함으로써 향후 장비 확장 시 즉시 철거 및 소프트웨어 통합을 위한 많은 노력의 감소를 유도하고 언제든지 신형 무기체계 탑재가 가능한 임무형 함정으로 발전할 것이다.

함정 탑재 전투체계는 함정 종류에 맞추어 전투체계를 각각 개발하는 방식을 넘어, 공통운용기반 전투지휘체계를 개발하여 동세대 전투함의 장비를 표준화 및 단일화시키는 작업이 진행되고 있다. 즉 공통운용환경COE: Common Operating Envirement을 적용하고 있는 추세이다. 공통운용환경이란, 각 전투함별로 설계된 전투지휘체계를 통합하여 하드웨어와 소프트웨어 기반을 표준화하고, 이후 장비와 임무, 함정 성격에 맞추어 모듈화된 소프트웨어를 조합하는 방법으로 함정의 성능을 확장시키는 표준화 기술이다.

(4) 함정운용의 자동화

자동화 분야는 세계적인 경제 위기와 더불어 국방 예산의 감축요구에 따라 무인화 및 자동화를 기반으로 운용인력을 줄이고, 대부분의 시스템을 자동화함으로써 전투반응시간 감소와 효율성 향상을 위해 발전될 것으로 예상된다. 특히 무장 운용 분야, 추진체계 분야에 있어 자동화는 가시적인 성과를 이루고 있다. 또한 함정 전투체계, 탐지체계, 무장체계의 지속적인 기술개발의 성과에 따라 무인화가 가시화됨으로써, 운용 인원이 50% 이상 감소할 것으로 예상된다.

외국의 선진해군은 국방 예산 축소와 인원 확보의 어려움에 직면하여 함정 운용 인력 절감을 위해 사활을 걸고 노력 중에 있다. 이를 살펴보면, 첨단 과학기술 기반

표 2-66 함 조종/통제 인원 감소 적용사례

구 분	DDG 51	DDG 1000
함 조종/통제 인원	54명	18명

의 신뢰성 높은 자동화 체계를 적용하고 있고, 당직인원, 운용인력 및 함상정비 최소화로 운용인력 업무부하를 감소하고 있으며, 열악한 함정 근무환경에 따른 지원자 감소로 함 승조원 거주환경의 향상을 추진하고 있다. 거주환경 개선은 승조원 감소로 확보된 공간을 휴게실, 체력단련실 등 복지 공간으로 활용하고 있다.

함정에 적용되는 자동화 체계로는 함정 제어감시체계, 무인기관실 등 당직소요를 최소화하기 위해 화재영상인식 CCTV 등 원격감시체계, 장비상태를 원격으로 감시하고 정비하는 정비지원체계 등이 있다. 미국 해군 줌왈트급 구축함 DDG 1000 함에 적용된 자동화체계 사례를 보면, 통합함정컴퓨팅환경TSCE: Total Ship Computing Environment 구축을 통한 자동화를 확대하고 있으며, 함의 조종과 통제 인원을 최소화하기 위해 통합함교체계, 항해관리체계를 적용하고 있다. 표 2-66은 함의 조종과 통제 인원이 감소된 사례를 보여준다.

줌왈트급 구축함에 적용된 통합함정컴퓨팅환경은 중앙통합형 개방형 구조의 임무체계로 함정의 통제시스템을 하나로 통합하여 운용할 수 있도록 체계화한 '컴퓨팅 환경'을 뜻한다. 즉 통합함정컴퓨팅환경을 통해 함정 전투체계 및 함정운용과 관련된 모든 운영체계를 통합하여 한 장소에서 통합 관리·운영하는 개념이다. 대부분 선진국들은 전투함에 탑재된 통제시스템들을 통합하여 운용 효율성을 높이고 함 승조원수를 축소해가는 추세이다. TSCE를 적용한 함정건조는 미국이 기술적으로 선도하고 있으며, 연안전투함에도 적용되었다. TSCE는 미래 해전환경에서 전투함정이 생존성을 보장 받고 부여된 임무를 성공적으로 수행할 수 있도록 발전해야 하고, 전자, 통신, 무장 및 추진체계의 급격한 발전에 부합되도록 지속적으로 성능을 향상해 나가고 있다.

(5) 전기추진체계 탑재

현재의 가스터빈 또는 디젤 추진시스템에서 전기+디젤+가스터빈 복합의 CODLAG 추진체계 혹은 통합전기추진시스템IEP: Integrated Electric Propulsion이라는 새로운 추진 방식이 도입되고 있다. 이러한 전기추진체계는 5~10%의 연비향상은 물론, 음향스텔스 능력이 비교할 수 없을 정도로 향상되고, 충분한 발전용량을 통해 향후 전자장비 개량을 충분히 감내할 수 있다.

통합전기추진시스템은 주 기관을 구동하여 발전된 전력을 추진전동기, 무기체계 및 각종 장비에 전원을 동시에 공급하는 시스템으로, 감속기어 및 가변피치 프로펠러가 불필요하여 주 추진기관 및 발전기를 최적의 효율로 작동시킬 수 있다. 미국 해군은 기존 모터 회전자에 사용되는 구리선을 고온 초전도체HTS: High Temperature Super-conductor로 대체함으로써 전력손실을 대폭 절감할 수 있는 장치를 개발하였고, 2006년에 36.5MW급의 선박용 추진전동기를 획득하였으며, 줌왈트급 구축함 추진시스템으로 적용하였다. 표 2-67은 전기추진체계의 기술개발 동향을 보여준다.

표 2-67 전기추진체계의 기술개발 동향

통합전기추진 (Integrated Power Sys.)	전기식 함정 (All Electric Ship)	전기식 전투함 (Electric Warship)
• 추진 및 함내전력 통합 운용 • 주기관 수 감소 • 연료 절약 • 정비소요 감소	• 함정의 전 시스템 전기구동식 구성(유압/기계 → 전기장비) • 운용인원 감소 • 자동화	• 전기에너지를 이용한 무기체계 탑재 • 첨단기술 접목 용이 • 전투능력·스텔스 강화

※ 전투함정 적용을 위해 추진전동기의 소형, 경량화 추진 중

항공모함의 추진체계는 국가별 항모의 크기에 따라 다르게 발전하고 있다. 미국이 보유한 항공모함은 핵 추진체계를 지속적으로 개발하여 소형화를 통해 고효율의 체계로 발전하고 있다. 미국을 제외한 국가들은 소음과 진동을 감소하기 위해 전기추진체계를 적극적으로 개발하여 적용하고 있다. 전기추진체계는 핵추진체계에 비하여 저렴하고 열효율이 높을 뿐만 아니라 수중 방사소음 감소를 통해 대잠능력을 강화시키고, 프로펠러 일체화로 정비소요 및 정비인력의 감소가 가능하다.

이렇듯 전기추진체계를 탑재한 함정은 최근 해양전장 환경의 변화가 반영되어 발전하고 있다. 미래의 함정은 높은 에너지를 사용하는 첨단 무기체계 및 센서의 탑재 요구가 증가되고 있다. 함정의 전기추진 방식은 소음과 진동 특성이 우수하므로 수중방사소음을 극소화할 수 있으며, 배기가스에 의한 적외선 신호를 줄일 수 있으므로 스텔스 성능을 개선할 수 있다. 전기추진 함정은 발전 시스템과 추진 시

그림 2-6 Advanced Propulsion Motor 및 POD형 함외 추진기 개발 중(영국)

스템이 전선으로 연결되기 때문에 기계식 추진과 비교하여 축계를 단순화할 수 있어 주 기관과 추진 관련 기기를 유연하게 배치할 수 있다. 또한 전기 함정은 운전 명령에 대한 반응이 신속하고 조종 성능이 우수하며 자동화가 용이하기 때문에 함 운용 인건비와 유지보수 비용을 절감할 수 있다. 표 2-68은 세계적으로 전기추진 체계가 적용된 함정을 보여준다.

표 2-68 전기추진체계 적용 사례

구분	Duke class(Type23)(영국)	Daring class(Type45)(영국)
외 형		
함 크기	길이 133m, 폭 16.1m	길이 141.1m, 폭 21.2m
톤수	4,200톤	7,450톤
최대속력	28knots(약 52km/h)	31knots(약 57km/h)
추진체계	복합식 추진체계(CODLAG)	전기추진체계(IEP)
취역연도	1991년	2009년

구분	Aquitaine class(프랑스)	Holland class(네덜란드)
외 형		
함 크기	길이 137.1m, 폭 19.7m	길이 102.7m, 폭 15.24m
톤수	6,000톤	3,750톤
최대속력	27knots(약 50km/h)	22knots(약 41km/h)
추진체계	복합식 추진체계(CODLAG)	복합식 추진체계(CODOE)
취역연도	2012년	2012년
구분	Baden-Württemberg Class(독일)	Zumwalt(DDG 1000) class(미국)
외 형		
함 크기	길이 149.5m, 폭 18.8m	길이 185.9m, 폭 24.6m
톤수	7,200톤	15,494톤
최대속력	26knots(약 48km/h)	30knots(약 56km/h)
추진체계	복합식 추진체계(CODLAG)	전기추진체계(IEP)
취역연도	2016년	2016년

CHAPTER

3

잠수함

그림 3-1 SLBM을 발사하고 있는 전략잠수함

그림 3-1은 3,000여 개의 섬으로 이루어진 한반도 천해의 어딘가에서 숨을 죽이며 잠항을 하고 있던 우리나라의 전략 잠수함이, 국가지도부의 명령을 받아 적의 심장을 향해 정조준하여 SLBM[1]을 발사하고 있는 상상도이다.

한 국가가 적의 침략을 억제할 수 있다는 것은 적이 침략하여 가지려는 목표 그 이상에 상응하는 대가를 치르도록 하거나, 보복을 가할 수 있는 능력이 있다는 말이다. 모든 국가는 선제 침략을 당하고도 전세를 역전시킬 수 있는 힘, 수세에 몰린 상태를 역전시킬 수 있는 그 어떤 힘을 가지고 싶어한다. 과연 그 힘은 어디에서 나오는 것일까? 그 힘은 어디에서 찾아야 하는 것일까? 오히려 한 대 맞고, 두 대 보복할 필요 없이 적들이 자연스럽게 우리 앞에서는 주먹이 아닌, 손을 내밀게 만드는 그런 힘을 우리는 가져야 하지 않을까? 바로 그 힘은 SLBM을 탑재한 전략잠수함일 것이다. 잠수함사령부를 창설한 것은 바로 이러한 억제력을 가지라는 국민의 준엄한 명령일 것이다.

대한민국 해군은 국가 전략무기체계인 잠수함의 작전과 교육훈련, 정비 등을 종합적으로 지휘하는 잠수함사령부를 2015년 2월 1일 창설하였다. 1992년 10월 우리

---

1 SLBM(Submarine Launched Ballistic Missile, 잠수함발사탄도미사일)은 생존성이 강한 잠수함에서 은밀하게 발사되는 탄도미사일로서, 핵탄두를 탑재한 SLBM은 미소냉전시대 핵억제의 상징물이며 지금도 최후의 핵억제 수단으로 통한다. 북한이 SLBM과 SLBM 탑재 가능한 잠수함을 건조하려는 목적이 바로 여기에 있다.

나라 첫 번째 잠수함인 장보고함을 독일에서 인수한 지 23년 만이다. 이로써 우리나라는 미국, 일본, 프랑스, 영국, 인도에 이어 세계에서 6번째로 잠수함사령부를 창설하고 운영하는 국가로 발돋움하게 되었다. 이처럼 빠른 속도로 성장해가는 잠수함 전력의 바른 이해를 위하여 잠수함의 역사와 발전과정부터, 가치와 특성, 잠수함의 분류 및 발전추세까지 소개해본다.

3.1 잠수함의 역사와 발전과정

잠수함 승조원이라고 누군가에게 얘기를 하면 가장 많이 받는 질문 중 하나는 "최초의 잠수함은 언제 만들어졌는가?"이다. 오래전부터 인간이 날고 싶어했던 것처럼, 물속을 항해하고자 하는 것 역시 인류의 오랜 꿈이었다. 개인적으로 잠수하기 위한 여러 발명품들부터 얘기하자면 알렉산더 대왕의 스승이었던 아리스토텔레스[2]까지 기원전 시대로 거슬러 올라가야 한다. 하지만 여기서 언급하고자 하는 잠수함은 군사적 목적으로 사용된 군함이므로, 군함으로서의 잠수함 역사와 발전과정을 살펴보기로 한다.

3.1.1 최초의 잠수함, 터틀(Turtle)호

부력과 중력의 원리를 이용하여 잠항하고 부상하는 기구는 초보적이나마 16세기부터 만들어졌다. 하지만 뚜렷한 목적 없이 만들어져 기술적 진전은 거의 없었다. 하지만 18세기 미국 독립전쟁 당시 데이비드 부시넬David Bushnell은 터틀Turtle로 명명된 공격 잠수정을 만들었는데, 이것이 최초의 군함으로서의 역할을 수행한 잠수함이다. 술통 모양처럼 생긴 1인승 잠수정으로 선체 밖에 수평·수직 프로펠러 및 펌

---

2 아리스토텔레스(Aristoteles)는 "수중에 오래 머무르기 위해서는 코끼리가 물에 빠졌을 때 코를 물 밖으로 내어 숨을 쉬듯 물 밖의 공기를 빨아들일 수 있는 기구가 있어야 한다"며 수중에서의 기구를 상상했다.

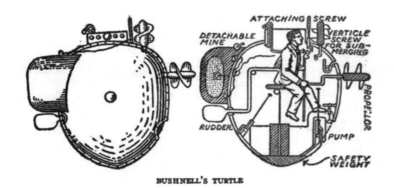

그림 3-2 터틀호 운용개념도

프를 장착하여 전·후진, 잠항 및 부상을 할 수 있었다. 현대식 어뢰를 가지고 있진 못했지만, 적함에 구멍을 뚫고 폭약을 설치하는 방법으로 영국 군함에 공격을 할 수가 있었다. 첫 번째 공격은 허드슨 강변에 정박 중이던 영국 군함 이글HMS Eagle함을 공격하였는데, 선저에 동판이 둘러져 있어 구멍을 뚫지 못해 실패했다. 두 번째 공격은 뉴런던에서 셀빌러스Celvelas함을 공격하였으나, 설치된 폭약이 영국군에 의해 발견되었고, 갑판 위에서 조사 중에 화약이 폭발하여 셀빌러스함에 상당한 손상을 입히는 데 그쳤다. 하지만 적함을 공격하였다는 맥락에서 부시넬의 터틀이 최초의 잠수함이라고 볼 수가 있다.

3.1.2 최초의 현대식 잠수함, 홀랜드(Holland)호

현대식 잠수함의 특징이라고 하면, 수중에서는 전기모터 추진을 하고, 어뢰발사관을 가지고 있다는 것인데, 바로 홀랜드호가 그러한 최초의 현대식 잠수함의 특징을 가지고 있었다. 수상항해 시에는 내연기관을, 잠항항해 시에는 전기모터를 사용했고, 어뢰발사관과 갑판함포를 설치했다. 홀랜드호는 크기가 작다는 점을 제외하면 기본적인 구조가 현대 잠수함과 매우 유사하다. 또한 이 홀랜드호는 그 성능과 유용성이 인정되어 영국, 독일, 일본 등 여러 국가에 채택되었다. 이러한 장점 때문에 각국 잠수함이 해군력의 일부분으로 인정되기 시작했고, 비밀리에 잠수함 건조

그림 3-3 항해 중인 Holland호

를 추진하기 시작했다.

3.1.3 가장 많이 건조되고 가장 많이 격침된 기록을 보유한 잠수함, U보트

U보트는 제1, 2차 세계대전 당시 독일 해군이 운용한 잠수함으로, 바다 밑의 선박을 뜻하는 'Unterseeboot'라는 독일어의 약어이다. 바로 이 U보트가 세계에서 가장 많이 건조되었고, 가장 많은 격침기록을 보유한 잠수함이다. 독일은 1906년부터 1934년까지 총 380여 척의 잠수함을 건조했으며, 2차 세계대전 당시에는 1,160여척의 U보트를 건조하였다. 총 1,540여 척의 U보트에 의하여 1차 세계대전 5년 동안 약 2,500여 회 전투로 1,218만 톤의 선박이 수장 당했고, 2차 세계대전 때는 연합국 군함 148척을 포함한 상선 2,759척이 침몰되어 총 1,400여 만 톤의 격침 전과를 거두었다.

독일은 1,540여 척의 잠수함을 건조하는 중 U1에서부터 U보트 주력 양산형으로 700여척 정도가 건조된 U7형 등에 많은 진보적 기술을 개발·적용하였으며, 오늘날 전 세계에서 운용중인 디젤잠수함에 적용된 대부분의 기술들이 독일에 의해 개발되어진 것들이다.

최초에 건조된 잠수함 운용 개념은 물위를 항해하다 필요하면 물속으로 잠항하

그림 3-4 독일 킬(Kiel) 군항도시에 전시 중인 U-7 보트

는 것이었다. 당시에는 물속에서 오랫동안 추진전원을 공급해줄 수 있는 배터리가 없었기 때문이었다. 그러다가, 항공기에 레이더를 탑재하여 수상 항해하는 잠수함을 탐지하고 공격하는 상황이 되자 잠수함은 물속으로 다녀야만 했는데, 이것을 기술적으로 가능하게 해준 것이 스노클 항해라는 것이다. 우리가 바닷가에서 스노클링 하듯이 기다란 공기관을 물속에 있는 잠수함에서 수면 위로 내어 공기를 흡입하며 항해를 하고, 배터리를 충전하는 방식이다. 또한, 잠수함을 탐지하기 위한 수상함의 소나도 개발되었지만, 수상함을 탐지하는 잠수함의 소나도 획기적으로 발전하게 되었고, 상당한 어뢰의 기술적 진보도 이룰 수가 있었다. 전후 독일은 패전국으로서 450톤 이상의 잠수함을 보유할 수 없게 되었으나, 수출용 잠수함에 대한 제약은 없어 1차와 2차 세계대전 기간 축적한 기술을 이용하여 World Best Seller인 209급 잠수함을 13개국에 60여 척을 수출하는 등 대전 후 총 166척의 잠수함을 건조하였다. 현재까지 1,700여 척의 잠수함을 건조한 독일은 명실상부 세계에서 가장 많은 잠수함을 건조한 국가이다.

이러한 독일에게 2012년 인도네시아와의 잠수함 계약을 위해 도전장을 제시한 나라가 있으니, 바로 우리나라이다. 잠수함 도입 20년밖에 되지 않은, 그것도 잠수함을 수입하여 사용해온 대한민국의 한 조선소가 100여 년 이상의 잠수함 건조 역사와, 1,700여 척을 건조한 독일 조선소와 당당히 경쟁하여 인도네시아 잠수함 수출 계약을 달성했으니 참으로 대단한 일이 아닐 수 없다.

3.1.4 세계 최초의 원자력잠수함, 노틸러스(Nautilus)함

원자력을 군사력에 사용하고자 하는 계획은 2차 세계대전 중 구체화된다. 그 하나는 맨해튼 프로젝트를 통한 핵무기의 제조이고, 다른 하나는 원자로의 개발이다. 엄밀히 얘기하면 원자로의 개발은 맨해튼 프로젝트의 부산물인데, 원자력의 거대한 힘을 예견한 미 해군의 리커버 제독이 원자력 발전을 잠수함에 사용하고자 한 선각자적 노력이 있었기에 오늘날의 원자력잠수함이 탄생하게 된 것이다. 1954년에 진수된 노틸러스함은 종전의 모든 잠수함에 관한 기록을 갈아치우며, 1958년에는 하와이 진주만을 출항하여 약 열흘 만에 북극점에 도달함으로써 원자력이 동력원으로 사용될 수 있다는 무한한 가능성을 입증하였다. 이로써 미 해군은 모든 잠수함을 원자력잠수함으로 교체하며 미소 냉전시대 때 구소련에 절대적 우위를 지속적으

그림 3-5 세계 최초의 원자력잠수함 노틸러스함

로 유지하게 된다. 원자력잠수함 노틸러스함은 농축한 핵연료를 탑재하여 수년간 연료의 재보급 없이 항해하다, 2년 후 핵연료를 재장전(교체)하였다. 하지만 현대의 최신형 원자력잠수함은 핵연료의 재보급이 필요 없이 한 번 핵연료를 장착하면 잠수함을 폐기할 때까지 사용 가능한 고농축의 핵연료를 장착한다. 이러한 고농축 핵연료를 개발하지도, 장착하지도 못했지만, 세계 최초의 원자력잠수함인 노틸러스함은 디젤과 배터리로 추진되는 디젤잠수함의 단점을 극복한 진정한 의미의 잠수함이었다. 2,000년대 이전에는 이러한 원자력잠수함을 UN 상임이사국인 미국, 영국, 프랑스, 중국, 러시아 등 5개국만 가지고 있었으나, 인도가 러시아로부터 원자력잠수함을 대여하여 사용하고, 대여기간 중 습득한 기술로 자체 개발한 원자력잠수함을 운용중이다. 또한 브라질 해군은 프랑스와 계약을 통하여 디젤잠수함을 합작하여 건조 중인데, 2020년대 중반쯤에는 자체 설계한 원자로와 프랑스로부터 확보하는 잠수함 설계·건조 기술을 이용하여 원자력잠수함을 자체 건조할 예정이다. 많은 사람들이 원자력잠수함을 보유하면 IAEA 사찰이나 NPT 위반 아니냐는 우려를 표하지만, 이러한 원자력잠수함은 IAEA[3] 사찰이나 NPT[4]와는 무관하다는 것을 여기에서 밝혀둔다. 다만, 우리나라와 미국이 체결한 '한미 원자력 협정' 등과 같이 양자간 체결한 원자력 협정 상 원자력의 군사적 사용을 금하고 있다. 그러나 협정은 당사자간의 문제이며, 원자력 발전에 이용하고 있는 기술의 귀속과 연관된 문제이므로 독자 기술을 이용한 원자력잠수함 개발이나 보유에는 큰 영향을 미친다고 볼 수는 없을 것이다.

---

3 IAEA(International Atomic Energy Agency, 국제원자력에너지기구): 1957년 UN에 의해서 만들어진 국제기구로서 원자력의 평화적 이용에 관한 국제 중앙기구이다. 원자력을 세계의 평화·보건·번영을 위해 공헌시키며, 특히 원자력이 핵무기화에 이용되지 않도록 한다. 이를 위해서 핵물질의 국제 Pool 기관을 설치하여 정보 교환, 핵연료의 국제사찰, 전문가의 교환·훈련을 할 것 등을 목적으로 한다. 최근 활동의 주력은 핵확산금지를 위한 규제로 바뀌고 있다. 본부는 스위스 빈에 있다.

4 NPT(Nuclear Non-Proliferation Treaty, 핵확산금지조약): 비핵보유국은 장래에도 핵무장을 하지 않으며 핵보유국은 비핵보유국의 핵무기 개발에 일체 원조하지 않는 것을 목적으로 한 국제조약이다. 1995년 유엔에서 전원 합의로 NPT의 무기한 연장을 결정함으로써 미국, 영국, 프랑스, 중국, 러시아 등 5개국만 배타적 핵보유권을 계속 확보하고 나머지 조약 당사국들은 핵주권을 포기한다. NPT에서 탈퇴하지 않는 한 영구히 핵무기를 보유할 수 없게 되었다.

3.1.5 SLBM을 탑재한 전략잠수함

오늘날 전략잠수함의 대표적 잠수함을 꼽으라면 미국의 오하이오급 잠수함과 러시아의 타이푼급 잠수함이다. 미국의 오하이오급 잠수함 1척의 파괴력은 히로시마에 투하된 원자폭탄 1,600발과 맞먹는다고 하니 실로 가공할 만한 파괴력이 아닐 수 없다. 또한 타이푼급 한 척에 탑재된 핵무기는 지구의 절반을 소멸할 수 있다고 하니, 미소 냉전시대에는 이러한 전략잠수함이 상대국가에게는 공포의 대상이 될 수밖에 없었다. 최초의 전략잠수함이 핵탄두를 탑재한 탄도미사일을 발사하기 위해선 잠수함의 함교탑을 물 밖으로 드러내 놓고 미사일을 발사해야만 했다. 그러나 구소련이 세계 최초의 인공위성 스푸트니크 1호의 발사에 핵성공하면서 구소련의 핵 선제공격에서 살아남을 수 있는 핵전력으로 잠수함 발사 핵탄도미사일을 탑재한 원자력잠수함을 계획하게 되었다. 이러한 필요에 의해 1959년에 탄생한 최초의 전략잠수함 '조지 워싱턴'함은 다시 한 번 미·소 냉전시대에 미국의 절대적 우위를 유지하게 하였고, 항공모함에서 운용 가능한 전략핵무기를 탑재한 전폭기의 개발 취소 등 미국의 핵억제 정책에 많은 변화를 가져오게 하였다.

현재 운용되고 있는 전 세계 전략잠수함은 미국, 영국, 프랑스, 러시아, 중국 등 5개국만의 전유물에서 인도가 최근 합류하여 총 6개국이 보유하고 있다. 인도를 제외한 5개 국가들이 보유하고 있는 전략잠수함의 운용기간이 대부분 20년 이상이 되어감에 따라, 차세대 전략잠수함과 차세대 SLBM을 계획하며 핵 억제력을 보유하려는 노력은 계속되고 있다.

3.1.6 잠수함 역사 속 인물

현대 잠수함의 아버지라 불리는 존 필립 홀랜드John Phillip Holland, 1841~ 1914는 아일랜드계 미국 과학자로 미국과 영국 해군의 공식적인 첫 번째 잠수함을 설계한 인물이다. 그는 1897년에 향후 전 세계적으로 사용될 잠수함의 기본 원형Prototype인 홀랜드Holland I함을 개발하는 데 성공했다.

그림 3-6 홀랜드호에 승함하는 홀랜드   그림 3-7 칼 되니츠 제독

칼 되니츠Karl Dönitz 제독은 독일 U보트의 아버지라 불리는 인물로서, U보트 함대 사령관, 독일 해군 총사령관이자 히틀러 사후 20일간 총통을 겸임하였고, 결단력과 리더십이 뛰어난 인물이었다. 그는 Wolf Pack 전술을 개발하였고, U보트 300척 보유를 통해서만 세계대전에서의 승리를 보장할 수 있다고 주장하는 등 세계대전을 통한 잠수함의 발전을 주도한 역사적 인물이기도 하다.

미 해군 원자력잠수함의 아버지는 리코버 제독이다. 해군 공병장교 출신이었던 리코버 제독은 기술적 능력과 정책적 수행능력을 높게 평가 받아 미 해군의 원자력 잠수함 개발 프로젝트의 책임을 맡게 되었다. 리코버의 성격은 그의 유명한 일화를 통해 잘 나타나는데, 지미 카터 전 미국 대통령(제39대)과의 일화는 매우 유명하다. 해군사관학교를 우수한 성적으로 졸업한 지미 카터 대통령은 원자력잠수함 개발팀을 선발하는 과정에서 리코버 제독과 면접을 하였고, 이에 리코버 제독은 사관학교 성적을 물어봤다. 지미 카터는 "820명 중 59등을 했습니다"라고 자신 있게 대답했고 당연히 제독으로부터의 칭찬을 기대하고 있었으나, 기대와는 달리 리코버 제독은 "최선을 다했는가?"라고 반문했다. 예상치 못한 질문에 당황한 지미 카터는 잠시 고민하다가 "항상 최선을 다한 것 같지는 않습니다"라고 대답하였고 리코버는 "왜 최선을 다하지 않았는가?Why not the Best?" 라고 질문을 던졌다. 이렇듯 리코버

그림 3-8 노틸러스함에 승함하는 리코버 제독

는 자신에게도 타인에게도 항상 최선과 최고를 유지하기 위한 노력을 요구했다. 당시 해군의 고위층은 구축함에 원자로 탑재를 우선적으로 해야 한다고 주장하였으나 리코버 제독은 단호하게 "잠수함 먼저!"라며 "위험하기 짝이 없는 물건인 원자로를 관리하는 첫 번째 실험은 해군 최고의 엔지니어들인 잠수함 승조원들에게 맡겨야 한다"고 밀어붙여 원자력잠수함 개발사업을 우선적으로 추진하게 되었다. 이렇게 해서 1955년 1월에 '노틸러스'라고 이름붙인 최초의 원자력잠수함이 시험항해를 할 수 있었다. 이러한 리코버 제독의 노력은 미국이 최고의 해군력을 갖춘 국가로 거듭나는 데 크게 기여했고, 이로 인해 4성 장군까지 승진하게 되며 63년 군복무라는 전무후무한 기록을 갖게 된다.

이외에도 잠수함 역사에 빛나는(상대국에게는 수치를 안겨준) 기록을 보유한 함장들이 지금도 회자되고 있다. 대표적 인물이 1시간여 만에 영국의 순양함 3척을 침몰시킨 오토 베디겐Otto Weddigen 대위가 있다. 그가 지휘하는 U-9 잠수함이 1시간 동안 영국 순양함 3척, 아부키르Aboukir, 호그Hogue, 크레시Cressy를 침몰시켰는데, 스페인 무적함대를 물리친 이후 30여 년 동안 전 세계 해양을 지배해온 영국함대에게는 최대 치욕으로 기록되고 있다.

그림 3-9 U보트의 공격 장면

독일 해군 잠수함 역사에 단연 최고의 잠수함 에이스 함장으로 손꼽히는 이는 아라나울드 대위Lothar Von Arnauld de le Periere이다. 1915년 U-35의 함장에 임명된 그는 총 14회 임무 중 연합국 상선 및 군함 189척, 446,708톤을 침몰시키는 전과를 세웠으며 이 기록은 현재까지 최고의 전과로 기록되고 있다.

3.1.7 한국 해군 잠수함

1992년 장보고급 잠수함을 도입하여 세계에서 43번째 잠수함 운용국이 된 대한민국 해군은, 짧은 잠수함 운용 역사에도 불구하고 잠수함 운용 모범 국가로 세계적으로 인정을 받고 있다. 한반도를 중심으로, 동·서·남해는 한국·중국·일본·러시아 4개국의 수출·입 상선과, 한반도 연안 통항 선박 및 수백 척 이상의 선단을 이루고 있는 어선으로 인해 세계적으로 가장 복잡한 해양환경을 가진 해역 중의 하나이다. 이러한 복잡한 해상환경 속에서 잠수함을 운용하는 미·중·일·러 해군은 잠수함 관련 사고가 있었으나, 대한민국 해군은 지난 24년간 무사고 작전 운용의 기록을 이어가고 있다. 이러한 기록의 수립은 가족을 조국에 두고 혈혈단신 독일에서 잠수함 운용 방법을 배우고 잠수함을 운용하기 위해 헌신했던 잠수함 인수 승조원들의 피와 땀, 잠수함을 운용하면서 한 치의 오차도 허용하지 않았던 운용요원들의 반복 숙달 훈련과 치밀함, 잠수함의 성능을 보장하기 위한 정비요원들의 구슬땀이 있었기에 가능한 일이었다. 2015년 기준 우리 잠수함이 항해한 거리는 지구를 91바퀴(197만NM, 3,648,440km, 2015년 기준) 항해한 거리와 같으며, 이러한 무사고 기록을 이어가기 위해 모든 잠수함 승조원들은 "100번 잠항하면 100번 부상해야 한다!"는 구호를 잠수함 안전 신조로 삼고, 안전을 적극 실천하며 잠수함을 운용하고 있다.

북한은 김정은 권력 강화와 체제 생존을 위해 핵무기 및 장거리 미사일을 지속 개발 중이며, 2015년 5월 이후로 고래급 잠수함에서 SLBM을 지속 시험발사하는 등 적화통일을 목표로 핵과 WMD^{Weapon Mass Destruction: 대량살상무기}를 이용하여 위협을 가하고 있다. 또한 주변국들은 동아시아해역은 물론, 남태평양이나 북극해 등 국제수역에서도 경쟁적으로 해양이익을 확보하기 위해 노력하고 있으며, 지금도 일본과 중국은 총리와 국가 주석이 직접 나서서 종합해양정책본부(2007년)나 국가해양위원회(2013년)를 신설하고, 해양과 관련된 국가이익을 재규정하는 등 적극적인 해양전략으로 해양강대국을 향해 발 빠르게 움직이고 있는 실정이다. 이에 우리 잠수함 부대는 전쟁 억제의 최첨병으로서, 한반도에서 국가 이익이 침해를 받거나 침해를 받을 가능성이 생겼을 경우, 이를 타개하기 위한 국가의 목적 달성 수단으로서의 역할을 충실히 수행해 나갈 것이다.

(1) 국산 소형 잠수함, 돌고래

1983년 한국 해군은 돌고래라는 소형 잠수함을 건조하였고, 1990년 돌고래 3척을 기반으로 대령급 부대인 잠수함전대를 창설하였다. 돌고래는 주로 특수작전용으로 사용하였으며, 통상 잠수함의 임무인 대수상함, 대잠수함 등의 임무를 수행하기에는 다소 제한되었다. 하지만 소형이기는 해도 관련기술과 노하우가 거의 전무한 상태에서 독자 기술로 개발하였고, 많은 부품을 국산화하였다. 돌고래를 성공적으로 건조한 뒤에도 잠수함 운용경험이 없었던 터라 잠수함을 어떻게 운용할지에

그림 3-10 수상항해 중인 돌고래함

대해서는 완전히 까막눈이었다. 그에 따라 낮은 수심에서부터 처음에는 10분, 다음에는 30분, 1시간 등 시간과 운용환경을 점점 확대해 나가며 운용경험을 축적해 나갔다. 이러한 목숨을 담보로 얻은 결실로, 다소 부족하기는 했으나 잠수함에 대한 운용경험을 보유할 수 있었으며, 이는 이후 도입되는 장보고급 잠수함 운용에 필요한 밑거름이 되었다. 돌고래는 수명주기의 도래로 얼마전 도태되었으나, 다양한 용도로 잠수함 작전에 크게 기여한 자랑스러운 대한민국의 잠수함이었다.

(2) 한반도에 최적화된, 장보고급 잠수함

잠수함을 도입하는 것은 한국 해군의 숙원이었다. 그 숙원은 1992년 장보고라 명명되어진 209급 잠수함을 도입함으로써 이루어졌으며, 세계에서 43번째로 잠수함을 보유한 국가가 되었다.

잠수함을 도입하면서 많은 걱정이 있었지만 공통적인 사항은 다음의 두 가지였다. 첫 번째는 한국 조선소가 잠수함을 제대로 건조할 수 있는가, 그리고 두 번째는 한국 해군 승조원들이 잠수함을 잘 운용할 수 있는가였다. 첫 번째 문제에 대해서는, 1번함(장보고함)은 독일 HDW사에서 건조하고 나머지 잠수함은 해외 원자

그림 3-11 훈련을 위해 북해로 이동 중인 장보고함

재 구매 및 기술도입을 통해 국내에서 생산하는 방식을 채택하였다. 또한 1번함 인수요원들과 설계 및 감독관 요원들을 잠수함 도입 3년 전에 보내서 철저한 교육과 현장 실습을 통한 능력을 확보하여 해결하였다. 두 번째 문제에 대한 해결책은, 승조원 선발기준을 높여 유능한 승조원들을 선발하고, 선발된 승조원에 대한 철저한 교육을 실시하는 것이었다. 선발된 승조원 54명은 14개월간의 국내교육과 17개월간의 국외교육을 이수했다. 국외교육은 독일 해군 주관으로 기초과정, 소화방수 및 수중탈출 훈련이 진행되었고, 제작사인 HDW조선소 주관으로 장비교육을 실시하였다. 이후 독일 해군 주관으로 잠수함 운용 및 작전 관련 해·육상 교육을 시행하였고, 해상훈련은 300미터 이상의 수심을 확보할 수 있는 해역까지 이동하여 실시함으로써 운용능력을 확보할 수 있었다.

(3) AIP를 탑재한, 손원일급 잠수함

장보고급 잠수함을 10여 년 운용하면서 자신감을 얻은 해군은 디젤잠수함의 한계를 극복하고 잠수함 전력을 강화하기 위해서 차기 잠수함 확보를 계획하였다. 이 차기 잠수함이 바로 2007년 전력화되어 모습을 드러낸 손원일급 잠수함이다. 손원일급 잠수함은 장보고급이 가지지 못한 AIPAir Independent Propulsion: 공기불요추진를 보유하고 있다. 이 장치는 수중 잠항지속능력을 향상시키기 위해 운용하는 것으로서, 디젤잠수함이 배터리 충전을 위해 반드시 해야 하는 스노클을 하지 않고 수중에서 수주일 이상을 운용하도록 하는 것이다. 또한 탑재 무장의 수준도 장보고급보다 향상되어, 한국 해군 수중 전력의 수준을 한 단계 업그레이드시킬 수 있었다.

여기서 잠시 잠수함 명칭 제정에 관하여 알아보도록 하자. 일반적으로 함정의 명칭 제정은 그 나라의 특정 지역이나 역사적으로 유명한 인물을 토대로 제정한다. 미국은 아브라함 링컨Abraham Lincoln, 니미츠Chester William Nimitz, 루스벨트Franklin Delano Roosevelt 등 역사적으로 유명한 이름과 주(州) 또는 도시 이름 등 다양한 기준을 만들어 놓고 있다. 일본의 경우 하루시오, 쿠로시오 등 강이나 산, 반도 이름 등을 활용하고, 중국은 고대국가, 도시 이름 등의 상징적 용어를 활용한다. 한국 해군 함정 역시 명칭 제정에 대한 기준을 가지고 있는데, 함의 유형에 따라 구축함급 이상에는 세종대왕, 율곡이이, 서애류성룡과 같이 과거에서부터 현대에 이르기까지 국민들로부터 영웅으로 추앙받는 왕이나 장수 등 역사적 인물과 호국 인물을 부여하며, 호위함에는 울산·서울·충남·마산과 같이 도道나 광역시, 도청 소재지 이름을 붙이고 있다. 잠수함 역시 통일신라에서 조선시대 말까지 바다에서 큰 공을 남긴 인물

그림 3-12 손원일급 잠수함의 수상항해

이나 독립운동 공헌인물 및 광복 후 국가발전에 기여한 인물의 이름을 사용하고 있다. 209급 1번함인 장보고함은 너무나 잘 알려져 있는 통일신라시대 해상왕인 장보고 대사를, 이천·최무선·박위·이종무·정운·이순신·나대용·이억기함은 해전에서 몽고군과 왜적을 무찌른 장수들의 이름을 따서 제정하였다. 또한 214급 잠수함 1번함인 손원일함은 해군의 창시자인 손원일 제독 이름을 딴 것이며, 2번함인 정지함은 고려말 왜적을 소탕한 장군의 이름을, 그리고 안중근, 김좌진, 윤봉길, 유관순함은 대한제국 당시 항일운동을 한 인물들의 이름을 딴 것이다. 앞으로 한국이 보유하게 될 잠수함들도 이러한 기준으로 명칭이 제정될 예정이다.

표 3-1 함정 명칭 부여 기준

종류	작명 원칙	사례
잠수함	통일신라에서 조선시대 말까지 바다에서 큰 공을 남긴 인물과 독립운동 유공자 및 광복 후 국가 발전에 기여한 인물	장보고, 최무선, 손원일
구축함	국민적 영웅으로 추앙받는 역사적 인물(왕, 장수)과 호국인물(민족 간의 전투에서 승리한 장수는 제외)	세종대왕, 충무공 이순신, 광개토대왕
호위함	도(道), 광역시(廣域市), 도청(都廳) 소재지	울산, 서울, 충남
초계함	시(市) 단위급 중·소 도시	동해, 수원, 강릉
수송·상륙함	한국 해역 최외곽 도서, 지명도가 높은 산봉우리	독도, 비로봉, 항로봉 등

(4) 동북아 최고를 꿈꾸는 잠수함, 차기잠수함

지금까지 한국 해군이 보유한 잠수함은 독일에서 설계한 잠수함들이었다. 심지어 돌고래급 잠수함 역시 1970년대 외국 해군에서 제공한 잠수함 운용교육을 통하여 획득한 소형 잠수함 도면과 기술자료를 바탕으로 한국형 소형잠수함으로 개발한 것이었다. 2020년대에 선보이게 되는 차기잠수함은 우리의 독자 설계기술로 건조하고, 잠수함의 핵심인 무장과 탐지센서 및 전투체계, 소나체계 역시 우리가 개발하여 탑재하는, 21세기 한국 해군의 거북선과 같은 무기체계이다. 통상 각국에서 운용되고 있는 209급/214급 잠수함이 장보고급이나 손원일급과 동일하지는 않지만, 개략적인 잠수함의 수준을 짐작할 수는 있다. 잠수함에 탑재하여 운용하는 무장도 어디선가 운용하고 있다면, 무장의 제원과 성능을 확인하는 것은 매우 쉬운 일이다. 이런 관점에서 잠수함에 탑재되는 무장과 핵심 체계의 독자 개발은 잠수함의 전략적 가치를 더욱 높이는 잠수함 역사에 획기적인 일이다.

잠수함이라는 무기체계의 특성은 많이 있지만, 다음과 같이 수상함과 대비되는 특성이 있다. 첫째, 잠수함은 수중을 항해하는 함정으로서, 선체외형은 전 세계적으로 유사(시가형, 물방울형 등)하며, 선체외형에 부가물을 설치할 수가 없다. 만약 선체외부에 무장이나 탐지센서를 추가 탑재할 경우, 매우 큰 수중소음을 유발하여 잠수함으로서의 가치를 상실하게 만들 것이다. 둘째, 잠수함은 탐지가 잘 되지 않는 은밀성이 가장 큰 장점으로, 수상함보다 훨씬 우수한 정숙성을 바탕으로 원거리에서 적(수상함)을 탐지하여 공격하며, 적의 전략거점을 타격하는 전략 무기체계이다.

이런 관점에서 차기잠수함은 최고의 잠수함 자격 요건을 갖추고 있다. 손원일급 잠수함보다 커진 선체직경과 길이는 정숙성 향상을 위한 각종 장비와 체계를 설치할 수 있게 해줄 것이며, 탑재무장 수량의 증가와 더불어 수직발사관의 설치를 통한 질적인 능력 향상(파괴력, 사거리)을 확보할 수가 있을 것이다. 소리는 저주파일수록 멀리 전달되는 특성을 가지고 있는데, 이러한 소리를 수중에서 들을 수 있는 탐지센서가 소나라고 불리는 장비이다. 소나의 센서는 수평적으로 길수록, 수직적으로 클수록 저주파 소음 탐지에 유리하므로, 차기잠수함은 더 길고 대형화된 선체에 소나를 설치하여, 보다 정숙해진 가운데, 보다 먼 곳에서 적을 탐지할 수 있게 된 것이다.

차기잠수함의 보유로 우리 해군은 전략적 억제 및 전략타격 능력을 구비하게 될 것이다. 미래 해양 분쟁 시 적의 증원전력을 차단하고 주력 함대를 제압함으로써 전쟁의 확전을 방지하고, 유사시 적의 핵심표적을 타격하여 조기에 전쟁을 종결할 수 있는 능력으로 국가와 국민의 요구에 부응할 것이다.

3.2 잠수함의 가치와 특성

3.2.1 잠수함의 전략적 가치

일부당경 족구천부一夫當逕 足懼千夫는 한 사람이 제대로 길목을 지키면 능히 천 명을 두렵게 할 수 있다는 뜻으로 명량해전이 있기 전날 이순신 제독이 장병들을 모아 놓고 한 말이다. 잠수함의 전략적 가치와 가장 상응하는 구절이 바로 이 구절이다. 적 잠수함이 도사리고 있는 곳을 어떤 함정이 맘 편히 지나갈 수 있겠는가? 보이는 적 10명보다, 보이지 않는 저격수 1명이 훨씬 더 두려운 존재이기 때문이다. 잠수함 승조원들이 생각하는 물위를 다니는 함정은 딱 두 종류다. 우군 함정, 아니면 표적!

앞에서 언급한 바와 같이 잠수함이 해군의 함정으로 인정을 받기 시작한 것은 미 해군에서 '홀랜드'라는 최초의 잠수함을 운용하기 시작하면서부터이지만, 본격적인 활약을 시작한 것은 제1차 세계대전부터이다. 지난 100여 년간 잠수함은 획기적인 기술적 진보를 통해 전술적 수준의 임무는 물론 국가차원의 전략적 수준의 임무를 수행할 수 있는 무기체계로 발전하였다. 잠수함은 기술적 진보를 통하여 전시와 평시를 막론하고 존재 자체만으로도 상대국에게는 매우 위협적인 존재가 되었다. 세계적으로 가장 권위 있는 군사무기 관련 책자인 제인연감Jane's Fighting ships에서 항공모함보다 앞서 잠수함 전력을 먼저 수록하고 있다는 사실은 잠수함의 전략적 중요성을 단편적으로 이해할 수 있는 대표적인 사례이다.

잠수함은 최초 해양강국에서는 함대세력의 보호임무를 위한 보조세력으로서, 대륙국가에서는 막강한 해양국가에 대한 방어적 무기로 인식되어져 왔으나, 두 차례의 세계대전을 거치면서 공세적 무기로서의 가치를 인정받게 되었다. 태평양전쟁에서도 잠수함의 공격적 운용전략이 승패에 큰 영향을 미쳤다. 미 해군의 잠수함은 일본의 군함을 비롯하여 군수물자를 수송하는 상선 등에 대한 무차별적 공격을 수행하여, 일본을 아사 직전까지 밀어붙일 수 있었다. 하지만 일본은 함대결전 전략에 치우친 나머지 수송선단에 대한 공격은 경시하고, 미 항모전단 공격과 자군의

그림 3-13 명량해전 도식도

항모전단 방어 임무에 치중한 운용전략의 실패로, 태평양전쟁의 승기를 놓치고 말 았다. 현대에 들어서도 잠수함의 특징인 은밀성을 바탕으로 전략적 운용을 하게 되 면서, 해양강국에서는 물론 약소국가들조차도 잠수함을 공세적으로 운용하고 있 다. 이러한 잠수함의 가치는 크게 네 가지로 정리할 수 있다.

(1) 전쟁억제 수단

잠수함은 탐지 자체가 어렵고, 미사일(잠대지·잠대함), 어뢰, 기뢰 등 다양한 무장을 보유하고 있어 적이 도발할 경우 핵심표적에 대한 보복을 행사할 수 있는 능력을 보유하고 있다. 가장 훌륭한 억제란 적이 공격할 의지를 갖지 못하도록 하는 것이며, 이러한 것으로 잠수함의 가치를 평가할 수 있다. 전략적 측면에서 육상기지의 탄도미사일과 전략공군에 의한 핵 공격 수단이 선제적 공격에 적합한 수단인 반면, 전략 잠수함은 은밀성과 기동성을 갖추어 가장 신뢰성 있는 보복 수단으로 운용되고 있다. 하지만 핵무기의 위협 하에서도 재래식 전쟁은 억제되지 않는 한계성을 나타내고 있으며, 아직까지도 끊임없이 크고 작은 전쟁은 계속되고 있는 것이 현실이다. 일반적으로 핵 군사력의 억제가치는 대단히 높다. 하지만 핵무기는 억제를 위한 최상의 위협수단이기는 하나, 실제로는 어떠한 경우에도 사용되어서는 안 되는 무기라는 것이 맹점이다. 억제는 근본적으로 보복에 대한 두려움을 느끼게 함으로써 적의 군사적 행위를 예방하는 것으로, 감당할 수 없는 보복을 받게 된다는 확실한 위협의 존재에 의해 야기되는 심적 상태이다. 그러므로 전쟁 발발 시 잠수함이 무차별적인 보복 능력을 갖게 되어 적에게 심리적, 군사적으로 많은 압박을 강요할 수 있다면, 잠수함은 분명 전쟁 억제력을 갖고 있다고 보아야 할 것이다.

전략 잠수함뿐만 아니라, 잠수함은 그 자체만으로도 전쟁의 억제력을 보유하고 있다. 현대의 잠수함은 수중 잠항능력과 은밀성, 무기체계의 급속적인 발전을 통해 적 잠수함, 수상함, 상선 등 해상표적뿐만 아니라 육상의 전략목표를 파괴할 수 있는 막강한 공격 능력을 보유하고 있고, 전시에 잠수함이 적 해역에서 활동하는 자체만으로도 적의 많은 대잠전력을 대잠작전 또는 자체 보호작전 등에 묶어둘 수 있기 때문이다.

(2) 핵심표적 공격 수단

초기의 잠수함은 수상함을 보호하는 것이 주 임무일 정도로 해상에서 단순한 보조전력으로서의 역할을 수행하였으며, 막강한 전함과 순양함 등의 함대전력을 보유한 해양국가에 대항하기 위한 방어무기체계로 인식되었다. 그러나 두 차례의 세계대전을 통하여 가장 공격적인 무기체계로서 진화를 하였고, 현대의 잠수함은 수중 잠항능력, 은밀성, 무기체계의 비약적인 발전을 통해 적에게 탐지되지 않고 적 수상 세력뿐만 아니라 육상의 전략목표를 타격할 수 있는 능력까지 보유하게 되었다. 걸프전 당시 걸프 만에는 미 해군의 잠수함 수십 척이 전쟁 시작 전에 배치되었으며, 개전과 더불어 잠수함에서 발사된 수백 발의 Tomahawk가 적의 핵심표적을 타격하였다.

(3) 적 전쟁지속능력 저하 수단

세계 교역량의 95% 가량이 해상운송을 통하여 이루어진다. 우리나라와 같이 수출에 의존하는 국가들은 더더욱 해상을 통한 교역에 의존하며, 전시 해상을 통한 전쟁물자 조달은 국가 전쟁지속능력의 최대 관건이 될 것이다. 6·25전쟁을 마치고 김일성은 "나에게 잠수함 한 척만 있었더라면…"이라며 땅을 치고 후회를 하였는데, 낙동강 전선에서 고착이 되었을 때, 지원물자와 군수물자를 싣고 부산으로 들어오던 그 많던 상선과 수송함 중 1척만 격침을 시켰어도, 고착된 낙동강 전선을 뚫고 자신의 꿈을 실현시킬 수 있었을 거라고 생각했기 때문이다. 그래서 북한은 세계에서 가장 많은 잠수함 전력을 유지하고, 지속해서 잠수함을 개발하려고 하는 것이다. 1, 2차 세계대전을 통하여 독일 U보트가 행했던 통상파괴는 전시 잠수함의 주요 임무 중의 하나였다. 이 작전을 통해 적의 전쟁지속능력을 저하시킬 뿐만 아니라, 적을 아사餓死 상태로 몰아넣어 적 지도부 및 국민들의 전쟁수행 의지를 포기토록 강압할 수 있었던 것이다. 2차 세계대전이 발발하기 전까지 영국은 식량의 70%를 수입에 의존하고 있었다. 독일은 전쟁시작과 함께 U보트 잠수함으로 식량을 포함해 전쟁물자를 싣고 영국으로 오는 선박을 보이는 대로 침몰시켰는데 전쟁 발발 이듬해인 1940년에만 72만 8천 톤의 식량이 독일 잠수함의 공격을 받아 바다에 수몰되었다. 이 때문에 영국은 "승리를 위해 밭을 가꾸자Dig for Victory"라는 운동을 전개했고 그 중심이 되는 채소가 당근이었다. 이러한 노력에도 불구하고 영국은 전쟁이 끝날 무렵 식량 수입률이 25%까지 떨어졌다고 한다.

오늘날 해양은 세계 교역량의 95%에 이르는 수송량을 담당할 수 있는 수송로를

그림 3-14 당근을 먹고 있는 어린이들

제공해주고 있고 대양을 횡단하는 물동량의 99.5%가 해상수송에 의존하고 있으며, 단 0.5%만이 항공수송에 의존하고 있다. 따라서 현대전에서도 통상파괴, 해상봉쇄 등의 전략적인 잠수함 운용을 통해 적국의 전쟁지속능력을 저하시킬 수 있을 것이다.

(4) 적 전력소모 강요 수단

천연 은폐물인 바다에서 은밀하게 활동하는 잠수함을 탐지하는 것은 거의 불가능하여, 적은 잠수함 탐지를 위해 엄청난 노력이 필요하다. 잠수함이 적 해역에 침투하여 활동하는 그 자체만으로도 적의 많은 대잠전력(함정, 항공기 등)의 투입을 강요하여 전쟁의 최전선을 지원하거나 필요한 곳에 있어야 하는 주요 전력들을 분산시킬 수 있는 것이다. 2차 세계대전 당시 독일 U보트 1척에 대항하기 위해 연합군측은 25척의 수상함과 100대의 항공기를 투입하였으니, 잠수함의 진가는 바로 이러한 수적 비교에서 확연히 드러나는 무기체계이며, 이러한 의미에서 잠수함은 군사적으로 열세인 국가가 강대국에 대항하기 위해 가져야 하는 필수 무기체계인 것이다.

포클랜드전쟁 당시 아르헨티나는 디젤잠수함 4척을 보유하고 있었다. 하지만 정비불량 등 여러 이유로 실전에 투입된 잠수함은 단 1척, 209급 산 루이스^{ARA San}

Luis 잠수함이었다. 아르헨티나 잠수함 중 단 1척만 가용된 것은 영국에게는 큰 행운이었지만, 살아 있는 단 1척의 산 루이스함은 영국 함대로 하여금 엄청난 전력을 소모하도록 만들었다. 영국은 자신들의 기동함대를 위협하는 단 1척의 아르헨티나 잠수함을 찾아내기 위하여 전력을 다해야만 했으며, 또한 본토에서 포클랜드까지 길게 뻗어 있는 해상교통로SLOCs: Sea Lane Of Communications를 보호하기 위해서 많은 전력을 투입해야만 했다. 실제로 산 루이스함은 영국의 항공모함을 공격할 수 있는 기회가 있었으나, 어뢰 결함으로 그 기회를 놓치고 말았다. 만일 어뢰 공격이 성공했다면 영국은 격침된 함정의 피해뿐만 아니라, 적 잠수함을 탐색하고 공격하기 위하여 정상적인 작전계획의 집행이 어려웠을 것이다. 결국 강력한 영국의 수상세력이 아르헨티나 디젤잠수함 1척의 공격위협 때문에 작전에 제한을 받고 대량의 대잠전력 소모를 강요 당한 사실은, 잠수함이 적국의 전쟁 수행능력을 저하시킨 전형적인 사례라고 할 수 있다.

통상 잠수함을 핵·화학·생물학무기 등과 같은 비대칭非對稱 전력이라고 하며, 이러한 비대칭 전력은 게릴라전에 유용하게 활용될 수 있다. 약소국弱小國이 강대국強大國과 외교적으로 해결이 되지 않는 심각한 분쟁에 휘말리게 되는 경우, 강압에 의한 굴욕과 손실을 감내하든지 아니면 결사 항쟁하여 전쟁을 불사하는 대안을 선택할 수 있으나, 전쟁이 불가피할 경우 선택할 수 있는 현실적인 대안은 게릴라전이며, 해양에서의 대표적 수단은 잠수함일 것이다.

3.2.2 잠수함의 특징

초기의 잠수함과 달리 현대의 잠수함은 수중 항해를 주목적으로 만들어진 함정이므로, 수상함과 달리 함수가 뾰족하지 않고 눈물방울이나 고래와 같은 선형으로 건조된다. 잠수함이 수상항해를 할 때 우리가 볼 수 있는 것은 실제 잠수함 전체 부피의 1/5밖에 되지 않는다. 마치 빙하의 대부분이 물속에 잠겨 있듯이 잠수함의 선체 대부분도 물속에 잠겨 우리가 보지 못하는 부분이 훨씬 많은 것이다.

(1) 잠항·부상 원리

잠수함이 물속으로 가라앉는 것을 잠항이라고 하고, 물위로 떠오르는 것을 부상이라고 한다. 잠수함에 대한 단골 질문 중 하나가 "잠수함의 잠항·부상 원리가 무엇인가?"이다.

쉽게 설명을 해보면, 잠수함의 함수부분과 함미부분에는 뒤집어 놓은 큰 바가지가 있는데, 평상시에는 공기가 차 있으니 부력으로 잠수함이 부상상태를 유지하게 된다. 바가지 상부에는 밸브가 있어서, 밸브를 열면 공기가 빠지고 주위 바닷물이 채워져 잠수함은 물속으로 들어가게 되고, 밸브를 잠그고 바가지에다 공기를 주입하게 되면 부력이 생겨 부상을 하게 되는 것이다. 이것이 잠수함의 잠항 및 부상의 원리이다.

잠수함이 물속에서 안전하게 항해를 하기 위해서는 물속에서 올바른 자세를 잡아 균형을 이루어야 하는데 이것이 바로 트림(함수 경사각, 좌우 경사각) 조정이다. 이것 역시 잠수함이 보유하고 있는 트림탱크와 보상탱크를 운용하여 자세(경사)각을 유지하는 것이다. 잠수함은 필요시 속력과 잠항심도의 급격한 변화를 요구하므로, 트림 유지를 잘 해야 고속과 급격한 심도변경 속에서도 안전하게 함을 조종할 수 있게 된다. 항공기가 위아래로 비행을 하는 것처럼, 물속에서 오르락내리락하는 심도조정이 필요한 경우는 함수·함미에 설치된 타기舵機를 이용하여 심도를 변경하지만, 긴급상황 발생 시는 함 총원이 함수에서 함미까지 이동을 함으로써 무게중심을 급격히 이동시켜 심도 변경시간을 단축하기도 한다. 이러한 수중에서 잠수함

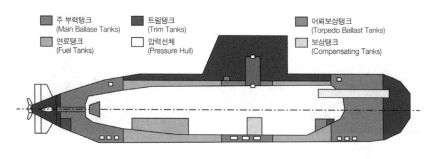

그림 3-15 잠수함의 주요 탱크 위치

의 3차원 기동훈련은 매일 반복되는 훈련 중 하나이며, 잠수함의 생존과 직결된다.

(2) 항해형태

잠수함은 수상함과는 달리 잠항과 부상을 할 수 있기 때문에 여러 가지 항해 형태를 가지고 있다. 임무를 종료하고 모항에 입항하기 위하여 안전한 해역에 들어왔을 때는 완전히 부상한 상태로 항해를 하는데 이것을 수상항해라고 부른다. 수상항해 시는 물위를 항해하는 일반 선박과 같이 모든 해상에서의 규정을 준수하여야 한다. 하지만 물속을 항해하는 임무 중에는 잠수함의 선체를 노출시키지 않아야 하기 때문에, 잠망경 등의 마스트를 운용하면서 정찰 및 감시를 하거나, 작전 지휘소와 통신 등을 하기 위하여 마스트를 운용한다. 이것은 외부로의 노출을 최대한 피하기 위해서인데, 이때 잠망경으로 외부를 감시하며 마스트를 운용하기 때문에 이러한 항해를 잠망경 항해라고 한다.

또한 원자력잠수함은 필요가 없지만, 디젤-전기추지 잠수함이 해상에서 장기간 작전하기 위해서 꼭 필요한 스노클 항해가 있다. 스노클 항해는 잠수함이 수중에서 운용될 때 동력원인 배터리를 충전하기 위한 것으로, 가장 직경이 큰 마스트인 스노클 마스트를 수면 밖으로 노출해야 하며 디젤엔진의 작동으로 가장 큰 소음이 발생한다. 이 때문에 디젤잠수함 함장은 스노클 항해 시 가장 많은 스트레스를 받는다.

마지막으로 잠수함은 물속을 항해하면서 적 수상함 및 잠수함 등에 대하여 탐지, 식별, 추적 및 공격 임무를 수행하는데 이러한 항해를 잠항항해라 부른다.

표 3-2 잠수함의 항해 형태

수상항해	잠망경항해	잠항항해

그림 3-16 잠수함의 압력 선체

(3) 잠항심도

잠수함이 최대로 잠항할 수 있는 능력은 선체의 재질에 절대적인 영향을 받으며, 대부분의 현대 잠수함의 선체는 HY$^{High\ Yield}$강鋼으로 제작한다. HY강은 니켈, 크로뮴, 몰리브덴 등의 화학적 결합으로 만들어낸 강한 재질의 금속물질로 HY등급은 항복점5의 1in² 당 1,000파운드(약 453kg) 단위로 표시를 하며, HY 80강이면 1in² 당 80,000파운드(36.24톤)의 힘을 견디는 것이다. 잠수함은 잠항심도가 깊어질수록 수중에서 방사되는 소음의 수준이 감소하고, 수상함의 능동소나에 의한 피탐 확률이 낮아지므로 최대한 깊이 잠항하는 것이 유리하다. 따라서 최대 잠항심도가 깊어질수록 작전 능력이 우수하며, 이러한 이유로 잠수함의 압력선체도 HY80, HY100, HY130 등으로 지속 발전하고 있는 추세이다.

(4) 항해능력(디젤-전기추진 잠수함)

디젤-전기추진 잠수함은 잠수함이 보유하고 있는 배터리에 따라 수중작전 성능의 차이가 크다. 배터리 성능이 좋을수록 물속에서 오래, 다소 빠른 속력으로 기동

---

5 항복점(Yield Point): 물체에 작용하는 외력을 늘리면 응력이 탄성한도를 넘는 어떤 값에 이를 때, 영구 변형이 급격히 늘어날 때의 값을 말한다.

할 수가 있다. 하지만 그 반대의 경우 디젤-전기추진 잠수함은 스노클 항해를 자주 해야 할 뿐만 아니라, 물속에서 기동속력과 작전 지속능력이 떨어져 잠수함의 유용성과 가치가 크게 저하된다. 그럼에도 불구하고 디젤-전기추진 잠수함이 물속으로 항해 시의 가장 경제적인 잠항속력은 통상 4~6노트 수준(마라톤 선수의 1/2 수준 전진속력)이며, 원자력잠수함의 경우는 수중에서의 최고속력 기동 시 시간의 제한을 받지 않는다. 디젤-전기추진 잠수함의 배터리를 고려한 잠항기간은 스노클(배터리 충전) 없이 2~3일 정도 항해가 가능하나, 축전지량을 일정수준 유지하기 위해 1일 1~2회 스노클을 필히 해야 하는 제한점을 가진다. 항속거리는 경제속력으로 운용 시 통상 약 10,000 ~ 12,000마일(한국↔하와이 왕복거리) 정도가 가능하다.

(5) 잠수함 탐지체계

잠수함은 물속과 물밖을 넘나들기 때문에 보유하고 있는 센서도 다양하다. 표적 탐지수단으로는 음향 탐지센서인 소나와 비음향 탐지센서인 잠망경, 레이더, 전자전장비 등을 보유하고 있다.

잠수함이 수상항해 및 잠망경 항해(또는 스노클 항해) 시에는 소나 외에 잠망경, 레이더 또는 전자전장비와 같은 비음향 탐지센서를 이용하여 표적을 탐지하기도 한다. 잠수함에는 통상 2개의 잠망경이 설치되어 있으며, 공격잠망경과 탐색잠망경으로 구분된다. 공격잠망경은 최종 분석된 적 목표물을 공격하기 직전 최종 확인하기 위해 사용되며, 피탐 최소화를 위해 단순하고 얇게 제작된다. 탐색잠망경은 잠망경 항해 중 해상관측 등에 사용되며, 최근에는 예비개념으로 설치하기도 한다. 탐색잠망경에는 GPS 센서, 전장경보장치 등을 함께 설치한다. 레이더는 전파를 방사해 표적의 거리, 침로, 속력을 가장 정확히 측정할 수 있는 장비이나, 전자파의 방사는 적 전자전장비에 피탐될 수 있는 확률이 높아지므로 임무 해역에서는 잘 사용하지 않는 센서이다. 전자전장비는 육상 레이더기지, 수상함, 대잠항공기의 레이더 전자파를 탐지·분석하는 장비이다. 수집된 레이더 주파수, 송신방식, 모드 등을 분석하여 잠수함 주변의 위협 표적 존재 여부를 판단한다.

표 3-3 잠수함의 주요 탐지체계

공격 탐색 잠망경

레이더

전자전장비

표 3-4 잠수함의 주요 소나

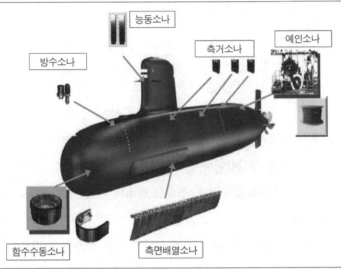

함수수동소나	함수에 설치된 주(主) 탐지소나
측면배열소나 (FAS)	잠수함 좌·우현 측면에 긴 소나센서 단을 장착하여 저주파대 음향을 탐지하는 소나 * FAS: Flank Array Sonar
예인소나 (TAS)	잠수함 함미에서 긴 소나센서를 예인하는 저주파 탐지소나 * TAS: Towed Array Sonar
측거소나 (PRS)	현측에 소나센서를 배열하여 수신음의 시간차를 이용, 거리를 측정하는 소나 * PRS: Passive Ranging Sonar
방수소나	대잠함/대잠항공기가 송신하는 능동소나의 음파를 탐지·분석하는 소나
능동소나	잠수함 또는 수상함이 음파를 방사하여 표적을 탐지하는 소나

잠수함이 물속으로 들어가면, 사용할 수 있는 탐지센서는 음향 탐지센서인 소나 SONAR가 유일하다. 대부분의 작전을 수중에서 수행하는 잠수함은 임무 목적에 맞는 다양한 종류의 우수한 소나를 장착하려고 노력한다. 누가 먼저 들을 수 있는가는 누가 먼저 공격할 수 있느냐의 생존문제와 직결되는 매우 중요한 문제이기 때문에 각국 잠수함의 소나체계는 빠른 속도로 발전하고 있다. 우리도 국방과학연구소를 중심으로 소나센서와 체계의 발전을 위하여 노력 중이며, 주변국 대비 질적으로 우수한 탐지체계를 보유할 수 있으리라 확신한다. 물속에 들어가면 유리창으로 고래나 돌고래를 보지 않느냐는 질문을 하는데, 아쉽게도 잠수함은 완전한 압력선체로 포장된 큰 깡통과도 같아, 창문을 설치할 수 없다.

(6) 잠수함 무장체계

과거 잠수함의 주主 공격무장은 어뢰·기뢰로서, 수상함·잠수함 공격에만 국한되었으나, 최근에는 미사일(잠대함, 잠대지, 잠대공)이 개발되어 원거리 수상함 및 육상의 주요 핵심 표적뿐만 아니라, 이제는 대잠항공기에 대한 공격도 가능하게 되었다. 어뢰Torpedo는 적 수상함이나 잠수함을 공격하기 위한 주主 무장으로 선유도와 Fire & Forget 방식으로 분류된다. 선유도 방식의 어뢰는 말 그대로 어뢰에 유도선이 달려 있어 작동수가 어뢰를 조종·통제한다는 것이다. 잠수함이 보유한 소나센서로부터 표적의 정보를 획득하고, 어뢰를 유도하는 작동수가 어뢰를 회피하려는 표적의 노력(기만기, Zig Zag 기동 등)을 쉽게 구분할 수 있으므로, 어뢰 자체 능력으로 적을 공격하는 Fire & Forget 방식의 어뢰에 비해 매우 우수하다고 볼 수 있다.

미사일Missile은 적 육상핵심시설을 공격하기 위한 잠대지미사일, 적 수상함을 공격하기 위한 잠대함미사일, 대잠항공기를 공격하기 위한 잠대공미사일으로 분류된다.

무엇보다 잠수함이 보유하는 무장 중 가장 위협적인 것은 핵탄두를 탑재한 SLBM으로서 미소 냉전시대 이후 지금까지 핵전쟁 억제를 위한 3축 중 하나이자, MADMutual Assured Destruction: 상호확증파괴 전략의 핵심무장이다.

표 3-5 잠수함의 어뢰

구분	SUT	백상어
종류		
비고	선유도	Fire & Forget

출처: www.google.com

표 3-6 잠수함 보유 주요 미사일 및 기뢰

잠대지미사일	잠대함미사일
잠대공미사일	기뢰

(7) 잠수함 추진체계

잠수함의 추진체계는 수상함과는 사뭇 다른 특징을 가지고 있다. 기본적으로 수상함은 대잠전과 더불어 대함전, 대공전과 같은 임무를 수행해야 하므로, 빠른 기동성을 확보해야 하나, 잠수함은 수중에서 은밀성을 확보해야 하므로, 잠수함과 수상함의 추진체계 특성은 다음의 표와 같이 비교될 수 있다.

표 3-7 잠수함 vs. 수상함의 추진체계 비교

구분		잠수함	수상함
추진력		축전지, 추진모터 (디젤잠수함)	디젤엔진, 가스터빈 * Hybrid는 추진모터 운용
추진축 수		1개	2개
프로펠러	블레이드 수	5~7개	3~5개
	블레이드 크기	大	小
	회전속도	저속	고속

다음은 잠수함이 가지고 있는 추진체계의 종류와 그 특성을 기술하고 있다.

■ 디젤-전기추진

디젤-전기추진 방식은 잠수함 내에 탑재되어 있는 디젤발전기를 구동시켜 생성되는 전기로 축전지를 충전, 축전지에 저장된 전기로 배전반을 거쳐 추진모터에 전기를 공급하고 프로펠러를 회전시키는 추진체계이다.

디젤-전기추진 방식의 특징은 축전지 용량의 제한으로 장시간 고속기동이 제한되며, 축전지 방전 시 매일 1~2회의 주기적인 스노클을 통하여 축전지를 충전해야 한다. 디젤잠수함 함장이 가장 싫어하는 시간이 바로 이 스노클 시간이다. 잠수함의 은밀성이 가장 취약해져서, 적에게 탐지 당할 확률이 가장 높으며, 잠수함 능력 발휘가 가장 제한되는 시간이기 때문이다.

표 3-8 스노클 항해의 원리

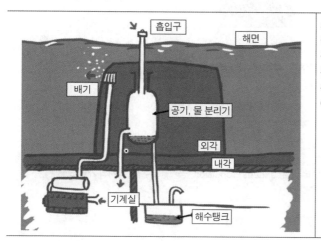

스노클: 잠수함이 잠항항해 중 완전 부상하지 않고 흡입구만 물위로 내밀어 공기를 흡입하면서 발전기를 가동, 축전지를 충전하는 운용 형태이다.

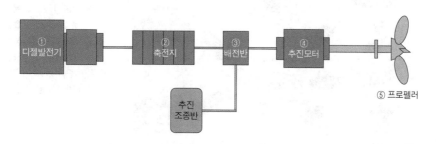

그림 3-17 디젤-전기추진 체계도

■ AIP(Air Independent Propulsion, 공기불요추진)

AIP 방식은 디젤잠수함이 기존의 배터리로 수중항해를 한다면 3~4일 정도밖에 항해가 불가능하기 때문에 이것을 극복하기 위하여 장착한 추진체계이다. 능력의 차이는 있지만 통상 스노클 없이 수중에서 2~3주 정도 지속적인 잠항이 가능하다. 하지만 고속항해는 불가하고 속력을 높일수록 수중에서 잠항 가능시간은 짧아지는 한계가 있다.

AIP 종류는 연료전지, 폐회로 디젤, 스털링 엔진, 메스마 시스템 등이 있으며, 214급(손원일급) 잠수함은 연료전지 시스템을 장착하여 운용중에 있다.

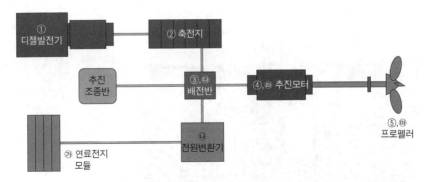

그림 3-18 AIP(Air Independent Propulsion, 공기불요추진) 체계의 개략도

표 3-9 **연료전지 시스템**

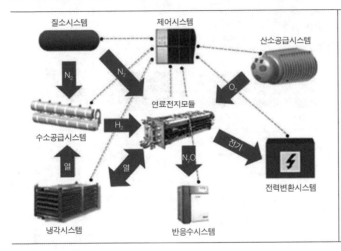

연료전지 시스템은 다른 AIP 시스템의 효율이 50% 이하임을 고려했을 때 70% 수준의 고효율을 얻으며, 전기를 생성하는 과정에서 발생하는 물질이 순수한 물이므로 처리가 비교적 용이하다.

　　연료전지 시스템을 간단히 설명하면, 물에다 전기를 가하여 전기분해하면 산소와 수소가 생성되는 원리의 역과정을 이용한 것으로, 연료전지 모듈에서 산소와 수소를 합성하면 전기가 생성되는 원리를 이용한 것이다. 원자력추진에 비하여 최대 속력과 지속시간이 제한되는 추진 방식이긴 하지만, 배터리만으로 운용 시의 수중 작전능력에 비하여 3~5배 이상 능력이 향상되어, 성공적인 작전 여건을 어느 정도 보장해줄 수 있는 우수한 추진장치이다.

■ 원자력 추진

원자로에서 U우라늄-235를 핵분열시켜 발생되는 에너지를 이용하여 고온고압의 증기를 발생시키고, 발생된 고온고압의 증기로 터빈을 가동하여 추진모터와 프로펠러를 회전시키는 추진체계이다. 1954년 미 해군의 노틸러스함Nautilus, SSN-571이 최초로 원자력 항해를 시작한 이래, 지금은 전 세계 150여 척의 원자력잠수함이 활동하고 있다. 최근의 원자력잠수함은 90%대의 핵무기 제조가능 수준의 농축연료를 사용하여, 건조 후부터 퇴역 시까지(30년 이상) 운용하더라도 핵연료 교환이 불필요하다. 또한 원자력추진의 보조 및 비상 개념으로 통상 디젤엔진 1대를 탑재하고 있다.

원자력추진 방식은 무제한에 가까운 추진에너지를 사용할 수 있어 수중에서 속도제한이나 잠항시간의 제한이 없다는 것이 가장 큰 장점이다. 미국·영국·프랑스·중국·러시아 등 핵무기 보유 국가에서 독점하여 운용하고 있었으나, 최근 인도가 추가적으로 원자력잠수함을 운용중이다. 인도 해군은 처음에는 러시아에서 원자력잠수함을 임차하여 운용하였으나, 임차기간 중 습득한 건조기술과 운용기술로 지금은 자체 개발·건조하여 운용중이다.

브라질 해군도 20년대 중반을 목표로 프랑스와 합작하여 원자력잠수함을 개발 중에 있다. 브라질 해군은 프랑스와 합작으로 스콜펜급 잠수함을 도입하고 있는데,

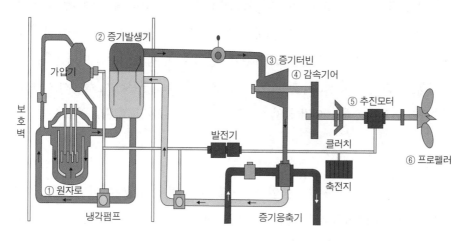

그림 3-19 원자력추진체계 개략도

스콜펜급 잠수함의 설계·건조능력을 확보하고, 자체 설계·제작한 원자로와 추진체계를 탑재하여 원자력잠수함을 건조한다는 계획이다.

3.2.3 잠수함 운영개념

(1) 잠수함 작전

■ 잠수함 작전의 특성

잠수함은 은밀성을 이용한 단독작전을 기본으로 하며 필요시 수상함·항공기와 협동작전을 수행한다. 무엇보다 잠수함은 타 작전전력(수상함, 항공기)에 비해 기상조건(황천, 저시정, 풍속 등)의 영향을 거의 받지 않고 작전임무 수행이 가능하다. 태풍이 와도 유일하게 해상에서 임무를 수행할 수 있는 전력은 잠수함뿐이다. 또한 수상함과 달리 군수(연료, 주·부식 등)의 재보급 없이 장기간 작전임무 수행이 가능하나, 디젤잠수함은 수상함에 비해 느린 기동속력과 상시 통신이 불가능한 제한점을 가지고 있다.

■ 평시 작전

평시 잠수함은 주변국 해상활동에 대한 정찰 및 감시 작전을 수행하면서, 분쟁 예상해역에 배치하여 예방적 억제활동을 수행한다. 즉, 우리 잠수함이 작전하고 있으니 도발하지 말라는 강력한 경고가 주어지는 것이다. 평시 잠수함 전력운용은 임무(출동, 훈련 등), 대기(교육훈련), 정비의 3직 개념으로 구분하며, 유사시 특정 임무수행이 필요할 경우는 대기 중인 잠수함을 긴급 투입하기도 한다.

■ 전시 작전

전시에 잠수함은 적과 대치 중인 최전방을 넘어, 적 해역에까지 임무영역을 확대하며, 가장 공격적이고 가장 은밀하며 가장 위험한 임무를 수행한다. 적 수상·수중세력을 조기 탐색·공격하여 우군 전력의 생존성을 보장하고, 적 주요항만 봉쇄 및 전쟁물자 수송 차단을 통해 적의 전쟁수행능력을 약화시킬 수 있다. 또한 잠수함은 정보·첩보 수집, 군사력 투사, 해상교통로 보호 등의 다양한 작전임무를 수행하여 해양통제권을 확보하는, 전방위·전해역에 걸쳐 다양한 임무를 수행할 수 있는 다목적 전력이다.

(2) 잠수함 내부구조

잠수함은 제한된 내부공간에 전투에 필요한 모든 장비를 탑재하기 위해 공간 활용도를 최우선으로 고려하여 설계·건조한다.

승조원들이 거주하는 공간은 잠수함에 따라 차이는 있으나, 통상 개인당 차지하는 공간은 약 0.5평 정도이다. 군 생활을 15년은 해야 자기 침대가 주어질 정도로 개인 공간은 극히 제한적이다. 개인 침대가 없는 승조원들은 침대 2개를 3명이서 나누어 사용한다(그래서, 이렇게 나눠 쓰는 침대는 사람의 체온으로 계속 데워지기 때문에 미 해군은 Hot Bunk로 표현한다).

표 3-10 잠수함의 내부구조

| 무장실 | 전투정보실 | 조종실 |
| 승조원침실 | 함장실 | 화장실 |

잠수함 내 당직을 서는 근무장소(전정실, 조종실, 기관실)를 제외한 거주공간은 전부침실, 사관실, 취사장, 화장실 및 세면장 정도이며, 디젤잠수함에는 별도의 휴

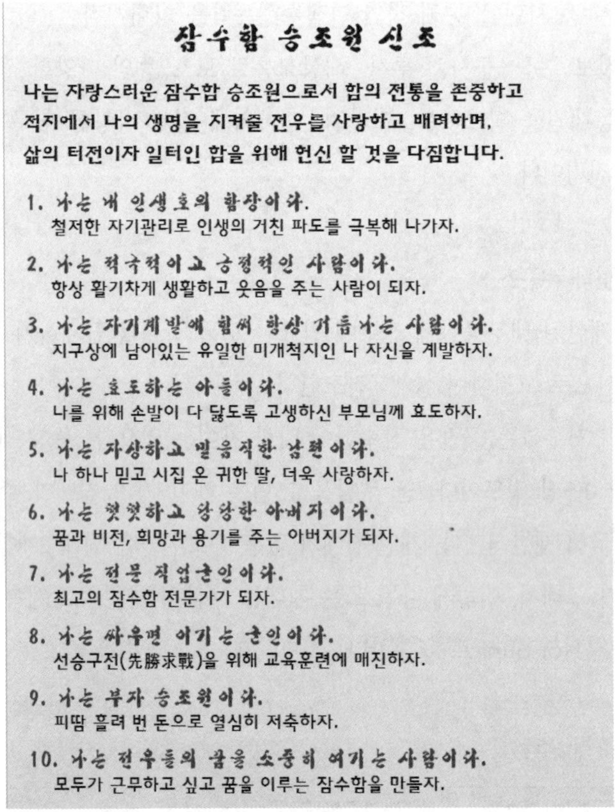

잠수함 승조원 신조

나는 자랑스러운 잠수함 승조원으로서 함의 전통을 존중하고
적지에서 나의 생명을 지켜줄 전우를 사랑하고 배려하며,
삶의 터전이자 일터인 함을 위해 헌신 할 것을 다짐합니다.

1. 나는 내 인생호의 함장이다.
철저한 자기관리로 인생의 거친 파도를 극복해 나가자.
2. 나는 적극적이고 긍정적인 사람이다.
항상 활기차게 생활하고 웃음을 주는 사람이 되자.
3. 나는 자기계발에 힘써 항상 거듭나는 사람이다.
지구상에 남아있는 유일한 미개척지인 나 자신을 계발하자.
4. 나는 효도하는 아들이다.
나를 위해 손발이 다 닳도록 고생하신 부모님께 효도하자.
5. 나는 자상하고 믿음직한 남편이다.
나 하나 믿고 시집 온 귀한 딸, 더욱 사랑하자.
6. 나는 떳떳하고 당당한 아버지이다.
꿈과 비전, 희망과 용기를 주는 아버지가 되자.
7. 나는 전문 직업군인이다.
최고의 잠수함 전문가가 되자.
8. 나는 싸우면 이기는 군인이다.
선승구전(先勝求戰)을 위해 교육훈련에 매진하자.
9. 나는 부자 승조원이다.
피땀 흘려 번 돈으로 열심히 저축하자.
10. 나는 전우들의 꿈을 소중히 여기는 사람이다.
모두가 근무하고 싶고 꿈을 이루는 잠수함을 만들자.

그림 3-20 잠수함 승조원 신조

게실이나 승조원식당은 없다. 통상 전부에 설치된 1개 또는 2개의 테이블에서 식사와 휴식을 취한다.

대부분의 디젤잠수함은 공간의 제약으로 통상 화장실과 세면장은 별도 구분 없이 동일공간에 구비하며 2~3개를 보유한다. 통상 임무기간 중에는 청수 사용을 제한하여 간단한 세면 이외 샤워나 빨래 등은 금지하나, 조수기 상태가 양호하고 장기 임무가 아닌 경우에는 주말에 샤워를 하며 주말 기분을 내기도 한다.

(3) 일상생활

하루 3직제로 당직근무를 수행하며(A/B/C조가 4시간씩 교대로 근무), 주간에는 표준일과표를 기준으로 일과(교육훈련, 정비 등)를 진행한다. 표준일과 이외 여가활동은 소음을 최소화할 수 있는 독서, 개인학습, 오락(바둑, 장기, 영화감상) 등으로 제한한다.

식사는 임무 초반부에는 저장기간이 짧은 야채 위주로 편성하고, 중·후반부로 갈수록 저장성이 좋은 육류 위주로 취식을 하게 된다. 예전에는 먹는 재미를 찾기 위해 항상 육류를 주 메뉴로 삼았으나, 지금은 건강에 관심이 증대되어 잠수함 표준식단에 따른 건강식을 선호하는 승조원들이 점차 증가하는 추세이다. 기묘한 얘기처럼 들릴 수 있으나, 수중(잠수함)에서 먹는 식사는 매우 맛나다. 그래서 잠수함을 타고 작전임무를 장기간 하다 보면, 피눈물 나게 다이어트를 열심히 하는 승조원들을 쉽게 볼 수가 있다.

(4) 대기관리

물속 잠수함은 폐쇄된 공간이기 때문에, 호흡을 통해 소비된 산소는 보충해야 하고, 뿜어진 이산화탄소는 제거를 해야만 안정적인 생활과 건강을 보장 받을 수가 있다. 초기 잠수함은 필요시 잠항을 하였기 때문에 대기관리라는 개념이 그렇게 중요하지는 않았지만, 잠항을 주로 하게 되면서 대기관리는 매우 중요한 부분을 차지하게 되었다. 소비되는 산소는 잠수함에 적재된 산소실린더 밸브를 열어 함내 산소농도를 18~21%로 유지하여준다. 산소 부족 시는 저산소증(청색증, 졸음, 사고력 저하, 의식상실, 사망 등)이 발생할 가능성이 높다.

반면, 내뿜어져 농도가 점차 상승하는 이산화탄소 농도는 이산화탄소 제거기를 이용하여 0.5~1%로 유지한다. 우리가 호흡하는 일반 공기 내 이산화탄소의 농도는 0.03%여서 1%를 유지해도 30배 이상의 농도를 호흡하게 된다. 이산화탄소 과다 시에는 탄소가스 과다증(졸음, 사고력 저하, 의식상실, 맥박증가 등)이 발생할 가능성이 높다.

축전지의 전해액인 황산물질이 충·방전 시 온도가 높아짐에 따라 발생하는 수소는 수소 제거기를 이용하여 제거한다. 수소가스는 폭발성이 강하여 함내 화재발생의 원인이 될 수 있으므로 매우 주의해야 하는 가스 중 하나이다.

이러한 대기관리를 위하여 매 스노클 시마다 외부의 신선한 공기를 흡입하여 함내 공기를 주기적으로 정화해야 한다. 스노클은 함장이 싫어하는 시간이지만, 승조원들은 그나마 신선한 공기를 맛볼 수 있는 시간이며, 건강 측면에서 도움을 주는 시간이기도 하다.

(5) 건강 및 체력관리

잠수함 승조원들은 잠수함의 열악한 근무조건 속에서 생활하기 때문에 다양한 질병 발생 가능성이 매우 높은 편이다. 우선은 햇빛을 보지 못한다. 햇빛을 통하여 몸의 면역력과 필수 영양요소들이 합성되기도 하는데, 물속에서는 전혀 햇빛을 볼 수가 없다. 두 번째는 마시는 공기의 질이 나쁘다. 정화시스템을 보유하고 있으나, 잠수함 내의 공기는 우리가 맘껏 마시는 시원하고 청량한 공기가 아니다. 그리고 밀폐된 공간에서 많은 장비들이 24시간 운용되고, 많은 인원들이 함께 거주하기 때문에 먼지가 많다. 잠수함의 먼지 농도가 지하철역 승강장 수준보다 높다는 연구보고서가 발표되기도 하였다. 디젤잠수함은 매일 스노클을 하니까 그나마 한 번씩 외부 공기로 환기를 시킬 수 있다. 하지만 원자력잠수함은 장기간 수중작전을 하며 외부공기로 환기를 시킬 수 없으므로, 대기관리를 위한 체계는 잠수함 선진국이 보유하고 있는 매우 중요한 기술이다.

표 3-11 잠수함 승조원들에게 나타나는 대표적 질병

구분	내용	발생요인
전염성질환	감기, 후두염, 급성 편도염	습도, 먼지, 좁은 공간
소화질환	변비, 장염, 복통, 위염	운동부족
피부질환	피부염, 땀띠, 두드러기	샤워 제한, 습도, 침대 공유
치주질환	치은염, 치주염, 충치	치아관리 제한, 식단의 탄수화물 비율 증가
비뇨기질환	요도결석, 신장질환, 방광염	침대 공유
이비인후질환	만성 편도선염, 결막염, 외이염	급격한 압력변화, 탁한 공기
기타	피로, 두통, 멀미, 안구건조증	-

표 3-11은 잠수함 승조원들에게 나타나는 대표적인 질병들을 보여주고 있으며, 대표적 질병 외에도 비타민 결핍으로 인한 괴혈병, 구루병, 골연화증 등의 질병 발생 가능성이 있다.

따라서 잠수함 승조원들은 건강관리를 위해 균형 잡힌 식단, 종합비타민 복용, 심지어는 한약 등 충분한 영양소 섭취를 위해 노력하며, 체력관리는 공간의 제약으로 스트레칭과 팔굽혀펴기 위주로 실시한다. 이마저도 격렬하게 되면 소음 발생 및 함내 CO_2 농도를 증가시키는 원인이 되어 주변 승조원들로부터 눈총을 받으므로 건강관리도 눈치껏 해야 한다.

(6) 잠수함 안전

2015년 기준 전 세계에서 운용되는 잠수함은 41개국의 515척에 달한다. 그중 원자력잠수함은 6개국에서 운용중인 153척이다. 우리가 잠수함을 운용한 지 20년이 넘었고, 2015년 2월에는 잠수함 사령부가 창설되기도 하였다. 세계에서도 그 유례를 찾아볼 수 없을 정도로 많은 작전과 훈련 등으로 혹독하게 잠수함을 운용하면서도 단 한 건의 사고 없이 10여 척의 잠수함을 운용한다는 것은 모범적인 사례로 인식되고 있다.

그림 3-21 수중암반에 충돌한 미 해군 San Francisco(SSN-711)함의 구겨진 함수부분

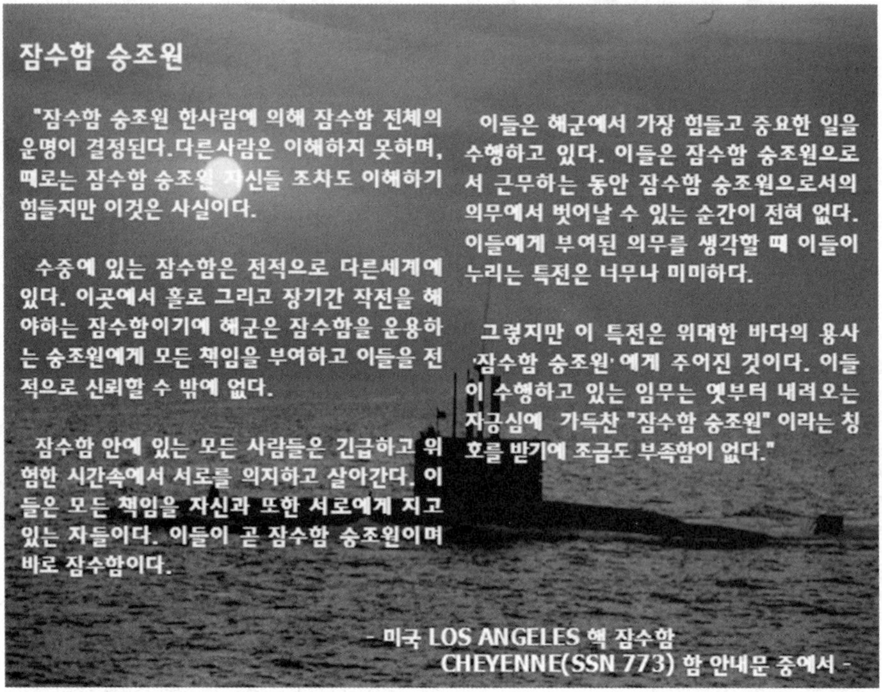

잠수함 승조원

"잠수함 승조원 한사람에 의해 잠수함 전체의 운명이 결정된다. 다른사람은 이해하지 못하며, 때로는 잠수함 승조원 자신들 조차도 이해하기 힘들지만 이것은 사실이다.

수중에 있는 잠수함은 전적으로 다른세계에 있다. 이곳에서 홀로 그리고 장기간 작전을 해야하는 잠수함이기에 해군은 잠수함을 운용하는 승조원에게 모든 책임을 부여하고 이들을 전적으로 신뢰할 수 밖에 없다.

잠수함 안에 있는 모든 사람들은 긴급하고 위험한 시간속에서 서로를 의지하고 살아간다. 이들은 모든 책임을 자신과 또한 서로에게 지고 있는 자들이다. 이들이 곧 잠수함 승조원이며 바로 잠수함이다.

이들은 해군에서 가장 힘들고 중요한 일을 수행하고 있다. 이들은 잠수함 승조원으로서 근무하는 동안 잠수함 승조원으로서의 의무에서 벗어날 수 있는 순간이 전혀 없다. 이들에게 부여된 의무를 생각할 때 이들이 누리는 특전은 너무나 미미하다.

그렇지만 이 특전은 위대한 바다의 용사 ·잠수함 승조원· 에게 주어진 것이다. 이들이 수행하고 있는 임무는 옛부터 내려오는 자긍심에 가득찬 "잠수함 승조원" 이라는 칭호를 받기에 조금도 부족함이 없다."

- 미국 LOS ANGELES 핵 잠수함
CHEYENNE(SSN 773) 함 안내문 중에서 -

그림 3-22 미 해군 LA급 원자력잠수함, CHEYENNE(SSN 773)의 함 안내문 중에서 발췌/번역

대표적인 잠수함 사고 사례로는 2000년 8월 12일 노르웨이 북쪽의 바렌츠해에서 항해하던 러시아의 쿠르스크함이 적재하고 있던 무장의 폭발로 침몰되었다. 미 해군의 최신예 원자력잠수함은 고속으로 수중항해하다 수중암반에 충돌하여 종잇장처럼 짓이겨진 선체를 보이며 입항을 하였다.

물속에서 수면으로 부상하다 상선이나 어선 등과의 충돌은 대표적 잠수함 사고 유형이다. 미 해군의 LA급 그린빌Greenville함이 2001년 하와이 근해에서 일본 실습선과 충돌하여 실습선을 침몰시킨 사고가 대표적인 예이다. 한반도 주변의 통항상선은 2013년 기준 30여 만 척에 이르고, 연안을 따라 이동하는 선박과 무리지어 다니는 어선 등을 포함하면 한반도는 잠수함의 작전환경으로는 최악이라고 할 수 있다. 그럼에도 불구하고 20여 년간 무사고 잠수함 운용을 할 수 있었던 것은 승조원들의 철저한 안전의식에서부터 비롯된 결과이다.

잠수함사령부 부대를 돌아다니다 보면 많은 표어들을 볼 수 있는데, 그 중 하나가 "잠수함은 100번 잠항하면, 100번 부상해야 한다!"는 표어이다. 어찌 보면 당연한 것처럼 보이지만, 자세히 그 의미를 살펴보면 잠수함이 진짜 잠수함이 되기 위하여 반드시 지켜야 할 제1의 안전수칙은 잠항을 하면 반드시 부상을 하는 것이다. 잠수함이 100번 잠항하고 99번만 부상하면 그 잠수함은 어디에 있겠는가?

3.3 잠수함의 분류

수상함은 2차 세계대전까지 탑재무기나 배수량에 의해 분류를 하였으나, 현대에는 세계적으로 명확한 명칭부여 기준이 없는 상태이다. 함정의 임무와 탑재무장이 다양해졌고 국가별로 분류 기준도 다르지만, 수상함은 임무, 크기, 무장, 전투력 등에 따라 함정의 등급을 정하고 등급에 해당하는 함정을 분류하는 전통이 있다.

반면 잠수함의 분류 방식은 주로 미국이나 독일의 분류 방식을 따라왔으며, 가장 중요한 분류 기준은 추진 방식이고, 그 다음이 탑재무장과 임무에 따른다. 추진 방식은 SS디젤잠수함와 SSN원자력잠수함으로 구분되며, 탑재무장에 따라서 SSG(N)유도미사일 탑재(원자력)잠수함, SSB(N)탄도미사일 탑재(원자력)잠수함 등으로 분류된다. 또한 배수량에 따라 300톤 이상은 잠수함, 150~300톤은 소형잠수함, 150톤 이하는 잠수정으로 분류하고 있다.

우리나라와 서방국가들은 사용 목적 및 무장에 따라 잠수함의 고유번호 앞에 S, SS, SSM, SSK, SSC, SSN, SSG, SSGN, SSBN 등을 붙이고, 러시아는 독자적으로 K를, 그리고 독일은 U와 S를 혼용해 붙인다. 독일, 덴마크, 스페인을 비롯한 유럽 국가들이 잠수함 고유번호 앞에 붙이는 S는 Submarine을 의미한다.

미국 등에서 사용하는 SS는 Silent Service를 의미하고, SSM은 Submarine Midget소형 잠수함을 의미하며, SSK는 Submarine Killer공격형 잠수함를 의미한다. SSC는 디젤-전기추진 잠수함을 의미하는데, '전통적인' 또는 '재래식의'라는 뜻을 가진 Conventional의 첫 글자 C를 붙여서 편의상 원자력잠수함과 구별하며, 통상 재래식 잠수함이라고 불리는 잠수함은 디젤—전기추진 잠수함을 칭하는 것이다.

SSN은 Nuclear Powered Attack Submarine의 약자로, 원자력으로 추진되는 잠수함을 뜻한다. 미국에서는 이 잠수함을 전통적으로 러시아 잠수함 추적용으로 사용해왔고, 수상전투함뿐만 아니라 대잠수함 공격용으로 사용하기 때문에 원자력추진 공격 잠수함이라 부른다.

표 3-12 잠수함의 추진체계와 임무에 따른 분류

구분		내용
추진방식	디젤잠수함	디젤엔진을 이용 배터리를 충전하고, 배터리에 충전된 전기에너지를 이용 추진모터를 작동시켜 추진 * 오늘날의 하이브리드(hybrid) 자동차와 같이 두 가지 추진장치(내연기관, 전기모터)를 운용
	원자력잠수함	우라늄의 핵분열에서 얻어지는 고온의 열에너지를 이용하여 추진모터를 작동시켜 추진 * 일반적으로 '핵잠수함'이란 '원자력잠수함'을 의미
임무	공격잠수함	적 잠수함이나 수상함 공격 임무를 수행 * 주무장: 어뢰, 대함미사일, 순항미사일
	전략잠수함	적에 대한 보복공격 등 전략적 임무를 수행 * 주무장: 핵탄도미사일

표 3-13 잠수함 관련 영문 약어

순번	약어	원어	의미
1	S	Submarine	잠수함
2	SS	Silent Service	잠수함
3	SSM	Submarine Midget	소형잠수함, 잠수정
4	SSK	Submarine Killer	공격형 잠수함
6	SSN	Nuclear Powered Submarine	원자력잠수함
7	SSG	Guided Missile Submarine	순항미사일 탑재 디젤—전기추진 잠수함
8	SSGN	Guided Missile Nuclear Submarine	순항미사일 탑재 원자력잠수함
9	SSBN	Ballistic Missile Nuclear Submarine	탄도미사일 탑재 원자력잠수함
10	U보트	Unterseeboot	독일 잠수함

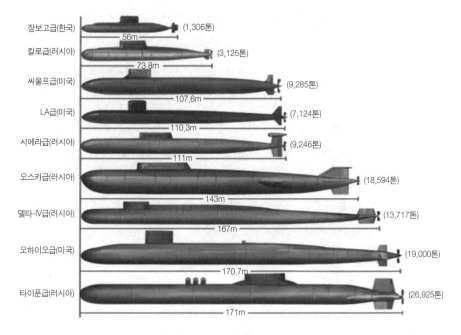

장보고급(한국) (1,306톤)
56m

킬로급(러시아) (3,125톤)
73.8m

씨울프급(미국) (9,285톤)
107.6m

LA급(미국) (7,124톤)
110.3m

시에라급(러시아) (9,246톤)
111m

오스카급(러시아) (18,594톤)
143m

델타-IV급(러시아) (13,717톤)
167m

오하이오급(미국) (19,000톤)
170.7m

타이푼급(러시아) (26,925톤)
171m

그림 3-23 세계 각국의 잠수함 크기

SSG는 Guided Missile이라는 의미의 약자 G를 디젤잠수함에 붙인 것으로, 이는 디젤-전기추진을 사용하고 유도미사일을 탑재한 잠수함을 말한다. SSBN은 Ballistic Missile Nuclear Submarine의 약자로, 추진은 원자력이면서 대륙간 전략미사일핵탄두을 탑재한 잠수함을 말하며, 통상 전략잠수함으로 불린다.

3.3.1 원자력잠수함

해상인명안전규제(SOLAS 1960)에 의한 원자력선의 정의는 '원자동력을 갖춘 선박(함정)'이다. 원자력잠수함은 어떤 매력이 있기에 오늘날 강대국의 전유물이 되어 버린 걸까?

포클랜드 해전에서 영국의 원자력잠수함 콘퀴러Conqueror함은 우수한 기동성과 은밀성을 이용해 종횡무진 활약하면서 전쟁을 승리로 이끌었다. 미국은 1954년에 이미 세계 최초 원자력잠수함 노틸러스함을 개발했고, 모든 시험이 성공적으로 종

CHAPTER 3 잠수함 ▸▸ 167

료된 1958년부터는 축전지를 충전해 추진하는 디젤−전기추진 잠수함 생산을 중단하고 원자력잠수함만 운용하고 있다. 미국의 원자력잠수함 개발에 이어 러시아, 영국, 프랑스, 중국 등 5대 강국이 원자력잠수함을 개발했으며 영국은 1990년대 초 디젤−전기추진 잠수함을 모두 캐나다에 매각했고, 프랑스도 2009년까지 디젤−전기추진 잠수함을 말레이시아에 매각 또는 폐기처분하고 현재는 원자력잠수함만 운용하고 있다. 인도는 2010년부터 러시아로부터 임대한 아쿨라Akula급 원자력잠수함을 실전 배치했으며, 2012년에는 자체 개발한 아리한트Arihant급 원자력잠수함을 실전 배치했다. 또한 브라질은 프랑스와 디젤잠수함인 스콜펜급 잠수함을 도입·건조하기로 계약하였고, 원자력잠수함을 합작으로 설계·건조하고 있다. 2020년대 중반쯤에는 브라질 자체 기술로 개발한 원자로를 탑재하여 운영되는 원자력잠수함이 등장할 것이다.

원자력추진이란 원자로 내에서의 핵분열에 의해 발생된 열에너지를 이용해 추진하는 체계라 할 수 있다. 사용되는 핵연료는 자연 상태의 우라늄 U−235를 20~90% 농축해서 사용한다. 미국의 로스엔젤레스Los Angeles급 잠수함의 경우 농축도 40% 정도이며, 최근에 건조되고 있는 시울프Seawolf급, 버지니아Virginia급은 90%의 농축연료를 사용해 퇴역 시까지 연료 교환이 필요 없다. 이러한 원자력추진의 원리는 원자로에서 고농축 우라늄 U−235를 핵분열시켜 발생되는 고온에 의해 증기를 발생시키고, 발생된 고온고압의 증기로 터빈을 회전시키며 감속기어를 거쳐 추진 전동기를 회전시키고 최종적으로 프로펠러를 회전시켜 함이 추진된다. 원자력 추진 체계는 터빈 직접추진 방식과 전동기로 추진기를 회전시키는 터보전동기 추진 방식이 있다. 미국 및 영국, 러시아 등 대부분 나라에서 사용하는 터빈 직접추진 방식은 출력을 그대로 추진기에 전달하기 때문에 감속기가 필수적으로 설치되어 작동되므로 디젤잠수함에서는 발생되지 않는 감속기 소음이 발생한다. 이러한 원자력 추진체계는 거의 무제한의 잠항지속능력을 제공하며 수중에서 30노트 이상의 고속을 낼 수 있어 17세기 프랑스인 드송De Son이 꿈꾸었던 무적함에 접근하고 있는데, 앞에서 언급한 터빈과 감속기어에서 나는 소음으로 인한 피탐 가능성은 최근 소음 감소기술의 발달로 디젤−전기추진 잠수함보다 더 조용한 원자력잠수함이 건조되고 있다.

원자력추진 함정의 장점은 우선 소모되는 연료의 중량이 무시할 정도로 작다는 것이며(화석연료 vs. 우라늄 중량 비교 시), 대용량 추진력이 필요한 항공모함이나 장기간 지속 잠항이 필요한 잠수함에 적용 시 매우 유리하다. 이미 UN 상임이사국과 같이 해군력이 강대한 국가에서는 원자력 추진체계를 잠수함에 탑재하여 운용 중이며, 점차 원자력 운용국은 확대될 것이다. 핵연료 보급과 교체시기는 우라늄 농축도에 따라 다르나, 일반 함정과 비교하여 연료보급을 위한 기항이 필요 없다. 또한 연소 배기가스가 없어 공해가 없고 연료비도 저렴하다. 하지만 장점이 있으면 단점도 있기 마련으로, 방사선 방호를 위한 엄격한 안전성 확보가 요구되어 방호체계 등을 갖추게 됨에 따라 건조비가 비싸다. 또한 원자로 차폐를 위한 재료의 중량과 용적으로 함의 톤수가 증가된다. 마지막으로 방사선 폐기물에 대한 처리 처분 경비가 소요되며, 핵연료교환 작업 시 화석연료 탑재함에 비해 많은 시간이 필요하고 수리 및 정비를 위한 특별 시설도 필요하다. 이러한 점을 고려할 때, 원자력 추진함정 건조를 위해서는 무엇보다 국가적인 의지가 중요하며, 해양안보에 대한 국민의 인식과 요구수준이 높아져야 할 것이다.

원자력잠수함이 보유하고 있는 원자로의 제원 중 출력의 단위로 th[thermal]와 e[electricity]를 사용하는 것을 볼 수가 있다. 예를 들면, 원자로 1기의 출력이 300MWth과 90MWe로 표현되는 것을 볼 수가 있다. th는 thermal의 줄임으로 '열출력', 즉 원자로에서 만들어지는 열(에너지) 출력이라는 의미이다. 그러나 원자로는 열을 직접 받는 1차 순환계통과 1차 계통을 냉각하는 2차 계통으로 나뉘어져 있으며, 1차 계통에서 열이 발생되며 2차 계통에서 발생한 증기가 터빈을 돌리고 생산되는 전기e: electricity가 바로 추진력과 직결되는 전기 출력이 되는 것이다. 그러니 당연히 열출력th이 전기출력e보다는 수치상으로 크게 나타나며, 통상 원자로의 효율(th→e로 변환되는 효율)은 20~30% 내외가 된다(원자로 제원 상 200MWth이라면, 대략 40~60MWe 수준이라고 판단하면 된다).

원자로의 운용, 즉 원자로의 생산에서 폐기 처분까지 안전에 한 치의 소홀함이 없는 운용과 환경상 무결점 처리는 매우 어려운 문제임이 분명하다. 죽음을 맞이해

보지 않은 우리가 죽기 전까지 죽음을 두려워하듯이, 원자력이라는 어마어마한 대상을 경험해보지 않으면 늘 두려운 파괴자, 전염병을 옮기는 보균자처럼 느끼게 되는 것이다. 필자는 방사선을 다루는 실험실, 연구용 원자로 등에서 2년 동안 안방 출입하듯이 했지만, 그때 얻은 셋째 딸이 제일 건강하고 똑똑하기만 하다. 후쿠시마 원전 폭발사고를 냉철히 바라보면, 원전사고 피해자 중 방사선 피폭[6]에 의한 사망자는 당시 원자로 내에 있었던 직원 1명뿐이었다고 한다. 아직까지 원전사고 역학조사를 하고 있고, 장래에도 계속 진행되겠지만, 명확한 것은 방사선 피폭에 의한 사상자는 체르노빌 사고처럼 대량으로 나오지는 않을 것이다. 이는 체르노빌 원전은 서방에서 만드는 원전과 같은 안전시스템이 없기 때문이며 앞으로는 체르노빌 사고와 같은 대량 사상자가 나올 확률은 매우 제한될 것이다.

3.3.2 원자력잠수함 확보에 대한 불편한 진실

우리가 원자력잠수함을 가져야 한다는 기사가 실리면, 혹자는 "IAEA가 허락해 주지 않을 것이다", "원자력잠수함은 최첨단 기술이 필요하므로, 아직은 이상적인 무기체계이다", "가진다고 하더라도 핵연료를 확보할 방법이 없다" 등의 불가한 이유를 늘어놓는 이들이 많다. 하지만 원자력을 전공한 입장에서 보면, 우리나라가 원자력잠수함을 가지지 못할 이유는 없다. 우리가 원자력잠수함을 가진다고 하여, 국제사회가 우리를 사찰하거나 북한처럼 제재할 이유가 없다는 것이다. 핵무기를 보유하는 것이 아니며, 우리 기술로 확보한 원자력 추진체계를 우리의 잠수함에 탑재하는 것은 현재 존재하는 그 어떤 규정이나 협정을 들이대도 문제가 되지 않는다. 브라질은 2020년대 중반 원자력잠수함을 확보할 예정이다. 이 사실은 이미 전

---

6 방사선, 방사능, 방사성물질!
　언론에서 원자력발전소 사고, 원자력관련 사고 소식을 접하게 되면 자주 듣는 말이 위 3개의 단어일 것이다. 개념적인 설명은 인터넷을 통하여 쉽게 확인할 수 있지만 결론적으로 우리에게 직접 피해를 주는 것은 방사선이고, 방사능은 방사선을 방출하는 능력, 이러한 능력을 가진 물질이 방사성물질이다. 따라서 방사능 피폭이나 방사능 누출이라는 말은 그릇된 말이고, 정확한 표현은 방사선 피폭이나 방사선 유출이라고 해야 맞다.

세계에 보도되어 모두가 알고 있지만, IAEA로부터 어떠한 사찰이나 제제를 받지 않는다. 또한 핵연료 공급을 차단한다거나 경제적 제제를 가하지 않는다. 기술적인 측면을 보더라도, 원자력잠수함 건조분야에서 우리가 개발·적용하지 못한 분야는 잠수함에 탑재되는 사이즈의 원자로 계통이다. 하지만 원자력잠수함에 탑재되는 원자로 타입은 우리나라가 자체 개발하여 수출까지 하고 있는 경수로가 주종을 이루고 있고, 최초의 원자력잠수함인 노틸러스Nautilus함은 1950년대 개발되었기에 우리나라의 독자 기술개발은 얼마든지 가능하다. 물론 현재 운용중인 경수로에 비하여 잠수함에 탑재되는 원자로는 소형화되어야 하며, 선박용 소형 동력로로서 장주기 운전, 경제성이 우선되는 일반 상업로와는 달리 안전성과 신뢰성의 향상이 선행되어야 하는 특징을 구비해야 한다. 잠수함에 탑재되는 원자로는 상업용 원자로와는 달리 전 주기 동안 항상 전출력 운전이 아닌, 필요시 출력의 급상승/급하강, 또는 지속 전출력이 요구되므로 장시간 동안 안정성이 유지되어야 한다. 따라서 별도 연구개발은 당연히 필요하며, 개발된 원자로를 잠수함에 탑재하기 전 육상 시험시설에 우선 적용하는 절차가 반드시 필요할 것이다. 이렇듯 원자력잠수함을 확보하는 것은 앞에도 언급했지만 무엇보다 국가의 의지가 중요하며, 해양안보에 대한 국민의 인식과 요구수준이 높아져야만 확보가 가능한 일이다.

하지만 원자력잠수함을 운용하는 국가가 UN 안전보장이사회 상임이사국가인 미·영·프·중·러와 같은 세계 강대국이라는 사실을 간과해서는 안 된다. 원자력 잠수함을 운용하기 위해서는 그만큼의 힘도 있어야 하지만, 제반 여건이 갖추어져야 하기 때문이다. 원자력잠수함을 운용하기 위해서는 다음과 같은 사항들이 고려되어야 한다. 원자력잠수함을 확보하기 위해서는 상당한 예산이 필요하다. 재래식 잠수함은 통상 톤당 2~2.5억 원 수준의 비용이 들지만, 원자력잠수함은 3~3.5억 원으로 재래식 잠수함에 비하여 톤당 1억 원이 더 비싸다. 잠수함 자체가 화석연료를 많이 사용하지 않는 무기체계이므로, 건조비나 운용비 등의 측면에서 보면 디젤잠수함이 훨씬 저렴하다. 하지만 디젤잠수함과 원자력잠수함의 성능을 비교해보면, 톤당 1억 원은 전혀 아깝지 않은 투자비가 될 것이다. 원자력잠수함을 개발하기 위해선 육상 시험시설이 반드시 필요하다. 즉, 상용원자로보다 높게 농축된 핵연료로 운용되는 원자력 발전소를 지어야 한다는 것이다.[7] 우리나라 원자력 정책 상, 지역 주민의 동의가 반드시 필요한 사항이므로, 국가의 정책적 지원 없이 국방부나 해군의 힘만으로 추진하기에는 이러한 정책적 결정과정에서 상당한 제한을 받을 수밖에 없을 것이다. 육상 시험시설에서는 원자력잠수함 운용을 위한 제반 시험, 성능평가와 승조원에 대한 교육·훈련 등이 이루어질 것이다. 원자력잠수함을 운용하기 위해서는 건조뿐만 아니라 핵연료의 교체, 핵폐기물의 처리, 마지막으로 잠수함 폐선 시 원자로 처리 문제까지의 제반 여건을 구비해야 한다. 일본이 70년대 '무쯔'라는 원자력추진 상선을 운용한 것은 원자력잠수함을 운용할 제반 여건이 갖추어져 있다는 반증이다. 또한 사용후 핵연료와 같은 고준위 폐기물 처리를 위한 영구 처리시설이 필요할 것이다. 이러한 제반 시설들에 대한 연구는 이미 국내에서도 완료된 상태이다. 하지만 국민적 공감대나 동의를 얻지 못하여 국내에서 영구 처분이 어려울 경우에는, 외국 영구처분 시설에 매각하는 방법도 있다. 하지만 국내의 상용 원자력 발전소는 향후 10년 후 10기가 더 건설되어 총 33기가 운용될 예정이므로, 원자력 발전소에서 교체되는 사용후 핵연료의 처리를 위해서도, 국내에 반드시 고준위 핵폐기물 처리시설을 건설해야 할 것이다.

원자력잠수함 1척 대신 AIP를 장착한 디젤잠수함 3~4척을 건조하면 그것이 훨씬 유리한 것 아니냐는 질문도 많이들 한다. 그러나 이것은 절대 정답이 아니다. AIPAir Independent Propulsion: 공기불요추진는 디젤잠수함의 한계인 수중작전 지속능력을 일부분 향상시켰으나, 수중에서 최대속력 지속 가능시간의 한계는 극복하지 못했다. 즉 AIP로 수 주간 작전은 가능해도 최대속력 지속 가능시간은 수 시간 이내라는 것이다. 반면 원자력잠수함은 제한이 없으므로 물속을 마음껏 누비고 다닐 수 있다. 또한 원자력이라는 동력원은 잠수함 중량과 체적을 제한시키지 않으므로, 직경을 크게 하고 톤수를 늘려, 디젤잠수함보다 훨씬 정숙한 잠수함이 되기 위한 많

---

7 상업용 원자력 발전소는 핵연료를 통상 6% 미만으로 농축하여 사용하지만, 원자력잠수함에서 사용하는 핵연료는 최소 20% 이상의 농축률을 지닌다. 최신 원자력잠수함인 미 해군의 Virginia급이나 러시아의 Yasen급 등은 농축률 90% 이상으로 핵연료를 한 번 장착 시 잠수함 폐선 때까지 교체할 필요가 없다.

은 장치와 체계를 장착한다. 또한 바로 뒤에서 언급하지만, 현재 미 해군의 주력인 Virginia급 잠수함은 최고의 잠수함임이 분명하다. 아무리 불편한 진실들이 우리 앞을 가로막더라도, 우리가 원하는 원자력잠수함을 확보하기 위해서는 반드시 극복해야 할 요소들이다.

3.3.3 원자력잠수함 운영 현황

(1) 원자력잠수함(SSN)

■ 미 해군의 원자력잠수함

1954년에 등장한 Nautilus함의 선체번호는 571번이다. 최초의 원자력잠수함이라는 상징성이 있지만, 2차 세계대전에 사용된 디젤잠수함의 선체에 원자력 추진기관을 더하여 제작된 시험평가함이었다. 정숙성과 공격능력이 완전히 입증되어 미 해군 원자력잠수함의 양산형으로 1976년 첫선을 보인 LA급 원자력잠수함의 선체번호는 688번이다. 571번에서 688번에 이르기까지 22년간(1954년에서 1976년까지) 미 해군은 무려 117척이라는 원자력잠수함을 설계·건조·운용하며 기술적 문제를 해결하려 노력하였다. 설계를 개선하고 성능이 개량된 장비를 탑재하는 등 연구개발에 있어서 성공과 실패의 숱한 과정을 거친 후에야 당대 최고의 원자력잠수함인 LA급을 만들어낼 수 있었던 것이다.[8] 이러한 개발을 성공적으로 수행하기 위해서는 부러움을 넘어 안타까운 이야기가 되겠지만, 돈은 신경 끄고 개발해라이다. 22년간 117척이면 1조 이상의 잠수함을 1년간 5척 이상을 건조한다는 이야기인데, 이런 잠수함 건조 역사는 지금의 미 해군도 아니고, 당시 미 해군만이 할 수 있었던 유일무이한 이야기일 것이다. 다행스러운 것은, 1세기가 약간 넘는 잠수함 개발 역사를 거

---

8 미 해군은 Nautilus함 이후 Skate급이나 Skipjack급 등의 원자력잠수함을 통하여 어느 정도의 기술적 안정성을 1960년대 중반에 확보할 수 있었다. 이어진 Sturgeon급이 30여 척 정도 건조되어 1970년대 중반까지 주류를 이루었으나, 1976년부터 1996년까지 62척이 건조된 LA급이야말로 진정한 원자력잠수함으로서의 명성을 가지게 되었다. 잠수함 작전을 위한 정숙성의 완성, 30kts 이상의 고속 기동능력, 성능이 개량된 전투체계 및 소나체계의 탑재, 대지타격능력을 보유한 토마호크 순항미사일 및 잠대함 미사일 장착 등 명실공히 당대 최고의 공격 원자력잠수함이었다.

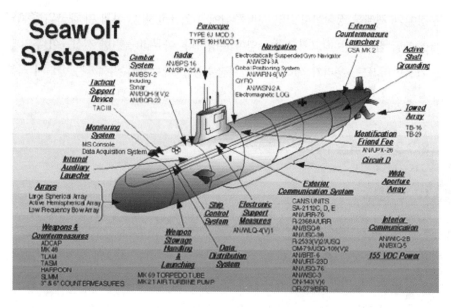

그림 3-24 미 해군의 Seawolf급 원자력잠수함 주요 체계도

치면서, 많은 기술들이 공유되거나, 자체 개발되어, 과거처럼 수십 척의 시험평가함을 운용하지 않고서도 적정 성능 이상의 잠수함을 확보할 수 있게 되었다는 점이다. 이런 차원에서 장보고-Ⅰ/Ⅱ/Ⅲ 시리즈로 이어지는 한국 잠수함의 진화적 개발역사가 먼 훗날에 나올 세계 최고의 한국 잠수함 건조로 이어지는 역사적 기원이되기를 소원해본다.

사실 1, 2차 세계대전을 통해서 입증된 잠수함의 진가는 군수물자를 수송하는상선과 수상함에 대한 공격능력, 즉 대함전이었다. 그러나 1960년대 말에 접어들면서 미소 양진영의 대립이 첨예화되어 냉전이 격화되던 시점부터 미·소 양국 해군을 중심으로 원자력잠수함에게 대잠전 능력을 요구하기 시작하였고, 이때부터 정숙성을 중시하여 수중방사소음의 감소, 적을 지속 감시·추적하기 위한 고속 기동능력 등을 갖추기 위한 노력이 시작되었다. LA급의 등장으로 당시 미·소 냉전시대의 잠수함전은 끝난 듯하였으나, 20여 년이 지난 후 구소련의 원자력잠수함의 정숙성이 크게 향상되자 현재에도 최고의 공격 원자력잠수함으로 불리는 Seawolf급 원자력잠수함(9,138톤 또는 12,158톤, 39노트)이 탄생한다. 1995년부터 퇴역이 결정되었던 LA급의 후속함으로서 냉전 종결 전에 계획된 Seawolf급은 고도의 대잠작전 능력을 위하여 건조된 최고의 SSN이다. '보다 빠르게, 보다 깊게, 보다 조용하게'를 목표로 내걸고 당시 미국의 국방과학기술을 총 집약하여 성능 측면에서 최고수준으로 고도화된 시울프급 잠수함이 건조된 것이다. 최대 잠항수심 600m, 수중운항 시 정숙도도 최고수준으로서 현존하는 최고성능의 잠수함으로 명실공히 인정받고 있다. 통상 우리가 가장 정숙한 잠수함이라고도 하는데, 필자가 생각하는 가장 정숙한 잠수함은 Ohio급 SSBN이다. 하지만 공격 원자력잠수함 중에서는 가장 정숙한 잠수함이라는 것에는 이견이 없다. 통상 잠수함의 정숙성은 선체의 직경을 통해 판단할 수 있는데, 선체의 직경이 클수록 정숙성을 향상시킬 수 있는 많은 체계와 장비를 추가할 수 있기 때문이다.

Seawolf급은 구소련 잠수함에 비해 너무나 고성능이었기에 건조가격이 4조원대가 넘어가게 되었고, 냉전시대가 종결됨에 따라 더 이상 상대할 잠수함이 없어, 그 필요성이 사라져 2005년 3번함을 끝으로 사업은 중지되었다. 이것을 대신할 신세대 SSN으로서 냉전종결 후 세계 각지에서 빈발하는 분쟁이나 내전에 대응하기 위한 특수부대 지원, 천해에서의 정보수집 등의 은밀작전, 순항미사일에 의한 대지타격 등의 능력을 갖추고 정숙성과 목표 탐지능력이 뛰어난 Virginia급 SSN(7,800톤, 34노트) 건조가 진행되고 있다. 2004년 774번의 선체번호로 시작된 이 사업은 40척의 건조가 이뤄질 것으로 예상하며, LA급을 대체할 예정이다. 1976년부터 1996년까지 20년간 62척이 건조된 LA급은 세 번의 대대적 성능개량을 거치며 시대가 요구하는 잠수함으로 진화하였고, 2004년부터 2015년까지 12척이 건조된 Virginia급은 이미 Block-I(774~777)/II(778~783)를 거쳐 Block-III(784 이후)로 이어지는 끊임없는 성능개량으로 세계 최고의 SSN으로서 전 세계의 바다를 누비고 있다. Virginia급은 최초 계약부터 대량 건조 계약을 추진함으로써 건조단가를 낮추었고, 핵연료를 최초 장착하면 연료의 재장착이 필요 없도록 하여 운용유지비용도 낮추도록 하였다.

부장으로 근무하던 시절, 해상에서 Virginia급 Block-I 원자력잠수함과 연합훈련 기회를 가질 수 있었다. 그야말로 '명불허전名不虛傳'! 왜 세계 최고의 잠수함인지 몸소 경험할 수 있었으며, 이러한 잠수함이 우리의 강력한 동맹국의 잠수함이라는

그림 3-25 미 해군의 Virginia급 원자력잠수함

것에 안도의 숨을 쉴 뿐이었다. 자세한 훈련상황을 묘사할 수 없음이 안타까울 뿐이지만, 탐지하려는 우리의 피나는 노력에도 불구하고, 뺨을 스쳐가는 한 가닥 바람처럼 나타났다 어느새 사라지는 신출귀몰함에 그저 놀라울 뿐이었다. 몇 번의 탐지기회가 있었지만, 우리에게 충분한 분석시간을 제공할 만큼 긴 시간은 아니었다. 정숙성과 기동력이 세계 최고인 Virginia급 잠수함과의 훈련 경험은 잊지 못할 값진 기억이다. '우리도 언젠가 저런 잠수함을 가져야 되지 않겠는가?'라는 꿈을 가지게 해주었으니 말이다.

■ 러시아 해군의 원자력잠수함

러시아는 1952년에 원자력잠수함 개발에 착수하여, 1958년에 러시아 최초의 원자력잠수함인 노벰버November급 잠수함을 취역시켰다. 러시아는 소련 시절부터 탑재무장의 변화와 기술발전에 맞추어 실험적인 잠수함, 개량한 잠수함을 지속 건조해왔다. SSGN의 경우, 새로운 미사일이 개발되면 이에 맞는 발사장치를 탑재한 잠수함을 새로 개발하였다. 이로 인해 러시아 잠수함의 종류는 미국과 비교하여 매우 다양하다. 현재 러시아 해군 공격잠수함SSN의 주력은 냉전 종식 전부터 취역을 개

그림 3-26 어뢰를 발사중인 야센(Yasen)급 잠수함

시한 Akula-I형이다. Akula-I형(12,120톤, 35노트) 9척 및 Akula-II형(12,770톤, 33노트) 5척이 1985~2001년에 취역되었다. Akula형은 정숙성 및 센서 성능을 향상시키고, 초고속 어뢰, 신형 어뢰 및 대잠미사일과 아음속 순항미사일(SS-N-21)을 탑재하고 있다. Akula형에 이은 최신 SSN은 4세대 프로젝트 Yasen형(9,500톤, 28노트)으로, 길이 133m, 초음속 순항미사일 SS-N-26을 장착하고 있다.

■ 영국 해군의 원자력잠수함

영국 해군은 원자력잠수함을 독자 개발하기 위하여 노력하였지만, 예산 부족 등으로 순조롭게 진행되지 않았다. 결국 원자로는 미 해군의 Skipjack급 원자로 S5W를 구입하고 선체와 체계들은 독자 설계하여 최초의 SSN인 Dreadnought(4,000톤, 28노트)를 1963년에 완성시켰다. 원자로를 포함해서 영국 해군이 독자적으로 개발한 최초의 SSN은 1966년부터 1967년에 2척 취역시킨 Valiant급(4,800톤, 28노트)이며, 이것의 개량형인 Churchill급(4,900톤, 28노트, 1970~1971년 취역) 3척이 연이어 건조되었다.

포클랜드전쟁(1982년) 시, Valiant함과 Churchill급 2번함인 Counqueror함이 아

그림 3-27 영국 해군의 최신예 공격잠수함, Astute급 잠수함

르헨티나 순양함인 General Belgrano함에 어뢰 공격을 실시하여 격침시킴으로써 SSN으로서는 상대 수상함을 공격하여 격침시킨 최초의 전과로 기록되었다.

영국 해군의 2세대 SSN은 1973~1981년에 6척 취역한 Swiftsure급(4,900톤, 30노트)이다. 심해에서 운동성능 향상을 위해 전장을 단축하고 전장/폭 비를 축소하고 내압선체를 강화하였다. 다음 SSN인 Trafalgar급(5,208톤, 32노트) 6척이 1983~1993년에 취역하였다. 펌프제트 추진을 채용하여 흡음 타일의 부착과 함께 정숙화에 최대한의 노력을 기울였다. 퇴역이 진행되고 있는 Swiftsure급의 대체함으로 영국은 최신의 Astute급(7,800톤, 29노트)을 전력화하고 있으며, 2009년에 1번함을 시작으로 총 6척을 건조하고 있다. 어뢰, 하푼 대함미사일 및 토마호크 대지미사일을 탑재하고 있을 뿐만 아니라, 무장 및 방사소음을 개량하여 전체적인 성능은 현대화된 Trafalgar급 잠수함보다 월등하다. 또한 잠수함 수명주기 기간 원자로 연료를 재충전할 필요가 없으며 39,000개의 음향흡음 타일을 선체에 부착하는 등 첨단 스텔스 기술의 적용으로 디젤잠수함보다 방사소음이 적은 것으로 알려져 있다.

■ 프랑스 해군의 원자력잠수함

프랑스 해군의 원자력잠수함 개발 역사는 미국과의 협력이 진행되지 않아 독자적으로 추진되었다. 1950년대 중반 원자력잠수함 개발에 착수하였으나 미국과의 협력이 좌절되면서 개발이 중단되었다. 1960년대 중반 재개발 계획을 수립했다가 전략잠수함인 SSBN 개발로 변경되어 1971년 프랑스 최초의 원자력 전략 잠수함인 리다우터블Le Redoutable 잠수함이 취역하였다. 프랑스 해군 최초의 SSN은 1983년에 취역한 Rubis급(2,670톤, 25노트, 1983~1993년)이다. Rubis급 잠수함은 어뢰 외에도 대함미사일을 탑재하고 있으며, 대수상함전을 주 임무로 하며, 전 세계 운용중인 원자력잠수함 중 최소형이다. 4번함까지는 기술력 부족으로 소음이 많이 발생하여, 5번함부터는 전장을 연장시키고 수중 유체저항을 저감하기 위한 설계 변경을 하여 건조하였다(5, 6번함은 Amethyste급으로 부르기도 한다). 이와 더불어 고성능 소나 및 전자기기를 탑재함으로써 대수상전 및 대잠전의 임무를 수행할 수 있게 되었다. 이후, 1~4번함에 대해서도 성능개량을 통하여 수중방사소음 감소, 소나 등 탐지센서 개선에 의한 대잠전 능력 강화를 도모하였다.

그림 3-28 프랑스 해군의 원자력 공격 잠수함인 Barracuda의 상상도

프랑스 해군은 Rubis급 후속함으로 Barracuda급(5,000톤, 25노트) 6척을 계획하고 건조 중에 있다. Barracuda급의 임무는 대수상전, 대잠전 외에 순항미사일에 의한 대지공격, 정찰 및 정보수집, 특수작전 등이 포함되어 있다. 추진기는 순항 시 전동기 구동 및 고속 시 증기터빈이라는 하이브리드 체계를 채용하였으며, 무장으로는 어뢰, 대함미사일 외에 Scalp Naval 대지미사일(사거리 500마일)을 탑재한다. 1번함인 수프렌Suffren함은 2006년 건조에 착수하여 2017년 취역 예정이며, 2년 간격으로 총 6척을 건조할 계획이다. 루비스급보다 배수량을 2배 이상 키우면서 주요 장비에 쇼크 마운트Shock Mount와 래프팅Rafting과 기관구역의 소음차단을 위한 소음차폐Enclosure 설비 등을 설치하여 방사소음을 획기적으로 감소시켰다는 평가를 받고 있다. 요즘 잠수함의 건조 동향은 더 빠르고 더 깊게가 아니라, 더 정숙하고 더 우수한 탐지능력을 갖추는 것이다. 개발 초기에는 수직발사관을 별도 설치하는 것으로 계획하였으나, 최근 어뢰발사관을 통해 미사일을 발사하는 방식으로 변경하였으며, 어뢰 및 미사일 등을 20여 기 이상 적재 가능한 것으로 알려져 있다. 설치될 원자로는 트라이옹팡Triomphant급과 유사하며, 50MW급 k-15 원자로 1기와 1축으로 추진되는 펌프제트 추진기가 탑재될 예정이다. 원자력 연료의 재보급 주기는 약 10년으로 추정된다.

■ 중국 해군의 원자력잠수함

중국은 다섯 번째의 원자력잠수함 보유국으로 이름을 올려놓고 있다. 중국 해군 최초 원자력잠수함은 091형이라 불리는 Han급(5,550톤, 25노트)으로 1974년 건조되었으나 기술적 결함으로 1980년 취역하였다. 이후 1990년까지 총 5척이 취역되었으나 당시 서방 잠수함에 비해 소음이 심하고 성능이 떨어져 공격 원자력잠수함으로서의 작전능력은 미흡하다는 평가를 받고 있다. 운용되고 있는 Han급은 3척 이하이다. 제2세대 SSN은 093형으로 알려진 Shang급(6,000톤, 22노트)이며, 궁극적으로 한급을 대체할 예정이고, 러시아의 협력을 얻어 설계, 건조되어 한급보다는 소음과 성능이 우수한 것으로 평가되고 있다. 비록 러시아의 기술 협력에 의해 건조되었으나, 역시 서방측 잠수함에 비해서는 소음 측면에서 많은 문제점을 가지고 있는

그림 3-29 중국 093형 상(Shang)급 잠수함

것으로 판단되고 있다. 중국 해군은 원자력 공격 잠수함을 개발하고, 그 설계, 건조 능력을 바탕으로 전략잠수함을 건조하는 식의 발전을 이루고 있다. 한급인 091형에서 092형인 하Xia급, 상급 093형에서 진급 094형으로 발전하였다. 자체 계획 중인 차세대 전략잠수함인 당Dang급인 096은 그동안 축적된 원자력잠수함 개발 기술을 바탕으로 야심차게 계획 중으로, 중국 해군의 진정한 전략잠수함 시대는 096형이 전력화되어야 이루어질 것이다.

■ 인도 해군의 원자력잠수함

인도는 1980년대부터 원자력잠수함 개발을 추진해왔으나, 기술력 부족으로 러시아로부터 원자력잠수함을 임차하여 사용하였다. 2009년 러시아 기술지원으로 Arihant SSN을 진수시킴으로써 세계에서 여섯 번째 원자력잠수함 보유국이 되었다. Arihant는 전장 120m, 수중속도 24노트, 4기의 수직발사관을 이용하여, 4기의 SLBM 또는 12기의 순항 대지미사일을 탑재 운용하는 것으로 알려져 있다.

그림 3-30 인도 해군의 첫 번째 원자력잠수함, Arihant 원자력잠수함

(2) 전략잠수함(SSBN)

■ 미국 해군의 전략잠수함

미·소 양국이 경쟁적으로 건조를 개시한 원자력잠수함은 애초에는 수상함정에 대한 어뢰공격을 목적으로 한 소위 공격원잠SSN이었다. 이와는 달리 은밀성이 우수한 잠수함에 미사일을 탑재하여 운용하려는 개념은 디젤잠수함에 순항미사일을 탑재하려는 것이었다. 노틸러스함(SSN-571)의 원자력추진 성공의 영향으로 탑재 대상이었던 디젤잠수함이 원자력잠수함으로 변경되어 최초의 SSGN인 Halibut(SSN-587)함이 탄생되었다. 미 해군은 수중에서 발사가 가능한 탄도미사일인 Polaris 프로젝트를 성공적으로 실행하여 당시 SSN Skipjack급 잠수함의 선체를 이용하여 수직발사관 16기(Polaris A-1)를 2열로 배치한 최초의 전략잠수함인 SSBN-598인 George Washington급(6,700톤, 30노트)을 1959년 취역시켰다.

미 해군은 냉전기의 핵 전력증강 경쟁 격화에 의해 SSBN의 충실화를 목표로 하여, George Washington급에 이어서 Lafayette급(8,250톤, 25노트) 31척을 1963~1967년에 취역시킨다. 31척의 SSBN이 전력화되는 가운데 기관의 정숙성을 향상시

그림 3-31 미 해군의 전략잠수함, Ohio급 잠수함

키고 탄도미사일은 Polaris A-1(사거리 1,000마일)에서 A-3(사거리 2,500마일)로 개량된다. 그 후 Polaris 발전형으로 사거리는 변하지 않았지만 다탄두를 장착 가능한 포세이돈 C-3가 개발되어 이것을 탑재하기 위한 SSBN의 미사일 발사관을 교체하였으며, 이후 사거리가 4,000마일로 대폭 증가한 Trident-I(C-4)이 등장한다.

미 해군의 최신 SSBN은 지금까지도 1981년에 취역한 Ohio급(18,750톤, 24노트) 18척이다. 최종 18번함은 1997년 취역하였으며, 여기에는 사거리가 6,500마일로 증가한 Trident-II(D-5) 24발이 탑재되어 운용중이다.

냉전체제 종식 이후 빈번한 국지분쟁 등 연안작전에 대비하기 위해, 미 해군은 SSBN 1~4번함 4척을 SSGN으로 개조 운용하여 특수전 및 순항미사일 발사기지 개념으로 운용중이다. 24개의 SLBM 발사관 중 22개를 개조하여 1개의 발사관에 7발의 토마호크 순항미사일을 탑재·운용하도록 하였으며, 나머지 2개의 발사관은 특수전 요원 침투작전을 위한 공간으로 개조하였다.

2020년대 후반 무렵부터 퇴역을 시작하게 될 오하이오급을 대체할 후속함 SSBN(X)의 개발 계획이 추진되고 있다. 핵 미사일의 탑재수는 다소 줄어드나, 정숙성은 훨씬 더 뛰어날 것으로 판단된다.

■ 러시아 해군의 전략잠수함

러시아 해군이 보유하고 있는 대표적인 전략잠수함SSBN은 수중배수량 26,900 톤, 수중속도 25노트인 세계 최대 잠수함 '타이푼Typhoon급'이다. 또한 수중배수량 13,700톤, 수중속도 24노트인 델타Delta IV급, 델타 III급 등을 보유하고 있다.

러시아는 냉전시대 미국과 맞설 때보다는 다소 약해졌지만 아직도 강력한 잠수함 전력을 보유하고 있다. 러시아는 원자력잠수함을 43척, 디젤잠수함을 30척 보유하고 있는 것으로 알려졌다. 전략잠수함 가운데 '보레이Borey'급이 가장 최신형이다. 길이 170m, 수중배수량 24,000톤급의 대형 함정으로 수심 450m까지 잠항할 수 있으며 수중방사소음을 획기적으로 줄여 정숙도가 최고 수준이다. 또한 SS-N-23/28(일명 Bulava) 잠수함 발사 탄도미사일을 16~20기 탑재할 수 있으며 533mm 어뢰발사관 6개를 갖추어 강력한 공격력을 보유하고 있다. 2020년대 8척의 보레이급 잠수함을 건조할 계획이며, 8척이 모두 취역하면 러시아는 전 세계 어디에서나 핵을 발사할 수 있는 핵전력을 갖추게 된다. 보레이급 잠수함 개발사업은 1982년 Project 935란 명칭으로 시작되어, 1996년 건조에 착수했다. 하지만 탑재하려던 미사일 개발이 실패했고, 최종적으로 블라바Bulava 탄도미사일을 탑재하기로 함에 따라 Project 955로 변경되고, 1번함에 대한 광범위한 재설계가 수행되어 2007년에야

그림 3-32 러시아 해군의 Borey급 전략 잠수함

그림 3-33 Typoon급 SSBN이 극지방에서 SLBM을 발사하는 가상도

진수를 하게 되었다. 보레이급 잠수함의 설계는 델타 IV급 잠수함의 설계를 계승하였으며, 델타급 잠수함 개발과정에서 축적된 기술이 적용된 것으로 추정된다. 보레이급 잠수함 형상의 특징은 마스트 등을 수용하기 위한 함교탑 상부구조가 하부보다 크다는 점이다. 하지만 러시아 원자력잠수함 가운데 가장 유명한 것은 '타이푼Typhoon급' 잠수함이다. 현존하는 세계 최대의 '괴물' 잠수함이기 때문이다. 미국의 저명한 소설가 톰 클랜시Thomas Leo Clancy Jr.의 '붉은 10월' 등 여러 소설과 영화의 주인공으로 등장해 널리 알려져 있다. 북극의 두꺼운 얼음을 깨고 부상해 미사일을 발사할 수 있도록 선체를 내압선체와 외부선체로 나눠 이중으로 튼튼하게 건조한 것이 특징이다. 길이 171.5m, 폭 24.6m로 SS-N-20 미사일 20발을 탑재하고 있다. 1981년부터 89년까지 6척이 건조됐으나, 예산문제 등으로 퇴역하거나 해체되었고 현재는 2척만 운용중이다.

■ 영국 해군의 전략잠수함

영국 해군 최초의 SSBN은 Variant급 SSN을 기본으로 설계되어 1967~1969년에 4척이 취역한 Resolution급(8,500톤, 25노트)이다. 탄도미사일은 미 해군의 Polaris A-3(2,500마일)를 16기 탑재하였다. 그 뒤를 이어 SSBN Resolution급을 대체한 2세대 SSBN Vanguard급(15,900톤, 25노트) 4척이 1993~1999년에 취역되었으며,

그림 3-34 영국 해군의 Vanguard급 전략 잠수함

이들을 대체할 새로운 SSBN은 미 해군의 SSBN(X) 프로젝트와 공동개발로 계획 중이다. SSBN(X)는 2028년경 1번함 취역을 목표로 계획이 진행되고 있는 전략원잠으로서, 2013년 12월에 1번함의 선행공사가 발주되었다. 건조 척수는 3척 내지 4척, 원자로는 신형인 PWR3, SLBM은 뱅가드Vanguard급과 동일한 트라이던트 D5가 될 것이라고 한다.

■ 프랑스 해군의 전략잠수함

프랑스 해군은 미·소·영 해군보다 상당히 늦은 시기인 1971년에 최초의 SSBN인 Le Redoutable급(9,000톤, 25노트) 5척을 1980년까지 취역시켰다. 탄도미사일은 함교 후방에 설치된 16기의 수직발사관에서 발사하는 M1(1,300마일)이었지만, 그 후 장착 핵탄두수도 늘어나고 사정거리도 연장한 M4(2,900마일)가 탑재되었다. 후속함으로는 Le Redoutable급의 개량형인 L'Inflexible가 1985년에 취역하였다. 아직까지 프랑스 해군은 SSBN 대체 계획이 없으나, 탑재 SLBM은 M51(사거리 4,300마일)로 교체 운용중이다.

그림 3-35 프랑스 해군의 전략잠수함, Inflexible급 잠수함

■ 중국 해군의 전략잠수함

중국 해군의 최초 SSBN은 092형인 시아급(6,500톤, 22노트)으로 1척이 1987년에 취역하였으며, 탑재하고 있는 탄도미사일은 JL-1A(1,350마일) 12기이다. 제2세대 SSBN은 094형 Jin급(8,000톤)으로 JL-2(사거리 4,300마일)를 12기 탑재하고 있으며, 4척이 취역되었다. 진급의 1번함은 2004년에 진수되어 2007년에 취역하였다. 이후 2009년에 2번함이 취역하였고, 현재 3번함 및 4번함까지 취역한 것으로 추정된다. 취역시기만 따지면 운용주기가 10년을 넘지 않은 신형이지만, 그 설계구상은 구소련의 2세대 공격원잠인 'Victor-III'급의 기술을 도입하여 개발된 '상商, Shang'급 SSN의 선체에 미사일 발사관 구획을 삽입한 것으로 추정된다. 수중배수량 12,000톤, 안전 잠항심도 300미터, 수중 최대속력 20kts 이상으로 추정된다.

그림 3-36 중국 해군의 Jin급 전략잠수함

3.3.4 디젤잠수함(SS)

현대 해군 무기체계의 총서라 불리는 제인연감Jane's Fighting ships은 매년 발간되고 있으며, 가격이 100만 원이 훌쩍 넘는다. 군사 마니아뿐만 아니라 군에서도 각국 해군의 함정정보를 얻기 위한 필독서로 분류되어 있으며, 신뢰성도 상당히 높은 책이다. 이 책에서는 각국이 보유한 해군 함정들을 자세히 소개하고 있는데, 항공모함보다 잠수함이 제일 먼저 소개된다.

표 3-14 전 세계에서 운용중인 잠수함 현황

* (+)는 앞으로 보유할 계획

국가	디젤-전기	원자력	계	국가	디젤-전기	원자력	계
한국	15(+5)		15	스웨덴	5(+2)		5
북한	58(잠수정: 23)		81	싱가포르	5		5
미국	.	73(+10)	73	이란	3(잠수정: 17)		20
러시아	20(+8)	45(+10)	65	알제리	4		4

국가	디젤-전기	원자력	계	국가	디젤-전기	원자력	계
중국	55	11	66	대만	4		4
일본	18(+4)		18	이집트	4		4
인도	13(+6)	3	16	네덜란드	4		4
영국		11(+5)	11	칠레	4		4
프랑스		10(+6)	10	캐나다	4		4
터키	14(+6)		14	콜롬비아	4		4
그리스	11		11	남아프리카	3		3
이탈리아	6(+2)		6	아르헨티나	3		3
파키스탄	5(잠수정: 3)		5	리비아	2		2
스페인	3(+4)		3	말레이시아	2(+3)		2
노르웨이	6		6	베네수엘라	2		2
독일	6		6	베트남	3(잠수정: 2)(+3)		5
이스라엘	5(+1)		5	포르투갈	2		2
페루	6		6	인도네시아	2		2
호주	6		6	에콰도르	2		2
브라질	5(+6)	(+1)	5	우크라이나	1		1
폴란드	5		5				
디젤잠수함 운용국가 총 38개국							362척
원자력잠수함 운용국가 총 6개국							153척
잠수함 운용국가 총 41개국							515척

한반도 주변국들은 잠수함을 얼마나 보유하고 있을까? 제2차 세계대전 직후까지 잠수함을 보유한 국가는 얼마 되지 않았다. 그러나 잠수함은 해군의 핵심전력으로서 그 중요성이 점차 증대되었고, IHS Jane's Fighting Ships 2014-2015 기준으로 41개 국가가 총 515척의 잠수함을 운용중에 있으며, 이 가운데 특히 한반도를 둘러싼 주변 국가들은 보유척수 면에서 러시아 65척, 중국 66척, 일본 20척, 북한 81척으로 모두 세계 5위권 이내를 차지하고 있는 잠수함 보유 강국들이다. 주변국 잠수함

은 다음 절에서 소개하고 여기에서는 대표적인 디젤잠수함을 소개하기로 한다.

전 세계 515척의 잠수함 중에서 디젤잠수함은 36개국, 361척이 운용중이다. 잠수함을 자체 설계·건조하여 운용중인 국가도 있지만, 그렇지 못한 국가들은 잠수함을 구매하여 사용 중이다. 이렇게 수출되는 대표적 디젤잠수함이 독일의 209급, 프랑스의 아고스타, 스콜펜, 러시아의 킬로급 등의 잠수함이다. 우리도 독일에서 209급 잠수함인 장보고함을 독일의 조선소에서 건조한 상태 그대로 1990년대 초반에 도입하여 운용하였고, 이후 2번함부터는 국내 조선소에서 건조·운용중이며, 인도네시아에 209급 잠수함을 수출할 만큼의 설계·건조능력을 보유하고 있다. 특히나 209급 잠수함은 전투체계 등에 대한 성능개량을 실시할 예정인데, 이것은 선체 설계·건조에 대한 능력뿐만 아니라, 체계개발 능력도 보유하고 있다는 증거이며, 세계에서도 우리의 잠수함에 대한 기술력은 상당한 경쟁력을 보유한 것으로 알려져 있다.

(1) 독일 209급 잠수함

2차 세계대전 종료 후 잠수함 제한톤수로 인해, 450톤 이하의 잠수함만 건조할 수 있었던 독일은 자국을 위하여 201~206급 잠수함을 개발·건조하였다. 하지만 450톤 이상 잠수함을 건조할 수 없었으므로, 배수량 제한을 받지 않고 잠수함 기술을 유지하고 확보하기 위하여 배수량 1,000톤 이상의 수출용 잠수함인 209급을 개발하였다. 1960년대 후반부터 21세기 초반까지 세계에서 가장 많이 팔린 잠수함이며, 209급/1100에서 209급/1500에 이르기까지 다양한 크기의 잠수함을 13개 국가에 50여 척을 수출하였다. 베스트셀러가 된 이유는 성능도 물론 뛰어나지만, 각국에서 요구하는 요구사항에 대한 높은 충족도와 적극적인 잠수함 건조기술 이전, 그리고 가격 경쟁력을 갖추었기 때문이다.

(2) 프랑스 아고스타(Agosta) 및 스콜펜(Scorpene) 잠수함

프랑스 해군은 원자력잠수함 개발 이후, 1970년대 개발된 1,700톤급 아고스타 Agosta 디젤잠수함을 마지막으로 더 이상 자국용 디젤잠수함을 건조하지 않았으나, 수출용으로 제작하여 파키스탄, 스페인 해군에 수출하였다. 아고스타급 잠수함은

1,700톤급으로, 수중속도 20노트의 성능을 보유하고 있다. 또한 아고스타 잠수함을 대신하는 스콜펜Scorpene 잠수함을 개발하여 칠레, 말레이시아, 인도 및 브라질 등에 수출을 성사시켰다. 스콜펜 잠수함은 전장 66m, 1,700톤급, 최고 수중속도 20노트, 6문의 21인치 어뢰발사관으로 어뢰, 대함미사일 운용 및 기뢰 부설이 가능하다.

(3) 러시아 킬로(Kilo)급 및 아무르(Amur)급 잠수함

러시아의 대표적인 디젤잠수함은 1970년대부터 개발된 킬로Kilo급 잠수함이 대표적이다. 인도, 중국, 이란, 인도네시아 등 여러 국가에 수출되었으나, 서방 잠수함과의 연동이 불가하고 체계가 완전히 달라, 저렴한 가격에 비하여 그렇게 많이 수출되진 못했다. 배수량 2,600여 톤으로 디젤잠수함 중에서는 톤수가 많이 나가며, 이는 러시아에서 주로 사용하는 전통 복각식 구조를 사용하여 예비부력을 많이 가지는 특성에 기인한다. 킬로급 잠수함은 러시아 해군용과 수출용, 개량형 등 다수의 변형 모델을 보유하고 있다. 킬로급 후속 모델인 라다Lada급 잠수함은 1997년 착공했으나, 2005년 해상 시운전 시 기술적 문제가 발생하여 2010년에 취역하였다. 라다급은 67m의 전장, 1,800톤급, 수중 최대속력 21노트, 6문의 21인치 어뢰발사관을 통해 어뢰, 대함·대지미사일 및 기뢰를 운용한다. 라다급의 수출형인 아무르Amur급 잠수함은 킬로급에 비해 크기가 작지만 무장능력은 동일하고, 라다급의 복각식 선체구조 대신 단각식 선체구조를 적용하였으며, 수출을 고려하여 다양한 모델을 설계·건조하고 있다.

3.4 주변국 잠수함 소개

3.4.1 수적우위의 '비대칭전력 잠수함'을 보유한 북한

북한은 1963년 구소련으로부터 'W'급 잠수함 2척을 도입하면서 잠수함을 운용하기 시작했다. 이후 1971년 중국으로부터 'R'급 잠수함을 도입하면서 설계기술을

그림 3-37 R급 잠수함의 수상항해 모습

그림 3-38 상어급 잠수함

전수 받아 독자적인 건조를 추진하여 현재는 20여 척을 보유하고 있다. 'R'급은 수중배수량 1,800톤급으로 길이 76.6m, 폭 6.7m, 수중 최고속력 13노트이며 승조원은 54명이다. 어뢰발사관 8문(함수 6문, 함미 2문)을 보유하고 있고 총 14기의 어뢰를 적재할 수 있다.

북한은 'R'급 잠수함을 건조하면서 보유한 잠수함 설계·건조능력을 바탕으로 1980년대 중반부터 '상어급' 잠수함을 자체 설계 및 건조하기 시작하여 현재는 40여 척을 보유하고 있다. 이 잠수함들 중 하나가 지난 1996년 동해 안인진 인근에서 좌초되어 노획된 잠수함이다. 수중배수량은 300톤 내외로 길이 35m, 폭 4m, 수중 최대속력은 9노트 정도이다. 무장으로는 어뢰발사관 4문을 보유하고 있고 특수전요원의 침투지원이 가능하다. 소형잠수정은 1976년 '유고급' 잠수정을 6척 도입한 이래 1980년부터는 자체 건조를 시작하여 운용하고 있다. 현재 북한은 'R'급 및 '상어'급 잠수함, 소형잠수정 등 70여 척을 운용중에 있다. 최근 SLBM을 발사한 것으로 보도된 신형 잠수함은 '고래'급 잠수함으로 신포 조선소에서 건조된 것으로 보도되었다.

잠수함 개발 역사를 통해 고찰해보면, 핵무기를 보유한 국가는 잠수함에서 운용할 수 있는 SLBM을 개발하였으며, 최종적으로는 SLBM을 탑재하여 운용할 수 있는 잠수함, 더 나아가 원자력으로 운용되는 SSBN, 즉 전략 잠수함을 보유하려는 것이 최종목표이다. 이를 통하여 적에 대한 진정한 억제력을 보유할 수가 있기 때문이다.

북한은 지난해 8월, 50여 척의 잠수함(정)을 기지에서 이탈시킴으로써 긴장을 극도로 고조시킨 바 있다. 전시 후방을 교란하고 미국과 연합국의 증원전력을 차단하기 위한 북한의 잠수함 사랑은 지금도, 앞으로도 계속될 것이다.

3.4.2 수적 우위에 원자력잠수함도 보유한 중국

2009년 4월 23일 중국 해군은 창설 60주년을 맞아 산둥성 칭다오에서 국제관함식을 개최했다. 이 관함식에는 중국 해군의 최신예 함정들이 대거 참가해 세계 각국의 주목을 받았다. 그 가운데서도 가장 주목을 받은 것이 원자력잠수함이었다. 당시 퍼레이드에 등장했던 것은 전략 탄도미사일 탑재 원자력잠수함인 창정長征 6호와 공격형 원자력잠수함인 창정長征 3호 등 2척이었다. 창정 6호는 '시아'급으로 불리는 잠수함으로 1988년 취역해 20여 년간 작전운용 되었다. 사정거리 2,000km 이상인 잠수함 발사 탄도미사일 12발을 탑재하고 있으며 배수량이 6,500톤급으로 길이 120m, 폭 10m, 수중 최대속력 22노트, 140명 가량의 승무원이 탑승한다. 중국은 '시아'급 잠수함을 1척 보유하고 있으며, 이를 개량한 신형 탄도미사일 탑재 원자력잠수함 '진'급도 건조해 실전 배치하였다. 지금은 4세대 잠수함이라 불리는 훨씬 정숙하고, 개량된 SLBM을 최대 24발 운용 가능한 '당'급 잠수함을 개발 중에 있다. 또한, 공격형 원자력잠수함은 '한'급과 '상'급을 보유하고 있는데, 공격형 원자력잠수함은 반접근, 지역거부A2AD 전략의 핵심전력이므로 지속적으로 증강하여 2030년대에는 90여 척의 잠수함 보유를 계획하고 있다.

중국은 다수의 디젤잠수함을 보유하고 있고, 그중 '원'급 잠수함이 최신형이며 수중배수량 2,600톤급으로 어뢰, 잠대함 미사일 등으로 무장하고 있다. 보유하고 있는 디젤잠수함은 50여 척으로 평가된다.

3.4.3 원자력잠수함 건조기술을 보유한 세계 최고 디젤잠수함 운용국 일본

중국의 군비증강에 민감한 반응을 보여온 일본은 원자력잠수함은 보유하고 있지 않지만 디젤잠수함의 성능은 세계 최정상급이다. 일본은 세계 디젤잠수함 가운데 수중배수량이 가장 큰 4,200톤급 '소류'급 디젤잠수함을 7척 운용하고 있다. 소류급은 길이 84m, 폭 9m로 어뢰와 잠대함 미사일로 무장하고 있다.

일본 디젤잠수함의 강점은 다른 디젤잠수함 운용국에 비해 훨씬 선령이 '젊다'는 것이다. 지금은 16→22척 체제로 척수 증강을 위하여 오야시오급 잠수함의 도태시기를 연장하여 운용하고 있지만, 일본 잠수함의 평균 운용기간은 20년 미만이다. 다른 국가들의 경우 보통 30년 이상 디젤잠수함을 운용하고 있으므로, 일본 잠수함들은 신형으로 새로운 무기체계, 첨단장비, 신개념 기술들을 적용하고 있다. 다른 나라 같으면 한참 일선에서 운용하고 있을 잠수함을 퇴역시켜 별도 관리를 하면서 유사시 즉각 실전에 투입할 수 있는 체제를 유지하고 있는 것이다.

우리가 유념해야 할 또 한 가지는, 일본은 원자력잠수함을 언제든 개발·생산할 수 있는 능력과 기술을 보유하고 있다는 사실이다. 이미 1970년대에 원자로를 탑재하여 운용중인 '무쯔'라는 상선을 보유하고 있으며, 심해잠수정에 탑재 가능한 원자로를 설계하는 등 일본은 원자력잠수함 보유를 위한 모든 능력을 구비하였다. 잠수함 관련 전문가들은 '소류'급 잠수함의 직경과 크기를 고려 시, 원자로를 탑재한 원자력잠수함으로 쉽게 변경될 수 있다고 평가하고 있다. 다음은 일본에서 운용중인 잠수함에 대하여 간략히 소개한다.

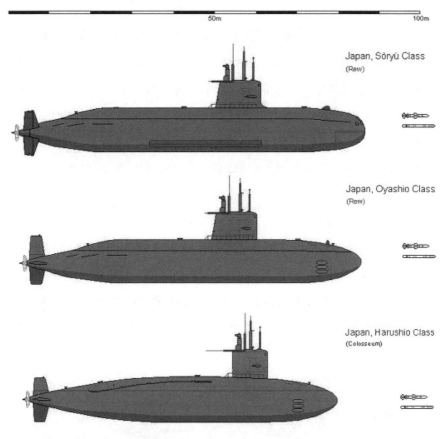

50m 100m

Japan, Sōryū Class
(Rew)

Japan, Oyashio Class
(Rew)

Japan, Harushio Class
(Colosseum)

그림 3-39 일본의 재래식 잠수함(소류-오야시오-하루시오) 비교

(1) 하루시오급 잠수함

하루시오급 잠수함은 다 퇴역하고 마지막 함정인 Asashio만 훈련용 잠수함
(TSS-3601)으로 개조되어 운용되고 있다. 과거 눈물방울 형태의 선체를 사용하였
으며, 소음감소를 위한 능력이 보강되어 저소음 항해, 수중방사소음 감소 등의 특
성을 보유하였다. 일본에서는 선령이 20년 된 잠수함을 퇴역시켜 치장시켜 보관하
기도 하지만, 실질적인 교육 · 훈련을 위하여 함정을 직접 활용한다.

(2) 오야시오급 잠수함

오야시오급 잠수함은 1998년 최초 전력화 이후 11번함인 Mochisio가 2008년 전력화되어 총 11척이 운용중이다. 오야시오는 기존의 하루시오급까지 적용된 눈물방울형이 아닌, 잎코일Leaf-coil 형이다. 오야시오급 이후 잠수함은 잎코일 형의 선체를 적용하며 러시아 잠수함과 같이 이중 격벽 구조를 도입하고, 탐지성능 향상을 위하여 센서Sensor에 최우선 순위를 두고 설계한 후 나머지 부분을 설계하고 배치하였다. 또한 흡음타일을 최초 적용하여 스텔스 기능도 대폭 증가하였다.

(3) 소류급 잠수함

일본의 최신형 잠수함인 소류급 잠수함은 2009년 최초 전력화되었으며, 2016년 3월 7번함을 전력화시켰다. 이후 4척을 추가로 전력화시켜 총 11척을 운용하여 오야시오급 11척과 함께 총 22척의 잠수함을 운용할 예정이다. 소류급은 코쿰스Kockms사의 스털링 AIP 시스템[9]을 장착한 수중배수량 4,200톤의 최신형 잠수함이

그림 3-40 Kawasaki 조선소에서 진수 중인 소류급 2번함 Unryu(2006년 3월)

---

9 Stirling Engine: 잠수함의 AIP(Air Independent Propulsion, 공기불요추진) 시스템 일종으로, 밀폐된 공간내의 헬륨·수소 등을 가열·냉각시킴으로써 피스톤을 작동하는 추진기관이다.

다. 가장 큰 특징은 고장력강을 사용하여 우수한 잠항능력과 함미 X타 장착 등으로 인한 기동 성능을 보유하고 있으며, 잠항시간 연장을 위해 스털링엔진 탑재와 다양한 자동화 시스템, 고성능 소나를 이용한 감시능력 강화, 우수한 스텔스 성능과 함의 안전도를 증대시킨 잠수함이다. 7번함부터는 축전지를 기존의 연납축전지가 아닌 리튬축전지를 장착하여 충전시간 감소, 충전효율 증대 등을 통하여 재래식 잠수함의 제한점인 수중작전능력을 대폭 향상시킬 것으로 판단된다.

3.4.4 한국의 잠수함 건조능력

한국 잠수함에 대해서는 앞에서 자세히 언급하였다. 한국 해군은 짧은 잠수함 역사를 가지고 있음에도 불구하고 세계가 인정하는 잠수함 모범 운용국이 되었다. 앞으로도 100번 잠항하면, 100번 부상하는 잠수함을 건조할 것이고, 그렇게 운용할 것이다.

209급 장보고함을 독일에서 건조 도입한 후, 1992년 10월 대한민국 기술로 조립·건조한 이천함을 시작으로 한국 잠수함의 자체 건조가 시작된다. 이후 독일 HDW 조선소로부터 기술지원을 통해 대우조선해양에서 후속 209급 잠수함을 건조하기 시작하였고, 현대중공업은 214급 잠수함을 건조하기 시작하였다. 이러한 일련의 과정을 통해 한국은 세계 12번째 잠수함 설계 및 건조 가능 국가로 발돋움했다. 현재 잠수함 독자설계 및 건조가 가능한 나라는 대한민국을 비롯하여 미국, 영국, 독일, 프랑스, 러시아, 중국, 일본, 북한, 스웨덴, 네덜란드, 이탈리아이며, 설계도를 갖고 조립생산이 가능한 나라는 스페인, 브라질 정도이다. 이 중 잠수함 수출실적을 가지고 있는 나라는 미국, 영국, 독일, 프랑스, 러시아, 스웨덴, 네덜란드, 이탈리아까지 총 8개국이고 한국의 대우조선해양이 인도네시아와 잠수함 수출계약을 체결함으로써 세계 9번째로 수출국 대열에 끼어들게 되었다.

2013년 잠수함 건조사업에 관한 충격적인 뉴스가 보도되었다. 7,000억 이상을 들여 건조 중이던 스페인의 S-80A급 잠수함인 페랄Peral함이 설계보다 톤수가 75~100톤이 초과되어 잠항 후 부상이 불가한 상태가 되었다는 것이다. 그야말로

웃지 못할 초유의 사건이 발생한 것이다. 스페인 해군은 1980년대 Agosta급 잠수함 4척을 프랑스로부터 도입, 운용중이며, 프랑스와 합작으로 스콜펜 잠수함을 설계할 정도의 잠수함 선진 운용국이었다. 하지만 중량통제의 실패로 설계대비 중량이 초과한 잠수함을 건조하게 되었고, 후속조치를 위한 막대한 추가재원을 투입해야만 하는 사건이 발생한 것이다.

잠수함 사업을 안정적이면서도 효율적으로 추진하기 위해서는 2개의 조선소가 교호로 잠수함을 수주 받아 건조하는 방식이 적절하다. 미국의 EBGeneral Dynamics Electric Boat Corporation와 NNNewport News Shipbuilding, 일본의 미쯔비시Mitsubishi Heavy Industries와 가와사키Kawasaki Heavy Industries 조선소가 대표적이다. 이는 주기적인 건조물량이 조선소에 제공되어 안정적으로 인력을 운영할 수 있으며, 장기 지속적인 잠수함 건조계획이 제공됨으로써 잠수함에 관한 핵심기술 개발이 지속적으로 이루어질 수 있기 때문이다. 또한 조선소 간 과도한 경쟁을 유발하지 않으며, 무엇보다 핵심인력의 유출을 막을 수 있어 안정적 사업관리와 지속적인 기술발전을 신조 함정에 적용할 수가 있다.

표 3-15 전략원자력잠수함 설계를 위한 핵심기술 분야 및 필요 인력(RAND, 영국의 원자력잠수함 산업기반 보고서, 2010)

분야	인력	분야	인력
해양 공학자	25	시험&평가 전문가	10
시스템 공학자	25	설계 관리사	10
경영 전문가	20	조선 공학자	9
설계 관리사	15	전기전자 전문가	6
해양부문 설계사	13	방사능차폐 전문가	5
전기 설계사	13	선체 파괴(균열 등) & 역학 전문가	5
선체 설계사	13	함정구조 전문가	4
금속 용접 전문가	10	안전 전문가	4
수중방사소음 관리자	10	중량통제 전문가	3

스페인의 페랄 잠수함과 같은 전 세계적 이슈가 되지 않기 위해서는 잠수함을 설계·건조하기 위한 핵심기술과 핵심인력을 보유하고 발전시켜야 한다. 잠수함에 관한 설계, 건조기술, 핵심기술 등의 영역을 유지하기 위한 핵심인력은 잠수함마다 차이가 있지만, 영역은 크게 차이가 나지 않는다. RAND 연구소에서 분석한 자료(2010년)에 의하면, 영국의 차기 SSBN을 위한 설계인력은 최고 750명까지 소요될 것이며, 이 중 잠수함 설계를 위한 핵심기술자들은 200명으로 판단한다. 200명의 핵심기술자를 표로 정리하면 표 3-15와 같다.

이러한 필수인력은 잠수함 사업이 지속적으로 추진되지 않을 경우, 관련 기술자들과 종사자들이 타 산업분야로 이직할 확률이 높으며, 그렇게 될 경우 잠수함 건조기술이 사장될 뿐 아니라, 스페인의 페랄함처럼 안전조차도 확보하기 어려울 수가 있을 것이다.

대한민국 잠수함 사업분야에서 직접적으로 건조능력을 보유하고 있는 조선소는 대우조선해양과 현대조선소이다. 대우조선해양은 1987년 대한민국 해군과 209급 잠수함을 계약한 이래, 214급 잠수함, 차기 잠수함으로 불리는 장보고-III 잠수함도 수주하여 건조 중에 있다. 또한 2011년에는 인도네시아 해군과 3척의 잠수함 수출 계약을 달성하여 세계에서도 손꼽히는 잠수함 건조 조선소가 되었다. 또한 대우조선해양은 2003년과 2009년에 노후화된 인도네시아 잠수함 2척의 창정비를 수주하여 계약기간 내 완벽한 정비를 마침으로써 인도네시아 관계자들로부터 극찬을 받기도 하였다.

현대조선소는 한국 해군의 214급 잠수함 사업을 최초로 계약한 이래 수척의 214급 잠수함을 건조하였으며, 앞으로도 잠수함 건조 사업을 진행할 계획이다. 209급에 비해 한 단계 도약한 214급 잠수함의 건조능력 확보는 2020년대 가지게 될 장보고-III급 잠수함 확보에 큰 기여를 하였다. 또한 현대조선소는 209급 잠수함의 창정비를 2015년부터 시작하여 209급과 214급 잠수함의 설계·건조 및 정비능력을 확보하게 되었다. 이러한 대우조선해양과 현대조선의 잠수함 건조와 정비능력은 앞으로 한국 해군이 가지게 될 잠수함 능력의 발전과 안전성을 충분히 보장할 것이다. 또한, 양 조선소를 통한 잠수함 설계와 건조가 주기적으로 지속된다면, 미래에도 성능이 우수한 잠수함을 안정적으로 개발·건조할 것이며, 잠수함의 방산수출에도 큰 기여를 할 것이다.

3.5 잠수함 발전추세

3.5.1 국가별 발전동향

(1) 미국

잠수함 설계·건조, 탑재장비(무장체계, 전투체계, 소나체계, 센서체계 등), 추진계통 및 특수성능 분야에서 세계 최고의 기술을 보유 중이다. 기존의 노후된 LA급 잠수함을 대체하기 위한 Virginia급 잠수함 건조는 2020년까지 30척 건조를 목표로 진행 중이다. 선체 표면에 흡음타일을 부착, 스텔스 성능을 향상시켰으며, 펌프 제트 추진기로 정숙성을 강화하였다. 원자로의 작동기간을 잠수함 수명과 일치시켜 연료를 교체할 필요가 없으며, 천해에서의 특수전 작전능력 향상을 위한 SEAL팀 지원용 ASDA Advanced SEAL Delivery System를 설치하여 특수전 지원능력을 향상시켰다. 이외에도 상용부품 사용, 최신 전자장비 탑재 및 모듈화 설계로 향후 설계변경 및 성능개량이 용이하도록 하였다.

(2) 영국

가장 최근에 잠수함 실전경험(포클랜드전쟁)을 보유한 국가로서 높은 수준의 잠수함 운용 노하우 및 설계 기술을 보유 중이다. 원자력잠수함만 보유하고 있는 영국은 잠수함 수명 기간 동안 핵연료 교체가 필요 없는 원자로를 탑재·운영하고 있으며, 음향 흡음타일 부착, 수중방사소음 감소 등 스텔스화에 주력하고 있다.

(3) 러시아

차세대 SSBN인 Borey급 및 차세대 SSN인 Yasen급 잠수함의 개발에 상당한 노력을 기울이고 있으며, 전통적인 군사 강국으로 잠수함 선체, 탑재장비(무장, 전투, 소나, 센서체계 등), 추진계통 및 특수성능 분야에서 세계 최고 수준의 기술을 보유 중이다. 러시아는 현재 해군전력 현대화를 위하여 수천억 달러 규모의 전력 증강사업을 추진하고 있으며, 2020년까지 최신형 잠수함이 다수 실전 배치될 계획이다.

⑷ 프랑스

프랑스 해군은 미국에 기술을 의존하지 않고 대부분 자국에서 개발한 장비를 탑재하므로 상대적으로 기술수준이 상당한 것으로 판단된다. 또한 탑재 운용중인 미사일·어뢰 등의 무장체계 기술뿐 아니라 원자로를 자체 설계·제작할 수 있는 능력을 보유하고 있어 영국이 보유한 기술수준을 능가한다고 보여진다.

⑸ 중국

중국 해군은 선체, 탑재장비, 추진계통 및 특수성능 분야 등 모든 분야에서 독자적 설계·건조가 가능한 기술수준을 보유하고 있는 것으로 판단되나 구체적인 기술수준은 잘 알려지지 않고 있다. 중국 해군의 의지와 우월한 경제력을 바탕으로 러시아의 기술지원을 이용하여 잠수함 현대화와 건조를 계속 진행 중이며, 특히 잠수함의 핵심인 정숙성을 향상시키기 위하여 상당한 예산과 노력을 투자하는 것으로 알려지고 있다.

3.5.2 잠수함의 기술발전 동향

잠수함은 수중작전 능력을 향상시키기 위하여 탐지센서의 성능을 향상시키고, 잠수함을 탐지하고 공격하는 대잠 무기체계 발달에 따라 생존성을 보장하기 위하여 은밀성을 향상하고 다양한 무장을 개발하고 있다. 원자력잠수함은 연안으로의 작전환경 변화와 자동화에 따라 승조원 감소 및 건조비 절감을 위해 대형화에서 현 수준 유지 및 소형화되고 있는 추세이며, 디젤잠수함의 경우는 다양한 무장 탑재, 수중 지속능력 향상을 위한 공기불요추진체계[AIP] 탑재, 거주성 향상 등을 위해 점차 대형화되고 있다.

(1) 은밀성 향상 추진

노출 최소화 및 수중 항속거리 증가를 위해 디젤잠수함의 연축전지 성능 개선 및 리튬축전지와 같은 차세대 전지 연구개발 추진, AIP 체계 병행 운용으로 발전하는 추세이다. 또한 고속추진기 및 펌프제트 추진기 등을 적용하여 수중방사소음을 감소시키고, 흡음타일 및 음향코팅제 등을 적용하여 음향표적 강도 감소를 추진하는 추세이다.

또한 디젤잠수함의 경우 축전지 충전을 위한 스노클 항해 등에 의한 수면위 노출을 최소화하고 수중작전 지속능력 및 항속거리 증가를 위해 AIP 체계가 확대되고, AIP 체계의 최대출력 및 수중 지속능력을 증대시키는 방향으로 발전될 것으로 예상된다.

(2) 탑재무장의 다양화

잠수함의 작전임무가 복잡 다양화되어 잠수함의 탑재무장도 다양화되는 추세이다. 어뢰, 기뢰 등의 기본 무장 외에 잠대함미사일, 잠대지미사일 등 각종 미사일을 탑재하는 함형으로 발전 중이며, 최근 대잠헬기 등 대공위협에 대한 대응방안으로 잠수함 탑재용 대공미사일 개발이 추진되고 있으며, 독일 등 일부 국가에서는 개발하여 탑재 운용중이다. 또한 어뢰 위협에 대응하기 위해 요격어뢰ATT: Anti-Torpedo Torpedo를 개발하고 있다.

(3) 연안작전능력 향상

무인잠수정UUV: Unmanned Underwater Vehicle 및 특수요원 이송정SDV: Swimmer Delivery Vehicle을 탑재할 수 있는 별도의 관통구 및 해치를 장착, 발진 및 회수하는 시스템을 개발하여 연안에서 은밀하게 작전하는 능력을 확보하는 추세이다.

(4) 네트워크 중심전 수행 추진

수중작전 중인 기존 잠수함은 수중에서 전달이 어려운 전파의 특성으로 인해 수상함, 육상 전투부대와 단절되어 단독작전 위주로 수행하였으나, 향후 수중에서 위성통신 중심전장에서 고속 데이터 통신을 지원할 수 있는 부유식 또는 함교 부착형 안테나 개발 및 탑재로 미래 네트워크 중심 전장에서 중요한 플랫폼으로 발전될 것이다.

또한, 네트워크 중심전 수행을 위한 데이터링크 능력을 확대하고 적의 종심타격을 위한 대지공격용 미사일 포함, 대함/대공미사일 등 다양한 무장에 대한 발사통제 능력을 제공할 수 있는 잠수함 전투체계로 발전되고 있다.

NAVY

WEAPON

CHAPTER **4** | # 해상작전
항공기

4.1 해군 항공의 역사와 발전과정

4.1.1 해군 항공의 탄생배경

제1, 2차 세계대전을 통해 창과 방패의 개념을 가진 여러 무기체계의 혁신적 발전이 이루어졌다. 영국의 독일 전폭기를 대응하기 위한 레이더와 독일 U보트 잠수함에 대한 수상함의 소나가 대표적이라 할 수 있다. 독일 잠수함은 1차 세계대전 시 1914년 글리트라호 격침을 시작으로 잠수함을 이용한 통상파괴전에 눈을 뜨게 되었고, 1915년부터 무제한 상선공격을 시작하여 1917년에만 3,600여 척을 격침하였다. 1, 2차 세계대전을 통하여 독일 U보트가 행했던 통상파괴는 전시 잠수함의 주요 임무 중의 하나였다. 이 작전을 통해 적의 전쟁지속능력을 저하시킬 뿐만 아니라, 적을 아사餓死상태로 몰아넣어 적 지도부 및 국민들의 전쟁수행 의지를 포기토록 강압할 수 있었던 것이다. 2차 세계대전이 발발하기 전까지 영국은 식량의 70%를 수입에 의존하고 있었다. 독일은 전쟁 시작과 함께 U보트 잠수함으로 식량을 포함해 전쟁물자를 싣고 영국으로 오는 선박을 보이는 대로 침몰시켰는데 전쟁 발발 이듬해인 1940년에만 72만 8천 톤의 식량이 독일 잠수함의 공격을 받아 바다에 수몰되었다. 영국은 해상수송이 거의 차단되어 군수품, 연료, 생필품 등이 고갈되었고, 이러한 사태가 몇 주만 지속되었다면 항복할 수밖에 없었을지도 모른다. 이러한 독일 잠수함에 대응하기 위하여 연합국은 함정 5,000여 척, 항공기 2,000여 대, 병력 70만 명을 투입하였다. 통계상 독일 잠수함 1척에 대응하기 위해 연합군측은 대략 25척의 수상함과 100대의 항공기를 동원하였다.

바닷속을 은밀하게 항해하는 잠수함을 수상함에서 포착하고 대응하는 데에는 시간적, 공간적 한계가 있다. 일반적으로 수상함이 잠수함보다야 빠르지만 비행기보다는 못한 것이 사실이다. 넓은 대서양에서 떼를 지어 활동하는 잠수함을 상대하기에는 수상함이 취약한 점도 많았다. 그래서 연합국은 잠수함을 찾고 공격하는 데 항공기를 이용하기 시작하였다. 특히 당시에는 재래식 잠수함밖에 없던 시절이라 잠수함은 결국 수상으로 올라와서 배터리를 충전할 수밖에 없었고 항공기에게는

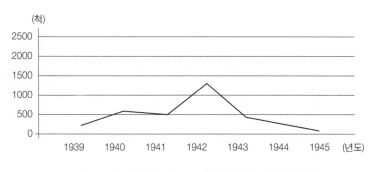

그림 4-1 2차 세계대전 시 U보트에 의한 연합국 상선 격침현황

이 시간이 잠수함을 공격하기에 가장 좋은 시간이었다. 따라서 대잠수함전용 항공기는 장거리 비행이 가능하고 장시간 신뢰성이 확보된 항공기가 사용되었다. 독일 잠수함 입장에서는 잠시 엔진을 가동해 배터리를 충전하던 중 갑자기 나타나서는 폭뢰 공격을 가해오는 항공기가 공포의 대상이었다. 대잠작전을 전담하는 항공기 출현은 이렇게 시작되었으며, 미국의 초대 국방장관이었던 제임스 포레스털이 기술한 바와 같이, 항공 전력이 대잠전에서 승리하는 데 중요하다는 것은 제2차 세계대전을 통해서 충분히 알려지게 되었다.

연합국은 대잠작전에 레이더, 소나 등을 개발하고 함정 5,000여 척, 병력 70만 명이라는 엄청난 노력을 들였지만 정작 가장 큰 공을 세운 것은 관점의 변화였다. 바로 항공기에 의한 정찰로 독일 잠수함을 찾아 격파하는 것이었다. 연합국 항공기들은 원거리에서 레이더 등을 이용, 구름 속에서 숨어 있다가 디젤잠수함이 배터리 충전을 위한 부상 항해 시 경고 없이 갑자기 나타나 폭뢰를 투하하여 많은 독일 잠수함과 승조원들을 수장시켰다. "잠수함을 찾으려면 하늘에서 내려다봐라"라는 이 과거의 진리가 지금까지도 통하는 이유이기도 하다.

4.1.2 해군 항공기의 임무와 역할

해군 항공기는 신속한 출격능력과 우수한 기동성을 바탕으로 작전 상황에 신속히 대응할 수 있는 효과적인 전력이며, 보다 신속한 임무 전개를 위해 전진 및 도서 기지, 함정 등 다양한 기지에 전진 배치하여 운용된다.

해군 항공기는 다양한 형태의 해군작전에 참가하여 해·공 협동 및 단독작전 임무를 수행하기도 하며 대함·대잠작전, 상륙·기뢰·특수·기동군수 지원작전, 정찰 및 초계작전, 탐색 및 구조작전 등 다양한 작전과 임무를 수행한다.

(1) 해상초계기

해상초계기는 이름 그대로 해상의 불침번으로서 장거리·전천후 해상작전능력을 보유하고 있으며, 장시간 체공이 가능하다. 원거리 해상작전 능력과 다양한 해상작전 수행능력을 보유한 항공기로서 육상기지를 중심으로 단독 또는 협동작전을 실시한다. 터보프롭 여객기를 모체로 개발되어 기체 내부공간이 넓고 탑재능력이 우수하여 많은 전자장비를 탑재할 수 있으며, 현대화된 데이터 처리장비, 컴퓨터, 관성항법장비 및 도플러 항법장비 등을 탑재하여 초계능력뿐만 아니라 공중지휘 통제기로서의 능력도 갖추고 있다.

해상초계기는 적 잠수함으로부터 주요 항만을 방어하고 주력 함정들을 보호하기 위하여 음향·비음향 탐지장비를 이용, 적 잠수함을 탐색, 식별, 추적하고, 어뢰를 이용하여 공격하는 대잠작전을 주로 수행한다. 적 수상 위협에 대해서도 조기경보 임무와 하푼과 같은 공대함 미사일을 사용하여 대함전 임무도 수행한다. 장거리 레이더, ESM^{Electronic Support Measurement} 탐지능력과 각종 통신능력을 보유하여 우군세력에 대해 지휘 및 통제를 실시하기도 하며, 항만 봉쇄와 주요 항만 보호를 위한 기뢰부설 작전 등도 지원한다. 신속한 기동능력으로 조난에 처해 있는 선박의 탐색 및 구조작전을 실시하기도 한다.

(2) 해상작전헬기

지상이 아닌 해상에서 운용하는 작전헬기로서 주로 구축함급 함정에서 대잠수함 작전용으로 탑재하나, 호위함급이나 전방 전개기지에서 운용되기도 한다.

주로 함정에 탑재하여 모함의 무기체계 연장으로 대함, 대잠, 조기경보, 표적정보 제공 등 다양한 임무를 수행하며, 상황에 따라 탐색 및 구조작전, 긴급 군수지원

임무를 수행하기도 한다. 전시 항만에 부설되는 적 기뢰를 제거하기 위한 소해헬기는 수상 소해전력과 비교 시 안전하고 신속한 소해가 가능하다. 소해헬기는 고성능 음탐장비를 이용, 해저 지형도를 작성할 수 있고 기뢰탐지능력을 보유하고 있으며, 부가적으로 지시에 따라 부여된 해상항공전 임무를 수행하기도 한다.

(3) 해상기동헬기

신속한 기동력을 보유하여 도로, 야지 등 이·착륙 장소에 구애 받지 않고 운용이 가능하여 다목적 군사용으로 사용되며, 특히 전천후 비행능력과 인원·화물 이송능력을 보유하고 있다.

이러한 능력으로 수직상륙작전과 공중기동작전의 임무를 주로 수행하여 상륙군을 해상에서 상륙지점으로 신속히 기동시키며, 인원·물자·장비 등을 육상, 함정, 전진기지에 수송하는 공중돌격작전 및 해상 대테러작전 시 특수전 임무를 수행한다. 상황에 따라서는 탐색구조, 정찰, 산불진화 등의 다목적 임무를 수행할 수 있다.

영국의 수상 윈스턴 처칠은 해군 항공전력은 지휘관의 시야를 넓혀주고 이렇게 확보된 시야가 전쟁에서 좋은 결과를 보장해주기 때문에 해군 지휘관과 함대 사령관에게 있어 항공전력의 운용은 필수라고 언급하였다.

미 해군의 항공모함기동부대사령관을 역임한 마크 미쳐 제독은, 태평양전쟁에 대하여 회고하면서 이렇게 기술하였다. "일본은 패배하였으며 항공모함의 우세가 그들을 물리쳤다. 항공모함의 우세가 그들의 육군 항공세력과 해군 항공세력을 파괴했다. 항공모함의 우세가 그들의 함대를 파괴했다. 항공모함의 우세가 일본 근처에서 우리의 기지를 안전하게 구축하도록 도와주었다. 항공모함의 우세가 그들의 도서 비행장과 그곳의 항공전력을 파괴시켰다. 항공모함의 우세가 우리의 잠수함을 위협하던 함정들이 정박한 항구를 파괴시켰다. 항공모함의 우세가 우리가 그들섬으로 공격해 들어갈 때 충분한 항공력을 지원할 수 있도록 도와주었다."

오늘날 미 해군의 상징이기도 한 항공모함은 함정 그 자체보다는 탑재되어 있는 함재기의 능력에 더 많은 관심을 기울인다. 웬만한 국가가 보유한 항공력보다 우세한 항공전력을 탑재하는 항공모함에는 전투공격기, 해상초계기, 해상작전헬기와 해상기동헬기 등이 있다.

해군의 역할은 근해를 보호하고 해상교통로와 해양자원을 지키는 것이다. 전쟁에서 승리를 위해서는 공세적이어야 하는데, 해군은 공격의 제일선에 서야 하며, 해군 항공은 이러한 공격의 예봉에 위치한다. 해군 항공은 연안에서가 아니라 함대와 함께 진격해서 출격하므로, 선진해군일수록 우수한 성능을 보유한 다양한 요소의 항공전력을 운용한다.

(4) 대공표적예인기

주로 함정의 대공사격능력 향상을 위하여 대공사격표적 예인 및 포배열 지원 등의 임무를 수행한다. 필요시에는 연락, 인원수송, 해상감시 임무 등도 수행한다.

4.2 해상작전항공기의 특성

4.2.1 육상과 해상 비행의 차이

(1) 바다위 야간비행!

해군전력은 해상작전을 수행하는 전력이며 해군 항공은 해상항공작전을 수행하는 전력이다. 그러나 해군이 운용하는 해상항공기는 육군이나 공군과 달리 수중에서의 보이지 않는 적이나 주로 야간을 이용한 기습을 노리는 수상함과 싸우는 전력으로 낮과 밤이 구분이 없으며 대다수 어두운 밤하늘의 바다가 주 전쟁터이다.

해상비행은 육상비행과 달리 항공기의 위치를 참고할 수 있는 지형지물 등의 참조점이 없는데다 야간비행 시는 밤하늘의 별빛과 해상의 선박 불빛이 혼동되어 동일하게 보이는 비행착각이 발생하기 쉽다. '공간정위상실'Spatial Disorientation이라 불리는 이 착시현상의 대표적인 것이 자신과 비행기의 자세를 착각하여 바다위를 비행할 때 바다를 하늘로 착각하고 거꾸로 날아가는 것이다. 특히, 저고도에서 장시간 임무를 하는 해상초계비행 조종사들에게는 매우 위험한 현상이다. 이렇듯 해상

그림 4-2 해상 비상착륙 후 인양되는 초계기

비행은 조종사의 정확한 계기작동 능력과 고도의 집중력이 요구된다.

(2) 바다위에서의 비상탈출, 디칭(Ditching)!

만약 먼바다에서 비상상황으로 인해 육지에 있는 공항으로 돌아오지 못한다면, 항공기는 디칭Ditching, 즉 바다위에 착륙을 시도해야 한다. 육상 활주로는 단단하다. 따라서 착륙 시 좌우 균형이 조금 다르더라도 항공기의 바퀴가 활주로에 닿으면서 평형을 맞춘다. 그러나 바다위에서는 이러한 과정 자체가 이루어지기 힘들다. 하물며 바닷물은 파도로 계속 출렁거린다. 착륙 과정에서 항공기의 좌우 중 한 곳이 먼저 바닷물에 닿게 되면 저항으로 작용해 항공기가 회전하게 되거나 심하면 동체 파괴에까지 이르게 된다. 조종사가 아무리 좌우 균형을 맞추어 바닷물에 접촉하더라도 완전 평형을 이루기 어렵다는 의미이다. 항공기의 해상 착륙이 쉽지 않은 과정임을 알 수 있다.

4.2.2 해상항공기와 타군 항공기와의 차이

(1) 3L(Low altitude, Low speed, Long endurance: 저고도, 저속, 장시간)의
해상초계기

바다위에서 바닷속의 잠수함을 탐지·식별·공격하기 위한 해상초계기는 해상초
계임무 특성상 특정지역을 집중 탐색하는 일뿐 아니라 넓은 지역을 한꺼번에 커버
할 필요도 있다. 따라서 항공기의 속도가 지나치게 빠를 경우 수행이 힘들고, 대잠
장비들의 크기 자체도 큰데다 긴 항속거리도 필요하므로 해상초계기들은 공군 전투
기에 비해 속도가 느리고 크기가 커야 하며, 이 조건을 충족하는 민간 여객기나 군
용 수송기를 개조하여 초계기로 쓰는 경우가 대부분이다. 하지만 아무리 느린 해상
초계기라도 잠수함보다는 빠를 수밖에 없어서 일단 잠수함의 위치를 발견하면 잠수
함을 꼼짝 못하게 하는, 잠수함의 천적이라고 해도 무방할 것이다. 수행하는 대부
분의 임무는 육상기지에서 발진하여 수행하기 때문에 오래 뜨고 멀리 날아가서 수
행하는 임무가 대부분이다. 또한 대잠초계라는 기본 임무에 맞게 최대한 해수면에
붙어서 날아야 할 때가 많으며 작전시간도 길고 야간비행도 잦다. 게다가 10명 내외
의 승무원들과 팀워크를 맞춰야 하는 기종인 만큼 해상초계기 승무원은 짧은 시간
내 승부를 결정지어야 하는 전투기 승무원과는 달리 장기간 인내심을 요하며, 잠수
함의 작은 신호 하나라도 놓쳐서는 안 되는 전문성을 지닌 진정한 전문가들이다.

깊은 바닷속에서 군사작전을 수행하는 전략무기인 잠수함은 전쟁의 승패를 좌우
할 정도의 위력을 갖고 있다. 함정이 첨단 소나를 달았다 해도 잠수함을 찾기는 쉬
운 일이 아니다. 더구나 선진국들은 전략잠수함 등을 통하여 SLBMSubmarine Launch
Ballistic Missile을 발사할 수 있고 먼 곳에서 전술 표적도 정확히 맞출 수 있어 적에게
는 분명한 공포의 대상이며 전략적 무기로 평가되고 있다. 전투기는 공중, 지상, 수
상의 모든 목표들을 타격할 수 있지만 수중의 표적, 잠수함을 공격할 수는 없다. 은
닉성이 생명인 잠수함을 공격하기 위한 최고의 잠수함 킬러가 바로 해상초계기이다.

육군 헬기는 지상작전을 지원하고 공군 전투기는 제공권을 확보하기 위해 필요
한 전력이며, 해상초계기는 해상통제권을 확보하기 위한 전력이다. 이는 해상에서

의 자유로운 항해를 보장하는 것으로 적 수중세력 및 수상세력에 대응하기 위한 것으로 현재는 미사일의 발달로 연안에 대한 대지작전 지원도 가능하게 되었다. 대한민국 해군의 해상초계기는 해상항공작전의 핵심전력으로 남한 면적의 3배에 해당하는 동서남해 30만km²의 영해를 지키고 있다. 이를 위해 광역해역에 대한 전천후 대잠전, 대함전, 조기경보 등의 복합임무를 수행하고 있다.

(2) 방염, 폴딩(Folding), 격납고, 센서

해상작전을 위한 해군용 헬기는 육군용과는 다른 특징들이 있다. 제한된 공간의 함정에 계류하기 위해 날개가 접힐 수 있도록 해야 한다(폴딩, Folding). 주익은 물론이고 후미 날개도 접힐 수 있어야 하며, 흔들리는 함상 착륙을 위해 함정 고정용 강착장치(하푼)가 설치돼야 한다. 또 대잠작전을 위해 디핑소나Dipping Sonar 및 소노부이Sonobuoy 투하장치를 설치해야 하며, 비상 부주장치Emergency Float와 예비연료탱크 및 재급유장치가 설치돼야 한다. 해수 부식 방지를 위해 동체 및 배수구, 접합부분에 대한 방염처리가 필요하다. 이 외에 레이더, 전자전장비, 전방적외선장치FLIR: Forward Looking Infra Red, 어뢰, 미사일 등 해상작전용 장비 및 무장 설치가 필요하다.

표 4-1 지상용 헬기를 작전헬기용으로 개조/전환하는 데 필요한 소요

기체 보강/개조	임무장비 추가	시험비행 및 인증
메인로터 접힘 기능	해상탐지레이더 장착	추가장비 성능입증 시험
후방동체 접힘 기능	Dipping Sonar 장착	장비체계 통합시험
함정 착함장비 장착	Sonobuoy 장착	함상운용 시험
랜딩기어 및 기체 보강	유압펌프 추가 장착	헬기/함정과의 EMC/EMI
비상부유장비 장착 등	발전기용량 증대	미사일/어뢰발사 시험
	전술/항법 컴퓨터 장착	감항인증 등
	저고도 자동비행장비 장착	
	Data Link 장비 장착	
	항법 및 통신장비 장착	

그동안 대표적인 해외 헬기업체들이 지상용 헬기를 해상작전용으로 개조 전환하면서 헬기 자체를 처음부터 다시 설계하고 제작했으며 시험과 인증을 거치다 보니 많은 시간을 필요로 했다. 사실상 새로 설계하는 것과 동일하다. 이 같은 사정으로 비교적 최근에 등장한 모델들은 지상용과 해상용을 별도로 동시에 개발한 사례를 갖게 되었다. 지상용 헬기를 해상용으로 개조하기 위해 필요한 작업소요는 표 4-1과 같다.

4.3 해상작전항공기의 분류

4.3.1 전투공격기

제2차 세계대전에서 항공모함의 등장과 함께 해전의 양상은 함포전에서 항공전으로 혁신적으로 변화되었다. 현재까지도 항공모함은 Sea Power의 상징으로 군림하고 있으며, 전 세계 12개국에서 운용하고 있다. 항공모함 운영유지에 드는 막대한 비용으로 인해 영국, 프랑스 등의 국가에서는 전력확충에 소극적인 반면, 해양력 최강국인 미국은 원자력 항공모함에 다양한 항공기를 탑재하여 여전히 세계 해양을 무대로 활약하고 있고, 신흥 군사대국으로 부상하고 있는 중국 역시 항공모함을 중심으로 하는 해군력 건설에 매진하고 있다.

항공모함에는 전술기 이외에 전자전기, 조기경보기 등 다양한 항공기를 탑재하여 운용하고 있으나, 전투기 위주로 살펴보도록 하겠다.

(1) F/A-18A/B/C/D

미 해군과 해병대가 운용하고 있는 '균형 잡힌' 대공, 대함, 대지 공격능력을 보유한 전투공격기이다. 1983년에 실전 배치가 시작되었으며, 지금까지 원형인 A형, 전자전장비를 탑재하여 전천후 공격능력을 추가한 C형(그림 4-3), 각각의 복좌형인 B/D형이 개발되었다.

그림 4-3 전천후 공격능력을 추가한 F/A-18C

C/D형의 대부분은 야간 공격능력을 강화한 '나이트 어택'형이며, 특히 D형은 이미 퇴역한 A-6공격기를 대체하는 전천후 공격기로서도 운용되고 있다.

현재 600여 기가 취역 중에 있으나, A/B형은 F/A-18E/F로 대체되어 순차적으로 퇴역하고 있다.

총 중량 23.5톤(C형 기준), 전폭 12.3미터, 전장 17.1미터, 속력 마하 1.8, 무장은 각종 미사일 6기 또는 폭탄 7톤, 20밀리 기총 1문, 조종사 1명이다.

(2) F/A-18E/F(Super Hornet)

앞에서 기술한 F/A-18C/D를 기초로 하여, 대★출력 엔진으로의 개조와, 주익主翼의 대형화 등 전면적인 설계변경을 추진한 전투공격기로서, 2001년부터 실전 배치가 시작되었다.

오리지널 모델(최초 모델: F/A-18C/D)과 비교하여 탑재 무장의 유연성과 항속거리가 대폭적으로 향상되었으며, 현재는 단좌單座: 1개 조종석인 E형이 200여 기, 전천후 공격능력을 강화한 복좌複座: 2개 조종석인 F형(그림 4-4)이 250여 기 취역한 상태이다.

이미 퇴역한 KA-6D를 대신하여 공중급유 임무도 수행하고 있으며, 복좌기로서

그림 4-4 공격능력을 강화한 복좌형 F/A-18F

전자전 능력을 구비한 EA-18G(뒤에 기술)도 개발되었다. 명실공히 미 항모 탑재기의 주력으로서, 뒤에 기술하는 F-35의 실전 배치가 시작된다 하더라도, 당분간 그 역할과 지위는 흔들리지 않을 것으로 예상된다.

총 중량 29.9톤(E형 기준), 전폭 13.6미터, 전장 18.3미터, 속력 마하 1.8, 무장은 각종 미사일 6기 또는 폭탄 7톤, 20밀리 기총 1문, 조종사 1명이다.

(3) JSF(Joint Strike Fighter), F-35(A: 공군, B: 해병대, C: 해군)

미국 3군(해군, 해병대, 공군)의 차세대 전투기를 하나의 타입으로 통합시킨 '야심적인 프로젝트'로서 전체 계획의 명칭은 JSF이다. 공군 사양의 육상용 CTOL기A형, Conventional Take Off & Land를 기초로 하여, 주익主翼을 대형화시킨 해군 사양의 함재용 CTOL기(C형, 그림 4-5), STOVL[1]용의 리프트 팬Lift Fan [2]을 장착한 해병대 사양의 B형 등, 3개의 타입이 동시에 개발되고 있다.

최초에는 C형이 2012년, B형은 2008년부터 실전에 배치될 계획이었으나, 개발이 크게 지연됨에 따라, 현재로서는 C형이 2017년, B형은 2018년에 전력화될 것으

---

[1] STOVL(Short Take-Off and Vertical Landing): 항모 함재기 이착륙 방식의 하나로서, '단거리 이륙, 수직 착륙' 방식

[2] 리프트 팬(Lift Fan): STOVL 성능을 갖추기 위해 수직으로 추진력을 발생시키는 장치

그림 4-5 JSF(Joint Strike Fighter), F-35C

로 예상되고 있다. 미 해군은 C형을 약 400기 도입할 계획이었으나, 이것이 260기로 삭감되었기 때문에, 해병대가 B형 340기에 추가하여 항모 탑재용인 C형 80기를 추가 확보하는 것으로 결정되었다. C형은 항공모함에서 운용할 해상형으로서 항속거리를 늘리기 위해 연료를 많이 넣고 항공모함에 안전하게 착함하기 위해 접근속도를 낮추었다. 이 때문에 다른 F-35보다 날개가 1.45배가 크다. 총 중량 31.8톤(C형 기준), 전폭 13.1미터, 전장 15.7미터, 속력 마하 1.6, 무장은 AAM 2기, 각종 폭탄 7.7톤, 조종사 1명이다.

그림 4-6 STOVL 기능을 보유한 F-35B

(4) AV-8B

영국이 개발한 세계 최초의 실전 V/STOL기 해리어(미 해병대 호칭은 AV-8A)의 개량형으로서, 1983년부터 미 해병대에 배치되었다. 상륙작전 시 근접지원에 추가하여, 저지沮止공격 및 공대공 전투도 가능하며, V/STOL 성능을 살려 강습상륙함 및 가설假設기지로부터 임무를 수행한다.

해리어 계열 항공기를 항공모함에서 운용하는 나라는 이탈리아, 스페인, 인도 등이다. 이탈리아와 스페인 항공모함은 영국의 해리어-II를 개조한 AV-8B+를 운용하고 있으며, 공대공과 공대지 전투 임무에 투입하고 있다. 미 해병대에서 운용하고 있는 해리어는 원형이 30여 기, 야간 공격능력 및 공대공 능력을 향상시킨 B+형 80여 기(그림 4-7), 복좌複座 연습형 10여 기가 취역하였으나, 노후화가 진행됨에 따라, F-35B의 배치를 기다리고 있는 상황이다.

총 중량 14.1톤(B형 기준), 전폭 9.3미터, 전장 14.1미터, 속력 583노트, 무장은 각종 미사일 또는 폭탄 4.2톤, 20밀리 기총 1문, 조종사 1명이다.

그림 4-7 야간 공격능력 및 공대공 능력을 향상시킨 B+형 82기

4.3.2 해상초계기

(1) P-8A

2015년부터 실전 배치가 시작된 최신예 대잠초계기로서, 보잉737 여객기를 기반으로 하여 최신의 대잠 및 대對수상 탐지장비와 각종 무장을 탑재하였다. 2015년 9기가 취역하였고, 2017년까지 37기 가량이 배치되고 최종적으로 100기 정도가 전력화되어 P-3C를 대체할 계획이다. P-8은 미 해군의 해상초계기 부대에 중대한 변혁을 가져올 것으로 예상하고 있다. P-8은 성능개선을 용이하게 하도록 설계되었으며, 속력·고도·항속거리·성능 등의 모든 면에서 우수하고, 센서와 무장의 탑재가 용이하여 미래 대잠전과 대수상전의 양상을 대폭 변화시킬 수 있을 것이다. P-8에 적용된 주요 특징은 '개방형 항공전자시스템', '다양한 최첨단 탐지장비 탑재', '다양한 무장장착 운용 및 고고도 대잠전 개념 적용', '무인 광역 해상감시체계와 통합운용' 등이다.

미 국방성은 P-3C 계열을 운용중인 캐나다, 이탈리아 등 15개국 이상이 P-8A를 채용할 것으로 기대하고 있으나, 가격이 고가高價임에 따라, 현시점에서 도입을 결정한 것은 오스트레일리아와 P-3C 운용 실적이 없는 인도뿐이다.

총 중량 85.8톤, 전폭 37.6미터, 전장 39.5미터, 속력 490노트, 무장은 하푼 ASM

그림 4-8 P-3를 대체할 P-8A, 미 최신예 대잠초계기

및 대잠어뢰, 승무원 9명이다.

(2) P-3C

최초 실전 배치는 50년 가까이 된 1969년이지만, 대잠 장비는 지속적으로 현대화가 추진되었으며, 현재에도 소노부이 신호처리 능력의 대폭적인 강화ARTR: Acoustic Receiver Technology Refresh에 추가하여 LINK-16의 탑재 등이 추진되고 있다. 또한 대對수상 탐색 및 공격능력의 강화도 추진되고 있으며, P-8A의 실전 배치가 늦어질 기미를 보임에 따라, 당분간은 주력 초계기의 지위를 유지할 것으로 보인다. 미 해군에서 현재 운용중인 것은 133기이며, 기타 전자정찰기 형태의 EP-3E도 13기를 보유하고 있다.

총 중량 61.2톤, 전폭 30.4미터, 전장 35.6미터, 속력 400노트, 무장은 하푼 ASM 및 대잠어뢰 합계 8기, 승무원 12명이다.

그림 4-9 50년 가까이 대잠작전을 수행하고 있는 P-3C

(3) P-1

2007년부터 실전 배치가 시작된 일본의 최신예 대잠초계기로서 방위성 기술연구본부와 가와사키 중공업이 공동개발하였다. 최종 양산은 80여 대이며, 제트 엔진을 채용하여 비행속도와 탑재중량을 대폭 개선하였다. 또한 탑재되는 대잠·무장의 대부분이 일본의 국산장비로 대체될 예정이다.

그림 4-10 일본의 최신예 대잠초계기, P-1

P-1의 주요 특징은 '제트엔진 탑재 및 첨단 조종시스템', '자체 제작한 임무장비 및 전투지휘시스템', '무장 탑재능력' 등이다.

표 4-2 P-1 주요 제원.

기장×기폭 ×기고(m)	38×35.4×12.1	최대속도(kts)	538
승조원(명)	13	항속거리(NM)	4,320
총중량(ton)	79.7	엔진/출력	T56-IHI-14/4,910ESHP×4
전자/통신	Active Electronically Scanned Array radar	상승고도(FT)	44,200
무장	AGM-84 Harpoon, ASM-1C, AGM-65 Maverick		

4.3.3 해상작전헬기

회전익 항공기인 해상작전헬기는 로터를 이용하여 양력, 추진력, 조종력을 제공하는 체계로서 임의의 위치에서 다른 위치로 방향에 관계없이 비행이 가능하며 수직 이착륙, 제자리 비행, 상승, 하강, 전·후진 및 좌우비행 형태의 다양한 공중기동이 가능한 항공기이다. 전투기 등의 고정익 항공기에 비해 기동성은 떨어지나, 수직 이착륙 및 제자리 비행 특성 등 회전익 항공기만의 장점으로 인해 군용 및 민수용으로 다양하게 운용되고 있다. 특히 협소한 비행갑판을 보유한 함정에서도 운용이 가능하여 대잠/대함작전, 특수작전, 기동군수 및 전투, 수색구조, 수송 등의 다목적인 임무가 가능하므로 해군함정 및 해군세력 중에서 가장 중요하고 다용도로 활용할 수 있는 자산이다.

해상작전헬기는 기지 및 함정에 탑재해 대함작전, 대잠작전 및 탐색, 구조작전을 수행한다. 수상함의 제한적인 기동성과 탐색능력을 보완해 제한된 시간에 광대한 해역을 효과적으로 초계하기 위해 고속화, 체공시간 증대, 임무의 다양성 추구, 무장능력의 향상, 탑재장비의 성능향상 등으로 발전되는 추세이다.

헬기의 대함작전은 함정 레이더 탐지영역 밖의 적 해상 세력에 대한 탐지 및 표적정보의 제공과 직접 공격을 수행하고, 대잠작전은 적 어뢰공격 사거리 밖의 적 잠수함을 탐지, 공격해 아군 수상함 전단을 보호한다.

세계적으로 운용되는 대표적인 해상작전헬기는 영국과 이탈리아의 아구스타웨스트랜드Agusta Westland사의 링스Lynx와 EH-101, 미국 시콜스키Sikorsky사의 SH-60(MH-60), 유러콥터사의 NH-90 등이 있다.

링스 헬기는 1970년대 영국과 프랑스에서 공동 개발했다. 처음에는 육군용으로 개발해 링스AHArmy Helicopter 시리즈로 발전했다. 이후 해군 대잠용으로 링스HASHelicopter, Anti-Submarine 등으로 개발됐다.

(1) Agusta Westland 사의 AW101 MERLIN

EH사(Agusta Westland사로 합병됨)는 민수용뿐만 아니라 해군용 및 다목적용 중형 헬기인 EH101(현재는 AW101) 헬기를 개발하였다. 모든 버전의 AW101헬기는 복합 로터날개가 달려 있으며 현대화되고 모듈화된 동체 디자인을 사용하고 있다. 또한 3개의 엔진을 장착하고 있으며 구매자가 Rolls Royce사의 Turbomeca RTM322 또는 General Electric사의 CT7/T700엔진 중에서 선택 가능하다. 동 헬기의 특징은 승무원의 작업량을 최소화하고 1인이 조종 가능하도록 조종석을 설계하였으며 정밀

그림 4-11 영국 항공기 훈련용 함정 ARGUS함에 착륙하는 AW101 MERLIN 헬기

항법장치와 이원화된 비행통제시스템Flight Control System: FCS을 장착하고 있다. 제작사측에서는 안전성, 생존성 및 정비성을 고려하여 디자인하였으며 특히 조종사의 건강/조종 모니터링시스템Health and Usage Monitoring System: HUMS과 진동을 줄이기 위한 동체 진동 방지시스템Active Control of Structural Response: ACSR을 장착하고 있다. 적재능력으로는 병력 30명 또는 5톤 이상의 화물을 우측 슬라이딩 도어를 이용하거나 선택사항인 후미 램프를 이용하여 적재 가능하다. 동체하부에 있는 연료탱크는 동체측면에 연료탱크 부착 없이 장거리 임무 수행이 가능하게 하며, 개조를 통해서 공중 재급유도 가능하게 할 수 있다. 또한 극지방에서 적도까지 모든 기상상태에서도 작전 수행이 가능하고 비상대기상태에서 5분 안에 이륙이 가능하며 승무원이 비행 중에 헬기 내부 구조물을 변경할 수 있다.

동 헬기의 임무로는 병력수송, 사상자이송(환자 이송용 들것 16개 보유), 전술지원 및 특수전지원 등이 있다. 해상용 헬기는 3명의 승무원이 해상작전을 모두 수행 가능하며, 민첩한 기동성으로 해상상태가 불량해도 함정에 착륙이 가능하고 격납고 보관 시에는 주 로터날개와 꼬리날개를 접을 수 있도록 되어 있다. 장착되어 있는 다른 시스템으로는 360도 탐색레이더, 적외선 전방 감시장비Forward Looking Infra Red: FLIR, 전자전 지원장비Electronic Support Measure: ESM, 자동방어내장시스템Defensive

Aids Suite: DAS 등이 있다. 또한 동 헬기는 5시간 이상 제자리 비행이 가능하며 엔진 두 개를 사용할 경우 25만km² 이상의 지역에 대한 초계비행이 가능하다. AW101 헬기는 임무 자료 처리를 포함하여 대잠전Anti Submarine Warfare: ASW 임무도 완전 자동으로 수행 가능하며(대잠전 장비: 디핑소나, 소노부이, 어뢰 4기 및 폭뢰), 센서 부착이 용이한 대형 후미 램프에 기뢰대항전Mine Counter Measure: MCM 체계 설치도 가능하다. 기타 수행 가능한 임무로 대함미사일 2기를 이용한 대함전Anti Surface Warfare: ASuW, 항공조기경보Airborne Early Warning: AEW, 배타적 경제수역EEZ 보호, 상륙지원, 탐색구조Search And Rescue: SAR 및 전투탐색구조Combat, Search And Rescue: CSAR 등이 있다.

영국 해군은 대함전ASuW/대잠전ASW용 MERLIN HM1 헬기 40여 대를 운용하고 있으며, 정비 주기를 늘리면서 정비에 필요한 시간을 줄였다. 또한, 장기적으로 영국 해군은 MERLIN 헬기 성능 유지 프로그램을 통해서 새로운 항공전자장비, 통신 및 항법장비, 개방시스템 구조 및 Fly-By-Wire(페달을 이용한 조정시스템) 비행통제, 향상된 연안 탐색능력을 가진 레이더 등을 갖추어 현대화시켰으며, 다수의 헬기를 보유하고 있다.

이탈리아 해군의 신형 상륙지원 헬기Amphibious Support Helicopter: ASH는 초기의 다목적용 헬기에 속한다. 일본 해상자위대Japan Maritime Self-Defence Force: JMSDF는 소해용Airborne Mine Counter Measure: AMCM 헬기 MCH101 제작권을 가지고 있는 가와사키 중공업으로부터 헬기를 납품 받을 예정이다(현재 6척 운용중). 동 헬기는 이탈리아 또는 영국을 제외한 국가에서 첫 번째로 제작된 헬기이며 가와사키 중공업 RTM322엔진을 포함하여 일본 부품을 일부 사용하였다. MCH101헬기는 일본 해상자위대JMSDF의 MH-53 헬기를 대체하게 될 것이다.

(2) Agusta Westland 사의 LYNX

많은 국가의 해군에서는 다양한 해상작전 수행을 위해 중형 다목적용 LYNX 및 개량된 Super LYNX를 운용하고 있다. Super LYNX는 Rolls Roys/LHTEC CTS800-4N 엔진, MIL STD 1553B(미 국방성에서 통신데이터와 관련하여 규정한 군사규격) 기준에 부합하는 강화유리 조종석, 정밀항법장비, 자동비행통제체계Automatic Flight Control System: AFCS, 장거리 360도 탐색레이더, 전자전 지원장비ESM, 적외선 전방 감시장비FLIR, 자동방어내장시스템DAS: 레이더 경보, 레이저 경보, 미사일 근접 경보시스템 및 Decoy, 통합 무장관리시스템, 건강/조종 모니터링시스템HUMS 등을 장착하고 있다. 안전장비로는 긴급 구명장비, 긴급 조난자 위치발신기, 긴급 탈출을 위한 캐빈 도어 등을 구비하고 있다.

보유 무장으로는 SEA SKUA 공대함미사일 4기, Mk44/46 또는 Stingray 어뢰 2기 또는 MK11 폭뢰 2기, 캐빈 장착 기관총 및 로켓포 등이 있다. 인원은 총 9명이 탑승 가능하고 대잠전ASW, 대함전ASuW, 배타적 경제수역EEZ 보호, 탐색구조SAR, 상륙 및 연안작전 등을 수행 가능하다. 또한 신속하게 함정 갑판에서 이륙 가능하며 기동성 및 지속성을 통해 초저공비행Nap-Of-The Earth Flight이 가능하다.

Agusta Westland사는 모든 기상, 소형함정에서의 주/야간 작전 등을 포함하여 악조건의 해상환경에서 작전 수행이 가능하도록 하기 위해 동체에 염분 부식방지 처리 및 최소 공간의 함정 갑판 및 격납고를 사용토록 하였다. 특히 해상상태 6에서도 함정에서 이·착륙이 가능하도록 하였으며, 함정 갑판에서 기동이 가능하도록 저중심 설계 및 넓은 랜딩기어 사용으로 갑판에 고정이 잘 되도록 하였다. 현재 프로그램 기간 중에 남아프리카 해군은 Super LYNX 300을 AMATOLA급 호위함에 탑재하여 대잠전ASW, 해상초계 및 탐색구조SAR 임무를 수행하도록 할 것이다. 말레이시아는 Super LYNX 헬기를 추가 확보하여 해상항공 전력을 보강하려 하고 있다. 네덜란드 해군은 NH90 헬기의 인도가 지연됨에 따라 현재 보유하고 있는 LYNX헬기 10대에 대한 수명 연장 서비스를 받을 예정이다.

AW-159는 2009년 말 개발, 2011년부터 양산하였으며, Agusta Westland사는 동 헬기를 영국 해군에 총 70대를 납품할 예정이다. 동 헬기는 Super LYNX와 같은 엔진을 사용하고 Selex사의 SEASPRAY 7000E 탐색레이더, 탈레스사의 항공전자, 통신 및 항법장비, Smith Aerospace사의 건강/조종 모니터링시스템HUMS, 조종사 음성 및 비행기록 장비, Selex사의 헬기 통합 방어시스템 등을 장착하고 있다. 최근 종료된 영국 로터 개발 프로그램 IVBritish Experimental Rotor Programme, BERP IV를 통해

그림 4-12 2011년부터 양산중인 AW-159

새로운 주 로터날개를 개발하여 AW101에 장착/시험평가를 완료하였으며, 차세대 LYNX에 장착할 예정이다. BERP IV에 의해 개발된 장비를 장착하고 있는 헬기는 향상된 성능, 낮은 진동과 소음, 우수한 손상방지기능 및 저렴한 가격이 특징이다.

(3) Eurocopter사의 COUGAR, FENNEC, PANTHER 및 EC725

Eurocopter사의 COUGAR, FENNEC, PANTHER 및 EC725 헬기는 해군용 헬기를 포함 다목적용 헬기로 분류가 된다. COUGAR 헬기는 광범위한 해역 탐색 작전, 항공조기경보AEW, 대함전ASuW, 초수평선 표적획득Over The Horizon-Targeting: OTH-T, 대잠전ASW, 탐색구조SAR 등의 임무수행이 가능하다.

장착된 장비로는 파노라마식 탐색 레이더, 자동비행통제시스템AFCS, 적외선 전방 감시장비FLIR, 레이더 경보수신기Radar Warning Receiver: RWR, 전자전 지원장비ESM, 전자전 대항장비Electric Counter Measure: ECM, 디핑소나 등이 있으며 특정 임무를 위해서 신속한 상호연동이 가능하다. 무장으로는 기관총, 기관포, 로켓, EXOCET 대함미사일 2기, 어뢰 등이 있다. 그 밖의 특징으로 탐색작전 시 호위함이 탐색할 경우 24시간이 소요되는 구역을 COUGAR 헬기는 4시간 만에 탐색할 수 있다는 것이다.

그림 4-13 함에서 이륙 중인 COUGAR

그림 4-14 함에서 이륙 중인 FENNEC

동 헬기는 많은 함정 갑판 조정 시스템과 연동이 가능하여 항모를 제외한 함정에서의 헬기작전Helicopter On Ship Other Than Aircraft Carrier: HOSTAC에 관한 NATO의 표준규정NATO Standardization Agreements: STANAGs을 충족한다.

경량급 쌍발엔진을 장착하고 있는 FENNEC 헬기는 해상탐색작전 EXOCET 대함 미사일 장착 함정을 위한 초수평선 표적획득OTH-T, 대잠전ASW 및 다른 지원 임무를 수행 가능하다. AS555MN FENNEC은 비무장 헬기인 반면에, AS555SN FENNEC 헬기에는 기관총, 20mm포, 로켓, TOW 대전차미사일 및 어뢰 등의 무장이 있다.

PANTHER 헬기에 장착된 장비로는 자기탐지장비Magnetic Anomaly Detector: MAD, 어뢰 2기, 레이더, 대함전ASuW용 미사일 및 적외선 전방 감시장비FLIR 등이 있다.

(4) KAMAN사의 SH-2G SEASPRITE

이전 모델인 SH-2F에서 개량한 SH-2G는 가장 강력한 소형함정용 헬기로 손꼽히고 있다. 수행 가능한 임무로는 대잠전ASW, 대함전ASuW, 초수평선 표적획득 OTH-T, 탐색, 병력 수송, 탐색구조SAR 등이 있다. 동 헬기에는 현대화된 대잠전 장비, 데이터버스, 데이터링크 및 다른 통신장비 등이 장착되어 있고, 무장은 Mk46 어뢰 또는 Mk50 경어뢰Advanced Light Weight Torpedo: ALWT 2기 및 7.62mm 기관포가 장착되어 있다. 뉴질랜드 및 호주 해군은 동 헬기에 MAVERIK 공대지미사일 및

그림 4-15 폴란드 해군에서 운용중인 SH-2G SEASPRITE

PENGUIN 공대함미사일을 장착하고 있다. SH-2G 헬기에는 3명의 승무원이 탑승 가능하지만 KAMAN사에서는 승무원 2명이 탑승하고 더욱 많은 전자장비 및 시스템을 장착한 헬기를 호주 해군에 납품한 바 있다.

호주 해군은 대잠전ASW, 대함전ASuW 및 탐색구조SAR용 헬기 10여 대를 납품 받았지만 KAMAN사에서 복합 전술전자장비ITAS에 문제를 발견하여 2007년 5월에 호주해군은 조기도태 대신에 SH-2G 도입 프로그램을 지속하면서 Sikorsky사에서 새로운 헬기를 도입하거나 Eurocopter사 헬기로 대체하기로 결정하였다.

(5) NH사의 NH90

쌍발엔진의 중형급 헬기인 NH90은 전혀 다른 임무를 수행하는 NATO 호위함 헬기NATO Frigates Helicopter: NFH와 전술수송헬기Tactical Transport Helicopter: TTH를 혼합하여 개량한 모델이다. 동 헬기의 임무로는 대잠전ASW, 초수평선 표적획득OTH-T 능력을 보유한 대함전ASuW, 대공전Anti Air Warfare: AAW, 수직보급VERtical REPlenishment: VERTREP, 탐색구조SAR, 수송 및 기뢰부설 등이 있으며, 통합 비행통제시스템FCS과 MIL-STD-1553(미 국방성에서 통신데이터와 관련하여 규정한 군사규격) 규격으로 제작된 두 개의 잉여 디지털 데이터버스 등을 장착했다는 것이 특징이다. 다른 장비로는 역합성구경레이더Inverse Synthetic Aperture Radar: ISAR 기능을 가진 파노라마식 레이더, 소나, Link-11 데이터링크시스템 등이 있다. 장착된 엔진은 Rolls Royce/Turbomeca사의 RTM 332-01/9 또는 General Electric/Avoi사의 T700-T6E이며 채프 및 플레어탄 발사기를 이용하여 자기방어가 가능하다. 무장으로는 Mk46/MU90/STINGRAY 어뢰 2기, 대함미사일 및 기관총 등이 있다. 한편 캐빈 양측에 달려 있는 슬라이딩식 대형 도어와 후방램프를 이용하여 병력탑승 및 화물적재가 가능하도록 하였다.

동 헬기는 주·야간 모든 기상조건 및 해상상태 6 이상에서의 해상상태에서도 작전이 가능하며, 접이식 주 날개 및 꼬리날개와 안전/선회장비 설치로 함상에서 이·착륙이 가능하여 NFH 헬기는 항모를 제외한 함정에서의 헬기작전Helicopter On Ship Other Than Aircraft Carrier: HOSTAC에 관한 NATO의 표준규정NATO Standardization

그림 4-16 디핑소나를 내리고 있는 NH90 NHF헬기

Agreements: STANAGs을 충족하였다. 통상 승무원 3명이 탑승하게 되어 있지만 콘솔 추가로 5명까지 탑승 가능하며 최초의 Fly-By-Wire 시스템(페달을 이용한 조정시스템)을 장착한 헬기이다.

더 많은 구매자의 요구를 충족시키기 위해 NH사는 14개국에 25종의 다른 형태의 NH90 헬기(NFH 및 TTH헬기 포함)를 생산하여 공급하였으며, 2009년부터는 NATO 호위함 헬기NATO Frigates Helicopter: NFH 20여 대를 네덜란드에 납품하였고, 프랑스 해군에 20여 대, 이탈리아 해군에 40여 대, 독일 해군에 30여 대, 스웨덴 및 노르웨이 해군 등 많은 국가들에 판매 또는 계약 중에 있다. 또한 호주에는 MRH90 헬기를 해군용 30여 대를 포함 총 40여 대를 납품하고, 스페인에는 육·해·공군용 NH90 헬기를 납품할 예정이다.

(6) Sikorsky사의 CH-53E/K SEA STALLION

미 해병대USMC의 엔진 3대를 장착한 CH-53E 중형 헬기는 미군이 보유한 가장 강력한 헬기로 꼽히고 있다. 미 해병대USMC는 아프가니스탄 및 이라크전을 통해 동 헬기에서 사소하게 개량해야 할 것을 발견하여 Northrop Grumman사의 지향성 적외선 대항장비Directional Infra Red Counter Measures: DIRCM를 도입할 예정이며, 동 장비

그림 4-17 CH-53E SEA STALLION

장착으로 휴대용 지대공 무기에 대한 방어능력이 향상될 것으로 판단하고 있다. 미 해병대USMC는 도태된 CH-53E 헬기 7대를 다시 작전 운용할 예정이다.

미 해병대의 중형 헬기 대체Heavy Lift Replacement: HLR 프로그램을 통하여 차세대 CH-53K 헬기가 CH-53E 헬기보다 많은 중량의 화물 적재가 가능토록 하게 될 것이다(CH-53E 헬기 화물 적재능력의 두 배인 200km 이상 거리까지 12,260kg 화물 수송 가능). 미 해병대USMC의 경 상륙돌격함정의 크기 제한으로 CH-53K 헬기는 전 모델보다 훨씬 작게 디자인되었으며, General Electric사의 GE38엔진, Rockwell Collins사의 상용 항공 전자기기 구조 시스템, 유리 조종석, Fly-By-Wire페달을 이용한 조정시스템 비행통제장비FCS, 증가된 복합구조물, 현대화된 로터 및 3개소의 외부 화물조정시스템 등이 장착되어 있다. 생존성 측면에서도 CH-53E와 비교해서 생존기능이 많이 향상되었다. 미 해병대USMC는 CH-53K 헬기 총 150여 대가 필요할 것으로 판단하고 있으나 양산계획은 지속 연기되고 있다.

(7) Sikorsky사의 M/SH-60 및 S-70B

미 육군이 개발한 UH-60 수송헬기의 해군 기종으로서, 먼저 수상전투함 탑재용으로서 범용汎用성을 중시한 SH-60B가 1983년에 실전 배치되었고, 이어서 항모 탑재용에 디핑소나를 장착하는 등 대잠 능력을 강화한 SH-60F가 1989년에 실용화되었다.

더욱이 수색 구난 및 특수작전 지원용인 HH-60H, 대對수상 공격능력을 강화함과 동시에 대對기뢰전 능력을 부여한 MH-60R, 수송능력에 중점을 둔 MH-60S(그림 4-18)와 다수의 파생 형태가 개발되었으나, 미 해군은 이것을 MH-60 계열로 일체화 추진 중이다. 현재 보유 기수는 SH-60B가 70여 기, SH-60F가 20여 기, HH-60H가 30여 기, MH-60R이 140여 기, MH-60S가 210여 기이다.

총 중량 9.9톤(B형 기준), 회전익 직경 16.4미터, 전장 19.8미터, 속력 160노트, 무장은 대잠어뢰 또는 ASM 2기, 승무원 3명이다.

쌍발 엔진의 M/SH-60 헬기(민수용은 S-70B)는 해군작전용으로 개발되었으며, 장착된 무장은 PENGUIN 지대함미사일 또는 어뢰(Mk46 또는 Mk50) 2기가 있다. MH-60S 헬기는 향상된 병력/화물 수송이 가능한 UH-60L BLACKHAWK 헬기의 큰 캐빈을 가진 SH-60B SEAHAWK 헬기를 발전시킨 모델이다. 수행 임무로는 수직보급VETREP/수송, 전투 탐색구조CSAR, 특수전 병력 수송, AES-1 항공 레이저 기뢰 탐지장비를 이용한 항공기뢰대항책AMCM 등이 있다.

다중 임무 수행용 헬기Multi-Mission Helicopter: MMH인 MH-60R 헬기는 SH-60B 및

그림 4-18 미 해군의 MH-60S SEA HAWK 헬기

SH-60F 헬기의 후속 모델이며, 2005년 7월에 최초로 생산되었다. 동 헬기의 특징으로는 유리 조종석, 현대화·개량화된 비행통제컴퓨터Advanced Flight Control Computer: AFCC, 복합 자체보호시스템, 전자전 보호장비ESM, 항공저주파소나Airborne Low Frequency Sonar: ALFS, 향상된 역합성구경레이더ISAR 기능이 있는 다중 목적용 레이더, 적외선 전방 감시장비FLIR 등을 장착하고 있다는 것이며, Lockheed Martin사가 전체 시스템 총괄 통제 임무를 수행하고 있다. 장착 무장으로는 어뢰 및 HELLFIRE 공대지미사일이 있으며 수행 임무로는 대잠전ASW, 대함전ASuW, 탐색, 통신중계, 탐색구조SAR, 해군 화력지원, 군수지원 및 병력수송 등이 있다. 미 해군은 작전손실에 대비하여 MH-60R 250여 대를 추가 구매할 예정이다.

미쓰비시 중공업Mitsubishi Heavy Industries: MHI에서 인증 생산한 대잠전용 헬기인 SH-60K는 해상자위대JMSDF가 운용하고 있는 SH-60J 헬기의 후속 모델이다. SH-60J에서 변형된 SH-60K 헬기는 더욱 강력한 IHIIshikawajima-Heavy- Industries사의 GE T700-401C2 엔진을 장착하고 있으며, 더 커진 캐빈, 현대화된 계기판, 향상된 항공전자기기 및 확장된 무장능력이 특징이다.

Sikorsky사는 FMS 절차보다 상업적인 절차를 통해 판매하고 있는 SH-60B 헬기와 동일한 모델을 S-70B 헬기라고 명칭을 사용하고 있으며, 2009년부터 동 헬기를 터키 해군에 이미 공급한 7대 외에 추가적으로 17대를 납품할 예정이다. 싱가포르 해군 또한 2009년부터 대잠전ASW 및 대함전ASuW용 S-70 헬기를 납품 받기 원하고 있다. 타이는 최초의 MH-60 헬기 수입국이며 2007년 6월에 2대를 주문하여 2009년에 납품 받을 예정이고 최종적으로는 총 6대를 납품 받을 예정이다.

(8) 기타 해군 헬기

인도 HALHindustan Aeronautics Ltd사의 해군용 헬기인 ALHAdvanced Light Helicopter는 어뢰 또는 폭뢰 2기를 이용한 대잠전ASW 및 대함미사일 최대 4기를 이용한 대함전 ASuW을 수행할 수 있다. HAL사는 또한 인도 해군의 SEA KING 헬기를 대체하기 위해 다목적/해군용 헬기를 개발하려 하고 있다.

Kamov사의 해군용 헬기 기종들은 독특하게 동축 다중 로터를 사용해서 토크

그림 4-19 Ka-27 헬기의 항공조기경보용(AEW)인 Ka-31 헬기

방지 꼬리 날개가 필요없게 되었으며, 로터 크기가 작아졌다. 대잠전ASW용 Ka-
27, Ka-28 기종들을 변형하여 돌격상륙병력 수송용 Ka-29와 항공조기경보용AEW
Ka-31 기종을 개발하였다. 러시아와 많은 국가들이 Ka-27/28/29를 운용중에 있
으며, 인도는 Ka-31을 운용하고 있다. 해군 육상기지용 기종인 Mi-14는 Mi-8/17
에서 개량된 모델로서 대잠전ASW, 기뢰대항전MCM 또는 탐색구조SAR 임무 등을 수
행할 수 있다.

인도는 다양한 옵션사항을 추가한 대잠전ASW 헬기 16대 도입을 추진하고 있으
며, 경쟁업체로는 NH사의 NH90, Eurocopter사(Hindustan Aeronautic Ltd사에서
제안)의 EC725, Sikorsky사의 S-70B SEAHAWK(상용 계약) 또는 MH-60R(미국
정부 외자물자구매) 등이 있다.

영국 해군은 확보 추진 중에 있는 항모 2대에 필요한 해상 항공 탐색 및 통제
Maritime Airborne Surveillance and Control: MASC용 헬기 도입을 고려하고 있다. 항공조기
경보AEW, 해상탐색, 전투관리 지휘 및 통제 등을 포함하는 해상 항공 탐색 및 통
제MASC 임무를 수행하기 위해서는 SEA KING 항공 탐색 및 지역통제용 헬기 대신
에 대체 헬기가 필요하게 될 것이다. 해상 항공 탐색 및 통제MASC 임무를 위해서
CERBERUS의 임무 시스템과 AW101 헬기를 기본적으로 고려하고 있으며, 탈레스

사 CERBERUS는 개방형 시스템구조를 적용할 예정이다.

4.3.4 기타 항공기

(1) 조기경보기, E-2

함대 방공의 가장 중요한 요소인 함재艦載 조기경계기로서, 수상 목표의 탐색·감시 및 항공작전에서의 지휘 중추로서의 역할도 수행한다. 레이더를 수납한 기체 상부의 '로터 돔'이 외관상의 특징이다.

1973년부터 실전 배치가 시작되었으며, 현재 C형(그림 4-20) 61기에 추가하여, 레이더 개량 및 협동교전능력CEC: Cooperative Engagement Capability 기능을 추가하여 대폭적인 성능 향상을 추진한 D형 9기가 취역하였다.

미국과 프랑스의 항공모함에서 운용하며, 동체 윗면에 APS-145 레이더를 설치해서 적기의 위치정보를 획득하여 아군의 함대에 전달한다. E-2는 항공모함 주변에서 항공모함 관제 영역과 E-3 AWACS의 담당 영역 사이를 보완해준다.

총 중량 24.2톤(C형 기준), 전폭 24.6미터, 전장 17.5미터, 속력 340노트, 승무원 5명이다.

그림 4-20 1973년부터 실전 배치된 E-2/C형

그림 4-21 F/A-18F와 유사한 외형의 EA-18G

(2) 전자전기, EA-18G

2009년부터 실전 배치가 시작된 신형 전자전기로서, F/A-18F 전투공격기를 기초(원형)로 하였다. 뒤에 기술하는 EA-6B의 대체 기종으로 약 100기를 조달할 예정이며, 현재 75기가 취역하였다.

외관은 원형인 F/A-18F과 유사하지만, 주 날개의 양 끝단 및 수직 꼬리날개에 ESM 등의 안테나를 장착하고 있으며, 동체 및 양 날개의 파이론Pylon: 항공기의 날개 및 동체의 하부에 엔진, 미사일, 탄약 등을 장착하는 지주에 합계 3기의 ECM 포드Pod를 탑재하였다.

전자전 시스템의 구성은 기본적으로는 EA-6B와 동일하지만, 장비의 자동화를 진전시킨 결과, 승무원을 2명으로 반감半減시켰다. 총 중량 29.9톤, 전폭 13.6미터, 전장 18.4미터, 속력 마하 1.8, 무장은 ARM 2기, 승무원 2명이다.

(3) 전자전기, EA-6B

이미 퇴역한 A-6 공격기로부터 파생된 함재艦載 전자전기로서, 1971년부터 실전 배치가 시작되었다. 공격작전 수행을 위한 전자전 지원을 임무로 하고 있으며, 높은 방해妨害 능력을 보유한 ALQ-99 전자전장비와, 적 대공진지對空陣地의 제압을 위한 '대對 레이더 미사일ARM'을 탑재하였다. 앞에서 기술한 EA-18G의 배치가 진행됨에 따라 순차적으로 현역에서 모습을 감추고 있기는 하지만, 현재에도 60여 기가 해군 및 해병대에서 운용되고 있다.

총 중량 29.5톤, 전폭 16.2미터, 전장 18.2미터, 속력 566노트, 무장은 ARM 4기, 승무원 4명이다.

(4) 통신중계기, E-6B

해중海中의 전략원잠에 대한 통신중계가 주요 임무로서, 원형인 A형은 1989년부터 실전 배치가 시작되어 총 10여 기가 생산되었다. 그 통신 능력을 비약적으로 강화하여, 유사시 전략군 작전사령부로서의 기능을 부여한 것이 그림 4-23에 보이는

그림 4-22 이륙중인 EA-6B

그림 4-23 7.9km에 달하는 VHF 안테나를 내장하고 있는 E-6B

B형으로, 현재는 10여 기의 A형 모두가 B형으로 개조되었다.

기내機內에는 전장 7.9킬로미터에 달하는 VHF초단파 안테나를 말아서 넣은 드럼을 탑재하고 있으며, 통신 시에는 이것을 기체 외부로 내보내 사용한다.

총 중량 154.4톤, 전폭 45.2미터, 전장 45.8미터, 속력 520노트, 승무원 12~25명이다.

(5) 훈련기, T-45

영국의 브리티시 에어로스페이스사(現 BAE사)가 개발한 호크 훈련기의 함재기형으로, 1994년부터 실전 운용에 투입되었다. 종래에는 중등 훈련기와 고등 훈련기가 분담하고 있었던 함재기 조종사에 대한 훈련이 본 기종만으로 가능하게 되어, 훈련체계의 대폭적인 합리화가 실현되었다.

원형인 A형과, 조종석의 디스플레이를 신형 실전기와 동일한 사양으로 개조한 C형이 있으며, A형도 순차적으로 C형 사양으로 개조되고 있다. 현재 보유 기수는 합계 200여 기이다.

총 중량 5.8톤(A형 기준), 전폭 9.4미터, 전장 12.0미터, 속력 마하 0.85, 승무원 2명이다.

그림 4-24 훈련기 T-45

그림 4-25 항모와 육상기지 간 인원, 물자 수송을 담당하는 C-2A 수송기

(6) 수송기, C-2A

항모와 육상기지 간의 인원 및 물자의 수송을 임무로 하는 함재수송기로서, E-2를 기초(원형)로 개발되어, 1966년에 실전 배치가 시작되었다. 후부後部에 램프가 부착된 해치를 보유한 화물실은 27.6세제곱미터의 용량을 보유하여, 제트 엔진 및 헬기 로터 등과 같은 대형 화물을 탑재할 수 있으며, 좌석을 설치하면 인원 28명, 이것을 들것으로 바꾸면 부상병 12명의 수송도 가능하다. 현재 35기가 취역하였으나, MV-22 틸트 로터기(뒤에 기술)로 교체되고 있다.

총 중량 24.7톤, 전폭 24.6미터, 전장 17.3미터, 속력 310노트, 승무원 3명이다.

(7) 수송기, MV-22

미 해병대의 CH-46(뒤에 기술)의 대체를 주목적으로 개발된 획기적인 틸트 로터 기종으로서, 2005년부터 실전 배치가 시작되었다. 프로펠러 CTOL 항공기에 육박하는 고속 성능과, 헬기와 동일한 VTOL 성능을 보유하고 있으며, 완전무장 병력 24명을 탑재할 수 있는 해병대 사양의 수송형(그림 4-26) 이외에, 공군 사양인 특수작전형 등 2가지 타입이 생산 중에 있다.

그림 4-26 2005년부터 실전 배치, 운용중인 틸트 로터기, MV-22

'틸트 로터[3]'라는 과거에는 거의 찾아볼 수 없는 새로운 기축機軸을 도입했기 때문에 개발에 난항을 거듭하였으나, 실용화된 이후의 운용은 매우 양호하여 해병대기機는 2012년부터 일본의 오키나와에도 배치되었다. 해병대의 현재 보유 기수는 150기로서, 최종적으로는 350기 정도의 확보를 목표로 추진되고 있다.

총 중량 27.4톤, 전폭 25.8미터(회전익을 포함), 전장 17.5미터, 속력 275노트, 승무원 4명이다.

틸트 로터 개념은 재래식 로터 날개에 비해 매우 중요한 장점이 있다. 우선 최대 속력이 510km/h로 CH-46 헬기보다 두 배 빠르고 작전반경이 넓으며 높은 고도에서 작전이 가능하여 미 해병대USMC의 원거리 수직 돌격 작전에 부합된다. 다른 측면에서 보면 작전능력 향상은 예상과 달리 또 다른 문제 및 어려움에 더 직면할 수 있다는 것도 고려해야 한다.

---

3 틸트 로터(Tilt Rotor): 로터의 방향을 바꿀 수 있는 구조를 말하며, 프로펠러에 의한 '수직이착륙과 고속 비행' 가능. 통상적 이착륙 방식인 CTOL(Conventional Take-Off and Landing)과 수직이착륙 방식인 VTOL(Vertical Take-Off and Landing)과 구분.

OSPREY 생산으로 미 해병대USMC는 2007년 9월에 동 헬기를 이라크에 작전 배치하였으며, MV-22B Block B(Block A 후미 기총, 견인장비 및 공중 급유구 등이 개량) 10대 또한 배치되었다. 성능측면에서뿐만 아니라, 동 기종은 현대화된 미사일 경보시스템, 레이저 및 레이더 경보수신장비, 채프발사기, 적외선 대항장비 및 기관포가 장착되어서 이라크전에서 7대가 격추된 바 있는 미 해병대USMC의 CH-46 헬기보다 전투 생존능력이 우수한 것으로 판단되고 있다. MV-22는 Rolls Royce T406-AD-40 엔진 2대를 장착해서 800km의 거리까지 병력 24명 또는 화물 2,700kg을 수송 가능하다.

MV-22 Block C형은 동체 장착 기관총, 신형 레이더 및 현대화된 환경통제시스템이 장착될 것이며, Block D형은 적외선 대항장비를 장착하게 될 것이다. 장기적으로 미 해병대USMC는 MV-22 360대를 보유할 예정이며, 미 해군USN은 전투탐색구조CSAR/특수전 및 군수품 수송지원을 위한 HV-22 48대를 보유할 예정이다.

4.4 해군 무인항공기(UAV, Unmanned Autonomous Vehicle)

무인항공기가 미래 전장의 핵심수단이 될 것으로 전망되는 가운데, 기술발달에 힘입어 수상 전투함에서 운용 가능토록 개발 중인 미 해군의 함정 탑재용 수직이착륙 무인항공기와 항공모함에서 운용을 시작한 전투형 무인항공기 등에 대하여 소개한다.

무인기의 역사는 1912년 미국의 니콜라 테슬러Nikola Tesla가 무선제어 가능성을 시범함으로써 현실화되었다. 무인비행체는 군용무인기를 중심으로 큰 발전이 있었으며, 미국과 이스라엘을 중심으로 감시정찰, 기만기Decoy, 사격 연습용 표적 등 다양한 목적을 갖는 군용무인기들이 개발되었다. 무인항공체계는 전쟁초반 감시·정찰임무와 선도임무(전자전, 기만기 등)에 투입되거나, 공중급유, 수송 및 전투 임무에서 유인항공기의 역할을 대신할 것이며, 인공 자율 지능을 가진 스텔스화된 무인 전투기가 독자적인 작전영역을 구축할 것으로 전망된다.

표 4-3 수직이착륙(헬기형, 틸트 로터) 형태의 무인항공기

구분	Fire Scout(미국)	Eagle Eye(미국)
형상		
제작사	Northrop Grumman	Bell
크기(m) (전장×전폭×높이)	6.98 × 8.39 × 2.87	5.46 × 4.63 × 1.74
최고속도	125kts	210kts
최대이륙중량/ 탑재중량	1,428kg / 272.2kg	1,020kg / 136kg
비행 고도	20,000ft	20,000ft
작전 반경	110nm	200nm
체공 시간	5 시간	4 시간
탑재장비	• 레이저 표적지시/거리측정기 • EO / IR ·Data Link	• 레이저 표적지시/거리측정기 • EO / IR ·Data Link
구분	Camcopter(오스트리아)	Orka-1200(프랑스)
형상		
제작사	SCHIEBEL	EADS
크기(m) (전장×전폭×높이)	3.09 × 3.4 × 1.04	6.22 × ? × 5.40
최고속도	120kts	105kts
최대이륙중량/ 탑재중량	200kg / 50kg	680kg / 180kg
비행 고도	18,000ft	11,800ft

구분	Fire Scout(미국)	Eagle Eye(미국)
작전 반경	265nm	100nm 이하
체공 시간	6 시간	8 시간
탑재장비	• 레이저 표적지시/거리측정기 • EO / IR ·Data Link	• 레이저 표적지시/거리측정기 • EO / IR ·Data Link

4.4.1 개발경위

최초 함정용 무인항공기는 미 해군에서 개발한 고정익형 Pioneer UAV로서 초기에는 육상기지에서 운용하는 체계였으나 고정식 로켓 발사시스템과 수직 회수그물의 개발로 함정에서 운용이 가능하게 되었다.

Pioneer UAV는 최초 전함의 탄착 수정용으로 개발되었으나, 1991년 걸프전 때부터 EO/IR 장비를 장착하여 정보수집과 탄착수정, BDA 임무 등에 투입되어 효과적인 수단으로 인식되게 되었으며, 이후 전함의 퇴역으로 현재는 LPD급에서 운용하고 있다. 1999년 코소보전에서는 상선의 통항금지준수 여부와 해·육상의 적 활동 감시 및 추적용으로 Pioneer를 운용하여 무인항공기의 유용성을 재확인할 수가 있었다. 그러나 고정익형 UAV는 고정식 발사대와 수직 회수그물을 이용함으로써 발사대 설치를 위한 일정 공간이 필요하고, 회수 시 비행체의 손상이 자주 발생하여 수직이착륙 UAV 개발의 필요성이 제기되었다. 따라서 현재는 함정과 육상에서 모두 작전이 가능한 수직이착륙(헬기형, 틸트 로터) 형태로서 유인 헬기와 유사한 운용조건에서 운용 가능토록 제작하여 함정 운용성 향상을 도모하고 있다.

4.4.2 개발현황

현재는 주로 EO/IR 장비를 탑재한 정찰용을 개발하고 있으나, 향후에는 ISR 능력에 부가하여 기뢰탐지, 통신중계장비 등의 탑재체를 개발할 계획이며, 더 나아가 소노부이, 어뢰, MAD, 미사일 등의 탑재도 가능토록 발전할 전망이다.

2010년 이후에는 선진국을 중심으로 수상 전투함에 전술용 수직이착륙 UAV 등을 운용하고 있는 실정이며, 항공무인체계는 다양한 임무장비를 장착하는 장기체공 무인기, 저피탐성과 고속·고기동 비행성을 가지는 무인전투기와 함께 함정운용 및 수송을 위한 무인헬기를 개발하는 추세이다.

미 Northrop Grumman사는 신형 수직이착륙 무인항공기 MQ-8C Fire Scout를 미 해군에 2014년 12월 초에 납품하였으며, 미 해군은 기존 168대의 MQ-8B에 19대의 MQ-8C를 추가하여 정보, 감시, 정찰 및 무인 타격 임무에 운용할 계획이다. MQ-8C는 기존 MQ-8B Fire Scout와 동일한 소프트웨어를 사용하지만 MQ-8B Fire Scout 동체가 Schweizer 333 헬기를 기반으로 제작된 반면, MQ-8C는 항속거리와 탑재중량 증가를 위해 Bell 407 헬기 동체를 사용하였다.

표 4-4 MQ-8B/C 무인항공기 제원 및 형상 비교

구분	MQ-8C	MQ-8B
형상		
크기 (길이×폭×높이)	12.6×2.5×3.1m	7×1.7×2.87m
최대이륙중량 (최대탑재중량)	2,722kg (1,361)	1,429kg (272)
최대속력	246km	231km
최대상승고도	6.1km	6.1km
최대운용시간 (일반운용시)	14(8)hrs	8(5)hrs

MQ-8C의 무장으로는 현재 MQ-8B와 통합시험 중인 APKWS II 미사일 장착이 유력하며, 감시·정찰 장비로는 광학·적외선 카메라, SAR레이더, 전자신호수집장비 등을 고려 중이다. 이러한 장착 센서의 증가로 말미암아, MQ-8C 무인헬기를 통해 함정 지휘관은 수평선 너머 멀리까지 자체 정보수집 능력을 확장할 수가 있고, MQ-8B보다 현장 작전시간을 2배로 증가시켰으며, 승조원들의 비행지원에 필요한 횟수의 감소로 인해 업무 부담을 줄일 수 있을 것으로 판단된다. MQ-8B는 현재 미 해군 프리깃함과 아프가니스탄에서 해양 및 지상군 지휘관들에게 정보, 감시 및 정찰 능력을 제공하며 운용되고 있다.

(1) MQ-8B Fire Scout

미국의 노드롭 그루만사Northrop Grumman Corporation에서 제작한 전술급 수직이착륙 무인기로서 2000년 9월에 개발을 시작하여, 최초 제작 모델은 RQ-8A로서 시제기 형식으로 2001년에 해군에 인도되었고, 이후 성능이 향상된 MQ-8B가 개발되어 2007년 2월부터 납품되고 있다.

그림 4-27 미 해군의 MQ-8B Fire Scout 무인기

표 4-5 Fire Scout MQ-8B 무인헬기의 특성 및 성능

전장	6.985 m	주익 폭	7 m
총 중량	1,429 kg	탑재능력	272 kg
연료량	587 kg	연료	JP-5/JP-8
엔진	Rolls Royce 250-C20W	출력	320shp(연속)
데이터링크	시선 내 C2	주파수	Ku-band/UHF
	시선 내 Video		Ku-band
체공시간	7시간	속도	217 km/h
운용고도	6,100 m	작전반경	278 km
센서	EO/IR/레이저 조사기 및 거리계	센서 모델	FSI Brite Star II

시스템은 3대의 비행체와 1개의 지상통제장비로 구성되며, 아프간 등 실전 투입 되었으나, 2012년 초 해외 운용중 2대가 손실되기도 하였다. 미 해군은 MQ-8B 무 인기 168대를 도입할 예정이었으나, 2012년 4월 도입을 취소하고, 좀 더 큰 중형급 의 Fire-X 프로그램을 진행하고 있다.

(2) MQ-8C의 시제기 Fire-X

미국의 노드롭 그루만사와 Bell Helicopter사는 2011년 미 해군 중거리 무인기 시스템 경쟁 입찰을 위해 Fire-X 수직이착륙 무인기 시스템을 공동으로 개발하고 자 하였다.

2010년 말 초도비행을 시작한 Fire-X기는 4개의 블레이드와 단일 엔진의 완전 자율 무인헬기로 Bell 407 유인헬기의 기체/파워트레인에 노드롭 그루만사가 개발 한 MQ-8B Fire Scout의 무인 시스템 구조가 결합되어 있다.

Fire-X기는 롤스로이스사의 전자동 디지털 엔진제어장치FADEC: Full-Authority Digital Electronic Control가 내장된 250-C47M 터보샤프트 엔진으로 구동되며, 이륙 시 출력은 606kW, 지속 운항할 경우에는 523kW이다. Fire-X기는 유연하고, 야전 에서 형상 재구성이 가능하도록 하며, 지상 및 해상에 대한 정보ㆍ감시ㆍ정찰임무

그림 4-28 Fire-X 무인기

외에 화물수송 및 전문통신기능이 가능토록 설계되었다.

감시정찰 기능 면에서 Fire-X에 채용된 모듈식 구조는 전자광학/적외선 영상, 합성개구면 레이더 및 신호/전자정보수집 센서와 통신중계 장치를 포함한 첨단 탑재체의 통합, 시험 및 개발지원을 가능하게 한다고 알려져 있다. MQ-8B 무인기에 탑재하여 시험한 시스템과 장비에는 FLIR Systems사의 EO/IR 영상기, General Atomics사의 Lynx 지상이동 표적지시기와 SAR 레이더, Telephonics사의 RDR-1700B 탐지와 감시레이더, L-3 Communications/Rockwell Collins사의 전술 공통 데이터링크, 노드롭 그루만사의 연안 전장정찰 및 분석 EO 센서, Rockwell Collins사의 30~40MHz 대역 AN/ARC-210(V) 통합 통신시스템 등이 있다.

Fire-X기는 레이시온사가 미 해군과 육군의 단일 시스템 지상통제소용으로 개발한 전술 통제시스템TCS: Tactical Control System이 완전히 통합되어 설계되었다고 노드롭 그루만사는 밝히고 있다. TCS는 선박, 차량에 탑재가 가능하며 기능성 5단계를 제공한다.

영상수신(1단계 및 2단계), 항공기 지휘통제C2와 탑재체(3단계 및 4단계), 그리고 항공기 C2/탑재체 제어/영상수신, 이착륙(5단계) 등으로 구성된다. TCS는 탑재체 영상을 처리하고 영상을 최종사용자에게 제공할 수 있는데 Eagle Eye, Fire Scout, Hunter, Outrider, Pioneer, Predator 등의 여러 무인기에서 입증된 바가 있다.

(3) 항공모함 탑재용 무인전투기, X-47B

항공모함 탑재용 무인전투기UCAS-D: Unmanned Combat Aircraft System-Demonstrator 사업은 공군(Boeing)과 해군(Northrop Grumman)에서 시제기를 개발하면서 시작됐다. 이들 시범기 사업은 2004 회계연도에 국방 고등연구소 관리 하에 합동 프로그램J-UCAS으로 통합되었고, 이후 2006 회계연도에 공군 주관으로 이관되었다. PDM III과 분기별 개발검토 시 합동 프로그램 사업관리와 기술을 해군의 무인전투기 체계 시범사업에 이전하기로 결정되었고, UCAS 시범사업은 다시 항공모함 시범용 무인전투기 체계 사업으로 재조정됐다. 2007년 8월, Northrop Grumman이 항공모함 시범용 무인전투기 체계 계약을 맺었으며, 항공모함 시범용 무인전투기 체계는 임무시스템이나 센서를 포함하지 않았으며, 2013년 최초 항공모함 이착륙을 실시하였다. 2014년 4월 최초 야간비행을 실시하였고, 2015년 4월에는 무인공중급유를 실시함으로써 그 능력을 점차 확대하고 무인전투기의 시대를 현실화시키고 있다.

그림 4-29 항공모함에 착륙한 무인전투기(X-47B)

표 4-6 X-47B 주요 제원

전장	38 ft	주익 폭	62 ft
총중량	46,000 lbs	탑재능력	4,500 lbs
연료량	17,000 lbs	연료	JP-8
엔진	F100-PW-220U	출력	7,600 lbs
데이터링크	Link 16	주파수	Ku, Ka
체공시간	9시간	최대속도	460kts
운용고도	40,000 ft	작전반경	1,600 nm
이륙수단	활주로/항공모함	착륙수단	활주로/항공모함
센서	ESM, SAR/MTI, EO/IR	센서 모델	ALR-69
무장	GBU-31, 소직경탄(SDB)		

(4) ARES 수직이착륙 UAV

미 록히드마틴사의 항공 가변구조형 내장체계Aerial Reconfigurable Embedded System: ARES가 미 국방고등연구기획국DARPA에서 개발사업 착수를 준비하고 있다. ARES UAV는 지상 원격지원 장치에 의해 트랜스포머 항공기의 유도, 비행제어체계를 통한 반 자율적인 비행이 가능하며 조종사 없이 수직이착륙, 전진비행 전환, 비행경로 최신화 등의 능력을 보유하고 있다.

ARES 무인수송항공기는 IEDImprovised Explosive Device의 위협으로부터 안전하게 지형에 영향을 받지 않고 신속히 화물, 인원 등을 각 단위부대에 보낼 수 있으며, 다양한 탑재체를 수송하도록 설계되어 기지와 함정을 이동하며 화물재보급, 부상자후송, 정보·감시·정찰 등의 임무를 수행할 수 있다.

ARES 무인수송항공기는 수직이착륙VTOL 방식을 채택하여 활주로 없이 이·착륙이 가능하고 제자리비행 모드와 고속비행 모드로 전환 가능하다. 또한 3개의 컴퓨터가 내장되어 자체적으로 기체제어 및 비행이 가능하며 필요에 따라 스마트 단말기를 통해 조종이 가능하다.

4.5 해상작전항공기 발전추세

미래 전장은 지상·해상·공중의 3차원에서 우주와 사이버공간을 포함한 5차원의 네트워크 중심 작전환경NCOE: Network Centric Operation Environment으로 빠르게 변화하고 있다. 이러한 미래 전장 환경과 전쟁수행 개념의 변화 속에서 항공 무기체계는 빠르고 효율적이며 결정적으로 전쟁에서 승리하기 위한 필수적인 전력으로서 혁신적인 발전을 지속하고 있다. 이러한 발전추세에 맞추어 해상 항공무기체계 역시 생존성 강화를 위한 스텔스 고도화, 고속 순항을 목표로 하는 기동성 확보, 원거리 정밀교전 및 타격능력 강화, 각종 첨단 항공장비의 통합화, 수집정보 융합처리 능력강화 등 최첨단 디지털 기술의 발전과 더불어 은밀하고 치명적인 전투수단으로 발전하고 있다.

4.5.1 고정익 항공기

고정익 항공기의 일반 발전추세는 기체, 추진, 탐지체계 및 자동화 등 다양한 분야에서 꾸준한 발전을 하고 있으며 특히 해상초계기의 발전이 눈에 띄고 있다. 해상초계기는 광범위한 초계능력과 잠수함 탐지기술 및 무장능력이 결합된 고정익 항공기이다. 해상초계기는 공중을 비행하면서 경계·정찰임무뿐만 아니라 전천후 대잠전, 대함정, 전자전 및 기뢰전 등의 공격임무도 수행하며, 전 세계적으로 P-3 Orion 계열 및 Atlantic 계열 등이 널리 운용중이다.

현재 미국과 일본을 중심으로 차세대 해상초계기 개발이 활발히 이루어지고 있고 광역 해상 및 연안에서 상시 대잠/대수상전 및 ISR 임무수행 능력확보를 통한 전술적 우위 달성이 가능하고 NCW 환경하 합동전략과의 항시 정보공유 가능상태를 유지하기 위한 네트워킹 능력을 향상시키고 있으며, 지상군 지원을 위한 공격, 정찰, 통신중계 및 무인기 통제능력도 확보해 나가고 있다.

4.5.2 회전익 항공기

최근 회전익 항공기는 생존성, 운용성 향상을 위한 많은 발전이 진행되고 있으며, 고속기동이 제한되는 단점을 극복할 수 있는 틸트 로터 항공기와 신개념 비행체의 운용 및 개발이 활발히 진행되고 있다.

(1) 저진동/저소음 로터 개발

회전익 항공기는 로터라는 회전체로 인해 높은 진동과 소음이 발생하므로 로터에서의 진동과 소음을 억제하고, 동시에 항력을 최소화하여 고성능을 확보하는 추세이다. 다양한 능동 제어를 통해 로터에서 발생하는 진동/소음을 억제하는 기법들이 확대 적용되고 있으며, 항력 최소화 기법들이 개발되어 고속·고기동 비행이 가능하도록 발전되고 있다.

(2) 전자식 비행제어(Full Auto Fly-By-Wire) 확대 적용

비행조종장치는 항공기가 안전하고 우수한 비행특성을 발휘하도록 조종하는 장치로서 선진국에서는 악기상 및 주·야 전천후 고속·고기동 비행의 조종을 보장하는 다중화된 FBW^{Fly-By-Wire} 장치가 실용화되었다. 또한 고장에 의한 비행특성 저하를 경감시키고 비행경로 제어 정확도를 50%에서 100%로 향상시키는 연구가 진행 중이며, 장애물 자동회피 및 경로 자동 재형성의 자율 비행 기술 연구가 활발히 진행 중에 있다.

(3) 통합형 생존체계

회전익 항공기는 대부분의 비행을 저고도에서 수행함에 따라 적에게 쉽게 노출되며 공격을 받기 쉽기 때문에 피탐 확률을 최소화하고 피탐 시 적의 공격으로부터 회피/방호될 수 있어야 한다. 생존성과 은밀 침투능력 향상을 위해 선진국에서는 스텔스화 기술, 적에게 피탐된 이후에는 고기동성 확보를 위한 엔진 출력증강 및 고성능 생존 장비를 기반으로 한 통합모듈형 능동방호 기술개발이 진행 중에 있다.

(4) 신개념 플랫폼 개발

기존 회전익 항공기의 제한사항을 극복할 수 있는 하이브리드 형태의 신개념 플랫폼이 개발되고 있다. 기존 유인헬기를 대체할 유·무인 혼용기^{OPV: Optionally Piloted Vehicle} 개발도 진행 중에 있다.

(5) 지능형 임무관리체계 및 정밀무장체계 발전

회전익 항공기의 임무장비는 전술 네트워크 및 무장체계와의 실시간 연동과 비행임무 관리를 전담하는 장치이다. 이를 위해 선진국에서는 유·무인 회전익 항공기 및 다양한 무기체계 간의 합동네트워크 연동 기술이 개발되어 운용중에 있으며, 효율성 확장을 위해 진보된 고속 대용량 정보 전송기술과 위성을 통한 연동이 활발히 개발 중에 있다. 회전익 항공기의 무장계통은 표적획득/추적장비 및 사격통제 컴퓨터와 무장의 연동기능을 통합하며, 운용방식에 따라 통합 및 분산모드가 가능하다. 선진국에서는 헬기와 미사일 간 전술 Data Link 및 음성인식 표적 획득, 고기동/정밀사격에 대한 자동화 기술 개발이 활발히 진행되고 있다.

4.5.3 무인항공기

최근 무인항공기는 위성, 기타 유인체계와 네트워크로 연동되어 감시·정찰, 광역 영상·신호 정보 수집, 대공망 기만·제압, 대지·대공 공격, 종심 정밀타격, 통신중계, 전자전, 표적기 등 그 동안 유인 항공기가 해오던 전 분야에 걸쳐 운용 영역을 확대하고 있다. 특히 해상에서의 무인항공기는 전통적인 감시정찰 외에 대지 공격, 기뢰탐지 등으로 운용 영역을 확대하고 있다.

(1) 대형/고성능화 및 소형/경량화 추세의 동시 진행

다양한 임무장비를 장착하고 고고도 체공을 통해 유인기 역할을 보완·대체하며 소형 투척식 및 곤충형과 같은 신개념 UAV도 활발히 개발 중이다.

(2) 광역 해상감시용 고정익 무인기 개발

다양한 임무장비를 탑재한 해상초계기급의 감시정찰 능력을 보유토록 개발하고 있으며, 데이터링크를 통한 기존의 유인항공기와 위성에 실시간 연동함으로써 임무의 효율성을 증가시킬 예정이다. 이를 위하여 전방위 감시가 가능한 능동전자주사식 레이더 장착, 장시간(24시간) 광범위 해역(2,000nm)에 대한 지속적인 해상 ISR 제공 능력을 확보하려 하고 있다.

(3) 함정 탑재용 회전익 무인기 개발

유인기를 기반으로 개발한 함정 탑재용 무인기 등은 자동 이착함, 폴딩 기능을 보유토록 하며, 기본적인 EO/IR 이외에 레이더, AIS 및 기뢰탐지장비를 추가 장착토록 하고, 경 유도무기를 장착하여 공격임무도 수행할 수 있도록 발전하고 있다. 해상 감시정찰, 표적 식별·지정 및 대함전/대기뢰전 임무 수행이 가능하도록 하였으며 탑재능력을 발전시켜 다양한 임무장비를 탑재할 예정이다.

(4) 항모 탑재용 무인전투기 개발

X-47B처럼 항모에 탑재하여 운용하기 위한 무인전투기는 레이더·대함무장 등을 장착하여 2020년대 초 전력화를 추진하고 있다. 작전 운용환경 확대를 위해 항공모함 이착륙 능력 등 완벽한 운용능력을 구비하도록 연구 중이며, 탐지장비와 무장의 동시장착으로 해상 감시정찰 및 전투기로 운용 예정이다.

CHAPTER

5

해상작전
유도무기

5.1 미사일의 역사와 발전과정

5.1.1 미사일의 기원(고대~제2차 세계대전)

미사일 형태를 띤 무기의 효시는 1232년경 칭기즈칸의 셋째 아들인 오가타이가 금나라 수도인 변경을 침략했을 때 금나라가 사용했던 비화창飛火槍이라고 알려져 있다. 화약을 채워 넣은 대나무 통을 창끝에 묶은 이 무기는 굉음과 함께 화염을 내뿜으며 적진을 향해 날아가 200미터 정도 비행 후 반경 6~7m 정도를 불바다로 만들었는데, 이후 몽고군은 이 신무기를 세계 정복 전쟁에 사용했다. 또한 조선 세종 30년인 1448년경에 만들어진 신기전은 화차에서 발사되는 로켓화살로서 세계 최고 수준의 로켓인데 넓은 의미에서 미사일이라고 볼 수 있다.

현재 우리가 사용하는 '미사일'이라는 용어는 영어 'Missile'에서 왔는데, 어원은 '던지다' 또는 '보내다'라는 뜻의 라틴어 동사 'Mittere'에서 파생되었다. 그래서 Missile은 '던질(날릴) 수 있는 무기'를 뜻하며, 넓은 의미에서 투창·화살·총포는 물론 돌까지도 포함된다. 오늘날 미사일Missile은 목표물에 도달 시까지 유도장치로 유도되는 무기의 의미인 'Guided missile'로 우리나라와 일본에서는 의미상으로 번역하여 '미사일誘導彈: 유도탄'이라고 부른다. 독일에서는 미사일이라는 말이 따로 없고, 'Flugkörper비행탄'이라 하며, 중국에서는 로켓은 '훠첸火箭: 화전', 미사일은 '다오단導彈: 도탄이라고 부른다.

근대적인 미사일은 1800년대 유럽 국가들이 로켓무기 개발에 집중하면서 등장하게 되었다. 특히 2차 세계대전 때 독일은 전황이 불리하게 전개되고 영국 공군에게 제공권마저도 넘겨주게 되자 보복을 의미하는 독일어 'Vergeltungs'의 머리글자를 딴 V-1(Buzz Bomb)과 V-2 무유도 로켓으로 영국에 무차별적으로 보복 공격을 가했다. 독일은 1929년 말부터 대형 로켓무기 개발을 시작하여 1942년 10월 A-4 로켓을 시험 발사하였는데, 알코올 액체연료를 사용했으며 비행거리는 약 320km에 이르렀다.

1944년 2월, 발트해 인근의 페네뮌데Peenemuende 섬의 비밀 연구시설에서 펄스

제트엔진을 장착한 무인비행기(Fi-103)를 개발하였고, 여기에 900kg의 폭약을 적재한 것을 히틀러가 V-1(중량 2.2톤, 사거리 280km)으로 명명하였다. V-1의 가장 핵심부분은 자이로컴퍼스와 기압고도계 등으로 구성된 유도장치였으나 기술적 한계 등으로 오차가 커서 정밀한 폭격이 불가능하여 독일군은 수량으로 상쇄하려 했는데, 북프랑스에 집중되어 있는 V-1 발사기지에서 1944년 9월까지 약 8,500여 발이 영국 런던에 발사되었다. 그런데 V-1의 순항속도는 시속 600km로 빠르지 않아서 상공을 초계비행하던 영국 전투기들은 날아오는 V-1을 발견하면 기총으로 요격하기도 하였다. 1944년의 여름 동안 V-1에 의한 영국 민간인의 인명피해는 사망자 6,184명, 중상자 17,984명에 달했다.

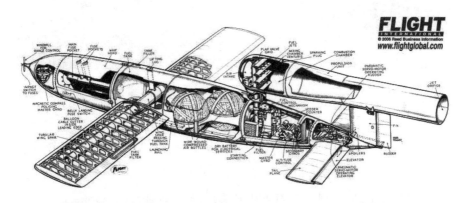

그림 5-1 순항미사일의 원조 V-1의 내·외부 구조도

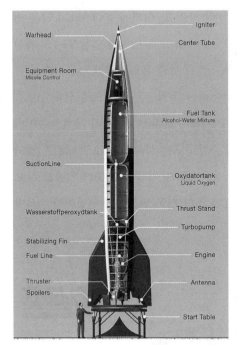

그림 5-2 탄도미사일의 원조 V-2의 내·외부 구조

독일 육군은 1932년 11월 로켓 연구소를 창설하여 로켓무기 개발을 추진했는데, 베르너 폰 브라운Wernher von Braun 박사의 주도하에 '코모스도르프' 실험장에서 탄생한 최초의 로켓에는 독일어로 '동력기관' 혹은 '조립'을 뜻하는 'Aggregat아그레가트'의 첫 글자를 딴 A-1이란 이름을 붙였다. 1934년 12월, 후속모델 A-2는 알코올과 액체산소를 추진제로 하여 발사에 성공했고, 페네뮌데 섬에 정착한 폰 브라운은 A-1, A-2 로켓의 성과를 바탕으로 장거리 타격이 가능한 로켓 개발에 박차를 가했다.

새로운 로켓의 제원은 제1차 세계대전 중 독일군이 개발하여 파리에 큰 피해를 입혔던 초거대포 '파리포'(Paris gun, 포신길이 34m, 유효사거리 130km)에 대비하여 폭약량은 파리포의 100배이며 사정거리는 2배, 수직으로 발사하여 마하 2.5에 달하는 A-4 로켓을 개발하였다. 길이는 14m, 추력 25톤, 상승고도 100km, 최대 비행거리는 400km에 이르렀다.

전쟁이 불리한 상황으로 전개되자 다급해진 독일군은 A-4 로켓 대량생산에 돌입하였고 V-2(보복 무기 2호)라고 명명했다. V-2는 연합군의 공중폭격을 피할 수 있도록 이동식 발사대에서 발사할 수 있도록 했다. V-2 로켓은 1944년 9월 8일 영국을 향해 처음 발사된 이래 이듬해 3월 말까지 영국 본토와 벨기에, 프랑스를 향해 계속 발사되었고, 연합국 측에서는 V-2를 요격할 방법을 찾지 못했다.

전쟁 기간 영국을 향해 발사된 V-2는 모두 1,400여 발이었고, 약 320km의 거리를 비행하는 동안 약 22km의 오차가 발생한 터라 그 중 520여 발의 로켓이 런던 시내를 포격했는데 사망자 2,700명, 중상자 6,500명이 발생했다.

구소련은 제2차 세계대전이 종전될 무렵, 이 분야의 중요성을 인식하여 독일의 미사일 발상지 베네밍르를 시작으로 여러 곳의 연구시설과 지하생산공장을 접수하여 개발 중이던 각종 미사일, 기술자료, 연구·생산시설과 관련 기술자 6,000여 명을 구소련으로 이주시켰다.

한편 미국도 종전 무렵 '페이퍼클립 작전Operation Paperclip'으로 베르너 폰 브라운 박사를 비롯한 120여 명의 독일 과학자들과 V-2 100발과 그 부품들을 접수하여 미국 뉴멕시코 주로 이주시켜 화이트샌드 시험장White Sands Proving Ground에서 미사일 개발을 추진하였다. 1946년에는 150km 상공까지 도달하는 성과를 거두었으며, 이후 전자공학Electronic Engineering의 급속한 발전과 함께 초음속 공기역학, 제어공학 Control Engineering, 추진제공학Propulsion Engineering의 진보와 함께 미·소 및 동·서 간의 냉전구조 하에서 힘의 균형Balance of Power을 위한 시소게임을 반복하며 미국과 구소련은 대형로켓 개발경쟁에 주력하여 오늘날 각종 미사일 무기체계를 발달시켰다.

독일이 개발했던 V-1과 V-2는 각각 순항미사일Cruise Missile과 탄도미사일Ballistic Missile의 원조였던 것이다.

5.1.2 주요국의 미사일 개발 경쟁

제2차 세계대전 말기 미국은 일본의 '사쿠라바나'라는 항공기 형태로서 조종사가 탑승한 자살 로켓 폭탄(일명 카미가제)에 의해 엄청난 피해를 입었으며, 이에 대응하기 위한 해군 미사일 발전의 직접적인 계기가 되었다. 이에 따라 미 해군은 1944년 11월 구독일 V-1 로켓 폭탄을 모델로 하여 Loon 순항미사일 개발에 착수, 1946년 1월 항모에 탑재하여 첫 발사시험을 거쳐 잠수함에서도 발사했으나 신뢰도와 사정거리가 미흡하였다. 이후 터보제트 추진 방식의 Regulus 함(잠)대함(지) 미사일을 성공적으로 개발 배치하였으나 잠수함에서 발사할 때는 반드시 수면에 부상해야 하는 제한점 등이 있어 1960년대에 폐기되었다.

1967년 10월 중동전쟁 기간 중 이스라엘 구축함 에일라트Eilat함이 이집트 고속정에서 발사한 구소련제 SS-N-2 스틱스Styx 함대함미사일에 격침되어 침몰하는 엄청난 사건이 발생하였다. 미국은 이를 계기로 해상발사 순항미사일SLCM: Ship Launched Cruise Missile 개발에 박차를 가하여 현재의 대함 하푼Harpoon과 토마호크Tomahawk 순항미사일을 개발하였다. 더불어 항공기와 대함미사일의 위협이 증가하자 이를 막기 위한 대공미사일과 이지스Aegis 전투체계를 개발하여 각종 전쟁에서 정밀 유도무기의 성능을 입증해 보이고 있다.

한편, 나찌 독일에서 노획한 탄도미사일의 기본모델인 V-2와 폰 브라운 박사 팀을 통해 앨라배마 주 레드스톤 병기창에서 자체 기술로 만든 첫 미사일 '레드스톤'을 개발하였다. 이후 잠수함 발사 탄도미사일SLBM: Submarine Launched Ballistic Missile 인 폴라리스Polaris를 개발하여 배치하였고, 아틀라스Atlas, 나이키-허큘리스Nike-Hercules, 퍼싱Pershing, 트라이던트Trident 등 사정거리가 10,000km를 넘는 대륙간 탄도미사일ICBM: Inter-Continental Ballistic Missile LGM-30 미니트맨Minuteman 등을 배치한 세계 최고의 첨단미사일 보유국이 되었다.

미국에 맞서 미사일 개발에 총력을 기울인 나라는 구소련(러시아)이다. 구소련은 독일의 V-2를 모방한 R-1 로켓을 개발한 뒤 독자적으로 개발에 착수하여 전 세계에서 가장 많이 운용되고 있는 스커드Scud 탄도미사일을 개발하였고, 사거리 11,000km인 SLBM 블라바(SS-N-30 Bulava) 등 약 30여 종의 ICBM을 배치해 놓았다. 최근 미사일 강국에 진입한 중국은 초기에는 구소련의 기술 지원을 받았지만, 1930년대 미국에 유학하여 항공공학 석·박사학위를 받고 제트추진체 분야의 세계적 선구자로서 미국 국방과학위원회에서 미사일과 로켓을 연구하다 중국으로 돌아간 첸쉐선錢學森, 1911~2009 박사의 로켓과 미사일 개발에 대한 노력으로 자체 기술을 개발할 수 있었다. 첸쉐선은 2차 세계대전 말 독일에 파견돼 폰 브라운으로부터 기술을 전수 받기도 했다. 중국은 적극적인 국방예산 투자로 탄도미사일 개발을 통한 전력 현대화에 박차를 가하고 있으며 아시아-태평양 지역에 배치된 미국 군사기지를 사거리에 두는 미사일 전력을 확보하고 있다. 현재 DF-41 등 미국을 위협하는 대륙간 탄도미사일과 미 항모를 겨냥한 대함탄도미사일ASBM: Anti Ship Ballatic Missile인 DF-21D를 배치하는 등 미사일 강대국으로 진입하고 있다.

일본은 태평양전쟁기간 중에 미사일 개발을 시도하였으나 실전 배치를 하지 못하고 종전을 맞았다. 일본 자위대는 1955년부터 미국의 공대공미사일AAM: Air to Air Missile, 지대공 미사일SAM: Surface to Air Missile을 도입하기 시작하였고, 미국으로부터 미사일 기술을 도입하여 생산하면서 개발능력을 축적하였다. 방위청 산하 연구소 발족과 함께 미사일 연구를 시작하여 1970년 후반부터는 일본이 전자 및 반도체 산업을 선도하고 미사일 핵심부품을 개발하면서, 1980년 후반 하푼Harpoon 미사일과 유사한 성능의 대함 순항미사일을 개발하여 배치하였다. 최근에는 초음속 공대함 (지) X-ASM3를 개발하고 있는 것으로 알려졌다. 일본은 공식적으로 탄도미사일을 보유하고 있지 않지만 대형 액체 및 고체 추진로켓을 제작하여 위성로켓을 발사해 온 위성로켓 발사 선진국이므로 언제든지 마음만 먹으면 탄도미사일을 생산한 수 있는 모든 기반을 갖춘 미사일 선진국이라고 볼 수 있다.

북한은 소련으로부터 미사일을 도입한 뒤 모방 개발을 통해 자체 기술을 발전시켜 함대함 스틱스Styx, 실크웜Silkworm 대함미사일을 개발하였다. 스커드·노동·무수단·대포동 등 단거리 미사일에서 장거리 탄도미사일까지 개발하여 시험 발사하였고 핵탄두를 소형화하여 핵탄도미사일 보유국 지위까지 노리고 있다. 북한은 최근 김정은이 참관한 가운데 러시아의 KH-35 우란Uran 대함미사일과 비슷한 KN-1(북한은 금성1, 2호로 부름)으로 칭하는 미사일 발사시험을 지속하고 있다. 또한, 2015년 5월 신포 인근 해역, 신포급 잠수함에서 SLBM(북극성-1) 모의탄 수중사출 시험 성공을 시작으로 수차례 시험 동영상을 공개하였으며, 2016년 8월 신포 근해에서 SLBM을 발사하여 500km 비행 후 일본 방공식별구역^{JADIZ}에 낙하함으로써 개발성공 및 전력화를 코앞에 둔 것으로 보인다.

5.1.3 현대 해전에서 입증된 미사일의 위력

1967년 10월 현대전에서 최초로 대함미사일 공격에 의해 구축함이 침몰된 사건이 발생하였다. 10월 21일 밤 이집트 100톤급 소형 고속 미사일정^{PTG} 2척이 함대함미사일 스틱스(능동형, 사정거리 46km) 2발로 이스라엘 3,000톤급 구축함 에일라트^{Eilat}함을 공격하여 기동력을 상실케 한 후 2발을 추가 발사하여 완전히 침몰시킨 사건으로 역사에 기록되었다.

1971년 인도-파키스탄 전쟁에서 인도 해군 함정에서 함대함 스틱스 미사일 13발을 파키스탄 함정에 발사하여 이 중 12발이 명중되었다. 이로써 스틱스는 함정을 잡는 세계 최초의 실용 대함미사일로 한동안 대함미사일의 대명사가 되었다.

한편, 치욕을 당한 후 절치부심하던 이스라엘은 함대함미사일 가브리엘^{Gabriel}을 개발하고, 미사일 공격을 받을 경우 이를 기만하여 회피할 수 있는 채프^{Chaff}를 개발하여 복수의 칼을 갈고 있었다. 1973년 10월 6일 제4차 중동전쟁이 발발하자 이스라엘 해군 미사일고속정이 라타키아 연안에서 시리아 오사/코마^{Osa/Komar}급 미사일 고속정 2척과 소해정^{MCS: Mine Countermeasures Ship} 1척에 함대함미사일 가브리엘을 발사하여 격침시켰으며, 이집트 발템항 인근해역에서는 이집트 해군의 오사급 미사일 고속정 4척에 가브리엘을 발사하여 격침시켰다.

1982년 5월 아르헨티나가 영국령 포클랜드를 점령하면서 포클랜드전쟁이 발발하였다. 5월 4일 아르헨티나는 포클랜드 해전에서 쉬페르 에탕다르^{Super Etendard} 전투기 5대에 프랑스제 공대함미사일 엑조세^{Exocet}를 장착하여 저공비행하며 영국 함대의 방공망을 뚫고 들어가 당시 최신예 구축함 Type 42급 쉐필드^{Sheffield}함에 엑조세 2발을 발사하였다. 발사된 미사일은 해수면 2~3m를 초저공 비행한 후, 1발은 함 우현에 명중되어 흘수선 1.8m 상부에 큰 구멍을 내고 전투정보실에 들어갔고, 다른 1발은 해중으로 들어갔다. 함내로 뚫고 들어간 1발의 탄두는 터지지는 않았지만 추진제 연소로 화재를 발생시켰으며, 결국 알루미늄 선체에 불이 붙자 화염은 걷잡을 수 없이 번져 나갔고 만재배수량 4,820톤을 자랑하던 최신예 쉐필드함은 영국 해군의 자존심을 구긴 채 영국으로 예인 중 4시간 만에 폭풍을 만나 침몰하였다. 이 해전을 통해 엑조세 미사일은 명품 미사일 반열에 오르는 계기가 되었다.

1980년에 시작되어 8년간 치열한 공방이 벌어졌던 이란·이라크 전쟁에서는 소련제 스커드Scud 탄도미사일이 등장했고, 북한이 개량한 스커드 미사일도 다량 사용됐다. 당시 양측이 발사한 스커드 미사일은 1,000발이 넘었고, 양국이 보유했던 미사일이 총동원되었다. 스커드는 물론 프로그Frog, 실크웜Silkworm, 토우Tow, 호크Hawk, 하푼Harpoon 등이 투입된 본격적인 미사일 전쟁이었다.

1986년 지중해에서 미 해군 순양함 및 A-6E 공격기에서 발사된 공대함 및 함대함 하푼이 리비아 해군의 Nanuchka형 구축함 등 수척을 격침하여 그 능력을 입증하기도 하였다. 1987년 미 해군 호위함 스타크(USS FFG-31 Stark)는 이라크군의 미라지Mirage 항공기에서 발사한 공대함미사일 엑조세에 명중되어 손상을 입었으며, 이란이 발사한 함대함마사일 HY-2에 미국 및 쿠웨이트 국적의 유조선이 명중되기도 하였다. 1988년 프레잉 맨티스 작전에서 미 해군은 이란의 경구축함 사한드함에 하푼 3발을 명중시켰다.

걸프전쟁(1991년)에서는 해군력 운용 측면에서 초기 위기 발생 시에 신속한 대응이 가능한 전력으로, 해군력 현시의 중요성을 부각시켰고, 해상봉쇄와 상륙양동을 통해 지상작전에 긍정적인 영향을 줄 수 있었다. 해상화력지원 측면에서 토마호크Tomahawk 288발을 발사하여 이라크 지휘부 등에 정밀 타격을 가하여 전쟁 초기 기선을 제압하는 큰 성과를 거두었다. 걸프전은 토마호크를 비롯해 이전 세대보다 한 단계 더 발전된 첨단 미사일들이 대거 동원된 첫 번째 하이테크 전쟁이었다. 패트리엇Patriot 미사일과 헬파이어Hellfire 미사일, 에이태킴스ATACMS: Army Tactical Missile System 미사일과 공대공미사일 스패로Sparrow도 위력을 발휘했다.

코소보전쟁(1999년)에서 해상작전은 3개 항모 기동부대를 포함한 주요 함정 31척이 지중해와 아드리아해에 위치하여 작전을 수행하였다. 이들 함정들은 전쟁기간 동안 329발의 토마호크 순항미사일을 발사하여 주요 방공체계 등을 타격함으로써 작전수행에 많은 기여를 하였다.

2001년 아프간전쟁 중 주요 해상작전으로 토마호크 미사일 공격, 공중 및 특수부대 작전 등을 수행하였다. 해군력 운용 측면에서의 주요 특징은 해군력의 융통성을 입증한 전쟁으로 기존의 병력과 물자의 신속한 수송과 전개뿐만 아니라 해상에서의 정밀타격으로 효율적인 작전전개에 많은 영향을 미쳤다는 것이다.

이라크전쟁(2003년)에서는 첨단 무기체계를 바탕으로 명중률 향상 및 무기체계 효과를 극대화함은 물론, 군사표적에 대한 정밀타격을 통하여 민간피해를 최소화함으로써 미국의 전략적 목표를 달성하였다.

표 5-1 대함공격에 의한 함정 피격현황(1966년 이후)

피해 함정		함형	작전명	연도 / 원인	피해 규모
국적	이름				
미국	Liberty	정보함	아랍/ 이스라엘 전쟁	1967 / 공중요격, 어뢰	함 손상 (34명 사망)
이스라엘	Eilat	구축함		1967 / P-15 스틱스 미사일(ASCM) 4발	침몰 (47명 사망)
파키스탄	Khaibar	구축함	인도/ 파키스탄 전쟁	1971 / P-15 스틱스	침몰
	Muhaviz	소해함		1971 / P-15 스틱스	침몰
	Shahjahan	구축함		1971 / P-15 스틱스	함 손상
	Dacca	Fleet tanker		1971 / P-15 스틱스	함 손상
영국	Veneus Challenge	수송선		1971 / P-15 스틱스	침몰
	Antelope	호위함	포클랜드 해전	1982 / 재래식 폭탄(1,000lb 2발)	침몰 (2명 사망)
	Antrim	구축함		1982 / 재래식 폭탄	함 손상
	Ardent	호위함		1982 / 재래식 폭탄/로켓	침몰 (22명 사망)
	Argonaut	호위함		1982 / 재래식 폭탄(1,000lb 2발)	함 손상 (2명 사망)
	Broadsword	호위함		1982 / 재래식 폭탄(1,000lb 1발)	함 손상 (4명 부상)
	Coventry	구축함		1982 / 재래식 폭탄(1,000lb 2발)	침몰 (19명 사망)

| 피해 함정 | | 함형 | 작전명 | 연도 / 원인 | 피해 규모 |
국적	이름				
	Glamorgan	구축함		1982 / MM38 Exocet ASCM	함 손상 (13명 사망)
	Glasgow	구축함		1982 / 재래식 폭탄	함 손상
	Sheffield	구축함		1982 / AM39 Exocet ASCM	화재/침몰 (20명 사망)
	Sir Galahad	상륙함		1982 / 재래식 폭탄 수 발	화재/침몰 (48명 사망)
MV Atlantic Conveyor		RORO Transport		1982 / AM39 Exocet ASCM	화재/침몰 (12명 사망)
리비아		Nanuchka급 등	미국 리비아 충돌	1986/하푼	2척 침몰 수척 손상
미국	Stark	호위함	걸프전	1987 / AM39 Exocet ASCM 2발	함 손상 (37명 사망)
이란	Joshan	FPB	프레잉 맨티스 작전	1988 / AGM-84 ASCM 2발	침몰
	Sahand	호위함		1988 / AGM-84 ASCM / GBU-10 레이저유도폭탄(LGB)	침몰
	Sabalan	호위함		1988 / GBU-12 LGB 수 발	함 손상
	INS Hanit	Missile Boat	레바논전	2006 / C-802 (CSS-N-8 Saccade) ASCM	함 손상 (4명 사망)

5.2 미사일의 분류와 특성

5.2.1 미사일 분류

미사일체계의 분류에는 여러 방법이 있다. 용도(임무)별로 전략미사일, 전술미사일로 분류한다. 발사 위치와 목표물의 종류에 따라 함(지/공/잠)대함미사일, 함(잠/공/지)대지미사일, 함(잠/공/지)대공미사일, 대전차미사일 등으로 분류하는 통상적인 기준이 있고, 미군과 나토군이 사용하는 사거리 기준에 따른 분류가 있다. 비행방식별로는 탄도미사일과 순항미사일로 분류할 수 있다.

(1) 용도(임무)별 분류

■ 전략미사일

국가/군사적 중요 시설을 공격하여 상대국가의 종합적인 군사능력을 파괴하는 미사일이며, 사정거리가 1,000km 이상이다. 초장거리 사정에서 전략미사일로 공격을 해야 하는 경우, 아무리 첨단 미사일이라하더라도 미사일의 탄두를 목표물에 정확하게 명중시키기는 대단히 어렵기 때문에 표적을 직접 명중해야 할 필요가 없는 핵탄두를 장착하여 운용한다. 그와 반대로 사정거리가 짧은 전술용 미사일들은 핵탄두와 재래식 탄두를 다 같이 장착했다. 그 대표적인 예가 최대사정거리가 300km인 구소련제 탄도미사일 SS-1 스커드^{Scud}이다. 탄도미사일 군비경쟁이 진행되는 동안 미국은 줄곧 정확도는 높이고 파괴력은 낮추는 무기 간소화 방향으로, 구소련은 미사일의 대형화와 파괴력 향상에 집중했다. 이에 따라 미국의 탄도미사일은 대부분 1메가톤 미만의 탄두를 장착한 반면, 구소련의 탄두들은 보통 5~25메가톤 정도로 미국의 탄두에 비하면 엄청난 파괴력을 갖는다.

■ 전술미사일

전장지원과 대전차미사일 등 전술적으로 운용되며, 지대지, 함대함, 함대지 등 목표별로 통상 1,000km 이하의 사정거리를 갖는다. 사거리가 짧은 전술미사일들은 핵탄두와 재래식 탄두를 장착하여 운용하기도 한다.

(2) 발사 위치와 공격 목표의 종류에 따른 분류

- SSM(Surface to Surface Missile): 함(지)대지, 함(지)대함미사일
- SAM(Surface to Air Missile): 지대공, 함대공 미사일
- USM(Underwater to Surface Missile): 잠대함, 잠대지 미사일
- UAM(Underwater to Air Missile): 잠대공 미사일
- ASM(Air to Surface Missile): 공대함, 공대지 미사일
- AAM(Air to Air Missile): 공대공 미사일
- ATM(Anti Tank Missile): 대전차 미사일

표 5-2 유도무기 분류

발사위치 (플랫폼)	공격 목표			
	수상함	잠수함	항공기	지상표적
수상함	함대함(SSM)	함대잠(SSM)	함대공(SAM)	함대지(SSM)
잠수함	잠대함(USM)	잠대잠(USM)	잠대공(UAM)	잠대지(USM)
항공기	공대함(ASM)	공대잠(ASM)	공대공(AAM)	공대지(ASM)
지상발사대	지대함(SSM)	지대잠(SSM)	지대공(SAM)	지대지(SSM)

(3) 사거리에 따른 분류

미사일을 사거리에 따라 단거리, 중거리, 장거리로 구분한다. 그러나 미사일의 용도에 따라 거리는 달라지는데, 탄도미사일의 경우 통상 단거리는 1,000km 이하, 중거리는 2,400km 이하, 장거리는 2,400km 이상으로 구분한다. 순항미사일의 경우 단거리는 40km 이하, 중거리는 40~180km, 장거리는 180km 이상이다.

표 5-3 사정거리 및 고도에 따른 유도무기 분류

분류		종류	사거리(km)	비고
탄도미사일	전략	대륙간 탄도미사일(ICBM) (Inter Continental Ballistic Missile)	5,500 이상	Peacekeeper(미), SS-18/19/24/25(러), DF-31(중)
		준 장거리 탄도미사일(IRBM) (Intermediate Range Ballistic Missile)	2,400~5,499 (미국: 2,750~ 5,500)	SS-20(러), DF-4(중), 대포동-1, 2호(북)
		중거리 탄도미사일(MRBM) (Medium Range Ballistic Missile)	800~2,399 (미국: 1,000~2,750)	Pershing-II(미), DF-21(중), 노동-1호(북)
	전술	단거리 탄도미사일(SRBM) (Short Range Ballistic Missile)	150~799 (미국: 1,000 이하)	Lance(미), SS-12/21/23, Scud-B, C(러)
		전술 단거리 탄도미사일(BSRBM) (Battlefield Short Range Ballistic Missile)	150 이하	R-65(러)

분류	종류	사거리(km)	비고
순항미사일	장거리 순항미사일	180 이상	Tomahawk(미), SS-N-19(러)
	중거리 순항미사일	40 ~ 180	Harpoon(미), Exocet(프), Styx(러)
	단거리 순항미사일	40 이하	Sea Skua(영), Penguin
대공미사일	고고도용	10 이상	SM-3(미)
	중고도용	4~10	SM-2(미)
	저고도용	4 이하	Sea-wolf(영)
	휴대용	3~5	Stinger, Redeye(미)
대전차 미사일		1~8	Spike(이스라엘), Javelin(미)

(4) 비행방식별 분류

■ 순항미사일

순항미사일Cruise missile은 항공기처럼 제트엔진에 의해 속도와 고도를 일정하게 유지하며 날아가 목표물에 도달한다. 순항미사일은 목표물을 미리 입력시키고 발사하기 때문에 명중 정밀도가 높다. 또 목표물을 우회해서 맞힐 수 있어 레이더 등에도 잘 포착되지 않는다. 순항미사일은 발사 플랫폼에 따라 함정발사 순항미사일 SLCM: Ship-Launched Cruise Missile, 공중발사 순항미사일ALCM: Air Launched Cruise Missile, 지상발사 순항미사일GLCM: Ground Launched Cruise Missile, 잠수함발사 순항미사일SLCM: Submarine Launched Cruise Missile 등으로 구분된다.

■ 탄도미사일

순항미사일과 달리 로켓 추진체에 의해 탄도를 그리며 높게 올라간 후 다시 낙하한다. 비행하는 동안 고도와 속도가 계속 변화하며, 로켓이 연소되는 과정을 거친 후 로켓 분사가 끝나면 지구의 인력에 의해 탄도를 그리며 비행해 목표물에 도달한다. 탄도미사일은 대기권 밖을 비행할 수 있어 사거리가 긴 대륙 간 목표물을 공격하거나 우주에 쏘아 올리는 데 적합하다. 대륙간 탄도미사일의 경우 낙하할 때 속도가 마하 3 이상이기 때문에 요격하기가 어렵다. 발사 플랫폼에 따라 지상발사 탄도미사일GLBM: Ground Launched Ballistic Missile, 잠수함발사 탄도미사일SLBM:

Submarine Launched Ballistic Missile로 구분되며, 함정을 표적으로 하는 대함탄도미사일 ASBM: Anti Ship Ballistic Missile이 있다.

5.2.2 미사일의 탄종 식별기호

미 국방성DOD: Department of Defense은 미사일과 로켓 명명법을 정립, 공포하였다. 모든 유도무기의 기본 명명법은 다음의 사항들을 의미하는 철자들로 구성된다.

(1) 미사일 명명의 예

RGM, AGM, AIM, ATM, RIM… 등이 있는데, 이들의 의미는 다음과 같다.

- 첫 번째 철자: 발사환경
- 두 번째 철자: 임무유형

표 5-4 유도미사일 명명법

	발사환경		임무유형		운반체
A	공중에서 발사	D	공격에 의해 적을 혼돈, 기만	M	자체 추진체를 가진 무인 유도미사일
B	공중+지상, 지상+수중 등 2개 환경 이상에서 발사	G	지상 및 해상 표적 공격	R	발사 후에는 비행궤도를 변경할 수 없는 자체 추진체를 가진 로켓
C	수평의 혹은 45도 이하의 관에 저장되면서 지상에서 발사	I	공중 표적을 공격	N	주변상황을 모니터 및 전달하기 위해 사용되는 비궤도성 탐사용 로켓
F	개인이 운반하고 개인에 의해서 발사	Q	표적 탐색 혹은 감시		기타
M	지상 혹은 이동 가능한 발사대로부터 발사	T	훈련	X	위의 세 자리 철자 앞자리에 사용하여 실험단계임을 지칭
P	저장고에 보관하지 않고 가벼운 패드에서 지상 발사	U	수중공격	Y	위의 세 자리 철자 앞자리에 사용 모형, 시제임을 지칭
U	잠수함 및 기타 수중에서 발사	W	기상관측		
R	함정에서 발사				

- 세 번째 철자: 운반체
  - RGM-84 Harpoon: 함대함미사일 하푼
  - UGM-84 Harpoon: 잠대함미사일 하푼
  - AGM-84 Harpoon: 공대함미사일 하푼
  - RIM-116 RAM: 함대공미사일 램
  - RIM-7P NSSM: 함대공미사일 나토 시스패로
  - RIM-66 M-5 SM-2: 함대공미사일 SM-2 Block IIIB(Aegis/VLS)
  - RIM-161 SM-3: 함대공미사일 SM-3
  - BGM-109E Block IV(Tac-TOM): 함(잠)대지미사일 토마호크
  - UGM-96 Trident: 잠수함발사 대륙간 탄도미사일(SLBM) 트라이던트
  - MIM-104 Patriot: 지대공미사일 패트리어트
  - FIM-92 Stinger: 개인 휴대용 대공미사일 스팅거
  - AGM-65 Maverick: 공대지 미사일 매버릭

5.2.3 순항미사일과 탄도미사일의 특성

(1) 순항미사일

■ 특성

순항미사일Cruise Missile은 비행기처럼 날개와 제트엔진을 사용해서 수평비행을 하고, 일정 고도와 속도로 순항하여 목표에 도달하는 미사일의 총칭이다. 최근 순항미사일은 사거리가 길어지고, 추진력은 주로 터보팬 엔진을 사용하고 있으며 아음속亞音速으로 비행한다. 순항미사일은 속력이 음속音速 이하(아음속)이지만 초저공 비행이 가능하여 탄도미사일보다 레이더가 포착하기 힘들다. 램제트Ramjet 엔진을 사용한 초음속 순항미사일도 있다. 비행 중에는 속도와 고도를 거의 바꾸지 않고 날아간다. 미사일이 비행하는 내내 속도와 고도를 바꾸지 않으려면 추진력을 내는 엔진이 비행하는 동안 꾸준히 같은 힘을 낼 수 있어야 하므로 대부분의 순항미사일은 로켓이 아니라 제트엔진을 사용한다. 함정이나 지상에서 발사하는 경우에는 초

반에 제트엔진의 힘만으로 속도를 올리는 데 어려움이 있기 때문에 로켓 부스터를 사용하기도 한다. 또 순항미사일은 꾸준한 속도로 고도를 유지한 채 비행하기 위해 비행기와 비슷한 날개를 달기도 한다. 적의 레이더를 피해 초저공 비행이나 우회비행을 할 수 있는 미사일로서 제트엔진을 가지고 사전에 입력된 자료를 바탕으로 컴퓨터에 의해 비행한다. 순항미사일은 제트엔진의 특성상 속도가 느려서 보통 마하 0.8~0.9 정도로 비행한다. 최근에는 마하 2~3 정도로 비행하는 초음속 순항미사일도 등장하고 있지만 보통 이러한 순항미사일은 크기도 엄청나게 크고 비행 가능 거리도 500km 정도가 한계다. 따라서 순항미사일을 막는 측에서는 미리 발견할 수만 있다면 함정의 함대공미사일이나 근접방어무기체계CIWS: Close-In Weapon System, 전투기에서 공대공미사일, 대공포 등으로 요격할 수 있다. 이를 막기 위해 순항미사일은 적의 레이더에 탐지되지 않도록 최대한 낮게 비행하며, 특히 바다 위에서는 고도를 5m도 안 되게 유지하는 해면밀착비행Sea-skimming을 하기도 한다. 미사일이 이렇게 낮게 비행하면 적의 레이더는 수평선·지평선에 가려서 미사일을 미리 탐지할 수 없게 된다. 또 순항미사일은 속도가 느린 대신 방향을 자유롭게 바꿀 수 있다. 순항미사일을 발사하는 측은 미사일이 사전에 적의 대공포나 레이더 기지를 우회해서 날아가도록 비행경로를 프로그래밍해서 미사일에 입력한다.

함(잠)대지 순항미사일의 경우 장거리 비행에 따른 명중률 향상을 위해 관성 항법장치의 정밀도 향상이 중요하고 또한 목표에 이르는 지형 데이터를 조합하는 방식지형대조유도방식, TERCOM: Terrain Contour Matching도 겸용된다. 최근에는 이것에 추가하여 GPS 항법도 이용된다. 순항미사일의 기체 크기는 무인항공기의 기체와 같이 작으며 대부분의 비행시간 동안 대기로부터 산소를 빨아들여야 하는 공기흡입엔진(제트엔진)에 의해 추진된다. 또한 컴퓨터로 목표까지의 지도를 기억시켜 레이더로 본 지형과 대조하면서 진로를 수정하는 지형대조TERCOM라는 유도방식의 채용으로 명중정밀도가 매우 높아졌다. 이 유도방식은 인공위성을 사용해서 미리 표적까지의 지형을 입체사진으로 촬영하고, 그것을 수 km 간격으로 바둑판처럼 구획해서 미사일에 기억시켜두면, 발사된 미사일은 비행하면서 계속 지형을 측정하고, 기억한 지형과 대조하면서 궤도를 수정하므로 정확도가 높은 명중률을 기대할 수 있다.

■ 구성

미사일은 비행체라고 불리는 기체가 미사일의 내부체^{內部體}를 보호하며, 비행 중 공기저항을 최대한으로 줄여 추력^{推力}을 극대화하도록 설계되어 있다. 비행체는 탐색기부, 유도항법부, 탄두부, 연료부, 엔진부, 구동부, 추진부로 구성되어 있다. 두부에는 유도 조종장치 및 탄두가 포함되고 비행속도, 필요용적 및 레이더파의 굴절등을 고려한 형상으로 제작된다. 이 형상은 주로 원추형, 오자이브^{Ogive/원뿔}형, 반구형 등이 사용된다. 동체는 추진기관이 주가 되며, 날개는 속도범위, 항공역학 및 구조 등을 고려하여 평면형과 단면^{斷面}의 모양을 선택하게 된다. 조종면은 날개 뒤또는 동체에 부착된 작은 날개이며, 비행 중에 이 조종면을 움직여 공기의 흐름을 변경시킴으로써 비행체에 회전력을 발생시켜 미사일의 진로를 임의 조종하도록 되어 있다. 탄두는 하푼 같은 경우 통산 220kg이며 폭약은 100kg 정도의 둔감 화약이 들어 있다.

■ 비행과정

• 발사 초기 비행 단계(Boost Phase)

함정의 미사일 발사 통제콘솔에서 발사키를 작동하면 추진부의 부스터가 점화되어 미사일이 발사되며 최고고도까지 상승한 후 하강하며 순항상태^{Fly-out}로 진입한다.

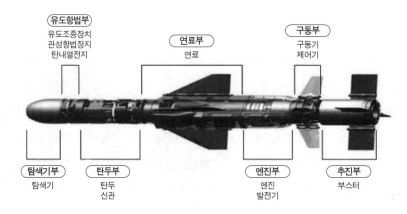

그림 5-3 순항미사일의 구성도

- **중간 비행 단계(Midcourse phase)**

순항비행을 시작하여 표적을 포착하기 전까지의 단계이며, 관성항법장치로 비행을 하면서 일정한 간격으로 GPS신호를 수신하여 비행오차를 보정한다. 발사 전에 저고도 중고도, 고고도 비행 모드를 선택할 수 있다.

- **종말 비행 단계(Terminal phase)**

종말단계는 미사일의 탐색기가 표적을 포착, 추적하여 충돌함으로써 임무를 종료하는 단계이다. 미사일이 표적을 포착한 후 추적을 진행하다가 저고도비행Sea-skimming 후 표적에 대해 경사공격Pop-up, 회피기동, 자동고도 하강Sea-skimming & diving공격을 한다. 이때 근접방어무기체계CIWS: Closed In Weapon System의 방어를 회피하기 위해 회피기동을 한다.

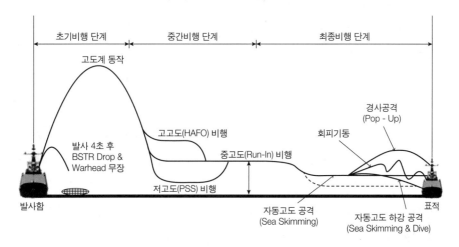

그림 5-4 함정에서 발사한 대함 순항미사일의 비행과정

(2) 탄도미사일(BM: Ballistic Missile)

■ 특성

탄도미사일BM: Ballistic Missile은 포물선과 같은 일정한 탄도 궤적을 그리면서 고속으로 대기권과 우주공간을 함께 비행하는데, 로켓 추진력에 의해 미사일의 사거

리가 결정되고, 비행하는 거리에 의해 탄도미사일의 최고 고도와 대기권 재진입 속도 등이 결정된다. 탄도미사일은 추진제가 연소되어 발생하는 배기가스를 미사일의 후방으로 계속 분출시키며 날아간다. '힘의 반작용' 원리를 이용한 것이다. 탄도미사일은 대기뿐만 아니라 공기가 희박하거나 진공상태인 외기권을 비행하기 때문에 미사일 내부에 산화제와 연료를 같이 탑재하여 자체적으로 연소가 가능하도록 되어 있다.

탄도미사일은 발사 초기에 로켓으로 일정 높이까지 상승하다가 유도장치에 의해서 표적 방향으로 일정한 고각과 양각 및 속도를 갖게 된 이후 자유탄도로 정해진 목표까지 비행한다. 발사 및 추진단계로 불리는 첫 단계에서는 로켓엔진이 미사일을 특정 탄도궤도에 올려놓는 데 필요한 추진력을 제공하고, 이후 지구 대기권 밖에서는 중기 유도 단계의 비행을 하는 것이다. 진공상태에서 비행체의 탄도는 원하는 궤도에 진입한 후 추진제의 연소를 중지시켜 목적지까지 비행하도록 설계되어 있다. 최종 비행 단계에서는 지구의 중력이 탄두를 대기권으로 다시 끌어들여 목표지점으로 떨어뜨린다.

탄도미사일은 레이더 반사면적RCS: Rader Cross Section이 기존 항공기보다 매우 작아 탐지 및 추적이 어렵고 항공기에 비해 속도가 매우 빠르기 때문에 고속으로 침투하는 탄도미사일에 대응하는 요격미사일은 짧은 반응시간과 정확한 파괴능력을 구비해야 한다. 탄도비행은 거의 일정한 경로를 따라 이뤄진다. 이때 대기권 밖으로 벗어났다가 다시 대기권으로 진입하게 되는데, 이러한 특성으로 인해 마지막 하강단계에서는 높은 강하각으로 낙하한다. 순간적인 가속능력을 얻으면서 공기가 없는 공간을 비행하기 위해 추진동력으로 로켓엔진을 사용한다.

■ 구성

탄도미사일은 크게 기체, 추진기관, 유도·조종장치, 탄두로 구성되어 있다. 기체는 비행체라고 불리며 미사일의 내부 탑재장비 및 하부체계를 보호해줄 뿐만 아니라 비행 중 공기저항을 최대한으로 줄여 추력을 극대화하도록 설계되어 있다. 기체는 두부頭部, 동체, 날개, 조종면으로 구성되어 있다. 이중 대개 유도·조종장치 및 탄두가 포함된 두부는 비행속도, 탑재에 필요한 용적 및 레이더파의 굴절 등을 고려하여 그 형상을 선택한다. 주로 원추형, 오자이브Ogive형, 반구형 등이 사용된다. 동체는 추진기관이 주가 되고, 날개는 속도범위와 항공역학 및 구조배열 등을 고려하여 평면형과 단면형의 모양을 선택하게 된다. 조종면은 날개 뒤 또는 동체에 부착된 작은 날개로, 비행 중에 이 조종면을 움직이면 변경된 공기의 흐름이 비행체에 회전력을 일으킴으로써 탄도미사일의 진로를 임의로 조종할 수 있다.

추진기관은 항공기나 순항미사일과 달리 산화제와 연료를 자체적으로 내장하고 있어 대기 중은 물론 진공 속에서도 연소가 가능하다.

유도·조종장치는 표적에 대한 상대적 위치와 속도 등의 정보를 이용하여 미사일이 표적에 명중되도록 유도명령을 산출할 수 있는 전자장치다. 미사일이 안정되게 비행할 수 있도록 조종날개의 위치 또는 추력방향을 제어한다. 이는 미사일의 두뇌와 같은 역할을 담당하는 장치로서, 유도장치·조종장치·구동장치와 레이더 또는 탐색기 관성항법장치로 구성된다.

탄두는 미사일이 목표지점을 파괴하는 데 필요한 폭발물, 화생무기 또는 핵무기 등을 내장하고 있는 유선형 장치다. 사거리가 길 경우 외기권을 비행한 후 목표

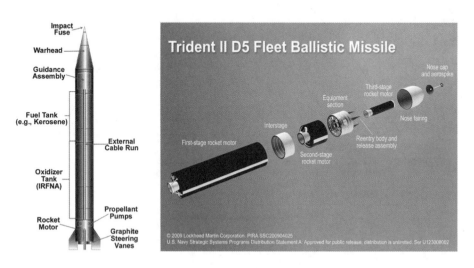

그림 5-5 탄도미사일(SLBM 트라이던트 2 구성도)

지점에서 대기권 재진입 시 고온의 마찰열에 견딜 수 있는 특수 삭마제를 끝부분에 사용하고 있다. 재래식 폭발형 탄두는 폭발물을 작동시키기 위한 점화장치를 포함하고 있으며, 화학·생물 등 특수형 탄두는 고온 및 기동 시 내장된 작용제를 보호하도록 특별히 설계된 용기가 사용되고 있다.

■ 비행과정

• 발사 및 추진단계(Boost phase)

발사 시점부터 미사일 추진제 연소가 종료되기까지의 단계로, 추진기의 힘에 의해 미사일이 가속되는 과정이다. 미사일이 지구 중력을 거슬러 올라가야 하므로 최소한 자체 무게 이상의 추력이 필요하기 때문에 추진제 연소에 의한 적외선 방출 등 흔적이 크고 속도가 느리다. 마지막 부분에서는 적을 기만하기 위해 전자방해장치 등이 분출되기도 한다. 장거리 ICBM의 경우 180~300초가 소요된다.

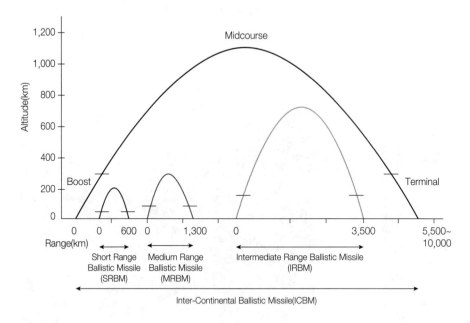

그림 5-6 탄도미사일의 비행과정

- **중간 비행 단계(Midcourse phase)**

발사 및 추진을 종료한 미사일이 추진력과 지구 중력의 영향에 의해 포물선을 그리면서 자유비행을 하는 단계로, 연소된 추진체가 분리되고 전자방해장치 및 기만용 탄두가 하나의 형태로 탄두와 함께 비행하게 된다. 비행시간이 가장 긴 단계로, ICBM의 경우 20분 정도 소요된다. 사거리가 300km 이상인 미사일은 공기밀도가 매우 희박한 외기권을 비행한다.

- **재진입, 종말 단계(Terminal Phase)**

미사일의 추진력이 소멸되어 목표지점에 투하되도록 대기권을 향하여 재진입하는 단계다. 대기와의 마찰로 수백 도 이상의 높은 열이 발생하며, 사거리에 따라 다르나 장거리 미사일의 경우 초속 5km 이상의 매우 빠른 속도를 갖게 된다.

표 5-5 순항미사일과 탄도미사일의 특성 비교

분야	순항미사일	탄도미사일
사거리	50~3,000km	100~13,000km
속도	마하 2.5 이하	마하 5~10
비행방식	저고도 순항비행, 기 계획 경로 비행	외대기권/상층 대기권 탄도 비행
항법/ 보정방법		
종말유도	관성항법+GPS+지형대조	관성항법, 관성항법+천측항법, 관성항법+GPS 등

분야	순항미사일	탄도미사일
정확도	비행 중 지형대조 또는 GPS로 위치 보정을 하거나, 종말에서 탐색기로 표적 진입함으로써 사거리와 상관없이 수십에서 수 m내 탄착	사거리에 비례하여 탄착오차 증가, 일반적으로 수백에서 수 km 내
탄두	고폭, 분산자탄, 침투탄두, 핵탄두	고폭, 분산자탄, 핵탄두
추진 방식	발사초기 고체추진, 로켓 가속 후 공기흡입식 엔진 시동 – 항공기 엔진과 유사	단일·다단 고체추진 로켓, 단일·다단 액체추진 로켓 – 연료 및 산화제 내장
발사체	지상차량, 잠수함, 수상함, 항공기	고정식 발사대, 이동식 차량, 잠수함
용도	핵심 표적 선별 타격 – 보복공격용	전략전 및 정치적 위협 목적 – 피해 과장 및 공포감 조성에 유리
장점	정밀, 은밀한 공격이 가능하다 저공비행으로 피탐이 낮다	초장거리 사거리 확보가 용이 고속으로 요격이 어렵다
단점	장거리 비행이 제한된다 속도가 느려 요격이 가능하다	정확성이 떨어져 오차가 크다 발사준비시간이 길어 발사징후가 포착된다(액체연료) 비행 중 유도 및 궤도 수정이 어렵다

5.3 아음속 대함 순항미사일

5.3.1 운용개념과 발전과정

아음속 대함 순항미사일은 비행속도가 마하 1 이하로서 수상함, 잠수함, 항공기, 해안기지/이동발사대TEL: Transporter Erector Launcher에서 적 함정을 공격하는 임무를 수행하며, 발사 플랫폼은 항공기, UAV 등 제3정보원으로부터 표적 정보를 수신하거나 자체적으로 탐지/식별하여 공격목표를 지정, 발사통제장비를 이용하여 발사한다.

냉전시대인 1950~1960년대에 구소련은 미국의 항모전단과 함정들을 공격하여 치명상을 입히도록 대형화된 대함미사일 개발에 주력한 반면, 미국을 비롯한 서방측에서는 전술용 대함·대지미사일의 개발을 적극적으로 추진하진 않았다. 1967년

이스라엘 에일라트함이 이집트 미사일 고속정에서 발사한 구소련제 스틱스에 의해 격침되는 사건을 계기로 대함미사일에 의한 수상함 공격능력의 필요성이 강하게 인식되어 각 나라별로 대함미사일 개발에 박차를 가하게 되었다.

통상 함대함미사일을 기본 모델로 개발하여 잠대함, 공대함, 지대함 등 플랫폼을 다양화하여 운용한다.

(1) 함대함미사일

바다에서 항해하는 수상함이 대함미사일을 발사해야 할 때는, 늘 발사준비 상태에 있기 때문에 즉응력과 작전 지속능력 등이 뛰어나다. 수상함의 탐색 레이더는 초수평선 탐지가 불가능해서 적 함정을 탐지하려면 자체 함재헬기를 띄우거나 인근에 전개 중인 항공기로부터 정보를 받아야 한다는 제한사항이 있다. 함정 규모에 따라 소형에는 4발, 중·대형급에는 8~16발을 탑재한다.

(2) 공대함미사일

전투기나 대잠초계기(P-3) 등에 4발을 탑재하여 운용한다. 수상함보다 신속하게 대응할 수 있는 장점이 있지만 함대함에 비해 속도가 빨라서 작전지역에 있지 않은 경우에는 도달시간이 훨씬 빠르고 투사범위도 넓다. 하지만 함대함 플랫폼에 비해 작전의 지속능력은 떨어지는 편이고, 바다 위에 떠 있는 수상함보다는 항공기가 훨씬 잘 적함에 탐지되어 함대공미사일의 공격에 취약할 수 있다. 링스Lynx 등 해상작전헬기에는 작전 지속성 등을 고려하여 중량이 가벼운 시스쿠아Sea-Skua와 같은 소형 대함미사일을 장착하여 주로 대공방어능력이 취약한 고속정 등 소형 함정 공격용으로 운용한다.

(3) 지대함미사일

대함미사일을 장착할 수 있는 플랫폼 중 가장 경제적이라는 장점이 있지만, 공대함이나 함대함, 잠대함에 비해 활용도가 떨어지며 적 공격으로부터 취약하기 때문에 이동발사대 형태로 운용하며 엄체호에 보관한다. 해안에 접근하는 적 함정을 공

그림 5-7 대함 순항미사일 하푼 운용개념도

격하는 방어적인 개념으로 운용한다.

(4) 잠대함미사일

잠수함에서 운용하는 무기 중에서 중어뢰보다 위력이 다소 약하고 요격 당할 수도 있지만, 사거리는 훨씬 길어서 어뢰보다 더 안전한 무기체계이다. 통상 잠수함은 대함미사일 탑재수량이 제한되지만, 미 항공모함을 핵심 공격대상으로 하는 러시아 SSGN 오스카급 탑재 미사일과 같은 예외적인 경우도 있다. 오스카급은 좌우 각각 12개의 경사 발사대에 총 24발의 그라니트Granit,서방명 Shipwreck 순항미사일을 탑재하고 있다. 그라니트 미사일은 인공위성에 의해 유도되며 탄두 중량 1톤을 포함 7톤, 사정거리가 625km, 최대속도 마하 2.5에 달하는 대형 미사일로 알려져 있다.

5.3.2 주요국 아음속 대함 순항미사일 현황

(1) 대함미사일의 대명사 미국의 하푼(Harpoon)

하푼Harpoon은 미국이 개발하여 현재 31개국이 운용하고 있으며 2015년 현재까지 7,100여 발이 생산된, 세계에서 가장 많이 배치되어 운용중인 대함미사일의 대명사이다.

미국 해군은 구소련에 비해 대함미사일SSM: Surface to Surface Missile의 전술적인 가치를 느끼지 못하다가 1967년 이집트 고속정에서 발사한 구소련의 대함미사일 Styx가 이스라엘 구축함 에일라트를 격침시킨 사건이 발생한 이후 대함미사일의 가치를 뒤늦게 깨닫고 개발에 착수했다. 약 10여 년 동안 개발한 결과물로 선보인 첫 작품, Harpoon RGM-84는 1977년부터 미 해군함정에 배치되기 시작하였다. 탄체 길이는 4.6m, 직경 34cm, 중량 약 680kg, 탄두는 220kg의 반 철갑으로 동력은 Turbojet, 사정거리 80마일, 비행속도는 아음속인 마하 0.8이었다. 그동안 1975년에서 1989년 사이 총 421회 발사가 이루어졌으며 395회가 성공하여 명중률이 93%로 알려져 있다.

하푼 순항미사일은 수상함과 지상 탑재용 RGM-84, 잠수함 탑재용 UGM-84, 항공기 탑재용 AGM-84 등 4종이 있다. 미사일 본체는 공통으로 함정 탑재형은 부스터Booster가 장착되어 있고, 날개가 접착식으로 되어 있다. RGM-84는 원통형의

그림 5-8 함정에서 발사되어 저고도 순항 비행하는 하푼

캐니스터Cannister에서 발사되며, UGM-84는 어뢰형의 캡슐에 내장되어 해중에 위치한 발사관에서 방출된 후, 캡슐이 해면으로 올라왔을 때 점화되어 비행한다.

하푼 미사일은 시제품 Block-1A에서 시작하여 Block 1B로 진화하였고, 1982년 해면 저고도 비행능력과 ECCMElectronic Counter-Counter Measures 기능이 향상되고 변침점Way point을 3개 주입이 가능하도록 성능이 향상된 Block-C가 선보였으며, 1997년 성능 개량된 Block-1G는 표적을 소실했을 때 재공격 가능한 기능re-attack과 변침점을 8개까지 주입 가능하도록 성능이 개량되었다. 최신 모델은 Block II이며, 유도시스템으로 Block-1의 관성항법INS: Initial Navigation System과 능동 레이더 유도ARH: Active R/D Homing에 추가하여 GPSGlobal Positioning System를 조합한 것이다. 이것에 의해 육상표적에 대한 점표적 공격이 가능하게 되었으며, 대함용으로도 연안의 목표식별이 용이하다. 터보제트Turbojet 동력을 사용하는 하푼의 사정거리는 Block-1C 이후 대폭적으로 연장되어 138km 이상이며, 탄두는 프랑스의 엑조세Exocet용 165kg보다 큰 220kg 정도이기 때문에 러시아 해군의 600톤급 Nanuchka형 미사일함은 1발, 3,600톤급 Krivak형 프리깃은 2발을 명중시키면 격침시킬 수 있으며, 순양함일 경우는 행동 불능 상태로 만들 수 있는 위력을 가진 것으로 알려져 있다. 탑재방법이 간편할 뿐만 아니라 발사 후 함정으로부터의 통제나 유도가 필요 없는 사격 후 망각Fire and forget 방식으로 뛰어난 운용성과 높은 신뢰성을 갖고 있으며, 하푼은 함대함을 기본으로 공대함, 잠대함, 지대함으로 운용하고 있다.

하푼 Block-2는 대지공격능력과 강력한 항재밍 GPS 수신기를 접목하여 재밍에 대한 대응능력을 대폭 강화하였다.

(2) 최초로 함정을 격침시킨 러시아의 스틱스(Styx)

제2차 세계대전 이후 구소련 해군은 세계의 바다를 제패한 미 해군에 비해 연안해군 수준에 머물고 있었으며, 연안 방어를 위해서 고속 전투정에 탑재하고 있던 어뢰를 대신할 수 있는, 사거리가 길고 고속이면서 타격력이 높은 대함 순항미사일 개발을 1955년에 착수하였다. 최초 개발된 미사일은 P-15, NATO명 SS-N-2 Styx인데, 능동 레이더 유도Active RADAR homing 방식에 의해 발사 후 함정으로부터의 유

그림 5-9 스틱스 발사장면(좌)과 형상

도나 통제를 필요로 하지 않았다. 그리스 신화에서 착안한 이 대함미사일은 1957년 10월 시험발사에 성공한 후 소련 당국에서 'P-15'(사거리 95km)라고 명명했다. 당시 미국에서는 소련이 신형 대함미사일 개발에 성공한 것을 알아냈으나 그 이름까지는 확인할 수 없었고, 이 미사일 한 방이면 미국 함정에 탄 모든 이들이 수장될 수 있을 것으로 보고 이를 '스틱스'라고 명명했다.

초기형은 사정거리가 25km 정도로 고도계의 정밀도가 떨어져 초저공 비행능력 Sea skimming이 없을 뿐만 아니라, 탐색기의 분해 능력이 낮아 연안으로부터 4마일 이상 이격되어 있는 목표만을 공격할 수 있었다. SS-N-2는 1959년부터 코마Komar급 미사일 고속정에 탑재되어 1960년부터 구소련 해군에 실전 배치되었다.

1967년 10월 이스라엘 해군의 구축함 에일라트가 이집트 코마급 미사일정에서 발사된 SS-N-2에 의해 대형 함정이 격침된 세계 최초의 충격적인 사건을 계기로 각국은 대함미사일에 대한 대응책 개발을 급히 서두르게 되었다. 더욱이 SS-N-2는 1971년에 발생한 인도 · 파키스탄 전쟁에서도 인도 해군에 의해서 지상목표 공격용으로도 사용되었다. 이후 SS-N-2는 성능개량을 통해 사정거리 연장과 유도성능을 향상시켰으며, 중국에서 복제 생산된 이후 미사일 이름을 몰랐던 미국은 중국이 비단 생산국으로 유명한 것에 착안해 이 미사일을 '실크웜Silk Worm'으로 불렀다. 실크웜은 1980년부터 이란 · 이라크 전쟁에서 유조선 공격에 많이 사용되었다. 대함 순항미사일의 제1세대임에도 불구하고 아직까지도 북한 등 여러 국가에서 운용중에 있다.

(3) 포클랜드해전을 통해 명품이 된 프랑스의 엑조세(Exocet)

엑조세Exocet가 프랑스 해군에 도입되기 시작한 것은 에일라트함 사건으로부터 2년 후인 1969년으로, 그 도입 시기를 고려해 판단해보면, 개발 착수는 에일라트함 사건 발생 이전에 시작되었다. 최초의 모델인 엑조세 MM38은 탄체직경 34.8cm, 전장 약 5.2m, 직경 0.34m, 중량 750kg, 동력은 고체로켓, 유도는 능동레이더방식이다. 사정거리는 42km, 비행속도는 마하 0.9이지만, 전파고도계를 사용하여 해면이 잔잔할 경우 2.5m까지 해면밀착비행Sea Skimming 능력을 갖고 있다.

엑조세는 대함미사일로서는 소련의 SS-N-2보다 훨씬 소형으로, 사정거리도 짧고, 탄두중량은 형식과 관계없이 공통적으로 160kg으로 경량에 속한다. 이것은 엑조세의 개발목표가 적함의 격침이 아니라 행동 불능을 목적으로 설계되었기 때문이다. 사정거리가 비교적 짧은 것도 그 이상 긴 사정거리를 요구하여 유도방식의 복잡화나 중간유도의 필요를 초래하는 것보다는 미사일의 간편성과 운용의 단순화를 목표로 하였기 때문이다.

소형이고 경량이어서 운용이 용이한 엑조세는 고속전투함의 탑재미사일로 우수하다. 항공기 탑재형이 이란·이라크 전쟁에서 유조선 공격에 사용되었으며, 이라크 공군기가 발사한 엑조세가 페르시아 만에서 작전 중이던 미 해군의 프리깃 Stark FFG-31에 명중, 대파시킨 사건이 발생하기도 하였다. 또한 1982년 포클랜드전쟁 등에서도 영국 함정 및 수송선을 침몰, 대파시키는 등 미사일 대항 근접방어체계가 없는 함정은 대함미사일 공격에 치명적인 피해를 입는다는 것 또한 실증되었다.

엑조세는 1974년 함대함용으로 개발된 이후 잠대함, 지대함 및 공대함용으로 계열화 개발하였으며, 1980년대에는 탐색기 성능을 개량하고 연안작전능력을 강화시킨 MM-40 Block 2형을 개발하였고, 2000년대에는 사거리를 70km에서 180km로 연장시킨 Block 3형으로 진화하였다. Block 3형은 또한 항법 및 조종시스템에 GPS 수신기가 부착되어 연안전 환경에 적합하고, 해안의 목표물을 타격할 수 있는 성능을 가지며, 수직발사능력, 레이더 및 적외선의 이중모드 탐색기Dual mode seeker 및 지상 표적에 대한 타격능력을 향상시킨 성능 개량형 미사일을 개발할 계획을 갖고 있는 것으로 알려졌다.

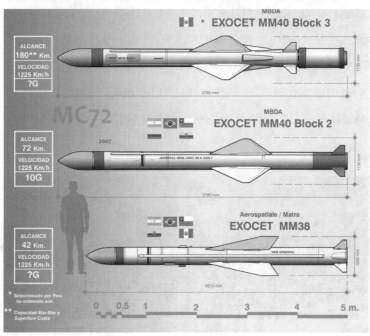

그림 5-10 수퍼 에탕다르에 장착된 엑조세 MM39와 버전별 성능(MBDA)

(4) 중국의 YJ-8(C-801), YJ-83(C-802), YJ-62(C-602)

중국 해군은 1960년대 구소련의 기술을 지원 받아 SS-N-2 Styx 미사일의 기술을 도입하여 성능 개량한 HY-1(Hai-Ying, 海鷹의 약어로 Sea Eagle이라는 뜻), NATO명 CSS-N-2 실크웜Silkworm 지대함미사일을 처음 보유하게 되었는데, 사정거리는 약 85km 정도였다.

이후 1987년 개발된 대함 순항미사일 YJ-8(YJ는 Yingji, 鷹击의 약어로 Eagle strike라는 뜻임), NATO명 CSS-N-4 사딘(Sardine, C-801)은 사거리 8~40km 수준으로 관성항법 및 능동 레이더 탐색기(I-band)와 고체 추진제를 탑재하고, 비행속도는 마하 0.9를 보유하였다. 이어서 1993년에 잠수함용으로 YJ-8의 사정거리를 120km까지 연장시키고 레이더 피탐 면적RCS, 전자전 기만 대응책ECCM 및 해면 저고도 비행능력을 5~7m 정도로 향상시킨 YJ-82(C-802)를 전력화하여 한Han, 상Shang, 유안Yuan 급 잠수함에 장착하여 운용중이다. 1990년대 중반에는 사정거리를 150~200km까지 늘리고, 데이터링크Data Link를 이용하여 표적 정보를 최신화하여 운용성을 크게 향상시킨 YJ-83(C-802)이 등장하였다. 2005년경 개발된 최신형 대함미사일 YJ-62(C-602)는 터보엔진 동력을 이용하여 사정거리가 280km 이상으로 발전되었으며, 하푼과 같은 원통형 캐니스터에 8발을 탑재하고 있다. 유도방식은 관성항법과 능동 레이더 탐색기, 300kg 정도의 단일 관통탄두로 대함/대지 공격

그림 5-11 YJ-83(위), YJ-62(아래) 미사일과 발사대 형상

능력을 보유하고 있으며, 최신형 052C급 구축함에 장착 운용중이다. 외형상으로는 토마호크 미사일과 유사하고, 탐색기는 모노 펄스 능동 레이더 탐색기(최대 탐지거리 40km 이상)이며, 수출용인 C-602에는 GPS를, 자국용에는 글로나스GLONASS: Global Navigation Satellite System를 사용한다. 수상함에 대한 최종 공격 시에는 비행고도가 7~10m이며, 대지용은 탄두 480kg형을 사용한다.

(5) 하푼과 엑조세를 뛰어넘은 한국의 해성-1

한국 해군 최초의 국산 미사일인 해성-1은 2005년 작전 배치된 이후 10여 차례의 실제 사격에서 100% 명중률을 보이면서 하푼과 엑조세를 뛰어넘는 성능을 갖고 있다는 평가를 받았으며, 대한민국 10대 명품 무기로 해성을 선정하기도 했다. 해성-1은 사거리 150km, 자체 탐지 및 공격이 가능한 능동 호밍 기능을 보유하며, 핵심기술에 해당되는 소형 터보 제트엔진, 능동 레이더 탐색기, 관성항법장치 등을 국내기술로 독자 개발에 성공함으로써 고유의 순항미사일 보유국으로 발돋움하였다. 특히 능동 레이더 탐색기를 탑재한 대함 순항미사일은 전자전 방호대책이 매우 중요한데 해성은 우리 기술을 적용한 고유의 전자전 방호대책을 보유하고 있다. 해성-1은 1단계는 고체로켓, 2단계는 순항 추력을 얻기 위해 액체연료를 사용하는 터보 제트엔진을 탑재했다(미국의 하푼과 동일. 프랑스 엑조세는 1, 2단계 모두 고체로켓으로, 사거리 70km). 관성항법INS: Inertial Navigation System과 GPSGlobal Positioning

그림 5-12 해성-1 개발시험시 명중장면과 작전함정 발사모습

System: 보조항법의 복합 유도항법 시스템을 적용, 해면 저고도 밀착비행Sea-skimming을 하므로 적함에서 요격하기가 어렵다. 다수의 경로점Way point 설정, 재공격, 회피 기동 능력과 같은 다양한 공격모드를 지니고 있다. 저 피탐 레이더 반사면적RCS 설계가 되어 있으며, 적함 충격 시 작동하는 순발 신관과 적함을 관통해서 작동하는 지연 신관을 가지고 있다. 미국의 하푼보다 동등 이상의 성능을 갖고 있으며, 전파 방해에도 강해 북한의 신형 대함미사일 Kh-35보다 우수한 것으로 평가된다.

(6) 북한의 신형 KN-01

북한은 1960년대 말부터 구소련으로부터 해안 방어용 S-2 삼렛(SS-C-2b Samlet) 미사일과 무유도 로켓인 Frog-5/-7을 도입하면서 병행하여 중국의 기술지원으로 삼렛의 정비 및 조립시설을 확충하기 시작했다. 또한 1960년대 말 중국이 구소련의 함대함미사일 SS-N-2 스틱스를 역설계하여 만든 HY-1을 도입했다. 1970년대 초에 들어서도 S-2 삼렛미사일 도입이 계속되었으며, 이 미사일의 조립생산을 통하여 조립 및 시험기술을 획득하게 되었으나, 더욱 현대화된 미사일에 대한 도입이 정치적 이유로 구소련에 의해 거절되자 북한은 구소련 대신 중국으로부터 기술지원을 받기 시작했다.

지금까지 북한 해군이 보유한 대함미사일은 1950년대 개발되어 1960~1970년대에 각광 받았던 구형 미사일들이었으나, 1960~70년대 구소련과 중국에서 도입한 구형 실크웜과 삼렛을 운용하면서 성능을 개량하여 사거리를 늘려온 것으로 추정된다.

북한은 2003년 2월부터 최근 2015년까지 동해안과 서해중부 해상에서 매년 1~3차례씩 'KN-01' 미사일을 발사했다. KN-01은 지대함과 함대함으로 운용할 수 있으며, 사거리는 100~130km로 추정된다. 북한은 러시아제Kh-35 '우란'(나토명 SS-N-25, 하푼스키)을 도입하여 운용하거나 기술도입 생산하는 것으로 추정되며, KN-01을 탑재할 수 있는 200~300톤급 고속함을 수년 전 건조한 것으로 알려졌다. 1990년대 러시아는 Kh-35를 개발하여 인도를 비롯한 동남아에 수출하였으며, 미국의 '하푼'과 유사하다고 해서 '하푼스키'라는 별명을 갖고 있다. 길이 3m 85

그림 5-13 북한이 공개한 신형 KN-1

㎝, 무게 480kg(탄두 중량 145kg), 직경 42㎝이고, 최대속도는 마하 0.8이다. 함정은 물론 항공기, 지상에서도 발사가 가능하다. 최대 사거리는 약 130km, 항 재밍 능력도 보유한 것으로 보인다. 이 미사일의 특징은 해면에 밀착하여 비행하므로 해면 반사파의 영향 등으로 함정의 레이더에 탐지되기 어렵기 때문에 요격이 매우 힘들다는 점이다.

(7) 일본 SSM-1(Type 88), SSM 1B(Type 90), ASM-2(Type 93)

일본은 우수한 전기전자산업 기술과 미사일 핵심부품 개발능력을 바탕으로 1972년부터 대함 순항미사일 개발에 착수하여 1981년 공대함 ASM-1(Type 80)을 전력화하였다. 이후 독자적으로 개발한 핵심기술과 미국으로부터 하푼을 도입하면서 기술도입 면허 생산을 통해 확보한 기술을 바탕으로 먼저 지대함 SSM-1(Type 88), 개량된 기술을 바탕으로 함대함 SSM 1B(Type 90)와 공대함 ASM-1C(Type 91), 공대함 ASM-2(Type 93) 순으로 개발해왔다. ASM-2(Type 93)는 1988년 개

그림 5-14 일본 지대함미사일 88식과 12식

발에 착수하여 1993년에 배치되었는데, 적외선 영상방식IIR: Image Infra-Red의 탐색기와 터보제트 추진기관을 사용한다. 초기에는 관성 유도를 하고 종말단계에서는 적외선 영상 유도방식으로 호밍한다. 이후 수직발사가 가능한 지대함 Type 12형은 공대함 ASM-2(Type 93)를 기반으로 개량되었는데, 탐색기가 성능 개량되어 표적을 더 정확하게 탐지할 수 있다. 개발된 대함미사일은 해상자위대 함정과 항공기, 육상자위대가 운용하는 차량형 해안 방어용 지대함체계로 배치했는데, 성능은 하푼과 아주 유사하나 사거리는 150~200km이며, 수면에서 5~6m 위로 날기 때문에 함정이 요격하기가 매우 어렵다.트럭 탑재형 지대함미사일인 12식과 88식 1세트는 미사일 발사대 16, 장전대 16, 미사일 96발로 구성되어 있다. 육상자위대는 1개 연대(4개 중대)가 1개 미사일 세트를 오키나와, 큐슈 방어 등에 운용하고 있다.

(8) 영국의 헬기용 시스쿠아(Sea-Skua)

영국의 British Aerospace사에서 개발한 단거리 공대함 순항미사일이며, 링스 헬기에 패키지 무장으로 운용되는 반능동 레이더 유도방식이며, 중량 145kg, 신관은 충격 지연형, 탄두는 9kg의 RDX 계열의 폭약을 포함하여 약 28kg이며, 사정거리는 약 25km이다. 시스쿠아는 1975년에 영국에서 개발된 헬기 탑재 대함미사일이다. 무게 약 145kg에 탄두 무게 30kg, 사거리 25km에 비행속도 마하 0.8의 이 미사일은 주로 미사일 고속정을 비롯한 소형 함정들을 공격하는 것을 목적으로 설계되었으며, 경쟁자인 펭귄 대함미사일과 비교해보면, 펭귄에 비해 사거리가 약간 짧고 느리다는 단점이 있지만, 발사중량은 절반 이하이기 때문에 이륙 중량의 제한이 심한 소형 헬기에서의 운용이 용이하다는 이점이 있다.

표 5-6 아음속 대함순항미사일 형상 및 제원

구분	Harpoon 1C (미국)	SS-N-2b Styx (러시아)	Exocet MM40 BLK3 (프랑스)	YJ-62 (중국)	해성-1 (한국)	SSM-1B (일본)
형상						
길이(m)	4.63	6.5	5.95	7.0	4.65	5.08
직경(m)	0.34	0.76	0.35	540	.034	0.35
무게(kg)	682	2,300	750	1,350	약 680	660
최대속도 (마하)	0.85	0.9	0.93	0.9	0.9	0.9
사거리 (km)	138이상	40	180	280	150	148
유도방식	관성+ 능동 레이더	능동 레이더 (+적외선)	관성/GPS+ 능동 레이더	관성/GPS +능동 레이더	관성/GPS+ 능동 레이더	관성+능동 레이더
탄두(kg)	221.6	513	약 160	–	220	고폭파편

그림 5-15 Lynx 헬기에 장전, 발사되는 Sea-Skua

포클랜드전쟁에서 영국군의 링스 헬기가 탑재한 시스쿠아 미사일을 발사하여 아르헨티나 소속의 경비함을 격침시켰으며, 걸프전에서도 역시 링스에서 고속정을 격침시키는 전과를 세웠다. 걸프전에서도 20기의 시스쿠아가 발사되어 그 중 13기가 이라크 함정에 손실을 입히는 전과를 올린 바 있다. 시스쿠아는 링스 헬기에 탑재된 I-band 대역의 GEC-Ferranti Sea spray 조사레이더가 표적에 전파를 조사하여 표적에서 반사되어 돌아온 신호를 추적한다.

5.4 초음속 대함 순항미사일

5.4.1 운용개념과 발전과정

제2차 세계대전 이후 미국은 세계 최강의 해군으로 거듭났으며, 강력한 항공모함과 함재기, 이지스함과 핵잠수함을 보유하는 등 눈부신 발전을 해왔다. 반면 러시아(구소련)는 소련연방 해체, 경제난 등을 겪으며 미국에 감히 견줄 수 없는 규모의 항모체계를 겨우 유지하게 되었다. 러시아는 미국의 항공모함에 대한 대응책을 강구한 결과, 초음속 대함미사일이 해결책이라는 결론을 내리고 개발을 주도하였다.

초음속 대함미사일은 마하 2 이상의 속력으로 비행하며, 표적을 타격하기 전에 엄청난 운동에너지를 발휘하기 때문에 방어가 극히 어렵게 된다. 설령 1회 방어에 성공하였더라도 그 이상의 방어기회를 갖기가 어렵다. 피격 받는 쪽은 하드 킬Hard kill로 대응할 수 있는 시간이 극히 부족(25~30초)하며, 격추한다 하더라도 그 엄청난 속력과 운동에너지 때문에 파편에 피해를 입을 가능성이 높다. 초음속 대함미사일 위력은 실로 막강하여 절대 뚫리지 않을 것으로 생각해왔던 미국의 이지스체계도 무력화시킬 수 있는 효과적인 비대칭전력으로 위상을 갖게 되었다.

미국과 유럽 해군은 아음속 미사일과 항모, 함재기 등의 다양한 공격능력을 신뢰하여 이들 초음속 대함미사일 개발은 하지 않고 있으나, 관련기술은 충분히 보유하고 있다. 서방국가들은 초음속 대함미사일 대신 다양한 성능(Sea-skimming, Pop up 등의 기능)의 아음속 미사일을 개발하여 운용하였고, 극초음속 무기에 대한 연구를 진행 중이다. 극초음속 비행체는 마하 5 이상의 속도로 비행하므로 한 시

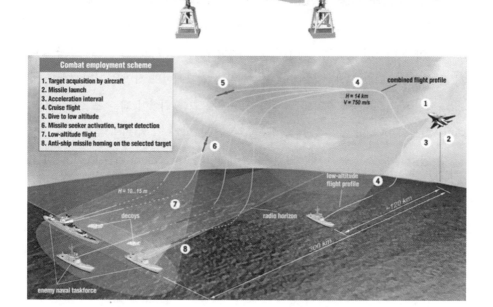

그림 5-16 초음속 대함 순항미사일 운용개념도

간 내에 지구 전 지역을 타격할 수 있는 강력한 무기로 개발될 수 있고, 군사적 가치와 효용성은 그야말로 무궁무진하다. 그리고 극초음속 무기가 그토록 높게 평가되는 이유 중 하나는 이들을 격추시키기가 매우 어렵기 때문이다.

5.4.2 주요국 초음속 대함 순항미사일 현황

(1) 러시아 항모킬러 Moskit(SS-N-22 Sunburn), Yakhont(SS-N-26), SS-N-27 Sizzler(3M54 Alfa, Klub)

러시아 해군은 미국 해군에 비해 전력이 절대적으로 약세인 점을 극복하기 위한 방안으로 초음속 순항미사일 개발에 많은 노력을 기울였다. 1970년대에는 터보 제트엔진으로 사정거리 550km, 비행속도 마하 2.5, 고폭화약 1톤 또는 핵탄두 350킬로톤을 탑재한 P-500 Bazalt(SS-N-12 Sandbox)를 에코^{Echo-II}급, 줄리엣^{Juliett}급 원자력잠수함과 키예프^{Kiev} 항모의 탑재무기로 전력화시켰다. 1980년대에는 램제트 엔진을 사용한 초음속 대함 순항미사일 P-270 Moskit 3M80(SS-N-22, Sunburn), 2002년대 초 Yakhont(SS-N-26)를 전력화하였고 최근까지 극초음속 유도무기 개발을 주도하고 있다. Moskit은 나토명으로 Sunburn이라 불리는 '항공모함 킬러'로 러시아가 미국의 항공모함에 대응하기 위해 개발하였으며, 러시아와 중국 등에서 폭넓게 운용되고 있다. 지속적인 성능개량과 업그레이드 작업을 거쳐 7개 Type 의 파생형이 있으며, 미 해군과 나토 동맹군에게 최대 위협이 되는 초음속 미사일이다. 최신의 Moskit 초음속 대함미사일은 항공모함과 그 주변의 호위함을 구분할 수 있을 정도로 성능이 향상되었으며, 러시아의 Sovremenny급, Udaloy-II급, Tarantul-III급, Dergach급 등의 구축함에서 운용하고 있다. 중국 역시 러시아에서 들여온 Sovremenny급의 구축함인 Taizhou, Ningbo에서 운용하고 있다. 해면 7m를 스치듯 비행하며 마하 2.5의 초음속으로 비행하고, 공격 직전에 적 함정의 단거리 대공미사일 공격을 회피하기 위한 급격한 기동을 한다. 5,000톤급의 대형 함정도 단 한 발로 무력화할 수 있으며, 사정거리는 90~160km, 길이 9.4m, 직경 76cm의 대형 미사일이다.

기존에 운영하던 구소련의 초음속 대함미사일 P-700 Granit(나토명 Shipwreck, SS-N-19)는 최대속도가 마하 2.5이고, 최대 사거리 500km의 장거리 공격능력을 보유하고 있었다. 하지만 6,980kg이라는 엄청난 중량으로 인해 운용 플랫폼이 제한되었으며, 별도의 해상감시체계와 해양정찰위성의 지원이 필요한 단점이 있었다. 따라서 다양한 플랫폼에서 사용 가능한 초음속 대함미사일 개발에 착수하게 되었고, 이것은 구소련 붕괴 후에도 지속적으로 수행되어 결국 러시아는 Yakhont 개발에 성공하였다.

Yakhont는 1993년 모스크바 항공 쇼에서 처음으로 공개되었으며, 여러 가지 이름으로 불리고 있지만, 3M55 Oniks는 국내용, P-800 Yakhont는 수출용이며, 서방에서는 Strawberry로 부른다. 속도는 고공에서 마하 2.8, 저공에서도 마하 1.5~1.7이며, 사정거리는 저공에서 150km, 고공 순항에서는 300km에 이른다. 수직발사의 수상함용, 해중 수직발사의 잠수함용, 항공기용으로 구분되어 있다. 모두 후부에 부스터를 부착하고 있고, 흡입구에는 뚜껑이 있다. 이 뚜껑에는 작은 로켓모터가 들어 있어 수직으로 발사된 미사일을 목표방향으로 지향하도록 하며, 부스트 점화는 이후 이루어진다. 러시아 NPO사는 인도의 국방연구개발기구DRDO와 함께 PJ-10 브라모스BrahMos라는 대함미사일을 공동으로 개발하고 있다. 인도의 브라마 푸트라강과 러시아의 모스크바강 이름을 딴 미사일로, 역시 함 탑재형과 항공기 탑재형이 있으며, 외형은 Yakhont와 유사하다.

3M54 Klub(나토명 SS-N-27A Sizzler)은 러시아 Novator 설계국에서 개발한 수상함과 잠수함에서 발사하는 초음속 대함 순항미사일이다. 1985년부터 설계를 시작하여 개발되었고, Klub은 수출모델의 이름이다. 3M-54는 잠수함 발사용이며 사거리는 최대 660km, 탄두는 200kg, 종말단계에서 비행속도는 마하 2.9, 해면 밀착비행 고도는 4.6m로 알려졌다. 3M-54T는 수상함에서 수직발사대VLS: Vertical Launching System를 통해 추력편향Thrust vector 부스터를 이용해 발사된다. 3M-14(SS-N-30A)는 잠수함 발사용으로 관성항법을 이용한 대지공격용이다. 사정거리는 1,500~2,500km 정도로 알려졌으며, 종말비행속도는 마하 0.8이다. 3M-14T는 대지공격용으로 수상함에서 수직발사대를 통해 발사되며 성능은 3M-14와 같다. 토

Fourth-generation Russian medium-range anti-ship missile

The Oniks supersonic cruise missile, export variant designation Yakhont, is intended to hit warships actively using air-defense and electronic countermeasures systems

Missile

3,000 kg

Warhead weight: 200 kg

The missile is stored inside a transport-launch container with its wings and fins folded

Supplied together with missile systems:

a Silo-based systems

b coastal mobile systems

c ship-borne systems

Transport-launch container

900 kg

0.72 m

8.9 m

Developer: NPO Mashinostroyenie

Maximum flight altitude

14 km

Maximum range

300 km

Maximum speed

750 m/sec

Specifics

1 the missile can choose a low-altitude (A) or combined (B) trajectory

2 can use autonomous "fire and forget" mode

3 high supersonic speed at all flight stages

RIANOVOSTI

Editor: Alexey Timatkov. Designer: Paulina Chemeris, Maria Mikhailova. Art director: Ilya Ruderman. Manager: Pavel Shorokh. Template: Alexei Novichkov.

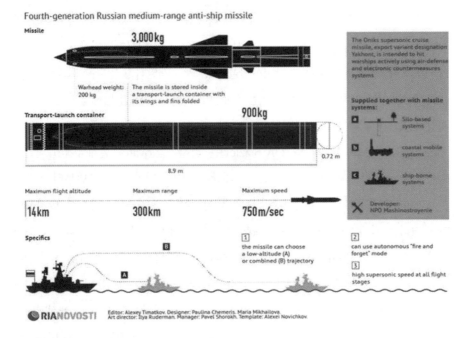

그림 5-17 Yakhont

마호크와 형상과 크기가 유사하여 토마호크스키로 불리며, 시스템의 전체적인 명칭은 Klub으로 알려져 있다. 부스터에 의해 발사된 이후 날개를 전개하고 제트엔진으로 순항한다.

(2) 인도의 브라모스(BrahMos-I/II)

브라모스BrahMos 초음속 대함미사일은 러시아와 인도의 공동협력으로 개발되었으며, 2005년부터 인도 해군에서 운용되고 있다. 브라모스는 상당 부분이 러시아 해군의 초음속 대함미사일인 야혼트와 유사한데 이는 인도와 러시아가 브라모스를 공동으로 개발하면서 러시아의 대함미사일 기술을 도입했기 때문이다.

인도 해군 Rajput급(구축함), Kolkata급(구축함), Talwar급(호위함) 등에서 운용 중이다. 수상함 · 잠수함 · 항공기뿐만 아니라 지상에서도 발사할 수 있고, 최대속도 마하 2.8로 동급의 미사일 중 가장 빠르다. 초음속으로 비행하는 이 미사일은 격추가 매우 어려워, 상대국가의 어떤 함정이나 항공기가 레이더로 발견했더라도 대응하기엔 이미 늦기 때문에 순식간에 피격될 수 있다. 브라모스의 경우 수직발사대에서 발사되기 때문에 함정의 방향을 바꾸지 않고도 신속하게 360도 전방위를 커버할수 있는 이점이 있다.

블록 I 형은 초음속 대함미사일로 사정거리가 290km인 대함용이다. 블록II형은 초음속 지대지 순항미사일로, 사정거리가 290km이다. 파키스탄의 바부르 순항미사일을 대응하기 위해 개발한 지대지 순항미사일로서 파키스탄 남부를 사정권에 두었다. 중량은 약 3톤 정도로 1~1.5톤 정도인 미국 토마호크, 영국 프랑스 스칼프, 독일 타우러스보다 2배 정도이며, 수직발사대에서 발사되어 360도 전 방향으로 발사할 수 있다.

함대함용 브라모스의 경우 미국의 하푼 등과는 다르게 전용발사대가 아니라 수직발사대에서 콜드 런칭 기법으로 발사되기 때문에 함정으로부터 360도 전 방향을 커버할 수 있다.

다른 대함미사일과 마찬가지로 브라모스 역시 관성유도를 통해 중간비행한 후 종말유도에선 자체 탑재된 탐색기를 이용해 목표를 찾는다. 브라모스는 종말단계

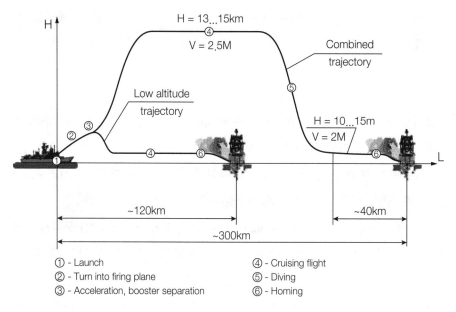

Typical Trajectories for Anti-Ship Applications of BrahMos

H = 13...15km

V = 2.5M

Combined trajectory

Low altitude trajectory

H = 10...15m

V = 2M

~120km

~40km

~300km

① - Launch
② - Turn into firing plane
③ - Acceleration, booster separation
④ - Cruising flight
⑤ - Diving
⑥ - Homing

그림 5-18 초음속 대함미사일 브라모스의 비행과정

에서의 비행속도가 마하 3에 가까우며 비행고도는 10미터 정도로 상당히 낮다. 이는 브라모스가 15미터 정도로 비행한다고 쳐도 함정 탑재 레이더가 30~40여 킬로미터 밖에서 미사일을 잡아낼 수 있다는 소리이다. 겁이 날 정도로 빠르게 움직이는 초음속 대함미사일을 상대하는 통상적인 방공함정은 약 10~20여 킬로미터 미만 거리에서 요격미사일을 발사할 수 있는 기회를 얻을 것이며 1회 이상의 교전기회를 얻기는 힘들 것이다. 15~20G의 회피기동을 하는 초음속 미사일을 격파하기 위해서는 적어도 3배 정도의 하중배수를 걸 수 있는, 즉 50G 이상의 하중배수를 걸 수 있는 요격미사일로 대응이 가능할 것으로 보인다.

CIWS 체계도 초음속미사일이 가지는 매우 빠른 돌입속도와 지그재그 비행, 연속횡전 같은 종말회피기동 때문에 일반적인 아음속미사일 교전에 대해서 가지는 요격률과 비교해보았을 때 브라모스와 같은 현대적 고기동 초음속 대함미사일을 상대할 때의 요격률은 크게 낮을 것으로 예상된다.

(3) 중국 YJ-83(C-803),YJ-12, YJ-18(CH-SS-NX-13)

YJ-83(C-803)은 중국 해군에서 폭넓게 운용되고 있는 최대속도 마하 1.5의 중거리 대함미사일로 1993년 초에 중국의 Jianghu IV급 Zhoushan(호위함)에 탑재되었다. 현재는 중국의 Luzhou, Luhai, Luhu 등의 구축함과 Jianghu-III, Jiangkai-Ⅰ/II, Jiangdao급 등의 호위함과 더불어 알제리와 파키스탄에서도 운용 중에 있다.

YJ-12는 램제트 엔진을 장착한 초음속 공대함 순항미사일이며, 사거리는 150~500km, 최대속도는 마하 4로 추정되며, SU-30과 홍-6 등 전략폭격기 등에 탑재된다.

YJ-18(CH-SS-NX-13)은 사거리 540km, 비행속도 마하 3에 이르는 초음속 대함 순항미사일이다. 중국의 최신예 이지스급 구축함 052D(뤼양3급)에 8발이 탑재되어 수직발사대를 통해 발사되며, 093G급과 095급 핵잠수함 등에 탑재되어 어뢰 발사관을 통해 발사된다. 미사일의 성능과 특성이 러시아의 3M-54 Klub과 유사한 것으로 보인다.

그림 5-19 YJ-83(C-803), YJ-12

(4) 대만의 Hsiung Feng-III

중국의 항모를 견제하기 위해 개발 및 운용중인 대만의 초음속 대함미사일로 최대속도 마하 2.0, 최대 사거리 200km의 능력을 가지고 있으며, 이스라엘 Gabriel의 영향을 받아 2004년에 개발되었다. Cheng Kung급, Jin Chiang급(호위함)에서 운용 중이며, 고성능의 탐색기를 보유하여 항구 내에 정박된 특정 함정을 구분하여 공격할 수 있는 능력을 갖춘 것으로 알려져 있다.

(5) 일본의 XASM-3

일본은 램제트 엔진을 이용한 사거리 200km 이상의 초음속 공대함미사일 XASM-3를 개발 중에 있다. XASM-3는 방위성 기술연구본부 주관으로 2010년부터 총 325억 엔을 투자하여 개발 중이며, 미쓰비시중공업 등 민간업체가 참여 중이다. 최대속도는 마하 3 이상, 사정거리 80NM 이상, 중량 900kg, 유도방식은 관성 및 능·수동 복합유도방식이다. 엔진은 고체 로켓 부스터와 램제트 엔진을 혼용하며, 발사 직후에는 고체연료를 사용하여 초음속까지 도달한 후 자체 비행속도에 의해 압축공기에 연료를 분출하여 연소시키는 램제트 엔진을 사용하는 하이브리드 엔진이다.

2016년 양산을 목표로 개발 중인 초음속 공대함미사일이 항공자위대에 실전 배치된다면 서방에서 두 번째로 배치된 초음속 대함미사일이자 처음으로 배치된 항공발사형 초음속 대함미사일이 될 예정이다. 사정거리 200km 이상으로, 형상 스텔스 설계와 함께 레이더파 흡수가 가능한 가볍고 내열성이 뛰어난 복합재를 대량으로 사용해 착탄까지의 생존성을 대폭 향상시켰다. 그리고 마하 3의 순항속도로 해면 밀착비행이 가능해 상당히 뛰어난 능력을 지녔다.

표 5-7 초음속 대함미사일 형상 및 제원

구분	Moskit (러시아)	Yakhont (러시아)	BrahMos (인도)
형상			
길이(m)	9.7	6.9	9
직경(m)	0.8	0.67	0.7
무게(kg)	4,450	3,000	3,000
최대속도(마하)	2.6	2.2	2.8
사거리(km)	140	300	290
탄두(kg)	300	200	300
구분	YJ-83 (중국)	Hsiung Feng-III	XASM-3 (일본)
형상			
길이(m)	6.39	5	5.25
직경(m)	0.36	0.38	–
무게(kg)	800	660	900
최대속도(마하)	1.5	2.0	3.0
사거리(km)	180	200	140
탄두(kg)	165	–	350

탐색기는 능/수동 레이더 다중모드 탐색기를 사용했고, 능동 레이더가 전자전에 교란되거나 적 함정이 스텔스일 경우에도 수동 레이더가 방해전파 발산 지점과 레이더 부분을 계속 추적해 적 함정을 공격할 수 있고, 제한적으로 대(對)지상 레이더 미사일HARM: High-speed Anti-Radiation Missile처럼 운용도 가능할 것으로 보인다.

5.5 함대공미사일

5.5.1 운용개념과 발전과정

함대공미사일은 적의 유인·무인 항공기와 대함미사일, 유도폭탄 공격으로부터 함정과 함대를 보호하고, 해상에서 탄도미사일을 탐지 추적하여 요격하는 역할을 수행한다. 함대공미사일은 요격범위에 따라 단거리(10~20km), 중거리(20~75km), 장거리(75km 이상) 미사일로 구분한다. 단거리 함대공미사일은 근접방어무기체계CIWS: Closed In Weapon System인 30mm 골키퍼 또는 20mm 팔랑스와 함께 자함 방어용으로 운용되며, 중거리 이상은 자함 및 함대 방어용으로 운용된다. 탄도미사일을 해상 상층에서 요격하는 임무를 수행하는 SM-3, 하층을 방어하는 SM-6와 같은 미사일도 있다.

함대공미사일 체계의 운용은 탐지 및 추적센서로부터 표적 정보를 받은 전투체계와 발사통제체계에서 교전 여부를 판단하여 미사일을 발사한다. 데이터링크(Up/down link)를 통해 발사된 미사일을 표적으로 유도하고, 미사일 탐색기가 표적을 포착하고 근접신관이 작동하여 최종 요격 및 교전결과를 확인한다.

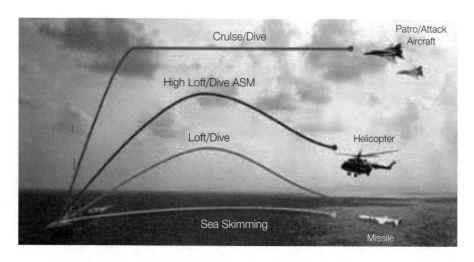

그림 5-20 함대공미사일 운용개념

미국 알레이버크급 이지스함에는 항공기는 물론 대함 순항미사일, 함정, 잠수함 공격이 가능한 각종 미사일 96발이 수직발사대에 장착된다. 이지스 레이더 SPY-1D와 각종 미사일, 기관포로 삼중 방공망을 구축하고 있다. 우선 선체 4면에 고정돼 항상 360도를 커버하는 이지스 레이더가 최대 1,000km 떨어져 있는 미사일이나 항공기를 탐지, 추적할 수 있다. 레이더가 찾아낸 목표물은 먼저 SM-2 블록 III 함대공미사일로 최대 150km 밖에서 요격한다. SM-2의 1단계 공격을 통과한 적 항공기나 순항 미사일은 2단계로 램RAM 미사일이 맡는다. 발사기 1대에 들어있는 21발의 미사일은 최대 9.6km 떨어진 곳에서 적 대함미사일 등을 요격한다. 마지막 수문장은 구경 20mm CIWS인 발칸 팔랑스다.

5.5.2 주요국 함대공미사일 현황

(1) 미국 SM-2, SM-3, SM-6(Standard Missile)

미국 해군의 대공미사일에 대한 연구는 일본 가미가제 항공기 공격에 대응하여 2차 세계대전 마지막 날에 시작하였다. 1945년 'Bumblebee Project'라는 명칭으로 시작한 미 해군 대공미사일 발전 계획이었다. 목표는 미사일 공학을 연구하고 발전시켜 함대 방어의 미사일 능력을 발전시키는 것이었다. 그 대표적인 미사일로 SM-1은 1940년대 해상 대공미사일인 테리어Terrier, 탈로스Talos, 타타르Tartar를 대체하기 위해 1970~1980년대 개발된 반능동 레이더 유도방식의 대공미사일이다.

SM-2 함대공미사일은 미 Raytheon사에서 개발한 중거리 미사일로 1960년 운용된 SM-1 미사일(사거리 15~20NM)을 모태로 개발되어 50여 년간 끊임없이 성능이 개량되어 그 이름처럼 미 해군의 표준형 대공미사일로 자리 잡았다. SM-2 Block I 미사일은 1977년 운용을 시작하여 SM-2 Block II가 도입되기 전까지 임시 미사일이었다. SM-2 Block II는 1982년 생산되어 Block I과 교체하여 1984년에 도입되었으며 SM-2 Block III는 1987년에 생산을 시작하여 1989년에 도입되어 1993년 Block IIIA가 도입되었다. 이러한 SM-2 미사일은 설계 당시 적 항공기를 요격하기 위해 설계되었으나 고속의 저고도 미사일 및 고속의 고고도 항공기에 대응하기 위해 성능이 개량되었다. 1993년 이후 저고도 비행기능 및 탄두 파산능력이 증가된 SM-2 Block IIIA가 운용되고 있으며, 중거리 및 다중교전이 가능하므로 자함 방어 뿐만 아니라 우군세력에 대한 구역방어Area defense가 가능하다. SM-2 Block IIIB는 반능동 레이더에 적외선 탐색기가 추가되어 해면 밀착 저고도 비행하는 대함미사일에 대한 대응능력이 더욱 강화되었다.

SM-3는 탄도미사일이라는 새로운 군사적 위협에 대응하기 위해 해상을 기반으로 한 광역 탄도미사일 상층방어의 상층부를 담당할 목적으로 MK41 VLS수직발사대에서 수직으로 발사되는 SM-2 Block IVA에 경량화된 대기외권 파괴탄 LEAP: Lightweight Exo-Atmospheric Projectile이라 불리는 운동에너지 탄두(KW, Kinetic warhead)를 조합하여 개발하였다. LEAP은 23kg이며, 대기권 밖에서 작동하도록 설계되었고, 외피역할을 하는 커버가 분리된 후 적외선 영상IIR: Imaging Infrared 탐색기를 이용하여 탄도미사일을 추적한다. SM-3 Block I 은 3단 로켓 모터부, GPS/INS 유도부, LEAP kinetic warhead(Hit to kill), 적외선 탐색기(1 color)로 구성된다. 버

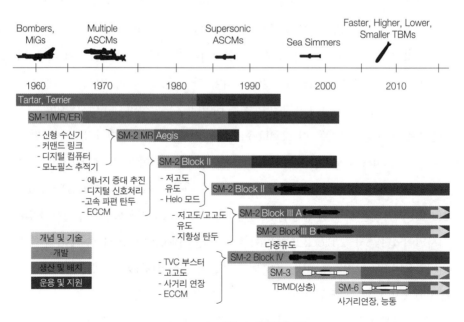

그림 5-21 SM 계열 미사일 발전과정

전은 SM-3 Block 0, Block I A,Block I B, BlockIIA가 있으며, BlockIIB는 개발 중이다. 현재 미국과 일본의 이지스 함정에는 Block I A/B가 배치 운용중이다. 특히 2015년 6월 미국 캘리포니아 샌 니콜라스 섬에서 미국 Raytheon사와 일본 미쓰비시중공업이 공동으로 개발하는 SM-3 BlockIIA 비행시험에 성공하였다. 사거리는 1,200km, 고도는 200km, 속도는 마하 3 이상이다.

SM-6는 사거리를 370km로 연장하여 2013년에 개발 완료하여 배치했는데, 유도방식은 이중모드(능동/반능동 레이더) 탐색기와 데이터링크를 통해 중간 비행 중 수정을 한다. 115kg의 고폭 파편 탄두를 사용한다. 2013년부터 이지스 전투체계와

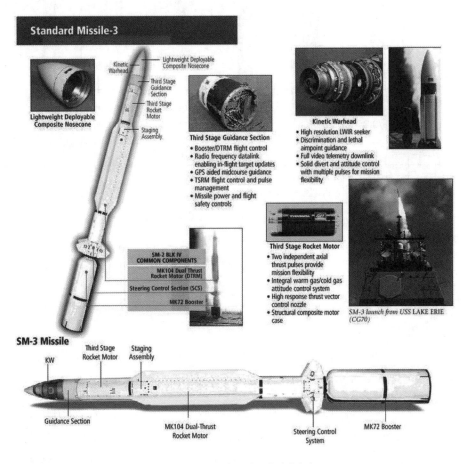

그림 5-22 SM-3 구성품과 발사장면

연동하여 탄도미사일 하층방어 기능을 추가하여 개발하여 2015년 8월, 종말단계의
탄도미사일 요격능력 확인시험을 성공하여 실전 배치되어 탄도미사일 하층방어용
으로 운용중이다.

표 5-8 Standard 계열 함대공미사일 주요 제원 비교

구분	SM-3			SM-6	SM-2	
	Block IA	Block II	Block IIA		Block IIIA	Block IIIB
형 상						
추진체 (길이/ 직경)	3단 6.58/0.34m	3단 6.58/0.53m	3단 6.58/0.53m	2단 6.58/0.34m	1단 4.72/0.34m	2단 6.58/0.34m
사거리	1,200km	1,500km	1,500km	370km	148km	240km
탄두폭발	직격파괴 (KW탄두)	직격파괴 (KW탄두)	직격파괴 (KW탄두)	근접신관	근접신관	근접신관
유도방식	반능동 +능동(IR)	반능동 +능동(IR)	반능동 +능동(IR)	반능동 +능동(RF)	반능동/ 반능동+IR	반능동
개발연도 /예정	2006년	2014년	2020년	2015년 (대공/탄도미사 일 하층방어)	1996년	2006년

(2) 미국의 ESSM(Evolved Sea-Sparrow Missile)

RIM-162 ESSM은 함정을 대함미사일로부터 방어하기 위해 RIM-7 시스패로 미
사일을 개조한 함대공미사일이다. ESSM은 스패로 미사일보다 더 강력한 로켓 부
스터를 갖고 있고, 유도체계에서 최신기술을 채용하여 이지스 시스템, 에이파 시스
템에서 사용할 수 있다. ESSM은 기존의 MK 41 VLS에 4발이 한 발사대에 들어가기
때문에, 시스패로보다 4배의 미사일을 탑재할 수 있다. 그러나 대한민국의 광개토

대왕급 구축함은 MK 48 mod2 VLS를 사용하며, 여기엔 RIM-162C ESSM을 한 발씩 장전할 수 있을 뿐이다. 새 버전의 시스패로는 기존의 RIM-7P의 유도부분을 유지한 채, 기존의 8인치 직경에서 10인치 직경으로 두꺼워졌다. 중간에 있던 날개를 제거하고, 스탠다드 미사일과 비슷한, 긴 꼬리 핀으로 교체하여, 기동성이 더욱 향상되었다.

(3) 미국의 RAM(Rolling Airframe Missile)

RIM-116 램RAM: Rolling Airframe Missile은 미국, 터키, 독일, 대한민국, 그리스 해군에서 사용하는 소형, 경량, 적외선 유도 함대공미사일이며, 주 목적은 대함 순항미사일을 방어하는 것이다.

블록 0은 AIM-9 사이드와인더 공대공미사일을 기반으로 개발되었으며, 로켓모터, 신관, 탄두를 그대로 가져왔다. 초기유도는 수동 레이더로 적 대함미사일이 발사하는 능동 레이더 전파신호를 포착해 역추적하고, 종말유도는 FIM-92 스팅어 대공미사일의 적외선 탐색기를 사용하여 적 미사일의 열을 감지하여 추적한다. 명중률은 약 90%로 알려졌다. 속도는 마하 2.0 이상, 탄두 중량은 11.3kg, 파편 폭풍형 탄두를 보유하고 있으며, 발사중량은 73.5kg이다. 사거리는 약 7.5km이며, 유도방식은 수동 레이더, 적외선이고, 발사대에 21발의 미사일이 장착된다.

(4) 프랑스와 이탈리아가 공동 개발한 ASTER 15/30

아스터Aster 미사일은 유럽에서 제작한 단거리와 장거리의 대공미사일로 유럽판 스탠다드 미사일이다. MBDA 이탈리아 66%, 프랑스 탈레스 33%의 지분 참여로 개발하여 2001년 실전 배치되었다.

1980년대 프랑스와 이탈리아에 실전 배치된 것은 주로 프랑스의 크로탈 미사일, 이탈리아의 애스피데, 미국의 RIM-7 시스패로와 같은 단거리 대공미사일이었다. 이 미사일들은 사정거리가 겨우 10여 킬로미터 정도였기 때문에 2000년 프랑스와 이탈리아는 국산 중거리 장거리 지대공미사일을 개발하기로 결정했다. 이 두 나라는 미국의 스탠다드 미사일 또는 영국의 시다트 미사일와 동급이며, 인도와 러시아가 합작 개발한 브라모스 초음속 대함미사일을 요격할 미사일이 필요했다.

2003년 11월 프랑스, 영국, 이탈리아 간에 PAAMSPrincipal Anti-Aircraft Missile System의 개발과 배치에 관한 협정이 체결되었다. PAAMS는 ASTER15/ASTER30 미사일의 사격을 통제하며, Daring함은 48기의 ASTER15/ASTER30 미사일을 탑재한다. ASTER 미사일은 데이터링크를 장착한 항법컴퓨터와 능동 J밴드 도플러 레이더 탐지장비, 15kg의 탄두를 탑재하고 있다. ASTER30의 비행속도는 마하 4, 사거리는 80km 이상이며, EADS AEROSPATIALE의 PIF/PAF 유도시스템을 이용한 62G 이상의 가속도로 기동한다. ASTER15의 비행속도는 마하 3, 사거리는 30km 이상이며, 50G 이상의 가속도로 기동한다.

프랑스와 이탈리아의 PAAMS가 EMPAR G밴드레이더를 채택한 반면, 영국 해군의 PAAMS는 E/F밴드에서 실행되는 BAE systems의 SAMPSON 다기능/듀얼페이스 능동배열레이더를 채택하고 있다. 각 실행모드는 중거리탐지, 해상탐지, 고속수평선탐지, 고각탐지와 유도를 수행하며 전자탐지장비를 위한 고저항의 디지털 적용성 광전송기를 운용한다.

최근 SAMPSON 레이더는 PAAMS의 통합체계를 위한 사전작업의 일환으로 Daring함의 전방마스트에 탑재되어 시험 운용되었다.

(5) 중국의 HQ-9

052D급 구축함은 최대 사거리가 200km에 육박하는 함대공미사일을 탑재하고 있다. HQ-9는 중국의 차세대 중거리와 장거리의 액티브 레이더 유도 추력편향 대공미사일이다. 중국판 패트리어트 PAC-3라고 할 수 있으며, 러시아의 S-300을 모방하여 개발하였다.

중국 육군은 이동식 차량을 사용하며, 중국 해군은 이지스함인 란조우급 구축함의 VLS에 48기를 장착해 사용 중이다. 러시아의 S-300V와 같이 2단 고체로켓으로 되어 있다. 레이더는 S-300의 30N6(Flap-Lid) 시리즈보다 패트리어트의 MPQ-53 레이더와 더 닮았다.

표 5-9 기타 함대공미사일 형상 및 제원

구분	ESSM(미국)	RAM(미국)
형상		
길이(m)	3.83	2.82
직경(m)	0.254	0.127
무게(kg)	280	73.5
유도방식	지령+반능동R/F	수동R/F+IR
최대속도(마하)	4	2.5
사거리/고도(km)	50	9.6/12
추진제	2중고체	고체
탄두	지향성 파편탄두	근접파편
개발시기	1998년	1993년

구분	ASTER15(프랑스)	ASTER30(프랑스)	HQ9(중국)
형상			
길이(m)	4.2	4.9	6.8
직경(m)	0.180	0.180	0.7
무게(kg)	310	510	1,300

구분	ASTER15(프랑스)	ASTER30(프랑스)	HQ9(중국)
유도방식	지령+능동R/F	지령+능동R/F	지령+능동R/F
최대속도(마하)	3	4.5	4.2
사거리/고도(km)	1.7-30	3-120	200/27
추진제	2단고체	2단고체	2단고체
탄두	지향성 파편탄두	지향성 파편탄두	근접파편
개발시기	2001년	2011년	2004년

HQ-9은 2단 고체연료를 사용하며, 길이 6.8m, 직경은 1단 700mm, 2단 560mm이다. 최대 사거리는 200km 이상이며, 고도는 27km, 속도는 마하 4.2, 탄두 중량은 180kg, 유도방식은 중간코스까지는 지령유도, 종말단계는 능동 레이더 유도방식을 채택하였다. 이동식 육상 발사대 및 함정에서 운용이 가능하다.

5.6 함(잠)대지 순항미사일

5.6.1 운용개념과 발전과정

최근 미국이 수행한 전쟁의 양상을 보면, 전쟁 개시의 첫 신호는 수상함과 잠수함에서 토마호크를 발사하면서 전쟁이 시작되었다. 함(잠)대지 미사일은 함정이나 잠수함에서 발사하여 연안이나 지상의 표적을 타격하는 무기체계이다. 함(잠)대지 순항미사일의 일반적인 운용개념은 내륙 표적의 경우 해상에서 저고도 순항비행 또는 해면 밀착비행을 하고 육상에서는 일정 고도 또는 단계별 고도를 유지하면서 장애물을 회피하여 목표를 타격하게 된다. 연안 표적에 대하여는 해상에서 저고도 순항비행 또는 해면 밀착비행을 수행하고 종말단계에서 팝업 기동하며 공격을 수행한다.

특히 잠대지미사일은 큰 전략적 의미를 갖는다. 탐지하기 어려운 잠수함의 장점

그림 5-23 함(잠)대지 순항미사일 운용개념도

을 살려 적 해안까지 접근해 지휘부를 정밀 타격할 수 있기 때문이다. 세계적으로도 미국(토마호크), 영국(토마호크), 러시아(클럽-S), 프랑스(스칼프 나발), 중국 등 유엔 상임이사국과 인도만이 잠대지미사일을 개발했거나 보유하고 있다.

5.6.2 주요국 함(잠)대지 미사일 현황

(1) 현대전의 시작 신호탄이 된 '토마호크'

미 해군은 1973년 초반 재래식 탄두와 핵탄두를 모두 사용 가능하고 장거리 대함 및 지상공격 등 다양한 임무 수행이 가능한 해상발사 장거리 순항미사일 개발에 착수하였다. 토마호크Tomahawk: 아메리칸 인디언들이 전쟁 때 사용하던 도끼 이름로 명명된 미사일은 1982년 개발 및 전력화되어 전략적 유연성이 뛰어난 잠수함에 최초로 탑재되었고, 1983년에 전함 뉴저지호에 배치된 이후 수상함에 탑재하여 장거리에 이격된 전략표적을 정밀 타격할 수 있는 함(잠)대지 순항미사일이다.

1991년 걸프전쟁에서 288발을 발사한 이후 지금까지 총 1,800여 발 이상을 전략 시설인 군사 지휘본부, 고정식 방공 시설물, 핵심 목표물 등에 표적당 2~3발을 발사하였다. 그 결과 전쟁 초기 전략시설을 타격함으로써 전쟁 의지를 꺾는 핵심타격 체계로서의 역할을 수행하였으며, 특히 걸프전쟁에서 탄소섬유 탄두를 장착한 토마호크 미사일을 사용하여 바그다드 지역의 전기 및 통신설비의 약 80%를 무력화시켰다. 미 국방부 보고서에 따르면 명중률은 약 50%이나 통상 70% 정도로 알려져 있다.

1983년 최초로 토마호크 Block Ⅰ이 함정에 배치된 이후 1986년에 Block Ⅱ가 배치되었으며, 정밀공격이 가능하도록 유도방식은 관성항법INS과 레이더 고도계를 사용하여 지형형태를 측정하는 지형대조방식TERCOM과 전자광학센서를 사용하여 얻어진 지형이나 표적특징에 대한 디지털영상자료를 임무계획파일에 담겨진 영상정보와 비교하는 DSMACDigital Scene Matching Area Correction를 사용하였으나 공산오차 CEP: Circular Error Probability가 약 10m 정도로 알려져 있으며, 걸프전에서의 경험을 바탕으로 전장 환경에 신속하게 대응할 수 있도록 유연성과 정밀성을 강화해 나가고 있다. 1994년에 전력화 배치된 Block Ⅲ는 GPS를 장착하여 정밀도를 한층 높였으며, TLAM-C/D의 개량형으로 엔진 개량 및 탄두의 소형·경량화 등을 통하여 사정거리를 증대하였다.

2004년에 배치된 토마호크 Block Ⅳ, 즉 Tactical Tomahawk는 GPS와 데이터링크에 의해 비행 중에 목표변경이 가능하게 되었으며, 위성 데이터링크 기능이 추가되어 전장 주위 상공에서 장시간 선회비행하면서 표적정보를 다시 부여 받을 수 있다. 걸프전에서 경험한 바와 같이 견고한 항공기 격납고와 지휘소 벙커 등을 관통할 수 있는 단일탄두의 가치를 재인식하면서 침투형 탄두의 관통능력을 강화하고, 자탄형 탄두성능도 강화하고 있다. 또한, 네트워크 중심전NCW: Network Centric Warfare 수행이 가능하도록 정찰위성, 항공기, UAVUnmanned Aerial Vehicle, 함정 등 다양한 센서와 연동하여 표적정보를 제공함으로써 깊은 종심작전 및 이동 중인 표적에 대한 실시간 공격 등 성능이 비약적으로 개선되었다. 정확성 및 신뢰도 향상을 위해 항법/유도 시스템에는 인공위성이 수집한 합성 개구 레이더SAR: Synthetic Aperture Radar 영상으로부터 만들어지는 3차원의 정밀 디지털 지형 데이터를 이용하는 PTANPrecision Terrain Aided Navigation 시스템을 적용하여 해상도가 떨어지는 지형대조방식을 보완하였다. 사거리를 비약적으로 증대하여 약 2,500km에 이르며, 비행 중 표적 재설정, 발사 시 30여 개의 개별표적 입력, 위성 데이터링크를 통해 비행 중 미사일의 상태를 감시하는 능력과 고정밀도를 갖추었다.

한편, 미 해군은 미래 전쟁의 핵심 키워드인 네트워크 중심전 수행을 위해 정밀타격 무기체계의 보완을 계획하고 있다. 향후 원해로부터 연안 및 도심지역으로의 작전중심 이동으로 수많은 표적에 대해 우군 및 적군을 식별하여 정확히 타격할 수 있는 정밀타격 무기체계가 필요하다는 전략적인 판단에 따라, 트라이던트 탄도미사일을 탑재한 오하이오급 원자력잠수함SSBN 18척 중 4척을 트라이던트 탄도미사일 대신에 척당 토마호크 154발을 탑재할 수 있도록 개조하는 SSGN 프로그램을 2007년에 완료하였다. 24개의 SLBM 발사관 중 22개의 발사관을 개조하여 토마호크 III&IV를 7발씩 장착할 수 있도록 하여 총 154발이 탑재되도록 하였다.

블록 IV 버전부터는 UHF 통신 기능이 추가되어 비행경로를 변경할 수 있게 되었고, 미리 입력된 15개의 임무 중 하나로 변경이 가능하다. 또 토마호크 정면에 소형 TV카메라가 달려서 이것을 위성을 통해 아군에게 중계해주는 기능이 생겼다. 덕분에 아군은 미사일이 표적에 제대로 돌입하는지를 모니터링할 수 있다. AGM-84E처럼 아예 원격조작을 하는 것은 불가능하지만 명중 직전까지 영상이 송신되므로 명중 여부를 알 수 있기 때문에 폭격피해판정BDA: Bomb Damage Assessment이 가능하다.

그림 5-24 토마호크 발사장면과 항법, 탄착장면

영국은 1991년 걸프전쟁 이후 조종사의 위험을 최소화하면서 전략표적을 타격할 수 있는 장거리 정밀타격무기가 필요성을 인식하고, 탑재함정은 스텔스성과 기동성이 뛰어난 핵추진 잠수함의 기존 수평 어뢰발사관을 개조하여 발사 가능하도록 추진하였다. 1998년 미 해군 태평양 미사일 시험장에서 운용시험을 거쳐 1999년 전력화했다. 이후 코소보, 아프카니스탄, 이라크전쟁 등에서 실전 운용하였다.

(2) 프랑스의 SCALP NAVAL

프랑스 해군은 걸프전 이후 여러 작전에서 미 해군과 영국 해군이 장거리 정밀타격무기인 토마호크를 이용하여 전략목표를 성공적으로 공격하는 결과를 보면서 필요성을 인식하여 1999년 미 정부로부터 토마호크를 획득하려 했으나 거부당했다. 이에 따라 2000년 말부터 독자적으로 장거리에서 지상공격이 가능한 함(잠)대지 미사일 SCALP NAVAL 개발을 진행하고 있다.

Scalp Naval(Sea Shadow)은 수상함 및 잠수함을 플랫폼으로 운용하는 장거리 지상공격용 유도무기로서, GPS/INS 및 TERCOM에 의해 중기 유도 및 IJR/양방향 데이터링크를 이용하여 종말 유도된다. 추력 벡터제어에 의한 고체추진 부스터를 사용하며, 비행속도는 마하 0.9, GPS를 장착하고 원자력잠수함 Rubis함과 2017년에 전력화 예정인 차세대 원자력잠수함 Barracuda에 탑재하여 수평 어뢰발사관과 수직발사관을 통해 운용할 예정이다. 또한 차세대 호위함 FREMM^{Frigate European Multi-Mission}에도 동 체계를 탑재하여 장거리 정밀타격능력을 갖출 것으로 보이며, 최대 사정거리는 약 1,500km로 예상된다.

(3) 러시아의 3M14E(SS-N-27 SIZZLER, Klub-S/N)

2004년 러시아는 최신의 아음속 대지순항 미사일을 공개하였다. 잠수함 발사용인 3M14E는 수중 30~40m에서 발사 가능하며, 수상함 발사용인 3M14TE는 수직 또는 경사 발사가 가능하고, 지상의 고정표적 타격을 위해 설계된 순항미사일이다. 사거리는 약 300km 정도이며, 표적에 도달하는 동안 사전 입력된 항로를 따라 비행하며 지형 추종 방식과 최종단계에서 항재밍 기능이 있는 레이더 탐색기를 사용

그림 5-25 프랑스 함(잠)대지 순항미사일 SCALP NAVAL

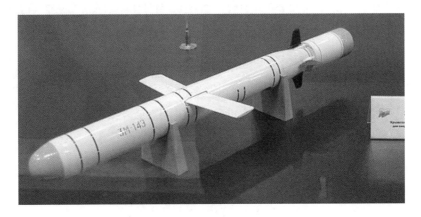

그림 5-26 잠수함 발사 잠대지 순항미사일3M 14E

한다. 3M-54는 나토명으로 SS-N-27 SIZZLER라 불리며 함대지형과 잠대지형으로 개발되었다. 수출용으로 잠수함 발사용은 Klub-S, 수상함용은 Klub-N으로 불린다. 최대 사거리를 갖는 3M-54E1 미사일의 경우, 킬로급 잠수함의 533mm 어뢰관에서 발사되며, 중량 1800kg, 길이 8.22m, 마하 0.8의 속도, 사거리 300km, 탄두 중량은 400kg이다. 3M-54E 미사일의 경우, 킬로급 잠수함의 533mm 어뢰관에서 발사되며, 마하 0.8의 속도로 비행하다가 종말 유도 시 마하 2.5의 속도를 내면서 고도 4.5미터로 비행한다. 중량 2,200kg, 길이 8.22m, 사거리 220km, 탄두 중량은 200kg이다.

(4) 중국의 HN-2B/C, DH-10

중국 해군은 1977년부터 장거리 육상공격 순항미사일 개발을 추진해왔으며, HN-2는 지대지, 공대지로 운용중인 사거리 600km의 HN-1을 개량하여 함대지미사일로 개발하여 2002년부터 운용중이다. HN-2A1, HN-2B는 지상 및 함정 발사용으로 추정되며, 사거리는 1,800km, 무게는 1,400kg으로 INS/GPS, TERCOM에 의한 중기유도 및 종말 TV 영상 유도 또는 능동유도방식으로 추정되고 있다. HN-2C는 잠수함 발사형이며, HN-3는 사거리를 3,000km로 증가시켰다. 무게 1.8톤, 터보팬 엔진을 사용하며, 사거리는 4,000km 이하로 추정된다. 탄두는 재래식 또는 90킬로톤의 핵탄두를 장착할 수 있다.

동하이(DH-10) 함대지 순항미사일은 2007년 시험발사를 성공적으로 완료하였으며, 사정거리는 2,200km 이상, 명중률 CEP는 10m 이내, GPS를 탑재하고 지형대조항법TERCOM을 사용하여 정밀성도 높은 것으로 알려졌다. 052D급 함정에 장착된 미사일 중 가장 주목을 받고 있는 것이 토마호크급으로 알려진 DH-10 장거리 순항미사일이며, 현재까지 약 250여 발이 배치된 것으로 추정된다.

표 5-10 함(잠)대지 순항미사일 형상 및 제원

구분	토마호크(미국)	SCALP-Naval(프랑스)
형상		
길이(m)	6	6.5
직경(mm)	518	500
무게(kg)	1,516	1,300
최대속도(마하)	0.75	0.9
유도방식	INS, GPS, TERCOM	GPS/INS, TERCOM, IIR
사거리(km)	2,500	1,000
명중률(CEP)	10m 이내	–
탄두	반철갑 고폭, 성형파편, 자탄, 핵탄두	관통, 파편탄두
구분	3M 14E(러시아)	DH-10(중국)
형상		
길이(m)	6.2	5.8
직경(mm)	514	514
무게(kg)	1,770	1,200
최대속도(마하)	0.8	0.7
유도방식	GPS/INS, TERCOM, R/D	GPS+지형대조
사거리(km)	275	2,200
명중률(CEP)	5m	10m
탄두	고폭, 파편탄두	핵탄두

5.7 잠수함 발사 탄도미사일(SLBM)

5.7.1 운용개념과 발전과정

과거 냉전의 두 축이었던 미국과 구소련을 비롯한 핵무기 선진국들은 오래전부터 잠수함 발사 탄도미사일SLBM의 전략적 가치, 즉 지상발사대나 전략폭격기에 의해 발사되는 탄도미사일ICBM에 비해 은밀성이 보장되고, 공격목표 가까이에 접근해 발사할 수 있어 적의 요격 망을 뚫는 데 유리하고, 플랫폼의 은밀한 기동성과 적의 전략적 공격에도 높은 생존성을 유지할 수 있는 등 여러 가지 중요한 전략적 가치 때문에 개발을 해왔다. SLBM을 탑재하여 운용할 수 있는 잠수함은 적에게 들키지 않고 전 세계 바다의 어느 수역에서나 잠항하면서 수중 발사할 수 있으려면 수직발사관을 갖춘 3,000톤급 이상의 전략원잠SSBN급 잠수함이어야 한다.

미국은 핵전쟁에 대비해 1950년대부터 전략 원자력잠수함 개발과 폴라리스, 포세이돈, 트라이던트 등과 같은 초기 SLBM 개발에 심혈을 기울였다. 냉전의 주역이었던 구소련도 1962년부터 SLBM 개발에 착수, SS-N-3부터 SS-N-28까지 시험발사에 성공했다.

잠수함 발사 탄도미사일SLBM은 대륙간 탄도미사일ICBM을 비롯한 탄도미사일을 전략 원자력잠수함SSBN에서 발사가 가능하도록 개량한 탄도미사일이다. 잠수함에서 발사할 수 있기 때문에 목표물이 본국보다 해안에서 더 가까울 때에는 잠수함을 해안에 근접시켜 발사할 수 있으며, 은밀성 때문에 조기에 탐지하기가 어렵다는 장점이 있다.

현재 전 세계에 SLBM 전력을 보유한 나라는 유엔 안보리 상임이사국 5개국(미국, 러시아, 중국, 영국, 프랑스)과 인도 등 6개국에 불과하다. 2016년 8월 북한이 신포급 잠수함에서 SLBM을 발사하여 500km 비행에 성공했다고 발표함에 따라 향후 수년 내에 전력화될 수 있을 것으로 예상되어 우리나라의 안보에 큰 위협으로 인식되고 있다.

본격적인 SLBM은 1960년대 들어서야 배치됐는데 미국의 폴라리스 A-1 미사일

주요국 대표 핵잠수함		*자료=외신 종합
국가 함명(취역 연도)	승조원	탑재된 대륙간탄도미사일 (이름/수량/사정거리)
미국 오하이오(1981년)	155명	➥ 트라이던트 ➥ 24기 ➥ 11265km
러시아 델타 IV(1985년)	130명	➥ 시네바 ➥ 16기 ➥ 11426km
영국 뱅가드(1993년)	135명	➥ 트라이던트 ➥ 16기 ➥ 11265km
프랑스 트리용팡(1997년)	111명	➥ M-51 ➥ 16기 ➥ 8050km
중국 진 094(2010년)	120명	➥ JL-2 ➥ 12기 ➥ 7400km
인도 아리한트(2015년 예정)	95명	➥ 사가리카 ➥ 12기 ➥ 700km

그림 5-27 주요국 핵잠과 탑재된 SLBM현황

이 그 원조다. 미국의 최신형 SLBM인 트라이던트 D-5는 한 발당 8~14개의 핵탄두를 장착할 수 있는데, 핵탄두 한 개는 히로시마와 나가사키에 떨어진 원자폭탄의 5~20배의·위력을 갖고 있다. 오하이오급 원자력추진 잠수함 한 척에는 트라이던트 D-5 미사일 24기가 실리기 때문에 총 위력은 히로시마에 떨어진 원폭 1,600발의 위력에 버금가는 것으로 평가된다. 이 탄도미사일을 잠수함에 탑재시켜 발사하는 것이 바로 잠수함 발사 탄도미사일SLBM이다. 통상 전략 원자력잠수함SSBN의 선체의 중앙 부분에 위치한 수직발사관에 탄도미사일을 탑재하고, 발사통제장치FCS: Fire Control System에 의해서 수중의 일정 심도에서 발사하는 구조다.

발사 방식에는 콜드런칭Cold launching 방식과 핫런칭Hot launching 방식이 있다. 우선, 탄도미사일은 장착된 부스터를 점화시켜 추진시키면 발사관 내에 엄청난 화염이 발생하며 치솟아 오르는데 이때 이 뜨거운 고온의 화염을 통제 가능해야 하며, 고온 고압으로 인한 발사관의 내구성 유지가 핵심이다. 콜드런칭 방식의 경우, 발사관 내부에서는 증기발생기나 고압의 압축공기시스템을 이용, 미사일을 사출시킨다. 미사일이 수면 밖으로 나간 다음에 고체연료 부스터에 점화되는데, 콜드런칭의 장점은 복잡한 열 배출 구조가 필요 없고, 발사관을 오래 사용할 수 있다. 그러나 미사일을 사출한 후만일 부스터 점화가 안 될 경우, 수직 발사된 핵탄두 미사일이 잠수함으로 낙하될 위험성을 가지고 있다. 따라서 수직 낙하의 위험을 줄이기 위해 약간의 경사를 주어서 기울여 발사하는 것이 일반적인 콜드런칭 방식이다. 콜드런칭은 적에게 위치를 노출시키지 않아 SLBM에는 최적의 기술로 꼽힌다. 핫런칭 방식은 지상용 ICBM 발사 방식에 많이 쓰이고 있다.

5.7.2 주요국 잠수함 발사 탄도미사일 현황

(1) 미국 오하이오 핵잠에 탑재된 '트라이던트'

미국은 1960년 7월 세계 최초의 SLBM인 폴라리스 A-1 개발을 시작으로 폴라리스 A-1 · 2 · 3을 거쳐 포세이돈(C-3), 트라이던트 I(C-4) · II(D-5)로 단계적으로 발전해왔다. 트라이던트 1(C-4)은 로켓모터의 개량과 신형 항법시스템의 도입으로 정확도CEP가 450m급으로 비약적으로 향상되었으며, 오하이오급 등 전략 원자력잠수함에 탑재됐다.

트라이던트 I형은 사정거리 4,500~7,400km, II형은 6,000~9,600km에 각개 유도 재진입 다탄두MIRV: Multiple Independently Targeted Reentry Vehicle를 장착하고 있다. 트라이던트 II(D-5)는 1990년부터 실전 배치된 최신형으로, 길이는 13.42m, 직경은 2.1m, 발사중량은 59톤이다. 사정거리가 12,000km에 달하고, 8~14개의 핵탄두를 장착할 수 있다. 핵탄두 한 개는 히로시마와 나가사키에 떨어진 원자폭탄 5~20배의 위력을 갖고 있다. 오하이오급 원자력추진 잠수함 한 척에는 트라이던트 II 미

SSGN: Dominating the Littoral Battlespace

그림 5-28 트라이던트 발사장면과 오하이오 핵잠수함

사일 24기가 탑재되는데, 위력은 히로시마에 떨어진 원폭 1,600발의 위력에 버금가며 발당 300억 원이 넘는 것으로 알려져 있다.

미국은 배수량 10,870톤의 오하이오급 전략 핵잠수함도 18척이나 보유하고 있는데, 이중 14척에 트라이던트 II 핵탄도미사일 24발을 탑재한다. 이 미사일에는 가공할 위력을 가진 100킬로톤 혹은 476킬로톤의 탄두가 최대 14발 탑재된다. 현재 전 세계 잠수함 발사 탄도미사일 중에서 가장 긴 사정거리는 미국의 UGM-133 트라이던트 II D5(사거리 12,000km)와 러시아제 R-29RMU Sineva(사거리 11,547km) 등이다. 트라이던트 II D5의 경우 탄두 5개를 장착했을 때 사정거리는 11,300km이며, 설계 최대치인 탄두 12개를 내장할 때는 중량 때문에 사정거리는 7,400km로 줄어든다.

(2) 러시아 R-29RMU 시네바, SS-NX-32 블라바(Bulava)

구소련과 러시아도 다양한 SLBM을 발전시켜왔는데, 1962년에 SS-N-4 사크 Sark, 1964년에는 SS-N-5 서브Serb, 1969년에는 SS-N-6, 1973년에는 SS-N-8형의 SLBM을 배치하고 있다. SS-N-4는 사정거리 1,000~1,500km에 메가톤급의 탄두를 가졌고, 5형은 사정거리 1,000km, 6형은 사정거리 2,000~2,500km, 8형은 사정거리 7,500km에 이른다. SS-N-20 스터전Sturgeon은 세계 최대인 타이푼급 원자력추진 잠수함에 20기가 탑재된다. 길이 18m, 최대 사거리 8,300km로 1개의 미사일에 탄두

그림 5-29 보레이급 핵잠수함과 블라바

여러 발을 장착하는 다탄두 방식이다.

R-29RMU Sineva는 NATO에서 SS-N-23 스키프Skiff라고 부르는데, 중량 40톤 정도의 3단 액체연료 SLBM이다. 델타급 잠수함에 16발이 탑재되며, 10발의 MIRV 100킬로톤 핵탄두가 장착된다. 2007년 실전 배치되었으며, 2008년 10월 시험발사 에서 사정거리 11,547km를 비행한 것으로 알려졌다. Sineva는 미국의 트라이던트 II(D5)와 유사한 성능으로 알려졌는데, 인공위성으로 항로 조정이 가능해 미사일 방어체제에 탐지되지 않고 목표물에 도달할 수 있는 것으로 알려졌다.

러시아의 최신형 SLBM 블라바Bulava는 ICBM Topol-M을 기본모델로 개발하 여 2013년에 핵잠수함 보레이Borei급과 타이푼Typhoon급에 배치하였다. 사정거리는 10,000km, 3단로켓 중 1/2단은 고체로켓이며, 3단은 탄두가 분리되는 동안 고속기 동을 위해 액체연료 로켓을 사용한다. 중량은 36.8톤이며 핵탄두는 150킬로톤 10 개를 내장할 수 있다. 유도장치는 관성항법과 천체-관성항법과 GLONASS 위성 위 치정보를 수신한다.

(3) 프랑스의 SLBM M-51

프랑스는 미국의 핵우산을 거부하고 독자적인 핵전력을 건설해왔는데, 그 중심 에 있는 것이 SLBM과 원자력추진 잠수함이다.

그림 5-30 트이옹팡급 핵잠수함과 M-51

M51 미사일은 프랑스 해군의 차세대 잠수함 발사형 탄도미사일로, 2010년 M45 미사일을 대체하여 트이옹팡Triomphant급 핵잠수함에 탑재 운용중이다. 한 발의 M51 미사일에는 100킬로톤급 TN-75 핵탄두가 MIRV 형태로 6개가 내장된다. 3단 고체 로켓이며 아리안 5호의 추진 부스터를 개량하여 채용했다. 발사중량은 52톤, 사정 거리는 10,000km, 유도방식은 관성항법과 별자리 관측방식을 적용한다. 미사일 직경은 2.3m, 발사중량은 56톤, 속도는 마하 25, CEP는 200m이다. 2차, 3차 발사시험은 2007년 6월 21일과 2008년 11월 13일에 성공적으로 수행되었다.

(4) 중국의 SLBM JL-1, JL-2

중국은 미 해군의 접근을 저지하거나 거부하기 위해 탄도미사일SLBM 탑재 원자 력잠수함을 개발, 실전 배치했다. 중국은 1967년 쥐랑 1호 개발을 시작하여 1982년 4월 30일 최초 발사했으며, 1982년 10월 12일 3,553톤인 골프급 잠수함에서 최초 발사에 성공했다. 중국은 러시아처럼 골프급에 3발의 미사일을 탑재할 계획이었지 만 직경 0.88m인 스커드와 달리 쥐랑 1호는 직경이 1.4m로 두꺼워서 2발밖에 탑재 할 수 없었다.

중국의 최신형 핵추진 탄도미사일 발사 핵잠수함은 8,000톤급 진급晉級·094형이 며, 여기에 지상 발사형 DF-31을 잠수함 발사형으로 개량하여 JL-2(SLBM)를 탑

그림 5-31 최신형 핵잠수함 진급(晉級·094형) 핵잠수함과 JL-2

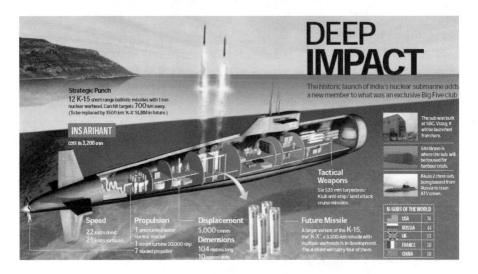

그림 5-32 인도 원자력잠수함 Arihant와 SLBM Sagarika(K-15)

재한 것으로 알려져 있다. JL-2는 3단계 고체연료 관성유도 미사일로 최대 사거리 가 14,000km로 1메가톤급의 핵탄두 한 발을 탑재할 수 있다. 진급 핵잠수함은 이 런 JL-2를 12발 적재한다.

(5) 인도의 핵잠수함 Arihant와 SLBM K-15(사가리카), K-4

인도는 1990년대 말 K-15(Sagarika) 개발에 착수하여 2012년 3월 사정거리

700km, 2단 고체로켓, 탄두 1톤 내장 등 성능을 성공적으로 확인하여 인도의 핵 잠수함 Arihant에 배치함으로써 세계 5번째로 SLBM을 개발하여 보유하는 국가의 반열에 올랐다. 핵잠 Arihant는 잠수함 발사 탄도미사일 발사관이 4개인데, K-15 SLBM 12기 혹은 K-4 SLBM 4기 장착이 가능하다.

인도 해군은 K-15의 사정거리를 더욱 늘려서 3,500km, 2단 고체로켓, 탄두 2.5 톤을 내장하는 K-4를 개발 중에 있으며 2017년까지 배치할 계획이다.

(6) 북한 신포급 잠수함과 북극성-1호

2016년 8월 24일, 북한은 노동신문 등 매체를 통해 신포 앞바다에서 잠수함 발사 탄도미사일SLBM을 발사하여 500km까지 비행, 일본 방공식별구역JADIZ 내에 낙하하여 시험 성공과 실전 배치를 시사했다. 북한은 2015년 1월 13일 북한 신포조선소 인근 해안에서 수직발사관 사출시험 성공 이후 8차례 시험을 통해 사출, 발사시험 성공과 실패를 거듭하면서 예상보다 빨리 전력화될 것으로 전망된다.

그동안 시험발사 장면과 사진으로 공개된 '북극성 1호'라는 SLBM의 외형은 구소련의 R-27(SS-N-6, Serb)과 무수단 미사일과 아주 유사하며, 67m의 신포급 잠수함은 SLBM 1발을 탑재할 수 있는 것으로 보인다.

그림 5-33 북한 신포급 잠수함에서 발사한 SLBM과 발사과정

표 5-11 잠수함 발사 탄도미사일 형상 및 제원

구분	트라이던트 III D5 (미국)	시네마(러시아)	블라바(러시아)
형상			
길이(m)	13.6	14.8	11.5
직경(m)	2.1	1.9	2
무게(톤)	59	40.3	36.8
추진체	3단 고체	3단 액체	3단 고체
유도방식	INS, 천측	INS, 천측	INS,천측, GLONASS
사거리(km)	12,000	12,000	8,300
명중률(CEP)	90	500	350
탄두(MIRV)	• 8~14발 • 100kt(MK 4) • 475kt(MK 5)	• 4~6발 • 100kt	• 5~6발 • 100kt

구분	M-51(프랑스)	JL-2(중국)
형상		
길이(m)	12	13
직경(m)	2.3	2
무게(톤)	52	42
추진체	3단 고체	3단 고체
유도방식	INS	INS, 천측, GPS
사거리(km)	8,000	8,000
명중률(CEP)	150-200	300
탄두(MIRV)	• 6발 • 100kt	• 단일 1~3Mt • 4발 • 20/90/150kt

북한은 2003년 러시아로부터 R-27(SS-N-6)을 구매하여 이를 모방하여 무수단 (BM-25) 미사일을 개발한 것으로 추정된다. 북한이 잠수함에 SLBM을 탑재하려면 최소 3,000톤급 이상의 잠수함이 필요한데 아직은 보유하지 않은 것으로 판단된다. 1990년대 중반 구소련에서 고철로 도입한 '골프급'을 재활용하거나 이를 역설계하여 개발했을 것으로 추정되기도 한다. 골프급은 수직발사대 설치가 가능한 3,500톤급 잠수함으로, 함교 쪽에 SLBM 3발을 장착할 수 있었다. 북한이 SLBM을 전력화할 경우, 한국이 진행 중인 킬체인과 한국형 미사일방어KAMD: Korea Air and Missile Defense 체계의 무력화를 의미하므로, 북한 잠수함이 기지를 빠져나오면 이를 탐지하고 추적하여 SLBM 발사 전에 타격하는 '수중 킬체인' 구축이 시급한 과제로 부상하였다.

5.8 대함 탄도미사일(ASBM)

5.8.1 운용개념과 발전과정

중국은 미국에 비해 양적으로나 질적으로 상대가 되지 않는 해군력의 현실을 극복하기 위해 비대칭전력의 투자를 통한 접근거부전략A2/AD: Anti Access, Area Denial을 확보하여 도련선의 유지와 해양거부의 수단을 연구하였다. 여러 방안 중 하나가 대함 탄도미사일을 활용하여 미 해군이 태평양 서쪽 중국 근해에 침투하는 것을 저지하는 것이다.

그동안 개발된 대함미사일은 대부분 순항미사일이다. 탄도미사일을 이용하여 수상함, 특히 항공모함을 겨냥한 공격용으로 개발을 주저한 주된 이유는 탄도미사일이 대기권 밖에 진입 후 하강하기 때문에 체공시간 중 항해하는 표적의 위치가 달라지므로 표적을 정확히 맞출 수 없다. 또한 대기 외권에서 고온, 고속으로 하강 시 원거리에서 조기 탐지되어 재밍되거나 함대공미사일에 요격될 가능성이 높기 때문이었다.

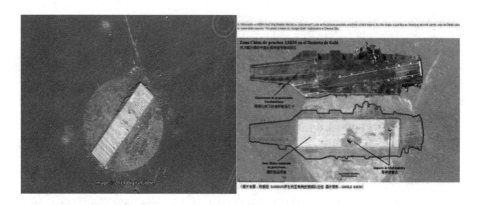

그림 5-34 DF-21로 고비사막의 항모 형상을 타격하는 장면

대함 탄도미사일 개발기술은 1970년대 미국, 러시아 등에서 기술적 구현 가능성을 확인했다고 알려졌으며, 이후 중국 등에서 지속적으로 연구가 진행되어 현재는 인공위성, 무인기UAV, 레이더 등과 네트워크로 연동되어 항공모함을 직접 타격할 수 있는 능력을 갖춘 것으로 보인다.

중국은 전 세계에서 단 하나뿐인 바다위의 함정을 겨냥한 '대함' 탄도미사일 DF-21D(둥펑-21D)를 개발하여 2011년에 초도작전능력IOC: Initial Operational Capability을 확인, 최근 배치했다고 언론을 통해 공개하였다. DF-21D는 원래 중국이 1990년대에 배치한 대지 타격용 중거리 탄도미사일인 DF-21을 개량하여 배치한 것으로, 사거리가 1,500~2,700km이므로 미 해군의 항모나 주변국 대형함정에게는 실존하는 위협이며, 미 해군 항공모함은 중국 근해에 접근하지 못하고 사정거리 밖인 일본 오가사와라 제도-괌-팔라우섬을 잇는 2선으로 물러나야 하는 상황이 발생할 수도 있다.

5.8.2 주요국 대함 탄도미사일 현황

(1) 중국의 DF(둥펑, 東風)-21D

DF-21은 1960년대부터 개발을 시작하여 1991년부터 본격 배치를 시작한 고체 연료 추진의 2단형 중거리 탄도미사일MRBM: Medium-Range Ballistic Missile이다. 기본형인 DF-21은 300킬로톤급 핵탄두나 재래식 탄두 모두를 쓸 수 있는 탄도미사일이다. DF-21은 개발 성공 이후 다양한 변종들로 개발이 진행되었는데, 이중 2000년 대 중반 기존 DF-21을 ASBM으로 개량한 것이 바로 DF-21D이다.

2012년 세계 최초의 지대함 탄도미사일ASBM로 실전 배치된 둥펑 대함미사일 (DF-21D)은 사정거리 1,500~2,700km에 다탄두화MIRV, 유도방식은 GPS유도+관성유도+종말 레이더를 사용하여 오차범위가 10m일 정도로 정확하고, 지속적으로 정밀도를 향상시킬 것으로 전망된다. 정밀도를 높이기 위해 표적(미 항모단)의 위치를 탐지해야 하므로 고비사막에 강력한 초수평선 레이더Over-The-Horizon Radar를 구축 중이며 정찰위성과 장거리 UAV 개발에도 심혈을 기울이는 것으로 알려졌다. 각개 유도 재진입 다탄두MIRV를 장착한 DF-21D는 재돌입 전과 후에 자체적으로 탑재된 레이더 등의 탐지수단을 이용하여 지속적으로 탄도를 수정하며 종말유도단계에서 적외선 센서로 항모를 탐지, 추적하여 공격한다. 종말단계 돌입속도는 초음속인 마하 4에 이른다.

중국이 최근 건조 중인 차세대 미사일 구축함(Type 055)에도 장착할 가능성이 있는 것으로 보인다. 이 함정은 능동위상배열 레이더를 탑재한 중국형 차세대 이지스함으로, 전장 160~180m, 배수량 12,000톤, 수직발사대 128개를 가지고 있으며, 2020년 이후 2~4척의 취역이 예상된다.

대함 탄도미사일이 적 방공망을 뚫고 항모에 다탄두가 탄착하여 갑판을 뚫고 폭발, 침몰시키는 상황이 된다면 수천 명의 승조원과 수십 대의 함재기가 수장되므로 실로 엄청난 위협이 될 전망이다.

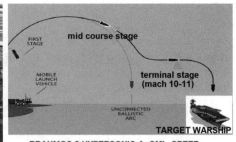

그림 5-35 중국 대함 탄도미사일 DF-21D와 운용개념도

5.9 탄도미사일 방어와 해상 킬체인

5.9.1 미국의 탄도미사일 방어(MD: Missile Defence)

탄도미사일은 항공기나 순항미사일에 비하여 비행속도(1~7km/sec)가 빨라 목표지점에 순식간에 도달할 수 있고 레이더 단면적이 작아서 기존의 항공기용 레이더에는 포착되지 않기 때문에 요격하기 어렵다는 특징을 지니고 있다.

탄도미사일의 비행단계는 로켓추진단계Boost phase, 상승단계Ascent phase, 중간단계Midcourse phase, 종말단계Terminal phase로 구분된다. 로켓추진단계는 비행속도가 낮고 고도가 낮기 때문에 요격에 가장 효과적인 비행단계이지만, 탐지에서 요격까지의 시간이 짧아 요격하기에는 가장 어려운 단계이다. 그러나 로켓추진 시 열로 인하여 방사되는 대량의 적외선을 탐지하기 좋으며 인공위성의 적외선 센서를 이용하여 발사신호 탐지가 용이하다. 상승단계는 로켓연료가 다 소모된 시점 이후의 단계이다. 이 시점에서 얻어진 속도Burn-out speed를 이용하여 궤도운동을 지속하면서 목표지점까지 관성비행을 하므로 탄착지점을 정확히 예측할 수 있는 시점이다. 중간단계는 관성비행 단계로 ICBM의 경우 추가적인 부스터를 사용하는 단계이다. 이때의 고도는 외기권에 위치하고 있어 요격이 성공한다면 잔해들이 낙하되면서 대기권 진입 시 모두 소멸된다. 외대기권에서의 요격은 직격Hit to kill 방식으로 이루어진다. Hit to kill은 상대적인 속도에너지를 이용하여 요격하는 방식으로 운동에너지 탄두Kinetic warhead를 사용한다. 종말단계는 탄도미사일이 대기권 진입 후 목표지역으로 하강하는 단계이다. 이때의 비행시간은 매우 짧아 요격하기 어려운 비행단계이다.

미국의 탄도미사일 방어체계는 수많은 탐지체계가 연동되어 있고, 탄도미사일 비행단계별로 다양한 요격미사일을 발사하여 탄도미사일을 격추하는 다층 방어체계로 구축되어 있다.

탐지체계는 정찰위성, 해상기반의 X-밴드 레이더SBX: Sea Based X-Band Radar와 이지스함의 SPY 레이더, 지상기반의 조기경보레이더EWR: Early Warning Radar 및 THAAD의 사격통제레이더인 TPY-2의 전방감시모드FBM: Forward Based Mode 등을 사용한다.

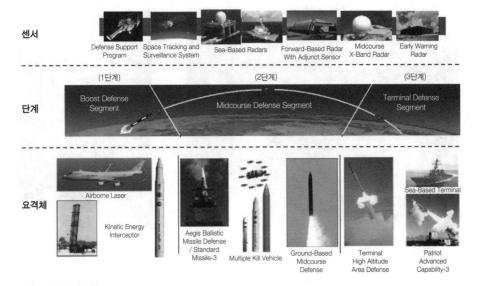

센서
Defense Support Program | Space Tracking and Surveillance System | Sea-Based Radars | Forward-Based Radar With Adjunct Sensor | Midcourse X-Band Radar | Early Warning Radar

(1단계) (2단계) (3단계)

단계
Boost Defense Segment | Midcourse Defense Segment | Terminal Defense Segment

요격체
Airborne Laser
Kinetic Energy Interceptor
Aegis Ballistic Missile Defense / Standard Missile-3
Multiple Kill Vehicle
Ground-Based Midcourse Defense
Terminal High Altitude Area Defense
Sea-Based Terminal
Patriot Advanced Capability-3

그림 5-36 미국의 탄도미사일 방어 개념

1980년대 초 미국은 상층부에서 탄도미사일을 요격하는 공중 레이저 요격체계 ABL: Airborne Laser Intercepter를 구상하였으나, 2011년 12월 개발을 취소하였다.

이후 지상에서 발사체를 100~200마일 상공에 쏘아올린 뒤 중간 비행단계에서 대기권 외곽 요격체EKV: Exo-atmospheric Kill Vehicle와 탄도미사일을 초속 7.11km 속도로 충돌시켜 요격하는 개념의 지상 요격체계GBI: Ground Based Intercepter를 개발하여 알래스카 및 캘리포니아에 배치하였다.

그림 5-37 공중 레이저 요격기 YAL-1A(B747-400F)

그림 5-38 EKV Prototype

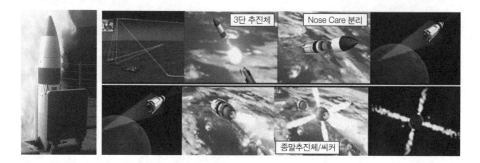

그림 5-39 SM-3 발사장면과 상층 방어 원리

또한 해상에서의 중간단계 요격을 위해 이지스함의 SM-3가 개발되었다. SM-3는 대기권 이탈속도인 마하 7 이상을 유지하고, 대기권 외곽구역에서 탄도미사일 직격 요격을 위한 운동에너지 탄두Kinetic warhead를 탑재하고 있으며, 대기권 이탈 시 고온 손상 방지를 위한 특수 커버가 장착되어 있다. 요격 고도는 약 150~250km로 알려져 있으며 2파장 적외선 탐색기를 이용하여 탄도미사일을 탐지/식별한다.

탄도미사일 재진입 및 종말단계 요격 미사일로는 THAAD와 PAC-3, SM-6가 사용되고 있다. THAAD는 고도 약 50~150km, PAC-3 및 SM-6는 고도 40km 미만에서 요격이 가능하다.

5.9.2 한국형 탄도미사일 방어체계(KAMD)

한국형 탄도미사일 방어체계KAMD: Korea Air and Missile Defense는 북한이 쏜 탄도미사일이 대기외권 정점을 지나 낙하 종말단계에서 요격하는 하층 방어체계이다. 미국 주도의 MD와 별개로 한국의 독자적인 미사일 방어체계를 개발하여 구축을 추진 중이며, 한·미간 구축 합의는 2012년 6월 양국 외교국방장관 회의 때 이루어졌다.

KAMD는 탐지체계, 요격체계, 공통체계 3가지로 구성되어 있으며, 탐지체계는 인공위성, 해상·육상 장거리 조기경보레이더, Aegis함, 전방이동 해상 전개 레이더 등으로 구성되고 상호간의 보완적 기능을 통한 탄도미사일 발사 및 비행경로 등에 관한 정보를 수집하여 제공하는 역할을 한다.

현재 KAMD는 이지스함의 SPY-1 레이더와 육상에 배치된 탄도미사일 조기경보레이더인 Green Pine 레이더를 주요 센서로 운용하고 있으며, 기타 백두체계(RC-800B), 조기경보기 등이 보조적으로 운용되고 있다. 향후, 백두체계 성능개량 및 탄도미사일 조기경보레이더 추가도입을 통해 육상발사 탄도미사일과 잠수함발사 탄도미사일SLBM 탐지능력을 향상시킬 예정이다.

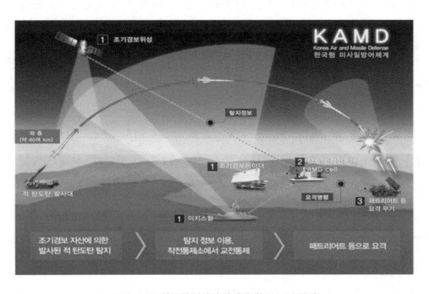

그림 5-40 한국형 미사일 방어체계(KAMD) 구성

현재 KAMD의 요격체계는 운용중인 패트리어트 미사일(PAC-3)을 이용한 수도권 및 주요 비행기지 등 핵심시설에 대한 방어능력을 보유하고 있으며, 향후 패트리어트 성능개량, 철매-II 성능개량(M-SAM), 장거리 지대공/대탄도미사일(L-SAM) 전력화를 통해 2020년대 중반까지 광역 탄도미사일 방어능력 향상을 추진하고 있다. 지휘체계는 작전통제소AMD Cell이다.

교전절차는 최초에 조기경보위성, 탄도미사일 조기경보레이더, 이지스함 레이더 등에 의해 발사된 적 미사일을 탐지하면, 탐지된 정보(발사지점, 비행경로, 탄착지점 등)는 작전통제소AMD-Cell에서 통합분석 프로그램을 통해 위협 분석 및 최적 요격부대를 선정하여 자동 또는 수동으로 탐지정보를 패트리어트 포대로 전달하게 된다. 이후 요격명령을 받은 해당 패트리어트 포대는 탐지된 표적정보를 이용, 자체 레이더로 탐색, 추적하여 요격임무를 수행한다.

5.9.3 한국형 킬체인 체계

한국형 킬체인Kill-Chain은 북한의 핵과 미사일기지, 이동식 미사일 탑재차량TEL 등을 탐지하고 정확한 좌표 산정, 타격무기 선정, 타격 등을 통합한 시스템을 말하며, 2020년대 중반까지 구축을 추진 중이다. 정찰 위성, 중/고고도 무인기 및 공중조기 경보기 등을 이용하여 실시간으로 북한 전역을 감시한다. 북한이 미사일을 발사할 징후가 포착될 경우 30분 이내에 선제 타격이 가능하며, 탐지, 평가, 결심, 타격까지 4단계 절차로 교전을 수행한다.

한국형 킬체인은 정찰 위성 등 탐지능력의 90%를 미국에 의존하며 고정 시설에 대한 탐지 식별은 가능하나, 이동식 발사대의 탐지는 제한된다. 현재 한국이 보유한 정찰 위성의 식별능력은 승용차 소형·대형 구분 수준에 불과하다.

현재 보유한 타격 수단은 탄도미사일 현무-1(180km)과 현무-2, ATACMS(300km), 순항미사일 현무-3(500~1,500km), SLAM-ER 및 팝 아이, JDAM이며, 사거리 800km 탄도미사일을 배치하였다.

2016년 8월, 북한이 신포급 잠수함에서 잠수함 발사 탄도미사일SLBM을 발사하

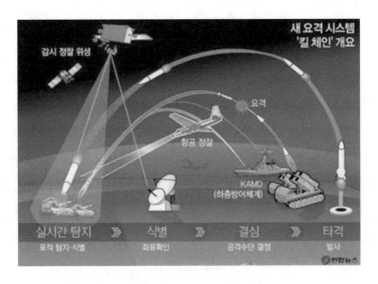

그림 5-41 킬체인 개요

여 500km 비행에 성공함으로써 실전 배치가 임박했음을 시사했다. 이에 따라 북한 SLBM 잠수함에 대해 한미연합 정찰자산ISR으로 집중 감시하고, 도발징후 포착 시 공군이 보유한 공대지 순항미사일 타우러스Taurus, 사거리 500km와 연합전력 킬체인으로 선제 타격으로 대응하는 방안으로 도발을 억제할 전망이다.

5.10 해상 유도무기 발전추세

5.10.1 대함 순항미사일

미래에 등장할 미사일은 현재의 미사일에 비하여 진화하는 기술개발에 힘입어 성능이 더욱 향상되어 함정에 대한 위협수준을 한층 높이게 될 것이다. 대함미사일은 근접방어 무기체계CIWS: Closed In Weapon System, 대함미사일 방어미사일SAAM: Surface to Anti Air Missile 등 점점 강화되는 함정의 미사일 방어능력을 극복하기 위하여 고성능·고기동·초음속화로 개발되는 추세이다. 또한 기존 미사일의 성능을 개량하여 원거리에서 발사할 수 있는 미사일과 연해전 환경에서 동시에 활용할 수 있는 이중목적(함정 및 지상목표)형 미사일이 개발되고 있다. 이미 운용에 들어간 H/P Block-II, Exocet Block-III 등은 다양한 함정 표적에 대한 공격능력과 정박 중인 적 함정이나 연안·내륙의 주요시설물에 대한 공격능력을 보유하고 있다.

아음속 대함미사일은 앞으로도 계속 사용할 것으로 예상되나, 향후 10년 후에는 초음속 미사일의 운용이 더욱 확대될 것이다. 함대함미사일은 200~300km 수준으로 증대되는 경향이며, 해상작전헬기용 단거리 대함미사일은 기존의 15~20km에서 30~50km로 증가되는 추세이다. 속도는 초음속화뿐만 아니라 아음속 대함미사일의 성능개량도 꾸준히 이루어져 앞으로 10여 년 후 아음속은 마하 0.9~0.95, 초음속은 마하 2.5~3.0 수준이 될 것으로 전망된다.

적함의 레이더 탐지에 대한 생존성 확보를 위하여 아음속 대함미사일의 경우 순항고도는 10~20m 수준에서 최근에는 10m 이하로 개발되고 있으며, 종말고도는 3~5m 수준의 해면밀착비행Sea skimming으로 발전할 것이다.

또한 발사 플랫폼(수상함, 잠수함, 항공기)이 다양화되고, 표적 타격능력이 개선될 것이다. 미사일의 신호처리 능력이 뛰어나 함정의 최대 취약지역 판단 타격, 탐색기의 해상도가 뛰어나 함정 RCS 신호와 디코이Decoy 신호 식별 가능, 함정의 소프트킬Soft kill 시스템을 무력화시킬 수 있는 재공격 능력을 강화하며 발전할 것으로 전망된다.

5.10.2 초음속·극초음속 대함 순항미사일

미국을 비롯한 선진국들은 일찌감치 개발에 착수하였으나 개발 초기에 기술적 한계에 봉착하였는데, 기존의 제트엔진으로는 초음속·극초음속 비행을 구현할 수 없었다. 제트엔진은 흡입한 공기를 터빈으로 압축한 후 연소시켜 추력을 얻는 구조인데, 유입되는 공기의 속도가 마하 3을 넘어가면 공기와의 마찰에 의해 엄청난 온도의 마찰열이 발생하여 터빈이 녹아버리고 만다. 따라서 그 이상 높은 비행속도를 내기 위해서는 터빈이 없는 엔진이 필요했는데, 이를 구현한 것이 램제트 엔진과 이

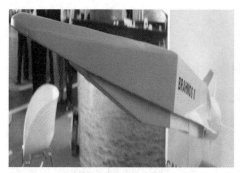

그림 5-42 브라모스-II(좌)와 B-52에 탑재된 Waverider(우)

를 발전시킨 스크램제트 엔진이다.

 램제트 엔진은 터빈 같은 별도의 기계적 압축장치 없이 초음속으로 유입되는 공기를 연소실로 밀어 넣고 흡입구 내부에서 발생되는 충격파를 이용해 압축한 뒤 점화시키는 방식으로 속도는 마하 3에서부터 5까지로 제한된다. 스크램제트Scramjet 엔진은 초음속으로 이동해 높은 온도와 압력을 유지하는 공기에 곧바로 연료를 분사하여 점화한다.

 미국은 스크램제트 기술이 적용된 극초음속 미사일 Waverider를 개발 중이다. 미 공군의 Waverider는2013년에 마하 5 이상의 극초음속 비행에 성공했다. 중국은 극초음속 미사일 개발에 있어서는 미국을 능가하는 것으로 판단되며, 2014년 초에 극초음속 활공비행체HGV: Hypersonic Glide Vehicle에 대한 시험을 처음으로 성공했고, 이 신형 무기체계를 WU-14로 명명하였다. 이 비행체는 음속의 10배로 비행하여 지구상 어떤 목표물도 한 시간 내에 타격할 수 있다고 한다. 러시아는 아음속 및 초음속 대함미사일을 병행하여 개발하였으며, 2020년까지 마하 6~8의 속도를 목표로 하는 극초음속 미사일을 개발하는 중이다.인도와 러시아는 공동으로 현재의 초음속 순항미사일인 브라모스를 개발하여 배치하였고, 추가하여 극초음속 대함미사일 BrahMos-II를 개발 중인데, 속도는 마하 5~7, 플랫폼은 해상, 지상, 공중 발사형으로 개발하여 2017년경 시험에 착수할 전망이다.

5.10.3 함대공미사일

함정에 가장 큰 위협은 여전히 대함미사일이다. 대함미사일은 함정의 대공방어 능력을 극복하기 위하여 고성능, 고기동, 초음속, 극초음속화로 진화하고 있으며, 중국은 최근 대함 탄도미사일ASBM DF-21D를 개발하여 실전 배치하는 등 항공모 함을 포함한 함정들을 위협하고 있다.

함대공미사일은 날로 성능이 향상되어가는 대함미사일과 항공기의 공격을 방 어해야 하므로 고속화, 고기동 및 정밀추적 등의 기능이 요구된다. 이를 만족시키 기 위해 추력방향제어Thrust vector control, 즉 추력기에 의한 고기동성 구현, IR/RF 복 합방식의 고성능 다중모드 탐색기 적용, 장사정, 초음속 비행에 의한 대탄도미사일 대응능력 강화, 전자파ECCM 및 적외선 방해대응IRCCM 성능 등이 강화될 전망이다.

함대공미사일의 단거리형은 1980년대를 전후하여 개발된 Sea Sparrow, RAM, Naval Crotale(프랑스), Seawolf(영국) 등을 성능 개량하여 운용중이고, 중·장거리 형은 SM-2, SM-3, SM-6 순으로 개발되고 있으며, 동시에 성능개량을 통해 발전 하고 있다.

미국은 유도무기 분야 세계 최고 수준의 기술을 보유한 나라로서 다양한 미사일 개발을 선도하고 있으며, 연구소, 대학 및 대형 방산업체가 무기체계 개발 및 신기 술 개발에 적극적으로 참여하고 있다.

5.10.4 함(잠)대지 순항미사일

항속거리, 정확도, 속도, 탄두 등의 분야에서 성능이 개선된 함대지 순항미사일 의 개발/운용이 예상되며, 항속거리 증대를 위해서 고효율의 추진기관 및 연료의 적용, 공력 형상 최적화를 통한 항력 감소, 다양한 제한조건 아래에서 비행궤적 최 적화 및 적의 방공권 밖에서 발사 가능한 원격타격Stand-off 능력이 향상될 것이다.

탄착 정확도CEP: Circular Error Probable는 표적위치 선정, 항법 및 유도조종 성능, 미 사일의 종말기동 성능 등이 종합적으로 반영된 결과로 향후 점표적 타격능력 수준으로 발전되고, 적의 방공체계에 대응한 생존성 향상을 위하여 비행속도는 초음속 및 극초음속 수준으로 발전이 예상되며, 다양한 표적을 타격하기 위한 탄두 다양화와 고폭탄두, 분산자탄, 활주로 파괴탄, 탄소섬유탄 및 전자기펄스EMP탄 등의 개발이 예상된다.

또한, 견고화 및 지하표적을 대상으로 침투성능이 대폭 증대된 초고속 단일 운동에너지 탄두 및 이중 성형작약 탄두 등의 다양한 침투형 탄두 개발이 진행될 것으로 예상된다.

터보팬 엔진과 같은 고효율 추진기관 및 고효율 연료 개발, 공력형상 최적화, 탑재부품의 소형화, 탑재연료량의 최대화 등이 예상된다. 단방향 및 양방향 실시간 데이터링크 구현으로, 미사일의 비행상태 실시간 확인In-flight missile status monitoring, 표적 타격효과 실시간 판단Realtime damage assessment 및 원격 운용자에 의한 표적 재지정Re-targeting 및 타격점 정밀 선정이 가능해질 것으로 예상된다. 정밀 타격능력 향상을 위해 수치지도, 수치지형, 위성 및 항공영상 등의 다양한 정보를 융합하여 표적위치를 결정하고, 관성, 위성, 지형 및 영상보조항법 등 다양한 정보를 융합한 복합항법체계가 적용되고 있다. 또한, 다중 위성항법체계GPS/GLONASS/Galilo를 활용하고, 재밍대응 위성항법 수신기가 적용되고 있으며, 적외선 영상IIR, 밀리미터파MMW, 합성개구 레이더SAR 등 다중 모드 탐색기를 적용하여 정밀한 종말유도로 정밀 타격능력이 향상되고 있다.

운동에너지 탄두 및 이중 성형작약 탄두를 이용한 견고 및 지하표적에 대한 관통력이 증대되고 있으며, 고폭탄두, 분산자탄, 침투탄두, 탄소섬유탄 및 전자기펄스탄 등 다양한 탄두가 개발 중이다.

생존성 증대를 위해 레이더 반사면적RCS 감소, 적외선 신호방출 최소화, 엔진소음 감소 등으로 미사일의 피탐성을 저하시키는 스텔스 기술이 개발되고 있으며, 스텔스 형상, 재질, 도료 등의 적용으로 RCS의 경우 $0.1 \sim 0.01\text{m}^2$ 수준이 예상된다. 또한 미사일의 고기동 성능을 활용하여 초저고도 지면 밀착비행과 탄두 위력 증대를 위한 종말 고충돌각 기동 등의 첨단 유도조종 기법 적용이 예상된다.

방공체계와의 교전 상황에서 생존성을 증대시키고 시한성 표적 타격시간을 최소화하기 위하여 비행속도가 고속화되고 있으며, 초음속(마하 2~4) 및 극초음속(마하 5~7) 비행속도를 가진 미사일이 개발될 전망이다.

5.10.5 탄도미사일(SLBM, ASBM)

탄도미사일 분야의 최근 세계적 발전추세는 미사일의 위력 증대를 위한 정확도 향상, 사거리 증대 및 탄두 다양화 기술의 발전에 중점을 두고 있으며, 미사일의 생존성 증대와 운용능력 향상을 위해 플랫폼의 기동성과 신속 발사 기술 발전도 연구되고 있다.

정확도 향상을 위해 관성항법장치의 고정밀도, 신속반응, 고신뢰도, 경량화, 저가화를 추구하고 있으며 보정항법 및 종말유도가 적용되고 있다. 링 레이저 자이로와 GPS의 통합적용이 일반적인 추세이다. 파괴력 증대를 위해 탄종 및 크기가 표적별로 선정 가능한 고성능 탄두를 탑재할 수 있도록 발전하고 있으며, 자탄별 종말유도로 표적을 효과적으로 제압하도록 영상, 적외선, 초고주파 탐색기를 적용한다. 체계 생존성 증대를 위해 미사일의 스텔스화 및 무연추진제를 사용하고, 대공방어에 대처하기 위해 레이더 신호를 추적하여 방어용 레이더를 파괴하거나 기만하는 능동/수동 방어기법 등이 적용될 것이다. 운용측면에서 탄도미사일은 C4ISR 체계와 연계하여 신속 발사가 가능하도록 사격 통제 기술을 발전시키고, 미사일의 발사 플랫폼은 지상, 함정, 잠수함 등 점차 다양화되고 있는 중이다.

대륙간 탄도미사일ICBM 및 잠수함 발사 탄도미사일SLBM, 대함 탄도미사일ASBM에 극초음속 기술의 적용이 예상되며, 이 경우 미사일의 사거리는 크게 증가되고 요격은 더욱 힘들어질 것으로 전망된다.

CHAPTER **6**

수중무기

6.1 수중무기의 역사와 발전과정

수중무기는 수상함 또는 잠수함, 항공기 등에서 상대 잠수함 및 수상함을 공격하기 위한 무기를 통칭하는 것으로 어뢰, 기뢰, 폭뢰 등이 있다. 본 장에서는 수중무기의 종류별 특징 및 각국의 운용현황, 발전추세 등을 알아보도록 한다.

6.1.1 어뢰

어뢰torpedo는 자체적으로 추진장치를 갖추고 자력으로 수중을 항주하여 수중이나 수상의 함선을 파괴하거나 격침시키는 무기를 말한다. 이 어뢰는 수상함정이나 잠수함, 또는 항공기로부터 발사되며, 최초에는 어형수뢰로 불리었으나, 후에 어뢰로 간소화되어 현재에 이르고 있으며, 영어인 torpedo는 라틴어의 무력화병기 torpedo에서 유래되었다고 한다.

최초의 어뢰는 1866년 영국인 Robert Whitehead가 오스트리아의 해군 장교

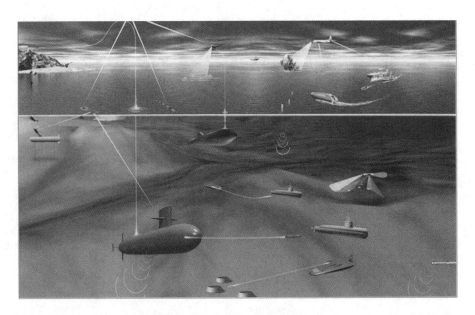

그림 6-1 수중무기 운영 개념

Luppis와 아들 John의 도움을 받아 약 700야드 거리의 표적에 대하여 수중에서 압축공기로 발사하여 7kts의 속력으로 주행하는 Whitehead 어뢰이다. 1871년 영국에 Whitehead 어뢰의 제작권을 판매하여 생산을 개시한 이후로 프랑스, 독일, 이탈리아 및 러시아 등지로 판매시장을 넓혀 개발 후 대략 15년 사이에 1,500발의 어뢰를 수출하였다. 이와 비슷한 시기에 미국, 독일, 러시아 등에서도 고유 모델이나 비슷한 모델의 Fish Torpedo와 Schwartzkopff Torpedo가 개발되었으나, Whitehead 어뢰가 초창기 세계의 어뢰시장을 점유하였다.

초기에는 대부분 수상함정에서 어뢰를 발사하여 직진 주행으로 표적을 명중시키는 방식이었지만, 1차 세계대전을 거치면서 독일이 수중에서 U보트의 어뢰를 이용하여 영국의 수상함과 수송선단을 무차별 공격하여 많은 전과를 올렸다. 1차 세계대전 말기인 1918년 영국의 Sopwith T1 Cuckoo를 이용하여 최초로 항공기에서 어뢰 발사 시험을 하였으며, 대전 후의 대공황 기간을 겪으면서 항공기용 어뢰와 음향 호밍 어뢰에 대한 본격적인 연구가 진행되었다.

2차 세계대전을 준비하면서 미국과 일본은 잠수함용 어뢰와 항공모함을 중심으로 항공기용 어뢰를 각각 개발하였으며, 대전 기간 중에 미국 잠수함용 어뢰의 문제점 해결을 통하여 어뢰의 기능이 점진적으로 향상되었다. 대전 말기에 일본이 인간어뢰로 개발한 Kaiten이란 이름의 이 어뢰는 약 400발이 제작되어 그중에 100발

그림 6-2 Whitehead 어뢰

그림 6-3 Sopwith T1 Cuckoo 항공기 운용장면

정도가 실제 전투에 투입되었다고 한다.

2차 세계대전 이후에 냉전이 지속되면서 미소 양국은 군비강화를 위해 잠수함 전력의 핵심인 어뢰개발에 매진하여 고속의 추진장치, 유선유도 장치와 음향호밍 능력이 획기적으로 향상되었으며 미국의 MK45 어뢰와 소련의 53-58, 65-73 어뢰 등 핵탄두를 장착하는 어뢰를 개발하기에 이르렀다. 1980년대 냉전이 종식됨에 따라 어뢰 개발 경쟁의 막이 내리고 새로운 질서에 적합한 고정밀 유도무기로 발전하였으며 러시아와 독일 등에서는 초고속의 수중로켓 어뢰 개발을 추진하였다.

6.1.2 기뢰

기뢰는 바닷속에 부설되어 함정의 접촉, 또는 자기나 음향 신호 등에 감응하여 적의 함정을 파괴하는 해양무기이다. 기뢰는 폭발 시 함정에 막대한 손상을 줄 뿐 아니라, 기뢰를 제거하는 데에도 많은 시간과 노력이 필요하며, 함정의 자유로운 기동을 제한한다.

최초의 기뢰는 이탈리아인 Gean Belli가 발명하였다. 1585년 스페인과 네덜란드 간의 전쟁에서 폐선에 화약을 적재하고 부싯돌식 발화장치인 시한장치를 사용하여 스페인 무적함대의 부교 폭파를 시도하는 데 처음 사용되었다. 이후 걸프전과 이라크전을 포함하여 현재까지 약 400여 년 동안 수많은 전쟁에서 사용되었다. 근대식 기뢰는 18세기 후반 미국의 David Bushnell이라는 사람이 1775년에 발명했다. 처음엔 Torpedo라는 명칭으로 불리다가 1776년에 Keg Mine기뢰으로 발전되었다.

그림 6-4에서 보는 바와 같이 Keg Mine은 조류를 따라 흘러가서 함정에 부딪히면 폭발하는 구조로 되어 있었다. 이와 같은 기뢰를 접촉기뢰라고 하는 데 Keg Mine이 접촉기뢰의 원조라고 할 수 있다. 미국 독립전쟁 중 필라델피아 만에 정박해 있던 영국 군함을 폭파하기 위해 상류에서 하류로 Keg Mine을 떠내려 보냈지만 큰 성과를 얻지는 못했다고 한다. 당시에는 처음 만들어진 단계라서 큰 효과를 거두지는 못했지만 100여 년 후 1861년 미국 남북전쟁 때는 적극적으로 사용되었으며, 상대적으로 해군력이 약했던 남군이 연안 방어용으로 부유기뢰를 사용하여 북군 함정 27척을 침몰시키고 14척을 손상시키는 전과를 올렸다고 한다. 남군이 함포 공격으로 침몰시킨 군함이 9척인 것과 비교하면 기뢰에 의한 전과가 얼마나 대단했는지 알 수 있다. 그리고 이때부터 기뢰탐색/제거부대가 생겨서 제대로 된 기뢰대항 작전이 시작되었다고 한다.

현대 전쟁에서 기뢰를 사용한 실적을 살펴보면 20세기 초 만주와 한국의 지배권을 놓고 러시아와 일본이 벌인 러일전쟁에서도 사용되었다. 러시아의 여순함대와 일본의 연합함대가 격돌했을 당시 여순항에 정박해 있던 러시아 여순함대는 일본

그림 6-4 Keg Mine 형상

연합함대를 방어하기 위해 방어기뢰를 설치했고, 일본은 러시아 함대의 공격을 방어하고 블라디보스토크로의 도주를 차단하기 위해 여순항 외해에 공격기뢰를 부설하였다. 이 전쟁에서 기뢰에 의해 러시아는 전함 2척을 포함하여 총 5척이, 일본은 전함 2척을 포함하여 총 9척이 침몰되었다고 한다. 이 전쟁은 기뢰를 이용하여 바다의 사용을 제한하는 전쟁이 되었고, 이로써 기뢰의 중요성이 크게 부각되는 계기가 되었다. 또 우리나라 주변에서 실시된 최초의 기뢰전 사례가 되기도 한다.

1차 세계대전 중에는 연합군이 독일 잠수함으로부터 공격을 방어하기 위해 기뢰를 사용하였다. 연합군은 독일 잠수함에 의해 수백 척의 상선이 침몰 당함으로써 해상교통로 유지에 큰 어려움을 겪게 된다. 그래서 고안한 방법이 기뢰의 부설이었다. 실제로 독일 잠수함 항로 봉쇄를 위해 도버해협과 북해에 기뢰 약 8만 기를 부설했다고 한다. 그 당시에 새로 개발된 자기기뢰도 사용되었으며, 독일 잠수함을 포함하여 선박 592척에 손실을 입혀 기뢰의 전성기라고 부르기도 한다.

2차 세계대전 중 기뢰에 의한 성과는 기아작전이라고 불리는 미국의 대일본 봉쇄작전으로 대표할 수 있다. 일본의 전쟁 지속능력을 약화시키기 위해 일본 영해에 기뢰 12,135기를 부설한 결과, 전투함 65척을 포함 650여 척의 함정이 침몰 또는 손상되는 피해를 입혔다. 결국 기뢰전에 의해 일본은 해상수송이 불가능해져서 산업이 마비되고 식량 사정이 악화되었으며, 반면 연합군은 일본 함대 전력을 봉쇄하여 항해 안전을 확보하고 작전반경을 확대시키는 결과를 가져왔다.

한국전쟁 때는 1, 2차 세계대전의 경험을 바탕으로 기뢰를 적극적으로 운용하던 시기였다. 특히, 해군력이 절대적으로 약세였던 북한이 많은 기뢰를 사용하였다. 전세의 반전을 가져온 인천 상륙에 대비해서 북한은 인천의 주요 수로에 기뢰를 부설하였는데 조수 간만의 차가 심해 저조 때 기뢰가 수면 위로 노출되는 바람에 함포를 이용해 대부분의 기뢰를 제거할 수 있어 아군 작전에 심각한 위협이 되지는 못했다. 또한 북한은 원산 상륙에 대비해 원산 앞바다에 약 3,000기의 기뢰를 부설했다. 이에 미군은 작전 개시일을 8일 연기하고 항공기, 기뢰탐색함 등 모든 전력을 동원해서 기뢰제거를 실시했지만 15일이라는 장기간이 소요되면서 지상에서 한국 1군단이 먼저 원산을 점령하게 되고 북한군 포위 섬멸 계획은 실패하고 말았다. 이

기뢰제거 작전에서 기뢰탐색함 5척(한국 2척, 미국 2척, 일본 1척)이 기뢰접촉으로 침몰되었다.

최근 걸프전에서 이라크는 다국적군의 해상교통로 교란과 쿠웨이트 해안에 대한 상륙작전 거부를 목표로 수상함정과 민간선박을 이용해 1,000여 기의 기뢰를 부설했다. 부설한 기뢰의 종류는 계류기뢰, 해저기뢰, 자기/음향기뢰 등으로 당시 개발된 대부분의 기뢰를 부설했다고 한다. 다국적군은 개전 직후 이라크의 기뢰부설함을 공격해서 추가 부설을 차단하고 대규모 기뢰대항작전을 실시하였으나, 이라크가 부설한 기뢰에 의해 미 해군 이지스함 등 함정 2척이 손상되는 손실을 입었고, 기뢰대항작전이 지연되어 결국 쿠웨이트 상륙을 실시하지 못하는 전략적 실패를 초래했다. 그리하여 걸프전에서는 적의 기뢰부설 자체를 차단하는 것이 얼마나 중요한 일인지가 교훈으로 남았다.

이외에도 베트남전 때는 미군이 월남에 약 5천여 기의 기뢰를 부설하여 해상교역을 차단하는 포켓머니 작전을 실시했고, 이란-이라크 전쟁에서는 이란을 지원하는 리비아가 호르무즈 해협에 기뢰를 부설하여 정치/경제적 목적 달성을 위해 상선 통항을 방해했던 사례도 있다.

6.1.3 폭뢰

폭뢰는 1차 세계대전에서 잠수함에 대적하기 위해 개발된 대잠수함 무기이다. 고폭약이 충전되어 폭발력 및 폭발로 인한 수압을 이용해서 잠수함을 무력화하는 무기이다. 잠수함을 탐지하거나, 있을 것으로 예상되는 수심에서 폭발하도록 신관을 조정한 다음 함정이나 항공기에서 투하하여 사용한다.

폭뢰의 개발은 1910년에 잠수함 공격 시 강한 충격파를 사용하자는 아이디어가 논의되어 1914년 조지 오캘러헌이 폭뢰의 생산을 요청하여 전쟁에 실제로 사용되게 되었다. 1915년 허버트 테일러가 영국 포츠머스의 HMS 버논 어뢰 및 기뢰학교에서 개발한 D 타입이 실질적인 최초의 폭뢰라고 볼 수 있다. 이 D 타입 폭뢰는 강철 드럼통 모양으로, 미리 지정한 수심에서 폭발하도록 고안되었다.

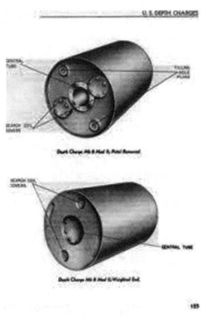

그림 6-5 D 타입 폭뢰

그림 6-6 함정에 적재된 D 타입 폭뢰

　초기의 폭뢰는 단순히 공격함정의 함미에 위치한 투하랙을 이용하여 수중으로 투하되었다. 잠수함에 대한 치명적인 손상거리는 10m 내외로 드럼통형 폭뢰는 수중침강속도가 초속 3m 내외로 잠수함의 잠항심도가 깊어지고 수중 잠항속도가 증가함에 따라 폭뢰공격을 감지하면 쉽게 피할 수 있어 이에 대처하기 위해 침강속도를 증가시킨 유선형의 폭뢰가 개발되었다. 함정의 함미 투하방식은 잠수함 공격 시 최대한 잠수함에 가깝게 접근해야 하기 때문에 잠수함으로부터의 공격 위험성과 폭뢰 폭발에 의한 자함의 피해도 발생하는 단점이 있어 2차 세계대전 중에는 로켓, 박격포식으로 폭뢰를 원거리 투하하는 무기가 개발되어 운용되었다. 미국의 MK108 헤지호크, 영국의 림보, 스웨덴의 보호오스 등이 여기에 해당된다.

　헤지호크는 소형폭뢰 24개를 약 200m 전방에 투망식으로 발사하며 그중의 어느 하나가 잠수함에 닿아 폭발하면 나머지 것도 일시에 유도 폭발하도록 되어 있었다. 헤지호크는 많은 수의 폭뢰를 투척하여 공격 정확도를 높이는 장점을 가지고 있었다. 미국 외 다른 나라에서도 투척 방식 폭뢰를 개발 운용하였으나, 대잠수

그림 6-7 헤지호크 설치 형상

그림 6-8 헤지호크 발사 후 폭발 장면

함용 고속어뢰가 발전함에 따라 일선에서 퇴역하게 되었다.

2차 세계대전 후 핵잠수함 등 잠수함의 성능이 현저하게 발전하여 폭뢰의 대잠수함 공격 유용성이 떨어지기도 하였으나, 폭발력에 의한 공격력을 증대시키기 위해 핵폭뢰도 출현하였다. 20kt의 핵폭뢰는 약 100m 범위 내의 잠수함을 격침시킬 수 있다고 한다. 이와 같은 핵폭뢰의 위력으로 함정에서는 주로 로켓을 이용하여 원거리 투척하는 발사체계ASROC: Anti Submarine Rocket를 사용하였다.

핵폭뢰 또한 냉전종식 후에 핵무장에 대한 거부감과 고성능의 대잠어뢰 개발 등으로 사용이 중단되었으며, 1990년대 이후 핵폭뢰를 보유 중이던 미국, 영국, 프랑스, 러시아, 중국에서 퇴역하게 되었다.

그림 6-9 MK1 Lulu 핵폭뢰 형상

그림 6-10 핵폭뢰 폭발 장면

6.2 어뢰

6.2.1 어뢰의 구성과 주요 관련기술

어뢰는 수중에서 자체적으로 추진하여 적의 함선이나 잠수함을 공격하는 수중무기이다. 초기의 어뢰는 발사 후 직주하여 표적에 충돌 시 신관 작동에 의해 폭발하는 형태였다. 최근 운용되는 대부분의 어뢰는 수중에서 주행하면서 표적을 탐지하

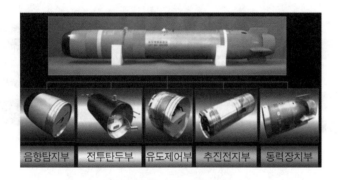

음향탐지부 　전투탄두부　 유도제어부　 추진전지부　 동력장치부

그림 6-11 어뢰(청상어) 주요 구성품

여 공격하는 방식을 채택하고 있다. 그러므로 어뢰를 구성하는 주요 부분으로 먼저 표적을 탐지하는 표적탐지부가 있는데, 수중 환경에서 주로 음향을 이용하기 때문에 음향탐지부라고 부른다. 음향탐지부에는 표적으로부터 방출되거나 반사되는 음향신호를 포착하여 표적을 탐지하는 소나가 탑재된다. 다른 구성품으로는 표적 충돌 또는 근접 시 폭발하여 표적을 무력화시키기 위한 탄두부, 어뢰를 유도하고 조종하는 유도제어부, 어뢰의 수중 주행을 위한 추진부가 있다. 그림 6-11은 한국에서 개발한 청상어 경어뢰의 주요 구성품을 보여주고 있다. 청상어는 전동기를 이용하여 추진하므로 추진 전지부가 포함되어 있음을 알 수 있다.

(1) 추진기술

■ 기관추진식

1차 세계대전 당시의 어뢰는 주로 증기기관 추진의 무유도 직진식이어서 잠수함이 잠망경을 통하여 대상표적을 탐지하고 약 2,000야드 이내로 접근하여 공격하였다. 잠수함을 이탈한 어뢰가 표적함을 향하여 주행하면 어뢰가 발생시키는 증기기관의 가스배출에 의해 항적이 노출되지만, 공격거리가 너무 가깝고 어뢰속력이 매우 빠르기 때문에 함정이 회피기동을 하기 전에 피격을 당하게 된다. 이처럼 1차 세계대전 기간 중에는 수상함이 수중항해를 하는 잠수함을 탐지할 수 있는 수단이 없어 어뢰공격에 일방적으로 당하는 입장이었으며, 주로 잠수함이 수상항해를 하는

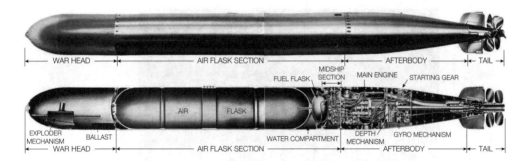

WAR HEAD — AIR FLASK SECTION — MIDSHIP SECTION — MAIN ENGINE — AFTERBODY — TAIL

FUEL FLASK — STARTING GEAR

EXPLODER MECHANISM — BALLAST — AIR — FLASK — WATER COMPARTMENT — DEPTH MECHANISM — GYRO MECHANISM

WAR HEAD — AIR FLASK SECTION — AFTERBODY — TAIL

그림 6-12 MK14 증기기관 추진식 어뢰

시점을 포착하여 잠수함을 공격하였다.

기관추진식 어뢰의 원조 격인 증기기관 어뢰가 속력은 빠르지만 주행항적이 노출되고, 추진기관의 작동 및 정비유지의 어려움과 어뢰제어에 필요한 전원 문제 등의 해결을 위하여 전기추진식으로 발전하는 한편, 새로운 추진 방식인 내연 기관식(MK46)과 폐회로 기관식(MK50, MK48, Spearfish)으로 발전하였다. 그리고 전혀 다른 개념의 추진 방식으로 200kts 속력의 초고속 로켓추진식(Shkval, Supercav, Barracuda) 어뢰가 실용화 단계에 있다.

■ 전기추진식

증기기관식 어뢰의 주행 항적 노출문제와 어뢰제어에 소요되는 전원을 별도로 공급해야 하는 문제들을 해결하기 위하여 각국에서는 1차 세계대전 기간 중에 전기추진식 어뢰개발을 진행하였다. 2차 세계대전 기간 중 영국에서 나포한 독일의 G7e 전기추진 어뢰를 모방하여 미국에서도 MK18 전기추진식 어뢰를 개발하여 2차 세계대전 중 가장 효과적인 공격수단으로 활용하였다. 전기추진 어뢰는 전지와 전동기를 이용하여 추진하며, 어뢰 운동과 제어기 작동에 소요되는 전원을 추진전지와 공유할 수 있는 큰 장점이 있다. 비록 속력은 증기기관식에 비하여 떨어지지만 추진소음이 낮고 작동 신뢰성이 높아 2차 세계대전 이후에 선호하는 추진 방식으로 발전하게 되었다.

2차 세계대전 초기의 전기추진식 어뢰의 전원은 주로 납축전지를 사용했는데 운

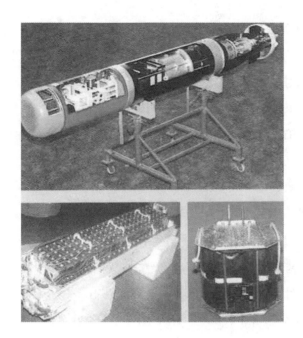

그림 6-13 전기추진식 어뢰

용 및 정비유지가 불편하였다. 2차 세계대전 후 음향호밍어뢰 개발에 맞추어 보다 편리한 고성능 해수전지가 개발되어 MK44 어뢰에 적용되었다. 잠수함에서 운용되는 대부분의 어뢰(MK37, Tiger fish, SUT, F17P, A184 등)는 산화은 아연 전지를 사용하고, 이후에 산화은 알루미늄 전지를 MU90, Black Shark 및 청상어에 실용화하였다. 최근에는 에너지 밀도가 높은 리튬 전지가 추진전지에 적용되고 있다.

(2) 탐지 및 추적기술

1차 세계대전과 2차 세계대전 초기에 사용된 어뢰가 대부분 무유도 직진어뢰여서 표적에 근접하여 공격해야 하는 위험이 수반되어 먼 거리에서 공격이 가능한 표적 추적기술이 요구되었다. 2차 세계대전에 뒤늦게 참전한 미국은 일본과 독일에 비해 기술이 뒤떨어진 어뢰분야에 하버드대학의 수중음향연구소와 벨통신연구소가 중심이 되어 수동음향 어뢰 MK24를 개발하여 1942년부터 약 10,000발을 생산하여 실전에 투입하였다. 역시 이 시기에 음향어뢰GNAT: German Naval Acoustic Torpedo를 운용하고 있던 독일은 대전 말기에는 발사함정에서 어뢰를 조종하는 선유도^{wire guide} 방식을 최초로 적용하였으며 이 유도방식은 오늘날까지 사용되고 있다.

대표적인 음향호밍어뢰는 MK44, MK37, MK46, MK48, Tiger fish, SUT, A244, A184, F17P, MU90, 백상어, 청상어 등이며, 대표적인 유선유도 어뢰로는 MK37 Mod1, MK48, Tiger fish, SUT, A184, F17P 등이 있다.

(3) 탄두기술

초기 어뢰에는 주로 면화약과 물리적 접촉으로 폭발되는 접촉신관이나 충격신관이 사용되었다. 1차 세계대전을 거치면서 TNT를 기본으로 하는 탄두는 고성능 폭약 Torpex로 발전하고, 다시 HBX와 H-6이 1960년대까지 사용되었으며 현대에 와서는 안전성이 크게 향상된 PBX가 사용되고 있다. 2차 세계대전 이후 냉전시대에는 미국과 구소련(러시아) 모두 핵탄두 어뢰를 확보한 것으로 알려졌으나 더 이상 실전배치는 확인되지 않고 있다. 핵탄두와 같이 가공할 위력이 아니더라도 탄두의 효과를 높이기 위하여 폭발방식을 개량하여 잠수함 공격 시에는 지향성 폭발특성을 활용하여 선체를 직접 관통시키고, 수상함 공격 시에는 선저 약 12피트 이격거리에서 폭발시켜 공기기포 압력과 충격력으로 거대한 선체를 두 동강 낼 수 있는 근접감응센서를 적용하고 있다.

잠수함 선체에 직접 접촉하여 외부선체와 압력선체를 관통시켜 잠수함을 침몰시킬 수 있도록 지향성 탄두를 적용하는 어뢰는 MK50, Stingray, MU90, 청상어 등 최신형 경어뢰와 Spearfish 중어뢰 등이며, 대부분의 대수상함 공격용 중어뢰는 충격센서는 물론이고 근접 자기감응센서와 항적추적 센서를 적용하고 있다.

(4) 운용수단의 다변화

초기의 어뢰는 발사수단이 대부분 수상함이었으며, 독일을 중심으로 잠수함이 개발되면서 잠수함에서 발사가 가능하도록 개발되었다. 그리고 공격대상 표적도 수상함과 잠수함 구별 없이 운용되었는데, 2차 세계대전을 거치면서 기동성 측면에서 항공기 탑재용 어뢰와 은밀성 측면에서 잠수함 탑재용 어뢰로 특성화되기 시작하였지만 여전히 수상함과 잠수함에서 어뢰공격이 지배적이었다.

현대에 와서 어뢰의 성능이 비약적으로 발전하고 플랫폼에서 표적탐지 및 식별능력이 우수하여 잠수함에서는 수상함 공격을 주로하면서 잠수함 공격도 가능한 중어뢰를 운용하고 있다. 항공기에서는 신속하게 작전해역에 접근하여 잠수함을 공격할 수 있도록 무게가 가벼운 대잠수함 공격용의 경어뢰를, 그리고 수상함에서도 잠수함 공격을 신속하게 하고 작전해역을 이탈할 수 있도록 경어뢰를 운용하고 있다. 또한 수상함이 장거리에서 탐지된 잠수함을 공격하기 위하여 로켓에 어뢰를 실어서 탄도비행 후 작전해역의 표적을 공격할 수 있는 대잠로켓을 활용하고 있다.

6.2.2 어뢰의 종류 및 운용현황

19세기 말엽의 초기 어뢰는 주로 수상함에서 발사하는 압축공기 구동방식이었으며, Whitehead 어뢰를 기본으로 하는 직경 18~21인치 크기의 어뢰가 대부분이었다. 1차 세계대전을 거치면서 항공기에서 운용이 가능한 18인치 어뢰가 개발되었으며, 이후로 일본은 24인치, 러시아는 25.6인치의 대형어뢰를 개발하여 23.6인치를 개발한 독일과 함께 거함거포주의를 주도하였다. 그러나 이러한 대형어뢰Super Torpedo를 성공적으로 이용했는지에 대하여는 잘 알려지지 않았다.

어뢰가 기술적으로 가장 큰 발전을 이룬 시기는 2차 세계대전 기간이었으며, 대전 초기에 엔진추진 방식의 무유도 직진어뢰에서 전기추진 방식의 음향호밍어뢰로 발전하는 계기가 되었다. 또한 잠수함을 이용한 어뢰공격과 항공기를 이용한 어뢰공격이 큰 효과를 거둠에 따라 운용특성에 적합하게 잠수함용 어뢰와 항공기용 어뢰가 별도로 발전하게 되었다.

2차 세계대전 이후 약 30여 년간 진행된 냉전기간 동안 미국과 구소련(러시아)의 양대 강국을 중심으로 군비강화에 치중하였으나 특별한 해전양상의 변화가 없었다. 1982년 영국과 아르헨티나 사이의 포클랜드전쟁에서 Tiger fish 중어뢰는 기대에 부응하지 못하고, 구식의 MK18 어뢰가 성과를 올리는 진가를 발휘하기도 하였다.

현대에 이르러 어뢰는 크게 잠수함용으로 사용하는 중어뢰와 수상함이나 항공기에서 사용하는 경어뢰로 구분되는데, 어뢰 자체의 기술적인 내용은 유사하나 운용 주체인 플랫폼과의 연동기술이 완전히 다르고 발사조건이 다르기 때문에 호환하여 사용하기는 어렵다. 잠수함용 중어뢰는 21인치 구경이 대부분이며, 항공기와 수상 함용으로는 12.75인치 구경인데, 러시아를 비롯한 동구권 국가에서는 항공기용으로 18인치를 수상함, 잠수함과 어뢰정에 21인치나 25.5인치의 대형어뢰를 운용하고 있다.

표 6-1 경어뢰와 중어뢰의 개략적인 제원 비교

항목		경어뢰	중어뢰	비교
크기	직경	12.75인치, 18인치	21인치, 19인치	25.5인치(러시아)
	길이	3~5m 내외	6~8m 내외	
중량		300kg 내외	1,500kg 내외	
속력		30~50kts 이상	30~50kts	로켓어뢰 제외
항주거리		10km 내외	30km 이상	
폭약량		40kg 내외	200kg 이상	
운용수단		항공기, 수상함	잠수함, 어뢰정	ASROC
대상표적		잠수함	수상함, 잠수함	

(1) 경어뢰

구소련의 알파급 잠수함이 출현하기 전인 1970년대 초반에는 대부분의 잠수함 속력이 수중에서 20kts 미만이어서 기존의 경어뢰인 MK46, Stingray 및 A244S 등이 공격무기로서 역할을 충분히 하였다. 그러나 40kts를 상회하는 소련 잠수함을 효과적으로 공격하기 위해서는 새로운 개념의 대잠수함 공격용 경어뢰의 확보가 필수적으로 요구되었다.

그림 6-14 러시아의 수상함(BPD-554)에 탑재된 21인치 SET-53M 어뢰

표 6-2 주요 국가 경어뢰 개발현황 및 제원

구 분	MK50	MK46 NEARTIP	Stingray	MU90
개발국가	미국	미국	영국	이탈리아/프랑스
개발기관	Raytheon	Raytheon	BAE systems	WASS/DCN
중량(kg)	337	257	267	300
탄두량(kg)	45.3	44.6	45	50
길이(m)	2.88	2.60	2.59	3.00
직경(mm)	324	324	324	324
최대속력(kts)	50	40~45	45	29~50
최대운용수심(m)	755	450	755	1,000
항주거리(km)	20	11.1~5.6	11	9.5
추진 방식	폐회로 엔진	개회로 엔진	전기추진	전기추진
운용개념	수상함, 항공기	수상함, 항공기	수상함, 항공기	수상함, 항공기
운용국가	미국	미국, 호주, 캐나다, 영국 등	영국, 이집트, 뉴질랜드 등	덴마크, 이탈리아, 독일, 프랑스 등

미국은 1970년대 중반에 MK46 어뢰의 성능을 개량한 MK46 NEARTIP^{Near Term} Improvement Program과 새로운 개념의 MK50 어뢰개발에 착수하여 MK46 NEARTIP을 실용화하여 양산 배치하였다. MK50의 경우 운용시험 평가에서 여러 가지 문제점이 발생하여 수차례의 수정보완을 거쳐 1997년에 실제 환경에서 발사시험을 실시하고, 초도 소량생산수준으로 생산한 것으로 알려져 있다.

MK50 어뢰를 성공적으로 배치하지 않은 상태에서 냉전이 끝나고 새로운 안보 환경으로 재편됨에 따라 MK46 어뢰와 MK50 어뢰를 혼합하여 새로운 전장 환경에 부합되는 MK54 LHT^{Lightweight Hybrid Torpedo} 어뢰를 개발하게 되었다. MK54 어뢰는 첨단 수준의 어뢰는 아니지만 천해작전 성능이 약한 MK46 어뢰의 성능을 개선하고, 가격이 비싼 MK50 어뢰의 부품을 저렴한 상용표준품목^{COTS} 부품으로 적용한 일종의 혼합형 체계이다. 기술적으로는 MK50 어뢰의 탐지부와 탄두부 그리고 MK46 어뢰의 추진장치를 활용함으로써 기술적 위험을 최소화한 체계이다.

MK50 어뢰에 관심을 갖고 있던 영국도 1990년대 후반에 자국의 Stingray 어뢰

그림 6-15 MK46 경어뢰의 수상함 발사 장면

의 성능을 개량한 Stingray Mod1 개발을 착수하여 2005년 실전 배치하였다.

한편 미국의 MK44 어뢰의 기술을 도입하여 A244S 어뢰를 개발 운용하던 이탈리아는 A290 어뢰개발을 추진하던 중 프랑스가 개발하던 Murene 어뢰를 기술적으로 혼합한 MU90 어뢰를 공동 개발하였다.

(2) 중어뢰

1차 세계대전과 2차 세계대전에서 사용된 어뢰는 외형상으로 대부분 중어뢰 범주에 속하며, 2차 세계대전 후에 항공기용과 수상함용으로 12.75인치 경어뢰가 표준화되고, 잠수함용으로 19인치와 21인치 어뢰가 표준 어뢰로 사용되었다.

대표적인 중어뢰는 미국의 MK37 어뢰와 MK48 어뢰가 세계적으로 가장 많이 운용되고 있으며, 그 다음으로 독일의 잠수함 수출과 연계하여 연동개념을 같이하는 독일의 SUT 어뢰가 운용되고 있다. 러시아를 비롯한 동구권 국가와 일부 중동지역 국가에서는 러시아의 53-56 모델이 잠수함과 어뢰정에 운용되고, 항공기용으로 45 계열의 어뢰가 운용되고 있다.

위에 언급한 3개국 이외에도 영국이 Tiger fish와 Spearfish를 개발하여 전력화하였으며, 프랑스와 이탈리아에서 각각 F17P와 A184 어뢰를 개발하여 운용중에 있고, 양국 공동으로 신형 중어뢰인 Black shark를 개발 중에 있다. 한편 스웨덴이 TP631과 Torpedo 2000을 독자기술로 개발 운용중이며, 중국도 소련의 기술을 도입하여 53-65모델을 자국화한 Yu3, Yu4 및 Yu5 모델의 중어뢰를 개발 운용중인 것으로 알려져 있다.

한편 일본은 2차 세계대전 이전에 가장 많은 어뢰를 보유하였으며, 2차 세계대전 말기에는 가미가제Kaiten를 개발하여 개인자살용 어뢰로 사용하였으나, 대전 후에는 미국의 MK37 어뢰와 MK48 어뢰를 면허 생산하였으며, 고유모델인 G-RX 2를 개발하여 운용중에 있다.

표 6-3 주요 국가 중어뢰 개발 현황 및 제원

구분	MK48 ADCAP	Spearfish	DM2 A4	Black Shark
개발국가	미국	영국	독일	이탈리아/프랑스
개발기관	Raytheon	BAE systems	Atlas Elektronik	WASS/DCN
중량(kg)	1,678	1,850	1,670	1,315
길이(m)	5.86	7.00	6.60	6.30
직경(mm)	0.533	0.533	0.533	0.533
최대속력(kts)	55	75	50	52
최대운용수심(m)	900	900	610	350
항주거리(NM)	24.5	30	27	27
추진 방식	폐회로 엔진	폐회로 엔진	전기추진	전기추진
운용개념	잠수함	잠수함	잠수함	잠수함
운용국가	미국, 호주, 캐나다 등	영국	독일, 터키, 스페인 등	이탈리아, 프랑스, 칠레, 싱가포로 등

6.2.3 주요 국가 어뢰 운용현황

(1) 미 국

■ 초기의 어뢰

1869년 미 해군의 어뢰창이 Newport의 Rhode Island에 설치되어 어뢰와 관련된 장비들을 개발하는 연구소로 출발하였다. 비슷한 시기인 1866년 10월 영국 출신의 Rhode Whitehead가 오스트리아에서 최초의 현대식 Whitehead 어뢰를 개발하고, 독일은 1870년 Whitehead 어뢰를 모방하여 Schwartzkopff 어뢰를 개발하여 러시아, 일본 및 스페인 등지에 판매하였다. 미국도 1871년 Whitehead 어뢰를 모방하여 Fish 어뢰 개발에 이어 1889년 Howell 어뢰를 개발하여 사용하였다. 한편으로는 비슷한 성능을 갖는 Whitehead 어뢰와 Schwartzkopff 어뢰를 도입하여 여러가지 성능 시험을 실시하여 Howell 어뢰의 성능을 보완하였다. 1차 세계대전이 발

그림 6-16 미 해군 운용 어뢰 형상

발하기 전까지 미국은 Whitehead 어뢰를 MK5 버전으로 발전시키고, 독자모델의 Bliss-Leavitt 어뢰를 MK10 버전으로 개발하였다. MK7 어뢰와 MK8 어뢰는 1차 세계대전 기간에 실전 배치 운용되었으며, MK8 어뢰는 2차 세계대전 초기까지 운용되었다.

■ 2차 세계대전 기간의 어뢰

1차 세계대전이 끝나고 세계적인 군비축소의 일환으로 미국은 국방 예산이 감소되어 어뢰개발과 관련된 모든 활동이 중지되었다. 1차 세계대전의 교훈으로 항공기용 어뢰의 필요성이 증가되어 해군의 병기국과 항공국이 참여하는 항공기용 어뢰개발이 구체화되었다. 1930년대에 MK13으로 명명된 항공기용 어뢰가 개발되고, 잠수함용 MK14 어뢰, 그리고 구축함용으로 MK15 어뢰가 개발되어 실전 배치되었다.

표 6-4 MK13 어뢰의 주요 운용실적

표적	공격횟수	명중횟수	명중률(%)
전함/항공모함	322	162	50
순양함	341	114	34
구축함	179	55	31
상선	445	183	41
합계	1,287	514	40

2차 세계대전 기간 동안 미국이 보유한 어뢰는 약 64,000발 수준으로 실제 함정 공격에 사용된 어뢰는 14,750발이며, 3,184척의 함정을 공격하여 1,314척(약 5,300 만 톤)을 침몰시킨 것으로 알려졌다.

1941년 영국이 나포한 독일의 U보트에서 획득한 전기추진어뢰 G7e를 미국에 양도하였고 미국은 이를 근거로 MK18 어뢰를 개발하였다. MK18 어뢰는 전기추진식 어뢰로 2차 세계대전기간 중 약 백만 톤의 일본 함정을 침몰시킨 것으로 보고되었으며, 2차 세계대전 중 가장 성공적인 어뢰로 평가되었다.

■ MK37 중어뢰

2차 세계대전이 끝나고 MK18 어뢰를 능/수동 음향탐지능력을 보강하여 1946년 부터 새로운 어뢰인 MK37 어뢰 개발을 시작하였는데 음향거리측정Echo ranging, 도플러효과Doppler enabled 그리고 음향호밍Acoustic homing 기술이 적용되었다.

1955~56년 사이에 시험평가 완료 후 양산을 시작하여 3,300발 이상이 생산되어 미국 해군의 잠수함 표준 어뢰로 약 20여 년간 운용되었고, 1970년 후반 MK48 어뢰로 대체하면서 잉여물량은 부분적으로 성능 개량하여 우방국에 판매되어 현재까지 운용되고 있다.

MK37 어뢰가 전기추진 방식을 채택함에 따라 20kts 이하의 속력을 갖고 잠항심도가 1,000ft 이내의 잠수함 표적에 대해서는 효과적으로 공격이 가능하지만, 잠수함의 주행성능과 잠항심도가 증가됨에 따라 어뢰의 성능증대가 요구되었다. 이러한 요구를 충족시키기 위하여 전기식 추진장치 대신에 MK46 경어뢰 엔진 추진 방식을 사용하여 40% 정도 추진속력을 향상시킨 엔진 추진 방식의 NT37 어뢰를 개발하였다. NT37 Mod2는 선유도 방식이며, Mod3은 지정유도방식으로 개발 적용되었다.

2차 세계대전 이후 20년 이상 오랜 기간에 걸쳐 미국 잠수함의 주요 대잠무기로서 운용된 MK37 어뢰는 지난 1968년 5월 21일 대서양에서 원인불명으로 침몰된 핵추진 잠수함 Scorpion의 비극적인 사고의 주범으로 추정되고 있다. 당시 지중해에서 작전임무를 종료하고 본국의 Virginia Norfolk 모항으로 귀항하던 Scorpion에 탑재된 MK37 어뢰의 추진전동기가 갑자기 동작되어, "함장이 이 어뢰를 버릴 목적

그림 6-17 MK37 중어뢰 형상

그림 6-18 MK37 중어뢰 적재 장면

으로 발사한 것이 음향호밍장치가 작동되어 표적을 탐색하던 중 발사한 자함을 탐지/공격하여 불의의 침몰사고를 당했다"고 1993년 원인조사 결과에서 밝혀졌다.

표 6-5 MK37과 NT 어뢰의 제원 및 성능 비교

구분	MK37	NT37
길이(m)	3.52(Mod0, 3) 4.09(Mod1, 2)	4.5(Mod2) 3.84(Mod3)
직경(mm)	483	483
중량(kg)	645(Mod0, 3) 766(Mod1, 2)	812(Mod2) 784(Mod3)
폭약량(kg)	150	150
속도(kts)	24	33
사거리(km)	21.5	25

■ MK44 경어뢰

2차 세계대전 전후에 항공기 발사용 어뢰의 주요 제한사항은 중량문제였다. 중량을 제한한 배경에서 개발된 어뢰가 MK43이며, 1951년부터 1959년까지 약 500발이 생산배치 운용되었다. 그 당시 MK43은 수상함과 항공기에서 발사가 용이하고 최신의 대잠어뢰임이 입증되었지만 새로운 개념의 MK44가 출현함에 따라 현역에서 은퇴하게 된다.

그림 6-19 MK44 경어뢰

MK44 어뢰의 개발은 1952년 EX 2 계획으로 출발하여, MK43 어뢰보다 속력, 주행거리, 호밍능력이 당시 잠수함에 효과적으로 대처할 수 있도록 크게 향상되고 해수전지를 사용한 최초의 어뢰가 되었다. MK44 어뢰는 해군 병기시험창과 General Electric사에서 공동으로 개발하고, 1957년부터 General Electric사에서 양산하여 우방국에 군사 판매하였으며, 유럽에서는 대잠 경어뢰의 표준으로 생산되었다. MK46 어뢰가 생산/배치됨에 따라 MK44 어뢰는 재고 활용 차원에서 대잠로켓 ASROC의 탄두로 선정되기도 하였다.

- ■ MK46 경어뢰

MK44 경어뢰의 표적 명중 능력을 향상시키고 동시 2발 발사Salvo의 필요성을 줄이기 위하여 MK46 경어뢰 개발을 1958년부터 착수하였다. 항공기에서 투하특성과 요구하는 속력을 얻기 위하여 해수전지보다 엔진추진 방식이 선정되어 1963년부터 Mod0 생산이 시작되었다.

구소련의 'Cluster guard' 소나 코팅기술에 대응하기 위하여 1983년 MK46 Mod5 NEARTIP Near Term Improvement Program 개발이 시작되었다. 2중 모드 속력과 음향 능동/수동 호밍이 가능한 어뢰로서 1965년 이후 18,000발 이상이 생산되었으며, 미국 등 23개국에서 표준 어뢰로 사용되었다.

그림 6-20 수상함에서 발사되는 MK46 Mod5 경어뢰와 항공기 탑재 형상

표 6-6 미국 경어뢰 주요 제원 및 성능

구분	MK44	MK46 Mod5	MK50	MK54
길이(m)	2,560	2,590	2,877	2,710
직경(mm)	324	324	324	324
중량(kg)	233	234.8	337.48	275.8
폭약량(kg)	34	44.45	45.36	44.6
추진 방식	전기추진	액체추진기관	폐회로기관	액체추진기관
속도(kts)	30	45	50	45
사거리(km)	5	9.25	20	20

■ MK48 중어뢰

1950년대 후반에서 1960년대에 접어들면서 소련의 핵추진 잠수함의 위협이 증대되고 대양에서의 제해권 우위를 선점하기 위한 물밑경쟁이 치열하게 되었다. 미국은 이러한 대치상황에서 수중전력의 핵심인 어뢰를 기존의 MK37 어뢰로 감당하기는 어려울 것으로 판단하여 새로운 성능의 어뢰개발 필요성이 제기되었다.

1960년대 중반에 Westinghouse사에 MK48 Mod0을, Gould사에 MK48 Mod1을 개발하게 하여, 두 가지 모델에 대한 비교시험을 거쳐 Gould사가 개발한 MK48 Mod1을 채택하고 1972년부터 양산 배치하게 되었다.

그러나 1978년에 구소련에서 최고속력 40kts에 이르는 최신예 원자력추진 알파급 잠수함을 실전 배치함에 따라 기존 MK48 Mod1과 Mod3 어뢰의 능력을 재평가하고, 새로운 위협에 대응하기 위하여 1979년 MK48 어뢰성능을 획기적으로 개량

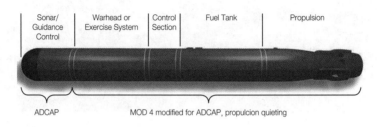

그림 6-21 MK48 Mod4

을 시작하여 1985년부터 MK48 ADCAPAdvanced Capability를 초도 생산하였다. USS
Norfolk(SSN 714) 잠수함에서 퇴역 구축함 Jonas K. Ingram(DD 938)을 침몰시키
는 실사시험을 포함한 운용평가를 1988년 완료하고, 1989년 전반기에 MK48 Mod5
란 모델로 양산하게 되었다.

표 6-7 MK48 어뢰 주요 제원 및 성능

구분	제원		
길이(m)	5.79		
중량(kg)	1545.3		
직경(cm)	53.34		
사거리	8km 이상		
		40kts	55kts
	MK48	44,550yds	34,430yds
	MK48 ADCAP	54,685yds	42,530yds
최소/최대 ASROC 사거리(yds)	1,500~12,000		
속도(kts)	25 이상(40~55kts)		
운용심도(m)	365.76 이상		
운용시간	6~8분		
폭약량(kg)	292.5		

그림 6-22 잠수함에 적재 중인 MK48 ADCAP 어뢰

1990년대 들어 구소련이 몰락함에 따라, 대양의 심해역에서 군사적 대치상황이 사라지고 해양수호개념이 자국 영해 중심의 천해역으로 변경되었다. 수중 전장환경이 천해역으로 변화됨에 따라, 천해 음향환경에 적응하기 위한 새로운 유도제어 알고리즘과 탐지 소프트웨어를 적용한 COTS 프로세서와 추진소음 감소기법을 적용한 MK48 Mod6을 개발하였다.

현재까지 MK48 어뢰는 약 3,500발이 생산되어 ADCAP 550발을 포함한 약 2,000 발을 미 해군이 운용하고, 약 220발 정도는 우방국 해군에서 운용하고 있는 것으로 알려져 있다. 미국을 포함한 운용국의 요구에 따라 부분적 성능개량이 지속적으로 이루어지고 있다.

미국과 호주가 공동 개발한 MK48 Mod7 CBASSCommon Broadband Advanced Sonar System 어뢰는 MK48 어뢰의 가장 최신형으로, 천해역의 빠른 해류와 적의 음향 대

그림 6-23 MK48 ADCAP 실사시험

항전 대응 상황에서도 소나의 성능을 향상시켜 효과적으로 적의 수상함정이나 잠수함을 공격할 수 있는 신형 어뢰이다.

■ MK54 LHT / MK50 경어뢰

MK54 Mod0 혼합 경어뢰LHT: Lightweight Hybrid Torpedo는 MK46과 MK50 어뢰를 조합하여 모듈로 개발한 것이다. MK54는 MK50의 소나, MK46의 탄두부와 추진부, 그리고 MK50과 MK48 ADCAP의 전술 소프트웨어를 사용한 새로운 COTS 프로세스들로 구성되어 있다.

새로운 MK54 어뢰는 천해에서 작전하는 재래식 잠수함에 대응하여 향상된 성능

그림 6-24 MK48 Mod7 중어뢰로 명중된 미 해군 순양함

그림 6-25 MK50 경어뢰 수상함 발사장면

을 발휘할 수 있을 것으로 기대하고 있다. 미 해군은 약 1,000발의 MK54를 조달하여, 2004년 이후에 전체적으로 경어뢰는 MK46 Mod5, MK50 그리고 MK54를 운용하는 것으로 알려져 있다.

(2) 영국 어뢰 현황

영국의 어뢰는 20세기 초에 다른 나라와 유사한 개념으로 개발되었지만 1차 세계대전 당시 영국은 수중보다 대형 수상 해군력을 보유하고 있어 잠수함과 어뢰 개발에 상대적으로 큰 비중을 두지 않았다. 2차 세계대전 기간 중에 독일 U보트의 막강한 어뢰공격에 시달리던 영국이 항공기용 어뢰인 Fido와 MK8 어뢰를 개발하여 실전에 투입했지만 큰 성과를 거두지는 못했다.

1, 2차 세계대전을 거치면서 어뢰공격으로 별다른 성과를 올리지 못한 영국은, 육군, 공군에 비하여 상대적으로 약체인 독일 해군의 U보트 위력을 실감하고, 잠수함 공격용 어뢰의 필요성을 인식하여 어뢰 개발에 대한 구체적인 계획을 수립하게 된다.

▪ Tiger fish 중어뢰

1950년대 중반에 운용개념을 수립한 Tiger fish 중어뢰는 20~30kts 수준의 전기 추진식으로 능동/수동 음향호밍 능력을 갖는 어뢰로 개발하여 1980년경 실전에 배치하였다.

1982년 포클랜드해전에서 직주어뢰 MK8을 발사하여 아르헨티나의 General Belgrano호를 침몰시킨 실적이 있으나, Tiger fish를 이용한 효과적인 공격을 못하

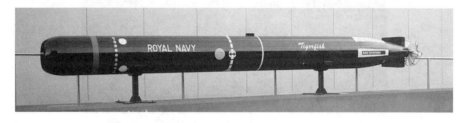

그림 6-26 영국의 Tiger fish 중어뢰

였다. 전쟁 후에 5발의 Tiger fish 어뢰를 시험한 결과 2발은 기능 불량, 3발은 표적을 명중하지 못하는 결과를 보여 대안으로 Spearfish 어뢰를 개발하게 되었다.

표 6-8 Tiger fish 어뢰 주요 제원 및 성능

주요 제원		성 능		
길이(m)	6.5	항주거리 (km)	저속	39
직경(mm)	533		고속	13
중량(kg)	1,550	최대속력(kts)		35
탄두중량(kg)	134~340	작전수심(m)		900
추진 방식	전기추진			

■ Spearfish 중어뢰

영국 해군은 Tiger fish 어뢰의 문제점을 개선하고, 새로운 개념의 중어뢰 개발을 위한 개발 가능성 검토 연구를 1976년부터 착수하였으며, 1982년에 미국의 MK48 ADCAP와 유사한 성능의 어뢰 개발을 진행하여 2003년부터 실전 배치하게 되었다. Spearfish 어뢰의 주요 성능은 표 6-9와 같으며, 2004년까지 영국 잠수함의 모든 Tiger fish 어뢰를 대체한 것으로 알려졌다.

그림 6-27 Spearfish 어뢰 잠수함 탑재 장면

표 6-9 Spearfish 어뢰 주요 제원 및 성능

주요 제원		성 능	
길이(m)	6	항주거리(km)	26
직경(mm)	533	최대속력(kts), 천해	75
중량(kg)	1,850	최대속력(kts), 공격	55
탄두중량(kg)	300	작전수심(m)	900
추진 방식	폐회로 기관		

■ Stingray 경어뢰

영국 해군은 1964년부터 대잠 경어뢰 소요를 검토하여 1968년 해/공군 공동 소요를 제기하였다. MUSL(현 BAE Systems)이 1971년 설계에 착수하여 1977년 주 계약업체가 되었으며, 1979년 Stingray라는 체계의 개발과 초도생산에 대한 계약을 체결하였다. 1981년 4월에서야 제한된 수량을 생산하여 1982년 4월에 운용 시험을 수행하였다. 1985년 10월에는 재래식 잠수함인 HMS Porpoise를 표적으로 발사시험을 수행하여 65m 수심의 지중해에 침몰시켜 함대 수락시험을 성공적으로 완료하고, 12월에 양산계약을 체결하였다. Stingray 어뢰는 영국 해군과 공군뿐만 아니라 이집트, 태국, 노르웨이 해군에서도 운용되고 있다.

한편 영국 국방성은 2020년까지 전력화 기간을 연장하여, 천해의 저속 표적에 효과적으로 대응하기 위한 성능개량형 Stingray Mod1을 1996년부터 개발하였다.

그림 6-28 Stingray 어뢰 수상함, 항공기 발사 장면

1998년부터 2002년까지 시험평가를 완료하고 양산기간을 거쳐 2006년부터 실전에 배치하였다.

표 6-10 Stingray 어뢰 주요 제원 및 성능

주요 제원		성 능	
길이(mm)	2,590	항주거리(km)	11
직경(mm)	323.7	최대속력(kts)	45
중량(kg)	267	최대수심(m)	755
탄두중량(kg)	45	최소수심(m)	−

(3) 독일 어뢰 현황

독일은 19세기 말엽에 Schwartzkopff 어뢰를 개발하여 러시아, 일본 등에 수출하였고, 역회전 프로펠러Counter Rotating Propeller를 개발하여 특허권을 획득하였다. 개발 초기부터 독일을 포함한 대부분의 유럽 국가에 납품을 주도하는 Whitehead 어뢰와 차별화를 위하여 동체 재질을 철에서 청동으로 제작하였다.

1차 세계대전 개전 초기부터 독일의 U보트를 중심으로 하는 잠수함전은 거함거포주의에 사로잡혀 있던 영국의 12,000톤급 순양함을 연달아 격침시켜 커다란 충격을 안겨주었다. 1차 세계대전을 치르면서 U보트를 이용한 어뢰공격은 주로 표적으로부터 약 1,000m 거리에서 효과적인 공격이 가능하였는데 어뢰항적이 쉽게 노출되어 표적함이 회피 기동하는 빌미를 제공하는 문제가 발생하였다. 이러한 문제를

그림 6-29 Schwartzkopff 어뢰

그림 6-30 1차 세계대전 기간 중 어뢰 적재 장면

그림 6-31 1차 세계대전 기간 중 어뢰 발사 장면

극복하기 위하여 새로운 방식의 전기추진식 어뢰 개발이 착수되었다.

표 6-11 1차 세계대전 독일 U보트에서 사용한 어뢰들

구경(길이)	어뢰 타입	발사 어뢰수	명중률(%)
45cm	C 45/91	213	56.8
	C 45/91S	31	51.6
	C/03 AV	147	57.2
	C/03 D	81	44.4
	C/06 AV	181	54.1
	C/06 D	44	43.2
	C/08	11	45.4
	Whitehead	114	58.7
50cm(6m)	K III	217	52.1
	K II(G/6AV)	398	57.5
	G/6 D	88	53.4
	G/6 AV(6.1m)	144	50.7
	G/6 AV(6.12m)	148	43.2
50cm(7m)	G/7 AV	90	50.0
	G/7	302	41.3

■ 2차 세계대전에 사용된 어뢰

패전국으로 전락한 독일은 잠수함은 물론 어뢰 생산이 금지되면서 어뢰 생산 조직과 생산 공장도 문을 닫았으며, 일부 시험시설 유지에 최소한의 조직과 인력이 배정되었다. 이들은 1차 세계대전 기간에 개발 진행되었던 G7 어뢰의 성능개량 시험을 계속하였으며, 패전국 견제가 완화된 1935년 이후부터 본격적으로 어뢰 개발에 박차를 가하여, 최초의 전기추진식 음향호밍어뢰인 G7e를 개발하게 되었다.

2차 세계대전 기간 중에 사용된 G7 계열의 어뢰는 다른 연합국의 어뢰와 마찬가지로 명중률은 50% 수준이었으며, 발사오류와 장비고장 등이 거의 대등한 수준이었다.

그림 6-32 독일의 G7e 어뢰

■ DM1, DM2, SST4 및 SUT 중어뢰

2차 세계대전 후 초기에 수상함에는 과거의 전리물들인 G7a 어뢰나 G7e 어뢰들과 영국 표준 어뢰인 MK8을 사용하였으며, 잠수함에는 미국의 MK37 어뢰를 사용하였다. 그러나 발트해나 북해와 같은 얕은 수심에서는 연합국의 어뢰들이 효과적이지 못했기 때문에, 50년대 말 서독에서는 자체 어뢰개발에 들어갔다. 독일연방 해군서독 해군은 우선 발트해 천해역에 적합한 대잠용 어뢰가 요구되어 전기로 구동되고 유선 조종되며 음향 표적 탐지 능력을 가진 어뢰(표준–직경 534mm)의 개발을 시작했는데, 이 어뢰는 DM1 Seeschlange바다뱀라는 명칭이 부여되었다.

고속 어뢰정과 잠수함에서 수중표적을 공격하는 NIXE 어뢰는 1961년부터 MaK에서 개발 착수하여 기술적으로 완성단계에 있었으나 재정적으로 지원이 불가하여 개발 중단되었으며, 그 사이 전기추진의 대수상함 공격어뢰가 DM2 SEAL바다표범이라는 명칭으로 AEG사에서 개발하여 당시의 전술적 요구들을 충족시킬 수 있었다. 많은 구성부품들이 DM1과 공통으로 적용되었으며 두 어뢰 모두 1970년에 양산되어 동시에 서독 해군으로 공급되었다.

그 후로 DM1과 DM2의 특성을 겸비한 대잠/대수상함 공격능력을 가지고 있는 DM2 A1이 1976년경에 실전 배치되고, 수출용으로 SST4와 SUT가 개발되어 209급 잠수함의 부속체계 개념으로 잠수함과 함께 패키지로 수출하여 우리나라를 비롯한

그림 6-33 SUT 형상 및 209급 잠수함에 탑재되는 SUT

전 세계 여러 나라에서 운용되고 있다.

■ DM2 A4 중어뢰

SST4와 SUT 개발로 축적된 기술을 바탕으로 새로이 건조되는 212급 잠수함에 무장할 어뢰의 개발 소요가 발생하여 추진성능을 향상시킨 DM2 A4 어뢰를 1997년 개발 착수하여 2002년 개발 완료하고 2004년부터 실전에 배치한 것으로 알려졌다. 외형상으로 이전 모델의 어뢰와 유사하지만 광섬유 유도장치를 적용하였으며 소음 발생을 획기적으로 감소시키고, 아연산화은 전지를 모듈 개념으로 적용하여 표12 에서와 같이 운용개념을 다변화시켰다.

표 6-12 DM2 A4 어뢰의 형상 구성 및 성능

구분	형상 구성	추진 성능	비고
DM2 A4	전지모듈 4개 표준형	50kts, 27nm	
DM2 A4-M	전지모듈 3개 중간형	45kts, 21.5nm	
DM2 A4-S	전지모듈 2개 소형	42kts, 15nm	
DM2 A4-VS	전지모듈 1개 초소형	35kts, 9.5nm	
DM2 A4-LC	전지모듈 1개	항적 추적	
DM2 A4-AUV	전지모듈 1개	무인잠수정 변형	

그림 6-34 잠수함에 적재 중인 DM2 A4 어뢰

DM2 A4의 주요 특징으로 어뢰의 기본성능을 결정하는 요소들은 변경하지 않고, 주행성능을 좌우하는 전지를 모듈화시켜 운용개념에 따라 어뢰형상을 구성할 수 있도록 하여 속력과 항주거리를 다변화시킨 것이다.

(4) 일본 어뢰 현황

1차 세계대전 이전에 일본은 주로 유럽에서 어뢰를 도입 운용하였는데, 1910년부터 모방개발을 시작한 것으로 추측된다. Ho Type 32 어뢰는 러일전쟁 시 사용된 기록이 있으며, 1904년부터 운용한 18인치의 Ho Type 37 어뢰는 일본이 최초 독자 모델로 개발한 어뢰이다.

표 6-13 1차 세계대전 전후의 일본 어뢰 운용현황

크 기	형 식	운용연도	제작국	추진 방식
14인치 (35.6cm)	Shu Type 84	1884	Schwarzkoff(독일)	압축공기
	Shu Type 88	1888	Schwarzkoff(독일)	압축공기
	Ho Type 26	1893	Whitehead(오스트리아)	압축공기
	Ho Type 30	1897	Whitehead(오스트리아)	압축공기
	Ho Type 32	1899	Whitehead(오스트리아)	압축공기
18인치 (45cm)	Ho Type 30	1897	Whitehead(오스트리아)	압축공기
	Ho Type 32	1899	Whitehead(오스트리아)	압축공기
	Ho Type 37	1904	Kure Navy Yard(일본)	압축공기
	Ho Type 38/1	1905	Whitehead(오스트리아)	압축공기
	Ho Type 38/2	1905	Whitehead(오스트리아)	압축공기
	Ho Type 42	1909	Whitehead(오스트리아)	압축공기
	Type 43	1910	Whitehead 모방(일본)	Kerosene
	Type 44/1	1911	Whitehead 모방(일본)	Kerosene
	Type 44/2	1911	Whitehead 모방(일본)	Kerosene
21인치 (53.3cm)	Type 43	1910	Whitehead 모방(일본)	Kerosene
	Type 44/1	1905	Whitehead 모방(일본)	Kerosene
	Type 44/2	1909	Whitehead 모방(일본)	Kerosene
	Type 6	1917	Whitehead 모방(일본)	외연기관
	Type 89	1929	Whitehead 모방(일본)	외연기관
24인치 (61cm)	Type 8/1	1920	Schwarzkoff 엔진(일본)	외연기관
	Type 8/2	1920	Schwarzkoff 엔진(일본)	외연기관
	Type 90	1933	Whitehead 모방(일본)	외연기관

표 6-14 2차 세계대전 기간의 일본 어뢰 운용현황

크 기	형 식	운용연도	운용	속력 / 항주거리
18인치 (45cm)	Type 91 mod 1	1884	항공기	41~43kts / 2km
	Type 91 mod 2	1941	항공기	41~43kts / 2km
	Type 91 mod 3	1942	항공기	41~43kts / 2km
	Type 91 mod 4, 7	1943	항공기	41~43kts / 1.5km
	Type 97	1939	소형 잠수정	44~46kts / 5.5km
	Type 98	1942	소형 잠수정	40~42kts / 3.2km
	Type 2	1943	소형 잠수정, 어뢰정	39~41kts / 3km
	Type 4 MK 2	1945	항공기	41~43kts / 1.5km
	Type 4 MK 4	1945	항공기	40~42kts / 1.5km
	Type 92 mod 1, 2	1934	잠수함	28~30kts / 7km
	Type 95 model 1	1938	잠수함	49~51kts / 9km
	Type 95 model 2	1944	잠수함	49~51kts / 5.5km
	Type 96	1942	잠수함	48~50kts / 4.5km
21인치 (53.3cm)	Type 93 mod 1,2,3	1935	수상함	48~50kts / 20km
	Type 93 model 3	1944	수상함	48~50kts / 15km

■ 경어뢰

1960년대 초에 미국의 MK44 어뢰를 면허 생산하고 자국 모델인 MK73을 개발하여 생산하였으며, 1980년대 초부터 미국의 MK46 Mod5 어뢰를 면허 생산하였다. MK73의 신형모델로 G-RX 3을 연구하였으며, 1980년대 후반에 미국의 MK50 어뢰와 동등한 수준의 G-RX 4 모델을 개발하여 1990년대 후반부터 배치 운용중인 것으로 추측된다.

■ 중어뢰

경어뢰와 마찬가지로 미국의 MK14 어뢰와 MK16 어뢰를 운용하였으며, 독자모델로 MK72 어뢰를 개발하고, 이어서 G-RX 2 어뢰를 개발 시작하여 Type 89란 모

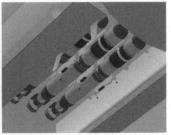

그림 6-35 G-RX 4 어뢰 형상 및 항공기 장착 장면

그림 6-36 잠수함에 G-RX 2 어뢰 적재 장면

델로 1980년대 후반에 생산/배치된 것으로 추측된다. 주요 성능은 미국의 MK48 Mod3와 유사하며, 부분적으로 성능 개량하여 최고속력은 55kts이며, 최대작동 수심은 900m이다.

(5) 러시아 어뢰 현황

■ 2차 세계대전 이전의 어뢰

러시아 최초의 어뢰는 1876년에 생산된 15인치 Whitehead 어뢰이며, 러시아-터키 분쟁에서 최초로 전투에 사용된 것으로 기록되었다. 러시아 2척의 초기 어뢰정 Sinop 와 Chesma에 탑재하여 1877년 12월 28일 터키의 Mahmudie를 침몰시켰으며, 1878년 1월 14일에는 터키의 무장상선 Intibah를 65m 근접거리에서 침몰시킨 것으로 기록되고 있다. 1차 세계대전에 사용된 대부분의 러시아 어뢰는 Whitehead 어뢰를 모체로 개발되었으며, 1차 세계대전 이후의 어뢰개발은 53-27 어뢰를 시작으로 533mm 중어뢰가 개발되고, TAV-15를 시작으로 450mm 항공기용 어뢰가 개발되었다.

• 53 계열 어뢰

잠수함과 수상함에서 공통으로 사용 가능한 53 계열 어뢰 53-38을 개발하여 2차 세계대전의 주력 어뢰로 사용하였다. 53-38 어뢰의 폭약량을 증가시키고 자기 신관을 적용하는 53-38U 모델을 개발하여 역시 2차 세계대전 때 주요 어뢰로 사용하였다. 그리고 53-38 어뢰의 속력을 대폭적으로 향상시킨 53-39 어뢰를 개발하여 2차 세계대전 후에도 러시아의 533mm 표준 어뢰로 사용하였다.

전쟁 말기에 러시아 최초로 전기추진식 어뢰인 ET-80을 개발한 기술과 독일의 G7e 어뢰의 부품들을 활용하여 ET-46을 개발하였으나 구체적인 성과는 잘 알려지지 않았다.

• 45 계열 어뢰

항공기와 수상함에 공통으로 사용 가능한 450mm 어뢰는 1932년에 TAV-15를 시작으로, 1936년에 Fiume에서 도입한 이탈리아 450mm 어뢰기술을 바탕으로 45-36N을 개발하였으며, 폭약량을 증가시킨 45-36NU를 전력화하고, 저고도에서 입수성능을 향상시킨 45-36AN을 개발하여 2차 세계대전 기간에 러시아 항공기용 주력 어뢰로 사용하였다.

그림 6-37 러시아의 2차 세계대전 주역 어뢰 53-38(좌)과 53-39(우) 어뢰

표 6-15 2차 세계대전 이전의 러시아 주요 어뢰의 제원 및 성능

구 분 (직경)	모델	길이 (m)	무게 (kg)	탄두 (kg)	추진 방식	속력(kts)/ 항주거리(km)	비 고
533 (21인치)	53-27	7.0	1,710	265	압축공기/연료	45/3.7	수상함 잠수함
	53-36	7.0	1,700	300	압축공기/연료	43.5/4.0 33/8.0	수상함 잠수함
	53-38	7.2	1,615	300	압축공기/연료	44.5/4.0 34.5/8.0 30.5/10.0	수상함 잠수함
	53-38U	7.4	1,725	400	압축공기/연료	44.5/4.0 34.5/8.0 30.5/10.0	수상함 잠수함
	53-39	7.5	1,780	317	압축공기/연료	51/4.0 39/8.0 34/10.0	수상함 잠수함
	ET-80	7.5	1,800	400	전기추진	29/4.0	잠수함
	ET-46	7.45	1,810	450	연축전지	31/6.0	잠수함
450 (17.7인치)	TAV-15	-	-	-	압축공기/연료	-	항공기
	45-36N	5.7	935	200	압축공기/연료	41/3.0 32/6.0	수상함
	45-36NU	6.0	1,028	284	압축공기/연료	41/3.0 32/6.0	수상함
	45-36AV-A	5.7	935	200	압축공기/연료	39/4.0	항공기
	45-36AN	5.7	935	200	압축공기/연료	39/4.0	항공기

■ 2차 세계대전 이후의 어뢰

2차 세계대전 이후에 러시아는 공산진영의 종주국으로서 미국을 중심으로 하는 자유진영과 대응하기 위하여 운용요구에 맞추어 엔진추진식 어뢰와 전기추진식 어뢰를 병행하여 개발하였다. 엔진추진식 어뢰는 기존의 53 계열어뢰를 기본으로 속력, 항주거리, 탄두중량 및 음향호밍 능력과 항적추적 능력 등을 부여하여 발전시켰다.

1943년에 전기추진식의 어뢰개발을 시도했던 러시아는 독일의 G7e 전기추진어뢰를 모방하여 1946년 ET-46 모델의 어뢰개발을 시작하여 1950년에 SAET-50 모

델의 음향호밍방식의 전기추진어뢰를 개발하였다.

한편 엔진추진식 연료에는 압축공기/등유, 산소/등유, 고체연료, 고체로켓, Otto II 연료, HTP^{High Test Peroxide} 연료 등을 다양하게 적용하였으며, 음향호밍에 부가하여 항적추적 기법을 1960년대에 53-65 어뢰에 적용하였다. 1960년대 초반부터 연구를 시작한 유선유도기법을 1968년에 Test-71 어뢰에 각각 적용하였다.

• 53 계열 어뢰

냉전 이후 러시아는 엔진추진 방식의 53-57 모델과 53-65 모델의 어뢰를 사용하고, 전기추진 방식으로는 Test-68 모델과 Test-71 모델의 어뢰를 표준 어뢰로 운용하였다. 지난 2000년 8월 Oscar II급 핵추진 전략잠수함 Krusk의 손실이 HTP^{High Test Peroxide}로 추진하는 53-57 Kit 어뢰의 폭발에 의한 것으로 결론 내리고, 함정에 실전 배치된 모든 53-57 Kit 어뢰를 제외시킨 것으로 알려졌다.

러시아 잠수함의 어뢰 운용개념은 대수상함 어뢰와 대잠수함 어뢰로 구분하여 탑재/운용하였는데, 최근에 개발한 새로운 모델인 UGST와 USGT-M은 대잠수함과 대수상함 이중 목적의 공격이 가능함에 따라 점진적으로 기존어뢰를 교체할 것으로 전망되고 있다.

최근에 와서 몇 차례 언론에도 보도되고 미국을 비롯한 선진국에서도 관심을 모으고 있는 수중로켓어뢰의 대명사인 Shkval 어뢰는 1960년에 연구를 시작하였으며, 1977년 시제품이 제작되어 여러 차례 시험을 완료하였다. 로켓추진 어뢰의 최대 단점인 고속주행 중에 표적을 탐지하지 못한다는 문제를 해결한 후에는 고속으로 표적을 공격할 수 있도록 운용로직을 개선하고 있다.

발사 후 주행 속력을 제어하여 주행 중 표적 탐지기능을 부여하기 위한 연구가 진행되었으며, 1998년에는 탐지기능이 추가된 어뢰를 러시아 태평양 함대에서 해상시험을 실시한 것으로 알려져 있다. 표적탐지 기능이 없는 수출용 Shkval-E 모델이 지난 1999년 초 아부다비에서 개최된 국제 방산전시회 IDEX 99에 전시되기도 하였다.

그림 6-38 러시아 로켓추진 어뢰(Shkval) 형상

• 40 계열 어뢰

1차 세계대전 이전부터 러시아 해군은 대수상함 공격어뢰로 45cm 경어뢰를 표준 어뢰로 사용하는 전통을 갖고 있다. 45-56NT 모델과 45-56VT 모델이 각각 항공기 저고도와 고고도에서 운용되며, 필요시에는 수상함에도 운용 가능하다. 1960년대 들어서 소형어뢰는 주로 전기추진 방식으로 개발 개념이 변화되어 1962년에 AT-1 모델이 시작되고 1970대 중반에는 VVT-1 어뢰가 개발되었다. 45 계열 어뢰의 운용제한 사항을 극복하고, 연안 해역에서 대잠 작전과 심해 정숙한 대잠수함 작전을 위하여 40cm 구경의 전기추진식 어뢰의 필요성이 대두되었다. 이런 소요를 고려하여 SET 40과 SET 72 어뢰가 1980년대에 개발되었으며, 이러한 기술을 종합하여 항공기용 어뢰로 개발된 APSET-95 어뢰는 마그네슘 해수전지를 사용하고 있으며 충격과 근접신관을 채용하고 있다.

러시아는 수출용 경어뢰로 미국의 MK46 어뢰와 비슷한 성능을 갖고 MK32 수상함 발사관에서 발사 가능한 TT-4 어뢰를 2002년부터 출시하였다.

표 6-16 2차 세계대전 이후의 러시아 주요 중어뢰의 제원 및 성능

구분 (직경)	모델	길이 (m)	무게 (kg)	탄두 (kg)	추진 방식	속력(kts)/ 항주거리(km)	비고
533 (21인치)	SAET-50 SAET-50A	7.45	1650	375	연축전지	23/4.0 29/6.0	잠수함
	53-51	7.6	1875	300	압축공기/ 연료	51/4.0 39/8.0	수상함 잠수함
	ET-56	7.4	2000	300	연축전지	36/6.0	잠수함
	53-56 53-56V 53-56VA	7.7	2000	400	산소/연료 공기/연료	50/8.0 50/4.0 29/-	수상함 잠수함
	53-57	7.6	2000	305	연료/과산화수소	45/18.0	잠수함
	53-58	7.6	-	핵	-	-	잠수함
	SET-53 SET-53M	7.8	1480	100	연축전지 아연전지	23/8.0 29/14.0	수상함 잠수함
	53-61	-	-	305	연료/ 과산화수소	55/15.0 35/22.0	수상함 잠수함
	SAET-60 SAET-60M	7.8	2000	300	아연전지	42/13.0 40/15.0	잠수함
	53-65 53-65K 53-65M	7.2	2100	300	연료/ 과산화수소	45/18.0 45/19.0 44/22.0	잠수함
	SET-65	7.8	1740	205	아연전지	40/16.0	수상함 잠수함
	TEST-68	7.9	1500	100	아연전지	29/14.0	잠수함
	TEST-71 TEST-71MKE	7.9	1750 1820	205	아연전지	40/15.0	잠수함
	UGST	7.2	2200	200	내연기관	50/40.0	수상함 잠수함
	VA-111(Shakval)	8.2	2700	700	수중로켓	200/11.0	잠수함
	USET-80	7.9	2000	300	아연전지	40~50/20.0	잠수함
650 (25.6 인치)	65-73	11.0	4000	핵	연료/과산화수소	50/50.0	잠수함
	65-73 Kit	11.0	4000	450	연료/과산화수소	50/50.0	잠수함

표 6-17 2차 세계대전 이후의 러시아 주요 경어뢰 제원 및 성능

구 분 (직경)	모델	길이 (m)	무게 (kg)	탄두 (kg)	추진 방식	속력(kts)/ 항주거리(km)	비 고
400 (15.7인치)	MGT-1	4.5	510	80	아연전지	28/6.0	잠수함
	SET-40 (MGT-2) SET-40U	4.5	550	80	아연전지	29/8.0	수상함 잠수함
	APSET-95	3.845	720	60	마그네슘 해수전지	50/30.0	항공기
450 (17.7인치)	RAT-52	3.897	627	240	고체연료	58-68/0.52	항공기
	45-54VT	4.5	950	200	공기/연료	39/4.0	항공기
	45-56NT	4.5	950	200	공기/연료	39/4.0	항공기
	AT-1	–	560	70~	아연전지	27/5.0	헬기
	AT-2	4.8	1,050	80~	아연전지	40/7.0	항공기
	SET-72	4.5	700	60~	마그네슘 해수전지	40/8.0	항공기
	APR-1	3.7	650	80	고체로켓	-/0.8	항공기
	VTT-1	–	540	70	아연전지	28/5.0	헬기
	AT-3 (UMGT-1)	3.8	698	60	마그네슘 해수전지	41/8.0	항공기
300~355	Kolibri	2.7	246	44	Otto II	45/8.0	항공기
	APR-2	3.7	575	100	고체로켓	62/2.0	항공기
	APR-3	3.2	450	76	고체연료	-/-	항공기

(6) 중국 어뢰 현황

1950년대 구소련과 우방동맹 상호협력 조약에 따라 음향호밍어뢰 관련기술은 소련으로부터 도입하였고, 역설계에 의한 자국생산은 1958년 이후부터 시작된 것으로 알려져 있다. 중국이 개발하여 운용중인 어뢰 현황은 표 6-18에서 보는 바와 같다.

표 6-18 중국의 어뢰 운용현황

구 분	발사 수단	대상 표적	비 고
Yu-1	잠수함, 수상함	수상함	
Yu-2	항공기	수상함	도 태
Yu-3	잠수함	잠수함	
Yu-4	잠수함	수상함	
Yu-6	잠수함	수상함, 잠수함	
Yu-7	수상함	잠수함	

■ 경어뢰

중국 해군의 경어뢰는 Yu-2와 Yu-7 2종이 있으며, 주요 제원 및 성능은 아래 표 6-19와 같다.

표 6-19 중국의 주요 경어뢰 제원 및 성능

구 분	제원		구 분	성능	
	Yu-2	Yu-7		Yu-2	Yu-7
길이(mm)	4,000	2,600	추진 방식	고체연료	내연기관
직경(mm)	450	324	속력(kts)	70	47
무게(kg)	627	235	항주거리(km)	1	7.3
탄두(kg)	200	45			

Yu-2 어뢰는 소련의 RAT-52 항공기 발사용 고체 추진 어뢰의 복제 모델로 1964년에 생산을 시작, 1970년 3월과 4월에 39발을 시험 발사하여 성공적인 결과를 얻었다. 소련의 RAT-52 어뢰를 모방 개발하였지만 RAT-52보다 수중항주거리가 길고 속력도 빠른 것으로 알려졌으며, 대공방어가 우수한 항공모함과 같은 표적에 근접공격을 위하여 제어판과 꼬리날개를 보완하여 항공기 발사용 대함어뢰로서 1984년까지 운용하고 폐기하였다.

1970년대 후반에서 1980년대 사이에 남중국해에서 중국의 어부들이 미국 MK46 Mod1 Block2 어뢰를 습득하여 1984년에 MK46 어뢰를 모방 개발한 어뢰가 Yu-7 이다.

Yu-7 어뢰 시제품 2발을 1984년 12월에 생산하여 1985년 12월에 시험을 수행하였으며, 1989년까지 총 68회의 발사시험을 성공적으로 수행하였다. 개발과정 중에 미국의 부시 행정부가 MK46 어뢰를 판매하고 기술지원을 한 것이 개발에 매우 큰 도움이 되었다. 또한 다른 하나의 기술적인 문제를 풀어준 것은 1987년 이탈리아 WASS사가 약 40여 발의 A 244/S 경어뢰를 판매하고, A 244/S 어뢰의 기술을 역설계하여 Yu-7 어뢰 개발에 적용하였다. 1994년에 모든 개발이 완료되고, 1990년대 후반에 양산하게 되었다.

그림 6-39 중국의 초기 모방 개발 어뢰 Yu-2

그림 6-40 Yu-7 어뢰 및 수상함 발사 장면

■ 중어뢰

• **Yu-1 중어뢰**

소련의 53-51 중어뢰 기술을 모방 개발하여 1971년 3월부터 생산/배치하였다. 러시아의 초기모델을 모방한 것으로 외연기관식의 직주어뢰이며, 최고속력은 50kts 이고 이후 수동 음향호밍 기능을 추가한 Yu-1A 모델로 대체되었다.

• **Yu-3 중어뢰**

중국이 독자적으로 1967년 개발 시작한 잠수함 발사 음향호밍 대잠어뢰로서 중국의 핵잠수함 계획과 연계하여 1975년에 개발 완료하였고, 1980년대에 해군에 배치되었다.

재래식 잠수함은 물론이고 심해에서 고속의 핵추진 잠수함을 표적으로 공격할 수 있으며, 재래식 잠수함 또는 핵추진 잠수함에서 운용 가능한 전기추진 방식의 음향호밍어뢰이다.

• **Yu-4 중어뢰**

Yu-4 어뢰는 1966년 사업 시작하여 1971년에 개발 완료하였으나, 성능 미흡으로 군에서 사용을 거부함에 따라, 새로운 형태의 수동 음향호밍 방식인 Yu-4A와 능/수동 혼합방식의 Yu-4B를 개발하였다.

그림 6-41 Yu-6 어뢰의 잠수함 탑재 장면

그림 6-42 Kilo급 잠수함에 53-65KB 훈련어뢰를 탑재하는 모습

• Yu-6 중어뢰

1980년대 중반에 중국 해군은 대수상함과 대잠수함에 대하여 작전 가능한 중어뢰를 확보하기 위해 중국의 어부가 습득한 것으로 알려진 MK48 어뢰를 모방 개발한 중어뢰가 Yu-6이다.

Yu-6 중어뢰는 미국의 MK48 Mod4 어뢰와 동등한 수준으로 능/수동 음향호밍, 유선유도 기법 그리고 항적추적 기법이 적용된 것으로 알려져 있다. 2005년부터 전력화되어 Song급과 Yuan급 재래식 잠수함과 최근에 건조된 Shang급과 Jin급 핵추진 잠수함에 탑재가 예상되고 있다.

• 53-65KE 중어뢰

1990년대에 중국 해군이 러시아로부터 4척의 Kilo급 잠수함을 도입하면서 수량이 확인되지 않은 53-65KE 어뢰를 확보하였으며, 일부는 국내 면허 생산한 것으로 알려졌다.

53-65 어뢰는 1960년대 후반에 옛 소련에서 항적추적Wave homing 기능을 갖는 가스터빈 추진식 어뢰로 설계되었으나, 산소추진으로 변경되고(53-65K), 재래식 방식의 어뢰대항체계에 효과적으로 대응할 수 있는 대수상함 공격용 어뢰이다.

표 6-20 중국의 주요 중어뢰 운용현황 및 제원

구 분	Yu-1	Yu-3	Yu-4	Yu-5	Yu-6	53-56KE
길이(mm)	7,800	6,600	7.748	8,000	–	7,945
직경(mm)	533	533	533	533	533	533
무게(kg)	–	1,340	1,755	–	–	2,100
탄두(kg)	400	190	309	209	–	300
추진 방식	외연기관	전기추진	전기추진	내연기관	내연기관	내연기관
속력(kts)	50	35	30	50	65	45
항주거리(km)	9	13	6	30	45	18

(7) 한국 해군 어뢰 현황

한국 해군은 수상함 및 항공기에서 MK44, K744, 청상어(K745) 3종의 경어뢰와 잠수함에서는 독일에서 수입한 SUT, 국내에 개발한 백상어 중어뢰 2종을 운용하고 있다. 또한 DDH-II 이상의 함정에서 장거리 대잠어뢰인 홍상어를 운용하고 있다. 홍상어는 장거리에 있는 적 잠수함을 공격하기 위한 대잠로켓으로 탑재 어뢰는 청상어를 적용하고 있다.

표 6-21 한국 해군 운용 어뢰 현황

구 분	종 류	운용 함소
경어뢰	MK44, K744, 청상어	수상함(PCC 이상), 항공기
중어뢰	SUT, 백상어	잠수함
대잠로켓	홍상어(청상어)	수상함(DDH-II, DDG)

■ 청상어(경어뢰)

청상어는 K745 경어뢰의 별명으로, 미국의 MK44 경어뢰를 미국 하니웰사와 공동으로 개발한 K744 경어뢰를 양산 배치한 경험을 바탕으로 개발된 경어뢰이다. 국내에서는 1974년 어뢰의 국내 개발을 위한 가능성 검토를 시작으로 MK44 경어뢰

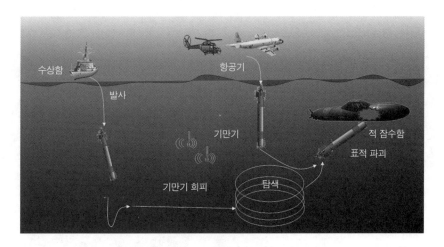

그림 6-43 경어뢰 운용 개념

그림 6-44 청상어(K745) 형상

모방 개발, 1980년대의 미국의 하니웰사와 공동개발을 통한 K744 경어뢰 성능 개량, 1990년대의 백상어 독자개발을 거쳐 2000년대에는 첨단 성능을 가진 청상어 독자개발 등으로 이어졌다.

국방과학연구소ADD가 주관하고 LIG 넥스원이 참여한 청상어 개발은 순수 국내 독자기술로 10여 년에 걸쳐 진행됐으며, 2005년부터 실전 배치되었다. 청상어는 개발단계에서 50여 회의 해상시험과 기술시험을 거친 뒤 해군에서 실시한 연습탄 6회, 전투탄 2회 등 8회의 운용시험에서 단 한 발의 실수도 없이 목표물을 명중하였다. 또 청상어의 사용환경을 고려한 각종 환경시험 등을 실시, 성능을 입증했고 M&S 기법을 적용해 육상에서 실전상황과 같은 실현이 불가능한 환경과 조건을 가

그림 6-45 항공기, 수상함에서 경어뢰 발사 장면

상환경으로 구현하고 체계의 성능을 확인해 효과적으로 품질을 입증하기도 했다.

청상어는 직접 타격에 의해 목표물을 공격하는 개념으로 정확한 유도제어 능력과 주행능력을 보유하고 있다. 현재 우리 해군의 초계함급 이상 함정과 대잠헬기, 해상초계기(P-3C) 등에 탑재해 대잠수함 공격어뢰로 운용중이다.

표 6-22 청상어(K745) 경어뢰 주요 제원

구 분	제 원	구 분	제 원
제작사	LIG 넥스원	주행시간	0분
길이(cm)	273	신관	충격신관
직경(cm)	32	유도방식	능동음향
무게(kg)	276	최대 운용수심(ft)	000
폭약(kg)	000	추진전지	리튬폴리머
속력(kts)	45	특징	Fire & Forget

■ 주요 구성품 특성

청상어는 그림 6-46에서 보는 바와 같이 음향탐지부, 전투탄두부, 유도제어부, 추진전지부, 동력장치부, 낙하산부로 구성된다.

• 음향탐지부

음향탐지부는 음향전환장치와 신호처리장치로 구성되며, 유도제어부에서 정해진 음향탐지부 운용 정보에 따라 송신 빔을 방사하고, 방사한 송신빔의 반사파인 수중 표적신호나 표적방사소음을 수신/증폭/처리하여 얻은 표적정보를 유도제어부로 전송하여 어뢰가 표적으로 공격기동을 가능하게 한다.

• 전투탄두부

전투탄두부는 전투탄두와 신관으로 구성되며, 전투어뢰에서 음향탐지부와 유도

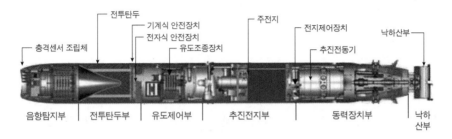

그림 6-46 청상어 주요 구성품

제어부 사이에 위치한다. 청상어의 전투탄두는 일종의 지향성 에너지탄두로서 알루미늄 탄체에 주조형 복합화약PBX: Plastic Bonded Explosive이 충전되어 있다. 신관이 작동하여 전투탄두를 폭발시키면 고속의 제트가스가 생성되어 표적을 관통한다. 신관은 충격식 신관으로 기계식안전장치, 전자식안전장치, 케이블조립체 및 충격센서 조립체로 구성되어 있다.

- **유도제어부**

유도제어부는 각 구성품 간의 통신 및 유도/항법/제어 알고리즘을 실행한다. 유도조종장치와 어뢰의 각속도와 가속도를 측정하는 관성측정장치, 유도조종장치와 시스템정비장비를 연결하여 시스템정비장비로부터 정비명령을 받고 그 결과를 시스템정비장비에 전달하는 케이블조립체, 음향탐지부와 추진전지 사이의 전원 및 신호라인을 연결하여 주는 케이블조립체로 구성되어 있다.

- **추진전지부**

추진전지부는 추진에 필요한 추진전원 및 전자장비 전원공급을 담당한다. 청상어의 추진전지부에 사용되는 전지는 1차 전지로 개발되었으나, 최근 리튬폴리머 전지로 교체되었다.

- **동력장치부**

동력장치부는 어뢰의 추진과 관련된 구성부로서 추진전동기, 축조립체, 타 및 타축, 로터, 덕트, 작동기, 케이블조립체로 구성되어 있다. 추진전동기는 고속 고출력의 전동기로서 감속기 및 인입구, 배출구를 통한 해수 냉각장치, 구조 전달 소음을 최소화할 수 있는 탄성마운트를 갖고 있다.

- **발사방식**

청상어는 두 가지 발사방식, 즉 직주방식, 비직주방식으로 운용된다. 발사방식의 선택은 해상작전헬기와 같은 회전익 항공기에서 운용될 때 선택될 수 있다. 수상함에서는 직주방식, 그리고 대잠초계기와 같은 고정익 항공기에서는 비직주방식으로만 운용된다.

- **유도방식**

청상어의 유도방식은 호밍유도방식이며 공격 및 근접단계에서는 추격유도로 표적을 추적한다. 종말유도단계에서 측면공격을 시도하는 경우에는 편향추격유도를 수행하는데, 성형작약의 효과를 극대화할 수 있도록 최소 60도 이상의 수직입사에 의한 충돌을 보장할 수 있도록 측면공격 과정에서의 편향각은 60도를 확보할 수 있도록 한다.

- 호밍방식

- **능동방식(Active Mode)**

능동방식에 의한 음향탐지는 어뢰가 송신한 음향신호, 즉 핑Ping이 표적으로부터 반사되어 되돌아오는 반향음Echo의 특성을 분석하여 표적을 탐지하고 표적정보를 추정한다. 분석되어지는 반향음의 특성은 그 크기뿐 아니라 주파수변이와 시간지연을 포함한다. 일정 문턱값을 초과하는 크기의 반향음이 수신되면 그것의 주파수변이와 시간지연을 분석하여 표적의 속도와 방위를 추정한다. 반향음의 크기는 송신 음원의 크기와 빔형상, 전달손실, 표적반향 특성 등에 의존하며, 이것이 주변소음과 자체소음 준위보다 높아서 탐지 판단의 문턱값을 초과하면, 표적탐지가 발생한 것으로 간주하고 반향신호를 분석하여 표적정보를 추정한다.

- **수동방식(Passive Mode)**

수동방식에 의한 음향탐지는 표적에서 방사되는 소음을 분석하여 표적의 존재여부를 판단하고 표적의 시선각을 추정한다. 예비활성화 기간 중에 자체 소음준위를 설정하고 이 소음준위를 이용하여 탐지문턱값Threshold을 설정한다. 이 탐지문턱값은 어뢰속도, 주행심도 및 근접상태에 따라 조절된다. 수신된 신호준위가 탐지문턱값보다 높으면 탐지가 이루어지고, 표적의 시선각을 추정하여 50ms milli-second 간격으로 그 결과를 유도제어부로 송신한다.

- **능동수동혼합**

이 모드를 선택할 경우에는 수동방식으로 음향탐색을 실시하고, 표적을 탐지하지 못하면 설정된 운용로직에 따라 능동방식으로 전환하여 표적을 탐색, 탐지 및 공격한다.

■ MK44(경어뢰)

MK44 경어뢰는 미국 하니웰사에서 개발한 경어뢰로 1965년에 미 해군으로부터 도입하여 수상함 및 항공기에서 대잠수함용으로 운용중에 있다. 능동음향 유도장치를 가지고 있으며, 전기적으로 조종 및 추진이 가능한 경어뢰이며, 주요 구성품으로는 음향탐지부, 전투탄두부, 조정 및 전지부, 후부몸체로 구성되어 있다.

표 6-23 MK44 경어뢰 주요 제원

구 분	제 원	구 분	제 원
제작사	하니웰사(미국)	주행시간	6분
길이(cm)	257	신관	충격신관
직경(cm)	32.4	유도방식	능동음향
무게(kg)	196	운용수심(yds)	1,000
폭약(kg)	34	추진전지	아연-산화은 전지
속력(kts)	30	특징	Fire & Forget

음향탐지부는 음파를 발생시켜 송신하며 표적으로부터 반사되어 수신되는 반향파를 전기적인 에너지로 변환하여서 표적정보를 어뢰에 제공하는 역할을 한다. 전투탄두부는 고성능 폭약인 HBX-3 74.5파운드와 목표물에 부딪히면 폭발하는 충격식 신관으로 구성되어 있다. 조정 및 전지부는 Scoop bulkhead, 전지와 6개의 판넬 조성체로 구성되어 있다. Scoop bulkhead는 전지의 작동에 필요한 해수의

그림 6-47 MK 44 경어뢰 형상

입·출구 역할을 하며 최초 탐색 수심과 최대 탐색 수심을 설정하는 수압 스위치 등으로 구성되어 있다. 전지는 해수의 유입으로 화학반응이 활성화되면서 DC 130V 225A의 전원을 추진전동기에 공급한다. 6개의 판넬 조성체는 어뢰의 중추신경과 같은 역할을 하며 자이로, 수신기, 송신기, 타이밍, 릴레이, 피치 판넬로 구성되어 있다. 후부몸체는 어뢰를 추진하는 역할을 하며, 릴레이 및 피치 판넬에서 오는 신호에 의해서 어뢰의 방향을 조종하는 역할을 수행한다.

- K744(경어뢰)

K744 경어뢰는 MK44를 모태로 하여 미국 하니웰사와 국내 LG정밀(현 LIG 넥스원)에서 공동 개발하여 기본 제원 및 성능은 MK44와 유사하며, 초계함, 호위함, 항공기에서 운용중이다.

표 6-24 K744 경어뢰 주요 제원

구 분	제 원	구 분	제 원
제작사	LIG 넥스원	주행시간	0분
길이(cm)	257	신관	충격신관
직경(cm)	32.4	유도방식	능동음향
무게(lbs)	433	운용수심(ft)	000
폭약(kg)	180	추진전지	아연-산화은 전지
속력(kts)	30	특징	Fire & Forget

K744 경어뢰는 음향탐지부, 전투탄두부, 전자제어부, 전지부, 후부몸체로 구성된다. 음향탐지부는 음파를 송신하여 표적에서 돌아오는 음향신호를 분석하여 표적의 거리 및 방위 정보를 획득한다. 전투탄두부는 폭발 장치와 폭발 장약 HBX-3 74.5파운드로 구성되어 어뢰가 표적에 충돌하였을 때 폭발하여 표적을 무력화시킨다. 전자제어부는 표적 탐색 및 추적, 공격을 위한 어뢰의 동작을 위한 제어기능을 수행한다. 전지부는 어뢰 추진 및 동작에 필요한 전원을 공급하며, 아연-산화은 전지를 사용한다. 후부몸체는 어뢰의 추진동력을 발생시키기 위한 추진전동기, 추진

그림 6-48 K744 경어뢰 형상

기, 침로 변경을 위한 러더 등으로 구성되어 있다.

■ 백상어(중어뢰)

백상어는 국내 최초 독자적으로 개발한 중어뢰로 전기추진에 의해 작동되는 수상, 수중 표적용 어뢰로서 Fire & Forget 개념의 지정유도 방식을 사용한다. 19인치로 개발되어 소형 잠수정에도 운용할 수 있으며, 수동 소나와 능동 소나를 조합한 음향 탐지장치와 디지털 유도시스템을 갖추고 있다. 체계 운용로직은 표적 종류 및 작전상황에 따라 발사형태를 입력하여 발사한다. 각각의 발사형태별로 자함 안전보장, 탐색, 재공격, 음향기만기 대항 등에 대한 운용로직이 적용되어 있다.

백상어는 음향탐지부, 전투탄두부, 전지부, 유도제어부, 추진전동기부, 추진후부로 구성되어 있다. 음향탐지부는 능동 또는 수동의 정해진 작동방식에 따라 표적

표 6-25 백상어 중어뢰 주요 제원

구 분	제 원	구 분	제 원
제작사	LIG 넥스원	주행거리(km)	00
길이(m)	5.59	신관	충격/근접신관
직경(m)	0.46	유도방식	지정유도(능동/수동)
무게(kg)	902	공격수심(m)	000
폭약(kg)	180	추진제	아연-산화은 전지
속력(kts)	00	특징	Fire & Forget

그림 6-49 백상어 중어뢰 형상

신호를 수집 및 처리하여 표적정보를 유도제어부에 전달한다. 세부 구성품으로는 음향전환장치, 음탐송수신장치, 근접자기센서 수신장치로 구성되어 있다. 음향전환장치는 36개의 고출력센서가 배열되어 있어 압전효과를 이용하여 수신된 음향신호를 전기적 신호로 전환하여 음탐송수신장치에 전달하며 천해의 경우 타원형 방사, 심해의 경우 원형 방사로 표적 탐지 시 최적의 송신 빔 패턴을 제공하도록 되어 있다. 음탐송수신장치는 송신부, 수신부, 전원분배기로 구성되어 있으며 음향전환장치로부터 수신된 표적신호를 처리, 분석하여 유도조종장치에 보내는 기능을 한다. 근접자기센서 수신장치는 어뢰 주위에 형성된 자장이 표적에 의해 왜곡되는 정도를 감지하여 표적감지신호를 기폭회로에 전달하는 기능을 하고, 전투탄두부는 표적에 충돌하거나 근접센서 감지거리 이내에 있을 때 주장약(PBX 180kg)을 폭발시켜 표적을 무력화한다.

전투탄두부 내에는 안전장전장치와 기폭장치가 결합되어 있으며, 안전장전장치는 장전모터, 발화회로 등으로 구성되어 장전전압, 발화전압을 전달 받아 신관을 무장시켜 기폭회로를 형성한다. 기폭장치는 기폭관, 연결관, 전폭약으로 구성되어 기폭신호에 의해 주장약을 발화시키는 기능을 한다.

전지부는 백상어의 추진 및 동작 전원을 공급하는 동력원으로서 1차 전지, 2차 전지와 전원접속기로 구성되어 있다. 1차 전지는 전투어뢰에 사용되는 아연-산화은 전지로, 필요한 시기에 점화장치의 전기적 신호에 의해 활성화되어 어뢰의 추진용 전원과 제어용 전원을 공급한다. 2차 전지는 연습어뢰에 사용되는 아연-산화은 전지로, 충전과 방전의 전기 화학적 반응에 의해 전지 수명범위 내에서 계속 사용할 수 있는 전지이다.

유도제어부는 백상어의 중앙제어장치로서 발사 후 최적의 유도 궤적을 생성하도록 입력정보를 계산하여 전기구동기에 전달하며, 세부 구성품으로는 유도조종장치, 전원분배장치, 관성측정장치, 근접자기센서 송신장치로 구성되어 있다. 유도조종장치는 음탐송수신장치로부터 표적정보를 전송받고 관성측정장치와 압력센서, 속도측정기로부터 어뢰의 자세, 속도, 심도를 받아 방향타와 승강타를 제어한다. 관성측정장치는 유도조종장치의 항법값을 계산하기 위한 롤, 피치, 요 값을 측정하며, 근접자기센서 송신장치는 추진후부 좌우핀에 위치한 근접자기센서 송신코일을 통해 일정한 교류자계를 송신하여 백상어의 외부에 교류자계 형성 및 표적을 탐지가능하게 한다.

추진전동기부는 유도제어부의 제어에 의해 전지로부터 전원을 공급 받아 추진후부에 동력을 전달하며, 구성품으로는 추진전동기와 속도측정기로 구성되어 있다.

추진후부는 백상어를 추진시키며 방향타 및 승강타를 움직여 백상어의 자세를 제어한다. 세부 구성품으로는 축조립체, 전/후부 로터, 덕트, 안전스위치 작동기 등이 있다. 축조립체는 내축과 외축이 반전하면서 프로펠러에 추진전동기의 동력을 전달하고, 로터는 축조립체에 연결되어 백상어의 추진 동력을 발생시키며, 전부 11개 후부 9개 로터의 날개수 차이로 인해 어뢰의 롤트림을 방지하게 된다. 덕트는 추진력 향상 및 캐비테이션현상으로 발생하는 소음을 억제하는 기능을 하며, 안전스위치 작동기는 발사관을 떠난 어뢰가 10kts에 도달하면 전투탄두부에 장전전압 및 유도제어부에 동작신호를 공급하는 기능을 한다.

백상어의 탐색방법에는 사형탐색, 혼합탐색 두 가지가 있으며, 사형탐색은 어뢰가 표적 탐색을 시작하는 탐색 시작점에서 표적이 탐지될 때까지 뱀처럼 사형운동을 한다. 백상어의 호밍헤드가 고정되어 있으므로 수평면에서 넓은 구역의 표적탐지를 위해 빔폭을 증가시키기 위한 기동 형태이다. 사형운동을 하는 경우 수평 최대 탐색각은 심해에서 00도 천해에서 00도가 된다. 혼합탐색은 탐색 시작점에서 C-Range, 즉 요격점까지 사형탐색을 하고 요격점 도달 후 수심에 따라 원형 또는 나선형 탐색을 하는 형태이다.

표적 공격을 위한 폭발형태에는 근접신관과 충격신관이 있는데, 수상함 표적은 수면 음향탐지 장애로 인해 표적 충돌이 어려우므로 함정 하부 근접 시 폭발하여 함정을 파괴시키는 근접신관을 사용하며, 잠수함 표적은 수면 음탐 장애가 없으므로 충돌에 의해 폭발하는 충격신관을 사용한다.

■ SUT(중어뢰)

SUT^{Surface and Underwater target Torpedo}는 독일 STN사에서 제작되어 우리 해군이 1991년부터 도입, 209급 잠수함에서 운용중인 중어뢰이다. SUT(Mod2)는 전기추진에 의해 작동되는 수상, 수중 표적용 중어뢰로서 통합전투체계의 지원을 받아 2개의 코어 유도선을 경유하여 발사함에서 유선 유도할 수 있다. 어뢰 통신체계와 유도선은 어뢰 유도 자료를 어뢰로 전송할 뿐만 아니라, 반대로 통합전투체계로 어뢰의 주행 자료를 전송한다. 따라서 어뢰의 통신체계를 경유하여 송·수신된 신호에 의해 어뢰 위치를 알 수 있고, 어뢰를 3차원적으로 유도할 수 있다. 어뢰 소나의 능동 또는 수동 모드에서 호밍헤드에 접촉된 음향탐지 신호는 음향채널을 경유 전투체계에 전달되어 최종 공격 결심을 하게 된다.

표 6-26 SUT 중어뢰 주요 제원

구 분	제 원	구 분	제 원
제작사	독일 STN사	주행거리(km)	28
길이(m)	6.15	속력(kts)	35
직경(m)	0.53	최대 운용수심	960
무게(kg)	1,411	특징	선유도(wire guide)
폭약량(kg)	260		

그림 6-50 SUT 중어뢰 형상

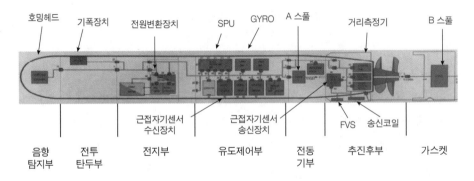

그림 6-51 SUT 중어뢰 구성

SUT는 잠수함 발사장치에서 통신선을 통해 지시되는 명령 신호를 수행하고 그 결과를 잠수함에 실시간으로 보고해주며 자체 프로그램에 의한 탐색 추적 기능을 갖추고 있다.

SUT는 그림 6-51에서 보는 바와 같이 크게 음향탐지부, 전투탄두부, 전지부, 유도제어부, 전동기부, 추진후부, 가스켓으로 구성된다. 음향탐지부는 트랜스듀서, 수신코일, 전자조성체로 구성되어 능동/수동 음향 탐색이 가능하며 표적정보를 유도제어부에 전달하는 기능을 담당한다. 전투탄두부는 주장약과 신관으로 구성되어 있으며, 충격 또는 근접자기신관의 동작에 의해 주장약이 폭발하여 표적을 격침시키는 기능을 한다. 전지부는 전지와 전원접속기로 구성되어 있고, 추진전지는 전동기 작동, 보조전지는 어뢰 전원공급, 전원접속기는 어뢰의 속도를 조절하는 기능을 담당한다. 유도제어부는 SPUSystem Processing Unit 등 8개의 독립된 전자조성체로 구성되어 있으며, 어뢰수심, 자세각, 통신신호 등의 정보를 SPU가 수신하여 종합분석, 어뢰를 최단시간에 목표물에 도달하도록 유도하는 기능을 담당한다. 전동기부는 DC전동모터와 A-Spool, 해수의 유입을 판단하는 누수탐지 스위치Leak contact switch로 구성되어 있으며 추진전원을 공급받아 프로펠러를 회전시키는 기능을 수행한다. 추진후부는 근접자기 송신기와 송신코일, 러더, 프로펠러, 안전거리 측정기, 유속스위치로 구성되어 있으며, 근접자기 송신기에서는 송신주파수를 음향탐지부에 있는 수신코일로 방사하며, 러더와 프로펠러를 통해 어뢰를 목표물에 유도하는 기능을 수행한다. 가스켓은 어뢰와 잠수함 간의 통신을 가능하게 하는 Flexible Hose와 B-Spool로 구성되어 있으며 발사 전 발사관에 어뢰를 고정시키는 역할을 한다.

SUT의 유도방법은 E^{External guidance}와 I^{Internal guidance} 두 가지로 구분된다. E는 중어뢰를 잠수함 발사통제장치^{ISUS} 작동수에 의해 목표물로 유도하는 방법을 말하며, I는 Communication wire break 또는 Homing on 시 어뢰 자체 내장된 프로그램에 의해 목표물로 유도하는 방법이다. Operating Manual G는 목표물이 섬 뒤에 있을 경우, 목표물의 치명적인 부분을 공격할 경우, 여러 척의 함정이 편대를 이루고 있을 시 그중 원하는 목표물을 공격할 경우, 2개 이상의 목표물을 동시에 공격할 때 사용된다. Computer Intercept G는 목표물의 속도와 침로를 알고 있을 경우 잠수함 작동수가 앞지름 각을 산출하여 목표물을 격침시킬 수 있는 지점으로 유도할 때 사용된다. Bearing Rider G는 잠수함에서 목표물의 방위만 알고 있을 경우 목표물의 방위변화(벡터값 산출)를 미리 예견하여 격침시킬 지점으로 유도할 때 사용된다. 이 방법은 추적거리가 한정적이며, 발사함과 가까이 있을 경우 목표물과 자함 간의 식별이 어렵다는 단점이 있다.

■ 차기 중어뢰

차기 중어뢰는 '00~'00년까지 국방과학연구소에서 개발 중인 중어뢰로 KSS-II 잠수함에서 운용 예정이다. 특히 향상된 속력/주행거리/광케이블통신/항적추적 능력을 보유할 예정이며, 현 운용어뢰의 모든 제한사항을 극복할 것으로 예상된다.

6.3 대잠로켓

대잠로켓은 잠수함을 공격하기 위하여 수상함정에서 발사되는 로켓추진 어뢰를 말하며, 통상 ASROC^{Anti-Submarine Rocket}이라고도 한다. 대잠어뢰와 미사일을 결합한 무기체계로 대잠로켓의 탄두는 통상 경어뢰가 탑재되며, 미사일 발사기로 원거

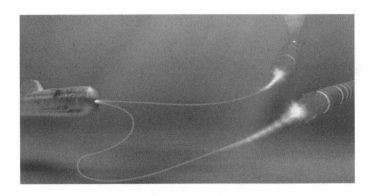

그림 6-52 차기 중어뢰 운용 개념

그림 6-53 선회형 대잠로켓 발사대

리에 있는 잠수함을 향해 발사된다. 고체연료를 이용하는 대잠로켓은 비행 중간에 탄두(어뢰)가 분리되어 입수와 동시에 어뢰가 작동을 시작한다. 초기에는 선회형 발사대를 이용하였으나, 최근에는 수직발사대를 주로 이용하는 추세이다.

우리나라는 2000~2009년까지 국방과학연구소 주관으로 국내에서 연구개발한 홍상어 대잠로켓를 DDH-Ⅱ/DDG 구축함에서 운용하고 있으며, 전 세계적으로 미국, 러시아, 호주, 프랑스 등에서 대잠로켓을 운용하고 있다. 표 6-27은 세계 주요 국가 대잠로켓 제원 및 성능을 보여주고 있다.

표 6-27 주요 국가 대잠로켓 제원 및 성능

구분	홍상어 (한국)	VASROC (미국)	MILAS (프랑스, 이탈리아)	MEDVEDKA (러시아)
최대사정(km)	19	16	55	20
비행속력(음속)	-	0.9	0.9	-
전장×직경(m)	5.7×0.38	4.9×0.4	5.6×0.46	5.5×0.4
속력(kts)	45	43.2	38-53	-
탑재 어뢰	청상어	MK46, MK5	MU-90, A-244,MK46	
발사대 형식	수직발사	수직발사	고정형 경사발사	수직발사

6.3.1 홍상어

홍상어는 북한 및 주변국의 잠수함 전력에 대한 위협 증가에 대비하고 전투함의 수중탐지 및 공격능력의 발전추세에 맞춰 신속한 원거리 공격이 가능한 어뢰 내장형 수직발사 대잠유도무기체계의 필요성이 대두됨에 따라 2000~2009년에 국방과학연구소에서 개발하였다. 홍상어는 충무공이순신급 이상의 구축함(DDH-II, DDG)에 탑재하여 기존 경어뢰 청상어(K745)의 사거리를 초과하는 적 잠수함을 원거리에서 공격할 수 있다. 함정 전투체계와 연동 운용 및 홍상어체계 단독운용이 가능하다. 장입미사일 단위로 수직발사대 모듈에 장전 및 운용이 가능하며, 함정 수직발사체계에 적합한 추력방향조종^{TVC} 추진기관을 사용하고 있다. 입수 정확도를 높이기 위하여 비행 중 날개를 이용하는 중기 유도조종 기능을 보유하고 있다. 미사일에서 분리된 어뢰(청상어)는 감속 및 입수 초기자세 구현을 위해 낙하산이 전개되며 입수 후 전동기 구동에 의해 낙하산이 분리된다. 홍상어는 발사 후 망각^{Fire & Forget} 방식으로 운용되며, 동시에 2개의 표적에 대하여 교전이 가능하다.

홍상어체계는 장입미사일, 수직발사체계, 발사통제콘솔로 구성되어 있으며, 장입미사일은 홍상어용 경어뢰에 두부덮개와 낙하산을 부착한 어뢰부와 유도항법 조종장치, 날개 작동기 조립체가 내장된 기체부, 2중 추진기관, 베인 작동기 조립체로

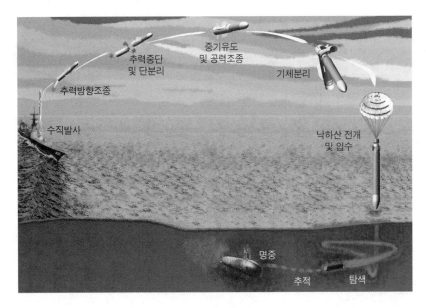

그림 6-54 홍상어 운용 개념도

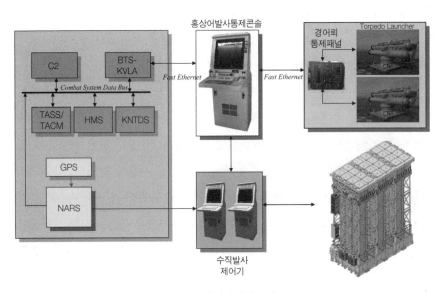

그림 6-55 홍상어 체계 구성도

구성된 추진부 및 발사관으로 구성되어 있다.

발사통제콘솔은 홍상어체계를 운용하는 장비로 전투체계와 연동하여 표적 및 전술정보를 수신하여 교전계획을 생성하고 미사일의 발사를 제어하며 상태를 감시한다. 수직발사체계는 함정 갑판 아래 탑재된 발사대 모듈 조립체와 발사대 내외에 설치된 통제 및 감시장비와 발사대 부수장치로 구성되어 있다.

6.3.2 ASROC(미국)

미 해군은 대잠로켓을 1955년부터 개발을 시작하여 1961년부터 미국 등 서방 여러 국가에서 운용하였다. 초기에는 선회형 발사대를 기본형으로 개발하였으나, 최근에는 수직형 발사대VASROC: Vertical Launched ASROC에서 운용하고 있다. 초기 대잠로켓에 탑재되는 어뢰는 MK44를 장착하였으나, 1967년 이래로 MK46 어뢰를 장착하여 사용하고 있다. 발사기는 전용의 MK116에 장착되어 운용되며 시스패로 대공미사일을 발사할 수 있는 MK10 발사기와 MK26 발사기를 사용하였으나, 최근에는 MK41 수직발사대에서 운용하고 있다.

그림 6-56 선회형 대잠로켓 RUR-5 ASROC(미국)

그림 6-57 미 해군 VASROC 발사 장면

그림 6-58 고정형 발사대에서 발사되는 MILAS

6.3.3 MILAS(프랑스, 이탈리아)

MILAS는 프랑스 MALAFON 대잠로켓의 후속모델로 프랑스와 이탈리아에서 합작으로 개발하였다. OTOMAT MK2 대함미사일의 탄두에 어뢰를 장착한 것이 특징이다. 미사일은 캐니스터에서 발사되어 고도 200m로 순항하며 목표물 근처에 이르면 어뢰가 분리된다. 기본적으로 ASROC 미사일과 유사하나, 추진체를 대함미사일용을 사용했기 때문에 전반적인 성능은 ASROC보다 앞선 것으로 평가되고 있다. 또한 여러 종류의 어뢰(MU-90, A-244, MK46)를 장착 및 운용이 가능하고, 고정형 발사대에서 운용되나, 로켓이 방향전환 기능을 보유하고 있어 표적공격을 위해 별도의 함기동 없이도 전방위 공격이 가능하다.

6.3.4 MEDVEDKA(러시아)

MEDVEDKA는 배수량 350톤급 소형 함정 또는 그 이상의 수상함에 탑재하기 위하여 러시아에서 개발한 대잠로켓이다. 러시아에서 수출을 염두에 두고 개발한 대잠로켓으로 발사방식(수직, 선회), 탑재 어뢰 또한 MK-46을 포함하여 유사한 타 어뢰도 구매자의 요구에 따라 변형이 가능하다고 한다. MPT-1UE Live 어뢰로 대

그림 6-59 MEDVEDKA 대잠로켓

그림 6-60 MEDVEDKA 대잠로켓 발사대

표되는 탄두를 가진 대잠미사일, 발사대, 적재장치, 사격통제체계, 전력공급체계, 지원장비Ground equipment, 훈련지원 장치 및 수리부품/공구/기타 부속품/물자 세트로 구성된다. 기본형은 4개의 발사관으로 구성된 1개 모듈이나, 구매자의 요구에 맞게 다양하게 발사관 수를 조절할 수 있다고 한다.

6.4 기뢰

기뢰는 항만이나 해역에 대한 봉쇄 또는 방어수단에 가장 효과적으로 사용될 수 있는 무기체계 중의 하나이다. 일단 기뢰가 부설되어 기뢰원Mine Field이 형성되면 적 해상세력에 대한 직접적인 위협은 물론, 기뢰위협 효과를 제거 또는 축소하기 위해

그림 6-61 MK6 부유식 기뢰

그림 6-62 기뢰의 위력

서는 대기뢰전 세력 동원 및 많은 소요시간과 위험이 뒤따르기 때문이다.

기뢰는 타 무기처럼 적을 추적하지 않고 적이 기뢰로 접근할 때까지 기다린다는 점에서 차이가 있으며 적에 의한 접촉이나 위치 확인이 쉽지 않다. 일단 부설되어 기뢰원Mine Field이 형성되면 적 해상 세력에 대한 직접적인 손상 위협은 물론, 적으로 하여금 전진이나 해양을 통한 병력과 물자이동 등의 작전을 거부하고 시도할 경우 심각한 손실과 위협을 강요한다. 가격이 저렴한 기뢰는 해군의 무기체계 중 비용 대 효과가 가장 큰 무기체계이며, 소형이고 다양한 부설 수단으로 은밀하게 부설 가능하다. 부설 노력에 비해 더 많은 대응 노력을 강요하며 심리적인 효과가 크다. 타 무기체계에 비해 정비는 거의 요구되지 않는 편이고 반영구적이다. 그러나 즉각적인 효과가 없으면 우군 함정에게도 위협을 수반할 수 있다는 단점이 있다.

6.4.1 기뢰의 분류

오늘날 기뢰는 항공기, 잠수함 또는 수상함 등 다양한 방법에 의해 부설될 수 있으며, 천해에서부터 수백 미터 심해에 이르기까지 해저 또는 앵커에 의해 계류되어 함정에서 발생되는 자장의 변화나 수중 음향 소음 또는 압력 변화를 감지하여 표적

그림 6-63 항공기에서 부설하기 위해 적재되는 기뢰(CAPTOR)

을 파괴하게 된다.

1차 세계대전 이전의 접촉식 기뢰는 2차 세계대전 중 감응식 기뢰로 발전하였고, 오늘날의 현대 기뢰는 대기뢰전 세력에 대한 대응능력 및 표적 선별능력을 가진 지능기뢰와 함께 자체 추진능력을 갖거나 표적 추적 및 파괴 기능을 갖는 입체 능동기뢰로 발전하고 있다.

현재 세계 각국에서 개발 운용중인 기뢰는 발화방식, 부설위치, 부설수단에 따라 표 6-28과 같이 분류할 수 있다.

표 6-28 기뢰의 분류

구분	종류	특성
발화 방식	조종기뢰	• 해안 통제소에 유선으로 연결되어 조종되는 기뢰 • 해안 방어 및 상륙, 도하공격 저지용
	접촉기뢰	• 선체와 직접 접촉하여 발화하는 기뢰 • 충격신관식, 화학촉각식, 장력식
	감응기뢰	• 선박통과에 따른 물리적 변화를 원격 감지하여 발화하는 기뢰 • 자기, 음향, 압력 및 복합 감응식
부설 위치	해저기뢰	• 해저에 가라앉아 위치가 고정되는 기뢰 • 주로 감응식 기뢰
	계류기뢰	• 주 몸체는 수면하의 일정한 수심에 위치하고 계류색으로 연결된 닻으로 해저에 고정되는 기뢰 • 감응식, 접촉식, 목표추적식 기뢰
	부유기뢰	• 수면 근처에서 조류를 따라 떠다니는 기뢰
부설 수단	수상함 부설용 기뢰	• 대량의 기뢰를 방어용으로 부설 시 사용
	잠수함 부설용 기뢰	• 공격용 기뢰를 방어용으로 부설 시 사용
	항공기 부설용 기뢰	• 신속 다량의 기뢰부설 요구 시 • 공격, 방어용 기뢰부설에 사용

부설위치에 따른 분류: 부류기뢰 계류기뢰 해저기뢰
발화방식에 따른 분류: 접촉기뢰 감응기뢰 조종기뢰

부류기뢰
• 조류에 따라 흘러다니다 충격
  전기/화학적 작용으로 폭발
• 최근 거의 사용되지 않음

계류기뢰
• 특정 지역 수심에 부설 가능
• 직접 접촉 또는 원거리 감지로 폭발

해저기뢰
• 스스로 무게에 의해 해저 일정한
  지점에 위치하도록 만들어진 기뢰
• 주로 감응(자기/음향/압력/복합)기뢰

그림 6-64 기뢰 종류별 부설 현황

6.4.2 기뢰의 구성 및 감응원리

(1) 기뢰의 구성

기뢰는 외부 표적의 자기, 음향, 압력신호를 감지하기 위한 탐지부, 탐지된 표적 신호를 감응하여 표적신호처리, 무장해제 및 지연, 계수 등의 기능을 갖춘 발화 및 기폭장치, 장약을 갖춘 무기체계이다. 그림 6-65는 자기음향 복합감응 기뢰의 구성도를 예로 보여주고 있다. 기뢰는 크게 제어부, 기본탄두, 추가탄두로 구성된다. 제어부는 기뢰의 전반적 작동제어와 표적신호를 수신하며 수중청음기, 수압스위치, 자력계, 발화장치로 구성된다. 수중청음기는 기뢰 주변에서 발생되는 음향신호를 전기신호로 변환하여 발화장치에 공급한다. 자력계는 표적이 기뢰에 접근 및 통과 시 발생하는 지자기 변화 절대값을 전기적 신호로 변환하여 발화장치에 공급한다. 수압스위치는 일정 수압 도달 시 작동하며 발화장치에 동작전원을 공급하고 기폭 전원을 인가한다. 기본탄두는 신관과 폭약으로 구성되어 있으며 신관은 정해진 수압에서 무장된다. 폭발 위력 증대를 위해 추가탄두도 장착 가능한 기뢰도 있다.

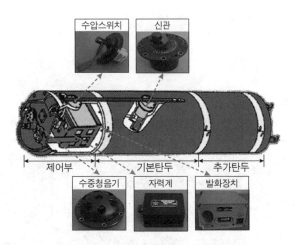

그림 6-65 기뢰의 구성 예(자기음향 복합기뢰)

(2) 기뢰의 감응원리

함정은 선체가 강자성체이거나 강자성 물체를 탑재하고 있으며, 이러한 강자성체가 이동할 경우 그림 6-66과 같이 자기의 세기가 변하게 된다. 기뢰는 이와 같은 자기의 변화값을 감지하여 사전 입력된 자기 신호처리 로직 조건에 만족하면 감응(기폭)을 하게 되는데 이를 자기 감응이라고 한다.

음향 감응은 함정에서 발생하는 소음을 청취하여 감응하는 것으로 함정이 항해하게 되면 주기관을 비롯한 각종 기기의 작동 소음, 추진 소음 및 선체의 수중 마찰 소음이 발생하고, 이 소음은 그림 6-67과 같이 음향세기 변화값을 나타낸다. 음향감응 기뢰는 이와 같은 음향세기 변화를 감지하여 사전 입력된 음향 신호처리 로직 조건에 만족하면 감응(기폭)을 하게 된다.

자기음향 복합감응은 함정에 의해 발생하는 자기 및 음향신호를 동시에 감응하는 것으로, 함정이 이동하게 되면 설명한 대로 자기와 음향의 세기가 변하게 되고, 자기음향 복합감응 기뢰는 이와 같은 자기 및 음향세기의 변화를 감지하여 사전 입력된 자기 및 음향 신호처리 로직 조건 모두를 만족하면 감응(기폭)을 하게 된다.

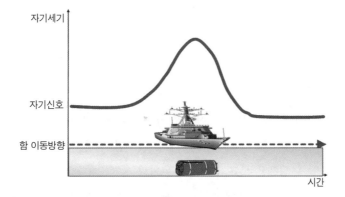

그림 6-66 표적접근 시 자기세기의 변화

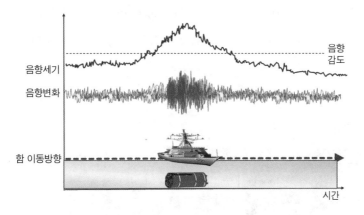

그림 6-67 표적접근 시 음향세기의 변화

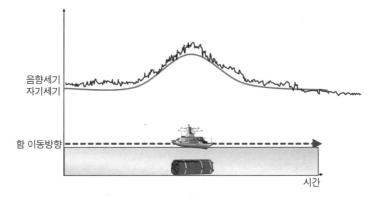

그림 6-68 표적접근 시 음향 및 자기세기의 변화

6.4.3 주요 국가 기뢰 운용현황

(1) 미국

1970년대까지 미국의 기뢰는 MK50 계열과 폭탄기뢰DST: DeStructor Mine가 주류를 이루었다. 1970년대에 들어 미국은 새로운 개념의 기뢰 개발을 추진하였다. 천해용 DST 폭탄기뢰의 개량형인 Quick Strike 기뢰, 잠수함 부설 자항기뢰SLMM: Submarine Launched Mobile Mine, 심해용 목표 추적식 능동기뢰CAPTOR: enCAPsulated TORpedo 및 중심도IWD: Intermediate Water Depth 기뢰가 대표적이다. 이 중 중심도 기뢰는 로켓 엔진을 장착한 계류기뢰로서 표적을 향하여 수직 부상하는 방식의 PRAMPRopelled Ascent Mine 개념을 적용할 계획이었으나 예산상의 이유로 1980년에 개발계획이 취소되었다.

표 6-29는 미국의 MK50 계열 기뢰로 MK52는 항공기를 이용하여 부설하는 해저기뢰다. 1961년부터 운용되기 시작하였고, 발화장치가 기뢰로부터 분리되는 최

표 6-29 미국의 주요 기뢰 제원 – MK50 계열

구분	MK52	MK55	MK56	MK57
형상				
기뢰종류	해저기뢰	해저기뢰	계류기뢰	계류기뢰
부설수단	항공기	항공기	항공기	잠수함
감응수단	자기, 음향, 압력, 복합	자기, 음향, 압력, 복합	자기, 음향	자기, 음향
길이(m)	2.25	2.89	2.90	3.07
직경(mm)	844	1,030	570	530
무게(kg)	542~572	980~996	909	934
주장약(kg)	300~350 HBX-1	576 HBX-1	164 HBX-3	155 HBX-3
운용수심(m)	46 / 180	46 / 180	365.76	–

초의 모듈개념이 적용된 기뢰이기도 하다. MK56은 항공기를 이용하여 부설하는 계류기뢰로 1961년부터 운용을 시작하였다.

Quick Strike 계열의 기뢰는 항공기에서 부설하는 해저기뢰이며 수상표적 공격을 위해 설계되었다. 미국에서 현재 운용중인 기뢰로 F/A-18C Hornet, P-3C Orion, S-3B Viking 등의 항공기를 이용하여 해저에 부설된다. MK65는 1983년에 운용되기 시작하였으며 MK62, MK63, MK64의 뒤를 이어 운용되었다. 4,800개 이상의 Quick Strike 기뢰가 미 해군에 공급되었고, 1986년 이후 Frequency Engineering Laboratories^{FEL}가 2,500개를 인도하였다. Quick Strike 기뢰는 현재 미국의 유일한 항공기 부설용 기뢰이며, 수상함 부설 기뢰는 없고, 잠수함 부설 기뢰는 ISLMM^{Improved SLMM}으로 제한되었다. 표 6-30은 미국 Quick Strike 계열 기뢰의 제원을 보여주고 있다.

1976년 개발된 MK67 SLMM은 잠수함으로부터 발사되어 다른 함정으로는 접근하기 어려운 부설지역에 8.5마일을 자력으로 추진하여 수심이 약 100m 이내의 천해에서 운용되는 것을 목표로 하였다. MK67 SLMM은 MK37 Mod2 어뢰와 MK13

표 6-30 Quick Strike 계열 기뢰 제원

구분	MK62	MK63	MK64	MK65
형상				
기뢰종류	해저기뢰	해저기뢰	해저기뢰	해저기뢰
부설수단	항공기	항공기	항공기	항공기
길이(m)	2.2	3.0	3.8	3.3
직경(mm)	273	350	460	740
무게(kg)	227	454	900	10,867
최대수심(m)	100	100	100	100
주장약(kg)	89 H6	202 H6	-	908 PBX-103

기뢰 탄두 그리고 어뢰 음향패널 위치의 보조 제어기와 개선된 MK37 유도시스템을 탑재하였고 유선 유도부는 제거되었다.

미국은 1960년대의 어뢰 기술이 적용된 MK67 SLMM의 성능에 제한이 있음을 인식하고 개발 이후 주행거리 증가 및 유도 정확도 향상 등을 위한 성능 개선을 지속적으로 추진하였다. 또한 사거리 증가와 항해오차 감소 및 개별 작동이 가능한 두 개의 탄두기뢰 탑재 등의 개량형 SLMMImproved SLMM 개발을 다각적으로 추진하여왔다.

ISLMM은 증가된 사거리와 부설 정확도 향상, 침로 변경 능력, 저비용의 유지보수 능력을 제공한다. 두 개의 탄두를 장착한 ISLMM은 두 개의 표적을 공격할 수 있으며, MK48 어뢰에 기반을 둔 추진시스템은 적재시스템 및 21인치 발사관 등 현재뿐만 아니라 미래 잠수함과의 호환성도 가지고 있다. 탄두에 탑재된 표적탐지장치TDD:

표 6-31 CAPTOR & SLMM 계열 기뢰 제원

구분	MK60 CAPTOR	MK67 SLMM	MK76 ISLMM
형상			–
기뢰종류	계류기뢰, 능동추적기뢰 (Torpedo Mine)	해저기뢰, 자항기뢰 (Mobile Mine)	해저기뢰, 자항기뢰 (Mobile Mine)
부설수단	항공기,수상함, 잠수함	잠수함	잠수함
길이	3.68m – 항공기, 수상함 3.35m – 잠수함	4.09m	4.09m
직경	530mm(21인치)	485mm(19인치)	533mm
무게	1,077kg – 항공기, 수상함 935kg – 잠수함	754kg	800kg
주장약	44kg PBXN-103	150kg High Explosive	234kg PBXN-103
추진	MK46 Mod4 어뢰	MK37 어뢰	MK48 Mod4 어뢰

Target Detection Device MK71은 표적탐지, 분류, 위치추정 등 향상된 기뢰 알고리즘을 제공한다. ISLMM은 추진시스템과 함께 MK48 어뢰의 유선유도 방식을 유지하기 때문에 원거리에서 목표지점까지 정확히 유도를 가능하게 한다. 표 6-31은 운용이 중단된 MK60 CAPTOR와 MK67 SLMM 그리고 현재 운용되고 있는 MK76 ISLMM의 제원을 나타낸다.

(2) 유럽 국가들

러시아를 포함하여 이탈리아, 스웨덴, 영국은 기뢰전 능력을 가지고 있는 나머지 50개국을 선도하는 최신 주요 기뢰기술을 보유하고 있는 국가이다. 스페인의 MO-90 감응방식의 계류기뢰는 수상함의 공격에 견딜 수 있도록 350m 수심에서 수면으로부터 40m 심도까지 수중 계류가 가능하다. 이탈리아의 MRP 감응방식 해저기뢰는 수

표 6-32 유럽 국가 최신 기뢰 형상 및 제원

구분	MN130 Manta	Limped Mine	BGM100 Rockan	Stonefish
형상				
제조국	이탈리아	스페인	스웨덴	영국
직경(mm)	980	350	800(폭)	533
길이(mm)	–	–	1,015	1,821
높이(mm)	440	150	385	–
무게(kg)	220	6.5	190	755
주장약(kg)	130	–	105	500
작동수심(m)	2.5-100	40 이내	5-100	10-200
감응수단	음향, 자기	시한신관	음향, 자기	음향, 자기, 압력
부설수단	항공기, 함정	잠수사	수상함	항공기, 함정, 잠수함

상함 공격은 58m 심도까지, 잠수함 공격을 위해서는 수심 300m까지 부설 가능하다.

스웨덴의 Rockan과 이탈리아의 Manta 기뢰는 상대적으로 소형 기뢰이며 천해에서 사용 가능하도록 특이한 해저기뢰 형상을 가진다. 스웨덴 Bunny 기뢰는 대형으로 음향 무반향 코팅 처리된 해저기뢰다. 이들 세 종류의 기뢰는 본질적으로 스텔스 성능을 보유하고 있어서 기뢰탐색을 더욱 어렵게 한다. 영국의 Stonefish와 Sea Urchin 기뢰는 다양한 감응 방식과 표적 선택을 위한 프로그램이 가능한 로직을 가지기 때문에 기뢰제거를 매우 어렵고 복잡하게 만든다. 이들 최신 기뢰는 다양한 수심에서 사용할 수 있고 기뢰 탐지가 어렵도록 설계되어 점점 더 기뢰 탐색과 제거를 어렵게 하고 있다.

표 6-32는 유럽 국가들에서 보유한 최신형 기뢰들의 제원 및 형상을 보여주고 있다.

(3) 일본

일본의 전후 최초의 기뢰는 K-13(Type 55)이며 전시에 사용된 Type 93의 후속 버전이다. 1954년 미국의 MK6을 인수하여 Type 56(K-5)을 생산하였다. 이후 MK25와 MK36을 기본으로 K-4, K-21에서 K-24 등을 개발하였다. 이후 일본은 미국의 기뢰를 모델로 여러 가지 기뢰를 개발하였으며 최초로 자기감응 방식의 계류기뢰인 Type 71(K-5) 개발을 시작하였다. 1989년부터 항공기 부설 해저기뢰 개발을 시작으로 부유기뢰와 새로운 계류기뢰도 개발을 추진하였다. 미쓰비시는 미국으로부터 면허 생산을 통해 현대화된 기뢰를 생산하였다.

1992년부터 미 해군의 자항기뢰와 유사한 개념의 잠수함 부설용 신형기뢰인 K-RX2에 대한 기술연구 단계를 거쳐 1997년경부터 본격적인 체계개발을 시작한 것으로 알려졌다.

(4) 러시아

러시아는 초기의 접촉방식 계류기뢰를 시작으로 감응방식의 해저기뢰 등 다양한 기뢰를 개발하여 사용하고 있으며, 자항기뢰Self Propelled Bottom Mine, 능동추적기뢰Torpedo Mine 등 첨단 복합 무기체계까지 보유하고 있는 세계 최고의 기뢰 보유국이다.

러시아의 첫 번째 기뢰 개발은 1908년 중형급 계류기뢰로 알려진 M-08이다. 접촉방식에 의해 기폭되는 M-08 기뢰는 오래된 설계 및 제작 방식에도 불구하고 북한의 부품 공급을 통해 1980년대 이란에서 사용되었으며, 1991년 이라크에서도 사용되었다. M-08의 등장 이후 개량을 통해 M-12, M-16, M-26이 개발되었다. 이들 초기 기뢰의 개발 이후 러시아는 소형에서 대형, 항공기, 수상함, 잠수함 등 부설수단 별로 많은 종류의 기뢰를 개발했다. 1940년대 러시아가 최초로 개발한 감응방식의 해저기뢰는 KMD 시리즈이며 항공기 부설 모델은 AMD이다. 이 기뢰는 음향, 자기, 압력 또는 2~3가지 조합의 복합감응 방식을 적용하고 있다.

해저기뢰인 MDM 시리즈는 수상함 및 잠수함 부설 가능한 MDM-1/2, 항공기 부설 가능한 MDM-3/4/5 모델과 이들의 수출 모델인 UDM 시리즈를 보유하고 있다. 표 6-33은 러시아 MDM 시리즈의 주요 제원이며, 길이와 무게는 항공기/수상함 부설 모델의 제원을 의미한다.

표 6-33 러시아 기뢰 제원 – MDM 시리즈

구분	MDM-3	MDM-4	MDM-5
형상			
기뢰종류	해저기뢰		
길이(m)	1.580/1.525	2.785/2.300	3.055/2.400
직경(mm)	450	630	630
무게(kg)	525/635	1,370/1,420	1,500/4,470
주장약(kg)	300 HE TNT	950 HE TNT	1,350 HE TNT
감응방식	자기, 음향, 압력, 복합		
최대수심(m)	35	125	300

계류기뢰의 한 종류인 러시아의 능동추적기뢰(또는 부상기뢰)는 미국의 MK60 CAPTOR와 운용방식이 유사하다. 러시아는 수상함과 잠수함에서 부설하는 PMK-1 모델과 항공기와 잠수함에서 부설하는 PMK-2 모델을 보유하고 있다. 1970년대 초 운용을 시작한 로켓추진 방식의 대잠 무기체계인 PMR-2는 최초의 능동추적기뢰이며 그 수출 버전이 PMK-1이다. 이후 계류기뢰와 호밍 경어뢰 조합인 기뢰-어뢰Mine-Torpedo PMT-1이 개발되었으며 PMK-2가 수출 버전이다. 자항기뢰는 SMDM 시리즈가 있다.

표 6-34는 러시아의 PMK, SMDM 모델의 제원을 나타낸다.

표 6-34 러시아 기뢰 – PMK, SMDM 시리즈

구분	PMK-1	PMK-2	SMDM-3	SMDM
형상				–
기뢰종류	계류기뢰, 능동추적기뢰	계류기뢰, 능동추적기뢰	해저기뢰, 자항기뢰	해저기뢰, 자항기뢰
부설수단	잠수함, 수상함	항공기/잠수함	잠수함	잠수함
길이(m)	7.83	5.8/7.9	6	–
직경(mm)	534	533	533	533/650
무게(kg)	1,850	1,450, 1,850	1,400	–
주장약(kg)	350	1150	425	480/800
감응방식	–	–	음향, 자기, 압력, 복합	음향, 자기, 압력, 복합
무장수명	–	1년	1년	0.5~1년
최대수심(m)	400	400	8~120	6~150
항속(kts)	–	–	10	–
사거리(km)	–	–	–	18~45

(5) 중국

중국은 접촉, 자기, 음향, 압력, 복합감응 방식 등 30종류 이상의 5만~10만 개의 기뢰를 보유하고 있는 것으로 보고되고 있다. 이들 기뢰는 감응기뢰, 조종기뢰, 부상기뢰, 자항기뢰 등으로 분류된다. 중국은 기뢰전 능력을 갖추기 위해서 1950년대부터 구소련의 무기와 기술을 도입하려 노력했으며, 오랜 기간 동안 구소련과 서방의 다양한 기술을 확보하였다.

Chen-2 모델은 해저기뢰로 1972년에 개발되어 1975년에 운용을 시작했다. 음향, 접촉 및 자기 복합감응방식을 적용하였고 천해와 연안지역에서 사용할 수 있도록 특별히 설계되었다. EM-11 및 EM-12는 수출 버전으로 개발한 해저기뢰로 항공기, 수상함, 잠수함을 이용하여 부설 가능하다. 표 6-35는 이들 기뢰의 제원을 보여주고 있다.

1990년대 이후 중국은 능동추적기뢰인 EM-52와 자항기뢰인 EM-56의 개발을 완료한 것으로 추정되고 있다. EM-52 능동추적기뢰는 기뢰 부설 이후 표적을 탐지할 때까지 수심 110m 범위의 해저에 머물다가 함정이 통과할 때 수중로켓을 발사하는 부상기뢰로서 러시아의 PMK-1 및 MSHM 기뢰와 같은 계열로 판단되고 있다.

표 6-35 중국의 해저기뢰 제원

구분	EM-11	EM-12	Chen2
기뢰종류	해저기뢰	해저기뢰	해저기뢰
부설수단	항공기, 수상함,잠수함	항공기, 수상함, 잠수함	-
길 이(m)	3.1	1.5, 2.68	-
직 경(mm)	450, 533	533	-
무 게(kg)	500, 1,000	570, 950	-
주장약(kg)	300, 700	320, 700	-
감응방식	복합	복합	복합
무장수명	6개월	-	-
최대수심(m)	5 ~ 50	200	6 ~ 50

EM-56 자항기뢰는 Yu급 어뢰추진기에 기뢰를 탑재하였으며, 잠수함에서 발사되어 부설하고자 하는 장소(예를 들어 항만 중심부)에 도달하면 어뢰 엔진은 정지되고 기뢰는 해저에 부설되어 다른 해저기뢰와 같은 기능을 수행하도록 개발되었다. 표 6-36에 중국의 EM-52, EM-56, EM-57 모델의 제원을 정리하였다.

표 6-36 중국의 주요 기뢰 제원

구분	EM-52	EM-56	EM-57
형상			
기뢰종류	계류기뢰, 능동추적기뢰 (Torpedo Mine)	해저기뢰, 자항기뢰 (Mobile Mine)	계류기뢰, 조종기뢰, 능동추적기뢰(Torpedo Mine)
부설수단	잠수함	잠수함	항공기, 수상함
길이(m)	3.7	7.8	–
직경(mm)	450	533	–
무게(kg)	620	1,850	500, 1,000
주장약(kg)	140 RS-211	380 HE	300, 700
감응방식	음향	복합	복합
무장수명	1년	9개월	6개월
최대수심(m)	200	45	100
운용거리(km)	–	13	30

6.5 폭뢰

폭뢰는 1차 세계대전 때 독일의 U보트에 대항하기 위해 개발된 수중무기로서 많은 폭약이 주입되어 있고 사전에 설정한 수중의 심도에서 폭발하여 수중에 침투하는 적 잠수함(정) 공격용으로 사용하는 무기체계이다. 고속 어뢰와 같은 대잠수함용 무기가 발달함에 따라 세계 해군에서 도태되었으나, 우리나라는 대잠수함 작전

환경 고려 중형 및 소형 폭뢰 두 종류의 폭뢰를 구축함, 호위함, 초계함 등에서 운용하고 있다.

6.5.1 중형 폭뢰(MK9)

중형 폭뢰는 1차 세계대전 시 미군에서 개발되었으며, 한국 해군은 구축함, 호위함, 초계함에 탑재하여 운용중에 있다. 수중에서 침투하는 잠수함을 공격, 위협할 때 사용되며, 특히 해저에 착저하고 있는 잠수함에 대하여 효과적인 공격무기가 된다. 폭약(TNT) 86.2kg이 충전되어 있어 잠수함으로부터 20ft(6m) 이내에서 폭발하면 치명적인 손상을 줄 수 있다. 1,000톤급 잠수함을 기준으로 파괴 반경은 29ft, 임무수행 불능 수준은 43ft 이내에서 폭발 시 효과적인 것으로 알려져 있다.

표 6-37 중형 폭뢰(MK9 Mod4) 제원 및 형상

구분		제원	형 상
중량		159kg	
전장/직경		70.2cm/44.8cm	
충전물	고폭약	TNT 86.2kg	
	납	18.2kg	
침강속도		23ft/s	
		8ft/s (Spoiler Plate 부착 시)	

표 6-38 중형 폭뢰 기폭 반경에 따른 피해

기폭 반경	피해 내용
20피트 이내(6m)	적 잠수함 절단 가능
50피트 이내(15m)	적 잠수함 무력화 또는 무능력 손상
150피트 이내(45m)	적 잠수함 외피, 선체, 방향키 등을 손상

그림 6-69 중형 폭뢰 투하 장면

중형 폭뢰는 탄체Case, 기폭관Pistol, 뇌관Detonator, 부스터Booster, 전폭관Extender
으로 구성된다. 탄체는 폭약을 충전하고 있는 주 몸체로서 기폭관과 부스터, 전폭
관에 의해 최종 충전 폭약(TNT 86.2kg)을 폭발시킨다. 기폭관은 수심 1,000ft 이내
에서 작동하는 수압식 작동발화장치로 사전에 설정한 수심에서 뇌관을 발화하여
폭뢰를 폭발시키는 역할을 수행한다. 전폭관은 수압으로 작동되는 장치로 전폭관
에 결합된 부스터에 뇌관을 삽입시켜주는 역할을 수행한다. 부스터는 삽입되어 발
화되는 뇌관에 의해 주 폭약을 기폭시키며, 전폭관은 부스터를 발화시키기 위해 질
화연이 충전되어 있다.

6.5.2 소형 폭뢰

소형 폭뢰는 항만 및 연안에 침투하는 적 잠수함(정) 및 수중 침투조에 대한 공
격용으로 만들어진 수중무기로서, 주로 연안 경비정(고속정)에 적재하여 운용한다.
초기에는 구형 구축함에서 운용했던 헤지호크탄을 소형 폭뢰로 개조하여 사용하였

그림 6-70 중형 폭뢰 함정 탑재 운용현황

(a) 기폭관

(b) 전폭관

(c) 부스터

그림 6-71 중형 폭뢰 구성품 형상

으며, 세계 해군 중 유일하게 한국 해군에서만 운용하고 있는 대잠수함용 수중무기이다.

소형 폭뢰는 크게 탄두 조립체와 신관으로 구성되어 있다. 탄두 조립체는 충전몸체 금속부품 조립체, 전폭약 조립체 및 신관덮개 조립체로 결합되어 있고, 신관은 심도조절장치와 기폭장치 및 화공품으로 구성되어 투하 시 신관을 결합하여 사용한다. 신관은 작동범위가 해수면 기준 30~150ft 범위에서 30ft 간격으로 5단계로 수압에 의해서 기폭하게 되어 있다. 세팅 수심에 도달하면 수압에 의해 작동하는 기폭장치에 의해서 기폭관을 시작으로 보조작약 결합체, 탄두 조립체 내부의 전폭약 순으

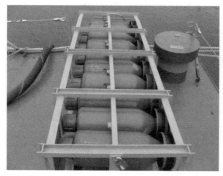

그림 6-72 PKM 함정의 소형폭뢰 투하대 및 기폭 장면

로 기폭되어 최종 고폭화약을 기폭하게 되어 있다. 탄두 조립체는 고폭화약(HBX-1, 약 13.6kg)이 충전되어 있다. 탄두 조립체의 고폭화약이 수중 목표지점 근처에서 폭발하게 되면 폭발열과 최대팽창 효과에 의해 형성된 충격 및 기포 에너지에 의해 목표물을 파괴한다. 소형 폭뢰는 함정에 설치된 폭뢰용 투하대(MK6, MK9)에 적재되어 자유낙하 투하방식으로 운용된다.

표 6-39 소형 폭뢰 주요 제원

구분		제 원	비 고
완성탄 제원	전장(mm)	600 ± 10	신관덮개 조립체 포함
	직경(mm)	183 ± 0.5	
	중량(Kg)	27.6 ± 0.4	신관조립 후
충전 작약	종 류	HBX-1	밀도 1.68g/cc 이상
	중량(Kg)	약 13.6	
전폭약	종 류	TNT	
	중량(g)	약 180	
작동수심(ft)		30 ~ 150	
침강 속도(ft/s)		평균 7.5 ± 0.5	

6.6 수중무기 발전추세

6.6.1 요격어뢰

(1) 요격어뢰 개발 배경

요격어뢰ATT: Anti Torpedo Torpedo는 잠수함과 수상함에서 적의 어뢰 공격으로부터 방어하기 위해 공격해오는 상대 어뢰를 직접적으로 차단하거나 파괴하는 무기체계이다. 적 어뢰가 다양한 기만기를 이용한 유인전술을 뚫고 공격해 들어올 경우, 어뢰 공격을 방어하는 최종 운용수단으로서 요격어뢰를 운용한다.

최근 무인잠수정, 로켓어뢰, 항적추적Wake homing 어뢰 등 첨단기술을 적용한 어뢰가 개발되어 공격능력이 향상되고 있는 추세이며, 특히 표적함의 항적을 추적함으로써 음향 대항책을 무력화시키는 항적 추적기술 개발로 지금까지 Soft kill 방식으로 적용해온 음향기만이나 회피전술로는 완전한 공격어뢰 방어가 불가능해졌다. 이에 따라 기만기의 유인전술을 뚫고 위험구역으로 공격해오는 어뢰를 요격하여 자함을 최종적으로 방어하는 Hard kill 방식의 운용개념이 등장하게 되었다. 현재 독일, 미국, 이탈리아, 프랑스 등 선진국을 중심으로 요격어뢰 기술에 대한 연구개발이 활발히 진행 중에 있으며, 이 중에서도 선두에 있는 독일의 Sea spider 개발은 상당한 진척이 이루어진 것으로 알려져 있다.

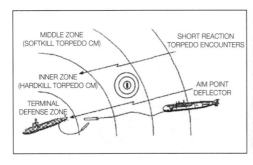 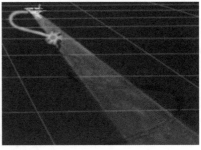

그림 6-73 요격어뢰 운용개념

(2) 독일 요격어뢰(Sea spider) 개발현황

Sea spider는 독일에서 2010~2014년 사이에 개발한 요격어뢰이다. 2014년부터 양산 및 추가 모델을 개발 중인 것으로 알려졌다. Sea spider는 잠수함 및 수상함 방어용 요격어뢰이며, 3차원 호밍3-D homing으로 360° 전방위 및 잠수함 전심도에서 방어가 가능하다. 짧은 반응시간과 자동 대응 능력을 갖추고 있으며, 고주파 소나 및 로켓추진 기술이 적용되었다. 함정 소나 및 전투체계와 연동하여 적 어뢰공격 인지 시 표적 운동 분석TMA: Target Motion Analysis을 통해 공격해오는 어뢰를 공격하는 시스템이다.

표 6-40 Sea spider 형상 및 제원

형상	
제원	• 전장: 1,940mm(잠수함용) / 2,260mm(수상함용) • 직경: 210mm • 무게: 107kg • 운용심도: 독일 212급 잠수함 운용심도와 동일(300m) ※속도, 작전반경, 선회율 등은 미공개

그림 6-74 Sea spider 운용 개념도

표 6-41 Sea spider 적재 및 운용 방법

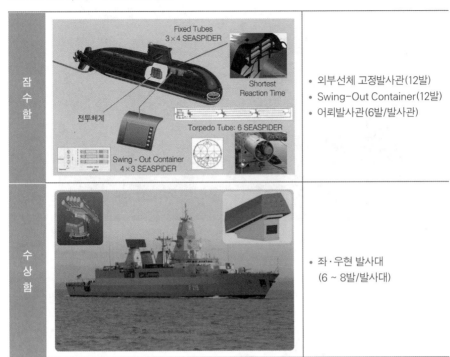

| 잠수함 | • 외부선체 고정발사관(12발)
• Swing-Out Container(12발)
• 어뢰발사관(6발/발사관) |
| 수상함 | • 좌·우현 발사대
(6 ~ 8발/발사대) |

(3) 미국 요격어뢰(AN/WSQ-11 TDS) 개발현황

AN/WSQ-11 TDS Torpedo Defense System는 미국에서 개발 중인 수상함 방어용 요격어뢰로, 1980년대 초에 MK46 대잠어뢰를 개조하여 요격어뢰 연구개발을 추진해왔으나, 1995년 운용시험에서 실패하여 기술 입증 사업으로 전환되어 ONR Office of Naval Research에서 주관하여 개발을 추진하였다. 기술개발은 펜실베이니아대학의 응용연구소와 미 해군의 병기연구소가 담당하고 있다. 종합적인 성능시험 단계에 이르지 않았으나, 수중시험에서 어뢰의 성공적인 차단기능이 확인되었다고 한다.

(4) 프랑스, 이탈리아 요격어뢰(MU90-HK) 개발현황

MU90-HK는 프랑스와 이탈리아가 공동 개발한 IMPACT 경어뢰에 ATT 기능을 부여한 요격어뢰이다. 지향성 탄두 대신 전방위 방식 탄두로 대체하였으며, 표적탐지 및 유도제어 방식은 ATT 목적으로 개조되었다.

그림 6-75 기술 입증용 요격어뢰 모델(직경 6.25in, 길이 9.25ft)

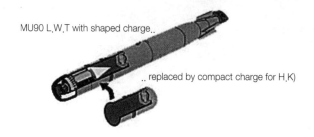

MU90 L.W.T with shaped charge..

.. replaced by compact charge for H.K)

그림 6-76 MU90-HK 요격어뢰 탄두

6.6.2 항적추적어뢰

항적추적Wake Homing 기술은 어뢰의 탐색기가 수면 방향으로 음향 탐색을 실시하여, 항적 내에 포함되어 있는 기포에 의하여 발생된 반향파를 추적하는 기술이다. 수동 음향 유도는 기만기나 함 자체의 소음을 줄임으로써 대응할 수 있으나, 항적 탐지에 의하여 어뢰가 표적으로 유도되는 경우에는 항적 자체의 고유 특성상 기만이 매우 어렵다고 할 수 있다.

기존 어뢰의 수상함 탐지방식은 수상함의 방사소음을 음향센서를 이용하여 탐지하기 때문에 표적함의 음향기만기에 취약하다. 이에 비해 항적추적어뢰의 수상

그림 6-77 함정의 항적(Wake)

함 탐지방식은 수백 kHz 대역의 고주파 음향센서를 사용하여 수상함의 기동에 의해 발생되는 기포의 음향특성을 이용 표적을 탐지하기 때문에 표적함의 음향기만기에 기만되지 않는다. 현재 러시아(UGST), 독일(DM2A4), 프랑스/이탈리아(Black Shark) 등에서 항적추적어뢰를 개발 중이다.

표 6-42 외국의 항적추적어뢰 현황 및 주요 제원

개발국	어뢰명	직경/ 길이(m)	플랫폼	추진	속력(kts)/ 항주거리(km)	탐지방식	중량/탄두량 (kg)
러시아	TEST-96	0.53 / 8.0	잠수함 수상함	전지	50 /	능/수동 음향/항적	1,800 / 250
	UTEST-71E	0.53 / 7.9	잠수함 수상함	전지	20 / 18.5 40 / 15	능/수동 음향/항적/유선	1,820 / 205
	TEST-71ME -NK	0.53 / 7.9	잠수함 수상함	전지	26, 40 / 20	능/수동 음향/항적/유선	1,820 / 205
	Type 53-65	0.53 / 7.8	잠수함 수상함	엔진	45 / 19	항적	650 / 305
	USET-80	0.53 / 8.2	잠수함 수상함	전지	45 / 19	항적	- / 250

개발국	어뢰명	직경/ 길이(m)	플랫폼	추진	속력(kts)/ 항주거리(km)	탐지방식	중량/탄두량 (kg)
	UGST	0.53 / 7.2	잠수함 수상함	전지	50 / 40	능/수동 음향/항적/유선	2,200 / 200
	TT-1 / TT-3	0.53 / 7.2, 7.5	잠수함 수상함	전지		능/수동 음향/항적/유선	2,000 / 425
	Type 65	0.65 / 11	잠수함	엔진	35 / -(DST) 50 / 50(DT)	항적	4,500 / 450(DT) 4,750/557(DST)
	TT-5 Mod1	0.65 / 11	잠수함	엔진		항적	4,750 / 765
	Latush	0.40 / 4.8	잠수함 수상함	전지		능/수동 음향/항적	730 / 80
	USET-95	0.40 / 4.7	잠수함 수상함 항공기	전지	50 / -	능/수동 음향/항적	650 / 80
이탈 리아	A184 Mod3	0.53 / 6.0	잠수함 수상함	전지	24 / 25 38 / 17	능/수동 음향/항적/유선	1,265 / 250
프랑스	F17 Mod2 AWD	0.53 / 5.4	잠수함 수상함	전지	28 / 18 40 / 11	능/수동 음향/항적/유선	1,406 / 250
이+프	BlackShark	0.53 / 6.3	잠수함 수상함	전지	50 / 50	능/수동 음향/항적/유선	1,406 / 250
독일	DM2A4-LC	0.53 / 4.0	잠수함	전지	37 / 17-33	항적	- / 250
스웨덴	TP 617	0.53 / 7.0	잠수함 수상함	엔진	/ 40	능/수동 음향/항적/유선	1,860 / 250

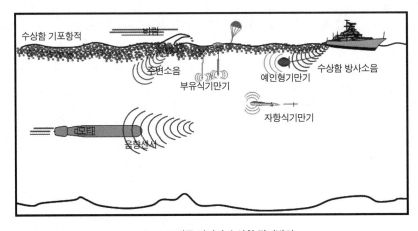

그림 6-78 기존 어뢰의 수상함 탐지방식

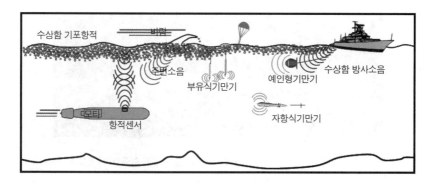

그림 6-79 항적추적어뢰의 수상함 탐지방식

6.6.3 초고속 로켓 어뢰

초고속 로켓 어뢰는 일정한 형태를 갖는 수중 운동체가 50m/s 이상의 속도로 운동하는 경우에 발생되는 초공동현상과 수중로켓추진체계를 적용하여 수중 운동체의 자연속도 한계인 78kts를 초과하는 속도로 주행하는 어뢰이다.

어뢰는 발사 플랫폼인 수상함 및 잠수함에서 획득한 표적정보를 활용하여 발사된다. 잠수함 발사관 이탈 이후 전기모터에 의하여 추진되어 초기 거동제어와 공격각으로의 정밀 조향이 수행되는 발사초기단계(①단계), 수중 로켓 엔진 작동으로

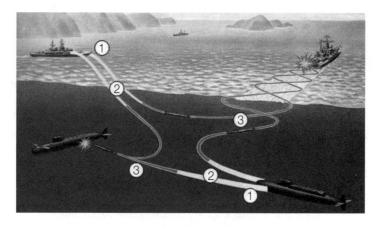

그림 6-80 초고속 로켓 어뢰 운용 개념

그림 6-81 초공동현상과 고속로켓추진기관을 이용한 수중추진 개념도

고속(200~300kts) 직진 주행하여 표적으로 고속접근단계(②단계), 터보 워터제트 엔진으로 약 80kts 내외의 속도로 주행하면서 표적탐색 및 정밀조향이 이뤄지는 종말공격단계(③단계)로 이뤄진다.

초공동현상을 적용하는 이유는 수중 운동체의 항력의 대부분을 차지하는 수중 마찰저항Skin friction이 대기 중 저항의 1,000배에 이르기 때문에 일반적인 추진에너지 증가에 의한 속력을 증가시키는 방법에는 한계가 따르기 때문이다. 따라서 이러한 현상을 발생시키는 초공동화 기술이 바로 고속 로켓어뢰의 핵심기술이 된다. 이밖에도 200kts 이상의 속력을 구현하기 위해서는 일반적인 프로펠러 사용이 곤란하므로 로켓추진 기술이 필요하며, 초공동현상이 발생하는 환경에서의 표적 탐지기술, 수중 항주 시 동체 안정 및 조종기술 개발이 요구되고 있다.

(1) 러시아

1950년대부터 구소련에서 개발을 착수하여 1970년 후반에 이미 실전 배치된 초공동화 로켓어뢰로는 Shkval이 있다. Shkval은 두부nose에서 연소가스를 배출시키는 인공공동 발생 기술을 적용하여 초공동화를 구현하였으며, 해수유입형 로켓추진기관water breathing ramjet을 적용하여 장거리 주행을 가능하게 하였다. 1998년 러시아 태평양 함대에서 첫 시험평가가 이루어진 Shkval-E는 재래식 탄두부와 유도시스템을 갖고 있으며 고속주행 후 탐색을 위해 저속주행하는 것으로 알려져 있다.

표 6-43 Shkval-E 주요 제원

길이×직경(m)	중량(kg)	탄두량(kg)	항주거리(km)	속력(kts)	운용수심(m)
8.0×0.533	2,722	210	10	50/200	400

그림 6-82 Shkval-E 형상

(2) 미국

고속 능력보다 스텔스 수중기술을 추구하여왔기 때문에 초동공화 기술발전이 적극적으로 이루어지지 않았으나, 최근 다양한 분야에 걸쳐 초공동화 무기체계 개발을 위한 핵심기술을 연구 중에 있는 것으로 알려져 있다. 이 중 어뢰 연구와 관련된 대표적인 사업 프로그램에는 고가의 화물이나 소수의 특수부대원 수송을 위한 미래 근해 임무용 초공동화 고속수중운반체SST: Superfast Submerged Transport를 시범하는 Underwater Express, 미래 해양무기체계 및 운동체를 위한 저가의 친환경, 고출력, 고효율의 공기불요 수중 추진원을 개발하고 이를 무인잠수정UUV에 시범 적용하는 Aluminum Combustor, 초공동화 운동체의 안전성, 유도/제어, 조종, 추진 등 기초 및 응용을 위한 기반기술을 Super cavitation Science & Technology에서 연구하고 있다.

(3) 독일

초공동화 탄환 연구를 기반으로 1988년부터 초공동화 로켓 연구를 시작으로 Barracuda 프로그램이 진행 중이며, 실제 환경에서의 포괄적인 실험을 기본으로 해상시험을 수행하고 미세 거동에 대한 연구는 미국과 공동으로 연구 추진 중인 것으로 알려져 있다. 아울러 향후 탐지, 유도/제어, 발사기술 등의 연구와 초공동화 수

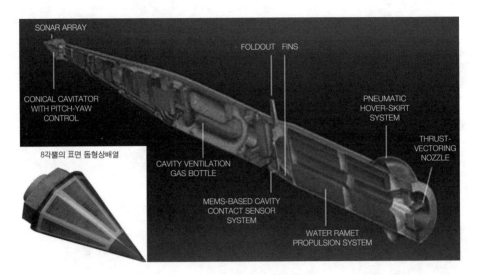

SONAR ARRAY

CONICAL CAVITATOR
WITH PITCH-YAW
CONTROL

FOLDOUT FINS

PNEUMATIC
HOVER-SKIRT
SYSTEM

THRUST-
VECTORING
NOZZLE

8각뿔의 표면 돔형상배열

CAVITY VENTILATION
GAS BOTTLE

MEMS-BASED CAVITY
CONTACT SENSOR
SYSTEM

WATER RAMET
PROPULSION SYSTEM

그림 6-83 SUPERCAP 구성도(미국)

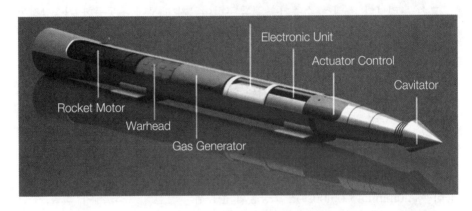

Electronic Unit

Actuator Control

Cavitator

Rocket Motor

Warhead

Gas Generator

그림 6-84 Barracuda 초공동화 로켓어뢰 형상

중로켓에 의한 수중무기시스템의 운용 가능성 연구가 진행될 예정이라고 한다.

(4) 초고속 어뢰 발전동향

수중 전장환경에서 군사력 우위 확보를 위한 신개념의 무기체계 개발이 요구되며, 러시아에서는 이미 기존의 열에너지나 전기에너지 추진원의 속도 한계를 극복하기 위해 200kts 이상 초고속 수중추진이 가능한 로켓어뢰를 개발하였다. 현재 미국, 독일 등 선진국에서도 이러한 무기체계에 대한 필요성을 재인식하고 핵심기술인 초공동화 기술을 이용한 로켓어뢰 개발연구를 진행 중에 있으며, 그 성과가 가시적으로 나타날 것으로 전망된다.

6.6.4 기뢰 발전추세

자항기뢰SLMM: Submarine Launched Mobile Mine는 잠수함 부설 해저기뢰다. 적 항구에 방어기뢰가 부설돼 있거나 수심이 낮고 수로가 좁을 경우 잠수함이 접근해 기뢰를 부설할 수 없다. 따라서 어뢰를 개조해 자력으로 움직이는 기뢰를 개발했으며 먼 거리에서 유·무선으로 유도해 원하는 위치에 기뢰를 부설할 수 있게 한다.

CAPTORCapsule Torpedo Mine는 잠수함을 표적으로 하는 미 해군의 목표 추적식 능동기뢰다. 어뢰를 캡슐과 같은 긴 통 속에 넣은 계류식 심해 기뢰로서, 표적으로부터 방사되는 수중음향을 분석해 잠수함이 작동반경 이내로 진입하면 어뢰를 발사해 표적을 능동 추적, 파괴하는 유도무기 수준의 기뢰다.

러시아의 부상기뢰RVM: Rising Vertical Mine인 PKM-1은 CAPTOR와 유사한 부설 수심 200~400m의 대잠수함 계류기뢰다. 수동소나로 표적을 탐지하고, 능동소나로 표적까지의 거리를 측정, 수직 부상하는 수중로켓을 발사해 잠수함에 충돌시키거

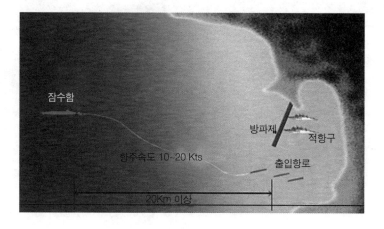

그림 6-85 자항기뢰 운용 개념

나 잠수함의 도달 예정 수심에서 폭발하게 되어 있다.

앞에서 세계 주요 국가에서 개발하고 운용하고 있는 기뢰들을 살펴본 바와 같이 오늘날 운용되고 있는 기뢰는 매우 다양하지만, 고도의 표적 선별 능력 및 소해 대응 기능을 갖는 지능적인 기뢰와 어뢰 등의 기능을 갖거나 자체 추진 장치를 가진 능동 기뢰 개념 등으로 발전하고 있음을 알 수 있다. 기술적인 측면에서 보면, 표적 탐지 및 신호처리기능 향상, 소해대항기능, 수중에서의 원격제어, 그 밖에 은밀성, 모듈화 설계에 따른 정비 운용성 향상 등의 부분에서 종래의 기뢰에 비해 큰 진전을 보였다.

먼저 표적을 탐지하기 위한 센서를 볼 때 자기센서는 초기의 탐지 선륜형에서 현재 소형 고감도의 자력계로 대치되고 있다. 머지않아 교류자장센서가 실용화되면 자기신호에 의한 표적탐지가 불과 100m 이내의 범위에서 1,000m 범위까지 확대될 가능성이 있으며 이 경우 기뢰성능 향상에 크게 기여할 수 있을 것이다. 음향센서 분야 역시 압전 세라믹 소재의 개발기술 발달로 소형 고성능화되고 있으며 종래의 작동수심 제한 문제도 해결될 것이다. 압력센서는 종래의 기계식 장치에서 반도체 기술을 적용하여 보다 소형화 및 고감도화되고 신뢰성도 크게 향상되고 있다.

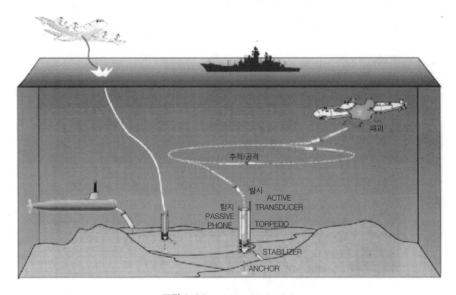

그림 6-86 CAPTOR 운용 개념

그 밖에 전기장 센서에 대한 연구가 진행되고 있으며, 러시아는 계류식 전기장 감응 기뢰UEP Mine를 현재 운용중에 있기도 하다. 표적 신호 처리 분야에서는 반도체 및 컴퓨터 등 전자공학의 빠른 발달에 힘입어 디지털 신호 처리 기술을 이용한 표적식별 및 소해 기만신호 판별, 손상효과 증대를 위한 최근접 탐지 등 70년대 이전의 기뢰에서는 찾아볼 수 없는 기능들이 가능하게 되었다. 특히 기뢰에서는 표적 식별 기술은 현재 수상함 및 잠수함의 구분을 포함하여 특정 표적 식별이 어느 정도 가능한 상태이며 적아 식별을 위한 기술적 연구가 현재 진행되고 있다.

수중에서의 원격제어 역시 현재 운용중인 실전용 기뢰에는 적용되고 있지 않지만, 최근 훈련용 기뢰에서 사용되고 있는 수중음향 통신기술이 가까운 장래에 실전용 기뢰에 적용되면 멀리서 기뢰 무장/비무장을 제어하고 표적정보 및 기능설정 등이 가능하게 될 것이다. 나아가 평화 시 적 항구에 은밀히 기뢰를 부설한 뒤 유사시 원격제어에 의하여 기뢰를 활성화시키게 될 경우 적 중요 항구에 치명적인 기뢰위협을 가할 수 있게 될 것이다.

현대 기뢰에서 또 하나의 중요 고려 요소는 탐색에 관한 것으로, 음파 반사가 적은 재질을 탄체 설계에 적용하거나 특수 흡음 도장에 의하여 부설된 기뢰가 탐색함으로부터 탐지를 더욱 어렵게 하는 연구도 진행되고 있다. 또 한편으로는 최근의 탐색 소나가 기뢰 탐색 시 원통형 물체(전 세계 기뢰 대부분은 원통형)의 식별에 두고 설계된 점을 고려, 기뢰 외형을 전혀 달리 설계하여 탐색을 혼란하게 하는 아이디어도 있으며, 스웨덴 Befors사가 개발한 Rockan 기뢰가 이러한 유형에 속한다.

모듈화 설계는 기뢰 각 구성품에서 탄두에 이르기까지 다양하게 적용될 수 있으며, 모듈화 탄두는 기뢰부설 수심이나 대상 표적에 따라 적절한 탄두 선택이 가능하므로 종래의 탄두 위력에 따라 별도 모델을 개발 운용하는 방식에 비하여 비용면에서 그리고 운용 및 유지 면에서 큰 장점이 있다. 또한 구성품의 모듈화 설계는 정비유지 측면에서의 장점뿐 아니라 운용중인 기뢰라도 향후의 기술 발전에 따라 기능추가 또는 성능개량에 대비할 수 있어 80년대 이후 이 설계방식은 보편화된 기술이 되었다.

체계적인 측면에서 보면, 현대 기뢰는 복잡한 정보처리 기능을 가진 해저기뢰

Bottom Mine형과 추진력을 가진 이동형 기뢰Mobile Mine 형태로 발전하고 있는 것으로 나타나고 있다. 향후의 해저기뢰는 디지털 신호처리 기술을 활용하여 표적식별 능력을 더욱 향상시킬 것이며, 소해함으로부터의 생존성을 보다 높일 수 있도록 개발될 것이다. 그러나 해저기뢰가 가지는 제한된 위협 범위 즉 폭발지점에서 표적에 손상을 입힐 수 있는 거리가 불과 60~70m 이내이므로 능력의 한계성이 있을 수밖에 없으며, 이를 극복하기 위하여 자체 추진장치를 가진 능동형 기뢰 분야 쪽으로의 연구개발이 보다 가속화될 것으로 예상된다.

CHAPTER **7**

함포

7.1 함포의 역사와 발전과정

함포란 전투함정에 장착된 포로 초기에는 수상함정 공격용으로만 사용되다가, 이후 육상표적 및 항공기와 미사일 등의 대공표적 공격용으로 사용되는 무기이다. 포란 관-발사Tube-launch 방식을 사용하여 포탄을 발사하는 무기를 의미하며 관-발사 형태로 발사되지만 자체 추진되는 어뢰, 로켓, 미사일과 자유 낙하되는 폭뢰 Depth charge나 기뢰Naval mine와 같은 무기는 제외된다. 즉, 포는 포탄에 충격력Impulse 을 가하여 관을 따라 빠르게 몰아내어 정해진 탄도Trajectory를 따르도록 초기 유도 Guidance를 제공하는 무기 발사체계로, 초기속도와 탄도 특성에 따라 평사포Gun, 곡 사포Howitzer, 박격포Mortar 유형으로 나누어진다. 이 중에서 평사포가 가장 큰 초기 속도와 평탄한 탄도를 가지며, 대부분의 함포는 평사포에 해당된다. 평사포가 함포 로 사용되는 이유는 포신의 길이가 구경의 40~60배에 달해 비교적 큰 초기속도를 가져 원거리를 사격할 수 있고 관통력도 크며, 평탄한 비행궤도로 탄을 비행시키면 비행시간TOF: Time of Flight이 짧고 조준이 쉬워 해전에서 표적을 상대적으로 쉽게 명 중시킬 수 있기 때문이다.

7.1.1 고대시대

함정에 포를 장착하려는 시도는 고대 로마시대로 거슬러 올라간다. 줄리어스 시 저Julius Caesar에 보면 영국 해안에서 함정에 장착된 캐터펄트Catapult 1를 사용한 것 을 알 수 있으며 비잔틴 제국의 대형 쾌속 범선Dromon에는 캐터펄트와 화염발사기 Fire thrower를 탑재하였다. 중세 말기부터 전투함은 다양한 구경의 대포를 장착하였 으며, 백년전쟁 초기인 1338년 영국과 프랑스 간의 'Arnemuiden' 전투가 함포를 사 용한 유럽의 최초 해전으로 기록되고 있다.

---

1 캐터펄트(catapult): 고대 그리스에서 사용되기 시작하여 중세 유럽시대까지 사용된 투석기

그림 7-1 Arnemuiden 해전

7.1.2 범선의 시대

16세기에 일부 갤리선Galley 2이 현측에 캐넌Cannon3을 장착하였는데 노를 젓는 위치에 캐넌을 설치하였기 때문에 속력과 기동성이 제한되었으며 대부분의 갤리선은 발사범위를 늘리기 위해 함수 및 함미 갑판에도 캐넌을 설치하였다. 당시 적함을 침몰시킬 수 있을 만큼 강력한 캐넌을 함정에 장착하기에는 함 안정성Stability에 문제가 있어 적 병력을 공격하는 용도로만 사용되었으며, 여전히 충각Naval ram4이 적함을 침몰시키는 가장 유효한 수단으로 사용되었다.

16세기에서 17세기까지 현측에 설치되는 캐넌의 수가 꾸준히 증가하였는데 프랑스 해군은 1501년에 선체에 포문Gunport을 설치하였으며, 그림 7-2와 같이 영국 해군의 메리 로즈Mary Rose5함은 여러 유형과 크기의 함포를 혼합 탑재하여 한 현측의

---

2 갤리선(galley): 노를 주로 쓰고 돛을 보조적으로 쓰는 반갑판·단갑판의 군용선
3 캐넌(cannon): 유럽에서 사용한 범선시대의 구경이 큰 포의 총칭
4 충각(naval ram): 선박의 선수와 선미에 장착하여 적 선박과 충돌할 시 상대 선박을 부수는 무기
5 메리 로즈(Mary Rose): 1509년에 건조를 시작하여 1511년에 진수한 영국 군함이다. 무게는 약 500톤으로 1545년 프랑스 함대와 교전하다가 침몰하였다.

그림 7-2 메리 로즈함

포를 일제히 발사할 수 있었다.

메리 로즈함은 당시 다른 전투함과 마찬가지로 사거리 및 크기가 다른 구형의 연철Wrought iron 포와 신형의 청동 주조Cast bronze 포를 탑재하였는데, 그 형상이 그림 7-3에 나타나 있으며 청동 포가 연철 포에 비해 내구성이 좋고 정확도가 우수하였다. 연철 포는 연철 막대기를 용접하여 원통형으로 만든 후 강철 테Iron hoop로 수축시켜 강화하였고 느릅나무의 속을 파내어 한 쌍의 바퀴를 장착하거나 바퀴가 없

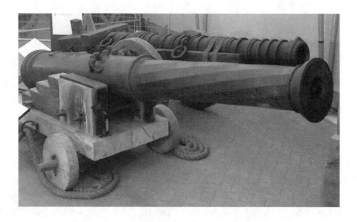

그림 7-3 청동 주조 컬버린(앞)과 연철 포(뒤)

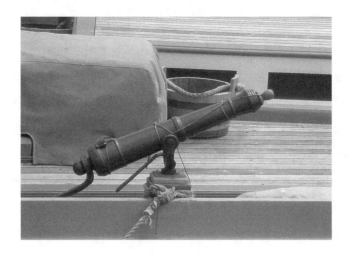

그림 7-4 스위벨 포

는 단순한 형태의 포가Carriage를 사용하였다. 청동 포는 일체형으로 주조되어 네 개의 바퀴가 달린 포가에 장착되었는데 이 형태가 19세기까지 사용되었다.

두 유형의 포는 목적에 따라 다양한 유형의 탄환을 사용하였다. 돌이나 강철로 만들어진 구 형태의 탄환은 적함의 선체를 부수는 데 사용되었고 긴 못이 달린 막

그림 7-5 포도탄

대기 형태의 탄환과 체인으로 서로 연결된 형태의 탄환이 돛을 찢거나 삭구Rigging 6에 피해를 주기 위해 사용되었다. 당시 대표적인 포인 캐넌Cannon은 32파운드의 탄환을 1.6km까지 발사할 수 있었고, 컬버린Culverin 7은 17파운드의 탄환을 2km까지 발사할 수 있었다. 후대에 컬버린 포를 복원하여 실시한 시험에서 약 90m의 거리에서 메리 로즈와 동일한 두께의 선체를 관통함을 확인하였으며 쪼개진 돌이나 조약돌을 사용하면 인명살상용으로 사용할 수 있음이 확인되었다. 일반적으로 스위벨 포Swivel gun와 같은 소형 함포는 인명살상을 위해 포도탄Grapeshot 8을 근거리에서 발사하였고, 대형 함포는 적함에 구조적 손상을 가하기 위해 무거운 단일 탄환을 사용하였다. 또한 청동 포는 연철 탄환을, 연철 포는 돌로 만들어진 탄환을 주로 사용하였다.

16세기 중반부터 19세기 중반까지는 나무로 만들어진 대형 범선에 다양한 유형

그림 7-6 36-파운드 포

---

6   삭구(rigging): 배의 돛대·활대·돛 따위를 다루기 위한 밧줄·쇠사슬·활차 등의 총칭
7   컬버린(Culverin): 15세기 프랑스에서 가장 먼저 사용되기 시작하여 16세기 영국 해군에게 전래된 후 17세기까지 사용된 대포
8   포도탄(grapeshot): 여러 개의 쇳덩어리도 된 탄환

과 크기의 함포를 주 무기로 장착하였으며 함포의 운용술 또한 큰 변화 없이 유지되었다.

1650년까지는 함포를 집중하여 발사할 수 있도록 현측에 배치하였으며 여러 층의 갑판에 배치하기도 하였다. 함포의 수와 구경은 사용하는 전술에 따라 다소 상이하였는데, 프랑스와 스페인은 먼 거리에서 삭구를 파괴하여 함이 기동력을 상실하도록 하였고, 영국과 네덜란드 공화국은 근거리에서 높은 발사율로 선체를 파괴하거나 인명을 살상하는 방식을 선호하였다. 18세기의 전함은 일반적으로 32-파운드 포Pounder 9 또는 36-파운드 포를 하부갑판에, 18-파운드 또는 24-파운드 포를 상부갑판에, 그리고 12-파운드 포를 함수갑판Forecast이나 함미갑판Quarterdeck에 장착하였으며, 당시 일반적인 영국 해군의 전함은 선원의 훈련 정도에 따라 5분에 2 내지 3회의 현측 발사가 가능하였다.

범선을 이용하여 국제무역과 해전을 수행하던 이 시대에 함포를 발사하기 위해

그림 7-7 파우더 보이(좌)

---

9 32-파운드 포(32-pounder): 무게 32파운드의 단일 강철 탄환을 발사할 수 있는 구경이 174.8mm인 포로, 포구속도가 450m/s이며 최대사거리는 3,700m

서는 많은 인력이 필요하였다. 추진제로 사용되는 흑색화약Gunpowder은 안전을 위해 갑판 아래 별도의 공간에 보관하였고, 그림 7-7과 같이 파우더 보이Powder boy라 불리는 10~14세의 소년이 필요시 흑색화약을 갑판 아래 보관 장소에서 포가 설치된 갑판까지 운반하였다.

당시 포의 발사절차를 보다 자세히 살펴보면, 이전 발사에서 타다가 남은 것들을 제거하기 위해 젖은 자루걸레로 포신의 내부를 닦아내고, 추진제인 흑색화약을 그림 7-8과 같이 점화구Touchhole 10를 통해 포신에 채운 뒤 천이나 오래된 로프로 만든 화약 마개Wad 11가 채워지고 이를 꽂을대Rammer를 이용하여 밀어 넣는다. 이후 탄환이 포미 방향으로 밀어 넣어지고 또 다른 탄환 마개를 채워 탄환이 다시 포구로 굴러 나오지 않도록 한다. 이 상태에서 포가가 포문으로 이동하여 포신이 포문 밖으로 돌출한 상태가 된다. 이때 포와 포가의 총 무게가 2톤에 달하고 함이 흔들리는 상태에 있을 수 있기 때문에 가장 많은 인력이 필요하였다.

포미의 점화구를 통해 심지에 붙은 불이나 부싯돌의 불꽃에 의해 기폭화약이 점화되어 주 화약을 발화시키면 그 추진력으로 탄환이 포신으로부터 발사되는데, 초기에는 발화장치로 화승간Linstock 12을 이용하였으나 위험하고 움직이는 함에서 정

① 탄환
② 흑색화약
③ 점화구(touchhole)

그림 7-8 캐넌의 필수 구성

---

10 점화구(touch hole): 화승포에서 약실로 통하는 구멍
11 마개(wad): 포구 장전식 포의 화약이 약실에 고정되도록 채워 넣는 솜뭉치 따위
12 화승간(linstock): 먼 곳에서 화약을 발화시키는 데 사용하는 심지를 갖춘 도구(나무 막대)

확한 발사가 제한되어 1745년 영국을 시작으로 부싯돌식 발화장치인 건로크^{Gunlock} 를 사용하였다. 건로크는 밧줄을 잡아당겨 동작하였으므로 포장^{Gun-captain}이 주퇴^{Recoil} 13 범위 밖의 포의 뒤쪽에 위치하여 함의 롤링을 고려하여 정확히 사격할 수 있게 되었다. 포에서 탄환이 발사되면 주퇴 힘에 의해 후방으로 포가 밀리는데 이러한 후방으로의 움직임은 포미로프^{Breech rope} 14에 의해 정지되었다.

당시의 포구-장전 방식의 포는 장전을 위해 포가 선체 내부에 위치해야 하기 때문에 공간상 제약이 따랐으며, 포와 포신의 크기를 증가시키려는 시도는 함의 기동성과 안정성에 영향을 주어 이 또한 제한되었다.

7.1.3 산업시대

폭약을 내부에 담고 있는 형태의 포탄^{Explosive shell}은 지상전의 경우 높은 발사각과 낮은 포구속도를 가지는 곡사포와 박격포에서는 오래 전부터 사용되었다. 단, 이 유형의 탄은 근본적으로 취급이 어려워 높은 포구속도와 평평한 탄도를 가지는 평사포용 탄으로 사용이 제한되었다.

최초로 폭약을 내포한 탄환을 사용할 수 있게 설계된 함포는 펙상^{Paixhans} 포로

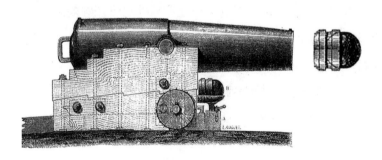

그림 7-9 펙상 함포(좌), 탄(우)

---

13 주퇴(recoil): 포신 및 기타 주퇴 운동부가 추진제 연소 시 발생하는 힘에 의해 후방으로 운동하는 것
14 포미로프(breech rope): 포미 후부의 유두상 돌기와 선체 방벽을 연결한 로프

1823년 프랑스 장군 앙리 조세프 펙상Henri-Joseph Paixhans에 의해 개발되었다. 이 포는 구경이 22cm로, 무게 30kg의 탄환을 초기속도 400m/s로 발사할 수 있었다. 또한 지연장치Delaying mechanism를 개발하여 탄이 높은 포구속도를 가지는 평사포에서 안전하게 발사될 수 있도록 하였다.

최초의 펙상 포는 1841년 프랑스 해군용으로 제작되었으며 1840년대에 영국, 러시아, 미국 등이 함포로 채택하였다. 이 포탄의 성능은 크림전쟁Cream War을 통해 증명되었는데 1853년 시노프Sinop 전투에서 이 탄에 내포된 폭약이 나무로 만든 적함에 불을 질러 피해를 줄 수 있음을 확인하였다. 단 폭발효과는 내포된 폭약, 즉 작약Bursting charge으로 흑색화약을 사용하여 제한되었다. 초기에는 작약으로 어뢰 탄두에 사용되는 고폭약High explosive을 사용하였으나 탄이 포에서 가속될 때 폭발이 발생하여 사용하지 못하고, 다이너마이트가 잠시 사용되었다가 1980년대에는 피크르산Picric acid 15이 널리 사용되었다.

또한 1850년대에 윌리엄 암스트롱William Armstrong은 영국 정부와 새로운 기술을 적용한 암스트롱 함포16 제작을 계약하였는데 이 포를 현대 지상 및 함포의 기원으로 보고 있다. 포신에 강선Riffling 17을 새길 수 있는 정밀기계가 19세기 중반에서야 개발되어 이 포의 포신에 강선을 적용함으로써 정확도가 크게 향상되었다. 작약을 내부에 담을 수 있도록 주철로 만든 암스트롱 포의 탄은 탄의 일부분을 포강보다 크게 납으로 도금Lead coating하여 강선과 마찰에 의해 탄에 자체회전Spin을 가했다. 탄의 자체회전을 통해 이 포는 강선이 없는 포구장전식 포에 비해 바람에 의한 탄의 편류Drift를 감소시키고 사거리를 증가시킬 수 있었다. 또한 암스트롱 포는 포미장전Breech-loading 방식을 선택했는데, 이 방식은 중세시대부터 사용되었으나 포가 추진장약의 폭발력을 견디기 어려운 문제점을 가지고 있었다.

---

15 피크르산(picric acid): 페놀에 황산을 작용시켜 다시 진한 질산으로 나이트로화하여 만드는 노란색 결정이며 폭약으로 쓰임

16 7-인치 암스트롱 함포(Armstrong naval gun): 암스트롱이 설계하고 제작한 함포로 1859년에서 1864년 사이 959문이 생산되었으며, 90~109파운드의 사출탄을 포구속도 340m/s로 최대 3,200m까지 발사 가능하여 110-pounder라고도 함

17 강선(riffling): 총신·포신 내부에 나선형으로 판 홈

그림 7-10 나무 포가에 장착된 7-인치 암스트롱 함포

이와 같은 포탄과 포의 발전으로 당시의 목조 전투함이 폭약을 내포한 탄에 취약해지자 이를 극복하기 위해 증기기관으로 추진되고 철로 된 장갑으로 보호되는 장갑함Ironclad이 등장하였는데, 1859년 최초로 프랑스 해군이 라 글루아르La Gloire **18**를 진수하였고, 영국과 미국 해군에서 기존의 목조 전투함을 대체하였다. 당시 이 장갑함은 기존의 청동주조 캐넌으로는 피해를 줄 수가 없었기 때문에 장갑함을 침몰시키기 위해 함포 대신 충각이 다시 등장하기도 하였으며, 함포기술의 획기적인 발전의 계기가 되었다.

청동주조 캐넌에서 발사된 탄의 최대속도는 약 480m/s로 제한되어 제한속도를 극복하여 철갑 관통력을 향상시키기 위해서는 포의 구경을 증가시켜 탄의 중량을 증가시켜야 했다. 따라서 일부 철갑 전투함은 구경이 41.3cm에 이르는 매우 무겁고 발사속도가 느린 포를 장착했는데 이 포는 철갑함의 두꺼운 선체를 관통할 수 있지만 탄이 사람이 다루기에는 너무 무거워 증기로 동작하는 기계식 장전장치를 사용하여야 했다.

---

18 라 글루아르(La Gloire): 1859년 진수하여 1879년까지 운용된 최초의 프랑스 해군 장갑함으로 배수량 5,618톤에 길이 78.22m로 최대속력은 13노트이고, 8노트의 속력으로 4,000km 항해가 가능하였으며 선체장갑의 두께는 120mm에 달한다.

그림 7-11 프랑스 장갑함 라 글루아르(La Gloire)

1867년에는 팰리저W. Palliser 경에 의해 철갑을 관통할 수 있는 팰리저 탄Palliser shot이 개발되었다. 이 탄의 재질은 주철Cast iron로 탄두를 단단하게 하기 위해 주조 시 탄두를 물로 냉각하였다. 그림 7-12와 같이 청동으로 만든 단추모양 스터드Stud 가 강선과 맞도록 탄 외부에 설치되었고 탄의 바닥부분은 속이 빈 주머니 모양이었 으며 장약이나 작약이 채워지지 않았다. 1879년 8월 앙가모스Angamos 전투에서 칠 레의 철갑함이 250파운드의 팰리저 탄으로 페루의 와스카르Huascar함을 성공적으로 공격하였으며 최초의 실전 사용으로 기록되고 있다.

팰리저 탄은 연철 장갑함에는 매우 효과적이었으나 1880년대에 처음 등장한 강 철Steel로 만든 장갑에는 효과적이지 못하였다. 따라서 탄두를 물로 냉각하여 단단 하게 만든 단강Forged-steel을 개발하였는데 이 탄은 일반적으로 탄소강Carbon steel으 로 만들어졌다. 이후 장갑성능이 향상됨에 따라 이에 맞추어 변화되었는데 1890년 대에는 탄침강Cemented steel이 일반적으로 사용되었다. 1900년대에 흑색화약 대신 무연화약을 장약으로 사용하여 포구속도가 800m/s에 이르게 되면서 철갑 관통력 이 대폭 향상되었다.

철갑탄의 개발 외에 또 다른 함포제작 기술의 중대한 발전은 포탑turret의 설치이 다. 대구경의 사거리가 긴 함포가 개발되기 이전인 19세기 중반에 전함은 양 현측에

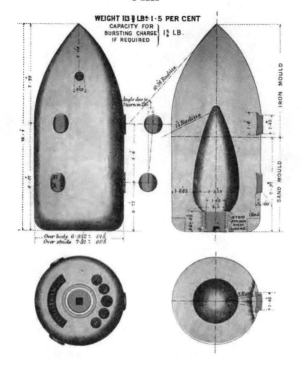

그림 7-12 7-인치 함포용 철갑 관통용 팰리저 탄

일렬의 함포를 배치하였으며 대부분 포대Casemate에 장착되었다. 따라서 다수의 함
포에 의한 전함의 화력은 함의 한쪽 현측 내 좁은 영역으로 제한되었으며 안정성 때
문에 함에 탑재할 수 있는 함포의 수와 크기 또한 제한되었다. 이러한 제한점을 극
복하기 위해 포탑의 개념이 등장하였는데, 포탑이란 적의 공격으로부터 포와 사수를
보호하고 포를 회전시켜 여러 방향으로 조준하여 사격이 가능한 철제 구조물이다.

　포탑은 1861년 영국 해군의 콜즈Cowper Phipps Coles 대령에 의해 시제품이 제작되
어 시험을 거쳐 영국 해군의 '로열 소바레인Royal Sovereign', '캡틴Captain' 등 여러 함
에 설치하였다. 당시 포탑은 둥근 모양으로 탄환을 비끼게 하여 포를 보호하였으며
보조엔진Donkey engine으로 기어를 구동하였는데 1862년 시험에서 한 바퀴 도는 데

그림 7-13 포탑을 설치한 영국 해군 캡틴함

22.5초가 소요되었고 일단 목표점을 지나치면 거꾸로 돌릴 수가 없어 한 바퀴를 더 돌아야 했다.

19세기 말 어뢰를 이용하여 대형 장갑함의 수면 아래 선체를 공격하여 침몰시킬 수 있는 소형 어뢰정Torpedo boat **19**의 등장으로 고속으로 기동하는 어뢰정을 방어하기 위해 전투함에 고속으로 발사가 가능한 속사포Quick-firing gun가 필요하였다. 1889년 영국 해군이 'Sharpshooter'함에 4.7-인치 속사포를 설치한 이래 프랑스 등 여러 해군 함에 속사포를 탑재하였다. 속사포는 1890년대에 대부분의 전드레드노트급Pre-dreadnought 전함**20**에 탑재하여 적함의 두꺼운 장갑을 뚫을 수는 없지만 상부구조물을 파괴하고 승조원을 혼란시키기 위해 사용되다가, 1900년대 초부터 대구경 함포의 발사속도가 증가하자 본래의 목적보다는 소형 함정의 주 무장으로 사

---

19 어뢰정(torpedo boat): 전투를 위해 어뢰를 운반하도록 설계된 소형의 고속 함정으로, 초기의 어뢰정은 적함에 부딪쳐 폭발하는 스파어뢰(spar torpedo)를 함수에 장착하였으며 이후에는 자체추진하는 어뢰를 탑재

20 전드레드노트급(pre-dreadnought) 전함: 1890년대 중반에서 1905년까지 건조된 대양 항해용 전함으로, 강철로 장갑을 표면처리하였고 주요 화력으로 포탑에 장착된 다수의 대구경 주포와 부포를 탑재

그림 7-14 칠레 Civil War에서 Almirante Chchrane 함을 공격하는 어뢰정

용되었다.

19세기 후반 대부분의 전함은 파괴력과 명중률을 고려하여 다양한 구경의 함포를 탑재하여 동시에 사격하였다. 포미장전 방식의 속사포는 초기에는 수동으로 장전하였으나 황동으로 만든 장약용기Cartridge와 폐쇄기 등을 이용하는 기계식 장전장치가 개발되면서 발사율이 크게 증가되었다.

19세기 후반에는 함포의 사거리가 크게 증가되어 조준점을 형성하는 것이 매우 어려운 문제로 대두되었다. 또한, 함포의 사격통제는 여러 포를 한 번에 통제하여야 할 뿐만 아니라, 표적과 함포를 탑재한 함이 함께 움직이고 긴 비행시간 동안 고려하여야 할 변수들이 많기 때문에 매우 복잡하다. 이를 해결하기 위해 정교한 기계식 계산기가 다양한 탄착 관측자Spotter와 함께 포를 조준Gun laying하기 위해 사용되었으며 측정된 거리가 함의 깊숙한 곳에 위치한 중앙 기점소Plotting station에 보내졌다. 사격지시팀Fire direction team은 함과 표적의 위치, 속력, 방향뿐만 아니라 코리올리 효과Coriolis effect, 기상에 의한 효과 등에 의한 교정값을 고려하여 사격통제Fire control 문제의 해를 구해 포의 조준방향을 포탑에 제공하였다. 또한, 탄이 표적에서 벗어나면 얼마나 벗어났는지를 관측하여 계산기로 귀환Feedback되어 조준방향을 수정하였다.

최초의 사격통제시스템은 1차 세계대전 중에 영국의 저술가 Arthur Pollen과 Frederic Charles Dreyer에 의해 개별적으로 개발되었다. 18세기 중반 이후 함포 사격술은 과학에 기반을 두고 발전하였는데 영국의 공학자 벤저민 로빈Benjamin Robins은 뉴턴 역학을 이용하여 탄환의 비행궤도를 계산하였고 비행 중 바람에 의한 탄환의 편류에 관한 많은 실험을 수행하였으며 그 결과는 이후 기술발전에 크게 기여하였다. 1890년대 후반부터 포술의 획기적인 발전이 이루어져 1906년에 영국 해군의 드레드노트Dreadnought 전함21이 진수되면서 정점에 이르렀다. 영국 해군 장교였던 Percy Scott 경은 실라Scylla함에서 자신의 새로운 사격통제 이론을 적용하여 1987년 사격시험에서 80%의 높은 명중률을 달성하였는데, 이는 이전 영국 해군의 명중률이 평균 20%였던 것을 고려하면 엄청난 발전이다. 그는 야간에 함정 간 새로운 신호체계를 개발하였고 1인치 구경의 포를 대구경 포의 포신의 내부에 장착하여 대구경 포 통제에 활용하였다. 또한 조준장치로 망원경을 사용하고 새로운 훈련용 표적을 개발하였다.

자체추진 어뢰가 개발됨에 따라 어뢰의 사정거리 밖에서 어뢰정을 공격하여야 했는데 과거에 각각의 포탑이 개별적으로 표적을 조준하여 사격하는 방식으로는 단일 표적에 대한 높은 발사율을 얻기 어려웠다. 따라서 Scott 경은 함의 전부 마스트에 디렉터Director를 설치하여 모든 포를 단일점으로 조준하여 사격하는 방식으로 발전시켜, 일제사격을 통해 탄착에 의한 물기둥Splash을 관찰하여 시각으로 조준점을 교정할 수 있었다. 당시 함정 사이의 교전거리가 약 5,500m인 것을 고려하면, 이는 사수Gunner가 탄착점을 확인하여 다음 일제사격에서 탄착점을 수정할 수 있는 정도의 거리였으나 고속으로 발사되는 소구경 포의 탄착점이 보다 느린 발사속도를 가지는 대구경 포의 탄착에 의해 발생하는 물기둥을 분간하기 어렵게 하는 문제가 발생되었으며, 이 때문에 대구경 포의 탄착점을 명확하게 식별하기 위해서는 소

---

21 드레드노트(dreadnought) 전함: 영군의 전함으로 배수량 17,900, 속력 21노트이며 구경 12″의 주포 10문을 장착. 당시 일반 전함의 2배에 달하는 주포 화력으로 다른 해군에 큰 충격을 주었으며 이함의 포장을 기준으로 하여 드레드노트급이란 용어를 사용.

그림 7-15 영국 해군의 최초의 드레드노트급 전함

구경 포의 발사를 일시 중단해야 하는 또 다른 문제가 대두되었다.

이를 해결하기 위해 1903년 이탈리아의 함 건조기술자 Vittorio Cuniberti는 영국 해군에 12문의 12-인치 구경 함포를 탑재하는 17,000톤급의 전함 건조를 제안하였는데 영국 해군은 이 전함 건조를 적극 추진하여 1906년에 드레드노트 전함을 진수하였다. 이 전함은 다섯 개의 포탑에 12-인치 구경 함포 2문을 각각 장착하여 총 10문의 주포를 탑재하였고 최대 8문의 포를 한쪽 현측으로 일제히 사격할 수 있었으며 +13.5°의 발사각에서 390kg의 철갑탄을 발사하면 포구속도가 831m/s로 사거리가 16,450m에 달했다. 분당 2발을 발사할 수 있으며 포당 80발의 탄약[22]을 적재하였다. 드레드노트 전함이 취역하여 5년이 경과되었을 때 초-드레드노트Super-dreadnought 급 전함이 건조되었는데 이 급의 최초 전함은 영국 해군의 '오리온Orion'급으로 구경 13.5-인치의 주포를 함의 중심선에 배치하여 배수량이 약 25% 증가하였다.

1차 및 2차 세계대전을 거치면서 전함이 드레드노트급의 형상을 유지함에 따라 함포는 탑재 수량은 변화 없이 구경이 증가하여 야마토Yamato급 전함은 구경이 18-인치에 달하는 주포를 탑재하였다.

---

22 탄약: 장약과 탄환(사출탄)

그림 7-16 QF 4inch V 고각포

특히 1차 세계대전 중에 항공기를 공격할 수 있도록 높은 고각으로 발사 가능한 고각포High-angle artillery의 필요성이 대두되어 1914년 'QF 4inch V' 함포가 대공용으로 'Arethusa'급 순양함에 최초로 탑재되었다. 고각포는 항공기뿐만 아니라 근거리에서 어뢰정을 공격하는 이중목적으로 사용되었다. 1차 세계대전 이후 대부분의 포는 고각을 최대 45°까지 높일 수 있었고 일부 8인치 함포는 70°까지 사용할 수 있었다.

또한, 19세기부터 전함은 함포를 이용하여 상륙작전을 지원하는 함포지원사격Naval bombardment을 수행하였는데 1차 세계대전 초 영국 전함이 함포를 이용하여 갈리폴리Gallipoli, 살로니카Salonika 전선 및 벨기에의 해안 표적을 공격한 것이 최초의 함포지원사격이다. 당시 에게해Aegean Sea와는 다르게 벨기에 연안에서는 독일군이 광범위하게 잘 정비된 포를 이용하여 해안을 방어하고 있었기 때문에 해안에 대한 지원사격이 필요하였다. 이후 영국 해군은 독일의 해안방어를 무력화하기 위한 효과적인 함포지원사격 기술을 지속하여 발전시켰는데 1918년부터 자이로Gyro를 이

그림 7-17 함포지원사격 중인 미국 해군 아이다호 전함

용하여 조준선을 형성함으로써 효과적인 간접사격Indirect fire 23이 가능하게 되었다. 2차 세계대전 중에는 휴대 가능한 통신 시스템과 중계 네트워크를 이용하여 전방 관측자가 거의 실시간 관측정보를 전달할 수 있게 되었다. 전함, 순양함 및 구축함 은 해안의 군사시설을 때로는 하루 종일 타격하기도 했는데 당시 사격통제 컴퓨터 와 레이더 성능이 제한되어 관측신호가 함정에 전달되기 전에는 명중률이 낮았다. 함포지원사격은 내륙 32km까지 가능하였으며 긴 사거리를 이용하여 종종 육상용 포의 대체용으로 사용되기도 했다.

20세기 중반부터 대공 및 대함 표적을 보다 효과적으로 타격할 수 있는 미사일 이 함포를 대체하기 시작함에 따라 1944년 이후 구경 5-인치 이상의 함포는 주로 함포지원사격에 사용되었으며 새로이 건조하는 수상함에는 이보다 큰 구경의 함포 를 거의 탑재하지 않았다. 또한 잠수함도 전술의 변화로 갑판에 함포를 더 이상 탑 재하지 않고 있다.

---

23 간접사격(indirect fire): 목표물에 직접 조준으로 사격하지 않고 관측자로 하여금 관측하게 하고, 관측자의 유도에 따라 사격하는 것

그림 7-18 5-인치 함포와 CIWS를 탑재한 구축함

현대 대부분의 구축함 및 호위함은 유도미사일의 백업 및 함포지원사격을 위해 3-인치에서 5-인치 함포 1문만을 탑재하며 그 이외에 유도미사일이 교전할 수 없는 근거리 표적과 교전하기 위해 20mm 팔랑스Phalanx와 같은 함포가 근접방어무기체계CIWS로 사용된다.

최근에는 함포의 비교적 짧은 사거리를 극복하기 위해 탄저판이나 보조 로켓을 사용하여 비행거리를 연장하고, 관성항법장치INS 24와 위성항법장치GPS 25를 이용하여 정확도가 향상된 사거리 연장 미사일약ERGM을 운용할 수 있도록 함포를 개발 중이며, 일부 수상함에서는 구경 155mm의 함포를 함포지원사격용으로 탑재하고 있다. 한편, 기존의 화약이 아닌 높은 전자기에너지Electromagnetic energy를 이용하는 새로운 개념의 레일건 및 레이저 함포에 대한 연구가 진행 중이다.

---

24 관성항법장치(INS): 자이로를 이용, 관성공간에 대해 일정한 자세를 유지하는 기준 테이블을 만들고, 그 위에 정밀한 가속도계 장치를 이용하여 이 장치를 미사일 또는 항공기 등에 탑재한다. 이 장치에 의해 발진한 순간부터 임의의 시각까지 3축방향의 가속도를 2회 적분하면 비행거리가 얻어지며, 따라서 현재위치를 알 수 있다.
25 위성항법장치(GPS): 세계 어느 곳에서든지 인공위성을 이용하여 자신의 위치를 정확히 알 수 있는 시스템으로 자동차, 선박, 비행기, 미사일 등에 사용되고 있다.

7.2 함포의 특성 및 분류

7.2.1 함포의 특성

앞에서 살펴본 바와 같이 20세기 초 함포와 사격통제체계의 제작기술 및 운용술의 발전으로 함포는 전투함의 주 무기로 대함공격, 대공방어뿐만 아니라 상륙작전지원 등 지상공격에 사용되며 그 전성기를 누렸으나, 정밀도와 파괴력이 우수한 유도미사일의 출현으로 그 역할이 감소되었다. 함포가 가지는 고유한 특성으로 인해 함정에 탑재되는 수량이 감소되긴 했지만, 유도미사일을 탑재한 함정을 포함하여 거의 모든 전투함에 보조 무기로, 일부 소형 함정에는 주 무기로 탑재되고 있다.

유도미사일에 비해 함포가 가지는 우수한 특성을 살펴보면, 전술상황에 따라 명중사격뿐만 아니라 위협사격이 가능하고, 탄이 비행 중에는 전자공격Electronic attack에 영향을 받지 않으며, 대공방어체계에 의한 물리적 파괴가 어렵고, 유도미사일에 비해 근거리 교전능력이 우수하다. 그리고 고폭탄, 철갑탄, 파편탄, 조명탄 등 여러 유형의 탄을 이용하여 단일 함포로 적함, 적항공기 및 적 유도미사일에 대한 사격 이외에도 상륙작전 지원을 위해 대지 지원사격 및 조명 사격이 가능하며, 유도미사일에 비해 소형 경량이므로 저렴하고, 탄약고에 다수의 탄약을 적재할 수 있으며, 함정이 보유한 탄약 소진 시 전장에서 재보급이 용이하다.

7.2.2 함포 및 탄약의 구성

현대의 함포는 일반적으로 포신 조성체Barrel assembly, 포좌Stand 및 포가Carriage, 구동장치Driving mechanism, 급탄장치Feeding mechanism 등 네 개의 구성품으로 제작된다.

포신 조성체는 탄환을 일정한 방향으로 높은 초기속도로 날아가게 하는 포신Barrel, 포신의 전부 끝단에 위치한 포구Muzzle와 포신의 후부에 위치하여 장약과 탄환사출탄이 장전되어 장약의 연소가 일어나는 약실Powder chamber, 급탄장치로부터 장약과 사출탄Projectile을 인계 받아 발사 위치에 공급하는 장전장치Loading mechanism,

약실에 장약과 사출탄이 장전된 후 약실을 폐쇄시키는 폐쇄기, 장약을 점화시켜 추진제 가스압력을 형성하게 하는 발사장치와 사출탄이 발사될 때 포신이 급격하게 후부로 밀리는 힘을 흡수하고 뒤로 밀린 포신을 원래 자리로 위치시키는 주퇴/복좌 Recoil/counter-recoil 장치로 구성된다.

포좌는 함정의 갑판 위에 설치되는 테두리가 달린 강철 구조물로 포대의 선회를 가능하게 하고, 포가는 포 몸통과 포신의 지지대 역할을 하며 포좌 위에 설치되어 선회한다.

구동장치는 포신이 표적을 향하도록 움직이는 장치이다. 포가를 좌우 방향으로 회전시키는 선회구동장치, 포신을 상하로 움직이는 고각구동장치, 사격통제장치에서 포대에 전달되는 포 선회 및 고각 명령신호를 수신하는 싱크로Synchro 장치와 싱크로 장치에 전달된 미약한 전기신호를 포대 구동에 필요한 구동 에너지로 변환시키는 서보Servo 장치로 구성된다.

마지막으로 급탄장치는 포가 설치된 갑판 하부의 탄약고에서 포의 장전장치까지 탄약을 신속하게 공급해주는 장치이다.

함포용 탄약은 일반적으로 장약을 발화시키는 뇌관Primer, 사출탄에 추진력을 공급하는 추진화약인 장약Powder 및 포구를 이탈하여 표적으로 날아가는 사출탄으로

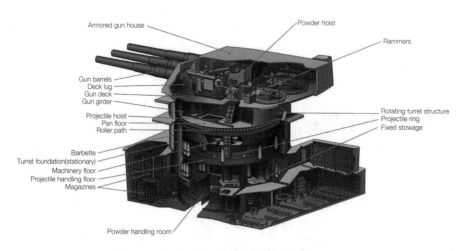

그림 7-19 함포의 구조

구성된다. 장약은 내부에 추진제를 보관하는데 그 방식에 따라 자루형 탄약과 용기형 탄약으로 구분한다. 자루형은 추진화약을 견직물 자루에 채우는 방식으로 전체 장약을 한 사람이 신속하게 취급할 수 있는 양으로 분할할 수 있어 원하는 사출탄의 초속Initial velocity을 얻기 위해서는 장약이 너무 무겁거나 체적이 커서 하나의 견고한 용기에 수용할 수 없는 함포에 제한적으로 사용된다. 과거 8-인치 이상의 대구경 함포에 주로 사용되었다. 용기형은 그림 7-20과 같이 원통형의 금속용기에 장약을 채우는 방식으로, 구성품의 연결 형태에 따라 고정식 탄약Fixed ammunition과 반고정식 탄약Semi-fixed ammunition으로 구분된다. 고정식 탄약은 뇌관이 장약에 고정되어 있고 장약과 사출탄 또한 고정되어 있는 형태로 구경 3인치 이하의 포에 주로 사용된다. 반고정식 탄약은 뇌관은 장약에 고정되어 있으나 장약과 사출탄이 분리되어 있는 형태로 5인치 함포에서 많이 사용된다.

사출탄은 원통형 몸체Body를 가지며 앞쪽 끝단은 공기에 의한 저항을 줄여 사거

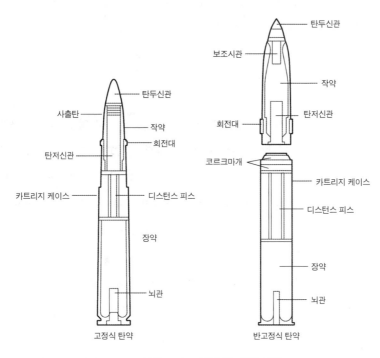

그림 7-20 고정 및 반고정식 탄약

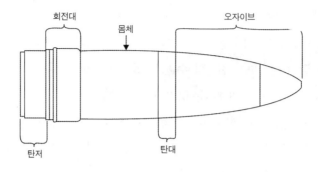

그림 7-21 사출탄의 구조

리와 정확도를 높이기 위해 원뿔형으로 되어 있다. 원뿔형 앞쪽부분 뒤에는 원통형 몸체보다 직경이 약간 큰 탄대Bourrelet가 위치하는데 이 부분이 포강과 접촉하여 접촉면적을 줄여 마찰력을 감소시킨다. 탄대 다음에 원통형 몸체가 위치하며 이 뒤에는 포강보다 직경이 약간 큰 회전대Rotating band가 위치하여 강선과 맞물려 포강내부의 가스를 밀폐시키고 사출탄을 회전시킨다. 탄저Base는 회전대 다음에 위치한 탄의 마지막 부분으로 신관 등이 결합된다.

7.2.3 함포 및 탄약의 분류

현대의 화약추진식 포의 사거리, 정확도 등 주요 성능은 포신의 형태에 따라 크게 좌우된다. 포신이란 포가 발사될 때 사출탄을 일정 방향과 속도를 가지도록 하는 금속관으로, 포신의 형태를 결정하는 주요 요소는 내부 지름, 즉 발사할 수 있는 탄약의 지름과 장약의 후부 끝단부터 포신 전부 끝단인 포구Muzzle까지의 거리인 포신의 길이이다. 따라서 포를 분류할 때는 일반적으로 함포의 성능을 결정하는 주요 요소인 구경에 따라 분류한다.

대구경 포Heavy gun는 구경 76mm(3″) 이상의 함포로 현재 사용 중인 대표적인 함포에는 5″/54 Mark45, Otobreda 127mm/54 Compact, OTO Melara 76mm/62 등이 있다. 중구경 포Medium gun는 구경 25mm(1″) 이상에서 76mm(3″) 이하의 포로, 대표적인 함포에는 Bofors 57mm와 40mmL70 단연장(S) 및 이연장(T) 포가 있다.

소구경 포Light gun는 구경 15mm(0.6″) 이상에서 25mm(1″) 이하의 포로 20mm 발칸, Oerlikon 20mm cannon 등이 대표적이고, 구경이 15mm(0.6″) 미만인 포는 소화기Small arm로 구분되며 7.62mm M-60, 5.56mm M16 등이 있다.

대부분의 포 명칭에는 포신의 구경이 포함되는데 유럽에서는 밀리미터mm 단위로 미국에서는 인치(″) 단위로 나타낸다. 그리고 대부분의 중·대구경 포는 구경에 추가하여 포신의 길이를 나타내기 위해 구경 다음에 포신의 길이를 구경으로 나눈 값인 구경장Caliber length을 표시한다. 예를 들어, 5″/54 함포는 포신의 길이가 구경 5인치의 54배인 270″(6,858m)임을 의미한다.

앞에서 소개하였듯이 용도에 따라 대함, 대지, 대공, 대유도미사일 방어 등으로 사용목적에 따라 쉽게 구분되는 유도무기(미사일 및 발사체계)와 달리 함포는 여러 유형의 함포탄을 이용하여 두 개 이상의 목적에 사용하므로 함포를 목적에 따라 구분하기는 어렵기 때문에 사용목적에 따라 탄을 구분하여 설명하고자 한다.

일반적으로 함포용 탄은 살상용과 비살상용Non-lethal shell 탄으로 나누어지며, 살상용 탄에는 철갑탄Amor-Piercing shell과 고폭탄High Explosive shell 등이 있고, 비살상용 탄에는 조명탄, 연막탄 등이 있다.

철갑탄은 앞이 무딘 형태를 가지는 강화강심의 운동에너지를 이용하여 일정 거리에서 동일한 구경에 해당하는 장갑을 관통하는 데 사용되며, 탄의 앞부분 형태와 탄 내부에 작약의 유무에 따라 여러 유형을 가진다. APArmor-Piercing탄은 가장 기본적인 유형으로 표적에 부딪칠 때 미끄러지지 않도록 탄의 앞부분이 무딘 모양을 가지는 경화강심으로 제작된다. APCArmor-Piercing Capped탄은 관통능력을 향상시키기 위해 경화강심의 두부Nose에 캡Cap을 두어 최초 표적에 충격 시 탄의 비행속도를 증가시키고 탄이 부서지는 것을 방지하는 형태이다. 이에 추가하여 비행 중 탄이 받는 항력을 줄여 공기역학적으로 양호한 탄도를 형성하기 위해 추가의 원뿔형 캡으로 탄의 앞부분을 감싸는데 이를 탄도 캡Ballistic cap 또는 바람받이Wind shied라 하며 이 유형의 탄을 APCBCArmor-Piercing Capped Ballistic Capped라 한다.

함포에서 많이 사용되는 또 다른 철갑탄의 유형으로 APHEArmor-Piercing High Explosive탄과 APIAmor-Piercing Incendiary탄이 있다. APHE탄은 철갑탄과 다음에서 설

명할 고폭탄의 중간 형태로, 장갑을 관통한 후 고폭약High-explosive의 작약을 폭발시켜 해상이나 해안의 표적을 공격하는 데 사용되는데, 경화강심의 일부 공간을 없애고 작약을 충전하고 지연신관을 사용하여 표적에 접촉 후 일정 시간이 경과하였을 때 작약을 기폭시킬 수 있는 형태를 가진다. API탄은 탄의 경화강심 두부와 캡 사이 또는 탄저 부분에 소이 물질을 배치하여 소이 기능을 추가한 형태이다.

철갑탄은 다른 사출탄에 비해 중량이 크기 때문에 초속이 낮으나 속도가 적게 줄어드는 특성을 가진다. 초기 캡이 없는 기본유형 철갑탄AP의 관통능력은 거리 100m에서 탄 구경의 두 배에 해당하는 관통능력과 500~1,000m의 거리에서 구경의 1.5~1.1배 정도의 관통능력을 가졌으나 캡을 장착한 APCBC탄의 경우 공기역학적 모양을 가져 100m에서 탄 구경의 2.5배에 해당하는 관통능력과 1,500~2,000m의 거리에서 구경의 2~1.75배 정도의 관통능력을 갖는 것으로 알려져 있다. 또한,

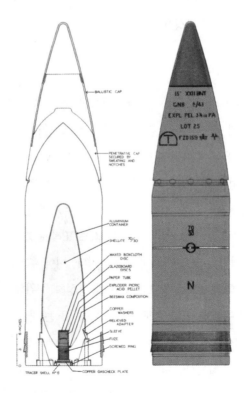

그림 7-22 15-inch 철갑탄(APCBC)

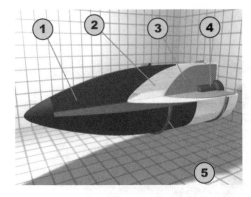

① 경량의 탄도 캡
② 경화강심(합금강)
③ 둔감 작약
④ 지연신관(표적 관통 후 폭발)
⑤ 탄대(앞) / 회전대(뒤)

그림 7-23 APHE 구성

철갑고폭탄APHE의 관통력은 통상 동일 구경 철갑탄의 1/3 수준이다. 일반적으로 탄의 비행거리가 증가할수록 탄의 속도가 줄어들어 탄의 운동에너지가 감소하여 관통성능이 저하되며 탄의 낙하각이 증가하여 표적에 부딪쳤을 때 미끄러지기 쉽다.

또 다른 철갑탄의 유형에는 탄화텅스텐Tungsten carbide과 같은 고밀도 물질High-density hard material을 기존의 경화강심의 내부에 배치하여 관통성능을 향상시키는 APCRArmor-Piercing Composite Rigid 유형과 구경보다 작은 관통자Penetrator를 포강에 맞도록 탄저판Sabot으로 감싸, 포에서 발사된 후 관통자로부터 탄저판이 이탈되어 관통력을 향상시키는 APDSArmor-Piercing Discarding Sabot와 APFSDSArmor-Piercing Fin-Stabilized Discarding Sabot가 있으며 일반적으로 강선에 의해 탄에 자체회전력을 부여하는 함포에는 사용되지 않는다.

고폭탄HE: High Explosive은 고폭약의 작약[26]이 폭발 시 생성되는 폭발력으로 신관Fuze의 유형에 따라 해상 또는 해안 목표물이나 인원을 공격하는 데 사용되며 항공기 공격용으로 사용되기도 한다. 1차 세계대전 이전이나 도중에 사용된 고폭탄은 고폭약으로 피크르산Picric acid, PETN, TNT 등을 사용하였으며 이후 RDX와 TNT의 혼합물인 Composition B가 표준 화약으로 사용되다가, 1990년대 둔감화 탄Insensitive munition에 대한 요구에 따라 RDX에 기반을 둔 다양한 유형의 PBXPlastic

---

26 작약(burst charge): 포탄, 폭탄 따위를 작렬시키는 작용을 하는 화약

그림 7-24 탄저판이 이탈되는 APFSDS

Bonded Explosives를 사용하고 있다.

고폭탄은 신관이 작약을 기폭시키면 용기가 파괴되어 고온의 날카로운 모양의 조각(파편)이 형성되어 고속으로 퍼져나가는데, 보호되지 않은 사람과 같은 연성 표적Soft target의 대부분의 피해는 폭풍Blast보다는 파편에 의해 발생한다. 작약의 기폭위치에 따라 다양한 신관을 사용하는데 지상에서 기폭이 발생해야 하는 경우 주로 충격신관을 사용하며 일정 거리를 지하로 파고들어 기폭시키기 위해 지연신관을 추가로 사용하기도 한다.

이외에도 공중에서 기폭시기기 위해서는 시한Time이나 근접신관Proximity fuze을 사용하기도 하며 시한신관과 근접신관을 결합한 CVTControllable Variable Time 신관 등 여러 기능을 통합한 다기능 신관Multi-function fuze을 사용하여 일정 거리 구간에만 근접신관이 동작하여 우군의 피해를 방지하고 해면 반사파에 의한 근접신관의 오작동을 방지하기도 한다. 이러한 다기능 신관은 고속으로 기동하는 소형표적 상공 적절한 높이나 지상표적에 최대의 피해를 가할 수 있는 높이에서 기폭하여 손상체적Damage volume을 증가시킴으로써 표적을 효과적으로 공격할 수 있는데, 효과적인 사용을 위해 기폭 위치 산출을 위한 사격통제체계와 발사 전 신관을 설정할 수 있는 함포 장전계통에 신관 설정기Fuze programmer를 가진다.

앞에서 살펴본 바와 같이 고폭탄은 철갑탄과 달리 여러 유형의 신관을 사용하므로 통상적으로 고폭탄을 표기할 때 고폭탄을 의미하는 HE 뒤에 신관 유형을 붙여 'HE-신관유형'의 명칭을 가지는데 그 예로 충격신관을 장착한 고폭탄인 HE-PD와 근접신관을 가지는 고폭탄인 HE-VT 등이 있다.

대부분의 고폭탄은 사출탄의 얇은 외피 내에 고폭약을 채워 넣은 형태이며, 일부 사출탄은 원하는 파편을 얻기 위해 용기에 눈금을 새기기도 하는데, 이를 성형파편탄PFF: Pre-Formed Fragment이라 한다. 이 탄은 표적 근처에서 일정 조건이 만족되었을 때 작약을 기폭시켜 생성되는 탄 용기의 파편을 이용하여 주로 대공표적을 공격하기 위해 사용되며 제한적으로 연안 포격에 사용되기도 한다. 또 다른 사출탄의 형태에는 작약이 차지하는 일부 공간을 쇠구슬 등으로 채워 쇠구슬이 비산하면서 가지는 운동에너지를 이용하여 표적에 손상을 가하는 HE-KEHigh Explosive Kinetic Energy 등이 있으며, 5-인치 사거연장탄ERGM과 같이 사출탄 내부에 자탄Sub-munition을 수용하여 넓은 영역에 피해를 줄 수 있는 탄을 개발하기도 하였다.

조명 및 연막탄은 살상용 탄을 이용한 표적 파괴를 지원하기 위해 조명 및 연막을 형성하는 데 사용되는 것으로, 용기에 조명 또는 연막 물질을 수용하며, 이를 방출하기 위해 소량의 폭약을 가지기도 한다. 조명탄은 그림 7-26과 같이 용기에 발광용 마그네슘 촉광자Candle와 이를 방출하는 충전화약 그리고 낙하산으로 구성되

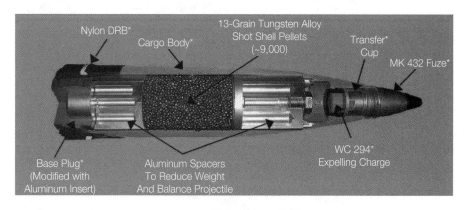

그림 7-25 HE-KE 탄 절개도

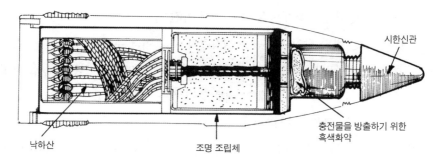

시한신관

낙하산

조명 조립체

충전물을 방출하기 위한
흑색화약

그림 7-26 조명탄의 구성

며, 야간에 적 지상표적이나 잠수함에 대한 공격을 돕기 위해 사용된다. 연막탄은
용기에 충전된 흑색화약이 점화되어 흰색, 황색, 적색의 연막을 형성하여 전장에서
병력이동을 숨기기 위해 사용된다.

현대의 조명탄은 표적 상공에서 탄으로부터 조명물질을 방출하여 불에 타지 않
는 낙하산에 매달려 느리게 하강하며 아래 지역을 조명한다. 일반적으로 조명시간
은 약 60초로 인간의 눈으로 볼 수 있는 백색광을 방출하며, 최근에 개발된 적외선
조명탄의 경우 야간관측장비Night vision device의 성능을 향상시킬 수 있도록 적외선
조명을 제공한다. 또한 특정 색을 발하는 조명탄이 표적 표시나 신호 목적으로 사
용되기도 한다.

여러 조명탄 기폭위치를 선정하여 적절한 간격으로 반복 발사함으로써 넓은 지
역을 일정 기간 동안 조명할 수 있으며 단발 발사를 통해 표적으로 고폭탄의 탄착
점을 수정하는 데 사용되기도 한다.

연막탄에는 폭발형과 사출형 두 가지 유형이 있다. 폭발형은 백린WP: White
Phosphorus과 소량의 고폭약HE을 가지며, 사출형은 3~4개의 연막용기를 기저부Base
에서 방출한다. 연막의 색은 일반적으로 흰색이며 표시 목적으로 특정 색을 가지기
도 한다.

유도사출탄Guided projectile 또는 유도포탄은 포에 의해 탄의 초기 비행유도가 주어
지고 종말단계에서 탄착 정확도를 향상시키기 위해 추가적인 유도를 이용하여 주
로 대지표적을 공격하기 위해 사용된다. 종말유도를 위해 반능동 레이저Semi-active

그림 7-27 155mm Excalibur 유도포탄

laser 탐색기나 위성항법장치GPS 수신기 등의 별도의 유도장치를 가지며, 조향성능을 높이기 위해 소형의 제어날개Control surface를 가지고, 사거리를 늘리기 위해 비행 중에 보조 로켓모터를 사용하기도 한다. 유도미사일보다 훨씬 낮은 비용으로 명중률을 높일 수 있어 127mm 및 155mm 포에 사용하기 위해 개발하고 있다.

그리고 철갑탄과 같이 화약이 포함되지 않은 탄을 제외한 모든 함포탄은 탄의 가속도를 감지하는 무장장치Arming device를 이용하여 발사 함포로부터 일정 거리를 이탈한 후 작약이나 다른 페이로드를 기폭시킬 수 있는 상태가 되어 원치 않는 탄의 기폭으로 인한 발사 함포나 함의 피해를 방지하도록 설계된다.

7.2.4 동작원리

함포, 유도미사일 및 폭탄 발사체계 등 무기를 발사하는 체계의 임무는 무기를 빠르고 안전하게 비행경로 상에 위치시키는 것이다. 여러 무기 발사체계 중에서 포는 포탄에 초기 비행에 필요한 추진력과 비행방향을 부여하고 나면, 유도미사일이나 유도사출탄과 달리 비행 중인 탄에 인위적인 추진력이나 비행방향의 변화를 제공할 수 없기 때문에, 포의 동작원리에 대한 이해를 위해서는 탄이 포신 내부에서 가속될 때 탄에 작용하는 힘과 운동에 관한 이해뿐만 아니라, 초기 탄에 부여된 운동방향에 변화를 유발시킬 수 있는 비행 중에 경험하는 여러 현상에 대한 이해가 반드시 필요하다.

먼저 급탄 및 장전장치에 의해 약실에 탄이 장전되어 있는 발사준비 상태에서 탄이 발사되는 순간을 살펴보자. 사격통제장비에서 발사신호가 함포로 전달되면 밀폐된 약실 내에서 탄의 추진제에 해당하는 장약이 발화되며 추진용 화약은 일반적으로 저성능 화약을 사용하는데 발화되면 표면에서 가스가 전개되어 약실 내부 압력이 급격하게 상승하며 이 압력이 사출탄Projectile과 포강 사이의 마찰력을 초과하면 포구 방향으로 가속되는데 사출탄이 움직이면서 증가하는 사출탄 후부의 체적 증가보다 추진제 연소에 의해 생성되는 가스의 체적 증가가 크기 때문에 압력은 계속 증가하여 사출탄을 계속 가속시킨다.

일반적으로 사출탄은 포신 내부를 진행하며 강선Rifling이라 불리는 포신 내부에 파인 나선형 홈에 의해 자체회전Spin되는데 사출탄에 회전을 주면 공기역학적으로 안정하게 되어 정확성을 향상시킬 수 있다. 포신 내에서 가속된 탄환이 포구에 도달하여 포구를 이탈할 때 탄환의 속도를 포구속도Muzzle velocity라 하는데, 포구속도를 높이면 사거리를 증가시킬 수 있으나, 높은 가스압력을 얻을 수 있는 추진제를 사용하면 이를 견딜 수 있도록 포신의 강도를 증가시켜야 하며, 포강이 과도하게 마모되어 자주 교체하여야 하고, 포구에서의 압력 또한 커서 섬광이 발생하고, 포구속도가 일정하지 않게 된다. 다른 방법으로 포신의 길이를 증가시키면 포신 내에서 팽창 가스에 의해 압력을 받는 시간이 증가하여 포구속도가 증가하나 중량이 증가하는 단점을 가진다. 따라서 과도한 포구속도의 향상보다는 포구속도를 일정하게 유지하여 포의 정확도를 향상시킬 수 있도록 설계 및 제작된다. 이외에도 포를 운영하면서 고려하여야 할 포구속도에 영향을 미치는 변수들에는 탄약의 무게, 장약의 온도, 포신의 온도 및 포강의 마모 등이 있다.

포구를 이탈한 사출탄은 외력이 작용하지 않으면 포구에서 가졌던 속력으로 초기 운동방향으로 계속 진행할 것이다. 그러나 함포를 운용하는 지구상에는 중력Gravity, 항력Drag, 바람Wind, 코리올리 효과Coriolis effect 등 여러 가지 힘이 존재하기 때문에 포구를 이탈한 사출탄은 등속 직선운동을 하지 않고 진행에 따라 속력과 운동방향이 변화하는 비행궤적을 가지는데 이를 탄도Ballistic라 하며, 보다 정확히 표현하면 외탄도Exterior ballistic라 한다.

만일 사출탄이 등속 직선운동을 한다면 포의 조준점을 형성하는 것은 매우 단순한 문제이다. 정지한 표적에 대해서는 표적방향으로 포신을 정확히 조준하면 되며, 표적이 이동한다면 표적과 탄환의 상대운동을 고려하여 출동이 예상되는 점으로 조준하여 포탄을 발사하면 된다. 그러나 직사포라 하더라도 탄환의 실제 비행궤도는 초기 전반부에는 거의 직선에 가까운 방향으로 진행하다가 후반부에는 지표를 향해 포물선 형태로 낙하하는 탄도를 가진다. 따라서 사출탄을 표적에 명중시키기 위해서는 표적의 상대운동 이외에도 포구속도와 외탄도를 고려하여 포신의 조준방향을 결정하여야 하기 때문에 위에서 언급한 여러 자연현상과 포신 내부에서의 작용을 고려한 탄도 특성관련 실험 자료를 사출탄과 표적 상호간 상대운동과 함께 계산하여 최종 조준방향을 산출하여야 한다. 이러한 복잡한 과정 때문에 포의 사거리가 그리 길지 않고 표적운동도 정확히 알 수 없으며 탄도 특성관련 자료도 적었던 시절에는 사수가 탄착점의 물기둥을 확인하여 표적과 이탈 정도를 고려하여 조준방향을 설정하였으나 사출탄의 비행시간이 길어지고 탐지/추적 장비의 발전으로 표적운동의 정확한 분석이 가능하고 포의 탄도 특성관련 자료가 확보됨에 따라 이

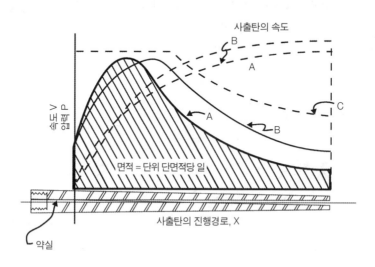

그림 7-28 포 발사 시 포신 내에서의 압력(A), 속도(B) 변화

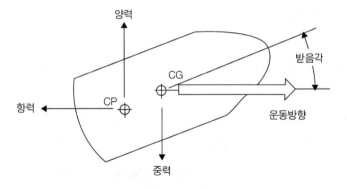

그림 7-29 사출탄에 작용하는 공기역학적 힘

들 자료를 계산기를 이용, 복잡한 계산을 수행하여 포의 조준방향을 설정한다.

위에서 살펴본 탄도 특성 때문에 함포는 외탄도학적 요소에 영향을 적게 받도록 직선 탄도에 가장 가까운 직사포를 사용한다. 특히, 속도가 빠른 대공표적을 공격하는 경우 직선에 가까운 전반부 탄도만을 사용하며 탄이 후반부 탄도에 진입하면 대부분 자폭하도록 설계한다. 현재 개발 중인 일부 사출탄은 포구 이탈 후 보조 추진제를 이용하여 사거리를 재래식 탄환보다 획기적으로 증가시키는데, 이 경우 비행시간의 증가로 발사 전 포의 조준만으로는 표적을 타격하기가 제한되어 레이저 및 위성항법장치를 이용하여 조준방향을 재설정하고 날개를 펼쳐 비행방향을 수정하기도 한다.

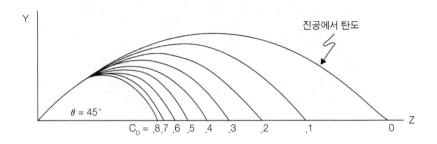

그림 7-30 진공 및 대기에서 탄도 비교

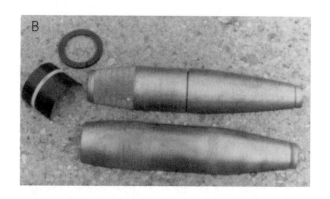

그림 7-31 보트모양의 후부를 가지는 5-인치 함포탄

　이해를 돕기 위해 외탄도에 영향을 미치는 요소를 간략하게 소개하고자 한다. 먼저 중력은 사출탄을 항상 지구중심을 향해 아래쪽으로 가속시켜 좌우가 대칭인 포물선 형태의 탄도를 형성하게 한다. 중력에 의한 비행궤도의 휘어짐에 대한 계산은 그리 어려운 문제가 아니며, 사정거리가 긴 포의 경우 수평선 너머의 수상 및 지상 표적을 공격 가능하게 한다. 항력은 사출탄이 대기 중을 비행할 때 대기의 영향으로 사출탄의 운동에 반대로 작용하는 힘이다. 사출탄이 곡선경로로 비행하기 때문에 중력과 달리 항력은 크기와 방향이 항상 변화하며 결과적으로 사출탄을 감속시켜 그림 7-30에서와 같이 진공에서의 사거리보다 사거리가 줄어들게 한다.

　함포탄은 일반적으로 항력을 최소화하기 위해 끝이 뾰족한 탄두형상을 가지며 일부 사출탄은 포구를 이탈한 후 그림 7-31과 같이 후부를 둘러싸고 있던 플라스틱 싸개가 떨어져 나가 보트의 꼬리처럼 직경이 줄어드는 부분을 노출시켜 항력을 감소시키기도 한다. 바람은 사출탄 비행시간 전체에 작용하며 방향에 따라 탄을 앞뒤 방향이나 좌우로 가속시킨다.

7.3 세계의 주요 함포

7.3.1 Bofors 57mm

이 함포는 1962년 스웨덴의 Bofors Defense사가 기존의 Bofors 57mm/L60 을 기본으로 개발하여 1966년부터 현재까지 여러 번의 개량을 거치면서 스웨덴 및 캐나다 등 여러 해군에서 사용하고 있다. 1966년 스웨덴 해군의 고속정Fast attack rate에 최초로 탑재된 MK1은 포신 길이가 3,990mm인 단연장 포로 최대사거리가 17,000m이고 유효 사거리는 8,500m로 분당 200발의 탄을 발사할 수 있었으며, 성능이 개량된 근접신관Proximity fuze을 장착한 탄을 사용 가능하고, 전기유압식 선회 및 고각장치를 사용하여 신속하게 포를 구동할 수 있다.

Mark2는 Mark1에 비해 20발 늘어난 분당 220발을 발사할 수 있고 포의 무게를 많이 줄이고 신형 서보시스템Servo system **27**을 사용하여 해면에 밀착하여 비행하는 대함미사일에 대응할 수 있도록 정확하게 원하는 방향으로 빠르게 포를 구동할 수 있는 능력을 갖춘 것으로 알려져 있다.

MK3은 2000년에 영국 해군의 Visby함에 탑재되었는데 MK2와 포대, 발사율 은 동일하며 탄약 보관량은 MK2와 같이 포대에 160발을 보관하고 이에 추가하여 갑판하부에 1,000발의 탄을 보관할 수 있는 예비 보관대Standby rack를 가지며 기존 MK2에서 사용하는 탄약 외에 3PPre-fragmented, Programmable, Proximity-fused 탄약을 사용할 수 있다. 또한, 포신 상부에 포구속도를 측정할 수 있는 레이돔을 장착하였는데 3P탄 사용 시 반드시 필요한 장치는 아니며, 사격을 하지 않을 때는 포신을 감추어 레이더 단면적을 감소시킨 새로운 외형으로 제작되었다.

이 함포에 사용되는 탄약은 직경이 57mm이고 전체 길이가 675.3mm로 전체 중량이 6.1kg이며, 2006년부터 BAE System AB에 의해 공급되는 3P 탄약은 시한

---

27 서보시스템(servo system): 물체의 위치 · 방위 · 자세 등의 변위를 제어량(출력)으로 하고, 목표값 (입력)의 임의의 변화에 추종하도록 한 제어계로서, 이 제어량이 기계적인 변위인 제어계

Time, 충격Impact, 관통Amor piercing 기능뿐만 아니라 'Gated proximity mode' 등 다양한 근접신관모드Proximity mode를 가져 다양한 표적의 특성에 맞게 사용할 수 있는 장점을 가진다. 3P 탄약은 함포에서 발사되는 순간에 탄의 신관모드를 선택함으로써 대함, 대공 및 대지 표적용으로 빠르게 탄의 기능을 전환할 수 있게 되어 함포의 유연성과 효과성이 증가되었고 더 나아가 포의 반응시간이 단축되었다. 이에 추가하여 3P탄의 사출탄은 강력한 파편성능을 보유하였으며 둔감화를 위해 작약으로 PBXPlastic Bonded Explosive를 사용하여 안전성 또한 보유한 것으로 알려져 있다.

그림 7-32 스웨덴 고속함에 탑재된 57mm MK1 함포

그림 7-33 Halifax-급 호위함에 탑재된 57mm MK2 함포

그림 7-34 Visby-급 초계함에 탑재된 57mm MK3 함포

Time

Impact

Armor Piercing

Gated Proximity

Gated Proximity with
Impact Priority

Conventional Proximity

그림 7-35 3p탄의 운용

7.3.2 76/62 OTO-Melara

이 함포는 이탈리아 방위산업체인 Oto Melara사에서 설계 및 제작하였고 초기
버전인 76/62 C 함포를 76/62 SR 및 76/62 Strales로 꾸준히 개량을 거치면서 약 60

개국 해군에서 사용하고 있다. 76/62 C^{Compact} 함포는 1964년 최초 제작된 후 1988년 발사율이 향상된 76/62 SR^{Super Rapid} 함포가 생산되었으며 대유도미사일에 대한 사격능력이 향상된 76/62 Strales 함포를 2004년에 설계하여 2008년에 제작하였다.

이 함포는 중량이 7.5톤이고 포신의 길이가 4,724.4mm인 단연장으로 좁은 공간에도 설치 가능하여 초계함^{Corvet} 및 초계정^{Patrol boat}과 같은 소형 함정에도 탑재되어 운용되고 있으며 최대사거리가 고폭약^{HE}-계열은 약 16,000m이며 76/62 SR에 사용 가능한 SAPOMER 및 VULCANO는 각각 약 20,000m와 40,000m로 알려져 있다. 고각은 −15°~+85° 범위에서 35°/s 속도로 구동이 가능하며 선회는 60°/s의 속도로 전방위로 신속하게 구동이 가능하다. 포대에 80발의 탄약을 보관할 수 있으며 발사율은 기존 76/62 C가 분당 85발이며 SR은 그 명칭에서도 알 수 있듯이 급탄장치를 개량하여 분당 120발을 발사할 수 있다. 또한 76/62 SR 함포는 발사율 향상 이외에도 레이더 단면적을 줄이기 위해 스텔스 형상이 적용되었으며 76/62 Strales 체계는 기존 76/62 C 또는 76/62 SR 함포에 DART^{Driven Ammunition Reduced Time of flight} 탄을 유도할 수 있는 유도관련 킷^{kit}을 장착한 체계로 함정의 사격통제체계와 연동되어 탄을 표적으로 유도함으로써 기존 CIWS보다 훨씬 먼 거리인 6,000~10,000m에서 대함 순항미사일을 공격할 수 있는 것으로 알려져 있다.

그림 7-36 OTO Melara 76mm Super Rapid 함포

76/62 OTO-Melara 함포는 철갑, 소이, 파편탄 및 유도포탄Guided round 등 여러 종류의 탄을 사용할 수 있어 대함전, 대공전, 대유탄전, 대지화력지원 등 다양한 임무수행이 가능하다.

HE-PD, HE-VT 등 기존 HE-계열 탄은 무게가 6.296kg으로 대함사격의 경우 최대사거리가 약 16km, 유효사거리가 약 8km이며, 대공사격의 경우 유효사거리가 85°에 위치한 대공표적에 대해 약 4km이며 일정 시간 경과 후 자폭기능을 보유한다.

76/62 Strales 함포에 사용되는 DART탄은 구경 40mm의 탄심이 이탈피Sabot에 싸여 초속 1,200m/s로 발사되며, 5초 이내에 5km를 비행 가능하다. 또한 기동하는 대함 유도미사일을 효과적으로 공격하기 위해 함포에 장착된 송신기에서 내보내는 CLOSCommand Line of Sight 유도신호를 탄의 뒤쪽에 위치한 RF 수신기에서 수신하면 유도제어부Guidance electronics가 앞쪽에 위치한 귀날개Canard를 제어하여 비행경로를 수정, 목표로 접근한 후 일정 거리 이내로 접근하면 근접신관이 동작하여 탄 후부에 장착된 텅스텐 파편탄두로 표적을 무력화한다.

근접신관은 해수면에 밀착하여 비행하는 대함미사일을 구분할 수 있어 저고도로 진입하는 대함 유도미사일을 효과적으로 공격할 수 있고 기존 CIWS의 두 배에 달하는 거리에서부터 유도미사일과 교전이 가능하여 여러 대함 유도미사일과 동시에 교전하는 상황에서 보다 긴 대응시간을 가질 수 있다. 또한 이 함포 체계는 고속 기동하는 소형함에도 사용 가능하다.

127mm 및 155mm VULCANO탄의 소형 버전인 76mm VULCANO탄은 구경이 76mm보다 작고 중량이 5kg으로 최대사거리가 40km에 달하는 사거리연장탄으

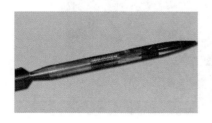

그림 7-37 DART 유도포탄

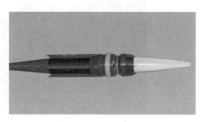

그림 7-38 VULCANO 76mm

로 관성항법장치IMU 및 위성항법장치GPS를 이용하여 표적으로 유도되며 마지막 비행단계에서는 적외선IR이나 반능동레이저SAL를 종말유도센서로 이용하기도 한다. VULCANO탄은 현재 개발 중으로 이를 이용하기 위해서는 기존 함포에 개량이 필요한 것으로 알려져 있다.

SAPOM탄은 무게가 6.35kg, 최대사거리가 16km이며 SAPOMER는 20km까지 연장되었으며 0.46kg의 고폭약을 내포한 관통탄Semi-armoured piercing으로 표적을 관통한 후에 고폭약이 폭발하도록 신관이 지연기능을 가지고 있다.

7.3.3 5″/54 Mark45

5″/54 Mark45는 5-인치 경량 함포에 대한 미국 해군의 지속적 요구를 바탕으로 현재의 BAE system사인 FMC사가 1964년부터 5″ L54 Mark19 포와 Mark45 포대로 구성된 새로운 함포 개발에 착수하여 1970년에 개발이 완료된 함포로, 1971년부터 적 함정 및 항공기 대응과 상륙작전 시 상륙지원 목적으로 미국 해군의 구축함 및 순양함에 탑재되었다.

1980년에 기존의 기계식 신관설정기Fuze setter를 전자식 신관설정기로 교체하고 포신의 수명이 연장된 Mod1로 개량되었고 1988년에 Mod1의 수출형인 Mod2로 개량되어 이전 생산 함포에 개량부분이 소급 적용되었다. Mod2 함포의 중량은 약 21.7톤으로 −15°~+65°의 고각범위 내에서 최대 20°/s로 고각 이동이 가능하였고 선회의 경우 최대 ±170°의 범위에서 초당 30°로 선회 구동이 가능하였으며 분당 16발에서 20발을 사격할 수 있었다.

Mod3의 경우 제어시스템이 개량되었으나 생산하지 않고 2000년에 다시 기존의 MK45 포대에 L62 Mark36 포를 장착하여 Mod4로 개량하였는데, 주요 개량내용으로는 추진 장약의 보다 완전한 연소를 위해 포신의 길이를 기존의 52-caliber(6.868m)에서 62-caliber(7.874m)로 연장하여 포구속도가 기존함포의 762m/s에서 807.7m/s로 증가되었으며 함포의 중량 및 크기 또한 증가하였다. 사출탄은 적 함정 공격을 위한 HE-PD, 항공기 공격을 위한 HE-VT 및 HE-CVT,

그림 7-39 5″/62 Mark45 Mod4

그림 7-40 5-인치 MS-SGP

KE-ET, 조명탄 등을 사용 가능하며 가까운 미래에 MS-SPG 등 사거리연장탄을
운용 가능할 것으로 예상된다.

MS-SGPMulti Service-Standard Guided Projectile는 로켓모터를 이용하여 추가 추진력
을 제공 받아 높은 고도로 상승한 후 중력에 의해 낙하되어 사거리를 연장하였으
며 정확도 향상을 위해 탄의 앞부분에 조종날개를 가지며 관성항법장치 및 위성항
법장치 및 이에 추가하여 광학센서를 이용하여 표적으로 유도되어 지상 표적뿐만
아니라 해상 이동 표적을 정확히 공격 가능한 것으로 알려져 있다. 5″/62 Mark45
Mod4 함포에서 운용 가능하며 탄의 길이와 중량이 증가함에 따라 탄약 취급시스
템 및 함포 조종장치에 개조가 필요하며 사격통제를 위해 임무 계획 기능의 추가가
필요한 것으로 알려져 있다.

7.3.4 Otobreda 127mm

Otobreda 127mm/54 Compact[127/54C] 함포는 이탈리아 Oto Melara사가 대함 및 대공용으로 사용하기 위해 1965년부터 설계, 1968년 최초 생산하여 현재 이탈리아 Audace급 구축함[Destroyer] 및 한국 해군의 구축함 등 다수 해군에서 사용하고 있으며 동급의 5″/54 Mark45 함포와 같은 탄약을 사용하며 발사율이 분당 40발로 5″/54 Mark45의 20발에 비해 우수하고 최대고각 또한 +83°로 5″/54에 비해 우수한 것으로 알려져 있다.

이 함포는 세 개의 22발까지 수용 가능한 장전드럼[loader drum]을 가지는 자동장전장치를 이용하여 탄을 최대 66발까지 포대에 보관할 수 있으며 HE-PD, Illum-MT[Mechanical Time], HE-VT[Variable Time], HE-CVT[Controlled Variable Time Fuze], HE-IR[Infrared] 등 임무에 따라 다양한 탄을 선별적으로 사용 가능하고 Mark67(8.3kg) 장약 사용 시 최대사거리는 약 23km이고 대함 유효사거리는 약 15km이다.

1985년 오토멜라라사는 무게가 37.5톤에 달해 주로 호위함이나 구축함에 탑재됐던 127/54C 함포를 초계함[Corvet]에도 탑재할 수 있도록 경량화한 127mm/54 Light Weight[127/54LW] 함포를 개발하였다. 이 함포는 무게가 22톤으로 모듈식 자동급탄용 탄약고[Modular automatic feeding magazine]를 사용하여 하나의 탄약 공급 모듈에서 장약을, 두 개의 모듈에서 각 20발의 사출탄을 공급하여 발사 직전에 탄종을 선택하여 사격이 가능하며 사격 중 재보급이 가능하여 지속사격이 가능하다.

2012년 오토멜라라사는 기존의 127/54LW 함포의 성능을 개량하여 127/64LW를 개발하였다. 주요 개선내용으로는 함포의 명칭에서 알 수 있듯이 포신의 길이를 기존 6.858m에서 8.128m로 증가시켰으며 4개의 사출탄 공급 모듈을 가지는 모듈식 자동 급탄용 탄약고를 장착하여 4개의 탄종을 선택하여 분당 약 25발의 발사율로 사격이 가능하며 1개의 모듈에는 14발의 탄약을 수용할 수 있도록 개선하였다. 따라서 포대에 수용 가능한 탄의 수량은 56발로 감소하였다. 포신 및 급탄장치의 개선으로 함포의 중량이 29톤으로 증가되었으며 기존 127/54C 및 127/54LW에서 사용하였던 HE-PD 등의 재래식 탄을 동일 사거리로 발사 가능하고 VULCANO 모듈을 장착하여 VULCANO 127mm탄을 운용 가능하다.

VULCANO 모듈은 사출탄의 신관 및 유도시스템Guidance system을 프로그램하고 탄의 종류, 탄도, 함의 침로를 선택하는 등 사격문제 해결임무를 수행하여 대함 및 지상화력 지원과 대공사격 능력을 향상시킨다. 127/64LW-VULCANO 함포체계는 최근에 건조된 F125-급 호위함 및 이탈리아 해군의 FREMM 등에 탑재되어 운용 예정이다.

VULCANO 127mm탄은 127/54C 및 127/64LW 함포의 정밀 함포지원사격Naval Fire Support과 원거리 대함표적 교전능력 향상을 위해 개발되었으며 발사 이후 이탈

그림 7-41 Otobreda 127/54C 함포

그림 7-42 127/64LW-VULCANO

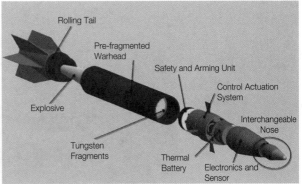

그림 7-43 VULCANO 127mm

피Sabot가 탄체로부터 이탈되어 꼬리날개로 안정된 원거리 비행이 가능하고 유도장치를 탑재하여 유도신호를 생성하고 귀날개Canard를 이용하여 표적을 향해 비행방향을 수정할 수도 있다. 유도 유무에 따라 비유도 형태인 BERBallistic Extended Range 탄과 유도 가능한 GLRGuided Long Range 탄으로 구분된다.

BER 탄은 고도Altimetric, 충격Impact/지연충격Delayed impact, 시한Time, 근접Proximity 신관을 선택할 수 있는 '다기능 프로그램 신관Multi function programmable fuze'을 사용하여 대공, 대함 등 다양한 임무수행이 가능하며 추가의 추진력 공급 없이 약 60km까지 사격이 가능한 것으로 알려져 있다. GLR 탄은 관성항법장치IMU와 위성항법장치GPS를 이용하며 최대 85km까지 함포지원사격이 가능하며 지상표적을 정밀타격하기 위해 필요시 반능동레이저를 사용하기도 한다. 또한, GLR/IR 탄은 대함 표적 정밀공격을 위해 마지막 비행단계에서 적외선 센서IR sensor를 이용한 것으로 알려져 있다.

7.3.5 골키퍼(Goalkeeper)

현재 Thales Nederland사의 전신인 Holland-Signaal사가 GAU-8 포의 공급사인 Heneral Dynamics사와 합작으로 1975년에 설계를 시작하여 1979년에 개발한

그림 7-44 골키퍼 CIWS

근접방어무기체계[CIWS] [28]로 순항 대함미사일 및 항공기뿐만 아니라 고속기동 수상함을 근거리에서 고속으로 함포탄을 발사하여 무력화하는 무기체계이다.

골키퍼는 함포 이외에도 자체 탐지 및 추적체계와 사격통제체계를 가져 표적의 탐지, 추적에서 사격문제 해결 및 교전평가 등을 단독으로 전자동으로 수행할 수 있다. 이 체계의 전체 중량은 탄을 포함하여 약 10톤으로, 빠르게 포를 원하는 방향으로 위치시킬 수 있다.

포는 A-10 Thunderbolt II 항공기에 탑재된 구경이 30mm인 포신 7개를 가지는 개틀링포[29]를 사용하여 직경이 30mm이고 길이가 173mm인 TP, HEI, MPDS[Missile Piercing Discarding Sabot], FMPDS[Frangible Missile Piercing Discarding Sabot] 탄을 1분당 4,200발의 발사율로 발사할 수 있으며 M61 Vulcan 20mm 탄에 비해 무거워 팔랑스에 비해 보다 우수한 파괴력을 가진다. 특히 MPDS와 FMPDS 탄은 포신의 구경보다

---

28 근접방어무기체계(Close-In- Weapon System): 항공기, 특히 대함 순항미사일으로부터 함정의 근거리 방어를 위해 개발한 고발률의 근접방어용 무기체계. 통상 20~40mm의 소구경 포로 구성된다.

29 개틀링포(Gatling gun): 1862년 미국의 R.개틀링이 발명한 다포신 기관포. 남북전쟁 때 처음 등장하여 사용되었으며, 그 후 여러 전쟁을 치르는 동안 개량되어, 1890년대에는 1분에 3,000발을 발사 가능한 전동식·가스식이 출현됨.

작은 직경인, 직경 21mm의 텅스텐 관통자Tungsten penetrator를 발사 이후 벗겨지는 이탈피Discarding sabot가 감싸는 구조로, 발사 이후 이탈피가 벗겨져 비행 중 감속이 적어 큰 운동에너지로 표적을 효과적으로 파괴할 수 있다. 포구속도는 MPDS 기준 1,109m/s로 탄에 따라 약간의 차이가 있으며 유효사정거리는 약 2km 정도로 알려 져 있다. 포의 선회구동은 제한 없이 가능하며 고각은 초당 80°의 빠른 속력으로 +85°에서 −25°까지 넓은 범위까지 구동이 가능하다.

7.3.6 팔랑스(Phalanx)

General Dynamics사, 현재의 Raytheon사가 설계 및 제작한 대함 유도미사일 방어를 위한 근접방어체계로, 자체 레이더에 의해 사격을 통제 받는 20mm 캐틀링 포Catling gun를 사용한다.

최초의 시제품이 시험평가를 위해 미국 해군의 King함에 1973년 장착되었고 성능 을 개량하여 1978년에 생산을 시작하여 1980년 미국 해군의 Coral Sea함에 처음 탑 재되었고 이후 1984년부터 비전투함에도 탑재가 시작되었다.

팔랑스 체계는 1960년대부터 대공포로 사용된 20mm M61 Vulcan Gatling 자 동포를 포 상부에 배치된 Ku−밴드 레이더와 연동하여 운용자의 통제 하에 자동으

그림 7-45 팔랑스 CIWS

로 자함으로 접근하는 표적을 신속하게 탐지하여 추적한 후 교전하고 교전 결과를 확인할 수 있는 단독 체계이다. 체계 중량은 5.7~6.2톤 정도이고 높이가 4.7m이며 포신의 길이는 초기 모델인 Block 0의 경우 1,520mm에서 최신 모델인 Block B에서는 1,981mm로 증가하였다. Block B의 경우 기존의 유압작동방식을 공압식으로 바꾸어 6개의 포신을 이용하여 1분에 4,500발까지 발사가 가능하며 초당 115°의 속도로 −25°~ +85° 범위 내에서 고각을 변화시킬 수 있다.

팔랑스 체계에서 사용되는 탄은 포에서 발사된 후 비행 중 텅스텐 관통자Tungsten penetrator를 감싸던 이탈피sabot가 이탈되어 표적을 효과적으로 파괴할 수 있는 철갑관통탄APDS: Armor-Piercing Discarding Sabot이며 유효사거리는 약 3.6km이다.

표 7-1 Goalkeeper와 Phalanx 비교

구분	팔랑스(Phalanx)	골키퍼(Goalkeeper)
중량(kg)	6,200	9,902
포(Gatling gun)	20mm 6포신 M61 Vulcan	30mm 7포신 GAU-8
발사율(발/분)	4,500	4,200
유효사거리(km)	3.6	2.0
장전용량(발)	1,550	1,190
포구속도(㎧)	1,100	1,109
고각/선회범위(°)	−25 ~ +75 / 360	−25 ~ +75 / 360
탄약	철갑관통탄(APDS)	TP, HEI 미사일 관통 파편탄(FMPDS) 미사일 관통탄(MPDS)

7.4 함포의 발전추세

성능 측면에서 우수한 함포란 보다 원거리에 위치한 표적을 신속 정확히 타격하여 보다 큰 피해를 줄 수 있는 포이다. 이러한 성능요소를 충족시키기 위해서는 사출탄의 비행속도 증가가 반드시 필요하다.

사출탄의 비행속도를 늘리면 표적에 가해지는 운동에너지가 증가하고 사거리도 증가하며, 탄의 비행시간이 줄어들어 사격통제문제 해결이 쉬워져 정확도가 향상되기 때문에 포구속도를 증가시키고 비행 중 외력에 의한 영향을 최소화하여 비행속도를 유지시키는 방향으로 함포는 발전하여왔다. 함포의 이전 형태인 투석기의 경우 탄성에 의한 위치에너지Potential energy를 운동에너지Kinetic energy로 변환시켜 돌이나 탄환을 발사하므로 초기속도가 크지 않아 사거리도 제한적이고 초기 비행방향의 통제 또한 쉽지가 않았다. 화약 추진식 포의 등장으로 포신 내에서 화학적 에너지를 짧은 시간 내에 운동에너지로 변화시킴으로써 탄환의 초기속도가 크게 증가하였고 초기 비행방향 제어가 용이하게 되었다. 그러나 장약을 점화시켜 연소가스에 의한 충격력을 이용하여 사출탄을 발사하는 화학식 함포는 고체 추진제의 양을 증가시켜도 기존의 점화방식으로는 추진제를 모두 연소시킬 수 없기 때문에 포구속도를 증가시키는 데에는 한계가 존재하는데 그 기술적 한계는 대략 1.8km/s이며, 이미 기술적 한계에 접근한 것으로 알려져 있다.

따라서 화학식 포가 가지는 사거리의 기술적 한계를 넘어 원거리로 사출탄을 발사할 수 있는 새로운 개념의 함포가 크게 세 형태로 개발되고 있는데, 하나는 함포의 구경보다 작은 직경을 가지는 사출탄을 사용하여 공기저항을 줄여 탄의 비행속도를 증가시키는 VULCANO와 같은 기존 함포를 일부 개조하는 형태이고, 다른 하나는 사출탄 비행 중에 추가적인 추진력을 얻기 위해 MS-SPG와 같이 로켓 등의 보조추진제를 사용하는 사거리연장탄을 사용할 수 있도록 기존 함포를 개조하거나 신형 함포를 제작하는 형태로, 155mm/62 AGSAdvanced Gun System가 대표적인 예이다.

또 다른 형태는 기존의 화학 에너지원Energy source이 아니 전기 에너지원을 이용하여 사출탄을 고속으로 발사하는 레일건Rail gun과 사출탄이 아닌 전자기에너지 덩어리를 빛의 속도로 발사하는 레이저 포Laser gun로, 레일건은 함정 탑재를 위해 개발 중이며, 레이저 포는 일부 함정에 탑재되어 시범운영 중이다.

미래 함포에 대한 보다 나은 이해를 위해 현재 개발이 진행 중인 155mm/62 AGS와 레일건 및 레이저 포의 특성을 포함하여 개략적인 개발현황을 살펴보자.

7.4.1 155mm/62 AGS

AGSAdvanced Gun System는 미국 해군의 줌왈트Zumwalt 30급 구축함에 주포로 탑재하기 위해 개발 중인 함포이다. 미국 해군이 기존 수상전투함 대부분에 사용 중인 5″/54보다 구경이 큰 155mm AGS를 신형 전투함 주포로 선택한 이유는 LRLAPLong Range Land Attack Projectile탄의 증가된 사거리를 이용하여 내륙 깊숙이 함포지원 사격하여 지상군 지원능력을 증대시킬 수 있기 때문이다. AGS는 분당 10발을 발사하여 6문의 155mm 곡사포에 해당하는 화력을 투사할 수 있으며 1문당 300발 이상의 탄을 함에 적재할 수 있다.

AGS는 원래 LRLAP만을 발사할 수 있는 수직발사 형태로 설계되었으나, 기술 및 비용 문제로 기존의 포탑 형태로 변경되었으며, 포탑 형태의 AGS는 기존 탄약도 사용할 수 있는 것으로 알려져 있다. 현재 AGS는 줌왈트급 구축함에만 탑재하는 것으로 알려져 있다.

LRLAP를 보다 자세히 살펴보면, 미국 해군이 AGS에 사용하기 위해 개발 중인

그림 7-46 155mm LRLAP

---

30 줌왈트급 구축함: 전장/전폭 182.9m/24.6m, AN/SPY-3 MFR(Multi-Function Radar) 및 토마호크, 대잠로켓, 155mm AGS 등 무장 탑재

새로운 형태의 탄약으로, 사출탄의 기저부에 보조로켓을 연소시키고, 조종날개Fin로 활공비행을 하여 사거리를 150km까지 연장하였으며, 관성항법장치INS와 위성항법장치GPS를 이용하여 종말유도를 수행하여 매우 작은 원형 공산 오차CEP31를 가진다. 탄의 길이는 223cm이고, 전체 중량은 102kg이며 이 중에서 작약의 무게는 11kg이고 단일 고폭약High-explosive을 채운 고성능 탄두를 사용하며 공중에서 폭발 가능하다.

7.4.2 레일건(Rail gun)

전자기 추진Electromagnetic propulsion은 새로운 충격-발사 개념으로, 사출탄을 움직이기 위해 가스압력 대신 전류와 자기장의 상호작용으로 생성되는 전자기력Electromagnetic force을 이용한다. 페러데이의 법칙에 따라 전류의 방향이 자기장에 직각이면 전류와 자기장에 직각인 힘이 생성된다.

전자기 충격 추진 방식을 사용하는 무기에는 코일건Coil gun이 있으며 이 포는 속이 빈 관(포신)을 통해 사출탄을 밀어내는 일련의 솔레노이드를 가진다. 코일건은 사출탄을 포신 내에서 이동시키기 위해 포신 주위에 감겨진 연속적인 코일과 사출탄을 싸고 있는 코일의 상호작용을 이용한다.

이 방법에서 사출탄을 포신 내에서 일정한 가속도로 움직이기 위해서는 포신 주위에 연속적으로 감겨 있는 코일에 정확하게 전류를 투입하는 타이밍이 필요하다. 그리고 이 방법은 정확한 타이밍뿐만 아니라 사출탄 코일에 별도의 전압을 인가해야 하기 때문에 그리 많은 관심을 끌지 못하고 있다.

미래 전자기 추진 무기에 사용될 수 있는 보다 실현가능성이 높은 방법은 레일건Rail gun으로 이 방법은 사출탄을 구속할 수 있는 홈을 가지는 두 개의 평행하게 놓인 고전도 레일Conductive rail을 사용한다. 사출탄은 전도용 전기자Conductive armature

---

31 원형 공산 오차(CEP): 발사된 미사일이나 포탄이 낙하 시 절반(50%) 이상이 분포될 것으로 예상되는 원의 반경. 사탄산포가 원형으로 나타나는 무기체계 사용 시 표적 타격 정확도를 표시하는 기준이다.

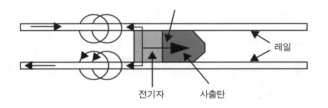

그림 7-47 레일건의 동작원리

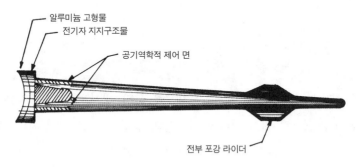

그림 7-48 레일건용 사출탄

로 일반적으로 알루미늄, 구리, 흑연으로 제작되며, 레일의 홈에 끼워져 전기회로를 형성한다.

대규모 전원공급원Power source이 하나의 레일과 연결되어 이 레일을 지난 전류는 사출탄을 통과하여 다른 레일을 통해 전원공급원으로 되돌아간다. 그림 7-47과 같이 사출탄에 흐르는 전류가 레일 상에 흐르는 전류에 의해 생성된 자기장과 상호작용하여 사출탄을 레일 방향으로 움직여 속도를 증가시킨다. 이때 힘은 레일을 통해 흐르는 전류의 제곱에 비례하기 때문에 충분한 전류가 공급되면 사출탄은 엄청난 속도로 포를 이탈할 수 있다. 그림 7-48은 레일건의 기본 설계를 나타낸다.

레일건 체계를 무기로 사용하기 위해서는 여러 문제점이 해결되어야 한다. 순간적으로 엄청난 전류를 생성할 수 있는 전원공급장치가 필요한데 대형 배터리 뱅크Battery bank나 커패시터Capacitor를 이용하는 실험적 방법은 군사적으로 활용할 수 있을 정도로 크기를 줄이기가 어려운 것으로 확인되었다. 따라서 전류 펄스를 저장하고 생산하기 위해 회전식 기계장치를 사용하는 소형 전원공급장치가 개발되고 있다.

그림 7-49 레일건 시험 발사

또 다른 문제점은 레일 자체의 문제로 사출탄을 2,500m/s 이상의 속도로 움직이기 위해서는 대량의 전류가 필요한데, 이 전류에 의해 레일 물질이 빠르게 닳아서 접촉상태가 불량해져 전류흐름과 효율을 감소시킨다.

레일의 전기저항에 의한 대량의 열 발생 또한 주요 관심사로, 열에 의해 레일이 휘어지는 것을 방지하기 위해 시스템을 빠르게 냉각시키는 것이 매우 중요하다. 제대로 동작하는 레일건 설계가 완성되어 화학-유형의 포 시스템을 대체하기 위해서는 이 문제점을 해결하기 위한 많은 연구가 필요하다.

7.4.3 레이저 포(laser gun)

레이저 포는 레이저 빔을 이용하여 표적을 공격하는 새로운 개념의 함포로 함포처럼 사출탄을 발사하지 않고 특정 방향으로 에너지를 방사하여 표적을 무력화시킨다. 여기서 레이저LASER란 '전자기파의 자극 방출에 의한 빛의 증폭Light Amplification by Stimulated Emission'을 의미하며, 전기 또는 화학에너지 등의 외부입력 에너지를 자외선, 가시광선, 적외선 스펙트럼 영역의 빛에너지로 변환시키는 장치이다.

일반적인 레이저를 만드는 원리는 그림 7-50과 같이 이득매질이라 불리는 물질

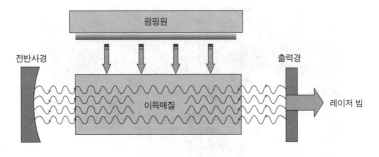

그림 7-50 레이저의 구성

에 외부로부터 에너지를 공급하여 전자electron를 들뜬 상태에 있게 만든다. 그러면 처음에는 전자들이 낮은 에너지 상태로 떨어지면서 자발 방출에 의해 사방으로 빛을 낸다. 그 중에서 거울 방향으로 방출된 빛이 반사되어 왕복하면서 자극 방출에 의해 똑같은 쌍둥이 빛을 만들어내는데 그 빛의 일부가 거울(출력경) 한쪽으로 새어 나오는 것이 레이저 빔이다. 이렇게 만들어진 빔은 평행하게 진행하는 성질이 매우 우수하여 에너지가 거의 발산되지 않아 에너지를 좁은 영역으로 집중시킬 수 있다.

레이저를 전술적 타격무기로 사용하기 위해서는 높은 효율과 양호한 품질의 빔을 생산하고 지속할 수 있어야 하며 소형이고 구조가 단순하여야 한다.

전술 레이저 무기로 개발 중인 고체 레이저에는 광섬유 레이저와 슬래브 고체레이저Slab Solid State Laser 등이 있으며 두 가지 모두 높은 효율과 양호한 빔 품질을 가지며 소형이고 견고한 것으로 알려져 있다.

고체 레이저는 일반 에너지원Energy source인 전기에너지를 무기사용 직전에 높은 파괴력을 가지는 빛에너지로 변환할 수 있으며 에너지 밀도가 높은 단색의 빛을 표적 방향으로 지향하여 빛의 속도로 거의 직선경로를 따라 표적까지 도달할 수 있으므로 조준장치 등을 추가하여 무기화하면 함포나 유도미사일 등의 기존 타격무기와 차별화되는 여러 특징을 가진다.

레이저 포가 기존 포와 비교하여 가지는 주요 장점은 빛의 속도로 표적에 파괴에너지를 전달할 수 있어 보다 신속하고 정확하게 표적을 무력화할 수 있으며, 표적상 좁은 영역에 정밀공격이 가능하고 일시적 기능 마비에서 파괴까지 효과중심의

그림 7-51 Ponce함에 탑재된 LaWS

운용이 가능하며 부수적 피해 또한 줄일 수 있다. 또한, 레이저 빔을 발사하는 데 전기에너지만 소요되므로, 소요비용이 매우 저렴하며 불발탄 발생이 없고 포신 교체도 필요치 않아 유지비용도 저렴할 뿐만 아니라 전기만 공급되면 재장전을 위한 대기시간 없이 여러 표적에 대해 연속으로 공격이 가능하다.

레이저 무기는 고출력 빔을 생성하는 레이저 발생장치 이외에도 표적을 최초로 탐지하는 탐지체계, 표적을 추적하고 요격 빔을 표적에 조준하고 유지하기 위한 추적장치, 전체 체계에 전원 공급을 위한 전원장치, 교전을 통제 및 관리하는 발사통제장치 등으로 구성된다.

1983년 미국의 레이건 대통령에 의해 수립된 전략방위구상Strategic Defense Initiative: SDI, 일명 '스타워즈Star Wars' 계획에 따라 수행된 각종 레이저 관련 기술개발로 인해 상업적인 용도의 레이저뿐만 아니라 kW급 이상의 고출력 레이저 기술이 급격하게 진보를 이루었으며, 미국 이외에도 독일, 영국 및 이스라엘 등에서 레이저 포 개발을 활발히 수행 중이다.

대표적인 함정 탑재 레이저 포인 LaWSLaser Weapon System는 2000년부터 연구가 시작되어 2009년 육상시험에서 무인기UAV와 성공적으로 교전하였으며, 2010년 해상에서 1.6km 거리의 무인기를 요격하는 시험에 성공하였다. 2012년에는 미국 해

그림 7-52 MK38 Mod2 TLS

군 Dewey(DDG-105)함에 최초로 탑재하여 무인기를 대상으로 한 유사한 시험에 성공하였다. 2014년 9월부터는 지중해에 배치된 미국 해군의 Ponce(LPD-15)함에 탑재하여 실제 작전환경에서 운용시험을 수행하였다.

MK38 Mod2 TLS는 미국 해군이 개발 중인 광섬유 고체 전술레이저 체계로 MK38 Mod2 25mm 기관포와 레이저 그리고 빔 조준기 등으로 구성되어 있으며 Toplite EOSElectro-Optical System와 연동되어 소형 보트에 대한 대응능력을 보유한 것으로 알려져 있다.

TLS의 레이저는 상용 기반COTS: Commercial Off The Shelf 레이저인 IPG Photonics사의 10kW급 광섬유 고체레이저를 기반으로 하며 레이저 출력조절이 가능하며 2011년 해상에서 소형 선박 무리Swarm를 무력화하는 데 성공하였다.

CHAPTER **8**

전투체계

8.1 전투체계의 역사와 발전과정

8.1.1 전투체계 등장 배경

무기체계의 발전은 해상 전투 수행 개념을 지속적으로 변화시켰다. 대포가 발명되기 이전에는 두 함정이 선체의 충돌에 의해 이루어지는 1대1의 선형 교전 개념이었고, 함정에 대포가 사용되면서 함대와 함대가 비교적 원거리에서 교전하는 평면 교전 개념으로 바뀌었다. 20세기에 이르러 항공기와 잠수함이 해전에 사용되면서, 해상 전투는 공중과 수중으로 전장이 확대된 입체 교전 개념으로 변화하게 되었다. 최근에는 레이더 기술, 미사일 유도 기술, 컴퓨터 및 통신 기술 등의 눈부신 발전으로 초수평선 거리에서 은밀하게 동시다발적으로 함정을 공격할 수 있는 무기체계까지 등장하였다. 이러한 변화는 함정으로 하여금 다수표적에 대한 동시 대응능력을 갖추도록 요구하고 있으며, 교전 개념은 기존의 공간적 요소에 시간적 요소가 더해진 개념으로 변천해가고 있다.

이러한 전투추세의 변화는 표적의 조기탐지 및 식별, 전투공간 확대로 인해 그 수량이 폭발적으로 증가한 정보의 처리, 제한된 함정자원을 활용하여 자함의 생존성을 극대화시켜야 하는 문제점이 대두되었다. 이와 같은 문제를 해결하고자 제시된 대안이 함정 전투체계의 개발이다.

그림 8-1 함정 전투체계의 발전과정

함정 전투체계 등장의 시초는 1940년 후반에 개발된 컴퓨터 기술을 군사적으로 활용하고자 하는 시도에서 비롯되었다고 볼 수 있다. 함포의 명중률을 향상시키고자 복잡한 탄도 알고리즘 계산을 기계로 대신하기 위해 컴퓨터 기술을 활용한 함포 사격통제장치GFCS: Gun Fire Control System가 개발되었다. 이후, 1950년대 중반부터 미 해군은 컴퓨터 계산능력을 함정의 자료처리 자동화에 응용하는 방안에 대해 연구를 시작하였고, 그 결과 오늘날까지도 사용되는 해군전술자료처리체계NTDS: Naval Tactical Data System를 개발하여 1962년에 전력화하였다. 이 시기에는 함정 전투체계라는 개념은 존재하지 않았으며, 표적 공유를 위한 전술자료처리체계NTDS 계열과 함포 명중률 향상을 위한 사격통제체계FCS: Fire Control System 계열로 각각 구분되어 발전되어갔다.

8.1.2 전술자료처리체계(NTDS) 계열 전투체계의 발전

NTDS는 1960년 이후부터 디지털 컴퓨터 기술이 적용되기 시작하면서 더욱 발전하기 시작하였다. NTDS는 컴퓨터를 이용하여 자동화된 정보구성과 전시를 함정의 지휘관에게 제공해 위협의 탐지 및 평가, 표적지정 및 무장할당 기능을 수행토록 하는 전술자료 처리체계이면서 동시에 지휘결심 지원체계로 발전하였다. 1970년대에는 대공전뿐만 아니라 대함전과 대잠전 등의 성분작전 능력을 포함하게 되면서 전투지휘체계CDS: Combat Direction System로 발전하였다. 이후 1980년에 CDS의 기능과 성능을 개선한 ACDSAdvanced Combat Direction System가 개발되었으며, NTDS 계열 체계는 지휘통제체계C2: Command & Control로 발전하였다. 표 8-1에 NTDS 계열 전투체계의 개발현황을 정리하였다.

표 8-1 NTDS 계열 전투체계 개발현황

국가	체계명	개발 시기	탑재 함정	주요 특성 및 기능
미국	NTDS	1962	• 개발초기 호위함급 이상 수상 전투함에 탑재 • 잠수함, 고속정까지 탑재 확대	• 전술컴퓨터, 콘솔, 데이터링크 • 위협평가 및 무기 할당 기능 수행을 위해 무장지휘체계(WDS, WeaponDirection System) 보유
미국	ACDS	1986	• 이지스 체계 미탑재 함정	• NTDS 성능 개량+대잠전기능 추가
프랑스	SENIT	1967	• 구축함, 순양함, 호위함	• NTDS를 기반으로 대잠무기 통제기능 포함 자체 개발
프랑스	VEGA	1971	• 초기, 고속정용으로 개발 • 이후 기능을 확장하여 2,000톤급 함정까지 탑재	• NTDS를 기반으로 사격통제레이더, 전자광학탐지장치를 통합 개발
독일	SATIR	1967	• Lutjen급 구축함 • F122급 호위함	• NATO 표준인 B-2 개념으로 소프트웨어 설계 • 집중처리식 시스템
독일	COSYS	1983	• 초계함(말레이시아) • 호위함(태국)	• 성분작전요소를 LAN으로 연동 • 연합식 구조

8.1.3 사격통제체계(FCS) 계열 전투체계의 발전

사격통제체계 역시 단순히 함포의 명중률 향상에만 초점을 맞추는 것으로 국한되지 않았으며, 새로이 개발되어 탑재되는 무장들의 제어를 위해 디지털 컴퓨터 기술을 접목시키는 방향으로 전개되었다. 특히, 함정에 탑재된 무장들 간 교전 효율성을 증대시키기 위하여 무장간 간섭 해소, 위협에 대한 최적의 센서 및 무장을 할당하여 교전 채널을 형성함으로써 전체적인 무기체계의 효용성을 증대시키는 데 초점을 맞추어 무장통제체계WCS: Weapon Control System가 개발되었다. 무장통제체계는 표적의 탐지, 추적, 교전, 명중, 확인 등 일련의 교전과정을 연속적으로 수행하는 폐회로식 환류체계Closed-loop Feedback System로 설계되었으며, 확장된 사격통제체계라고 볼 수 있다. 표 8-2에 FCS 계열 전투체계의 개발현황을 정리하였다.

표 8-2 FCS 계열 전투체계 개발현황

구분	체계명	개발 시기	탑 재 함 정	주요 특성 및 기능
미국	WDS (MK92)	1978	• Oliver Hazard Perry급 호위함	• 네덜란드 WM-25 라이선스 버전 • SM-1 대공미사일 및 함포 통제
네덜 란드	SEWACO	1968	• Tromp급 호위함	• 탐색레이더, WM25 사통레이더, 기타 무장 및 센서 통합
이탈 리아	IPN	1970	• Saettia급 경비정 • Minerva급 초계함 • Lo급 호위함	• 무기통제, 항공기 및 헬기 통제 대 잠전, 데이터링크 통합
노르 웨이	MSI-80S	1977	• Hawk급 고속정	• 사통레이더, 전자광학장비를 이용 한 SSM, 어뢰, 40mm포를 통제
스페인	Alcor (SCPVZ)	1985	• Cormoran급 고속정	• COAR 무기 통제 콘솔과 CON- TAC 전술자료 전시 콘솔로 구성
영국	CDS/ ADA	1960	• 호위함, 구축함	• 포세이돈 컴퓨터를 사용한 영국 최초의 대공전 전투체계
	ADAWS	1963	• County급 구축함 • 항모 Invincible(1977)	• CDS/ADA 체계에서 발전 • 대공, 대함, 대잠 전술자료 처리
	CANE	1970	• 호위함 이하 함정	• 소형함용 지휘통제체계
	WSA	1975	• 호위함	• WSA-423부터 사격통제기능과 전투정보기능을 통합

8.1.4 통합 전투체계의 등장

사격통제체계(무장통제체계)는 표적과 교전 시에 제한적으로 사용되는 소규모 자동화 체계라 한다면, 지휘통제체계는 함정의 전술적 운용에 사용하기 위해 개발된 것이다. 1980년대에 이르러 서로 다른 용도로 개발되어왔던 두 가지 체계가 마이크로프로세서의 급속한 발달에 따른 컴퓨터의 연산능력 향상과 데이터 통신기술의 발전으로 하나의 네트워크를 통해 연동 및 통합이 가능해졌다. 또한, 소프트웨어 개발기술의 발전으로 지휘통제 기능과 무장통제 기능의 통합처리가 가능해졌으며, 과거 센서/무장 별로 별도의 통제콘솔을 두었던 것을 다기능콘솔MFC: Multi

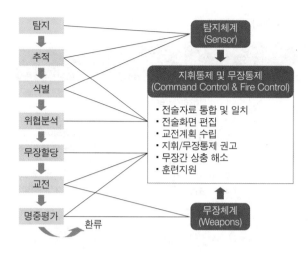

그림 8-2 함정 전투체계의 교전 절차

Function Console로 통합하여 통제할 수 있게 되었다. 이와 같이 다기능콘솔을 통해서 모든 센서 및 무장체계의 정보를 통합하고 운용한다는 개념으로 발전된 것이 통합 전투체계이다. 통합 전투체계는 지휘관에게 전술상황을 제공하는 전술자료처리체계 기능에 추가하여 전술상황 평가, 자동 표적추적, 함포·유도무기·대잠무기·전자전장비 등의 무장 통제 기능을 수행한다. 또한, 컴퓨터 내부에 교전규칙을 데이터베이스화하여 상황에 따라 교전방법을 지휘관에게 권고하는 기능도 포함하고 있다. 아울러 각 하위체계의 고장 유무를 상시 확인하여 함정 자원의 가용성을 극대화시켜주는 자체고장진단체계BITE: Built In Test Equipment와 승조원의 교육훈련을 지원해주는 시뮬레이션 소프트웨어가 추가되었다.

최근에는 함정의 공격능력 향상을 위해 원거리용 함대함, 함대공 및 함대지 미사일 탑재가 보편화되고 있어, 표적정보 수집이 단위함을 넘어서 세력 간의 합동·협동작전 능력에 대한 요구가 강화되면서 전술 데이터링크가 전투체계와 연동되어 함정 간 정보교환이 가능케 되었다.

8.2 전투체계의 분류 및 특성

8.2.1 전투체계 구성범위

함정 전투체계의 궁극적인 목적은 함정에 탑재된 센서 및 무장을 최적으로 통합하여 통제를 용이하게 함으로써 함정의 생존성 및 전투력을 극대화하는 데 있다. 하지만 전투체계라는 것이 레이더, 소나 등의 센서와 미사일 및 함포 등과 같은 무장을 단순히 신호 간의 결합만 한다고 그 목적을 달성하는 체계가 되는 것은 아니다. 전투체계는 일반 여타 무기체계와는 달리 함정 탑재장비를 통합하여 표적 탐지에서부터 지휘 결심과 교전까지의 과정을 자동화하는 체계공학 기술의 결정체일 뿐만 아니라 함정의 두뇌 역할을 수행하는 핵심적인 체계이기 때문에 전투체계 구성과 종합적인 통제능력은 전투성능을 결정하는 요소로서 작용한다.

함정 전투체계는 그림 8-3과 같이 많은 장비로 구성되어 있고 부여된 기능이 다양하지만, 마치 단일 장비처럼 동작되어 최대한의 성능이 발휘되어야 하는 특성을 가지고 있다. 이와 같은 특성에 따라 함정 전투체계의 구조와 연동방법에 대한 연구가 활발히 진행되어져 왔고, 체계개발 당시의 전자 및 통신기술들을 대부분 접목하는 첨단 무기체계의 대표적 예로 간주되어왔다. 이러한 개념에 따라 함정 전투체

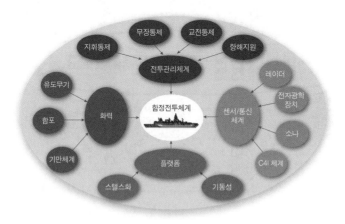

그림 8-3 함정 전투체계의 구성 요소

계는 레이더, 소나, 유도무기, 함포 등 단일 무기체계가 통합되어 하나의 체계로 구성되기 때문에 단일 무기체계보다는 상위 개념의 무기체계로 보아야 한다.

이전까지는 함정 전투체계 구성범위를 협의와 광의로 구분하였었다. 협의의 전투체계 구성범위는 지휘통제체계 및 무장통제체계와 전투체계 통합 네트워크(전투체계 데이터/영상버스, 센서/무장 연동단)가 포함되며 이를 통합 관리하는 개념으로 이를 전투관리체계로 통칭하고 있다. 광의의 전투체계 구성범위는 협의의 전투체계인 전투관리체계와 센서체계, 무장체계, 데이터링크체계, 항해지원체계까지 포함된다.

하지만 함정 전투체계에 포괄적인 Sensor to Shooter 개념을 적용시키는 현재의 발전추세를 고려해보면 협의와 광의의 전투체계 구성요소 구분은 불필요하다. 이는 전투관리체계에 연동되는 센서 및 무장체계의 성능에 따라서 함정 전투체계의 성능이 정의될 수 있고, 전투관리체계의 소프트웨어 형상이 정립될 수 있기 때문이다. 단, 체계통합의 책임과 권한을 규정하기 위한 획득사업 측면에서 협의와 광의 개념의 전투체계 구성요소 구분은 가능할 것이다.

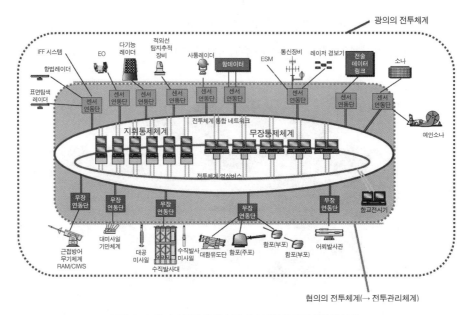

그림 8-4 협의의 전투체계와 광의의 전투체계 구성범위 분류

8.2.2 전투체계 관련 용어

(1) 함정 전투체계[S(S)CS]

함정 전투체계S(S)CS: Shipboard Combat System, Surface Ship Combat System는 지속적으로 성능이 발전되고 있으며, 구성요소도 자함의 탑재된 다양한 센서 및 무장, 지휘/무장 통제체계뿐만 아니라 전술 C4ICommand Control Communication Computer & Intelligence까지 확장되고 있다. 국내의 여러 기관에서는 표 8-3과 같이 함정 전투체계를 정의하고 있으나, 기관별로 내용이 다소 상이하여 함정 전투체계의 핵심기능과 특성을 반영하는 내용으로 용어 정의 통일이 필요하다.

표 8-3 함정 전투체계 정의 비교

구분	함정 전투체계
국방기술 용어사전 (기품원, 2008)	함정에 탑재된 모든 탐지 장비, 무장, 항해 지원 장비 등을 네트워크로 연결하여 통합된 전술 상황 정보를 만들어서 공유하고 표적의 탐지, 추적에서부터 위협분석, 무장할당, 교전 및 명중 여부 평가 분석에 이르기까지 지휘 및 무장 통제를 자동화함으로써 위협에 대한 전투 효과를 극대화시키기 위한 통합 체계로 지휘 통제, 무장 통제, 전술자료 교환 및 전시 등을 수행
해군용어사전 (해본, 2011)	함정에 탑재된 장비로부터 획득한 모든 전술자료를 실시간 제공하여 지휘결심을 용이하게 하며, 효율적인 무장통제로 함정의 전투임무 수행을 극대화하기 위한 통합된 무기체계
함정 전투체계 발전방향 (해본, 2010)	함정 전투체계는 자함 또는 우군의 작전요소로부터 획득한 표적을 식별, 위협평가, 무장할당, 교전, 명중평가 등 작전에 필요한 모든 정보를 실시간으로 처리하여 전투효과를 극대화하기 위한 복합 무기체계
함정 전투체계 개발동향(국방과학 연구소, 2011)	함정에 탑재된 센서 및 무장체계를 통합하여 전술상황평가, 전투의사결정, 무장할당, 교전수행 등을 자동화한 함정의 핵심무기체계

함정 전투체계는 자함 센서체계가 획득한 표적뿐만 아니라 데이터링크와 연동되어 우군 작전요소가 전송한 표적도 대응할 수 있다. 또한, 표적 획득 수단이 다양해짐에 따라 전투체계는 각각 다른 소스에서 획득한 표적을 신속하게 융합·분석하여 위협 표적을 식별하는 기능을 수행하며, 다수의 위협 표적에 대한 교전 우선순위를

평가하고 적합한 무장을 권고한다. 그리고 위협 표적에 대한 무장할당 및 교전명령을 수행하며, 이 모든 과정을 자동화 시스템에 의하여 구현될 수 있도록 설정할 수 있다.

이러한 발전추세 및 구성요소 확장에 따라 정립한 함정 전투체계의 정의는 다음과 같이 정의할 수 있다. "함정 전투체계는 자함 센서/통신/항해체계와 우군 작전요소로부터 획득한 표적정보를 신속하게 융합·분석하여 지휘결심을 용이하게 하고, 위협 우선순위에 따라 탑재된 무장을 할당하여 교전하는 자동화된 복합 무기체계이다."

(2) 전투관리체계, 지휘무장통제체계, 지휘결심체계

표 8-4 지휘무장통제체계, 전투관리체계, 지휘결심체계 정의 비교

구분		정의
전투 관리 체계 (CMS)	국방기술 용어사전 (기품원, 2008)	지휘관의 결심을 지원하기 위하여 당면한 위협에 대한 신속한 대응 및 최적의 무장할당을 포함한 전술상황을 통합 및 시현하도록 하는 체계. 위협 대응시간을 최소화하여 함정이 고도의 위협상황에서 생존할 수 있도록 지원
	함정 전투체계 개발동향(국방과학 연구소, 2011)	센서체계, 무장체계, 항해장비 및 통신장비를 제외한 지휘통제(C2) 및 무장통제시스템(WCS)으로 구성된 체계
지휘 무장 통제 체계 (CFCS)	국방기술 용어사전 (기품원, 2008)	함정 전투 체계의 핵심 구성 체계로서, 탐지 장비들로부터 획득된 표적정보를 융합 처리하여 운용자에게 전술 상황을 정확히 알려주고 신속한 교전을 가능케 하는 일련의 정보처리 기능을 수행하는 체계
	함정 설계 및 건조 용어집 (해본, 2009)	통상 전투체계를 말하며, 전투체계는 함정에 탑재되는 무기 및 센서를 통합하여 지휘, 통제 및 조종하는 전투 함정의 핵심이 되는 장비로 전투정보실에 배치
	함정 전투체계 발전방향 (해본, 2010)	탑재된 센서, 무장 및 기타 장비로부터 획득되는 정보를 종합 및 분석하고 기 구축된 데이터베이스를 이용하여 전술상황에 따른 항해계획, 전술화면 편집, 무장할당 및 운용 등 표적탐지에서 교전까지 전 과정을 수행하는 체계
지휘 결심 체계 (CDS)	국방기술 용어사전 (기품원, 2008)	함정 전투체계의 지휘무장통제체계 내에서 각종 전술 정보를 처리하고 관리하는 장비 또는 체계로 지휘관이 상황을 평가하는 데 도움을 줌. 전투관리체계(CMS)의 다른 이름

전투관리체계CMS: Combat Management System와 지휘무장통제체계CFCS: Command Fire Control System 및 지휘결심체계CDS: Command Decision System는 기본적인 체계의 기능은 유사하나, 제작기관 및 제작업체에서 해당 체계의 특성을 부각시키기 위해 다르게 사용하고 있다.

전투관리체계는 "전투관리체계란 지휘통제체계 및 무장통제체계가 체계 구성상의 구분 없이 통합적으로 운용되는, 체계 통합 및 관리 기능이 강화된 체계이다"와 같이 정의할 수 있다.

(3) 지휘통제체계[C2]

합참 및 해군의 군사용어사전에는 표 8–5와 같이 지휘통제체계를 수록하고 있지만, 정의는 C4I의 구성요소를 의미하는 지휘통제체계만 내포하고 있으며, 전투체계의 핵심체계인 지휘통제체계에 대한 언급은 없다.

군사용어사전에 수록할 함정 전투체계의 지휘통제체계 정의는 C4I 체계의 지휘통제체계와 명확한 구분이 될 수 있도록 다음과 같이 정의가 수록되어야 한다.

표 8-5 군사용어집상 수록된 지휘통제체계 정의

구분	지휘통제체계
합동연합작전 군사용어사전 (합참, 2006)	지휘관이 임무 완수를 위하여 부대를 계획, 지시, 통제하는 데 필수적인 인원, 장비, 시설, 절차, 정보통신 등의 기반체계를 말함
해군 용어사전 (해본, 2009)	지휘관이 임무 완수를 위하여 부대를 계획, 지시, 통제하는 데 필수적인 인원, 장비, 시설, 절차, 정보통신 등의 기반체계를 말함

"함정 전투체계의 지휘통제체계는 전술자료처리체계TDS: Tactical Data System가 진화된 형태의 체계로, 자함 및 우군 작전요소로부터 획득한 정보를 융합하여 위협을 분석하고 이를 토대로 교전계획을 수립, 운용자의 지휘결심을 지원하는 체계이다."

(4) 사격통제체계[FCS]

사격통제체계는 기품원 및 합참/해군 용어사전에서 표 8-6과 같이 각각 정의하고 있다.

표 8-6 군사용어집상 수록된 사격통제체계 정의

구분	사격통제체계
국방기술 용어사전 (기품원, 2008)	화력의 운용 및 발사를 조종 통제할 수 있도록 조직된 물리적/운용적 장치와 구조
합동연합작전 군사용어사전 (합참, 2006)	표적의 현재위치를 레이더 등으로 포착해서 컴퓨터에 의해 표적의 이동방향이나 속도 등을 계산하고 화포성능에 대응하는 미래위치를 예측하여 화포를 그 방향으로 지향·조준하는 장치
해군 용어사전 (해본, 2009)	표적의 현재위치를 레이더 등으로 포착해서 컴퓨터에 의해 표적의 이동방향이나 속도 등을 계산하고 화포성능에 대응하는 미래위치를 예측하여 화포를 그 방향으로 지향·조준하는 장치

표 8-6의 정의와 체계 발전추세를 고려하여 사격통제체계는 "센서체계로 접촉한 표적에 대해 이동방향 및 속도 등을 계산하고 무장성능에 대응하는 미래위치를 예측하여 그 방향으로 지향·조준·통제(중간유도 등)하는 체계"로 정의할 수 있다.

(5) 무장통제체계[WCS]

무장통제체계는 확장된 사격통제체계FCS의 개념으로 단순히 운용수단의 확장이 아닌 수행기능이 확장(단순 조준 → 무장할당/운용/전과확인)된 개념이다. 따라서 무장통제체계는 사격통제체계와 구분하기 위한 별도의 정의가 필요하다. 무장통제체계는 "다수표적에 대하여 위협순위에 따라 최적의 무장을 할당/운용하고 교전결과를 확인하는, 무장의 효용성에 중점을 둔 체계"라고 정의할 수 있다.

8.2.3 함정 전투체계 구성요소

(1) 전투관리체계

■ 전투관리체계의 하드웨어 구성

함정 전투체계는 다양한 체계를 유기적으로 통합하여 최대의 성능을 발휘할 수 있도록 하는 역할을 하며, 그 역할의 핵심은 전투관리체계이다. 전투관리체계는 관련 하드웨어와 이를 기반으로 각종 기능을 수행하도록 하는 소프트웨어로 구성되어 있다. 전투관리체계 하드웨어는 각종 전술/표적 정보를 처리하는 정보처리장치, 운용자의 명령을 입력하고 전술상황을 전시하는 다기능콘솔MFC, 센서 및 무장을 연동시키는 연동단ICU: Interface Control Unit, 연동되는 체계 상호간 데이터를 전송하는 전투체계 통합 네트워크(전투체계 데이터버스), 레이더 비디오 및 TV/IR 비디오를 분배 및 전송하는 영상분배 장치, 그리고 각종 전시기(대형화면 전시기, 원격전시기) 등으로 구성된다.

정보처리장치는 전투관리체계의 두뇌에 해당되는 장비로서 각종 무장 및 센서,

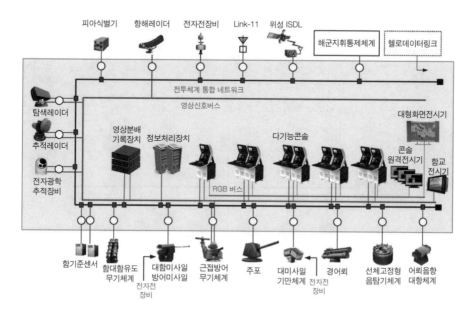

그림 8-5 함정 전투체계 구성도(예시)

데이터링크 장비로부터 들어오는 정보를 처리하는 역할을 하며, 구성방식에 따라 집중처리방식, 연합처리방식, 분산처리방식으로 구분된다.

집중처리방식Centralized Processing은 중앙에 1대의 컴퓨터가 주변의 입출력 장치를 제어하는 방식이다.

연합처리방식Federated Processing은 각 하위체계가 자체 컴퓨터를 이용하여 1차적으로 정보를 처리한다. 중앙컴퓨터는 하위체계의 컴퓨터가 처리한 정보를 수신, 처

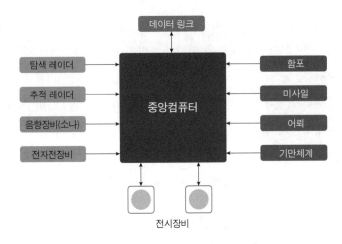

그림 8-6 집중처리방식 구조의 정보처리장치

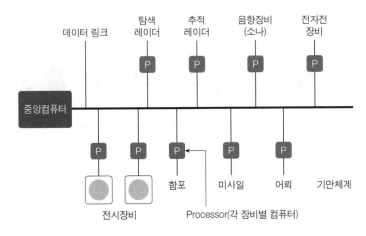

그림 8-7 연합처리방식 구조의 정보처리장치

리, 저장 및 운용하는 방식으로 정보처리를 위한 부하를 설계단계부터 배분하는 방식이다.

분산처리방식Distributed Processing은 각 하위체계가 자체의 컴퓨터를 보유하여 자료를 독립적으로 처리한다. 각 컴퓨터 간의 유기적인 기능 할당으로 수행하는 기능을 적절히 분담하는 방식이다. 이러한 분산식 구조를 적용하기 위해서 정보를 실시간으로 송·수신하기 위한 각 컴퓨터 간의 네트워크가 필수적이다. 현대의 전투체계는 대부분 분산식 구조를 가지며, 국내개발 전투체계인 LPH 전투체계, PKG-A 전투체계, FFG-I 전투체계도 분산식 구조를 가지고 있다.

초기의 전투체계는 지휘통제콘솔과 무장통제콘솔이 별도로 운용되었으나, 지휘통제체계와 무장통제체계가 전투관리체계(지휘무장통제체계)로 통합됨에 따라 하나의 콘솔에서 지휘통제 및 무장통제 기능을 수행할 수 있도록 다기능콘솔MFC을 채택하는 추세이다. 다기능콘솔은 정보처리장치를 통해서 처리된 신호를 운용자가 이해할 수 있도록 전시하고, 또한 운용자의 명령을 정보처리장치로 지시하는 매개체로서 컴퓨터와 인간을 연결하는 장비이며, 주로 그래픽과 문자를 이용해서 관련 기능을 수행한다.

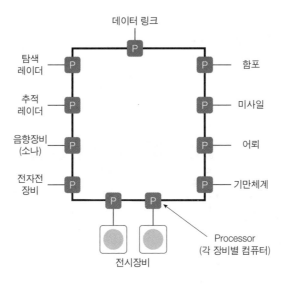

그림 8-8 분산처리방식 구조의 정보처리장치

전투체계 통합 네트워크(전투체계 데이터버스)는 전투관리체계에 연동된 개별 장비 간 데이터를 전송하는 장비로 중추신경에 해당한다. 이것은 정보처리장치, 다기능콘솔, 각종 무장 및 센서, 데이터링크 장비로부터 송·수신되는 데이터가 필요한 개소로 전송되는 통로역할을 수행한다.

연동단^{ICU}은 각종 센서 및 무장을 전투체계 통합 네트워크에 연동시키며, 일종의 통역사 역할을 수행하는 장비이다. 이는 개별 장비들이 각기 다른 제작사에 의해 개발되어 연동방식 및 연동 메시지 포맷이 상이하므로, 전투관리체계의 연동방식과

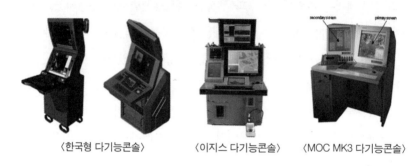

〈한국형 다기능콘솔〉　　〈이지스 다기능콘솔〉　　〈MOC MK3 다기능콘솔〉

그림 8-9 각종 다기능콘솔 형상

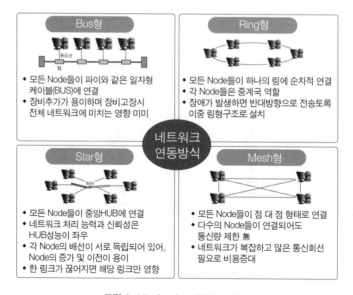

그림 8-10 네트워크 연동구조 비교

연동 메시지 포맷으로 변환이 필요하기 때문이다.

영상분배 장치는 센서체계의 각종 레이더 비디오 및 TV/IR 비디오를 각각의 다기능콘솔에 분배 및 전송하는 장치이다. 최근에는 아날로그 형태의 비디오 정보를 디지털 정보로 변환하여 네트워크로 전송하는 기술이 적용되고 있으며, 디지털 형태로 변환된 비디오 신호는 네트워크를 통하여 전송하므로 전투관리체계뿐만 아니라 C4I 체계 등 전술정보를 네트워크를 통하여 공유하는 여러 체계에 전송할 수 있다.

■ 전투관리체계의 소프트웨어 구조

전투관리체계 소프트웨어는 각 부분별 소프트웨어 간 독립성 유지를 위한 계층화 설계 개념이 적용되었다. 가장 하위에는 운영체계, 네트워크 드라이버, 그래픽 카드 드라이버 등으로 구성되는 시스템운용 소프트웨어가 위치한다. 다음으로는 다양한 제작사의 체계기반 소프트웨어 상에서 독립적으로 운용 가능한 통신 미들웨어와 체계관리 소프트웨어를 근간으로 하는 체계기반 소프트웨어가 존재한다. 그 위에는 표적추적, 표적융합, 위협평가, 무장할당 등 공통적으로 운용되는 전술지원 소프트웨어가 위치한다. 가장 상위에는 함정의 임무에 따라 성분작전별로 적용되는 전술응용 소프트웨어가 위치하게 된다. 각각의 소프트웨어 계층은 인접한 소프트웨어와 연동되지만 다른 계층과는 최대한 독립성을 유지토록 개발된다. 이

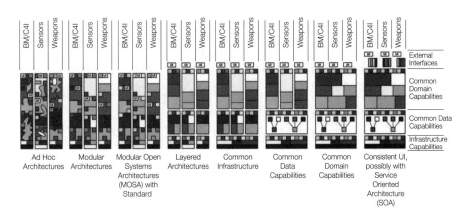

그림 8-11 전투체계 소프트웨어 구조들

에 따라 시스템-체계기반-전술지원-전술응용 소프트웨어 간 상호 의존성이 배제되었으며, 향후 전투체계 기능의 변경, 개선, 추가 시 전체 소프트웨어에 미치는 영향이 최소화되었다. 그림 8-11은 전투체계에 적용된 다양한 형태의 소프트웨어 구조를 보여주고 있다.

(2) 센서체계

전투체계에 연동되는 센서체계는 대공, 대함 및 대잠 표적에 대한 탐색 및 추적 기능을 제공한다. 대공 센서체계는 장거리 공역탐지, 중거리 정밀 추적/대공미사일 통제, 저고도 탐지/추적 센서들의 조합으로 구성된다. 탐색레이더는 표적에 대한 조기 탐지 및 정보기능을 제공하며, 추적레이더는 무장통제에 필요한 정밀 추적과 대공미사일 통제신호 전송기능을 제공한다. 해면으로 낮게 접근하는 대함미사일은 해면반사 효과로 인하여 레이더로 탐지가 어렵기 때문에 적외선/광학 센서로 탐지 및 추적한다. 레이더 및 적외선/광학 센서로 탐지하지 못한 표적들은 전자전장비를 통해 전자파를 식별하여 표적정보로 활용할 수 있다. 대공표적에 대한 위협식별은 적아식별장치를 통해 1차적으로 수행된다.

대함 센서체계는 대공 센서체계를 공유하여 사용하는 경우가 많으며, 지구 곡면 효과에 따른 자함 센서의 탐지거리 제한은 탑재헬기 또는 우군 함소간 전술 데이터링크를 통해 표적정보를 공유함으로써 극복하고 있다.

대잠 센서체계는 자함에 탑재된 선저 부착형 소나HMS: Hull Mounted SONAR와 장거리 예인선 배열 소나TASS: Towed Array SONAR System뿐만 아니라 탑재헬기에서 운용되는 디핑Dipping소나로 획득한 표적정보를 데이터링크를 통해 공유하여 대잠표적을 탐지 및 추적한다.

(3) 무장체계

센서체계로 획득한 표적은 전투관리체계에서 지휘결심을 통해 무장체계에 교전명령이 전송되어 교전 기능을 수행한다. 전투체계에 연동된 무장체계는 교전 방식에 따라 Hard Kill 무장체계와 Soft Kill 무장체계로 구분된다. 대공 위협에 대한

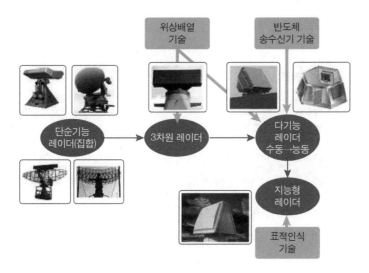

그림 8-12 레이더 기술 발전 추세

Hard Kill 대응은 중·장거리는 대공미사일, 단거리는 함포 및 대함미사일 방어미사일, 최단거리는 근접방어무기체계CIWS: Closed In Weapon System를 이용하여 단계적으로 교전을 수행한다. Soft Kill 대응은 전자전장비의 전자공격과 Chaff 및 IR 기만체를 전개하는 대미사일기만체계에 의해 수행된다. 대함 위협에 대한 대응은 Hard Kill 방식으로만 수행되며, 장거리 표적은 함대함미사일, 중·단거리 표적은 대구경 함포를 통해 교전을 수행하며, 최근에는 소형 선박에 의한 위협에 신속하고 효과적으로 대응하기 위해 소구경 함포들을 전투체계에 연동하여 근거리 교전을 수행한다. 대잠 위협에 대한 Hard Kill은 탑재헬기의 대잠어뢰 및 자함의 장거리 대잠어뢰를 이용하여 원거리 교전을, 함정발사 어뢰체계를 이용하여 근거리 교전을 수행하며, Soft Kill은 어뢰위협을 회피하는 것으로 어뢰음향대항체계TACM: Torpedo Acoustic Counter Measure를 이용하여 수행한다. 함정에는 해상에서 이루어지는 교전뿐만 아니라 육지에 대한 화력 지원 및 탄도미사일 요격 등의 합동교전을 수행하기 위해 장거리 순항 함대지미사일, 탄도미사일 요격 미사일도 탑재하고 있다.

8.3 미국 전투체계

8.3.1 SSDS 전투체계

1987년 중동해역에서 임무를 수행 중이던 미 해군 Stark함(FFG-31)이 이라크 공군기가 발사한 Exocet 대함미사일에 피격되면서 미 해군은 다양한 센서로부터 표적 추출과 Hard Kill과 Soft Kill의 통합에 관한 대함미사일 방어체계의 종합적인 연구를 시작하였다. 이 연구를 토대로 RAIDS^{Rapid Anti-ship missile Integrated Defense System}가 개발되었다. RAIDS는 하드웨어의 성능개량이 아닌 소프트웨어의 개량을 통해 함정의 RCS^{Radar Cross Section} 감소를 위한 기동침로 선정 및 Hard Kill과 동시에 효과적인 기만체계 사용이 핵심이었다. 이렇게 개발된 RAIDS는 Oliver Hazard Perry급 FFG의 전투체계로 탑재되었고 이후 이 체계는 SSDS MK0로 재명명되었다.

표 8-7 SSDS 전투체계 탑재 함정의 센서 및 무장 비교

구 분	SSDS 버전	레이더	전자전장비	대공미사일
Nimitz급 CVN	MK2 Mod1	SPS-48/49/67/73 SPQ-9B	SLQ-32	RIM-7 RAM
Gerald R Ford CVN	MK2 Mod1	SPY-3 DBR SPS-73	SEWIP Block 2/3	ESSM RAM
Whidbey Island급 LSD	MK1	SPS-49/67	SLQ-32	RAM
San Antonio급 LPD	MK2 Mod2	SPS-48/73 SPQ-9B	SLQ-32	RAM
Wasp급 LHD	MK2 Mod3A	SPS-48/49/67/73 SPQ-9B	SLQ-32	RIM-7 RAM
America급 LHA	MK2 Mod4A	SPS-48/49/67/73	SLQ-32	ESSM RAM
Oliver Hazard Perry급 FFG	RAIDS (SSDS MK0)	SPS-49/55	SLQ-32	–

그림 8-13 Exocet 대함미사일에 피격된 Stark함

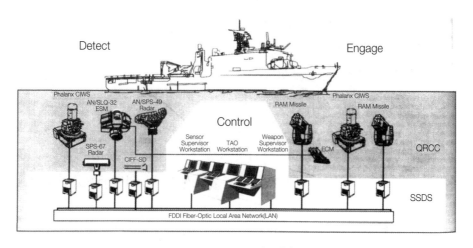

그림 8-14 SSDS MK1 전투체계 구조

SSDS^{Ship Self Defense System}는 RAM 대함미사일 방어미사일, Phalanx 근접방어무기체계^{CIWS}, AN/SLQ-32 전자전장비, 전자광학장치를 기반으로 자함의 생존성을 향상시키기 위해 대함미사일을 효과적으로 대응하기 위한 체계이다. FDDI-Safe net이라 불리는 근거리 네트워크 접속장치를 통해 함정의 센서와 통제체계, 그리고 무장을 상호 연동시키며, 통제체계인 AN/UYQ-70에서 센서감시, 전술조치, 무장 통제를 수행한다.

8.3.2 Aegis 전투체계

미 해군은 1964년부터 새로운 방공미사일 체계인 ASMS^{Advanced Surface Missile System} 사업을 시작했다. ASMS 사업은 탐색과 추적이 동시에 가능한 위상배열 S-밴드 레이더와 사격통제용 X-밴드 레이더, NTDS와 연동되는 디지털 통제장치, 중간유도를 할 수 있는 함대공미사일, 레일형 미사일 발사장치 등으로 구성하는 것을 목표로 추진되었다. 이 사업은 1969년 RCA사(현 Lockheed Martin사)로 사업계약이 이루어짐과 동시에 Aegis 프로그램으로 명칭이 변경되었다.

Aegis 체계는 '위협이 되는 항공기와 대함미사일을 탐지, 추적하여 공격할 수 있는 능력을 보유해야 한다'는 요구조건을 충족시켜야 했다. 회전식 안테나를 장착한 기존 레이더체계로는 미 해군이 요구하는 반응시간, 공격능력 및 대전자전 성능 등을 충족시키는 것은 불가능한 것으로 판단하였다. 강력한 대공능력을 갖추기 위해서 레이더 빔을 원하는 공간에 필요한 시간만큼 정확히 조사하여 송신에너지를 최적으로 관리하고 다수의 대공 위협표적을 정확하게 탐지 및 추적할 수 있는 위상배열 방식의 레이더체계 개발이 추진되었다. 이에 따라 안테나를 4면에 고정한 형태의 다기능 레이더인 SPY-1이 등장하게 되었다. 이 레이더는 빔 방사를 통제하여 360도 전방위 목표를 탐색·탐지·추적하는 것이 가능하며, 최대 450km 이상, 최대

그림 8-15 미 해군 Ticonderoga(CG 47)

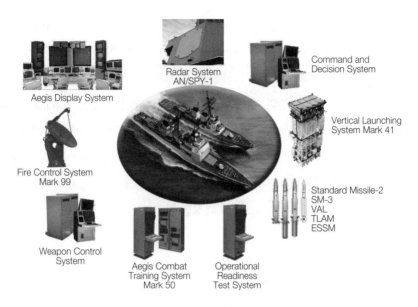

그림 8-16 Aegis 전투체계 주요 구성품

200개 이상의 표적을 추적할 수 있다. 그리고 SM-1 미사일을 개량하여 중간유도가 가능한 SM-2 미사일을 개발하였다. 아울러 SPY-1 레이더를 통해 접촉된 200개 이상의 대공표적에 대한 빠른 위협판단 및 무장할당을 위해 NTDS용으로 개발된 AN/UYK-7과 함께 AN/UYK-20이 정보처리장치로 채택되었다.

최초의 Aegis 전투체계는 Spruance급 구축함을 개량하여 1983년에 취역한 미 해군 Ticonderoga(CG 47)에 탑재되었으며, SPY-1 레이더, Aegis 전시체계ADS: Aegis Display System, 전투지휘결심체계CDS, 무장통제체계WCS, MK99 사격통제장치FCS, 미사일 발사기, SM-2 대공미사일, 자기진단 시스템ORTS: Operational Readiness Test Set 등이 핵심 구성품이다.

(1) Aegis 전투체계 발전과정: Baseline 1~7

Aegis 전투체계는 새롭게 대두되는 위협과 운용과정에서 식별되는 문제점을 보완하고 계속 진보되는 기술수준을 적용시키기 위하여 지속적인 성능개량이 이루어지고 있으며 이를 Baseline으로 구분하여 관리하고 있다. Baseline 1~3은

Ticonderoga급 순양함에 탑재되었으며 Baseline 4는 순양함 일부와 Arleigh Burke 급 구축함에, Baseline 5~7은 Arleigh Burke급 구축함에만 탑재되어 있다. Baseline 7.1R은 미국의 USS Truxton(DDG 103) 이후 건조된 구축함에, 그리고 우리나라의 세종대왕함급 구축함과 일본의 아타고급 구축함에 탑재되어 있다. Baseline 7.1R은 미 군사규격MIL-STD 제품을 주로 사용하던 이전 버전과는 달리 급속하게 진보하는 컴퓨터 기술을 적용하기 위해 상용표준제품COTS을 일부 채택하여 이중빔 탐색Dual Beam Search, 탄도미사일 탐지/추적과 대공전 동시 수행능력 등의 획기적인 기술을 접목시킬 수 있게 되었다. 각 Baseline별 특징을 살펴보면 다음과 같다.

■ Baseline 0~1

최초 USS Ticonderoga(CG 47)에 설치된 전투체계는 Baseline 0으로 분류하였으나 추가 성능개량과 장비탑재를 통하여 후속함과 더불어 Baseline 1로 상향 조정되었다. Baseline 1은 SPY-1A 레이더, SM-2와 MK26 2연장 미사일 발사기를 운용할 수 있도록 설계되어 있다. MK26 2연장 발사기는 연속발사능력이 떨어지고 미사일 재장전에 시간이 많이 소요되는 제한점 때문에 당초 계획보다 일찍 퇴역하였다.

■ Baseline 2

MK41 수직발사대를 장착함으로써 대공위협에 대하여 신속한 대응이 가능하게 되었다는 점이 큰 특징이며, SM-2 Block II 대공미사일 및 토마호크 순항미사일을 탑재 운용이 가능하도록 성능이 개선되었다.

■ Baseline 3

기존의 레이더를 개량하여 더욱 가볍고 성능이 향상된 SPY-1B 레이더를 탑재하였다. 이 레이더는 대함미사일에 대한 대응능력이 강화되었으며, 빔의 정밀도도 높아지는 등 성능이 더욱 향상되었다.

■ Baseline 4

마지막 Ticonderoga급인 USS Port Royal(CG 73)까지 9척의 Ticonderoga급에 장착하였으며, Arleigh Burke급 6척에 최초로 적용되었다. 본격적으로 상용기술을 적용하여 호환성을 높였으며, Arleigh Burke급에는 SPY-1D 레이더를 탑재하였다. SPY-1D는 기존 SPY-1B와 달리 고정 안테나 4면을 함교구조물에 집중 배치하기 위해 송신기 계통을 줄이는 등 경량화한 체계로 개량되었다. 특히, Baseline 4는 Baseline 1에 비해 비약적으로 개선되어 구성품 총 865개 품목 중 429개 품목이 교체되었고, 전체 품목도 924개 품목으로 늘어났다. 소프트웨어 분야에서도 Baseline 0 프로그램의 소스코드가 62만 라인이었는데, Baseline 4에서는 약 400만 라인으로 확장되었고, 컴퓨터는 AN/UYK-7에서 AN/UYK-43/44로 개선되었으며, 소나, 전시체계, C&D 체계 등이 크게 개선되었다.

■ Baseline 5

총 22척의 Arleigh Burke급에 적용된 전투체계로 JTIDS^{Joint Tactical Information Distribution System: 합동전술정보분배체계/Link-16}, TADIL 16 데이터링크, TADIX-B 전술정보교환장치 및 AN/SLQ-32(V) 능동 전자방해방어^{ECCM: Electronic Counter Counter Measures} 장비, 대지공격능력 보강을 위한 개량형 토마호크 전술함대지미사일 등을 운용할 수 있도록 성능 개선되었다.

그림 8-17 Aegis Baseline 5가 탑재된 Arleigh Burke급 구축함

■ Baseline 6

근거리 교전 시 저고도에서 고속으로 접근하는 표적에 대응하기 위해 단거리 함대공미사일인 RIM-7P Sea Sparrow를 개량한 ESSM^Evolved Sea Sparrow Missile을 탑재하여 근거리 대공방어능력을 더욱 향상시켰다. 또한, 토마호크 Block IV 전술 함대지미사일의 운용능력이 부여되고, MK45 Mod4 5″/62 함포를 탑재하는 등 무장분야가 강화되었다. 아울러 최초로 LAN^Local Area Network이 적용되어 전시체계 성능을 향상시킨 Aegis 네트워크 시스템^ALIS: Aegis LAN Interconnect System을 갖추었으며, UYK-43/44 컴퓨터 프로세서에 상용표준제품^COTS을 적용하여 처리속도를 150배 이상 향상시켰다. 이 Baseline 6가 탑재된 함정부터 Arleigh Burke급 Flight IIA(DDG 79 이후)라고 분류하는데 기존 Flight I/II에는 없었던 헬기 격납고를 설치하여 효율적인 초수평선 및 대잠작전 수행능력을 향상시켰다.

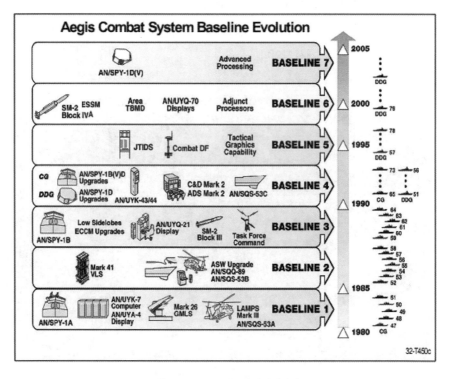

그림 8-18 Aegis 전투체계 발전과정

■ Baseline 7

SPY-1D(V) 다기능 레이더를 탑재함으로써 연안작전능력을 향상시킨 것이 가장 큰 특징이다. SPY-1D(V) 레이더는 이중빔탐색Dual Beam Search 기능이 추가되어 기존의 SPY-1 레이더보다 조기에 대공표적에 대해 탐색 및 추적이 가능하다. 또한, 탄도미사일 탐색 및 추적 기능BMS&T: Ballistic Missile Search & Track이 추가되어 대공전을 수행하면서 동시에 탄도미사일을 탐색 및 추적할 수 있도록 성능이 대폭 향상되었다. 아울러, UYK-43/44 컴퓨터를 상용제품으로 전면 교체하여 처리능력을 대폭 향상시켰으며, 체계구조를 개방형 구조OA: Open Architecture를 적용하여 ALIS, C&D, AAWAnti Air Warfare 네트워크를 중심으로 12개의 LAN으로 구성하였으며 상용제품이 적용되면서 전투체계의 처리능력도 대폭 향상되었다. 이러한 빠른 처리속도를 바탕으로 Baseline 7은 SPY-1D(V) 레이더를 적용하고 탄도미사일방어BMD: Ballistic Missile Defense 능력을 구비할 수 있었다. 이 외에도 토마호크의 대지공격능력이 비약적으로 향상되었다.

Aegis 전투체계는 Baseline을 기준으로 시스템 구조 및 소프트웨어 모듈을 지속적으로 성능개량을 하였다. 이러한 과정을 통해 Aegis 전투체계는 추가 장비 연동 및 성능개선 요구사항 등을 반영해왔다. 또한, Baseline 7은 분산 프로세서를 사용하여 한 차원 더 높은 컴퓨터 처리능력을 가진 시스템으로 개발되었으며, 개방형, 모듈형, 상호운용성이 강화된 네트워크 중심으로 이루어진 체계이다.

(2) Aegis BMD 체계

탄도미사일에 대한 요격 능력이 없는 Aegis 전투체계에 대해 개량이 요구된 것은 걸프전의 결과였다. 걸프전 당시 이라크는 이스라엘에 스커드 미사일을 발사했고, 이를 방어하기 위하여 유럽에 배치되었던 미군의 Patriot PAC-1 요격미사일이 급히 이스라엘에 배치됐다. 그러나 PAC-1 요격미사일의 배치에 많은 시간이 소요됐고 명중률도 10%에 미치지 못했다고 알려질 정도로 스커드 미사일 방어는 실패나 다름없었다. 이에 클린턴 행정부는 전구 미사일방어계획을 추진하고 여기에 미 육군의 Patriot 미사일과 해군의 Aegis함을 기반으로 한 방어체계를 포함시켰다.

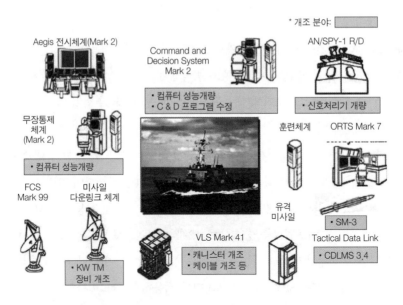

Aegis 전시체계(Mark 2)

Command and Decision System Mark 2

AN/SPY-1 R/D

- 컴퓨터 성능개량
- C & D 프로그램 수정

- 신호처리기 개량

무장통제
체계
(Mark 2)

훈련체계

ORTS Mark 7

- 컴퓨터 성능개량

FCS
Mark 99

미사일
다운링크 체계

유격
미사일

- SM-3

VLS Mark 41

Tactical Data Link

- KW TM
장비 개조

- 캐니스터 개조
- 케이블 개조 등

- CDLMS 3,4

그림 8-19 Aegis BMD 체계 구축을 위한 개조분야

미 해군은 해상 BMD 체계를 구축하기 위하여 SM-3 요격용 미사일과 Aegis 전투체계를 중심으로 하는 Aegis BMD 체계 개발에 노력하였다. Aegis BMD 체계는 Aegis 전투체계가 탑재된 함정이 탄도미사일에 대한 요격능력을 갖추기 위하여 구성한 별도의 무기체계이다. 미 해군은 탄도미사일 탐지, 추적 및 요격임무 수행을 위해서 Aegis 전투체계의 처리능력이 제한됨을 인식하였고 이를 위해 실시간 탐지, 추적 및 요격임무 수행을 위한 Aegis BMD 신호처리기BSP: BMD Signal Processor를 별도로 개발하여 Aegis 전투체계에 연동시켰다.

Aegis 전투체계에 BMD 능력을 구축하기 위해서는 하드웨어 및 소프트웨어에 대한 성능개량이 필요하였다. 하드웨어는 탄도미사일 요격을 위한 시스템 개조, 탄도미사일 항적 및 교전상태 전시를 위한 Aegis 전시체계 수정, 요격미사일 선택, 초기화 및 발사를 위한 수직발사장치VLS 개조 등 이며, 소프트웨어는 탄도미사일 위치예측 및 탄도미사일 방어임무 교리 수정, 탄도미사일 교전관련 전투체계(C&D, ADS) 개량, Up/Down link 및 SM-3 탄도미사일 요격미사일 운용 소프트웨어 개량 등이 진행되었다.

미 해군은 Aegis BMD 체계의 성능개량도 지속적으로 추진하여 현재는 Aegis BMD 5.1에 이르고 있다. 그리고 Aegis 전투체계 내에 BMD 체계의 기능 통합을 시도하고 있으며, Aegis 전투체계를 이용하여 협동교전능력CEC: Cooperative Engagement Capability을 보다 완벽하게 구현하기 위해 노력하고 있다.

표 8-8 Aegis BMD 체계 발전과정

구 분	개발 현황 및 계획
BMD 1.0	• 탄도미사일 탐지 및 추적 시험용 • 지상 탄도미사일 방어체계에 표적정보 전파
BMD 2.0	• 단·중거리 탄도미사일 요격 시험용
BMD 3.0	• 단·중거리 탄도미사일 요격(SM-3 Block I) • Aegis 전투체계 B/L 5.3과 연동
BMD 3.6	• 중거리 탄도미사일 요격(SM-3 Block I/IA) • 타 Aegis함의 링크정보 이용 발사능력 구현 * 유도 및 교전은 자함 체계 이용 • 대공전 수행능력 통합
BMD 3.6.1	• 해상종말 요격능력 보강(SM-2 Block IVA)
BMD 4.0.1	• 단·중·장거리 탄도미사일 및 일부 대륙간 탄도미사일 요격(SM-3 Block IA/IB) • 탄도미사일 신호처리기(BSP) 성능 향상으로 표적 분리 및 교전능력 향상 • 타 함정/육상 탐지체계 링크정보에 의한 요격 미사일 발사능력 구현 * 유도/교전은 자함 체계 이용 • 타 BMD 체계로 표적 전송절차 개선
BMD 5.0	• 단·중·장거리 탄도미사일 및 일부 대륙간 탄도미사일 요격(SM-3 Block IA/IB) • Aegis BMD 체계가 전투체계로 기능 통합 (별도 신호처리기 → SPY 레이더 다기능 신호 처리기 사용)
BMD 5.1	• 단·중·장거리 탄도미사일 및 일부 대륙간 탄도미사일 요격(SM-3 Block IB/IIA) • 타 탐지체계에 의한 요격능력(CEC) 구현(타 체계에 의한 유도 및 교전 가능)

(3) Aegis 현대화 계획: Baseline 8~9

미 해군은 2000년대 초반 Ticonderoga급의 후속함 CG(X)와 Arleigh Burke급의 후속함 DDG(X) 계획을 병행 추진하였다. 그러나 이들 계획은 예산압박으로 축소 또는 중지가 결정되자 미 해군은 DDG-112로 종료되었던 Arleigh Burke급 Flight

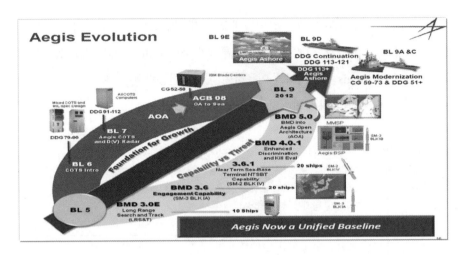

그림 8-20 Aegis 현대화 추진 계획

III(DDG-122 이후)를 2016년부터 건조하는 것으로 대안을 수립하였다. 하지만 탄도미사일 위협이 급속하게 양적으로 확산되자 미 해군은 탄도미사일 방어능력 확충에 더욱 큰 노력을 가할 수밖에 없었고 이는 기존 Aegis 순양함 및 구축함의 운용 증가로 귀결되었다. 이에 따라 미 해군은 Aegis 구축함 추가 양산과 함께 기존 Aegis 순양함 및 구축함의 현대화 계획을 추진하기로 결정하였다.

Aegis함 현대화 계획은 경제적 측면에서 비용 대 효과를 최대화하고, 함정의 운용기간을 통상 35년에서 40년 이상으로 상향시킬 예정이다. 작전적 측면에서는 대탄도미사일BMD 능력을 확장시킬 것이며, 체계적 측면에서는 미 해군의 정책 기조에 부합되게 개방형 구조OA를 적용시킬 예정이다.

Baseline 8은 순양함 현대화 계획으로 추진되어 CG 52~57에 적용되었다. Baseline 8에서 완전 상용제품COTS이 사용되었으며, 자함 방어능력 향상을 위해 ESSM 장착과 SPY-1 레이더의 저공 목표탐색 보완용으로 탑재하고 있는 SPQ-9A(X-밴드) 레이더를 SPQ-9B로 대체하였다.

Baseline 9에는 상용표준제품COTS과 개방형 구조OA 하에 대공전과 대탄도미사일전을 통합 컴퓨터 환경에서 처리하는 다목적 신호처리 기술MMSP: Multi Mission Signal Process이 적용되었다. 상층방어 수단으로 SM-3 Block IIA 미사일과 하층방어 수

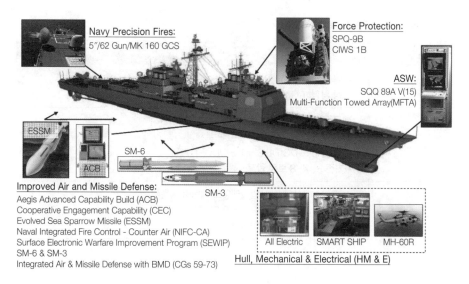

그림 8-21 순양함 현대화 계획

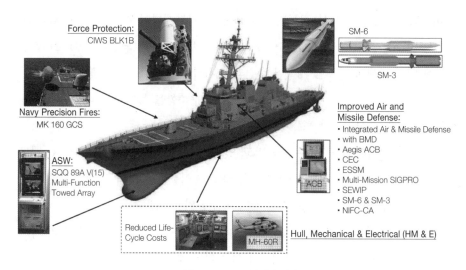

그림 8-22 DDG 현대화 계획

단으로 SM-6 미사일, 구역방공 수단으로 SM-2 Block IIIA/B를 운용하기 위한 체
계도 연동될 예정이다. Baseline 9은 대상 함형별로 세부 기능을 달리한 형태로 적
용될 예정이다.

표 8-9 Baseline 9 함형별 적용 버전

Baseline	주요특성
BL 9A/B	• 대공전 관련 업그레이드만 실시(BMD 미실시) • 대상 함형: CG(CG-59~64 / CG-65~73)
BL 9C	• 대공전 및 대탄도미사일전 관련 업그레이드 실시 • SPY-1D(V) 레이더의 전시 및 프로세싱 기능 강화 • 대상 함형: DDG(DDG-51 ~ DDG-112) * 기존 BL 4~8 보유 함정
BL 9D	• ACB-14 이상의 S/W 업그레이드 개념이 적용 • BL 9C의 기본 능력에 신형 레이더 장착 • 대상 함형: DDG-113 이후 함정

8.3.3 DDG-1000 Zumwalt 전투체계

미 해군의 차세대 수상 전투함은 1988년에 기본개념이 제시된 이후 Arsenal Ship형과 DD-21형을 거쳐 DDG-1000 함형으로 발전하게 되었다. DD-21 함형 계획에 의해 차세대 구축함 계획이 추진되던 시기에는 대지공격 능력에 중점을 두고 개발을 추진하였지만 현재는 Aegis 순양함·구축함을 능가하는 대공전 능력을 보유한 다목적 수상전투함으로 개발정책이 변경되었다.

신규개발 레이더로 가장 주목을 받고 있는 것은 S-밴드(2~4GHz) 및 X-밴드(8~12GHz)의 2가지 주파수대를 사용하는 SPY-3 이중 주파수대역 레이더DBR: Dual Band Radar이다. SPY-3는 Aegis함에 장착된 수동위상배열Passive Phased Array 방식의 SPY-1 레이더 체계의 후속모델인 능동위상배열Active Phased Array 방식의 다기능 레이더이다. 하나의 레이더 체계에서 서로 다른 주파수대의 안테나를 동시에 운용하는 이중 주파수대역 레이더를 적용함으로써 저고도 대공표적에 대한 대응능력이 향상될 것으로 기대되고 있다.

이중 주파수대역 레이더 체계 중 S밴드 레이더는 장거리 광역탐색을 실시하기 때문에 광역탐색 레이더로 통칭된다. X밴드 레이더는 저고도 대공표적에 효과적이다. 정밀한 표적 추적·식별과 반능동 방식의 대공미사일 유도 및 운용 시 Up/Down

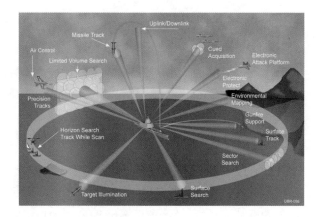

그림 8-23 AN/SPY-3 레이더 형상

link 기능을 실시하는 다기능 레이더MFR: Multi Function Radar이다. 광역 탐색 레이더 및 다기능 레이더MFR의 고정안테나는 평면형으로 각 3면이 통합 상부구조물에 설치되어 있다.

표 8-10 DDG-1000 Zumwalt 제원 및 형상

함 정 명		취역 시기	
Zumwalt	DDG 1000	2016. 9.	
Michael Monsoor	DDG 1001	2017. 6.	
Lyndon B Johnson	DDG 1002	2018.12.	

- 주요제원: 185.9×24.6×8.4m / 15,494톤(승조원 약 150명)
- 최고속력: 30.3knots
- 주요센서: SPY-3 MFR, SPS-73
- 주요무장: PVLS(Peripheral Vertical Launch System)(80셀) /
  토마호크 BI IV, SM-2, ESSM
- 함포: 155mm Advanced Gun System X 2, MK110 57mm X 2
- 선형: Tumble home hull

차세대 구축함(DDG-1000)은 모든 기능을 효과적으로 통합·운용하기 위하여 통합 함정 컴퓨터 환경TSCE: Total Ship Computer Environment이 적용된 최초의 함정이기도 하다. 신개념의 컴퓨터 환경은 탑재되는 모든 시스템을 네트워크로 통합하고 상용 하드웨어 및 표준화된 소프트웨어를 전투체계 전반에 활용할 예정이다.

8.3.4 LCS(COMBATSS-21/ICMS) 전투체계

최근 미 해군은 천해와 연안 유역에서 대함전, 대잠전, 대기뢰전, 특수부대의 지원 및 연안의 육상 목표 공격 등 다양한 전투임무를 수행할 수 있는 경제적인 규모의 연안전투함LCS: Littoral Combat Ship에 대한 개념을 정립하였다.

LCS의 특징은 함정의 기본선체와 통신·전투체계 및 추진 등의 기본 선체를 건조한 후, 전투임무공간에 대함전·대잠전·대기뢰전·특수작전 지원이라는 각기 다른 상황과 임무에 대응해서 교체 조립할 수 있는 해상 전투 상황별 수행 모듈로 제작하고 있다는 점이다.

표 8-11 연안전투함 Mission Package 구조

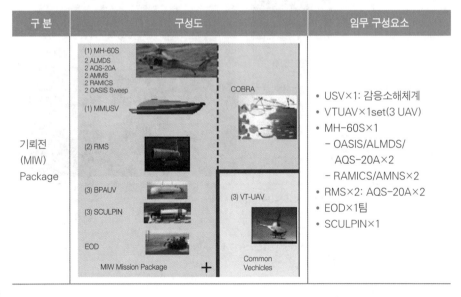

구 분	구성도	임무 구성요소
기뢰전 (MIW) Package	(1) MH-60S 2 ALMDS 2 AQS-20A 2 AMMS 2 RAMICS 2 OASIS Sweep (1) MMUSV (2) RMS (3) BPAUV (3) SCULPIN EOD MIW Mission Package + COBRA (3) VT-UAV Common Vechicles	• USV×1: 감응소해체계 • VTUAV×1set(3 UAV) • MH-60S×1 　- OASIS/ALMDS/ 　　AQS-20A×2 　- RAMICS/AMNS×2 • RMS×2: AQS-20A×2 • EOD×1팀 • SCULPIN×1

구 분	구성도		임무 구성요소

대잠전
(ASW)
Package
	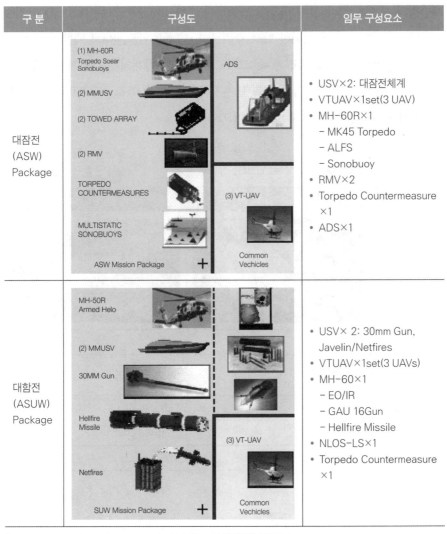		• USV×2: 대잠전체계
			• VTUAV×1set(3 UAV)
			• MH-60R×1
			  - MK45 Torpedo
			  - ALFS
			  - Sonobuoy
			• RMV×2
			• Torpedo Countermeasure
			×1
			• ADS×1

대함전
(ASUW)
Package
			• USV× 2: 30mm Gun,
			Javelin/Netfires
			• VTUAV×1set(3 UAVs)
			• MH-60×1
			  - EO/IR
			  - GAU 16Gun
			  - Hellfire Missile
			• NLOS-LS×1
			• Torpedo Countermeasure
			×1

* VTUAV: Vertical Takeoff Unmanned Aerial Vehicle(수직이착륙 무인기)

* RMS: Remote Monitoring System(원격감시체계)

* SCULPIN: 3대의 무인잠수정으로 구성된 무인 기뢰제거 체계

* ALFS: Airborne Low Frequency Sonar(공중 저주파 소나)

Freedom(LCS-1)급의 전투체계는 Lockheed Martin사에서 Aegis 전투체계의 파생형으로 개발한 COMBATSS-21이 탑재되었다. COMBATSS-21은 Aegis 전투체계의 핵심부분과 95%의 공통성을 공유하고, 개방형 구조를 기반으로 설계되어 탑

재함정의 목적에 따라 설계 변경이 가능하다. COMBATSS-21은 TRS-3D 다기능 레이더 및 전자전 체계, 적외선 탐색 추적장치, 57mm 함포, RAM 대함미사일방어 체계, 대미사일기만체계, C4I 체계, 그리고 모듈별로 탑재되는 무인체계와 연동된다. TRS-3D 다기능 레이더의 최대 탐지거리는 대공 200km, 대함 90km로 모두 400개 목표에 대한 자동 탐지 및 추적이 가능하다.

표 8-12 Freedom급 및 Independence급 연안전투함(LSC) 비교

구 분	Freedom급 LCS	Independence급 LCS
형 상		
전투관리체계	COMBATT-21	ICMS
대공/대함 레이더	TRS-3D 16	Sea Giraffe 3D
광학추적장치	FABA DORNA	Safire III
미사일	RAM 1식	SeaRAM 1식
함포	57mm 1문	57mm 1문

8.3.5 CCS 잠수함 전투체계

미 해군은 1980년 초반에 Los Angeles급 원자력 공격잠수함SSN의 초수평선 공격 능력과 대잠공격 능력을 강화하기 위해 UGM-84 Harpoon 잠대함미사일과 UGM-109 토마호크 잠대지미사일, MK48 어뢰의 성능을 개량한 MK48 ADCAPADvanced CAPabilities을 개발하였으며, 이를 효율적으로 운용하기 위하여 CCSCombat Command System 잠수함 전투체계를 개발하였다. CCS 전투체계는 잠수함에 탑재된 다종의 수동 소나에서 획득한 수중 방사소음을 디지털 컴퓨터를 통해

융합하여 정확한 표적정보를 산출할 수 있다. 하지만 기존 CCS MK1 전투체계는 1960~1970년대 개발된 기술을 기반으로 개발되어 진부화된 체계여서 1988년에 분산처리방식과 광학식 네트워크를 기반으로 한 CCS MK2 전투체계가 개발되었다.

CCS MK2 전투체계는 Los Angeles급 원자력 공격잠수함뿐만 아니라 Ohio급 원자력 전략잠수함^{SSBN}에도 탑재되었으며, Aegis 전투체계처럼 시리즈화 개념에 의거하여 점진적인 성능개량을 진행하였다. 최신 Version은 Virginia급 잠수함에 탑재한 CCS MK2 Block 1C이다.

CCS MK2 Block 1C는 다양한 유형의 미 해군 잠수함의 표준 전투체계로 채택되어 Virginia급 원자력 공격잠수함뿐만 아니라 Los Angeles급, Seawolf급 원자력 공격잠수함, Ohio급 원자력 전략잠수함 전투체계의 성능개량 시 탑재가 진행되고 있으며, 호주 해군의 Collins급 잠수함 현대화 계획 시 신규 전투체계로 채택되었다.

8.4 영국 전투체계

8.4.1 ADAWS 전투체계

영국 해군은 1960년대에 Ferranti사의 FM1600 디지털 컴퓨터를 사용하여 각종 레이더와 소나 등의 센서 정보를 총괄하여 함포와 미사일 등의 무장을 통제하는 ADAWS^{Action Data Automation Weapon System} 전투체계를 개발하였다. ADAWS 전투체계는 이후 구축함 및 경항공모함 등 대형함의 전투체계로 탑재되었으며, 시리즈 개념 하에 지속 발전되었다.

표 8-13 ADAWS 전투체계 발전현황

구 분	탑재 함형	개발연도
ADAWS 1	Country급 구축함	1966년
ADAWS 2	Type 82 Bristol급 구축함	1967년
ADAWS 3	취소(CVA-01 항모)	–
ADAWS 4	Type 42 Sheffield급 구축함 Batch 1	1967년
ADAWS 5	Leander급 호위함(1척 탑재 후 취소)	1972년
ADAWS 6	Invincible급 항모 1~2번함	1980년
ADAWS 7	Type 42 Sheffield급 구축함 Batch 2	1980년
ADAWS 8	Type 42 Sheffield급 구축함 Batch 3	1982년
ADAWS 10	Invincible급 항모 3번함(HMS Ark Royal)	1985년
ADAWS 2000	Ocean급 헬기강습함, Albion급 강습상륙함	1995년

8.4.2 CAAIS 및 CACS 전투체계

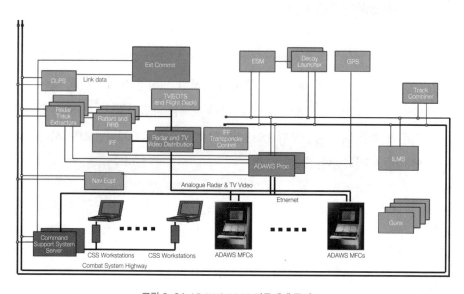

그림 8-24 ADAWS 2000 전투체계 구성도

영국 해군은 ADAWS와는 별개로 호위함용 전투체계 CAAIS^{Computer Assisted}Action Information System도 개발하였으며, 1960~70년대 대량 건조되었던 Leander급 호위함 일부와 Type 22 호위함 일부에 CAAIS를 탑재하였다. CAAIS도 기반 체계는 Ferranti사의 FM1600 디지털 컴퓨터를 사용하였으며, 대함·대공표적의 수동추적 및 IFF 자동제어, 소나 및 전자전EW 입력자료 처리기능과 대잠전능력 향상을 위해 어뢰발사 및 대잠헬기 통제기능이 추가되었다. 그리고 이 체계는 WSA^{Weapon System}Automation 계열의 사격통제체계와도 연동되었다.

8.4.3 SSCS 전투체계

영국 해군은 1980년대 후반에 건조된 Type 23 호위함에도 BAE사가 제시한 새로운 전투체계인 SSCS^{Surface Ship Combat System}를 개발하였다. SSCS는 고성능 마이크로프로세서와 고속 병렬처리 능력을 높이기 위한 분산식 처리기, 다기능콘솔을 채택하였으며, 고품질의 컬러 그래픽 전시기능을 제공한다. 그리고 자함 센서에서 탐지한 표적정보를 처리하여, 추적정보를 생성하고, 위협평가 및 무장할당TEWA: Threat Evaluation and Weapon Assignment과 무장 상호간 간섭현상을 해결하도록 고안되었다. 센서 정보들은 영상데이터버스를 통해 컴퓨터로 입력되고, 다기능콘솔 사이

그림 8-25 CAAIS 전투체계가 탑재된 Type 22 호위함

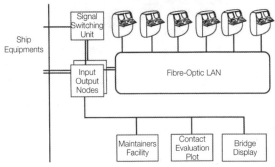

그림 8-26 SSCS의 다기능콘솔 형상 및 SSCS 전투체계 구조도

그림 8-27 SSCS 전투체계를 탑재한 Type 23 호위함

에는 광케이블을 이용한 이더넷Ethernet LAN을 통해 정보를 주고받으며, 무장통제
체계도 별도의 사격통제용 네트워크를 통해 정보를 전송할 수 있다. 우리 해군도

1990년 초반 한국형 구축함KDX 사업을 추진하면서 구축함에 탑재될 전투체계로 함의 크기 및 능력, 탑재 센서와 무장이 비슷한 Type 23 호위함에 탑재된 SSCS를 선정하였다.

8.4.4 SSCS-21(CMS-1) 전투체계

영국 해군 Type 42 구축함을 대체하기 위해 신규 건조한 Type 45 구축함의 전투체계는 SSCS를 성능개량한 SSCS-21(CMS-1)이 채택되었다. SSCS-21은 고속 이더넷 방식의 전투체계 고속 네트워크가 적용되었고, 이중화된 전술정보처리 서버와 비실시간 자료처리를 위한 보조정보처리 서버와 3중 모니터 다기능콘솔로 구성되었다.

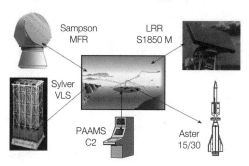

그림 8-28 Type 45 구축함의 PAAMS(S) 대공전체계

그림 8-29 Aster-15/30 함대공미사일 및 Sylver VLS

8.4.5 Type 45 방공구축함 대공전체계: PAAMS(S)

PAAMS^{Principle Ani-Air Missile System}는 광역방어, 구역방어 및 자함방어를 위해 다기능 레이더 및 대공미사일을 신규 개발하고 이를 운용하기 위한 체계를 구축하는 것을 목표로 한 대공전 체계이다. PAAMS(S)는 Type 45 방공 구축함에 탑재되었으며, SAMPSON 다기능 레이더, S1850M 장거리 탐색레이더, Aster 15/30 함대공미사일, 전술정보처리장치로 구성되어 있다. 하지만 PAAMS는 엄밀히 따지면 무장통제체계이므로, Type 45 구축함에는 전투관리체계인 CMS-1과 연동시켰다.

8.4.6 SMCS/SMCS-NG 전투체계

영국의 잠수함 전투체계는 1980년대 초반 Vanguard급 잠수함용 SMCS ^{Submarine Command System} 전투체계의 개발을 시작하였다.

최근에는 Type 45급 구축함의 전투체계 개발경험을 적용하여 개방형 구조 기반의 상용기술을 적용한 SMCS-NG 잠수함 전투체계를 개발하였다. 현재는 기존

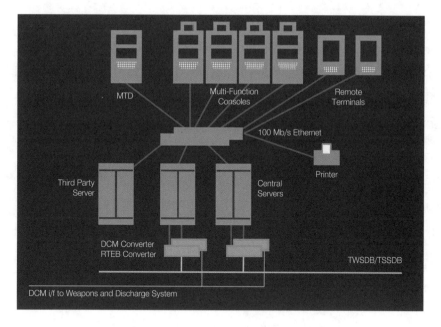

그림 8-30 SMCS-NG 전투체계 구성

SMCS를 SMCS-NG 전투체계로 대체하고 있다. SMCS-NG의 특징은 완전 분산식 시스템 구조, 상용 하드웨어 사용 및 윈도우 기반의 운용체계를 들 수 있다. 이 전투체계는 분산 및 이중화 구조에 중점을 두어 가용성이 크게 향상된 체계이다. 또한, 11개의 노드로 구성된 분산식 구조로 전투체계 고속망으로 불리는 이중 네트워크로 전투체계 구성요소들이 통합되어 자료를 교환한다.

음탐센서는 Thales사의 Type 2054 복합 소나체계를 장착하고 있다. 이 체계는 저주파 수동탐색용 예인형 음탐센서, 능동/수동 탐색용 선체 부착형 음탐센서 및 방수 음탐센서로 구성되어 있으며, 상용기술 확대적용 및 개방형 구조 채택을 통해 성능개량을 실시하고 있다. 비음향센서는 CK 51 탐색 잠망경과 CH 91 공격 잠망경을 장착하고 있으며, 이 잠망경은 광학 및 TV/IR 카메라를 장착하고 있고, 전투체계에서 통합 운용할 수 있다.

8.5 네덜란드 SEWACO 전투체계

네덜란드 해군은 1950년대 후반에 M4 사격통제레이더와 M20계열의 사격통제체계를 개발하였다. 이후 컴퓨터 기술의 발전으로 M20계열은 WM계열로 진화하였으며 다수의 서방국가 해군 무장통제체계로 탑재 운용되었다. 1970년대에는 다수 표적을 효과적으로 대응하기 위하여 위협표적 식별 및 위협 우선순위 평가를 자동적으로 수행할 수 있는 지휘통제체계인 DAISY^{Digital Action Information SYstem}를 개발하였으며, DAISY 지휘통제체계를 WM계열의 무장통제체계와 연동시키고 센서 및 무장을 통합하여 운용하기 위해 SEWACO^{SEnsor Weapon control And COmmand} 전투체계를 개발하였다. 최초의 SEWACO I이 TROMP급 호위함에 탑재되었고 이후 성능개량을 지속하여 SEWACO XI까지 개발되었다.

표 8-14 SEWACO 전투체계 발전현황

구 분	탑재 함형	개발연도
SEWACO I	Tromp급 호위함	1971년
SEWACO II	Kortenaer급 호위함	1974년
SEWACO III	개발 취소(호위함 전투체계)	–
SEWACO IV	Wielingen급 호위함	1975년
SEWACO V	Van Speijk급 호위함	1976년
SEWACO VI	Jacob van Heemskerck급 호위함	1985년
SEWACO VII	M급 호위함	1985년
SEWACO VIII	Walrus급 잠수함	1979년
SEWACO IX	Alkmaar급 기뢰제거함	1985년
SEWACO X	개발취소(기뢰제거함 전투체계)	–
SEWACO XI	De Zeven Provinciën급 방공 호위함	1998년

SEWACO는 공통 통제체계에 센서 및 무장, 무장통제체계가 모듈화되어 하부체계로 연동됨에 따라 함정의 크기 및 임무에 따라 다양한 형상으로 설계할 수 있었다. SEWACO의 지휘통제체계인 DAISY는 SMR 컴퓨터를 기반으로 센서와 무장통제체계와 통합시켜 함정 센서와 전술 데이터링크를 사용하여 표적 탐색과 표적정보의 편집을 수행하며, 대공전, 대잠전, 전자전 등 성분작전별 위협평가, 수동 또는 자동에 의한 무장할당, 명중평가 등을 실시한다. 아울러 의사결정 지원, 작전계획 수립, 훈련과 시스템 정비 지원 기능을 수행할 수 있다.

8.6 독일 ISUS-83/90 잠수함 전투체계

독일은 1970년대부터 209급 잠수함을 건조하였으며, 여기에 ISUSIntegrated Sensor Underwater System-83 전투체계를 탑재하였다. 1990년대 후반에는 209급 잠수함보다 성능이 향상된 212/214급 잠수함을 건조하였으며, 기존 전투체계인 ISUS-83을

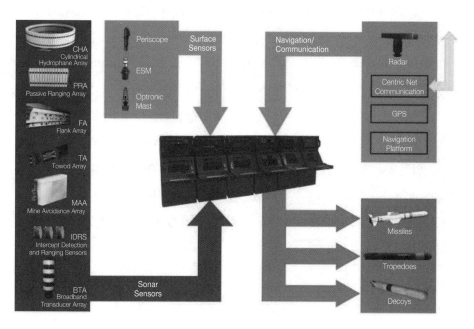

그림 8-31 ISUS-90 전투체계 구조

개량한 상용제품 및 개방형 구조^{OA} 기반의 ISUS-90 전투체계를 탑재하였다.

ISUS-83은 CUS-83 음탐체계와 통합된 체계이며, ISUS-90은 CUS-90 음탐체계와 통합된 체계이다. ISUS-90은 ISUS-83과 비교하여 동시 표적추적 능력, 동시 어뢰유도 능력, 저주파 탐지 및 분석 능력, 비음향 탐지체계 통합운용 능력을 발전시킨 모델이다. 또한, 209급 잠수함에 설치된 실린더형 수동음탐기, 능동음탐기, 방수음탐기IDRS: Intercept Detection and Ranging Sonar 및 측거음탐기 외에 저주파신호 탐지능력 향상을 위해 측면배열 음탐기FAS: Flank Array Sonar와 예인형 음탐기TAS: Towed Array Sonar를 추가로 탑재하였다.

8.7 일본 전투체계

해상자위대의 함정 전투체계는 대잠/대공 센서 및 무장 운용을 위한 지휘통제체계로 발전하였다. NTDS방식의 전술정보처리장치와 사격통제체계가 함께 공존하는 방식으로 발전하였고 미국으로부터 도입하거나 자체 개발한 대잠전체계와 연동운용하였다. 표 8-15는 일본 전투체계의 발전과정을 나타낸 것이다.

일본 전투체계의 시초는 미국의 NTDS를 표준으로 호위함 Takatsuki에 탑재된 전술정보처리장치인 NYYA-1이다. NYYA-1은 미국 Garcia급 호위함 중 2척(FF-1047, 1049)에 탑재한 NTDS와 유사한 것으로 1대의 USQ-20(CP-642B 컴퓨터)과 4대의 UYA-4 콘솔로 구성되어 64개의 근거리 표적과 96개의 원거리 표적을 추적할 수 있었으나, 전술 데이터링크와 무장통제기능은 보유하지 않았다. NYYA-1은 Takatsuki 1척에만 탑재되는 것에 그쳤으나, 이후 OYQ시리즈의 기초가 된다.

일본의 전투체계를 뜻하는 OYQ시리즈는 1978년 OYQ-1을 시작으로 OYQ-11까지 일관되게 발전하여왔다.

표 8-15 일본 전투체계 발전과정

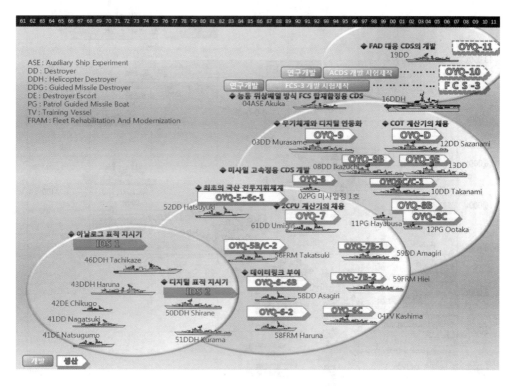

그림 8-32 NYYA-1 전투체계를 탑재한 Takatsuki함

표 8-16 일본 수상함의 대잠전체계 발전과정

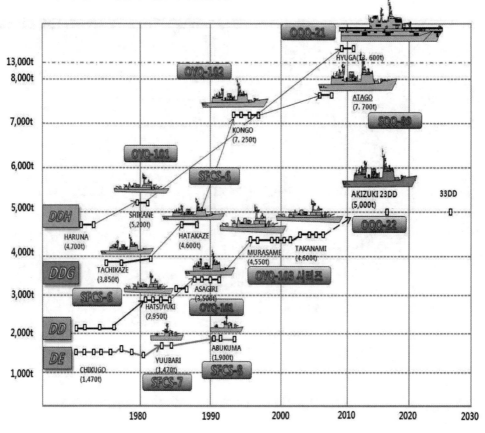

8.8 러시아 전투체계

러시아 해군은 2차 세계대전 당시 미국의 전투정보실CIC: Combat Information Center. 러시아 개념은 BIP: Battle Information Post 개발의 영향을 받아 1946년 해군 레이더연구소에서 전투정보실의 필요성을 인식하면서 전술 및 기술 요구사항들을 검증하였고, 1954년 전술데이터 처리 시스템을 만들기 위한 컴퓨터 센터를 설립하여 전투체계의 점진적인 발전을 시작하였다.

러시아 해군함정에 처음으로 탑재된 전투체계는 Zveno 계열이다. 이 체계는 1949년 소련 조선부 과학연구소에서 개발되었으며 4~5개의 대함표적과 7~9개의 대공표적을 처리할 수 있도록 설계되었다. 방위각 6~8도 및 속도 5~7%라는 적지 않은 오차에도 불구하고 체계 탑재 전과 비교했을 때 엄청난 발전이었다. 이 전투체계는 당시 러시아 해군 순양함, 구축함 그리고 초계함에 장착되었다. 후속체계로 1950년도에 Tsel 계열, Planshet 계열 등으로 발전하면서 데이터 처리량과 정확도가 높아졌다.

2세대 전투체계는 1970년대 개발된 Alleya 계열이다. 순양함에는 Alleya-1이 탑재되었으며, Kiev급 항공모함에는 Alleya-2, Kirov급 미사일순양함에는 Alleya-2M이 탑재되었다. 이 전투체계는 2개의 주 컴퓨터체계, 지휘컴퓨터, 컴퓨터 복합체계 등으로 구성되어 있다. 지휘컴퓨터는 함정의 무장과 바로 연결되어 있는 형태이며, 컴퓨터 복합체계는 레이더 신호처리기, 함정 및 탑재헬기 소나 정보처리, 항공기 정보처리, 데이터링크 등의 인터페이스와 연동되어 있다. 그리고 무선 데이터링크를 사용하여 아군 함정과의 데이터링크 통신이 가능하였다. 그러나 이 체계는 다기능지휘통제콘솔과 같이 대함/대공 무장을 통제할 수 있도록 연동되어 있지는 않았다.

3세대 전투체계는 표 8-17에서 보는 바와 같이 Lesorub, Sapfir, Sigma 계열 전투체계가 있다. 먼저 1980년대 개발된 Lesorub 계열은 전단작전을 용이하게 지휘할 수 있도록 진형을 관리하고, 대공/대잠작전을 수행하기 위해 미사일 및 항공자산을 통제할 수 있도록 자동화된 시스템이다. 이 전투체계는 Admiral Gorshkov 및 Kuznetsov급 항모 등에 탑재되었으며, 1990년대 중반에는 Slava급 순양함과 Udaloy급 구축함에 탑재되었다. Lesorub 계열 전투체계의 중앙컴퓨터는 1 MOPS^{Million Operation Per Second: 초당 백만 번 연산}의 속도로 운용되며 레이더 처리 및 표적관리체계가 분리되어 있고 레이더, 소나, ESM^{Electronic Support Measure}, 데이터링크의 정보를 처리할 수 있다.

표 8-17 러시아 전투체계를 운용하는 주요 함정 현황

운용 국가	탑재함	함형	전투체계
중국(수출)	Sovremenny	DD	Sigma-E
인도(수출)	Admiral Gorshkov(Keiv)	CV	Lesorub-E
	Talwar	FF	Trebovaniye-M
러시아	Kuznetsov	CV	Lesorub
	Kirov	CB	Lesorub
	Slava	CG	Lesorub
	Udaloy	DD	Lesorub
	Sovremenny	DD	Sapfir-U
	Neustrashimy	FF	Sigma
	Steregushchy	FF	Sigma/Sigma-E

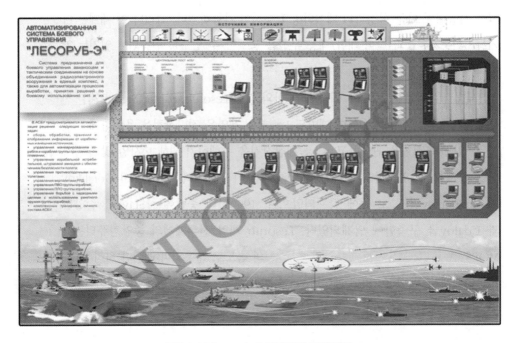

그림 8-33 Lesorub-E 전투관리 자동화체계

그림 8-33은 러시아에서 인도에 수출한 Admiral Gorshkov 항공모함에 탑재된 Lesorub-E(수출용)를 도식화한 것으로, 25개의 지휘통제콘솔과 10개의 무장통제 콘솔 등으로 구성되어 있으며, 256개의 표적을 처리하고 9척의 수상함과 35대의 항공기를 통제할 수 있다.

Sapfirr 계열 전투체계는 1980년대 후반 Udaloy급 구축함의 성능을 보완하고

그림 8-34 Sigma 계열 전투체계를 탑재한 Neustrashimy급 호위함

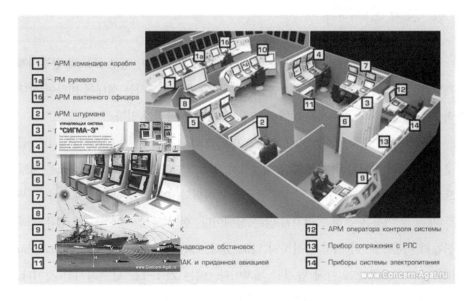

그림 8-35 Sigma-E 전투정보 관리체계

SA-N-7 대공미사일과 연동하기 위해 개발되어 Sovremenny급 구축함에 탑재되었다. 이 전투체계는 하나의 3차원 대공레이더 신호가 네트워크를 통해 무장콘솔과 지휘통제콘솔로 분배가 되며, 지휘통제콘솔과 대함 및 대공 미사일 통제콘솔로 구성이 되었다. 함포운용, 항해, 전자전 콘솔이 CIC 내 독립적으로 구성되어 있으며, 별도의 음탐실을 갖추고 있다.

다음은 1990년대 개발된 Sigma 계열 전투체계로 Neustrashimy급 호위함 및 Steregushchy급 신형 호위함에 탑재되었다. Steregushchy급 신형 호위함은 현재까지 3척 취역하였고 30여 척이 건조되어 북양함대(발틱함대)에 배치될 예정이다.

그림 8-35는 Sigma계열 전투체계 수출용 버전으로 1~3개의 서버와 25대의 지휘통제콘솔과 10대의 무장통제콘솔 그리고 3개의 대형전시화면으로 구성되어 있다. 센서, 무장, 전시기 등은 이더넷을 통해 연동되어 있고 최대 256개의 표적을 처리할 수 있다. 9척의 수상함과 16대의 항공기 통제가 가능하며 전투지휘뿐만 아니라 헬기 통제·손상통제 기능도 포함되어 있다고 한다.

8.9 중국 전투체계

중국 전투체계의 발전은 국가적 차원에서 주도되고 있다. 정부 주도의 전투체계 개발은 사업·기술 관리측면에서 볼 때 방위사업체가 주도하는 형태에 비하여 상대적으로 일관되게 전투체계를 개발해 나갈 수 있다는 장점이 있다.

중국의 주력 전투체계는 ZKJ 시리즈이다. ZKJ-1은 1984년 Luda(Type 051)급 구축함 2척에 실험차 최초 탑재한 체계로서 프랑스 TAVITAC 체계의 기술력을 바탕으로 개발되었다. TAVITAC 체계에 중국산 레이더와 미사일을 장착한 체계이나, 세부 제원 및 기능은 전혀 알려지지 않은 상태이다. 현재는 체계 안정도 및 컴퓨터 계산능력 미흡으로 더 이상 양산하지 않고 있다. ZKJ-2는 1986년 첫 번째 Jianghu III(Type 053)급 호위함에 탑재된 체계이다. 이는 ZKJ-1을 단순화시킨 것이다. 1987년에 Jianghu III급 두 번째 호위함 Wuhu에 탑재를 끝으로 더 이상 탑재된 함

그림 8-36 ZKJ-3 탑재 함정의 콘솔

정은 없다.

ZKJ-3는 1990년에 Jianghu III급 세 번째 호위함 Cangzhou에 탑재되었으며, 태국에 수출된 Jianghu III급 호위함 4척에도 탑재되었다. 태국 함정을 통해서 확인해 봤을 때 ZKJ-3는 이탈리아의 IPN-10 기술을 기반으로 하였음을 알 수 있다. 태국 함정에는 세 명의 작동수가 함께 앉아서 조작하는 콘솔 1개와 여러 개의 1인 운용 콘솔이 탑재된 것이 확인되었는데 이는 IPN-10 체계와 동일한 형태이다.

ZKJ-4는 ZKJ-1 탑재 함정을 성능개량하면서 탑재한 전투체계이다. 세부 제원은 알려져 있지 않으며, 다만 IPN-20 체계와 연동이 가능할 것으로 판단하고 있다. ZKJ 계열 전투체계는 ZKJ-5/6/7까지 지속적으로 개량되어 발전되었다. ZKJ-6는 1996년 Luhu(Type 052A)급 구축함에 탑재된 체계이며, 프랑스 Thomson-CSF사 TAVITAC 체계 기술을 기반으로 개발되었다. Luhu급 구축함은 중국 전투함 최초로 대공미사일인 HQ-7을 발사할 수 있는 CSA-N-4 선회형 발사대를 함수에 탑재하여 JKJ-6 체계와 연동시켰다. ZKJ-7은 1999년 Luhai(Type 051B)급 구축함에 탑재된 체계이며, ZKJ-6와 마찬가지로 TAVITAC 체계 기술을 기반으로 개발되었다.

중국 해군은 2004년 이후 데이터버스와 영상버스 방식을 사용하는 완전분산식 전투지휘체계인 JRSCCS를 개발하여, 2008년 취역한 Jiangkai II(Type 054A)급 호위함에 탑재하고 있는데 유럽에서는 이를 중국 제3세대 전투체계로 분류하고 있다. 데이터버스에 모든 센서 및 무장이 연결되어 통합운용되며, 중앙처리 Cabinet

이 없고, 무장과 사격통제체계 간에도 별도 처리단 없이 직접 연결되어 운영된다. JRSCCS가 최근 건조된 함정에 탑재되는 반면에, 기존의 함정에서 운용했던 아날로그식 사격통제체계는 데이터버스 기반의 사격통제체계인 JRNG로 대체되고 있다. 체계의 구성은 3개의 콘솔, 중앙처리단, 데이터버스로 구성되어 있다.

가장 최근에 개발된 중국 해군의 전투체계는 ZBJ-1 체계이다. ZBJ-1 체계는 2004~5년에 취역한 중국판 Aegis 함정이라 불리는 Luyang II(Type 052C) 1~2번 함인 Lanzhou함 및 Haikou함에 탑재되었으며, 현재까지 지속적인 운용능력 평가를 통해 최종 6척의 Luyang II급 구축함에 탑재될 예정이다.

ZBJ-1 체계는 미 Aegis 체계의 SPY-1 레이더와 유사한 형태를 띤 Type 346 Dragon Eye 3차원 위상배열 레이더와 구형형태의 수직발사대에 장착된 HHQ-9 중거리 함대공미사일, 네덜란드 Thales사의 골키퍼를 모방한 Type 730 근접방어무기체계^{CIWS} 등을 탑재하고 있다. 중국 해군은 ZBJ-1 체계를 Luyang II급 구축함의 차기함인 Luyang III(Type 052D)급 구축함에도 탑재하였으며, Luyang II급과 비교해서 Arc형의 Type 346 Dragon Eye 위상배열 레이더 형태가 SPY-1 레이더와 유

그림 8-37 중국 해군 구축함 및 호위함 ZKJ 전투체계 탑재현황

그림 8-38 ZBJ-1 전투체계 탑재 구축함(Luyang II/III)

사하게 평면형태로 바뀌었으며, 구형형태의 수직발사대도 MK41 수직발사대와 유사한 정사각 모양의 발사대로 변경되었다. 그리고 함의 근접방어무기체계CIWS는 RAM 대함미사일 방어미사일과 비슷한 형태인 FL-3000N이 탑재되었다.

중국 전투체계의 특징은 외국의 기술 및 장비를 도입하여 모방생산을 해왔고 전투체계의 발전을 국가적 차원에서 지원해왔다는 것이다. 그 결과 실제 성능이 확인되지는 않고 있지만 선진국의 장비들과 유사한 외관을 가진 체계들을 개발해가고 있다. 장차 중국의 전투체계 관련 기술은 선진국과의 격차를 계속 좁혀나갈 것으로 보인다.

8.10 국내 전투체계

8.10.1 국외도입 전투체계

(1) 국외도입 전투체계 획득 과정

우리 해군은 1980년대 네덜란드의 WM-28(SEWACO) 체계와 영국의 WSA-423 사격통제체계를 도입하여 호위함FF 및 초계함PCC에서 운용중이고, 1990년대 영국

BAE사의 SSCS MK7 전투체계를 광개토대왕급 구축함(DDH-Ⅰ)에 탑재하였다. WM-28이나 WSA-423체계는 사격통제체계^{FCS}이므로 진정한 의미의 전투체계 도입은 광개토대왕급 구축함(DDH-I)에 SSCS MK7 전투체계를 탑재하면서 시작되었다. 충무공이순신급 구축함(DDH-II)의 전투체계도 DDH-I에 탑재된 SSCS MK7 전투체계의 S/W 일부를 성능 개량하여 탑재하였다. 세종대왕급 구축함^{DDG} 전투체계는 Aegis 전투체계를 미국(Lockheed Martin사)에서 직도입하였으며 사업 시 절충교역을 통해 설계기술을 전수 받아 국내기술 기반을 구축하였다. 이후 축적된 국내기술을 기반으로 FFG-I급 전투체계를 독자 설계하였으며, 향후 건조되는 함정에는 국내개발 전투체계가 지속 탑재될 예정이다.

(2) WM-28(SEWACO) 사격통제체계

WM-28(SEWACO) 체계는 수상함용 표적 탐지·추적 및 무장통제체계로 우리 해군의 호위함^{FF} 및 초계함^{PCC}에 탑재되었다. SEWACO 체계의 주요 구성장비로는 탐색·추적 통합레이더^{CAS: Combined Antenna System}, 전술화면콘솔^{TDC: Tactical}

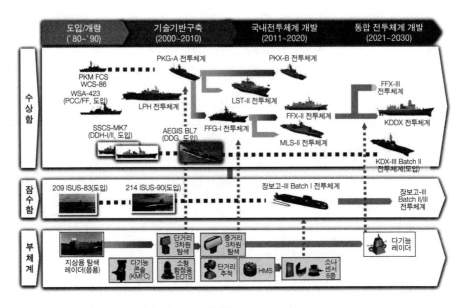

그림 8-39 **국내 전투체계 획득 과정**

그림 8-40 WM-28(SEWACO) 사격통제체계를 탑재한 충남함(FF)

Display Console, 무장통제콘솔WCC: Weapon Control Console, 광학통제콘솔OCC: Optical
Control Console, 전자광학추적장비LIOD: LIghtweight Optronic Director가 있다. 그리고 DA-
08 대공레이더, ULQ-11/12K 전자전장비, PHS-32 또는 SQS-58 소나, Link-14,
76mm/40mm/30mm 함포, 하푼 함대함미사일 등과 연동된다.

주요 기능은 대공과 대함 표적을 탐색하여 사통장치로 지정하고 통합정보 및 전
술상황을 전시하며, 사격문제를 해결하여 무장에 조준자료를 제공한다. 자체 추적
훈련을 목적으로 가상표적을 만들 수 있으며, 훈련 후 분석을 위한 자료 녹음 및 녹
화가 가능하다. WM-28(SEWACO) 체계는 동시에 4개의 표적에 대한 사격문제 해
결을 수행할 수 있다.

(3) WSA-423 사격통제체계

WSA-423 체계는 호위함, 초계함 및 기뢰부설함에 탑재 운용중인 사격통제체계
이다. 영국의 Ferranti사, Marconi사 및 Radamec사에서 제작한 각각의 장비를 통합
하여 모든 기능이 중앙 컴퓨터에 의해 동작되도록 설계되어 있다. WSA-423 체계
의 구성장비는 S-1810 탐색레이더, ST-1802 추적레이더, 지휘통제콘솔CC: Command

Console, 무장통제콘솔WCC: Weapon Control Console, 전자광학추적장비EOTS: Electronic Optical Track System 등이 있다. 그리고 항해 및 대공 레이더, ULQ-11/12K 전자전장비, PHS-32 또는 SQS-58 소나, Link-14, 함포, 함대함미사일 등과 연동된다.

주요 기능으로는 WM-28 체계와 유사하여 동시에 4개의 표적에 대한 사격문

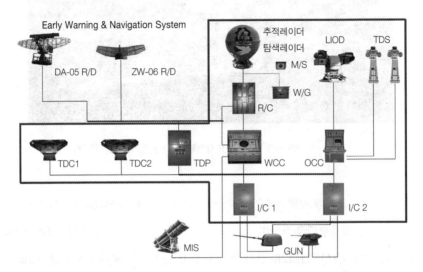

그림 8-41 WM-28(SEWACO) 체계 구성

그림 8-42 WSA-423 사격통제체계를 탑재한 제주함(FF)

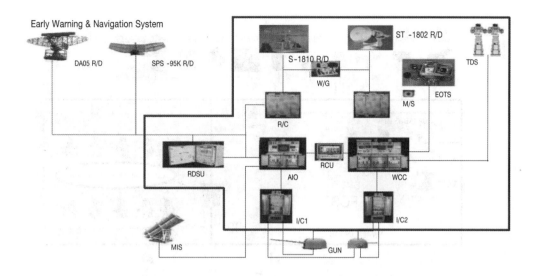

Early Warning & Navigation System

DA05 R/D   SPS -95K R/D

S-1810 R/D

ST -1802 R/D

TDS

W/G

R/C

M/S   EOTS

RDSU   AIO   RCU   WCC

MIS   I/C1   I/C2

GUN

그림 8-43 WSA-423 체계 구성

제 해결이 가능하다. 지휘통제콘솔CC에서는 전술화면편집, 상황평가, 전술대응, 대잠전을 수행하며, 무장통제콘솔WCC에 전투준비를 위한 각종 자료를 주입하면 사격 제원을 자동적으로 계산한다. 이 체계는 대공, 대함 및 대지 전투를 위해 76mm, 40mm 등 함포와 함대함미사일 등을 통제한다. 또한, 신속한 대응을 위하여 위협 전자파 접촉 시 긴급표적지정Alarm TI 기능에 의해 함포를 자동적으로 할당할 수 있다.

(4) DDH 전투체계(KDCOM/SSCS MK7)

광개토대왕급 구축함(DDH-I)은 함정 전투체계를 최초로 탑재하여 대공/대함/대잠/전자전 등의 성분작전 및 복합전 수행능력을 구축하였다. 이 구축함에 탑재되는 전투체계는 KDCOM이 탑재되었으며, 지휘통제체계C2와 무장통제체계FCS가 이원화되었다. 지휘통제체계는 영국 BAE사의 SSCS를 기반으로 설계된 SSCS MK7이 탑재되었으며, 무장통제체계는 네덜란드 Thales사의 MW-08 3차원 탐색레이더, STIR 추적 및 조사 레이더와 TACTICOS 기반의 다기능운용자콘솔MOC: Multi Operator Console이 탑재되었다. 그리고 지휘통제체계 및 무장통제체계, 센서 및 무장, 데이터링크, 항해지원체계들은 네덜란드 Thales사에서 제작한 전투체계 데이터버스CSDB

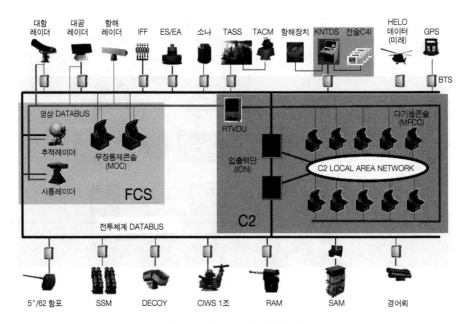

그림 8-44 DDH-II 전투체계 구성장비

를 통해 연동된다.

DDH 전투체계에는 대공레이더, 적아식별장치, 선저부착형소나, 예인선배열소나TASS, 어뢰음향대항체계TACM, 전자전장비, 대함미사일기만체계, 함대공미사일, 함대함미사일, 근접방어무기체계CIWS, KNTDS, 항해지원체계, GPS 등이 연동된다.

지휘통제체계C2는 메인 컴퓨터 역할을 하는 입출력 노드ION: Input Output Node에 다수의 다기능지휘통제콘솔MFCC: Multi Function Command Console들이 Ring형 구조의 이중 근거리통신망을 통하여 연동되는 연합식 처리구조로 이루어져 있으며, 표적관리 및 위협평가/무장할당TEWA과 같이 소프트웨어 부하가 큰 주요 프로세스들은 입출력 노드에서 처리된다. 지휘통제체계는 각 성분전별 작전계획 수립, 전술화면 편집, 센서/무장 감시 및 제어, 사후분석 및 승조원 훈련 등의 기능을 수행한다.

사격통제체계FCS는 별도의 네트워크를 보유하지 않고 전투체계 데이터버스에 집적 연동되며 기능 및 용량의 확장이 용이하도록 설계되었고, C2체계와 기능적으로 결합되었다. 무장통제체계는 다기능운용자콘솔MOC을 통해 운용되며, MW-08

그림 8-45 SSCS MK7 전투체계를 탑재한 광개토대왕함(DDH-I)

및 STIR 원격조정, 대공/대함표적 탐색 및 추적, 4개의 함포 사격통제 채널 제공, 함포 제어 및 통제(DDH-I은 함대공미사일 제어 및 통제 포함) 등의 기능을 수행한다. 전투체계 데이터버스는 전투체계를 구성하는 각종 센서 및 무장과 지휘통제체계, 무장통제체계 간의 디지털 연동을 이중 버스 구조의 이더넷 방식을 통해 제공해준다.

　DDH 전투체계는 생존성 보장을 위해 분산식 처리구조와 이중화 구조가 적용되었다. 지휘통제체계는 연합식 처리구조이지만 전투체계 데이터버스에 연동되는 전투체계의 각 체계들은 분산된 다수의 프로세서를 보유하고 있어 데이터의 실시간 분산처리가 가능해졌다. 그리고 입출력 노드, C2 근거리 통신망, 전투체계 데이터버스들은 모두 이중화 구조로 설계되어 있어 하나의 고장으로 인한 운용성 손상을 방지할 수 있으며, 자동화 개념에 의하여 결함 발생 시 이중화 시스템의 주체계 Master와 부체계Slave가 자동 전환된다.

　초도함인 광개토대왕함(DDH-Ⅰ)에는 해외업체 개발 체계가 직도입되었지만 2번함인 을지문덕함부터는 국내 방산업체와의 기술협력으로 생산된 체계가 탑재되었다. 충무공이순신급 구축함(DDH-Ⅱ)은 대공미사일이 RIM-7P에서 SM-2 및 RAM으로 변경됨에 따라 전투체계 소프트웨어의 일부 형상을 변경하여 해외업체

그림 8-46 SSCS MK7 전투체계를 탑재한 강감찬함(DDH-II)

및 국내 방산업체가 공동 개발하였으며, 국내개발 장비 탑재에 따라 국내 방산업체에서 연동단을 신규 개발하였다. DDH-II 4번함인 왕건함부터는 한국형 수직발사체계KVLS: Korean Vertical Launch System 탑재에 따른 연동단도 추가 개발하였다.

DDH-I과 DDH-II 전투체계의 큰 차이점은 대공미사일 통제 및 대잠전 수행 능력 강화를 위해 다기능지휘통제콘솔이 증가(8대→10대)되었고, 함대공미사일이 RIM-7P에서 SM-2로 변경되면서 함대공미사일 통제장비가 무장통제체계에 연동된 미사일연동캐비닛MIC: Missile Interface Cabinet에서 지휘통제체계의 입출력 노드ION에 내장된 무장지휘체계WDS: Weapon Direction System로 변경되었다. WDS는 SM-2 대공미사일 교전을 위한 체계로 타 해군 함정은 별도의 정보처리장치를 탑재하였지만 기존 정보처리장치의 기술 진부화로 DDH-II에는 WDS가 입출력 노드ION에 에뮬레이터카드로 내장되어 소프트웨어 상으로 SM-2 교전 스케줄링을 처리한다. 그리고 근접방어무기체계CIWS가 30mm 골키퍼 2문에서 RAM 1문 및 30mm 골키퍼 1문으로 변경되었으며, 국내개발 무기체계인 해성 함대함미사일, SONATA 전자전장비가 대체 탑재되었다.

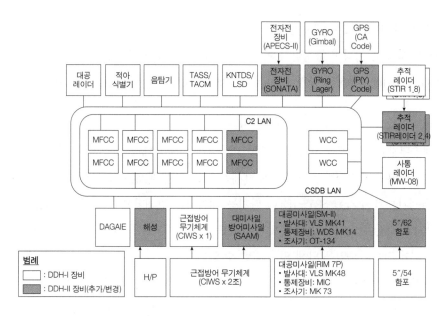

그림 8-47 DDH-Ⅰ/Ⅱ 전투체계 구성장비 비교

표 8-18 DDH-Ⅰ/Ⅱ 전투체계 간 구성장비 비교

구 분		DDH-Ⅰ	DDH-Ⅱ	비 고
지휘통제기능		MFCC 8대	MFCC 10대	지휘결심 지원능력 보강 (SAMC, SSPS 콘솔 추가)
대공전	추적 및 조사레이더	STIR 1.8	STIR 2.4	추적거리 증대
	함대공 미사일	RIM-7P	SM-2 BLK ⅢA	대공방어능력 확장
	근접방어 무기체계	CIWS×2조	CIWS×1조 RAM×1조	계층방어 개념 구체화 (Layered Defense)
대함·대지전		5″/54	5″/62	스텔스 성능 강화
		H/P-1G	해성-Ⅰ	국과연 국내개발
		–	OO체계	대지공격 능력 강화
대잠전	수중센서	HMS·TASS·TACM		–
	대잠무장	SLTS	SLTS·KVLA	장거리 대잠공격 가능 (홍상어 탑재)
전자전		APECS-Ⅱ	SONATA	국과연 국내개발

DDH-II Batch 2부터는 한국형 수직발사체계^{KVLS}와 홍상어 한국형 대잠유도로 켓이 탑재되고, 청상어 함정발사 어뢰체계가 전투체계와 연동되도록 개조되었으며, DDH-II Batch 1 3척의 함정에도 추가 탑재 및 개조를 순차적으로 진행하였다.

(5) DDG 전투체계(Aegis 전투체계)

세종대왕급 구축함^{DDG} 전투체계는 미국 Lockheed Martin사 Aegis 전투체계를 직도입하였다. 세종대왕급 구축함에 탑재된 Aegis 전투체계는 Baseline 7.1R로 이중 빔 탐색기능이 추가된 SPY-1D(V) 다기능 레이더를 탑재함으로써 연안작전능력이 향상되었으며, 탄도미사일 탐색 및 추적 기능^{BMS&T}이 추가되어 대공전을 수행하면 서 동시에 탄도미사일을 탐색 및 추적할 수 있다.

하지만 세종대왕급 구축함은 모든 체계를 미국의 Aegis함과 동일한 장비로 도입 하지는 않았으며, Aegis 핵심체계인 Aegis 무기체계를 제외한 나머지 센서 및 무장 들은 국내개발 또는 기존에 도입 운용중인 장비들을 Aegis 전투체계에 연동시키는 방식으로 진행되었다. 이를 위해 미국 Aegis 전투체계 구성장비와 다른 장비들은 KIF^{Korea Interface Facility}와 ASWCS-K^{Anti Submarine Warfare Control System-Korea}라는 부체 계를 별도로 설치하여 ALIS에 연동시켰다.

그림 8-48 Aegis 전투체계를 탑재한 세종대왕함(DDG)

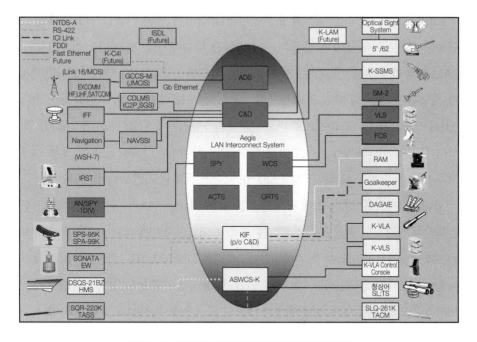

그림 8-49 세종대왕함급 구축함(DDG) 전투체계 구성

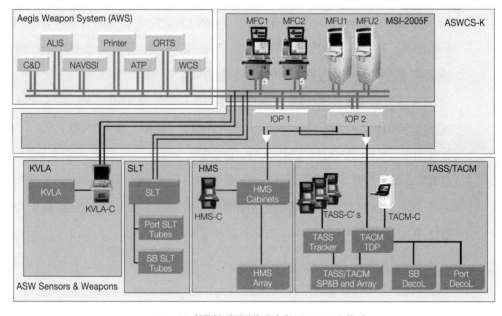

그림 8-50 한국형 대잠전통제체계(ASWCS-K) 구성

KIF는 DDH 등 기존 실적함에 적용된 연동장비의 연동 기술을 활용하기 위한 연동용 부체계이며, KIF에 연동되는 장비들은 대함레이더, SONATA 전자전장비, RAM 대함미사일 방어미사일, 30mm 골키퍼 CIWS, DAGAIE 대미사일기만체계가 해당된다. 한국형 대잠전 통제체계^{ASWCS-K}는 기존 DDH-Ⅰ/Ⅱ에 탑재된 소나(DQS-21BZ HMS, SQR-220K TASS) 및 어뢰음향기만체계(SLQ-261K TACM), 청상어/홍상어 어뢰체계를 운용하기 위해 개발된 체계이다. ASWCS-K는 체계 개발 시간 단축을 위해 노르웨이의 MSI-2005F 대잠전 체계를 기반으로 설계되었다.

함대공미사일은 DDH-Ⅱ에 탑재된 기존 SM-2 Block ⅢA와 더불어 적외선 영상 탐색기를 장착하여 저공으로 침투하는 초음속 대함미사일에 대한 요격능력이 향상된 SM-2 Block ⅢB도 추가 탑재되었다. 그리고 DDH-Ⅰ/Ⅱ는 전술 데이터링크가 Link-11/14만 연동되었지만, DDG는 연합·합동작전 수행능력 향상을 위해 Link-16이 추가되었으며, 향후 개발 예정인 Link-K와의 연동 확장성도 보유하고 있다.

(6) ISUS-83 잠수함 전투체계

ISUS-83은 209급 잠수함인 장보고급 잠수함에 탑재된 잠수함 전투체계이며, 독일 Atlas사에서 206급 잠수함의 개량형인 206A급 잠수함에 탑재를 위해 개발된 전투체계이다. ISUS-83 체계는 신뢰성 높은 자동 정보수집, 지휘 및 통제 기능을 갖는 음탐 센서와 장거리 선유도 어뢰통제 기능을 조합한 시스템이다.

ISUS-83은 그림 8-51에서 보는 바와 같이 다양한 음탐체계(AS, PRS, IPS, AOS, ONA)를 통제하며 어뢰, 미사일 등의 무장과 레이더, 전자전체계^{ES}, 잠망경 등의 탐지장비와 연동되어 있다. 또한, 항해계획 수립과 집행 그리고 전술상황을 전시하고 표적식별 및 위협평가, 교전을 위한 지휘결심 지원, 무장할당 및 통제(어뢰 및 미사일 발사 및 유도), 훈련용 시뮬레이터 기능(가상 무장발사 훈련 등)을 수행할 수 있다.

(7) ISUS-90 잠수함 전투체계

214급 잠수함인 손원일함에는 장보고급 잠수함에 탑재한 ISUS-83 전투체계보다

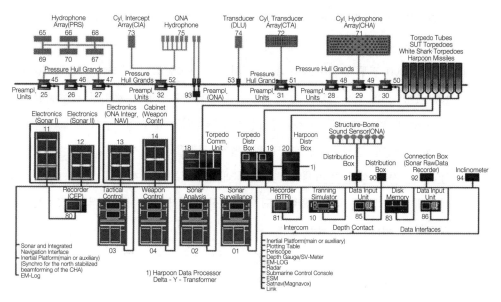

* CAS: Cylinderical Array Sonar, 원통형 수동음탐기
* PRS: Passive Ranging Sonar, 수동측거음탐기
* IPS: Intercept Passive Sonar, 방수음탐기

* AOS: Active Operation Sonar, 능동음탐기
* ONA: Ownship Noise Analysis, 자함소음분석기능

그림 8-51 ISUS-83 전투체계 구성도

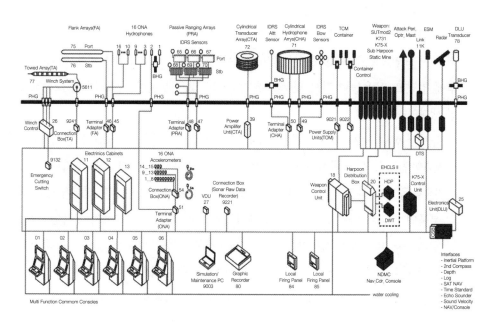

그림 8-52 ISUS-90 전투체계 구성

보다 성능이 개량된 ISUS-90 전투체계가 탑재되었다. ISUS-90 전투체계는 음향/비음향 탐지체계, 무장체계, 항해체계, 기타 부속장비를 통합한 통합전투체계이다.

ISUS-90 전투체계는 그림 8-52에서 보는 바와 같이 다양한 음탐체계(CAS, FAS, TAS, PRS, IPS, IDRS, AOS, ONA)를 통제하며 잠망경, 레이더, ES, Link-11, 어뢰 및 미사일, 대어뢰 기만기 발사장치와 연동되어 있다. 또한, 항해계획 수립 및 집행, 전술상황 전시, 표적식별 및 위협평가, 교전을 위한 지휘결심 지원, 무장할당 및 통제, 자체 정비 및 자체 훈련용 시뮬레이터 기능을 수행한다. 또한, 여러 가지 예비개념에 의하여 극한상황에서도 자료손실의 위험을 줄이고 체계를 정상적으로 운용할 수 있도록 구성되어 있다.

8.10.2 국내개발 전투체계

(1) 국내개발 전투체계 발전과정

국내에서는 1980년대에 고속정 및 상륙함의 사격통제장치인 WCS-86 체계와 같이 단일 레이더와 함포를 통제하는 체계를 개발하였다. 이후 국내의 기술적 성숙 부족, 전력화 시기와 개발기간의 상충, 그리고 획득절차상의 문제점 등과 같은 여러 가지 요인으로 인해 1990년대 중반까지는 주로 해외 기술도입에 의해 확보할 수밖에 없었고, 운용능력 확보 및 정비유지조차도 많은 부분을 국외기술에 의존해야만 했다.

하지만 WSA-423 사격통제체계, DDH 전투체계의 기술도입생산을 통해 해군, 국방과학연구소 및 국내 방산업체는 각기 나름대로 관련 분야의 기술적 경험 및 기반기술들을 축적하였다. 국방과학연구소에서는 1998~2002년까지 전투체계의 핵심 부품인 한국형 다기능콘솔KMFC을 개발하였으며, 전술/표적정보처리 기술, 연동단 설계기술, 미들웨어 적용기술, 육상시험체계LBTS: Land Based Test System 구축기술 등 함정 전투체계 개발에 소요되는 핵심 기술들을 독자적으로 확보하였다. 그리고 1990년대 후반부터 예인선배열소나TASS, 어뢰음향대항체계TACM, 대함레이더, 전자전장비 등 주요 탐지센서와 함대함미사일, 어뢰 및 함포 등 주요 무장체계를 국내

기술로 독자 개발하였다. 국내 방산업체는 선진 외국업체와 공동생산을 통해 선진 화된 체계기술을 습득하여 생산, 시험 및 체계통합분야에 대한 기술적 기반을 구축 하게 되었다.

아울러, 세종대왕함급 구축함DDG의 전투체계인 Aegis 전투체계 도입 시 절충교 역을 통해 호위함급 이상의 전투체계 설계기술, 대함미사일 방어 프로그램 기술, 다기능 위상배열 레이더 기술, 중/대형 전투체계 설계 능력 등의 기술이전을 제공 받아 국내 전투체계 개발 시 상당한 부분이 활용되고 있다.

이를 토대로, 2002년부터 네덜란드 Thales사와 기술협력하여 LPH 전투체계 를 국내 처음으로 국방과학연구소가 주관하여 연구개발하였다. 이후 국방과학연 구소는 LPH 전투체계 개발과정 시 획득한 기술을 활용하여 순수 국내기술만으 로 2003년부터 PKG-A 전투체계 개발에 착수하여 2008년 전력화하였다. 그 다음 DDH-I/II 전투체계 기술협력생산 및 LPH/PKG-A 전투체계 연구개발, Aegis 전 투체계 도입 시 절충교역 등을 통해 확보한 기술을 활용하여 2006년부터 FFG-I 전 투체계를 국방과학연구소 주관으로 개발하여 2012년에 전력화하였다. FFG-II 전 투체계가 FFG-I 전투체계를 기반으로 방산업체 주도로 연구개발 되었으며, LST-

표 8-19 국내 함정 전투체계 개발현황

LPH 전투체계 ('02~'07)	PKG-A 전투체계 ('03~'08)	FFG-I 전투체계 ('06~'12)
■ 선진국 체계기반 및 기술 협력		
• 자함방이체계 (대함전/대공전) • 개방형 체계 • 지휘지원체계 • 정보융합, 표적추적 위협평가 • 다기능콘솔 개발	■ 국내 독자 개발 • 대함전/대공전 • 개방형체계 • 지휘무장통제체계 • 탐색레이더(단일빔) • 추적레이더 • 전자광학추적장비	■ 국내 독자 개발 • 대함전/대공전/ 대잠전/대지전 • 개방형체계 • 지휘무장통제체계 • 탐색레이더(다중빔) • 추적레이더 • 전자광학추적장비

II 전투체계와 MLS-II 전투체계는 각각 LPH 전투체계와 FFG-I 전투체계의 기술을 기반으로 하여 국내 방산업체 주도로 연구개발 되었다. 아울러 국방과학연구소는 FFG-I 전투체계 기술을 기반으로 하여 차기 잠수함의 전투체계인 장보고-III 전투체계의 연구개발도 진행 중이며, 향후에는 FFG-I/FFG-II 전투체계를 기반으로 하여 FFG-III 및 차기구축함KDDX의 전투체계도 국내기술로 개발을 추진할 예정이다.

(2) LPH 전투체계

LPH 전투체계는 대형수송함인 독도함에 탑재하기 위해 2002년부터 2007년까지 국내최초로 연구개발된 함정 전투체계로서, 자함방어 및 탑재장비 통제를 위한 지휘무장통제체계CFCS와 해상기동부대 및 상륙기동부대 지휘통제를 위한 지휘지원체계CSS: Command Support System로 구성된 지휘함용 전투체계이다. 국내최초 연구개발에 따른 위험 최소화를 위하여 지휘무장통제체계는 네덜란드의 Thales사, 지휘지원체계는 영국의 BEA사와 일부 기술협력을 통해 개발이 이루어졌다.

LPH 전투체계의 전투관리체계(지휘무장통제체계)는 고속의 전투체계 데이터버스를 기반으로 자함 방어 및 통제를 위하여 실시간으로 무장 및 센서와 연동되며, 지휘지원체계는 상륙전 및 기동부대 기함으로서 예·배속 함정과 항공기들을 지휘하는 기능을 수행한다.

주요 연동장비로는 SMRAT-L 장거리 대공레이더, MW-08 3차원 탐색레이더, SPS-95K 대함레이더, 적외선탐지추적장비, SONATA 전자전장비, RAM 대함미사일 방어미사일, 30mm 골키퍼 근접방어무기체계CIWS, DAGAIE 대미사일 기만체계 등이 있으며, Link-11 및 위성 ISDLInter Site Data Link을 이용한 KNTDS 체계와의 연동기능 및 해군 전술 C4I 체계, 육군 전술 C4I 체계, 위치보고체계, 연합 해상작전 통신체계와의 연동기능을 보유하고 있다. 특히, 대함미사일 방어미사일인 RAM의 최신 기능인 HASHelo, Aircraft, Surface 모드 통제기능을 세계 최초로 전투체계에 구현하였다.

LPH 전투체계의 전투관리체계는 지휘통제체계와 무장통제체계가 분리된 DDH 전투체계와 달리 양 체계의 구조와 기능을 통합한 지휘무장통제체계CFCS가 국내

그림 8-53 상륙지휘함 독도함

최초로 적용되었다는 큰 특징을 가지고 있다. 이러한 통합 구조를 가진 전투관리체계는 네덜란드, 스웨덴, 독일 등 소수의 국가만이 그 기술을 보유하고 있어 세계적으로 우수한 기술이라 할 수 있다.

　LPH 전투체계의 핵심체계인 전투관리체계는 실시간 전술정보를 편집, 종합, 전시하고 적의 위협에 대해 전술적 대응을 수행하는 체계로 다기능콘솔과 연동단, 영상분배 기록장치 등으로 구성되어 있다. 특히 전투능력의 생존성을 최우선으로 보장하기 위하여 전투체계의 중추망인 전투체계 데이터버스를 이중화하였다. 또한, 분산식 정보처리구조의 가상기계Virtual Machine 개념이 적용된 13대의 다기능콘솔에서 전술데이터를 처리하는데, 지휘관의 전술상황 판단 및 지휘결심을 보좌하고, 센서 및 무장을 통제하여 교전을 수행하고, 전술항공기 통제를 위한 특화된 기능을 수행한다. 해외기술협력으로 획득한 미들웨어(SigMA/SPLICE)는 분산처리체계상에서의 전술정보 교환을 용이하게 하는 통신서비스 기능을 담당한다.

　LPH 전투관리체계의 핵심 하드웨어인 다기능콘솔은 국내 최초로 개발된 전투체계용 다기능운용자콘솔로서, 국방과학연구소의 핵심기술개발과제를 통하여 획득된 기술을 기반으로 독자 개발되었다.

　또한, 전투관리체계와 각종 센서/무장과의 연동변환 기능을 담당하는 연동단ICU

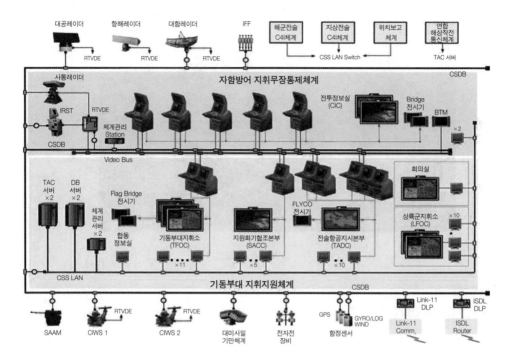

그림 8-54 LPH 전투체계 구성도

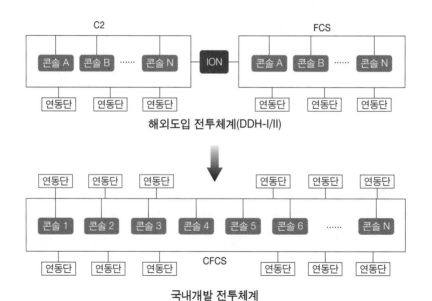

그림 8-55 해외도입 전투체계와 국내개발 전투체계 비교

도 독자 개발하였다. 센서 연동단의 경우 표준시간을 제공하는 시간동기화 서버 역할 및 함속도, 자세정보 등을 제공하는 역할을 담당토록 하고, 이를 이중화함으로써 체계의 생존성을 증대할 수 있도록 개발되었다. 아울러 한국형 다기능콘솔을 비롯하여 전투관리체계를 구성하는 모든 하드웨어 또한 국내에서 자체 설계 및 제작됨에 따라 전력화 이후에도 국내 기술진에 의한 하드웨어 및 소프트웨어의 유지/보수 능력을 확보토록 하였다.

LPH 전투체계는 해상기동부대 또는 상륙기동부대 기함으로서의 역할을 충실히 수행하기 위하여 Link-11 및 위성 ISDL을 동시 운용 가능토록 전술 데이터링크 기

표 8-20 DDH/LPH 전투체계 전술 데이터링크 연동구성도 비교

그림 8-56 기동부대 지휘통제기능 수행개념

능을 강화하였다.

또한 지휘무장통제체계의 다기능콘솔이 KNTDS의 TCCTactical Command Console 및 처리장치 역할을, 데이터링크 관리모듈이 위성 ISDL과 Link-11의 상태 및 설정을 감시하고 통제하는 기능을 수행한다. 이에 따라 함정 전투체계에 KNTDS 기능이 최초로 통합되어 개발되었으며, 이후 개발되는 국내개발 전투체계에도 이 기술이 지속 적용되고 있다.

지휘지원체계CSS는 국내 최초로 개발된 지휘함용 통제체계로서, 육상 지휘소를 함정에 그대로 옮겨 놓았다 해도 과언이 아닐 만큼 자동화 수준이 강조된 체계이다. 지휘지원체계는 초기단계에서 체계의 운용개념을 영국 BAE사로부터 기술협력으로 수립하였으나, 한국 해군/해병대의 요구사항을 구체화하면서 설계 및 구현을 순수 국내기술로 수행하였다.

해상기동부대 및 상륙기동부대 지휘통제를 위한 지휘지원체계CSS는 기동부대 지휘함으로서의 임무수행을 지원하기 위해 성분 작전별 실시간 기동부대 지휘통제를 지원하고, 대공위협에 대한 조기경보 임무를 수행하며, 상륙작전 시 작전세력을 지원하기 위해 실시간 전술화면 편집 및 전시, 전술항공기 통제 지원, 자함 탑재 헬리콥터 조정 및 통제 기능을 수행한다. 또한, 함장 및 기동부대 지휘관의 지휘결심을 지원하기 위해 작전계획 수립 및 처리를 위한 관련 데이터베이스를 구축하고 함정에 탑재된 센서 및 무장 체계, 전술데이터통신 등을 이용하여 필요한 정보 및 수단을 적시에 제공하여 효율적 지휘통제를 위한 전술지원 기능을 수행한다.

(3) PKG-A 전투체계

PKG-A 전투체계는 윤영하급 미사일고속함에 탑재하기 위해 국내 개발된 전투체계이다. 현대전의 양상에 부응하도록 다양한 표적(스텔스화, 고속화, 다수화된 표적)과 동시 다발적인 전투상황에 신속히 대처하고, 관련 장비의 통합 운용 및 최소의 인원으로 표적탐지, 위협평가, 무장통제 등 전투임무를 효과적으로 수행할 수 있도록 탑재센서 및 무장체계를 통합하여 지휘 및 무장을 통제하는 전투체계로서 국방과학연구소 주관으로 2003년에서 2008년까지 우리나라 독자적으로 연구개발하여 운용중에 있다.

PKG-A 전투체계는 전투관리체계(지휘무장통제체계)를 중심으로 국내 최초로 독자 개발한 3차원 탐색레이더, 추적레이더, 전자광학추적장비를 통합 운용

그림 8-57 PKG-A 현시학함

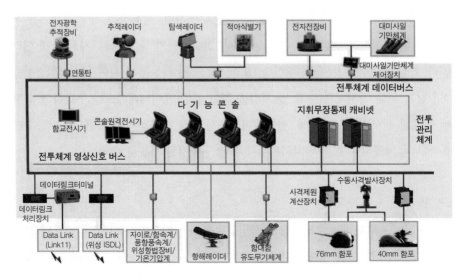

그림 8-58 PKG-A 전투체계 구성도

하고, 항해레이더, 적아식별기, 전자전장비, 함기준센서, 한국형 함대함미사일, 76mm/40mm 함포, 대미사일기만체계RBOC 등과 연동된다. 전투관리체계는 이중화된 전투체계 통합 네트워크(전투체계 데이터버스)를 통해서 다기능콘솔, 함교전시기, 콘솔 원격전시기, 정보처리장치, 사격제원계산장치, 수동사격발사장치, Link-11 및 위성 ISDL 데이터링크 처리기, RBOC 연동제어기, 각종 센서와 무장을 연동하고, 영상신호 분배 및 녹화, 재생을 담당하는 영상분배 기록장치로 구성된다.

PKG-A 전투체계의 다기능콘솔은 LPH 전투체계에서 개발된 다기능콘솔과 호환성을 유지토록 하면서 추적센서 통제를 위해 조이스틱이 추가되어 최적의 사용자 인터페이스를 제공하였다.

전술정보처리를 담당하는 정보처리장치는 생존성 향상을 위해 이중화 구조로 개발되었으며, 표적융합, 위협평가/무장할당, 전술항해 지원, 모의훈련 등의 기능을 제공한다. 사격제원계산장치는 할당된 위협 표적에 대한 사격제원 산출, 함운동롤/피치 보상 및 함포연동 기능을 수행하고, 각종 센서 및 무장 연동단은 전술 데이터의 실시간 분배 및 자함 데이터를 분배하는 기능을 제공한다.

전투체계를 구성하는 컴퓨터 노드들은 상용 미들웨어를 기반으로 전투체계 기능

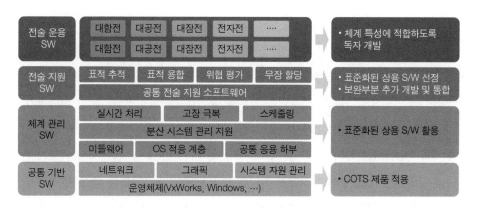

전술 운용 SW	대함전	대공전	대잠전	전자전	·····		• 체계 특성에 적합하도록 독자 개발
	대함전	대공전	대잠전	전자전	·····		
전술 지원 SW	표적 추적		표적 융합	위협 평가		무장 할당	• 표준화된 상용 S/W 선정 • 보완부분 추가 개발 및 통합
	공통 전술 지원 소프트웨어						
체계 관리 SW	실시간 처리		고장 극복			스케줄링	• 표준화된 상용 S/W 활용
	분산 시스템 관리 지원						
	미들웨어		OS 적응 계층			공통 응용 하부	
공통 기반 SW	네트워크		그래픽			시스템 자원 관리	• COTS 제품 적용
	운영체제(VxWorks, Windows, ···)						

그림 8-59 국내개발 전투체계 개방형 구조 적용 개념

을 개발한 체계기반 소프트웨어에서 제공하는 통신 서비스를 이용하여 실시간으로 전술정보를 교환하고, 레이더 및 TV 비디오는 영상분배 기록장치를 통해 운용자의 요구에 따라 다기능콘솔에 선택적으로 전시된다. 센서 통제는 별도의 통제콘솔 없이 다기능콘솔에서 통합하여 수행하며 위성 ISDL 및 Link-11의 전술데이터 통신망을 통해 수집된 전술정보의 처리 및 자함 전술정보와의 통합은 LPH 전투체계와 동일하게 전투체계 내에서 수행한다.

PKG-A 전투체계는 개발 시부터 표준화된 개방형 구조 컴퓨팅 환경인 OACEOpen Architecture Computing Environment를 구축하여 적용하였다.

표 8-21 국내 함정 전투체계 통신 미들웨어 현황

구 분	DDH 전투체계	LPH 전투체계	PKG-A/FFG-I 전투체계
통신 미들웨어	CI	SPLICE	NDDS
개발사	BAE사	TNN사	RTI사
특징	제작사외 수정불가 (연동비용 고가)	OMG DDS 표준과 호환가능	OMG DDS 표준

(4) FFG-I 전투체계

FFG-I은 현재 운용중인 호위함/초계함의 대체전력으로 확보 중인 함정으로서, 고속화, 스텔스화 되어가는 표적에 대한 공격능력과 동시 다발적인 전투상황 하에서 최소의 인원으로 최고의 전투력을 발휘할 수 있도록, 표적탐색, 추적, 위협평가, 무장통제 등 전투임무를 효과적으로 수행 가능한 전투체계 탑재가 요구되었다. 이에 따라 DDH-I/II 전투체계 기술협력 생산 및 LPH/PKG-A 전투체계 연구개발, Aegis 전투체계 절충교역 과정에서 확보한 소프트웨어 개발기술과 체계통합기술을 활용하여 국방과학연구소 주관으로 2006년부터 2012년까지 FFG-I 전투체계를 개발하였다.

FFG-I 전투체계는 중거리급 3차원 탐색레이더, 항해레이더, 추적레이더, 적아식별기, SONATA 전자전장비, 선저부착형소나, 전자광학추적장비 등의 센서와 연동한다. Link-11, 위성 ISDL, KNCCS, 헬기 데이터링크, Link-K를 이용하여 표적정보를 교환하고 해성 함대함미사일, RAM 대미사일 방어미사일, 20mm Phalanx 근접방어무기체계^{CIWS}, DAGAIE 대미사일기만체계, 5″/62 함포, 경어뢰발사체계, 어뢰음향대항체계 등의 무장을 통제한다.

FFG-Ⅰ 전투관리체계(지휘무장통제체계)는 표적을 관리하고, 연동장비로부터

그림 8-60 미사일을 실사중인 FFG

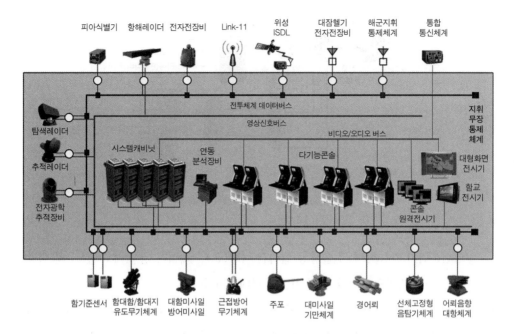

피아식별기 항해레이더 전자전장비 Link-11 위성 대잠헬기 해군지휘 통합
ISDL 전자전장비 통제체계 통신체계

전투체계 데이터버스

영상신호버스

비디오/오디오 버스

지휘
무장
통제
체계

탐색레이더

추적레이더

전자광학
추적장비

시스템캐비닛 연동 다기능콘솔 대형화면
분석장비 전시기

함교
전시기

콘솔
원격전시기

함기준센서 함대함/함대지 대함미사일 근접방어 주포 대미사일 경어뢰 선체고정형 어뢰음향
유도무기체계 방어미사일 무기체계 기만체계 음탐기체계 대항체계

그림 8-61 FFG-I 전투체계 구성도

제공되는 표적정보와 자함정보 및 성분작전 수행을 위한 교전정보를 처리하는 기능을 수행하는 정보처리장치, 사용자 인터페이스 기능을 수행하는 다기능콘솔, 체계 내 디지털 데이터 통신을 담당하는 전투체계 통합 네트워크(전투체계 데이터버스), 각종 센서와 무장을 전투체계 통합 네트워크에 연결하기 위한 연동단, 그리고 영상신호 분배 및 녹화/재생을 담당하는 영상분배 기록장치로 구성되어 있다.

FFG-I 전투체계는 실시간 전술정보를 수집, 종합, 전시, 편집하는 기능을 보유하고, 자함방어 및 위협표적 공격 그리고 화력지원 기능을 수행하며, 사용자 인터페이스, 전술항해 지원, 모의훈련 등의 기능을 제공한다. 특히, 전투체계 개발 시 전술, 훈련, 재생 모드와 같은 운용모드의 개념을 도입하여 다수의 다기능콘솔을 논리적으로 분리하여 전술모드와 훈련모드, 재생모드를 동시에 운용할 수 있는 기술을 개발하였다. 이를 통해 임무수행과 운용자 숙달훈련이 동시 운용 가능하여 훈련 중에도 전술모드를 수행하는 다기능콘솔을 운용할 수 있어 중단 없는 작전임무 수행이 가능하다. 또한, 전술 데이터링크 기반 네트워크 훈련기능 보유로 함대 간

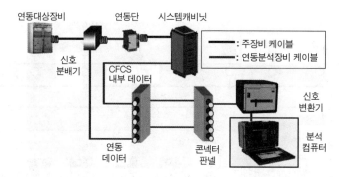

그림 8-62 연동분석장비 구성 개념

작전훈련이 가능하며, 전술상황 실시간 녹화(표적, 레이더 영상, TV 영상) 및 다중
배속 동시 재생으로 사후 분석 기능이 극대화되었다.

FFG-I 전투체계는 기 연구개발된 LPH/PKG-A 전투체계에서 획득한 기술을 바
탕으로 정보처리능력 강화, 체계생존성 및 운용편의성 향상 등을 중점적으로 설계
에 반영하고 있으며, 레이더 영상분배의 디지털화, 원격전시능력 강화 등 우리 해군
의 요구사항을 적극 반영하여 설계가 진행되었다.

FFG-I 전투체계의 중거리급 3차원 탐색레이더는 PKG-A 전투체계용 단거리급
3차원 탐색레이더 기술을 기반으로, 최신의 반도체 송수신 모듈을 탑재한 능동형
위상배열레이더로 국내기술로 독자 개발하였다. 빔조향 방식을 적용하여 수중표적
의 탐지 및 위치추적 기능을 향상시킨 SQS-240K 선저부착형 중거리 소나^HMS도 국

표 8-22 **연동분석장비 구성품 주요 기능**

구성장비	기능
신호분배기	• 연동 대상 장비들에 대한 연동신호를 분기하여 신호변환기로 제공
신호변환기	• 연동신호를 변환 • 연동데이터 저장
분석컴퓨터	• 연동데이터 저장 및 분석
케이블 조립체	• 연동 대상 장비와 연동 분석 장비 간의 신호경로를 제공
콘넥터 판넬	• 격실 간의 연결되는 케이블 조립체 지지

내기술로 독자 개발하였다.

이 밖에도 DDH 전투체계에서 운용중인 체계분석장치^{SASIE: System Analysis} Simulation Evaluation와 유사한 연동분석장비를 함정에 탑재할 수 있는 형태로 개발하여 기존 DDH 전투체계에서와는 달리 함상에서도 분석이 가능하며, 이를 통하여 군의 체계정비 능력이 한 단계 상승되었다.

(5) 장보고-Ⅲ 잠수함 전투체계

잠수함 전투체계의 주 탐지 센서는 소나로서, 수중에서 주로 임무를 수행하는 잠수함의 특성상 수상함에서의 레이더에 비하여 소나가 갖는 비중이 훨씬 크다. 잠수함에는 기능/용도/설치방법 등에 따라 수동/능동 소나, 선체 부착형/예인형 소나, 방수^{Intercept} 소나, 측거^{Passive Ranging} 소나 등 여러 가지 소나가 탑재되는 것이 가장 큰 특징이다. 잠수함 전투체계는 다양한 소나로부터 수집된 대용량의 음향신호 분석을 통해 정확한 표적정보를 제공, 정교한 무장통제를 가능케 한다. 선진국의 잠수함 전투체계는 실린더형 수동음탐기·능동음탐기·방수음탐기·측거음탐기 외에 추가로 측면배열 음탐기와 예인형 음탐기를 탑재해 표적탐지 능력 및 무장통

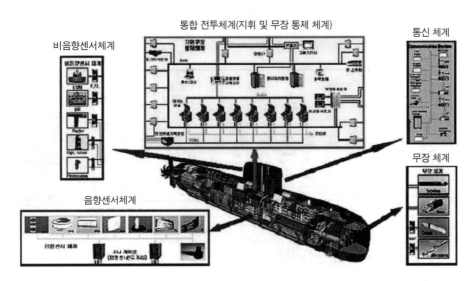

그림 8-63 잠수함 전투체계 구성

제 기능을 획기적으로 향상시켰다. 잠수함 무장체계는 비대칭 전력으로서의 능력을 확보하기 위해 어뢰·대함미사일·기뢰·기만기·잠대지미사일·탄도미사일 등의 무기가 탑재되고 있으며, 미래 수중전에서의 잠수함 역할이 다양해짐에 따라 무기체계의 성능 향상 및 다양한 무장이 탑재되도록 발전하고 있는 추세다. 아울러, 잠함 중에도 육상 지휘소와 전문 송수신이 가능한 통신체계를 보유하고 있는 것도 수상함 전투체계와의 큰 차이점이다.

잠수함의 전투체계는 완전통합전투체계로 발전돼가고 있다. 교전 상황이 발생했을 때 가용한 모든 정보를 종합해 신속하고 정확한 의사결정이 가능하도록 지원하는 역할을 수행하며, 함정에 탑재된 센서, 무장 및 기타 장비들로부터 획득되는 정보를 종합적으로 분석하고, 기 구축된 전술정보를 이용해 전술상황에 따른 항해계획, 전술편집, 무장할당 등 표적탐지 후 교전까지의 과정을 자동으로 수행한다. 특히 지휘결심에 있어 운용자의 업무 부담을 경감시키기 위해 표적의 위치와 속도를 추정하는 표적기동분석TMA: Target Motion Analysis 기법, 자료결합 및 정보융합 기법에 대한 연구가 진행 중에 있다. 또 네트워크 중심전Network Centric Warfare 수행을 위해

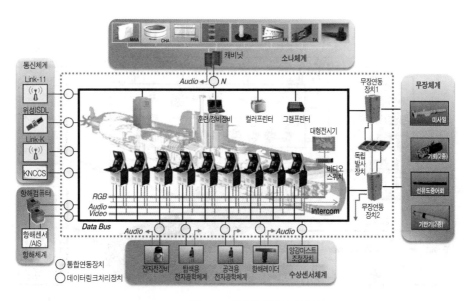

그림 8-64 장보고-Ⅲ 잠수함 전투체계 구성도

데이터링크 능력 확대 및 전술데이터 통신 능력이 향상된 네트워크 기반 전투체계로 발전되고 있다.

차기 잠수함인 장보고-III급 잠수함은 209/214급 잠수함 건조과정을 통하여 습득한 설계 및 건조기술을 바탕으로 국내 독자기술로 건조하는 잠수함이다. 이 잠수함에 탑재되는 장보고-III 전투체계는 수상함 전투체계 개발을 통해 습득한 기술과 ISUS-83/90 잠수함 전투체계 운용경험을 바탕으로 국내 독자개발을 위해 국방과학연구소 주관으로 2009년 연구개발사업을 착수하였다.

장보고-III 전투체계는 은밀성이 향상되고 있는 적 잠수함 및 수상함에 대한 대응능력 및 적 전략표적에 대한 장거리 타격능력을 보유하고, 동시 다발적인 전투상황 하에서 최고의 전투력을 발휘할 수 있도록 해군의 작전/전술 개념을 반영하여 전략무기의 비밀성이 확보된 대한민국 독자 모델의 잠수함 전투체계로 개발될 예정이다.

장보고-III 전투체계는 각종 음향센서에서 제공하는 소나 트랙정보를 이용하여 다중센서(항해레이더, 전자전장비, 잠망경, 전자광학마스트, 전술데이터링크) 정보와 표적일치 및 융합을 처리하여 전술표적을 관리하는 기능을 수행하고, 소나 운용화면, 표적기동분석^{TMA}, 음탐성능 분석자료 전시 기능을 보유한다. 또한, 대함 및 대잠 표적에 대한 시스템 레벨의 식별 및 위협평가를 수행하고, 표적기동분석을 통해 대응 무장에 대한 교전통제 기능을 수행하고, 선유도 어뢰에 할당된 전술표적에 대해 어뢰소나와 자함 수동소나 간의 음향정보를 비교할 수 있는 기능을 제공한다.

장보고-III 전투체계는 체계의 신뢰성과 생존성을 위하여 전투체계 주요장비 및 네크워크에 대한 이중화 구조를 가지며, 시스템 고장이나 재부팅 시 자료의 손실을 최소화하여 연속적인 작전수행이 가능토록 정보처리장치는 분산식으로 설계하였다. 또한, 정비성 향상을 위하여 전투체계와 연동되는 장비들에 대한 상태 감시 및 전투체계 구성장비에 장착된 보드단위 수준까지 자체 고장진단 기능을 보유하고, 체계의 통합성 검증을 위하여 작전 중 또는 사후 연동 및 체계분석이 가능토록 설계가 반영되었다.

8.11 전투체계 발전추세

함정 전투체계는 다양한 센서체계, 통신체계 및 항해장비들을 통합하여 전술상황 평가 및 지휘결심을 지원하고 탑재된 무장을 통제하여 전투를 수행하는 함정의 핵심 무기체계이다. 또한 함정에 탑재된 센서 및 무장체계를 포함하여 다양한 장비가 네트워크를 통해 통합되어 성능을 발휘하도록 하는 통합시스템이다. 선진 해군들은 함정의 전투력을 발휘하기 위한 핵심 체계로서 함정 전투체계가 우수한 성능을 가지도록 연구개발하고 있다.

선진국의 함정 전투체계 발전 동향은 다음과 같다.

- 센서/무장 통합제어 및 분산식 정보처리 구조를 채택한 통합 전투체계로 발전
- 전투체계의 운용개념 변화 반영 및 네트워크 중심전NCW을 구현하기 위한 협동교전능력 기능 및 유도무기 무장통제 능력 향상
- 주변 환경 및 위협요소에 신속 대응이 가능하고 기존 전투체계 성능향상/개량이 용이하도록 모듈화된 개방형 구조OA 채택
- 위협표적의 스텔스화 및 고기동성 추세에 대응하기 위한 센서의 탐지능력 증

전술발전 방향		과거 센서/무장통제를 위한 지휘/ 사격통제	현재 전술운용/전투를 위한 지휘결심/무장통제	미래 네트워크 중심의 통합교전지원/통제
전투체계		·지휘/사격통제체계 (Command & Fire Control System)	·통합 전투체계 (Integrated Combat System)	·네트워크 중심 전투체계 (Network Centric Combat System)
핵심 기술	체계 구조	·중앙집중식 ·점대점 연동방식	·부분 분산식/연합식 ·LAN/전술데이터 통신망	·분산식 ·광 LAN/광역전술통신망
	기반 기술	·사격통제기술 ·표적탐지/추적기술 ·자함방어 TEWA 기술	·3차원 탐지/추적기술 ·대용량 정보처리기술 ·지역방어 TEWA 기술	·광역전술통신망 기술 ·다기능 레이더 기술 ·합동교전(CEC) 기술

그림 8-65 함정 전투체계 발전추세

대와 전투체계 반응시간 단축

- 실시간 대용량 정보처리능력 확보 및 정보처리시간 단축을 위한 체계구성
- 표준화된 구성품 사용과 주요 기능을 이중화하여 다기능성 및 생존성 향상
- 네트워크 중심전NCW 수행을 위한 네트워크 능력이 증대된 전투체계 구성
- 개별 무장 및 센서체계의 전투체계와 상호운용성 보장
- 상용표준제품COTS 기술의 최대한 활용으로 지속적 성능개선 및 수명주기 비용 절감이 용이한 체계로 발전
- 운용자 편의성과 정비성을 고려한 하드웨어 및 운용자 화면 설계
- 컴퓨터 성능향상 및 인공지능화를 통한 의사결정 자동화 기술

위에서 언급한 발전추세에서 가장 큰 변화는 네트워크 중심전NCW으로의 함정 전투체계 운용개념 발전이다. 최근의 정보통신기술 발전추세에 따라 표적의 탐지/추적 정보가 함정 간 실시간 공유됨에 따라 단일 함정 중심에서 다수 함정 간 협동 교전으로 발전되고, 이것이 더욱 확대되어 함정에서 벗어나 원거리에서 무인체계를 이용한 탐지 및 교전을 수행하기 위한 이동형 전투체계로 발전될 것이다.

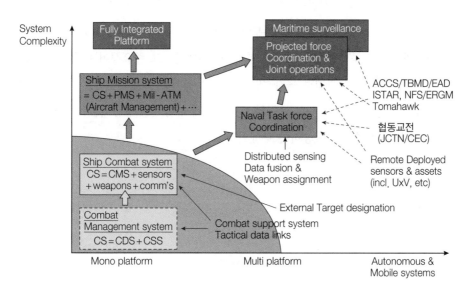

그림 8-66 함정 전투체계의 운용개념 변화양상

전투체계(전투관리체계)의 하드웨어는 다기능콘솔, 정보처리장비, 데이터버스와 연동장치 및 기타 출력장치를 포함한 각종 지원장비 등으로 구성된다. 최근 하드웨어의 설계 추세는 운용자의 편의성을 위해 인체공학적 구조를 채택하고 정비성 향상을 위해 접근성이 용이하도록 발전되고 있다. 또한 상용표준제품COTS을 사용하는 추세로 변화하고 있으며, 이러한 상용제품은 기존의 군사규격MIL-SPEC 기준을 충족하기 위해 견고화된 콘솔이나 캐비닛에 통합되어 탑재되고, 개발과정에서 충격, 온도, 습도, EMC/EMI 등의 환경시험을 수행함으로써 함정 운용환경에 적합하도록 개발되고 있다.

그리고 전투체계의 성능개량이 용이하도록 개방형 모듈화 구조를 적용하고 있으며, 지속적 성능개선 및 수명주기 비용절감이 용이한 체계로 발전되고 있다. 체계 생존성 향상 차원에서 네트워크를 포함한 주요 장비는 이중화 구조를 채택하고 있으며, 미래 장비의 추가 연동에 대비하여 충분한 확장성을 보유하는 추세이다. 아울러, 전투체계의 수명주기를 고려하여 부품 확보 및 성능개량 계획을 체계 설계단계에서부터 수립하고 있다.

전투체계 소프트웨어 발전추세도 하드웨어와 마찬가지로 개방형 구조를 채택하고 있으며, 소프트웨어 전반에 계층화 및 모듈화 구조를 추진하고 있는 추세이다. 또한, 운용체계나 통신 미들웨어 부분에 상용기술을 최대한 활용하고 있다. 특히 전투체계와 같은 복합체계에 있어서 통신 미들웨어는 그 중요성이 더욱 부각되고 있다. 과거에는 개발회사별로 독자적인 통신 미들웨어를 사용하였지만 현재는 객체관리그룹OMG: Object Management Group의 표준규격에 부합되는 상용제품을 활용, 체계 특성에 맞도록 개조하여 사용하는 추세이다.

CHAPTER

9

수중탐지체계

9.1 수중탐지체계 역사와 발전과정

수중에서 접근해오는 적 잠수함을 탐지하기 위한 수중탐지 기술은 크게 음향탐지방식과 비음향탐지방식으로 구분할 수 있다. 음향탐지방식은 음파를 이용하여 수중표적의 방위 및 거리를 알아내는 방식이며, 비음향탐지방식은 전자파, 자기, 광학장비 등을 사용하여 수중표적을 탐지하는 방식이다. 비음향탐지방식은 수중환경에서 빛과 전자파가 충분히 전달되지 않는 전달특성으로 인해 탐지성능이 저하되는 단점이 있다. 따라서 현재까지 수중표적을 탐지하기 위한 가장 효과적인 기술은 음파를 이용하는 음향탐지방식인 소나Sonar: Sound navigation and ranging 기술이라 할 수 있다.

돌고래, 박쥐와 같은 동물들이 통신이나 물체 탐지를 위해 음파를 사용한 것은 수백만 년 전부터이다. 처음으로 인간에 의해 수중에서 음파가 사용된 것은 1490년으로, 레오나르도 다빈치Leonardo da Vinci가 튜브 막대를 물속에 넣은 후 귀에 대고 멀리 있는 배에서 나는 소리를 들었던 것으로 기록되었다. 19세기에는 등대의 위험경고 보조수단으로 수중에서 종소리가 이용되었다.

1827년 스위스의 물리학자 다니엘 콜라돈Daniel Colladon과 프랑스의 수학자 찰스 스툼Charles Sturm이 전등 불빛과 수중의 종소리와의 시간차로 수중음파의 속도를 측

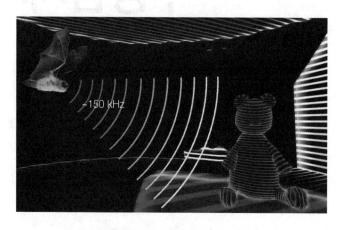

그림 9-1 음파를 이용해 물체를 확인하는 박쥐

정한 것을 시초로, 1880년 자크 퀴리Jacques Curie와 피에르 퀴리Pierre curie 형제가 압전효과를 발견하고 제임스 줄James Joule이 자기장의 왜곡현상과 유사한 변환현상을 발견하였다. 이와 같은 기술은 현재 소나의 기본원리가 되었다.

소나의 종류는 적 잠수함에서 발생하는 소음을 청음하여 표적을 탐지하는 수동형 소나와, 음파를 송신하여 적 잠수함에서 반사되어 돌아오는 반사파를 수신하여 표적을 탐지하는 능동형 소나로 구분된다. 능동형 소나는 음파신호Active Ping를 수중으로 송신시켜, 상대 잠수함의 선체에 맞고 반사되는 반사파를 수신함으로써 적의 위치와 좌표를 탐지하는 소나시스템이다.

소나는 1차 세계대전 발발 후 독일의 U보트에 의한 피해가 급격히 증가함에 따라 이에 대처하기 위한 연구가 활발히 진행되었으며, 1차 세계대전 후 전쟁에서 얻은 경험을 바탕으로 여러 가지 문제점을 해결하기 위한 노력이 집중되어 음파전달 매질에 관한 특성 이해, 센서의 발달 및 전자공학 관련 기술이 상당히 진전이 있었다. 1938년 미국의 스필한스Spilhans가 고안해낸 수직수온측정기를 이용하여 깊이에 따른 온도 측정과 더불어 깊이에 따른 온도 기울기가 음파의 전달특성을 좌우하게 되어 탐지가 불가한 음영구역Shadow zone이 발생한다는 것이 알려지기도 했다. 수중의 음파전달 특성이 매우 난해하고 전달과정이 환경에 크게 지배를 받는다는 것을 알게 되었다.

2차 세계대전 기간 중에 잠수함의 위협이 증대되어 소나의 의존도가 크게 높아졌으며, 360도 전방위 탐지가 가능한 소나 개발, 소나 관련 이론 및 센서 감도의 정의, 교정법 개발, 표적 반사신호 강도 같은 음향적 인자 등이 규명되는 등 관련기술도 한 단계 높아지는 계기가 되었다. 2차 세계대전 후에 압전소자의 발전으로 감도가 향상된 센서가 적용되고 전자공학의 발달에 힘입어 다양하고 복잡한 배열센서의 신호를 실시간으로 처리할 수 있는 현대 소나의 면모를 갖추며 발전하였다. 1970년대 아날로그 회로에 기반을 둔 소나에 이어 1980년대 이후는 디지털 기술의 급속한 발전과 더불어 시공간적 신호처리를 가능하게 함으로써 다양한 용도의 소나가 출현하게 되었다.

9.2 수중탐지체계 분류 및 특성

대표적인 수중탐지체계인 소나는 탐지방식에 따라 능동소나와 수동소나로 분류할 수 있다. 능동소나Active Sonar는 직접 음파를 방사하여 표적으로부터 반사되어 돌아오는 음파를 분석하여 표적을 탐지 식별하는 소나이고, 수동소나Passive Sonar는 표적이 발생하는 음파를 수신, 분석하여 표적을 탐지 식별하는 소나를 말한다.

표 9-1은 능동소나와 수동소나의 장단점을 비교한 표이다.

표 9-1 **능동소나와 수동소나의 장단점 비교**

구 분	능동소나(Active Sonar)	수동소나(Passive Sonar)
장점	• 소음이 적은 표적 탐지 가능 • 정확한 거리정보 획득 가능	• 음파를 방사하지 않으므로 피탐의 위험이 없음 • 표적에서 방사되는 음향에너지 전달손실이 적음
단점	• 음파를 방사하기 때문에 피탐의 위험이 있음	• 소음이 적은 표적 탐지 불가 • 정확한 거리정보 획득 불가

소나는 탑재체에 따라 수상함용, 잠수함용, 항공기용 등으로 구분되며, 사용형태에 따라서 가변수심형VDS: Variable Depth Sonar, 선저고정형HMS: Hull Mounted Sonar, 예인형TAS: Towed Array Sonar, 디핑소나Dipping Sonar, 소노부이Sonobuoy 등으로 구분된다. 사용 주파수에 따라서는 극저주파Very Low Frequency, 1kHz 이하, 저주파Low Frequency, 3kHz 미만, 중파Medium Frequency, 3~14kHz, 고주파High Frequency, 14kHz 이상 등으로 나뉜다. 최근에는 2kHz 이하의 저주파 능동소나가 연구개발되고 있으며, 수동형 소나 체계의 경우에도 센서길이가 수 킬로미터에 달하는 극저주파 예인형 선배열 소나형태로 운용되고 있다. 이렇게 저주파대역이 사용되는 이유는 낮은 주파수가 보다 멀리 전파됨은 물론, 수중에 산재한 온도층과 같은 방해물을 보다 용이하게 통과하기 때문이다.

수중탐지체계는 날로 정숙화하는 저소음의 적 잠수함을 장거리에서 효과적으로 탐지하기 위하여 저주파 능·수동 복합소나 체계로 구성되는 복합센서망 탐지

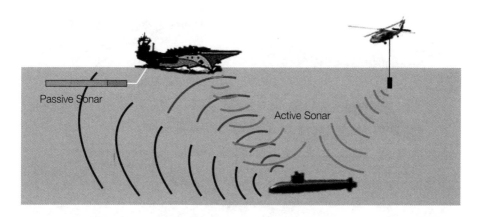

그림 9-2 능동소나와 수동소나의 운용개념도

체계로 발전하는 추세이다. 중주파수대 수상함 HMS^{Hull Mounted Sonar}와 수동형 TACTAS^{Tactical Towed Array Sonar}에서 저주파수대 HMS와 다기능 예인센서 MFTA^{Multi Function Towed Array}, 양상태 소나^{Bi-static Sonar}로 개발되고 있으며, 저주파 항공용 디핑소나의 등장에 따라 이를 다중상태 소나망의 음원으로 활용하고 있다. 소노부이는 지향성 센서배열 구조의 소노부이와 광역 탐지용 저주파 능동음원용 소노부이로 발전하면서 수상함 MFTA와 함께 다중상태 소나망을 구축하고 있다. 또한 해저 고정형 수중감시체계는 광센서 개발로 소형 경량화된 이동 설치형 감시체계로 발전하고 있으며, 음향센서를 네트워크로 운용하는 수중 네트워크 기반 감시체계로 발전하고 있다.

수중탐지시스템은 탑재형태에 따라 항공기용, 수상함용, 잠수함용, 해저설치용으로 분류할 수 있다. 항공기용 소나는 대잠초계기와 헬기에서 운용되는 소노부이와 대잠헬기에서 운용되는 디핑소나 등이 있다.

수상함용 소나는 1~10kHz 대역의 능동소나로서 선저에 고정된 HMS와, 수상함 후미에서 예인되는 소나로서 잠수함이 발생시키는 1kHz 이하 저주파대역의 소음을 수신할 수 있는 수동형 예인 선배열 소나인 TASS가 있다. HMS는 주로 액티브 핑을 발사해 5km 이내의 주변을 수색하는 능동형 소나로 운용되고 있다. 예인 선배열 소나인 TASS는 주로 적 잠수함으로부터의 반향음이나 방사소음을 수신하는 수동

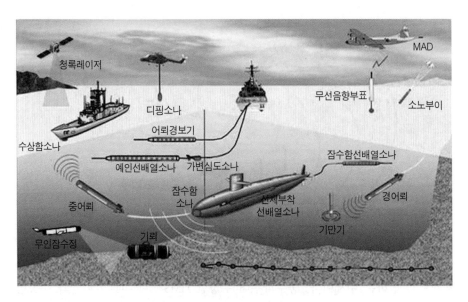

그림 9-3 수중탐지체계 운용개념도

형 소나로 운용되고 있으나, 최근에는 운용심도를 조절하는 가변심도 조절기능과 함께 HMS, 디핑소나 등과 함께 다중상태 소나의 수신기로 운용되는 형태로 발전하고 있다.

수동형 예인 선배열 소나의 대표주자인 TASS는 다시 전투함이 사용하는 전술형 TASS인 TACTAS^{Tactical TAS: 전술용 선배열 소나체계}와 전문적인 대형 정보함이 사용하는 SURTASS^{Surveillance TAS: 감시용 선배열 소나체계}로 구분된다. 예를 들면 TB-220K TASS는 예인 와이어와 소나부를 합쳐 전체 길이가 약 1,000m에 이른다. 광섬유 하이드로폰 소나인 SURTASS는 길이가 훨씬 길어서, 매우 먼 거리의 잠수함 소음도 잡아낼 수 있다.

탐지센서에 의해 탐지된 수중표적의 음향신호는 신호/정보처리장치에서 일차적인 처리과정을 거친 후 타 체계와 연동하여 표적정보를 융합하는 방법으로 표적으로서 식별/분석된다. 식별된 표적정보의 감시상황은 실시간으로 인근 작전요소에 전파되어 위협세력에 대한 조기판단/신속대응(기동 및 타격 등) 등의 작전을 수행한다. 수중감시체계 운용개념은 그림 9-3과 같이 해저 고정형 수중감시체계와 수상함 탑재 음탐기를 포함하여 탑재무기체계 적용 소나를 통하여 수중 세력의 위협을 조기 탐지, 경보 및 감시한다.

9.3 수상함용 소나

9.3.1 선저고정형 소나(HMS)

선저고정형 소나HMS: Hull Mounted Sonar는 수상함의 선저에 원통형 또는 구형 배열 구조의 센서를 장착하고 유선형의 돔을 씌워 유체저항을 줄이고 배플baffles을 이용하여 함정 자체에서 발생하는 소음과 유체소음을 줄이도록 운용하는 대표적인 소나이다. 선저고정형 소나HMS는 능동 및 수동 탐지용으로 사용될 수 있으며 주로 중주파수 대역에서 사용한다. 선저고정형 소나HMS는 예인형 소나에 비해 배열센서에 의한 기동성 제약이 없어 운용이 용이하다는 장점을 갖지만 음파전달 특성 조건에 따라 운용심도를 변경할 수 없기 때문에 충심도 이하로 깊게 이동하는 잠수함 탐지

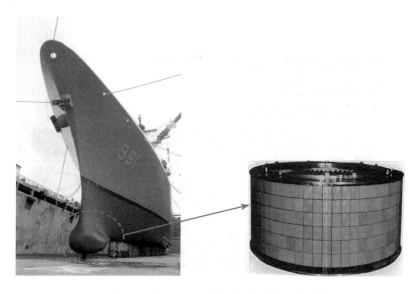

그림 9-4 DSQS-21BZ 소나의 원통형 트랜스듀서 배열

에 취약한 단점을 가진다. 세계의 대표적인 선저고정형 소나^{HMS}들을 표 9-2에 정리하였다.

표 9-2 세계의 대표적인 선저고정형 소나(HMS)

구분	제작사	동시추적	Stave(소자)
DSQS-21BZ	독일 STN ATLAS	10개	64개 (384개)
PHS-32	네덜란드 Philips, Heem, Signaal	4개	30개 (300개)
AN/SQS-58	미국 Raytheon	3개	36개 (288개)
EDO-786	미국 EDO	4개	24개 (240개)

선저고정형 소나^{HMS}는 주로 5~10kHz 대역의 중주파수 음향신호를 사용해왔으나, 잠수함의 저소음화로 인해 잠수함 탐지성능이 제한되면서 2kHz 이하의 저주파 음파송신이 가능한 대형 평면배열 형태의 음향센서를 개발하여 탐지성능을 개선하고 있다.

- Low to Medium Frequency band   0,1 – 10 kHz (Rx)
- Omni transmission 3 – 10kHz (Tx)
- Two or three flush mounted receiving arrays, each 128/256 rows of elements
- Wide band signal processing
- Integrated MMI with the ASW system

- Anti Submarine Warfare (ASW),
- Obstacle Avoidance (OA),
- Mine Counter Measure (MCM)
- Torpedo Detection capabilities

그림 9-5 평면배열 선저고정형 소나(HMS)

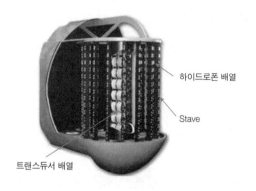

그림 9-6 HS-100 선저고정형 소나

표 9-3 한국 해군 운용 선저고정형 소나

함형 (음탐기)	DDG/ DDH (DSQS-21BZ)	FFX (SQS-240K)	FF (PHS-32)	PCC (AN/SQS-58)
형상				
제작사	ATLAS(독일) / STX엔진	STX엔진 (대한민국)	Philips Heems System(네덜란드)	Raytheon(미국)
직경/높이(m)	1.880/0.628	1.984/0.847	0.730/0.910	0.721m/0.460m
중량(kg)	2,800	5,000	1,000	386
음원준위/ 수신감도(dB)	236/ –	230dB/ –	225/ –166.7	227dB/ –166
절연저항(㏁)	1	1	10	100
송신각 조정	조정 불가	–5° ~ +15° 조정 가능	조정 불가	조정 불가

그림 9-6은 Ocean Systems가 개발 중인 친환경 그린 소나체계인 HS-100의 형상으로, 고래와 같은 해양 동물에게 피해를 주지 않고 신호를 전달한다. 또한 능·수동 음향탐지, 장애물 및 기뢰 회피 기능, 어뢰 경보 기능 등을 제공하며, 다중상

태로도 운용이 가능하다고 한다.

한국 해군도 초계함 이상의 전투함에서 선저고정형 소나를 운용하고 있으며, 표 9-3은 우리 해군에서 운용중인 선저고정형 소나 및 주요 제원을 보여주고 있다.

9.3.2 예인형 선배열 소나(TASS)

예인형 선배열 소나TASS: Towed Array Sonar Systems는 함미에서 선배열 형태의 음향 배열센서를 예인하면서 적절한 운용심도를 설정하여 적 잠수함을 탐지하는 소나이 다. TASS는 함정으로부터 떨어져 예인되므로 함정 자체소음의 영향이 적고 저주파 수 대역을 주로 사용하기 때문에 HMS에 비해 수동 탐지능력이 좋은 장점이 있으 나, 예인 특성으로 인해 함정의 기동성에 제약을 가진다.

예인 배열은 그림 9-7과 같이 하이드로폰들의 선배열이며, 가변심도 소나VDS와 같이 예인 케이블에 의해 함미 방향으로 예인된다.

예인 배열센서에서 수신된 신호는 빔형성기로 전송되어 여러 개의 좁은 빔을 생 성하게 된다. 예인 배열은 직선상에 수평으로 예인되므로 수직 지향성은 없다. 이러 한 특성 때문에 두 가지의 문제가 발생한다. 첫째로 해저 반사된 신호가 수신될 수 있다. 이 경우 추가적인 분석을 하지 않고는 그 음원의 방향을 알 수가 없다. 두 번 째는 방위 모호성이다. 그림 9-8과 같이 예인 배열은 좌측의 신호와 우측의 신호를 구분할 수 없다.

방위 모호성 문제는 함정 기동을 통해 해결할 수 있다. 예인 배열의 좌우 상대방 위에 표적이 탐지된 상황에서 함정이 좌현 또는 우현 변침한 후 표적이 재탐지되면

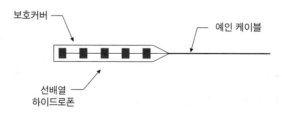

그림 9-7 예인 배열(Towed array)

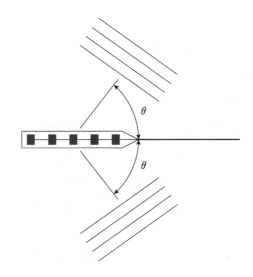

그림 9-8 예인 배열의 방위 모호성

그 방향에 표적이 있다고 판단 가능하다. 물론 이때 표적은 이동하지 않았다는 가정이 필요하다.

예인 배열은 함정의 크기에 제한을 받지 않으므로 아주 길게 만들 수 있다. 그러

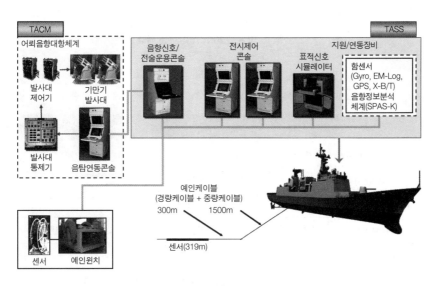

그림 9-9 SQR-220K TASS 구성도

므로 TASS는 아주 작은 빔폭을 가지거나 매우 낮은 주파수용으로 사용할 수 있다. 저주파 탐지능력은 저주파에 높은 잡음수준을 갖는 표적들이 상당히 많고, 전달손실도 작으므로 매우 유용하다.

우리 해군에서는 SQR-220K TASS를 DDG, DDH 함정에서 운용중이다. SQR-220K는 수중음파를 탐지하고 표적을 식별하는 탐지체계로 장거리 표적 탐색을 주목적으로 하는 수상함용 수동 음탐기이다. 360° 전방위 잠수함 및 수상함을 원거리에서 탐지, 식별 및 추적(최대 16개)하여 표적정보를 전투체계에 제공하고 Lynx, P-3C 대잠항공기와 연계하여 입체 대잠작전 수행 및 우군 세력에 조기 경보하여 아군 함정과 주요 항만 등을 적 잠수함의 공격으로부터 보호하는 임무를 수행한다. 표적에서 발생되는 저주파 음향 신호를 주변잡음으로부터 분리, 탐지하여 표적 방위를 제공한다. 잠수함의 경우 잠항 시 캐비테이션 소음이 거의 발생하지 않으므로 추진기관 및 발전기에 의해 발생 되는 협대역 기계소음이 주된 탐지대상이 된다.

그림 9-10 SQR-220K TASS 예인 배열

표 9-4 SQR-220K TASS 예인 배열 모듈별 기능

모 듈	기 능
VIM(Vibration Isolation Module)	진동 차단 모듈
PWM(Power Module)	전원 공급 모듈
NAM(Non-Acoustic Module)	비음향 모듈(방위, 수심센서)
TDM(Telemetry Drive Module)	신호전송 모듈(아날로그 음향신호 → 디지털 변환)
AM(Acoustic Module)	음향 모듈
ASM(After Stabilization Module)	후미 안정화 모듈(방위, 수심, 수온센서)

TASS는 탑재 플랫폼 및 운용 목적에 따라 수상전투함에서 표적탐지 및 추적을 위해 전술적으로 운용하는 수동 TASS인 TACTAS, 잠수함에서 표적탐지 및 추적을 위해 전술적으로 운용하는 수동 TASS인 SUBTAS, 해양조사선 등에서 해양조사 및 탐색 목적으로 운용하는 수동 TASS인 SURTAS로 구분할 수 있다.

수동음향탐지에 사용되던 TASS는 저소음화된 잠수함을 탐지하기 위해 저주파 능동소나기술을 결합한 능·수동 예인배열소나로 발전하였으며, 디핑소나 혹은 HMS가 발생시킨 음파를 수신하여 표적을 탐지하는 다기능 예인배열소나로 발전하여 양상태 및 다중상태 음향탐지체계로 활용되고 있다. 또한 향상된 배열기술을 활용하여 수신된 음향신호로부터 표적의 좌·우 방향구분이 가능한 삼중배열Triplet array 기술, 광섬유를 이용한 세장형 선배열소나 기술 등을 포함하여 표적탐지 성능을 향상시키고 있다.

대표적으로 프랑스의 Thales Underwater Systems에서 개발한 CAPTASCombined Active/Passive Towed Array Sonar 소나체계는 그림 9-11과 같이 송신부와 수신부를 이격시킨 양상태 개념의 고성능 저주파 능·수동 예인배열소나로서, 심해와 천해에서 우수한 탐지성능을 제공한다. 트랜스듀서는 2개와 4개의 링으로 구성된 FFRFree

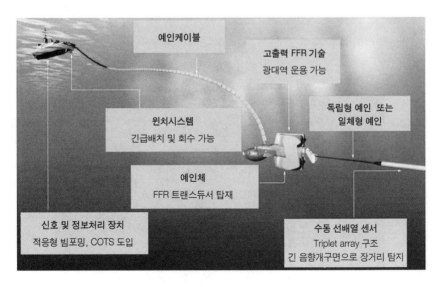

그림 9-11 CAPTAS 체계의 구성

Flooded Ring 기술을 적용하여 광대역에서 고출력으로 음파 송신이 가능하도록 설계되었으며, 하이드로폰은 삼중배열기술을 적용하여 표적탐지의 좌·우 방향구분이 가능하도록 설계되었다. 또한, 적응형 빔형성 기술과 반향음 제거기술을 통한 고성능의 신호처리 기능을 제공하고, 성능개량을 위해 상용 기술을 바로 적용할 수 있는 COTSCommercial Off The Shelf 기술을 도입하여 설계되었다.

9.3.3 가변심도 소나(VDS)

가변심도 소나VDS: Variable Depth Sonar는 대잠작전 임무수행 시 수중표적에 대한 탐지성능을 높이기 위해 운용하는 소나체계의 일종으로, 센서 배열을 예인하면서 수중의 음향탐지 조건에 따라 그 깊이를 조절하여 최대의 탐지효과를 얻는 소나를 말한다. 센서 배열의 부력, 함정 속력과 예인 케이블 길이를 종합적으로 조절하여 센서 배열의 수심을 조절한다. 가변심도 소나는 층심도 이하에서 운용이 가능하다. 심도별 수직 음속 변화 구조가 층심도를 형성하는데 음파가 이러한 층을 통과하여 전달되기는 상당히 어렵다. 그러므로 근거리에 있을 경우를 제외하고는 함정에 장

그림 9-12 가변심도 소나(VDS) 운용개념

착된 HMS를 이용하여서는 층심도 아래에서 작전하는 잠수함을 탐지할 수 없다. 그러나 가변심도 소나를 층심도 아래로 내리게 되면 음파 통로 효과를 활용하여 잠수함 탐지가 유리해진다.

초기에는 독립적인 능동소나로 활용되거나 VDS를 음원으로 사용하고 예인배열소나인 TASS를 수신부로 사용하는 방식이 사용되었다. 현재는 능동 음원의 소형화 기술이 발달하면서, 능·수동 복합소나체계로 통합되어 운용되고 있지만, 기뢰를 탐지하고 제거하는 소해함의 경우에는 여전히 VDS의 활용도가 높다. 표 9–5는 VDS가 능·수동 복합소나체계로 통합되어 운용되는 L-3 Ocean Systems가 개발한 LFATS^{Low Frequency Active Towed Sonar} VDS-100 체계를 보여준다.

표 9–5 LFATS VDS–100

선배열소나
예인케이블   능동 음원

- 총무게: 5.6톤(센서+케이블: 0.7톤)
- 운용심도: 15~300m
- 예인길이: 350m
- 주파수: 1.38kHz(능동), 0.8~2kHz(수동)
- 예인속력: 최저(3kts), 최대(30kts), 적정(15kts)
- 단가: 30~40억 원

VDS-100 체계는 소형 경량으로 중소형함(70톤 이상)에 탑재하여 운용 가능하며 현재 지중해 연안국(이탈리아, 이집트, 터키, 인도 등) 해군 중소형함에서 운용중이다. 운용가능 심도, 예인길이를 고려할 때 천해 운용에 효과적인 것으로 알려져 있다.

9.3.4 Side Scan Sonar

Side Scan Sonar는 음파가 해저 바닥에서 반사되어오는 모양을 통해 해저면의 이미지를 알아낼 수 있는 소나이다. 음파가 측면 방향으로 넓게 주사되어 넓은 해저 표면을 영상화하기에 매우 효과적이며, 기뢰 탐색, 해저면 목표물 탐색, 해저면 상태조사 등의 용도로 사용된다.

수상함/잠수함에 의해 예인되거나 수상함 선저에 고정된 음탐장비가 진행방향과 수직인 넓은 각도 영역의 해저에 원뿔형 또는 부채형Fan으로 음향 펄스를 방사하고 반사파의 정보는 일련의 얇은 조각들로 저장된다. 진행방향으로 이 정보들이 합쳐지면 비로소 넓은 영역의 해저 이미지가 완성된다. Side Scan Sonar는 일반적으로 100~500kHz 영역의 주파수를 사용하며, 보다 높은 주파수를 사용할 경우 해상도는 좋아지지만 탐지거리는 감소된다.

최초의 Side Scan Sonar는 한 개의 원뿔형 빔 트랜스듀서를 사용했고, 이어서 양쪽을 동시에 주사하기 위해 두 개의 트랜스듀서가 사용되었다. 이 때는 트랜스듀서가 선저에 단일 또는 양 현측에 고정된 형태였다. 이후 보다 양질의 이미지를 얻기 위해 부채형 빔을 방사하는 트랜스듀서가 개발되었다. 트랜스듀서는 심해의 해저와

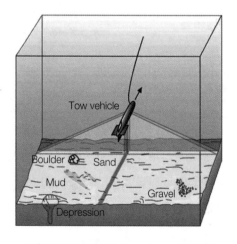

그림 9-13 예인형 Side Scan Sonar 탐지 개념

그림 9-14 System-5500 Tow fish

보다 가까워지기 위해 예인 케이블에 의해 예인되는 Tow fish로 위치가 옮겨졌다.

Side Scan Sonar 개발자 중 한 명은 독일의 과학자 Julius Hagemann이다. 그는 제2차 세계대전 이후 미국으로 이주하여 미 해군의 기뢰방어연구소에서 1947년부터 1964년까지 연구를 했다. 그의 업적은 1958년에야 공개되었으나 1980년까지 미 해군은 관련 자료를 군사기밀로 분류했다. 실험용 Side Scan Sonar는 1950년대에 MIT의 Harold Edgerton 박사에 의해 Scripps 해양학연구소와 Hudson 연구소에서 개발되었다.

군사용 Side Scan Sonar는 미국의 Westinghouse에서 최초로 만들어졌다. 이후 발전된 Side Scan Sonar가 1990년대에 미국 아나폴리스의 Westinghouse 연구소에서 개발되었으며, 유실된 수소폭탄, 침몰한 러시아 잠수함 탐색 등에 사용되었다.

우리 해군 소해함에서는 System-5500 Sonar를 운용하고 있다. Tow fish를 케이블에 연결하여 수중에서 예인하며 음파를 이용, 수중 및 해저를 탐색하여 고해상도의 영상화면을 획득할 수 있다.

9.4 잠수함용 소나

잠수함 소나는 수동소나 위주로 구성되며, 함의 크기와 임무에 따라 다양하게 구성되고, 기본적으로 광대역 신호처리에 의한 방위탐지, LOFAR, DEMON 처리를 통한 표적식별, 수동측거 음탐기를 이용한 표적거리 추정 등의 임무를 수행하도록 개발되었다.

음향센서 배열기술의 향상과 잠수함의 임무수행을 위한 요구 성능이 높아짐에 따라 함체의 굴곡을 따라 곡면형으로 음향센서를 배열하는 형상적응 배열소나가 개발되었으며, 잠수함 선체의 대부분을 음향제어 기능을 갖는 음향센서로 부착하는 스마트 스킨Smart skin 구조로 발전하고 있다.

심해뿐만 아니라 천해에서의 잠수함 작전 시간이 증가하면서 복잡해진 수중환경에서의 주변소음과 잡음성분을 제거할 수 있는 신호처리 기술을 향상시키고 있다. 다음은 잠수함에 적용되는 소나의 특성을 간단하게 정리하였다.

9.4.1 능동소나(Active Sonar)

잠수함용 능동소나는 5~10kHz의 중주파수 소나와 1~2kHz의 저주파수 소나가 있다. 수신센서는 함수수동소나BPS를 사용하나 저주파의 경우 FAS와 TASS를 사용하여 원거리 탐지가 가능하다.

9.4.2 SUBTASS(Submarine TASS)

잠수함용 TASS로 300m 이상의 예인케이블에 100m 이상의 선배열 센서를 예인하는 저주파 소나이다.

9.4.3 BPS(Bow Passive Sonar)

잠수함 함수에 탑재되는 수상함 표적 탐지용으로 원통형, 구형, 말굽형 센서배열 형태가 있다.

9.4.4 FAS(Flank Array Sonar)

잠수함의 좌우현에 2개의 긴 수동 어레이를 장착하여 추진기 및 발전기에서 발생하는 저주파대의 음향을 탐지하는 측면배열소나이다. 길이는 약 30m이며 선형과 판형이 있고 자함의 기계류 진동소음이 센서에 유기되지 않도록 차단하는 기술이 중요하다.

9.4.5 PRS(Passive Ranging Sonar)

잠수함의 현측에 3개의 수동 어레이가 배열되어 표적으로부터 수신되는 음향의 시간차에 의해서 표적의 거리 및 방위를 추정하는 거리측정소나이다.

9.4.6 IPS(Intercept Passive Sonar)

표적 함정이나 어뢰의 능동소나에서 발신한 음파를 차단하여 분석함으로써 표적의 방위를 산출 및 식별하는 방수소나이다. 한 개의 센서로 표적방위를 탐지하는 것과 여러 센서를 선체에 분산 배치하여 방위, 거리, 고각을 추정하는 분산센서형이 있다.

9.4.7 MAS(Mine Avoidance Sonar)

기뢰탐지 및 수중물체를 탐지하는 소나로 소형 정지물체를 탐지하기 위해 고주파를 사용하는 능동소나이다.

표 9-6 잠수함 음탐센서별 기능

구분	기능
원통형 수동소나 어레이 (CHA, Cylindrical Hydrophone Array)	함수 자유 충수 구역에 설치되어 있고, 360도 전방위 음향 신호를 수신하는데 사용
원통형 능동소나 어레이 (CTA, Cylindrical Transducer Array)	함교탑 전부에 설치되어 있으며 표적의 방위, 거리 및 도플러 성분을 측정하기 위하여 음향펄스를 송신할 때 사용하며, UT 송신도 가능. 또한 CHA 고장 시 CTA를 이용하여 제한적으로 수신
수동측거소나 어레이 (PRA, Passive Ranging Array)	좌·우현에 각 3개 어레이(Array)가 설치되어 표적의 거리를 측정하는 데 사용
방수소나 어레이 (CIA, Cylindrical Intercept Array)	함수 갑판상에 설치되어 있고, 외부로부터 오는 전방위 능동소나 펄스를 수신하여 분석
현측소나 어레이 (FA, Flank Array)	압력선체 양측면의 중앙선에서 약 34도 아래 경사각으로 설치되어 광대역(Broadband) 및 협대역(Narrow band) 신호를 탐지, 분석 및 추적
예인소나 어레이 (TA, Towed Array)	함미 상부의 압력선체 외부에 설치된 윈치에 감겨져 있으며 운용 시 예인소나 어레이를 조출하여 사용
수동측거소나 어레이 (PRA, Passive Ranging Array)	좌·우현에 각 3개 어레이(Array)가 설치되어 표적의 거리를 측정하는 데 사용
방수측거소나 어레이 (IDRA, Intercept Detection and Ranging Array)	총 14개의 센서가 전방향 탐지, 거리, 방위 및 앙각 산출을 위해 잠수함 선체 외부에 고르게 설치
자함소음분석 (ONA, Own Noise Analysis)	자함 수중방사소음을 측정하는 센서와 개별 장비의 진동소음을 측정하기 위해 8개의 Hydrophone이 함 외부에 설치되어 있고, 8개의 Accelerometer가 함내에 설치되어 잠수함 내의 주기 및 보기의 진동을 측정
DLU (Doppler Log Unit)	잠수함 선저에 설치되어 있고 수중으로 능동펄스를 송신하고 돌아오는 반사음을 수신하여 대지 및 대수 속력을 측정

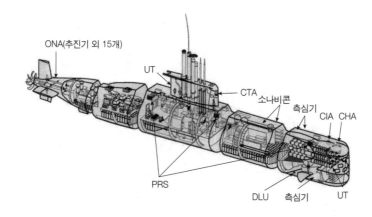

그림 9-15 잠수함 소나 시스템

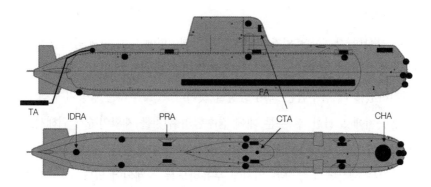

그림 9-16 잠수함 소나 시스템

9.5 항공기용 소나

9.5.1 소노부이(SONOBUOY)

소노부이SONOBUOY는 소나Sonar와 부이Buoy를 결합한 용어로서 대잠초계기 또는 대잠헬기에서 해상에 투하하여 사용한다. 소노부이가 투하되면 그림 9-17과 같이 전개되어 작동이 시작되며 수신된 정보는 무선 통신 링크를 통해 항공기나 함정으로 전송된다. 일정한 시간이 지나면 소노부이는 스스로 물속으로 가라앉아 소멸되

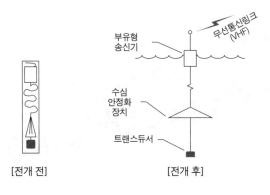

[전개 전]   [전개 후]

그림 9-17 소노부이 전개

도록 되어 있다.

수면에 부상한 잠수함은 원거리에서 항공기 레이더에 의해 쉽게 탐지될 수 있다. 그러나 잠수함 또한 탐색레이더와 전파수집장비를 탑재하고 있기 때문에 적 항공기를 탐지하였을 때 잠수함은 즉시 잠항할 것이다. 소노부이는 항공기가 잠수함의 잠항위치 근처에 도달한 후 수분 내에 잠수함의 위치를 재확인하기 위해서, 또는 사전정보 없이 넓은 지역에 대한 잠수함 탐색을 위해 사용된다.

소노부이는 해상에서 투하된 위치에 부유하도록 설계되어 있다. 항공기로부터 투하되자마자 소노부이는 낙하산 또는 네 개의 작은 핀에 의해 안정화되어 바로 아래 위치에 입수된다. 수면에 부딪치자마자 안정화 장치가 방출되며 소형 송신안테나가 세워진다. 충격 완화장치가 소노부이의 바닥에 위치한 염료상자를 개방하여 사전에 설정된 깊이로 가라앉는 하이드로폰 또는 트랜스듀서가 방출된다. 추가로 전지가 활성화되면서 부이는 입수 이후 일반적으로 30~90초 내로 동작한다.

일부 소노부이에서 하이드로폰의 깊이(또는 하이드로폰 케이블의 길이)는 발사 전에 선택될 수 있기 때문에 가용한 수중 온도분포 정보의 최적사용이 가능하다. 소노부이들은 장치수명이 다하면 침강되도록 제작된다. 위치확인을 위해서는 수명이 짧은 부이를 사용하고 넓은 영역 탐색을 위해서는 수명이 긴 부이를 사용한다. 부이들은 사용목적에 따라 수분에서 수일까지의 수명을 갖도록 설계된다.

수중음파는 하이드로폰에 의해 수집되며 이를 소노부이 내의 송신기가 항공기

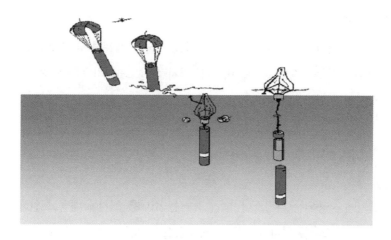

그림 9-18 소노부이 투하 및 전개 과정

그림 9-19 P-3C의 소노부이 위치

그림 9-20 P-3C에 소노부이를 장착하는 모습

내의 모니터링 수신기로 전송한다. 넓은 영역을 둘러싸는 형태로 소노부이를 투하함으로써 소노부이 수신기 작동수는 잠수함의 위치 및 침로 속력을 식별할 수 있다.

우리 해군은 DICASS Directional Command Activated Sonobuoy System, DIFAR Direction Finding Acoustic Receiver 두 종류의 소노부이를 운용중에 있다. DICASS는 지향성 능동 소노부이로 항공기에서 신호를 주는 경우에만 음파를 방사하여, 표적의 방위와 거리를 제공한다. DIFAR는 지향성 수동 소노부이로 작은 하이드로폰 배열로 표적의 방위를 측정할 수 있다.

최근 선진국에서는 소노부이에 수직선배열 기술을 적용하거나 광하이드로폰과 같은 고감도 센서를 적용하고 있으며 최신 디지털 신호처리기술을 적용하여 탐지성능을 향상시키고 있다.

9.5.2 디핑소나(Dipping Sonar)

대잠헬기에 사용되는 디핑소나Dipping Sonar는 소나를 헬기에 매달고 원하는 위치와 수심에 바로 소나를 위치시킨 후 적 잠수함을 탐지, 추적한다. 주로 근거리 표적 탐지용으로 사용되며 중고주파수 대역을 사용한다. 디핑소나는 수동모드로 적 잠수함이 수중에서 발생시키는 소음을 탐지해서 적 잠수함의 위치를 파악하기도 하고, 고주파의 음향 펄스를 방사하여 적 잠수함에 의해 반사되는 신호를 이용하여 위치를 파악하기도 한다.

대잠헬기용 디핑소나는 탑재공간 및 무게로 10kHz 대역이 주력이었으나, 음향센서 기술의 발전으로 소형의 저주파 고출력 송신센서가 개발되면서 보다 원거리에서 잠수함 탐지가 가능한 1kHz 대역의 저주파 음원을 사용하고 수신센서 배열을 전개형으로 채택한 저주파 능동 디핑소나가 개발되고 있다.

(1) AN/AQS-18(V) 디핑소나

AN/AQS-18(V)는 우리 해군의 해상작전헬기 LYNX에서 운용하는 디핑 소나이다. 수심 20~305m에서 운용할 수 있는 가변심도소나VDS로서 대잠헬기에서 탑재 운용하기 위해 가볍게 설계되었고 임무구역 해역의 수중 온도분포BT: Bathy Thermograph 측정이 가능하다.

(2) 저주파 디핑소나

최근 디핑소나 개발 및 운용추세는 탐지거리 확대를 위해 운용 주파수 대역은 중주파수에서 저주파수로 바뀌고 있으며 탑재 플랫폼도 기존 헬기에서 RIB, 무인

그림 9-21 AN/AQS-18(V) 디핑소나를 운용하는 Lynx 대잠헬기

수상정USV: Unmanned Surface Vehicle 등으로 확대되고 있다. 2009년에는 미 해군에서 RIB/USV에 저주파 디핑소나 장착 운용시험에 성공하여 무인수상정USV 및 탑재장비가 모함(7NM 범위)에서 원격통제 가능한 것으로 확인되었다. 미 해군 연안전투함(55척 확보예정)에 '저주파 디핑소나 탑재용 USV'를 탑재 운용 예정이다. 아래의 표 9-7은 저주파 디핑소나 DS-100의 형상, 제원 및 특징을 보여준다. DS-100 저주파 디핑소나는 예인소나와 비교하여 부유물/어망 등에 의한 제한사항이 적으며 원거리에서 잠수함 탐지가 가능하다. RIB에 탑재운용 시 헬기 탑재운용 대비 장시간 작전수행이 가능하며 저가의 플랫폼 운용 및 저시정하에서도 임무수행이 가능한 장점이 있다. 또한 모함에서 원격운용 및 예인소나 등과 이중상태 운용으로 모함 생존성 향상 및 탐지능력 증대가 가능하다.

표 9-7 DS-100의 제원 및 특징

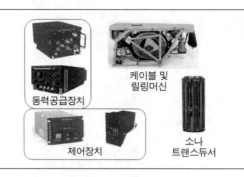 동력공급장치 / 제어장치 / 케이블 및 릴링머신 / 소나 트랜스듀서	• 무게: 341kg
	• 운용수심: 0~500m
	• 운용주파수: 1.38kHz
	• 운용요원: RIB 운용 1명, 소나운용 1명
	• 단가: 약 40억 원
	  * RIB/USV 포함 시 50~60억 원
	  * Lynx 디핑소나 단가: 19.7억 원('91)

(3) FLASH

FLASH^{Folding Lightweight Acoustic System for Helicopter}는 프랑스 Thales사에서 개발하고 미국, 노르웨이 해군 등에서 운용하고 있는 헬기용 저주파 능동 디핑소나로 현재 LYNX에 탑재 운용중인 AN/AQS-18(V) 디핑소나에 비해 운용주파수 (3.4~4.6kHz)가 낮아 장거리 탐지가 가능하다. 외부로 펼쳐지는 수신 안테나 형상 (수신 안테나 전개 시 직경 0.7m)으로 설계되었으며, 저주파(3.4~4.6kHz) 능동방식으로 10kHz 대역 소나에 비해 장거리 탐지가 가능하고 수중 송·수신단에 음파 송신을 위한 배터리가 불필요하여 운용시간 연장이 가능하다. 수중음속 구조, 최적 심도 및 예상 탐지거리를 실시간 산출이 가능하며 녹음 및 녹화기능 보유로 임

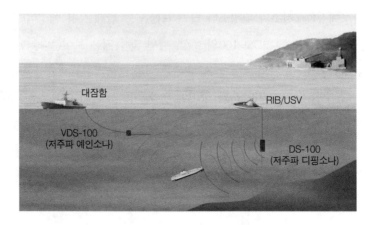

그림 9-22 저주파 디핑소나를 이용한 이중상태(Bi-Static) 소나 운용개념

수신단

송신단

안테나 전개 전 　　안테나 전개 후

그림 9-23 헬기 장착 운용 형상(좌), 수중 송·수신단 형상(우)

그림 9-24 RIB FLASH 탑재 운용 형상

무결과 분석이 가능하다. 시스템 경량화로 해상작전헬기에 탑재 가능하며, 모함에서 원격조종하는 무인 수상정 탑재용 시스템으로도 개발 중이다. 현재 영국(EH-101), 프랑스/노르웨이(NH-90) 등에서 운용중이며, 미 해군 대잠헬기(MH-60)에서도 운용중이다.

9.6 다중상태 소나(Multi static Sonar)

　　다중상태 소나는 미래 대잠수함 작전환경에서 정숙화된 저소음 잠수함을 장거리에서 효과적으로 탐지하기 위한 저주파 능·수동 복합소나 체계이다.

　　다중상태 소나는 그림 9-25 운용 개념도에서 볼 수 있듯이, 다수의 센서에서 음파를 송신하고, 다수의 센서에서 음파를 수신하여 탐지영역을 확대시킨 소나체계이다. 송신기와 수신기가 분리된 상태로 위치 추정을 수행하고 2개 이상의 센서를 이

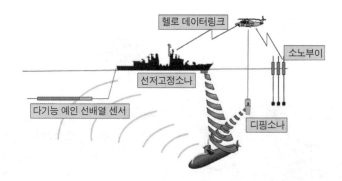

그림 9-25 다중상태 소나(Multi static Sonar) 운용 개념도

그림 9-26 미 해군의 DISTANT THUNDER

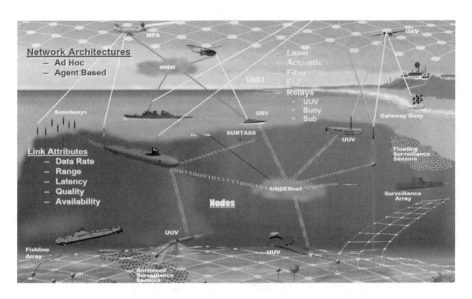

그림 9-27 미 해군 통합해양감시체계 개념도

용하면 보다 중복적인 정보를 얻을 수 있기 때문에 위치 추정 오차가 감소된다. 대
잠헬기가 수상함과 일정한 거리를 두고 디핑소나로 잠수함을 탐색하고 수상함 다
기능 예인 선배열 소나MFTAS: Multi Function Towed Array Sonar가 디핑소나 수신기로 운용
되어 탐지거리를 향상시킬 수 있다. 이때 수상함은 능동소나HMS를 송신하지 않고
수신만 하므로 잠수함에게 탐지되지 않고 잠수함을 탐지할 수 있다.

미 해군에서 개발한 DISTANT THUNDER는 대표적인 다중상태 소나로서 헬기
에서 투하된 폭발성 수중음원 소노부이들을 순차적으로 작동시키면 수상함 다기능
예인 선배열 소나MFTAS에서 탐지하는 체계이다.

9.7 해저고정형 음탐체계

수중에서 은밀히 활동하는 수중 위협세력에 대한 조직적이고 지속적인 감시능
력을 확보하는 것은 해군 전략/전술 수행에서 중요한 요소이다. 수중 감시를 수행

그림 9-28 **고정형 및 이동형 Safe Barrier System**

하는 근본적인 이유는 주요 항만에 대한 기뢰부설을 사전에 봉쇄하고, 출·입항 함정에 대한 수중의 은밀한 공격을 차단하며, 주요 항만과 해상보급로를 보호하고 더 나아가 자국의 해양영토를 보호하기 위해서이다. 고정형 음탐체계는 해저에 고정 설치된 수동소나 배열과 능동소나 등을 이용하여 음향표적을 항시 감시하며, 표적의 탐지/식별/추적을 목적으로 하는 체계이다. 1950년대 개발된 수중경보체계인 SOSUS^{SOund SUrveillance System}를 시작으로 고정형 음탐체계의 개념이 시작되었다. SOSUS의 개량형인 FDS^{Fixed Distributed System}와 분쟁지역에 신속하게 이동 설치할 수 있는 소형 경량 탐지체계인 ADS^{Advanced Deployable System}의 개념으로 발전하였으며, 최근 들어서는 여러 고정형 음탐체계 네트워크를 구성하는 DDS^{Distributed Surveillance System}로 발전하고 있다.

SOSUS는 냉전 동안 심해 감시에 사용된 고정형 감시체계이다. 잠수함이 통과하는 주요 길목과 같은 전략적 요충지의 해저에 고정 설치되어 평화 시에는 수중세력에 대한 정보 수집체계뿐만 아니라 SURTASS, TACTASS 및 FDS와 연계한 다중방책 개념으로 운용된다.

FDS는 SOSUS의 개량형으로 대양의 해저면에 조밀하게 배치된 수중청음 센서들을 사용하는 저주파 수동형 감시체계이다. 현재까지 FDS는 저소음 잠수함의 탐지/식별과 추적능력이 성공적으로 증명되고 있으며, 최근에는 새로운 광학기술, 알고리즘과 개선된 신호처리 기법을 통해 높은 주변잡음 환경 하에서 미약한 표적신호를 탐지할 수 있다.

ADS는 수중/수상 표적의 탐지/식별/위치추정과 추적을 위해 연안지역에 신속히 설치할 수 있도록 설계된 수동형 수중감시체계이다. 설치에 수개월에서 수년이 소요되는 심해용 감시체계와는 달리 ADS는 정치 및 군사적 상황에 따라 주요 연안에 짧은 기간 내에 설치할 수 있으며, 수중 위협활동의 즉각적이고 신뢰성있는 상황전파가 가능하도록 설계되었다.

DDS는 수중세력의 중요 위치정보를 제공하고자 대양에 분포된 고정센서 네트워크를 구성하는 체계이다. 미국은 1960년대 초부터 구소련을 상대로 전 세계적으로 SOSUS 네트워크를 구축하였고, 고정형 음탐체계의 개념을 선도하고 있다. 일본 역시 구소련을 상대로 일본 열도로 통과하는 주요 길목에 자국에서 독자적으로 체계를 개발한 후 계속 보완 중이다. 최근 구소련이 해체된 후 서방에 알려진 구소련의 감시체계도 여러 각도에서 SOSUS 형태의 탐지체계를 설치, 운용했던 것으로 밝혀졌다.

해저고정형 수중감시체계는 주요 전략적 요충지나 주요 항만시설을 보호하기 위해 특정해역에 고정형으로 설치되는 수중감시체계에서 정치적/군사적 상황에 따라 관심 해양지역에 신속한 설치와 회수가 가능한 이동형 수중감시체계로 발전하고 있다. 주로 능·수동 음향탐지를 위한 선배열 소나기술을 활용하였으나, 최근에는 자기장 및 전기장 센서를 병행하여 사용하는 복합탐지체계로 발전하고 있으며, 육상의 레이더나 전자광학장비를 포함하는 통합 수중 및 수상 감시체계로 발전하고 있다. 그림 9-28은 스웨덴에서 개발한 고정형 및 이동형 항만 감시체계인 Safe Barrier System의 운용 개념도이다.

9.8 수중탐지체계 발전추세

21세기를 맞이하면서 세계 각국은 해군에 투입되는 예산의 상당 부분을 수중전 수행을 위한 수중감시체계 구축에 할당하고 있다. 이는 수중전이 갖고 있는 잠재적인 위협이 군사적 측면뿐만 아니라 경제적, 정치적 측면에도 큰 영향을 미칠 수 있음을 인식하고 있기 때문이다. 하지만 복잡한 수중환경으로 인한 수중감시체계의 성능한계를 극복하기 위해서는 여전히 큰 기술적인 어려움을 안고 있다.

현대의 수중감시체계는 갈수록 저소음화, 고속화, 고심도화, 스텔스화 되어가는 적 수중세력과 이에 대한 위협으로부터 원거리 조기 경보 시스템을 갖추려는 대잠수함 작전 세력 간의 치열한 경쟁구도 속에 발전하고 있다. 적 잠수함의 저소음화 문제를 극복하기 위해 배열이득을 향상시킨 수동소나체계 또는 적극적 개념의 능동소나체계가 널리 이용되고 있으며, 근래 들어서는 적 잠수함을 장거리에서 효과적으로 탐지하기 위하여 수동 예인배열 소나와 능동소나를 복합적으로 운용하는 저주파 능·수동 복합소나체계로 발전해왔다.

능동소나를 사용할 경우, 수동소나에 비해 표적의 탐지성능을 향상시킬 수 있는 반면에 상대방에게 자신의 위치를 노출시키는 문제점을 가지고 있다. 이러한 단상태 소나의 문제점을 해결하기 위해서 현재의 수중감시체계는 저주파 항공용 디핑소나와 지향성 소노부이, 저주파 선저고정형 소나와 다기능 예인배열 소나인 MFTA^{Multi Function Towed Array}를 양상태 또는 다중상태로 운용하는 개념으로 발전하였다.

해저고정형 수중감시체계는 수상함이나 잠수함의 주요 항로 해저에 수동 선배열 소나를 고정시켜 운용하던 고정형 수중감시체계로부터 능동소나 기술을 추가하여 소형잠수정과 침투수영자까지 탐지 가능한 체계로 발전하였으며, 광섬유센서 개발로 소형 경량화된 이동설치형 수중감시체계로 발전하고 있다.

미래 NCW 환경에서, 향후 수중감시체계는 각각의 센서체계가 독립적으로 운용되던 방식에서 탈피하여 대잠전 및 수중감시를 위해 투입되는 모든 센서가 복합적으로 통합 운용되어, 수중표적에 대한 탐지성능을 극대화할 수 있는 분산형 네트워크기반 수중감시체계로 발전할 것이다. 이러한 통합 수중감시체계를 위해서는 다양한 수중감시 센서 간의 연동을 고려한 체계설계가 필요하며, 다양한 이종의 센서로부터 수집된 신호를 실시간으로 처리하고 융합할 수 있는 정보융합기술이 개발되어야 할 것이다.

수중감시체계의 주요 발전추세는 아래와 같이 정리할 수 있다.

- 저주파 능·수동 복합 음향탐지체계로 발전
- 양상태 및 다중상태 소나체계로 발전
- 심도조절 기능을 적용하여 최적의 수심에서 소나체계 운용
- 음향센서배열에서의 배열이득 향상 및 정밀 음향 식별기술 개발
- 자체소음 감소 및 천이소음Transient noise 탐지기술 개발
- 고정형 및 이동형 수중감시체계 활용 증가
- 표준 해양환경정보 통합 데이터베이스 구축 및 관리
- 네트워크기반 통합 수중감시체계로 발전

그림 9-29 수중탐지시스템 발전추세

NAVY

WEAPON

CHAPTER **10** 대미사일
기만체계

10.1 대미사일 기만체계의 역사와 발전과정

대미사일 기만체계란 함정에서 유도미사일 방어를 위한 소프트 킬Soft kill **1** 무기체계의 일종으로 채프Chaff 또는 플레어Flare, 연막Smoke 등을 전개함으로써 미사일Missile이 공격목표를 오인하게 하는 체계이다. 기만체계란 그 명칭에서 알 수 있듯이 유도미사일, 함포, 어뢰 등과 같이 표적에 열, 폭풍, 충돌 등 물리적이고 가시적인 피해효과를 유발하는 것이 아니라 그림 10-1과 같이 아군 세력과 유사하거나 보다 큰 허위 표적을 만들어 적 세력으로부터 아군 세력을 숨기거나 허위 표적을 진짜 표적으로 오인하게 하는 체계이며, 기만체계의 한 유형인 대미사일 기만체계는 기만대상이 아군 함정이나 항공기를 공격해오는 유도미사일임을 알 수 있다.

예를 들어 함정에서 사용하는 대미사일 기만체계의 경우, 대부분의 함정에서는 주요 위협인 대함 유도미사일을 방어하기 위해 유도미사일 발사 이전 단계에서는 적의 탐지 · 추적 장비를 기만하고 발사 이후 단계에서는 유도미사일의 탐색기Seeker를 기만하기 위한 체계를 탑재하며 일부 함정에서는 이에 추가하여 대함 유도 무기 방어용 미사일SAAM **2** 및 대공포 등의 대함 유도미사일을 물리적으로 파괴하는 하드 킬Hard kill 무기체계를 탑재하여 생존성을 향상시킨다.

대미사일 기만체계의 발전과정은 순항 유도미사일의 개발 및 발전과 밀접한 관계가 있다. 레이더 및 유도조종 기술의 발전으로 1960년대 구소련의 스틱스Styx 대함 유도미사일이 등장한 이래 멀리서 정확하게 함정을 공격하여 치명적인 피해를 가할 수 있으며, 여러 해전에서 사거리, 파괴력, 정확도 등 그 성능이 확인되자 그 성능을 지속적으로 향상시켜 1980년대부터는 대함 유도미사일의 시대로 불릴 만큼 함정의 최대 위협이 되고 있다. 그 예로 1982년 포클랜드전쟁, 1984~1987년 'Tanker War' 등 여러 전쟁에서 엑조세Exocet, 하푼Harpoon 등 대함 미사일에 의해 다

---

1 소프트 킬(Soft kill): 적국의 체계에 기능 장애를 가져다줌으로써 피해 효과를 유발시키는 제반 공격 형태

2 대함 유도 무기 방어용 미사일(Surface To Air Antimissile): 대함 유도미사일 요격을 주 임무로 하는 점 방어(point defense)용 유도미사일

그림 10-1 대미사일 기만체계의 운용개념

수의 함정이 파괴되었는데 당시 하드 킬에 의한 대응보다는 다수의 함정이 소프트 킬로 대함 유도미사일 방어에 성공함으로써 다양한 대응책Countermeasure이 발전하였는데 그 중 하나가 대미사일 대응체계이다.

대미사일 기만체계는 유도미사일에 대한 일종의 대응책으로 유도미사일과 대미사일 기만체계 사이의 기술적 능력은 양자 간에 번갈아가며 순차적으로 증가하는 사다리와 유사한 형태로 발전하고 있다.

대표적인 레이더 대응책인 채프Chaff는 2차 대전 중 미국, 영국 및 독일 등에서 개별적으로 연구를 시작하여 'Window', 'Düppel' 등 명칭은 다르지만 설계 개념은 유사한 것으로, 레이더가 사용하는 레이더파를 효과적으로 반사시켜 허위 물체가 있는 것처럼 속이기 위해 알루미늄과 같은 금속의 얇은 조각을 공중에 퍼트리는 것이었다. 예를 들어 영국의 Window의 경우 1942년 Joan Curran이란 연구원이 항공기에서 알루미늄 채프를 사용하여 허위 반사파를 만들 수 있음을 제한하였는데 당시 그 크기가 노트 한 장 정도로 컸으나 이후 크기를 27cm×2cm 정도로 줄여 여러 조각을 함께 전개시켜 적 레이더가 항공기를 잘 탐지하지 못하게 하였다. Window는 자체 시험 결과 그 성능이 우수하여 전장에서 사용 시 적이 제작기술을 습득하는 것을 막기 위해 실제사용이 미뤄지기도 하였다.

이후 초기에 등장한 대함 유도미사일들은 소형의 레이더를 유도미사일에 장착하여 표적으로 정확하게 호밍Homing되었는데 이 레이더 탐색기는 마이크로파를 내보내고 이 중 일부가 표적에 부딪친 후 되돌아오는 신호를 수신하여 표적 위치를 확인하고 표적으로 비행하였다. 이에 대응하기 위해 함정에서는 적 유도미사일의 레이더 주파수를 고려한 다양한 채프 기만체계를 배치하여 운용하고 있다.

최근 레이더 탐색기 기술의 발전으로 채프와 함정의 반사특성을 구분할 수 있는

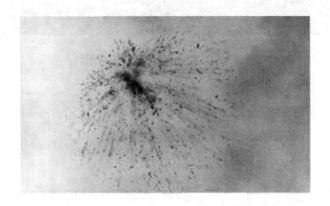

그림 10-2 채프 전개

그림 10-3 채프로 유도되는 대함 유도미사일

능력을 갖춤에 따라 채프 대신 구조 반사체Conner reflector를 사용하는 체계로 발전하고 있다.

1955년 P-15 Termit 유도미사일에 장착하기 위해 적외선 탐색기 개발이 착수되는 등 적외선IR 신호탐지 및 처리기술의 발전으로 적외선 탐지센서를 탐색기로 사용하는 열 추적 미사일이 등장함에 따라 높은 열을 발생시켜 적외선 탐색기를 기만할 수 있는 플레어Flare가 등장하였다.

플레어는 폭발현상 없이 밝은 빛과 강력한 열을 발생시키는 일종의 불꽃제조기술Pyrotechnic로 초기에는 전장에서 신호나 조명 목적으로 사용되었으나 대함 및 대공 유도미사일의 적외선 탐색기에 허위신호를 생성할 수 있어 대미사일 기만체계로 사용되고 있다.

초기 플레어는 초기 적외선 탐색기가 항공기 및 함정의 엔진 배기가스에서 주로 발생하는 3~5㎛ 영역의 중적외선MWIR: Medium Wavelength Infrared Ray 신호를 생성하기 위해 부유식 용기를 이용하거나 낙하산에 연소물질을 매달아 높은 온도로 연소시켜 기만신호를 방출하도록 제작되었으며 적외선 탐색기의 발전에 따라 함정의 선체나 구조물에서 발생하는 보다 낮은 온도에 해당하는 8~13㎛ 영역의 원적외선LWIR: Long Wavelength Infrared Ray을 탐지함에 따라 이 영역에서의 신호 또한 생성 가능한 형태로 발전하고 있다. 최근의 적외선 탐색기는 카메라 형태로 발전하여 표적의 영상신호를 획득할 수 있게 됨에 따라, 중적외선과 원적외선의 방출특성을 영상으로 확

그림 10-4 플레어 전개

인이 가능하여 중적외선과 원적외선을 함께 방출하여 함정의 실제 방출특성과 유사하게 모사할 수 있는 체계로 발전하고 있다.

채프와 플레어 모두 충분한 효과와 효과가 지속되는 시간을 보장하기 위해서는 많은 양의 채프와 여러 개의 자탄이 필요하며, 효과의 정도는 기만체계의 성능뿐만 아니라 함정의 레이더단면적RCS: Radar Cross Section 3이나 적외선 방사특성에 의존하므로 함정설계에도 많은 노력을 기울이고 있다. 또한 기만체계 탑재 함정 및 기만하고자 하는 유도미사일을 고려한 기만체의 전개 시기 및 수량, 위치 및 방향, 풍향 및 풍속, 전개 후 함정의 기동형태 등 운용술에 따라 기만효과가 달라지므로 상황에 맞는 운용술 또한 매우 중요하여 탑재 함정 및 전장 환경의 특성에 부합하는 운용술을 지속적으로 발전시키고 있다.

10.2 대미사일 기만체계의 특성과 분류

10.2.1 대미사일 기만체계의 특성 및 운용개념

현대 해상전투에서 함정 또는 항공기에서 대함 유도미사일로 적함을 공격하는 절차를 좀 더 상세히 살펴보면 우선 함정 및 항공기는 자신의 레이더, 적외선 탐지기 등의 탐지수단을 이용하여 공격대상의 현재 위치를 확인하고 미래 위치를 예측하며, 표적이 정해지면 대함 유도미사일이 표적을 탐색하기 시작하는 시간에 표적 예상위치를 고려하여 대함 유도미사일을 발사한다. 발사된 대함 유도미사일은 발사 함정에서 주입된 표적 위치 주변으로 관성항법장치INS 등의 중간유도장치의 도움으로 비행한다.

중간비행 단계 이후 마지막 비행단계에서는 이동하는 표적으로 정확히 유도하기

---

3 레이더단면적(RCS): 레이더에서 쏘아 보낸 전자파가 대상물에 반사되어 돌아올 때, 그 반사체의 반사량을 나타내기 위해 규정한 평면 면적(IT 용어사전)

위해 주로 탐색기를 사용하는데, 탐색기 또한 유도미사일이 수용할 수 있도록 소형의 레이더와 적외선 및 가시광선 탐지장비 등을 사용하며, 레이더의 경우 파장이 수 센티미터 정도인 레이더파를 표적을 향해 방사한 후 표적에서 반사되어 레이더로 되돌아오는 반사파의 방향과 시간으로 표적의 방위 및 거리를 식별하고, 적외선 탐지센서의 경우 주로 표적에서 나오는 열을 수신하여 열원의 방향을 식별하며, 적외선 영상 탐지센서는 표적의 이미지를 확인하여 표적의 존재뿐만 아니라 유형까지도 판별이 가능하다. 가시광선 카메라 탐색기는 인간의 눈과 같이 태양 등의 조명원에서 방사된 가시광선이 표적에서 반사되어 카메라로 수신되는 이미지 정보를 탐지하여 표적의 방위와 형상을 식별한다. 이와 같이 얻고자 하는 전자기파의 파장에 따라 여러 종류의 탐지센서가 사용되지만 모든 탐색기는 탐지센서로부터 연속하여 얻어지는 표적의 방위 및 거리정보에 기초하여 여러 가지 호밍Homing 방법을 이용하여 움직이는 표적을 지속적으로 추적할 수 있다.

앞에서 설명한 대함 유도미사일 공격 절차에서 알 수 있듯이 대미사일 기만체계는 대함 유도미사일 발사함정이나 비행 중인 미사일의 탐지센서가 가지는 특성을 이용하여 거짓 표적을 만드는 체계로 함포 및 대함 유도무기 방어용 미사일 등의 직접파괴시스템에 비해 정밀한 함의 탐지 및 추적센서가 필요치 않으며, 구조가 간단하고 저렴하여 소형 함정에도 탑재가 가능하다.

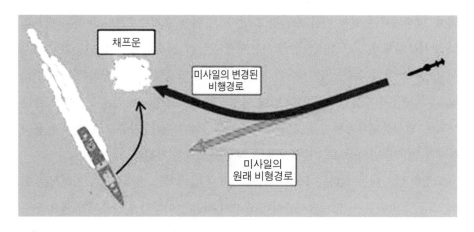

그림 10-5 유인전술 개념

대미사일 기만체계는 주로 두 가지의 전술 시나리오로 사용될 수 있는데, 하나는 상대가 유도미사일을 발사하기 전에 기만체Decoy를 발사하여 실제 표적을 숨기는 것이고, 다른 하나는 종말 유도단계에서 아군 함정으로 접근하는 적의 대함 유도미사일을 회피해야 하는 상황에서 기만체를 이용하여 위협이 되는 적 유도미사일의 탐색기를 속이는 것이다.

보다 자세하게는 교란Confusion, 기만Distraction, 유인Seduction의 세 가지 운용전술로 구분하기도 하는데, 교란전술은 적이 유도미사일을 발사하기 이전 적의 레이더가 표적을 결정하기 전에 운용하는 전술로서 주변에 허위표적을 만들어 놓아 유도미사일 발사를 허위표적 쪽으로 유인하기 위한 전술이며, 기만전술은 아군 함정을 향해 관성유도에 의해 날아오는 유도미사일의 탐색기가 작동하기 전에 기만체를 발사하여 탐색기가 작동하는 순간에 목표물을 유인체로 설정하도록 하는 전술이다. 마지막으로 유인전술은 그림 10-5와 같이 탐색기가 작동하여 자함을 표적으로 설정하고 날아오는 유도미사일을 자함 주위에 큰 기만체를 전개하여 유도미사일을 기만체로 유인하는 전술이다.

10.2.2 대미사일 기만체계의 구성 및 분류

대미사일 기만체계는 일반적으로 발사체계Launch system와 탄Ammunition으로 구성되며, 발사체계는 평시 탄을 보관하고 발사 시 탄에 초기속도를 부여하는 발사대와 발사통제체계로 구성되는데, 발사통제체계는 함 전투체계 등과 연동되어 발사시기, 방향, 탄의 수량 등을 제어한다. 일반적으로 발사대는 구동장치를 가져 선회 및 고각 구동이 가능한 회전형과 함에 특정방향으로 고정되어 있는 고정형으로 구분되며, 발사통제체계는 운용자의 개입이 전혀 필요치 않은 자동모드, 일부 운용자 통제가 필요한 반자동모드, 수동모드 등의 운용모드를 가진다.

고정형 발사대는 원하는 모든 영역에 채프나 플레어를 전개시키기 위해서는 여러 고각 및 방위를 가지는 발사관이 필요하여 적절한 배치와 발사통제가 필요하며, 회전형 발사대는 원하는 방위로 신속하게 발사가 가능하여 전술적 유연성이 우수

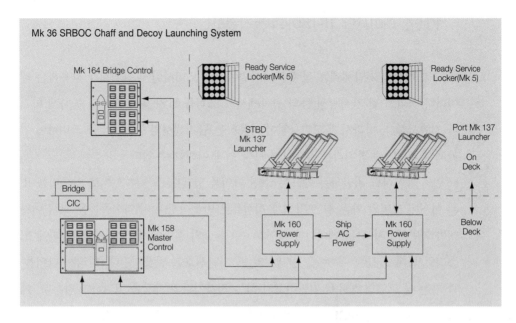

그림 10-6 SRBOC 대미사일 기만체계 구성(고정형)

하나 복잡하고 공간을 많이 차지하는 단점을 가진다.

탄은 함포탄과 유사하게 그 후부에 특정위치까지 발사체계를 이탈하여 비행할 수 있도록 추진제를 가지며 전부에는 기만체를 탑재하고 기만체 내부에 기만체가 원하는 형태로 퍼질 수 있도록 폭약을 가지기도 한다. 특히 회전형 발사대를 사용하는 기만탄의 경우 매우 정교한 전개기술을 이용하여 채프나 플레어 등의 기만체를 원하는 위치에 커튼Curtain 또는 창Window 형태로 배치시킨다. 기만체로는 채프, 플레어, 리플렉터Reflector, 능동 송신기Active transmitter 등과 둘 이상이 합쳐진 다양한 형태가 사용된다.

또 다른 형태로 최근에는 추진제를 이용한 탄이 아닌 고무풍선 형태의 기만기를 바다에 전개 후 부풀려 커다란 구 형태를 만들어 레이더파를 기만하는 부이형 기만체계도 개발되어 함정에서 사용하고 있다.

10.2.3 대미사일 기만체계의 동작원리

대함 미사일 기만체계는 적 유도미사일이나 유도미사일 발사체계가 사용하는 레이더나 적외선 및 가시광선 등의 광학센서가 표적을 탐지 및 추적하지 못하게 하거나 지연시킨다. 따라서 유도미사일이 사용하는 탐지센서의 동작특성을 고려하여 기만체의 유형별 동작원리를 살펴보면 보다 쉽게 이해할 수 있다.

먼저 레이더를 기만하는 채프는 소형 다이폴 안테나Dipole antenna로 알루미늄 또는 아연이 코팅된 가는 실 모양의 유리섬유로 만들어지며 이 다이폴들은 그 길이가 대략 기만하고자 하는 레이더파 파장Wavelength 4의 절반에 해당하는 전자기파에 노출되었을 때 공진Resonance을 발생시켜 큰 기만신호를 발생시킨다. 따라서 다이폴, 즉 가는 실 모양의 섬유를 기만하고자 하는 전자기파의 파장을 고려하여 자른다. 예를 들어 주파수가 10GHz인 레이더파에 사용되는 다이폴의 일반적인 크기는 길이 1.5mm, 폭 0.02mm 정도이다. 따라서 파장이 상이한 여러 레이더를 기만하려면 해당 파장의 범위 또한 넓어져 다양한 길이로 채프를 잘라 충전하여야 하기 때문에 탄용기의 크기를 증가시키지 않는 한 기만 가능한 범위가 넓어질수록 기만신호는 줄어들게 된다.

일반적으로 채프가 형성하는 허위 반사파의 크기는 채프의 길이 이외에도 채프 구름의 크기, 구름 내 채프의 수, 공간적 분포 등 채프 자체의 특성과 기만하고자 하는 레이더파의 세기, 편파Polarization 5 특성 등에 영향을 받는다. 기만신호를 증가시키기 위해서는 탄 용기에 충전되는 채프의 수를 증가시켜야 하는데 탄 용기의 크기를 증가시키는 데는 한계가 있기 때문에 고정형 발사체계에서는 각각의 채프를 구 형태로 팽창시켜 방향과 상관없이 동일한 반사파를 형성하도록 하며, 보다 큰 반사면적으로 형성하기 위해 서로 다른 발사방향을 가지는 여러 개의 발사관에서 채프 기만체를 거의 동시에 발사하여 각각의 채프구름Chaff cloud이 서로 겹쳐지게 함

---

4 파장(wavelength): 전자기파와 같은 파동이 1주기 동안 진행하는 거리
5 편파(polarization): 전자기파가 진행할 때 전기장의 방향

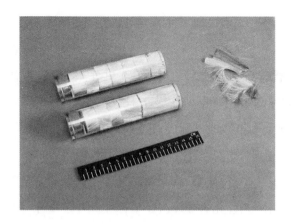

그림 10-7 채프 형상

으로써 반사면적을 증가시킨다. 이와 달리 회전형 발사체계에서는 여러 개의 자탄을 발사하여 공간상에 하나의 면Sheet 또는 커튼 형태로 채프구름을 형성하고 면 형태의 채프구름이 다가오는 미사일을 정면으로 바라볼 수 있도록 발사대를 회전시켜 채프구름을 형성함으로써 반사면적을 극대화시킨다.

채프는 소량으로 함정에 해당하는 큰 레이더 반사파를 생성할 수 있지만 시간에 따라 기상의 영향으로 채프구름의 형태가 변화되고 기만하고자 하는 레이더파의 편파 방향과 함정의 해상에서의 흔들림에 따라 반사파의 세기가 영향을 받는 등 제한점을 가진다.

이러한 제한점을 극복하기 위해 채프 대신 구조 반사체Conner reflector나 부유식 기만체가 사용되는데 채프보다는 실제 함정에서 생성되는 반사파 특성을 잘 모사하는 것으로 알려져 있다.

적외선 탐지센서는 표적에서 발생하는 열을 감지하는데, 보다 정확히 말하면 표적과 표적 주변의 온도 차이를 구분하여 표적을 탐지하고 추적한다. 따라서 보다 높은 열을 발생시키는 물체를 공간상에 잘 배치하면 표적인 함정의 신호를 숨길 수 있다. 플레어는 소량으로 많은 양의 열을 내기 위해 일반적으로 높은 온도로 연소하여 근적외선 영역을 방출한다. 또한 일부 체계에서는 채프에서와 같이 커튼 형태로 플레어를 전개하여 특정방향에서 기만능력을 크게 향상시킨다.

함정에서 사용하는 초기 플레어는 근적외선 영역을 방출하는 MTV^{Magnesium-}Teflon-Viton를 높은 온도로 연소하여 함정보다 강력한 적외선을 방출하여 대함 유도미사일을 기만하였으나 최근 적외선 탐색기의 발전으로 고온의 플레어 신호를 구분할 수 있게 되어 함정 선체 등에서 방출하는 낮은 온도에 해당하는 기만 적외선 신호를 생성하기 위해 MTV에 비해 낮은 온도로 연소하는 적린^{RP: Red Phosphorus}을 주성분으로 하는 플레어를 사용하는 체계로 발전하고 있다.

또한 일부 대함 유도미사일은 적외선보다 파장이 짧은 광선 영역의 카메라를 장착한 유도미사일 탐색기를 장착하여 사람의 눈이 표적을 보며 찾아가는 형태로 표적에 접근하기 때문에 이에 대응하기 위해 대미사일 기만체계는 연막을 형성하여 표적을 가림으로써 미사일이 표적을 보지 못하게 한다. 예를 들면 적린을 사용하는 MONI TRAP 충전물은 $0.2 \sim 14\mu m$의 넓은 파장 영역에 걸쳐 연막차장 구름을 형성시킨다. 이러한 연막은 육안, 적외선, 레이저 유도를 사용하는 유도미사일에 대해 방어가 가능한 것으로 알려져 있다.

10.3 세계의 주요 대미사일 기만체계

10.3.1 SRBOC

SRBOC^{Super Rapid Bloom Offboard Countermeasure}는 미국 Sippican사에서 제작한 고정형 대미사일 기만체계로 채프 및 플레어 탄을 사용할 수 있으며 그림 10-8에서와 같이 발사관의 기울기가 상이하여 기만체를 적절히 분산시켜 큰 기만신호를 생성할 수 있다. 또한 함정의 유형에 따라 다수의 발사관을 선체 여러 곳에 배치하여 발사통제체계에서 원하는 발사관들을 선택하여 자동 또는 수동으로 발사할 수 있으며 함 전자전장비 및 전투체계와 연동하여 운용도 가능하다. ALEX^{Automatic Launch of Expendables} 발사통제 체계는 발사할 기만체의 종류 및 발사 순서뿐만 아니라 발사 후 함의 기동방위까지 권고해주는 등 매우 유용한 체계로 알려져 있다.

Super Chaffstar

그림 10-8 SRBOC 기만체계 구성 및 발사장면

Super CHAFFSTAR, Super LOROC^{Long-Range Offboard Chaff} 등의 채프 기만탄과 Super HIRAM^{Hycor IR Anti-Missile} III, SWOIR^{Super Walk-Off IR}과 같은 플레어 기만탄 운용이 가능하며, 채프와 플레어의 혼합 형태인 Super GEMINI 또한 사용이 가능하고, 최근 부이 형태의 기만체도 운용이 가능한 것으로 알려져 있다.

채프 기만탄은 원하는 거리까지 탄을 비행시키기 위한 추진제가 후부에 위치하며 추진제 앞쪽에 채프가 충전된 채프뭉치와 그 내부 중앙에 채프를 확산시켜 원하는 구름을 형성하기 위한 전개용 폭약이 위치한다. 발사 전기신호가 탄에 인가되면 추진제가 점화되어 발사관의 방향에 따라 비행을 시작하며 시간 지연기가 일정시간 후 채프 기만체 내부에 위치한 전개용 폭약을 발화시켜 채프를 공간상으로 비산시킨다.

Super CHAFFSTAR는 알루미늄을 코팅한 유리로 만들어진 채프를 사용하는 기만탄으로, 발사체 근처에 신속하게 전개할 수 있어 유인^{Seduction} 전술에 사용되며 단일 주파수 기준 약 20,000m²의 큰 레이더 단면적을 형성하므로 발사 후 함의 잦은 기동이 불필요한 것으로 알려져 있다.

Super LOROC는 기만^{Distraction} 전술에 사용되는 채프 기만탄으로 유인전술에 사용되는 채프 기만탄을 보완하기 위해 발사대로부터 1~4.5km의 거리에 단일 주파수 기준 약 20,000m²의 레이더 단면적에 해당하는 채프구름을 형성하는 것으로 알려져 있다.

플레어 또는 적외선 기만탄은 열 발생을 위한 플레어 기만체를 채프와 같은 형태로 비행시켜 정해진 위치에서 전개된 후 낙하산에 매달려 수면으로 하강하거나 수면상에서 연소시켜 기만신호를 생성한다.

Super HIRAM III는 적외선 기만탄으로 발사하여 해수면과 접촉하면 발화하여 높이 2.5m에 해당하는 불꽃을 생성함으로써 약 45초 동안 대형함에 해당하는 적외선을 방출하는 것으로 알려져 있다.

SWOIR 기만탄은 자연발화성 물질을 사용하는 적외선 기만탄으로 다수의 소형 적외선 운IR cloud을 발사함으로부터 멀어지도록 형성하여 접근하는 적외선 호밍 유도미사일을 표적으로부터 멀어지도록 하며, 보다 오랜 지속시간을 가지는 'keeper' 적외선 운이 미사일의 탐색기가 적외선 운을 확실하게 포착하도록 한다. SWOIR은 대형함에 해당하는 적외선을 발생시킬 수 있는 것으로 알려져 있다.

Super GEMINI는 채프와 적외선 기만탄의 혼합형으로 유리에 알루미늄을 코팅한 채프로 구름을 형성하고 낙하산에 의해 천천히 하강하며 30초가 지속 가능한 플레어를 가져 레이더 탐색기와 적외선 탐색기를 동시에 기만할 수 있다.

SRBOC는 선회 및 고각 구동장치가 필요치 않아 구조가 간단하여 소형 함정에도 설치가 용이하다.

표 10-1 SROBC용 기만탄의 제원 및 성능

구분	기만체	직경×길이(mm)/ 중량(kg)	주요 성능
Super CHAFFSTAR	채프(Chaff)	130 × 1,220 / 22.2	10,000m²/8~18 GHz
Super LOROC	채프	130 × 1,200 / 22	5,000m²/8~18 GHz
Super HIRAM III	플레어(Flare)	130 × 1,220 / 22	연소시간: 45초
SWOIR	플레어	130 × 1,200 / 23	연소시간: 15초
Super GEMINI	채프+플레어	130 × 1,200 / 20	연소시간: 30초

10.3.2 DAGAIE

DAGAIE^{Device Automatic Gurre Antimissile Infrared Electromagnetic}는 1980년대 프랑스 E. Lacroix사가 개발을 시작한 함정 탑재용 대미사일 기만체계로 함정의 전자전장비나 탐지체계로부터 정보를 받아 채프와 플레어 기만체를 자동으로 전개할 수 있는 자동화 체계이다. 이 체계는 레이더를 기만할 수 있는 전자기 기만탄약인 LEM^{Leurre Electro Magnetic}과 적외선 센서를 기만할 수 있는 탄약인 LIR^{Leurre Infrared}을 회전형 발사대에서 신속하게 운용할 수 있어 여러 위협에 대해 동시 대응 능력이 우수한 것으로 알려져 있다. LEM 및 LIR 기만탄은 그림 10-9와 같이 슈트케이스와 유사한 외형을 가지며 내부에 발사방향이 상이하게 배치된 약 30여 개의 발사관을 이용하여 60여 개의 자탄을 적절히 발사함으로써 미사일의 접근방향에 수직으로 채프 및 플레어 구름을 형성한다.

DAGAIE 최초 모델은 10개의 LEM이나 LIR 탄을 장착하여 유인전술에 이용할 수 있었으며, 이후 1990년대에 로켓탄^{REM: Rocket Electro Magnetic} 운용이 가능한 MK2로 성능이 개량되었고, 최신 대함 미사일에 대한 대응능력을 향상시키기 위해 최근 개발된 NG^{New Generation}의 경우 슈트케이스 형태의 기만체를 6개의 RF 대응용 구

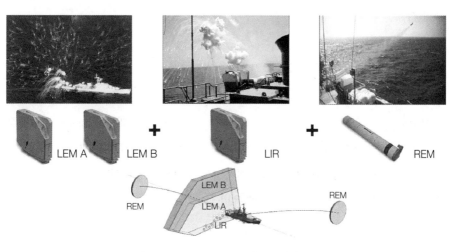

그림 10-9 DAGAIE MK2 탄약구성 및 발사장면

그림 10-10 DAGAIE MK2(좌)와 NG(우)

조 반사체Conner reflector와 1개의 적린RP형 적외선 기만체를 가지는 MLMMulti Launch Module으로 대신하였으며 운용 효율 측면에서 MLM 1발은 MK2 체계의 LEM-A(1) + LEM-B(1) + LIR-E(1) 3발의 동시 발사와 동일한 효과를 가진 것으로 알려져 있다. MLM에 사용된 새로운 RF 기만체는 레이더 단면적이 최대 10,000m^{2}에 달하고 40초 이상 효과를 가지며 적외선 기만체는 두 개의 파장 범위에서 약 2,000W/sr 및 3,000W/sr 정도의 적외선 신호를 40초 이상 방출하는 것으로 알려져 있다.

운용모드는 전투체계와의 연동 여부에 따라 통합과 독립모드로 나뉘며, 통합모드는 전투체계와 연동되어 전투체계에 의해 직접 조종되고 실행상태를 보고한다. 독립모드에서는 운용자가 통제기에서 원하는 위협 데이터 입력 및 상황 제어를 할 수 있다.

10.3.3 MASS

MASSMulti-Ammunition Softkill System는 독일 Rheinmetall Waffe Munition사가 제작한 소형 함정을 포함한 다양한 함정에 탑재 가능한 대미사일 기만체계로, 선회 및 고각 조정이 가능한 발사대가 적 유도미사일이 자함으로 접근하는 경우 전자전장비 및 자함 센서와 연동을 통해 다영역대응탄Multi-spectral programmable-fuze ammunition을 발사한다. MASS는 발사대Launcher, 조종단Control unit 및 탄약으로 구성되며 1대의 발사대에 최대 32발의 탄약을 장전할 수 있다.

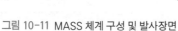

그림 10-11 MASS 체계 구성 및 발사장면

다영역대응탄은 0.3~0.4㎛ 영역의 자외선^{UV}, 0.4~1.5㎛ 영역의 전자광학^{EO}, 0.4~1.5㎛ 및 10.6㎛ 영역의 레이저, 2~14㎛ 영역의 적외선, 8~18GHz 영역의 레이더파 등 다양한 영역의 전자기파에 대해 기만효과를 가져 다양한 유형 및 복합 탐색기에 효과적으로 대응할 수 있다.

MASS탄은 직경 81mm이고 길이가 360mm이며 중량은 약 3kg으로 취급이 용이하며, 세부구성은 그림 10-11과 같이 탄 용기^{Cartridge tube} 내에 자탄^{Sub-munition}이 위치하는데 자탄은 채프, 적린형 플레어, 추진장치^{propulsion}로 구성되며 자탄 후부에 위치한 2차 코일에 의해 추진제가 점화되어 탄 용기로부터 자탄을 방출한다. 발사 이후 시간지연장치가 자탄의 내부 중심에 위치한 폭약을 발화시켜 채프 및 플레어를 신속하게 전개시킨다. 발사 후 채프의 지속시간은 약 15~20초이며, 단발의 레이더 단면적은 약 1,600m^{2}이고 32발을 전부 발사했을 경우 약 35,000m^{2}에 달하는 레이더 단면적을 형성할 수 있다. 플레어는 약 40초간 1,000W/sr의 적외선 기만능력을 가지는 것으로 알려져 있다.

탄의 발사/전개 거리는 발사 직전에 프로그램이 가능한 전자 신관^{Programmable fuze}에 의해 조정 가능하며, 선회 고각 구동이 가능하여 탄의 전개 위치뿐만 아니라 발사탄수 및 발사간격 조정이 가능하여 함정과 동일한 신호 형태를 발생시키는 것으로 알려져 있다.

MASS의 작동모드에는 수동 및 통합모드가 있으며 작동모드에 추가하여 시뮬레이션 모드로도 운용이 가능하다. 수동모드 운용 시 다기능 전시기^{Multi Function Display} 운용자만 시스템을 작동시킬 수 있으며 전투체계는 접근할 수 없다. 다기능 전시기

그림 10-12 MASS 다영역대응탄 전개

운용자는 여러 파라미터를 지정하고 극좌표 화면을 터치하여 대응할 위협을 입력한다. 그러면 대응방법이 계산되고 발사버튼에 의해 다영역대응탄이 발사된다. 통합모드 운용 시 전투체계에 의해 시스템이 작동하고 다기능 전시기는 전시기로서의역할만 한다. 필요시 운용자가 'Emergency Takeover' 기능을 이용하여 수동모드로전환할 수 있다. 시뮬레이션 모드에서는 다기능 전시기에 모든 파라미터들이 전시되지만 실제 구동과 발사는 이루어지지 않는다. 현재 MASS는 독일을 비롯한 한국,핀란드, 노르웨이, 스웨덴, UAE 등 다수의 국가에서 사용하고 있다.

10.3.4 AN/SLQ-49 부이형 기만체계

AN/SLQ-49 부이형 기만체계Buoy Decoy System는 영국 Airborne Systems사에서제작하여 1985년부터 영국, 미국 및 나토 해군에서 사용하는 대표적인 대함 유도미사일 방어용 부유식 기만체계로 'Rubber Duck'이라 불리며 팽창 가능한 레이더 반사용 기만체 부이Decoy buoy들로 구성된다. 그림 10-13에서와 같이 발사 전까지 함정의 갑판상에 보관되며 발사 후 중력에 의해 낙하되어 수초 이내에 내부에 장착된

그림 10-13 AN/SLQ-49 부이형 기만체계

그림 10-14 FDS3 부이형 기만체계

가스 실린더를 이용, 팽창하여 2개의 부이가 수 미터 길이의 줄로 상호 연결된 채 바다 위를 떠다니며 강력한 레이더 반사파를 발생시킨다.

1996년에는 레이더 단면적을 증가시키기 위해 기만체 부이 수를 1개로 줄이고 형상을 변경한 후 크기를 증가시킨 FDS3 체계를 개발하여 2006년부터 영국 해군뿐만 아니라 미국 해군의 구축함, 캐나다 해군 등에서 사용하고 있다.

이 체계는 원격 및 현장 발사가 가능하고 구조가 간단하여 기존 대미사일 채프형 기만체계와 함께 보완적으로 사용이 가능하다.

10.4 대미사일 기만체계 발전추세

최근 유도미사일 탐색기 기술의 발전에 대응하여 이를 기만하기 위한 대미사일 기만체계 기술도 빠르게 발전하고 있다.

레이더를 사용하는 미사일 탐색기의 경우 기존의 채프가 가지는 단점을 이용하여 채프와 표적의 구별능력이 대폭 향상되었다. 예를 들면 채프의 경우 앞에서 설명한 대로 가는 실 모양의 조각들이 길게 선 상태로 천천히 낙하됨에 따라 수직 편파를 가지는 레이더에는 매우 효과적이나 수평 편파를 가지는 레이더에는 큰 반사파를 형성하지 못하므로 레이더파의 편파 방향을 조정하여 표적을 쉽게 구별할 수 있게 되었다. 이에 대응하여 일부 레이더 기만체계는 기존의 채프 대신에 레이더 편파와 상관없이 일정한 반사파 세기를 낼 수 있는 구조반사체를 사용하는 형태로 발전하고 있는데, 대표적인 예가, 채프 대신 소형 채공형 구조 반사체를 사용하는 이스라엘의 IDSIntegrated Decoy System와 DAGAIE NG 등이 있으며 이외에도 부이형 구조 반사체를 사용하는 FDS3 등이 있다. 구조 반사체를 이용한 체계는 기존 채프체계와 비교 시 레이더의 주파수 변화에 영향을 크게 받지 않으며 오랜 시간 지속적인 효과를 가질 수 있다.

적외선 추적 유도미사일의 경우 함정에서 방출하는 파장별 적외선 신호의 특성을 고려하여 기존 플레어에 기만되지 않는 체계로 발전함에 따라 함정의 적외선 방

그림 10-15 IDS용(좌)/DAGAIE용(우) 구조 반사체형 기만체

출특성을 고려한 새로운 체계로 발전하고 있으며, 다른 한편으로는 레이더파와 적외선의 다중모드 탐색기를 장착한 유도미사일이 등장함에 따라 동일 위치에서 효과적으로 마이크로파 신호와 적외선 신호를 생성할 수 있는 채프 또는 구조 반사체와 플레어 통합체계로 발전되고 있다.

예를 들면 MASS의 다영역대응탄은 하나의 탄으로 자외선에서 적외선, 레이더파까지 다양한 영역의 전자기파에 대해 기만효과를 가져 광학 및 레이더파 신호를 모두 사용하여 표적을 식별하는 다중모드 탐색기를 기만할 수 있는 체계이다. 또한 적외선 탐색기가 함정에서 방출하는 중적외선 및 원적외선 모두를 탐지하며 표적의 존재 여부뿐만 아니라 형상을 영상으로 확인 가능하여 기존 플레어를 식별할 수 있게 되자, DAGAIE NG 및 MASS 등의 경우 함정과 유사하게 중적외선뿐만 아니라 원적외선 신호를 생성할 수 있는 플레어탄을 사용할 수 있는 체계로 발전하고 있다.

또한 앞에서 설명한 채프의 단점을 보완하기 위해 기존 체계에 추가하여 부이형

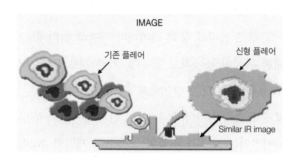

그림 10-16 기존(좌) 및 신형(우) 적외선 기만탄 비교

그림 10-17 FDS3을 발사하는 SRBOC(좌), FDS3을 장착한 MASS 체계(우)

그림 10-18 MK 53

기만체계를 장착하거나 기존 체계에 부이형 기만체계를 통합하는 형태로 발전하고 있다. 그 예로 FDS3 체계의 경우 기존 SROBC 발사체계에서 부이형 기만체를 발사할 수 있으며, MASS 체계의 경우 기존 발사대 상부에 부이형 발사체계를 장착하여 발사통제가 가능한 체계로 발전하고 있다.

최근에는 채프 및 구조 반사체 등의 레이더파 기만체 이외에도 능동 기만기Active Offboard Decoy에 대한 관심이 높아지고 있는데, 기존 채프 등에 비해 가격은 비싸지만 운용 특성상 함정의 다른 자함 방어체계와 간섭을 피할 수 있으며 기만체 전개 후 함의 기동이 크게 필요치 않아 유인Seduction 단계에서 효과적이다.

대표적인 능동 기만기는 호주와 미국이 공동으로 개발한 'Nulka' 체계가 있으며 MK 234 탄은 사전 설정된 고도 및 속력으로 고체 로켓 모터를 연소하여 함으로부터 이탈하여 I/J-밴드 리피터Band repeater가 동작하여 적 레이더 파 탐색기를 기만한다. Nulka 체계도 앞에서 설명한 MK36 SRBOC 체계와 통합되어 MK53 체계로 발전하였는데 이 체계는 6개의 발사관을 가지는 기존의 SRBOC 발사체계에 두 개의 MK 234 탄을 발사할 수 있는 용기를 추가로 사용한다.

참고문헌

■ 국문

- 가키타니 데쓰야, 권재상 역, 『바다의 지배자 항공모함』, 북스힐, 2014.
- 강응철 · 허준, 「고에너지 레이저 무기체계 발전 방향」, 『국방과 기술』제335호, 2011.9.
- 고준수 · 김영길, 「전투체계 개념」, 제8회 해군해양과학기술 심포지엄
- 국립국어원, 『표준국어대사전』, 개정판, 2008.
- 국방과 기술, 『통합 함정 컴퓨팅 환경(TSCE) 개발동향 및 국내 발전방향』, 2015.4.
- 국방과학연구소, 『대잠무기 성능 기술검토 결과』, 2007.
- 국방과학연구소, 『무인전투체계 운용개념 연구』, 2015.
- 국방과학연구소, 『세계의 어뢰개발 현황분석 보고서』, 2009.
- 국방과학연구소, 『세계의 탄도미사일과 우주발사체』, 국방과학연구소, 2004.
- 국방과학연구소, 『이지스함』, 국방과학연구소, 2001.
- 국방기술정보통합서비스(DTiMS)
- 국방기술품질원, 「전전기 함정 기술동향 보고서」, DTaQ 기술동향시리즈 24, 2010.
- 국방기술품질원, 『2007 국방과학기술조사서』, 2007.
- 국방기술품질원, 『2010 국방과학기술조사서』, 2010.
- 국방기술품질원, 『2010 국방과학기술조사서』, 제5권 함정, 국방기술품질원, 2010.
- 국방기술품질원, 『2013 국방과학기술조사서』, 2013.
- 국방기술품질원, 『2015 국방과학기술조사서』, 2015.
- 국방기술품질원, 『국방과학기술용어사전』, 국방기술품질원, 2008.
- 국방기술품질원, 『수중감시체계 개발동향』, 2010.
- 국방부, 『2010 국방백서』, 2010.
- 국방부, 『국방전력발전업무훈령』, 국방부, 2014.
- 군사연구, 『Military Review』7월호, 2013.
- 권대용, 「해군 소나 탐지체계 현황 및 발전방향」, 제12회 해군해양과학기술 심포지엄 발표집, 해군사관학교, pp.3~13, 2007.
- 권태영, 「21세기 전력체계 발전추세와 우리의 대응방향」, 국방연구원, 『국방정책연구』, 제51호, 2000.

- 권태영·노훈, 『21세기 군사혁신과 미래전』, 법문사, 2008.
- 김관희·임대용, 『함정 전투체계─전술C4I 체계 간 상호운용성 향상방안 연구』, 국방기술품질원, 2010.
- 김남수, 「수중음향학과 미래 대잠전」, 전투발전연구지 제12호, 2005.
- 김민석 외 2명, 『신의방패 이지스 대양해군의 시대를 열다』, 플래닛미디어, 2008.
- 김석곤, 「차세대 전투함정 정밀타격체계 발전동향」, 『함정』 77호, 해군본부, 2008.
- 김인주, 「해병대의 군사전략과 무기체계 발전방향」, 한국군사학회, 『군사논단』, 통권 제34호, 2003.
- 김일도, 『함정 전투체계를 위한 해군전술 Data Link 통합 방안 연구』, 국방대학교, 2007.
- 김정기·이한, 「신형함정 정비능력 종합 발전추진방안」, 군사학술용역, 연구보고서, 해군본부, 2008.
- 김철환·이채언·하철수, 『전장기능별 무기체계』, 대한출판사, 2015.
- 김태훈 역, 『영국의 원자력잠수함 산업기반 보고서』, 대한민국해군(잠수함전단), 2011.
- 김혁수, 『잠수함 탐방』, 을유문화사, 1999.
- 김훈, 『수상함 전투체계 기술동향 보고서』, 국방기술품질원, 2010.
- 남도현, 『무기의 탄생』, 플래닛미디어, 2014.
- 남동우, 『한국 해군의 협동교전능력(CEC) 발전 방향에 관한 연구』, 해군대학, 2001.
- 넥스원퓨처, 『경어뢰(K745) 교육 교안』
- 노정호·이성은, 「Open Architecture 기반 함정 전투체계 개발추세 및 전망」, 『국방과학기술 플러스』 제84호, 국방과학연구소, 2009.
- 논문집, 『진해』, 해군사관학교, 2003.
- 대한민국해군(61전대), 『해상초계기에 대한 이해(61문 61답)』, 2015.
- 대한민국해군(잠수함전단), 『잠수함에 대한 이해 100문 100답』, 2014.
- 대한조선학회, 『함정』, 텍스트북스, 2015.
- 두산백과사전
- 문근식, 『문근식의 잠수함 세계』, 플래닛미디어, 2013.
- 박광용, 『역사를 전환시킨 해전과 해양개척 인물』, 해상왕장보고기념사업회, 2008.
- 박상옥 외, 「미국의 미사일 방어체계 발전 동향에 따른 한국해군 해상 미사일 방어체계 구축 방안 연구」, 제31회 해양학술세미나, 연구보고서, 2009.

- 박상옥,「미 해군 전투체계 개방형 구조(OA) 발전 동향에 따른 한국해군 적용 방안 연구」, 제32회 해양학술세미나, 연구보고서, 2010.
- 박준복,『미사일 이야기』, 살림출판사, 2013.
- 박진원,「수중폭발과 내충격설계에 대한 소고」,『함정』제77호, 해군본부, 2009.
- 박태유,「해상무기이야기」, 국방일보, 2010.4.27.
- 방위사업청,『2014~2028 국방과학기술진흥 실행계획』, 2014.12.
- 배리 파커, 김은영 역,『전쟁의 물리학』, 북로드, 2015.
- 서영길,『네트웍 중심적 작전』, 21세기군사연구소, 2001.
- 세계의 함선 편집부, 대령 김기호 역,「미해군 이지스함의 현대화 계획과 장래구상」, 세계의 함선 10월호, 2010.
- 우충환 역,『21세기 최첨단 무기시리즈(잠수함)』, 북스힐, 2005.
- 유용원·김병륜·양욱·김대영,『무기바이블』1, 2, 플래닛미디어, 2013.
- 이기영 외,『미국 무인체계 로드맵』, 국방기술품질원, 2008.
- 이기영 외,『전방해역 작전용 무인항공기 사전기술기획 연구』, 국방기술품질원, 2011.
- 이기영,『수직이착륙 무인항공기의 개발현황 및 발전방향』, 국방기술품질원, 2011.
- 이내주,『서양무기의 역사』, 살림출판사, 2006.
- 이동희,『함정 전투체계 새로운 개념 정립 및 발전방안 연구』, 한남대학교, 2005.
- 이병모,「한국 잠수함산업 기반 강화를 위한 영향요인 분석」, 박사학위논문, 광운대학교, 2013.
- 이성은 외,『해군 무기체계공학』, 세종출판사, 2011.
- 이성은,「함정 전투체계의 개발 현황 및 발전방향」,『해양전략』제150호, 해군대학, 2011.
- 이성은·김형주·신형조,「NCW 구축을 위한 협동교전능력(CEC) 체계 개발 현황」,『국방과학기술 플러스』141호, 국방과학연구소, 2011.
- 이성은·이범직·황근철,「함정 전투체계 기반 네트워크 중심전(NCW) 구축방안」,『국방과 기술』348~350호, 한국방위산업진흥회, 2008.
- 이수상,『고에너지 레이저무기 기술 개발동향』, 2011.9.
- 이에인 닥키 외, 한창호 역,『해전의 모든 것』, 휴먼앤북스, 2010.
- 이태공,『정보기술아키텍처 편람』, 국방대학교, 2003.
- 정명복,『무기와 전쟁이야기』, 지문당, 2013.

- 정종섭, 『군·학 연구개발 제도 발전방향 연구(국방연구개발을 중심으로)』, 해군 군사학술 용역, 연구보고서, 2006.
- 정택진 외, 『한국형 구축함 전투체계 설치, 연동 및 시험평가절차 보고서』, 국방품질관리연구소, 1998.
- 주성열, 「한국해군의 무인잠수정(UUV) 발전방향」, 해군대학, 2009.
- 진연태, 「대함유도탄 기만체계탄약 기술동향분석」, 제7회 해양무기 학술대회, 2008.
- 카를로 치폴라, 최파일 역, 『대포, 범선, 제국』, 미지북스, 2012.
- 케빈 켈리, 이한음 역, 『기술의 충격』, 민음사, 2011.
- 한국방위산업진흥회, 「한국해군 연안전투함 현황과 미래」, 『국방과 기술』 제437호, 2015.7.
- 한국방위산업진흥회, 『국방과 기술』 제417호, 2013.11.
- 한국원자력산업회, 『원자력용어사전』, 2014.
- 해군 전투발전단, 『최신 해군무기체계정보』 제7호, 2004.
- 해군 전투발전단, 『해군군사용어사전』, 2007.
- 해군 전투체계학교, 『DDH 전투체계 공통과정 교육교재』, 해군 전투체계학교, 2013.
- 해군교육사령부, 『병기장교 초군반』, 2009.
- 해군교육사령부, 『전투체계관-3과정 장비교육』, 2010.
- 해군교육사령부, 『최신 해군 무기체계 발전추세』 제12호, 2009.
- 해군병기탄약창, 『화약의 특성』, 2007.
- 해군본부 조함단, 『전투체계 개념연구』, 해군본부, 1993.
- 해군본부 지통참모부 체계구조과, 「함정 전투체계 용어 정의 검토결과」 연구검토보고서, 2004.
- 해군본부, 「Baseine을 연계한 전투체계 성능개량 방안」, 『2013년 해군 정보화 정책발전 세미나』, 해군본부, 2013.
- 해군본부, 「국내개발 전투체계의 수명주기지원(LTS) 발전 방안」, 『2013년 해군 정보화 정책발전 세미나』, 해군본부, 2013.
- 해군본부, 「전투체계 S/W 형상관리 방안」, 『2013년 해군 정보화정책발전 세미나』, 해군본부, 2013.
- 해군본부, 『세계해군 발전 소식』, 2015, 2016.
- 해군본부, 『수중음향학의 원리』, 1993.

- 해군본부, 『주변국 해군 함정·항공기 편람』, 2011.
- 해군본부, 『중국·일본 해군력과 한국 안보』, 1999.3.
- 해군본부, 『초장파송신체계(VLF 송신소)』, 2010.
- 해군본부, 『한번 읽으면 궁금증이 풀리는 해군무기 119』, 해군본부, 2015.
- 해군본부, 『함정 전투체계 발전방향』, 해군본부, 2010.
- 해군본부, 『해군 C4ISR 종합발전계획서』, 해군본부, 2006.
- 해군본부, 『해군 무기체계 소프트웨어의 효율적인 유지관리 방안 연구』, 해군본부, 2001.
- 해군본부, 『해군기본교리』, 2007.
- 해군본부, 『해군의 함정명칭 어떻게 제정되는가?』, 2007.12.
- 해군사관학교, 『무기체계공학』, 1982.
- 해군사관학교, 『무기체계공학』, 1994.
- 해군사관학교, 『수중음향의 이해와 해양 및 음향 환경』, 2004.
- 해군작전사령부, 『LYNX 운용지침서』, 2007.
- 해군작전사령부, 『구축함(DDH-Ⅱ) 운용지침서』, 2008.
- 해군작전사령부, 『소해함 운용지침서』, 2009.
- 해군작전사령부, 『손원일급 잠수함 운용지침서』, 2007.
- 해군작전사령부, 『장보고급 잠수함 운용지침서』, 2008.
- 해군전력분석시험평가단, 『세계해군 무기체계 발전추세』, 2015.
- 해군전투발전단, 『해군상식 100문 100답』, 해군본부, 2004.
- 해군제9잠수함전단, 『잠수함 기본과정(기초학)』 제2권, 2008.
- 홍성표, 「기뢰전 및 무인해양체계 관련 이론 고찰」, 한남대, 2015.
- 홍우영·정석문, 『해군 무기체계공학 개론』, 세종출판사, 2009.
- 홍해남·구훤준·정을호·김지훈, 『무인항공기(UAV)의 함정탑재 운용효과 검증』, 국방과학연구소, 2010.

- Craig M. Payne, 강정석 외 역, 『해군 무기체계의 원리』, 한티미디어, 2015.
- James L. George, 허홍범 역, 『군함의 역사』, 2004.1.
- Katsumata Hidemichi, 대령 김기호 역, 「일본 해자대 아타고형 이지스 호위함의 BMD화 계획」, 『세계의 함선』 4월호, 2011.

- Katsumata Hidemichi, 대령 김기호 역, 「일본의 신방위계획대강과 중기방위력 정비계획 분석」, 『세계의 함선』 3월호, 2011.
- Naval Forces, 대령 허홍범 역, 「전투체계 설계 및 개발 현황」, 『Naval Force I』, 2001.
- Nogi Heiichii, 대령 김기호 역, 「미해군 수상함의 전투시스템 그 현황과 장래」, 『세계의 함선』 10월호, 2011.
- R. G. Grant, 조학제 역, 『해전 3,000년』, 해군본부, 2015.
- Tada Tomohiko, 대령 김기호 역, 「이지스함의 라이벌! 유럽의 非이지스 방공함」, 『세계의 함선』 10월호, 2010.
- Tada Tomohiko, 대위 김경식 역, 「유럽 군함의 전투 시스템」, 『세계의 함선』 10월호, 2011.
- Toshi Yoshihara and James R. Holmes 공저, 『태평양의 붉은 별(Red Star Over The Pacific)』, 한국해양전략연구소, 2012.
- Yamajaki Makoto, 중위 최혁 역, 「일 해상자위대 호위함의 전투체계」, 『세계의 함선』 10월호, 2011.

■ 영문
- 「An ever=evolving game of deception and protection」, Jane Navy International, 2016.
- 「Dagaie Decoy Launching System」, Jane's Radar And Electronic Systems, 2011.
- 「Lockheed Martin Sippican naval decoy rounds」, Jane Navy International, 2016.
- 「Multi-Ammunition Softkill System」, Jane's Radar And Electronic Systems, 2011.
- 「Smarter soft-kill solutions」, Jane Navy International, 2016.
- 「Super Rapid Bloom Offboard Countermeasures Decoy Launching System」, Jane's Radar And Electronic Systems, 2011.
- 『Jane's Underwater Warfare Systems』, 2008.
- 『The MK59-RF Naval Decoy』, Airborne Systems, 2016.
- Alan B. Hicks, 『Aegis Ballistic Missile Defense System - Status and grades』, George C. Marshall Institute, 2007.
- Brien Alkire, 『Applications For navy unmanned Aircraft systems』, RAND National

Defense Research Institute, 2010.

- Burrsert, James C., 『Role of Anti-ship Missile & Naval gun』, Naval Force Ⅳ, 2007.
- Committee for Undersea Weapons Science and Technology Naval Studies Board, Commission on Physical Science, Mathematics, and Applications National Research Council, 『An Assessment of Undersea Weapons Science and Technology』, National Academy Press, Washington, D.C., 2001.
- David R. Frieden, 『Principles of Naval Weapons Systems』, Naval Institute Press, Annapolis, Maryland, 1985.
- James T. Thurman, 『Practical Bomb Scene Investigation』, Taylor & Francis, Maryland, 2006.
- Jason D. Ellis, 『DIRECTED-ENERGY WEAPONS: Promise and Prospects』, 2015.4.
- Jean-Paul Marage and Yvon Mori, 『Sonar and Underwater Acoustics』, Wiley, 2010.
- Jonas A. Zukas, William P. Walters, 『Explosive Effects and Applications』, Springer, 1998.
- Malcolm Fuller, David Ewing, 『Jane's Naval Weapon Systems 2012~2013』, IHS Jane's, 2012.
- Norman Friedman, 『The Naval Institute Guide to World Naval Weapon Systems』, Naval Institue Press, 2006.
- Philippe Blondel, 『The Handbook of Sidescan Sonar』, Springer, 2009.
- Robert J. Urick, 『Principles of Underwater Sound』, McGraw-Hill, 1983.
- Sputnik1 - NSSDC ID: 1957-001B 『NSSDC Master Catalog』, NASA.

■ 인터넷자료

- http://100.daum.net
- http://bemil.chosun.com
- http://bemil.chosun.com/mbrd/gallery/view.html?b_bbs_id=10044&num=43418
- http://blog.naver.com

- http://blog.naver.com/PostView.nhn?blogid=hag0519&logNo=10129817332
- http://commons.wikimedia.org
- http://daisetsuzan.blogspot.com/2016/01/kawasaki-p-1-maritime-patrol-aircraft.html
- http://defence.frontline.onlinearticle201141907-Passive-Countermeasures
- http://defence.pk
- http://defence.pk/threads/ssk-agosta-90b-class-attack-submarine-information-pool.169746/page-5
- http://defense-and-freedom.blogspot.com/2009/06/sub-vs-asw-ship-range-mystery.html
- http://defense-update.com/20100920_yakhont_in_syria.html
- http://dtims.mnd.mil:8072/xml/janesxml/data/news/jni/jni2014/jni7582
- http://dtims.mnd.mil:8072/xml/janesxml/data/reference/jnw/jnw2016/jnws0277.xml
- http://dtims.mnd.mil:8072/xml/janesxml/data/reference/jrew/jrew2011/jrew1071.xml
- http://dtims.mnd.mil:8072/xml/janesxml/reference/jnw/jnw2016/jnws0277.xml
- http://elektroarsenal.netpassive-electro-optic-infrared-electronic-warfare.html
- http://en.dcnsgroup.com
- http://en.wikipedia.org
- http://en.wikipedia.org/wiki/
- http://en.wikipedia.org/wiki/5%22/54_caliber_Mark_45_gun
- http://en.wikipedia.org/wiki/5-54_Mark_45
- http://en.wikipedia.org/wiki/Advanced_Gun_System
- http://en.wikipedia.org/wiki/Amor-piercing_Shell
- http://en.wikipedia.org/wiki/Amor-piercing_Shellm.doopedia.co.kr/
- http://en.wikipedia.org/wiki/Amour-piercing_fin_stabilized_discarding_sabot
- http://en.wikipedia.org/wiki/Artillery
- http://en.wikipedia.org/wiki/Bofos_57_mm_gun
- http://en.wikipedia.org/wiki/Directed-energy_weapon

- http://en.wikipedia.org/wiki/Dreadnought
- http://en.wikipedia.org/wiki/French_ironclad_Gloire
- http://en.wikipedia.org/wiki/g7e_torpedo
- http://en.wikipedia.org/wiki/Goalkeeper_CIWS
- http://en.wikipedia.org/wiki/Grapeshot
- http://en.wikipedia.org/wiki/HMS_Somerest_(F82)
- http://en.wikipedia.org/wiki/Ikara_(missile)
- http://en.wikipedia.org/wiki/List_of_active_Republic_of_Korea_Navy_ships
- http://en.wikipedia.org/wiki/List_of_cannon_projectiles
- http://en.wikipedia.org/wiki/Long_Range_Land_Attack_Projectile
- http://en.wikipedia.org/wiki/M982_Excalibur
- http://en.wikipedia.org/wiki/Mark_14_torpedo
- http://en.wikipedia.org/wiki/mark_37_torpedo
- http://en.wikipedia.org/wiki/mark_46_torpedo
- http://en.wikipedia.org/wiki/mark_50_torpedo
- http://en.wikipedia.org/wiki/Mary_Rose)
- http://en.wikipedia.org/wiki/mk_101_lulu
- http://en.wikipedia.org/wiki/Mk_110_57_mm_gun
- http://en.wikipedia.org/wiki/Naval_artillery
- http://en.wikipedia.org/wiki/Naval_gunfire_support
- http://en.wikipedia.org/wiki/Otobreda_127/54_Compact
- http://en.wikipedia.org/wiki/Otobreda_76_mm
- http://en.wikipedia.org/wiki/Phalanx_CIWS
- http://en.wikipedia.org/wiki/Railgun
- http://en.wikipedia.org/wiki/RBL_7_inch_Armstrong_gun
- http://en.wikipedia.org/wiki/RUM-139_VL-ASROC
- http://en.wikipedia.org/wiki/Schwartzkopff_torpedo
- http://en.wikipedia.org/wiki/Swivel_gun
- http://en.wikipedia.org/wiki/tigerfish_(torpedo)
- http://en.wikipedia.org/wiki/Torpedo_boat

- http://en.wikipedia.org/wiki/United_State_Naval_Gunfire_Support_debate
- http://en.wikipedia.org/wiki/USS_Ponce_(LPD-15)
- http://en.wikipedia.org/wiki/Whitehead_torpedo
- http://fardanews.rasanetv.ir
- http://fas.org/man/dod-101/sys/missile/vla.htm
- http://fav.me/d2bjc5b
- http://forum.worldofwarships.com
- http://forum.worldofwarships.eu/index.php?/topic/2002-type-22-frigate-broadsword/
- http://fun.jjang0u.com/chalkadak/view?db=280&no=1559
- http://http://www.telegraph.co.uk/finance/newsbysector/industry/defence/10697895/navy-warship-accidently-fires-torpedo-at-nuclea-dockyard.html
- http://insights.sei.cmu.edu/sei_blog/2013/11/the-architectural-evolution-of-dod-combat-systems.html
- http://ja.wikipedia.org/wiki/
- http://Jane's Fighting ship 2017
- http://Jane's Weapon 2016
- http://ko.wikipedia.org
- http://kr.pinterest.com/pin/250653535487481348/
- http://kr.pinterest.com/pin/9781324162024277/
- http://kr.pinterest.com/vandiemensland/shortfin-barracuda/
- http://m.blog.daum.net
- http://m.blog.daum.net/goldstarhic/662
- http://m.blog.naver.com/cmkks/220627215523
- http://m.blog.naver.com/yis9805/150017077793
- http://m.blog.naver.com/yis9805/150017077793
- http://m.doopedia.co.kr/
- http://machinesforwar.blogspot.com/2015/05/mark-60-captor-encapsulated-torpedo.html

- http://msmhsmaritimehistory.weebly.com/depth-charges.html
- http://mynavystar.blogspot.com
- http://nae.ahf.nmci.navy.mil
- http://namu.mirror.wiki/w/
- http://namu.mirror.wiki/w/
- http://namu.wiki/w/
- http://nandras.tumblr.com/post/138479676085/hanspanzer-v-1
- http://navalmatters.wordpress.com
- http://navylive.dodlive.mil
- http://newsday.kr, DCN 네트워크 보도자료, 일본군 해상 자위대의 C4I 체계, 2010.4.4.
- http://nosint/blogspot.com/2015/07/luyand-ii-class-guided-missile.html
- http://opencrs.com
- http://panzercho.egloos.com
- http://pgtyman.tistory.com
- http://pwencycl.kgbudge.com/D/e/Depth_Charge.htm
- http://sen_wikipedia_orgwikiFileIowa_16_inch_Gun-EN_jpeg
- http://smartincome.tistory.com/weaponsystem/HH14%20-%20yu-7.html
- http://svsm.org/gallery/mk44/IMG_1251
- http://swww.terma.compressnews-2011c-guard-advanced-naval-decoy-launching-systems-from-terma
- http://terms.naver.com
- http://terms.naver.com/print.nhn?docld=211748&cid=44412&categoryId=44412 2015.5.26.)
- http://thaimilitaryandasianregion.wordpress.com
- http://thediplomat.com
- http://tip.daum.net/openknow/76987177
- http://warships1discussionboards.yuku.com
- http://weapons.technology.youngster.com
- http://worlddefensereview.blogspot.fr

- http://www.airforce-technology.com/projects/merlin-asw-helicopter/merlin-asw-helicopter8.html
- http://www.armedservices.house.gov
- http://www.asiae.co.kr
- http://www.aviationweek.com
- http://www.baesystems.comenproduct57mm-naval-gun-system
- http://www.baesystems.comenproduct5--multi-service-standard-guided-projectile
- http://www.cnn.com
- http://www.concern-agat.com, Mars JSC, Sigma-E Combat Information Management System, 2013.7.23.
- http://www.concern-agat.com, New Missile Boat to Start Caspian Trials, 2013.7.23.
- http://www.ctie.monash.edu.au/hargrave/sopwith2.html
- http://www.darpa.mil
- http://www.defenseindustrydaily.com
- http://www.defensenews.com
- http://www.defeseindustrydaily.com/team-torpedo-raytheon-partners-to-surpport-mk48-and-mk54-requirements-02533/
- http://www.direct.gov.uk
- http://www.dodbuzz.com
- http://www.doncio.navy.mil/CHIPS/ArticleDetails.aspx?ID=5305
- http://www.drdo.gov.in/drdo/pub/tchfocus/oct2000/underwater.htm
- http://www.dtic.mil
- http://www.en.rian.ru, Admiral Gorshkov Class Frigate, Russian Federation, 2011.9.21.
- http://www.en.rian.ru, Russian Navy to commission third Steregushchy-class ship, 2013.6.17.
- http://www.fas.org
- http://www.fas.org, Mk-53 Nulka Decoy Launching System, Federation of

American scientists

- http://www.flickriver.com/photos/robsergar/2870346377
- http://www.foxnews.com
- http://www.freerepublic.com/focus/f-news/2482848/posts
- http://www.freerepublic.com/focus/f-news/2646809/posts
- http://www.freerepublic.com/focus/news/3385941/posts
- http://www.globalmil.com/military/navy/china/shipboard_systems/torpedoes/2010/0329/189.html
- http://www.globalsecurity.org
- http://www.globalsecurity.org/military/systems/ship/systems/an-slq-49.htm
- http://www.globalsecurity.orgmilitarysystemsmunitionsimagesmk182-image20.jpg
- http://www.google.com
- http://www.heinkel.jp/yspack/ysf_weapons_en.html
- http://www.hojuline.com
- http://www.ieeeghn.org, David L. Boslaugh, First-Hand: No Dammed Computer is Going to Tell Me What to DO - The Story of the Naval Tactical Data System, NTDS.
- http://www.jeffhead.com
- http://www.leonardocompany.com/en/-/127-64-lw
- http://www.leonardocompany.com/en/-/76-62-super-rapid
- http://www.leonardocompany.com/en/-/dart-1
- http://www.leonardocompany.comdocuments6326527066959274squared_medium_squared_original_VULCANO_127mm_MG_1545_s.jpg
- http://www.leonardocompany.com-vulcano-76
- http://www.mad/mil
- http://www.matrixgames.com/forums/tm.asp?m=1623744&mpage=1&key=&#1655388
- http://www.mbda-systems.com/maritime-superiority/milas/
- http://www.meretmarine.com

- http://www.nationaldefensemagazine.org
- http://www.naval-technology.com
- http://www.naval-technology.com, 2013.5.8.
- http://www.naval-technology.com, Mars JSC, Lesorub-E Combat Management Automated System, 2013.2.21.
- http://www.naval-technology.com/projects/long-range-land-attack-projectile-lrlap/
- http://www.navsea.navy.mil
- http://www.navweaps.com/Weapons/WAMUS_Mines.htm
- http://www.navweaps.com/weapons/wtrussian_WWII.php
- http://www.navy.mil
- http://www.navy.mil.kr
- http://www.navybook.com/no-higher-honor/timeline/uss-stark-on-fire/
- http://www.navyrecognition.com
- http://www.navytimes.com
- http://www.northcountrypublicradio.org
- http://www.ntu.edu.sg/home/yongjiny/Research.htm
- http://www.publications.parliament.uk/
- http://www.raytheon.com
- http://www.reddit.com/r/warshipporn/comments/37nb50/asroc_nuclear_depth_charge_warhead_fired_by_the
- http://www.severnoe.com
- http://www.sinodefenceforum.com/plan-torpedos.t5640/page-2
- http://www.sitesv1du-nord-de-la-france.com/expositions%20de%20V1.htm
- http://www.telegraph.co.uk/finance/newsbysector/industry/11295486/already-faster-than-a-cheetah-the-navys-two-tonne-spearfish-torpedos-are-getting-an-upgrade.html
- http://www.theengineer.co.uk
- http://www.thinkdefence.co.uk/2014/04/unmanned-mine-countermeasures-update/

- http://www.udlp.com Mk36 SRBOC Chaff and Decoy Launching System
- http://www.usstork.org/volunteers/mk37load/mk3703.htm
- http://www.utube.com
- http://www.wikipedia.org/wiki/hedgehog_(weapon)
- http://www.wikiwand.com/en/Palliser_shot_shell
- http://www.youtube.com/watch?v=xsxUQLsBlo
- https://en.wikipedia.org/wiki/Amor−piercing_Shell
- https://en.wikipedia.org/wiki/APCBC
- https://en.wikipedia.org/wiki/Chaff_(countermeasure)
- https://en.wikipedia.org/wiki/Flare
- https://en.wikipedia.org/wiki/Military_deception

- 국방과학기술용어사전, 인터넷
- 두산백과사전, 인터넷

■ 기타
- 국방기술정보통합서비스(DTiMS)
- 매일경제, '북 SLBM, 괌 · 오키나와 타격가능… 연내 실전배치 할 수도', A4면, 2016.8.25.
- 박태유, 「해상무기이야기」, 국방일보, 2010.4.27.
- 서울신문 2015-5-19 정현용 기자 / 조선일보 2016-8-25 유용원 군사전문기자
- 연합뉴스 2012-10-25 이재윤 기자 / Kill-chain
- 제작사(ATLAS ELEKTRONIK) 홈페이지
- 해군본부, 정훈공보실

INDEX